中国高等教育学会工程教育专业委员会新工科"十四五"规划教材

U0179732

土木工程材料

（第二版）

TUMU GONGCHENG CAILIAO

钱晓倩　赖俊英　钱匡亮◎主编

ZHEJIANG UNIVERSITY PRESS
浙江大学出版社

·杭州·

图书在版编目（CIP）数据

土木工程材料 / 钱晓倩，赖俊英，钱匡亮主编. —
2 版. —杭州：浙江大学出版社，2024.1
    ISBN 978-7-308-23276-0

    Ⅰ. ①土… Ⅱ. ①钱… ②赖… ③钱… Ⅲ. ①土木工
程－建筑材料－高等学校－教材 Ⅳ. ①TU5

中国版本图书馆 CIP 数据核字（2022）第 216908 号

土木工程材料

钱晓倩   赖俊英   钱匡亮   主编

责任编辑	汪荣丽
责任校对	余健波
封面设计	雷建军
出版发行	浙江大学出版社
	（杭州市天目山路 148 号 邮政编码 310007）
	（网址：http://www.zjupress.com）
排　　版	杭州好友排版工作室
印　　刷	杭州高腾印务有限公司
开　　本	787mm×1092mm 1/16
印　　张	31.75
字　　数	793 千
版 印 次	2024 年 1 月第 2 版 2024 年 1 月第 1 次印刷
书　　号	ISBN 978-7-308-23276-0
定　　价	89.00 元

前　言

近年来,各种土木工程材料蓬勃发展,日新月异,对行业的发展标准和要求也逐步提高。特别是党的二十大报告中明确提出,"推进工业、建筑、交通等领域清洁低碳转型",这无疑对土木工程材料的相关理论研究和应用技术提出了新要求。因此,本教材在修订过程中,坚持简明的基础理论和原理的表述方式,以与结构材料相关的内容为重点,并根据国家最新标准对相关技术内容和试验方法进行了调整。全书分为两篇,第一篇为理论部分,第二篇为实验部分,以期达到理论与实践相结合的目的。

本教材由浙江大学钱晓倩、赖俊英、钱匡亮等主编。理论部分参与编写的有:钱晓倩(绪论、第四章)、赖俊英(第一章、第二章、第八章、第九章、第十章第六到第十节、第十一到第十三章)、闫东明(第三章、第五到第七章、第十章第一到第五节);实验部分参与编写的有钱匡亮(第一章、第三到第八章)、彭宇(第二章、第九到第十四章)。

本教材在编写过程中承蒙各校土木工程材料专业师生们的大力支持,在此致以衷心的感谢。由于编写时间仓促,特别是土木工程材料及相关标准的发展和更新较快,书中难免存在错误和不足之处,欢迎广大师生和读者批评指正。

编　者

2023 年 10 月

目　　录

第一篇　理论部分

第二篇 实验部分

第一篇　理论部分

绪　　论

一、土木工程材料在建设工程中的地位

土木工程材料是指应用于建设工程中的无机材料、有机材料和复合材料的总称。通常根据工程类别在材料名称前加以适当区分,如建筑工程常用材料称为建筑材料,道路(含桥梁)工程常用材料称为道路材料,主要用于港口码头的称为港工材料,主要用于水利工程的称为水工材料。此外,还有市政材料、军工材料、核工业材料等。本教材以建筑材料为主,兼顾其他工程材料。土木工程材料在建设工程中有着举足轻重的地位。

第一,土木工程材料是建设工程的物质基础。建设工程中,土木工程材料的费用占土建工程总投资的 60％左右,因此,土木工程材料的价格直接影响建设投资。

第二,土木工程材料与建筑结构和施工技术之间存在相互促进、相互依存的关系。一种新型土木工程材料的出现,必将促进建筑形式的创新,同时结构设计和施工技术也将相应改进和提高。同样,新的建筑形式和结构布置,也呼唤新的土木工程材料,并促进土木工程材料的发展。例如,采用建筑砌块和板材替代实心黏土砖墙体材料,要求结构构造设计和施工工艺、施工设备的改进;高强高性能混凝土的推广应用,要求新的钢筋混凝土结构设计和施工技术规程;同样,高层建筑、大跨度结构、预应力结构的大量应用,要求提供更高强度的混凝土和钢材,以减小构件截面尺寸,减轻建筑物自重;又如,随着 3D 打印技术的发展,需要研发适用的 3D 打印材料;随着建筑功能要求的提高,需要提供同时具有保温、隔热、隔声、装饰、耐腐蚀等性能的多功能土木工程材料,并实现环境保护、低碳和健康等功能。

第三,构筑物的功能和使用寿命在很大程度上取决于土木工程材料的耐久性。如装饰材料的装饰效果、钢材的锈蚀、混凝土性能的劣化、防水材料的老化问题等,无一不是材料问题,也正是这些材料特性构成了构筑物的整体性能。因此,从强度设计理论向耐久性设计理论的转变,关键在于材料耐久性的提高。

第四,建设工程的质量在很大程度上取决于材料的质量控制。如钢筋混凝土结构的质量主要取决于混凝土强度、密实性和是否产生裂缝。在材料的选择、生产、储运、使用和检验评定过程中,任何环节的失误,都可能导致工程质量事故。事实上,在国内外建设工程中的质量事故,绝大部分与材料的质量缺损密切相关。

第五,随着海洋资源开发、西部建设发展和极地开发等不断深入,土木工程材料的防海水腐蚀、防盐冻、防严寒等性能亟待提高,这就需要研发新材料和新工艺,以满足各种恶劣环境下的需求。

最后,构筑物的可靠度评价在很大程度上依存于材料的可靠度评价。材料信息参数是构成构件和结构性能的基础,在一定程度上,"材料—构件—结构"组成了宏观上的"本构关

系"。因此,作为一名土木工程技术人员,需掌握土木工程材料的基本性能,并能做到合理选材和正确使用。

二、土木工程材料的现状和发展趋势

材料科学的发展标志着人类文明的进步。人类的历史是按制造生产工具所用材料的种类划分的,由史前的石器时代,经过青铜器时代、铁器时代,发展到今天的纳米材料、人工合成材料时代,均标志着材料科学的进步和发展。同样,土木工程材料的发展也标志着建设事业的进步。高层建筑、大跨度结构、预应力结构、海洋工程等,无一不与土木工程材料的发展紧密相连。

从目前我国的土木工程材料现状来看,普通水泥、普通钢材、普通混凝土、普通防水材料仍是主要的组成部分。这是因为这些材料有比较成熟的生产工艺和应用技术,其使用性能尚能满足目前的需求。

虽然,近年来我国土木工程材料工业有了长足的进步和发展,但与发达国家相比,还存在着品种少、质量档次低、生产和使用能耗高及浪费严重等问题。因此,如何发展和应用新型土木工程材料已成为现代化建设急需解决的关键问题。

随着现代化建筑向高层、大跨度、节能、美观、舒适的方向发展和人民生活水平、国民经济实力的提高,特别是基于新型土木工程材料的自重轻、抗震性能好、能耗低等优点,研究开发和应用新型土木工程材料已成为必然。遵循可持续发展战略,土木工程材料的发展方向可以理解为:①生产所用的原材料要求充分利用工业废料、生产和使用能耗低、不破坏生态环境。②生产和使用过程不产生环境污染,即废水、废气、废渣、噪声等零排放。③产品可再生循环和回收利用。④产品性能要求轻质、高强、多功能,不仅对人畜无害,而且能净化空气、抗菌、防静电、防电磁波等。⑤加强材料的耐久性研究和设计。⑥主产品和配套产品同步发展,并解决好利益平衡关系。

三、土木工程材料的分类

土木工程材料的种类繁多,为了研究、使用和叙述上的方便,通常根据材料的组成、功能和用途分别加以分类。

(一)按土木工程材料的使用性能分类

土木工程材料按其使用性能的不同,可分为承重结构材料、非承重材料及功能材料三类。

(1)承重结构材料主要指梁、板、柱、基础、墙体和其他受力构件所用的材料,常用的有钢材、混凝土、砖、砌块、墙板、楼板、屋面板、石材和部分合成高分子材料等。

(2)非承重材料主要包括框架结构的填充墙、内隔墙和其他围护材料等。

(3)功能材料主要有防水材料、防火材料、装饰材料、保温隔热材料、吸声(隔声)材料、采光材料、防腐材料和部分合成高分子材料等。

(二)按土木工程材料的使用部位分类

土木工程材料按其使用部位的不同,可分为结构材料、墙体材料、屋面材料、楼地面材料、路面材料、路基材料、饰面材料和基础材料等。

（三）按土木工程材料的化学组成分类

土木工程材料按其化学组成的不同,可分为无机材料、有机材料和复合材料三类。这三类中又分别包含多种材料,见图1。

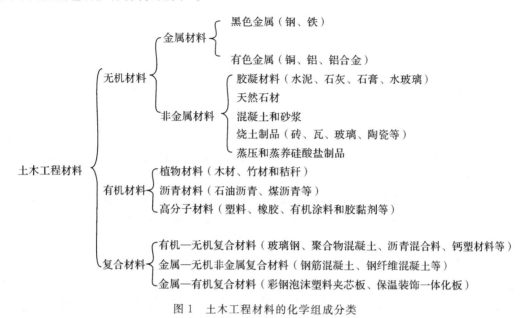

图1 土木工程材料的化学组成分类

四、本课程内容和学习要点

各种土木工程材料,在原材料、生产工艺、结构及构造、性能及应用、检验及验收、运输及储存等方面既有共性,又各有特点,全面掌握土木工程材料的知识,需要学习和研究的内容范围很广。对于从事建设工程勘测、设计、施工、科研和管理工作的专业人员,掌握各种土木工程材料的性能及其适用范围,以及在种类繁多的土木工程材料中选择合适的品种加以应用,尤为重要。除了在施工现场直接配制或加工的材料(如部分砂浆、混凝土、金属焊接、防水材料等)需要深入学习其原材料和生产工艺外,对于以产品形式直接在施工现场使用的材料,也需要了解其原材料、生产工艺及结构、构造的一般知识,以明了这些因素是如何影响材料性能的,并最终影响构筑物的性能。

作为有关生产、设计、施工、研究和管理等部门应共同遵循的依据,针对绝大多数常用的土木工程材料,均由专门的机构制定并颁布了相应的标准,对其质量、规格、设计、施工和验收方法等作出详尽而明确的规定。在我国,标准分为四级:国家标准、行业标准、地方标准、团体标准或企业标准。国家标准是由国家标准化管理委员会发布的全国性指导技术文件,其代号为GB。行业标准也是全国性的指导技术文件,但它由各行业主管部门(或总局)发布,其代号按各部门名称而定。如建材标准代号为JC,建工标准代号为JG,与建材相关的行业标准还有交通标准(JT)、石油标准(SY)、化工标准(HG)、水电标准(SD)、冶金标准(YJ)等。地方标准(DB)是地方主管部门发布的地方性指导技术文件。团体标准(各发布单位代号)或企业标准则仅适用于发布单位。企业标准代号为QB。凡没有制定国家标准、行业标准和地方标准的产品,均应制定相应的团体标准或企业标准。与建设工程紧密相关的还有中国工程建设标准化协会颁布的团体标准(CECS)。随着我国对外开放的深化,常常还涉及一些与土木工程材料关系密切的国际或外国标准,其中主要有国际标准(ISO)、美国材料试验协会标准(ASTM)、日本工业标准(JIS)、德国工业标准(DIN)、英国标准(BS)、法国标准(NF)等。熟悉有关的技术标准,并了解制定标准的科学依据,对从事相关工作而言也是十分必要的。

本课程作为土木工程专业的专业基础课,在学习中应结合现行的技术标准,以土木工程材料的性能及合理使用为中心,掌握事物的本质及内在联系。例如,在学习某一材料的性能时,不能只满足于知道该材料具有哪些性能、有哪些表象,更重要的是应当知道形成这些性能的内在原因、外部条件及这些性能之间的相互关系。对于同一类属的不同品种材料,不但要学习它们的共性,更要了解它们各自的特性和具备这些特性的原因。例如,在学习各种水泥时,不但要知道它们都能在水中更好地水化和凝结硬化等共性,更要观察它们各自的区别及因而反映在性能上的差异。一切材料的性能都不是固定不变的,在使用过程中,甚至在运输和储存过程中,它们的性能都会在一定程度上产生变化,为了保证工程的耐久性和控制材料性能的劣化,必须研究和掌握引起变化的外界条件和材料本身的内在原因,以及变化规律,从而实现有效控制。这对于延长构筑物的使用年限具有重要的意义。

实验课是本课程的重要教学环节,其任务是验证基本理论,学习试验方法,培养科学研究能力和严谨缜密的科学态度。做试验时要严肃认真,一丝不苟,即使是一些操作简单的试验,也不例外。要了解试验条件对试验结果的影响,并对试验结果作出正确的分析和判断。

本章知识点及复习思考题

知识点　　　　　　复习思考题

第一章　土木工程材料的基本性质

土木工程材料在工程各个部位起着不同的作用，为此，要求土木工程材料具有相应的性质。例如，结构材料应具有力学性能和耐久性能，屋面材料应具有保温隔热、抗渗性能，地面材料应具有耐磨性能等。根据构筑物中的不同使用部位和功能，土木工程材料要求具有保温隔热、吸声、耐腐蚀等性能，如对于长期暴露于大气环境中的材料，要求能经受风吹、日晒、雨淋、冰冻等而引起的冲刷、化学侵蚀、生物作用、温度变化、干湿循环及冻融循环等破坏作用，即具有良好的耐久性。可见，土木工程材料在使用过程中所受的作用复杂，而且它们之间又是相互影响的。因此，对土木工程材料性质的要求应当是严格的和多方面，应充分发挥土木工程材料的正常服役性能，满足建筑结构的正常使用寿命。

土木工程材料所具有的各项性质主要是由材料的组成、结构等因素决定的。为了保证建筑物经久耐用，就需要掌握土木工程材料的性质，并了解它们与材料的组成、结构的关系，从而合理地选用材料。

第一节　材料的物理性质

一、材料的密度、表观密度与堆积密度

（一）密度

材料在绝对密实状态下单位体积的质量称为材料的密度。公式为：

$$\rho = \frac{m}{V} \tag{1-1}$$

式中：ρ 为材料的密度（g/cm^3）；m 为材料在干燥状态下的质量（g）；V 为干燥材料在绝对密实状态下的体积（cm^3）。

材料在绝对密实状态下的体积，是指不包含材料内部孔隙的固体物质本身的体积，亦称实体积。建筑材料中除钢材、玻璃等外，绝大多数材料含有一定的孔隙。测定有孔隙的材料密度时，须将材料磨成细粉（粒径小于 0.20mm），经干燥后用李氏瓶测得其实体积。材料磨得愈细，测得的密度愈精确。

工程上还经常用比重的概念，比重又称相对密度，用材料的质量与同体积水（4℃）的质量的比值表示，无量纲，其值与材料的密度相同。

材料的视密度，是材料在近似密实状态下单位体积的质量，可用 ρ_a 表示。公式为：

$$\rho_a = \frac{m}{V_a} \tag{1-2}$$

式中：ρ_a 为材料的视密度（g/cm^3）；m 为材料在干燥状态下的质量（g）；V_a 为干燥材料在近似密实状态下的体积（cm^3）。

近似密实状态下的体积是指只包含材料封闭（不含连通）孔隙的体积和固体物质体积（见图 1-1），封闭孔隙彼此独立且与外界隔绝，而连通孔隙不仅彼此贯通而且与外界相通。一般材料的视密度小于其密度。

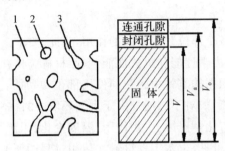

1—固体；2—封闭孔隙；3—连通孔隙

图 1-1　自然状态下材料体积示意

（二）表观密度

材料在自然状态下单位体积的质量称为材料的表观密度。公式为：

$$\rho_0 = \frac{m}{V_0} \tag{1-3}$$

式中：ρ_0 为材料的表观密度（g/cm^3 或 kg/m^3）；m 为材料的质量（g 或 kg）；V_0 为材料在自然状态下的体积（cm^3 或 m^3）。

自然状态下的体积是指包含材料封闭孔隙和连通孔隙的体积。对于外形规则的材料，其表观密度测定很简便，只要测得材料的质量和外部体积（可用量具量测），即可算得。外形不规则材料的体积要采用排水（或排液）法求得，但材料表面应预先涂上蜡，以防止水分渗入材料内部而使所测结果不准。

材料表观密度的大小与其含水情况有关。当材料含水率发生变化时，其质量和体积均有所变化。因此，测定材料表观密度时，须同时测定其含水率，并予以注明。通常所讲的表观密度是指气干状态下的表观密度。材料含水率高时的表观密度称为湿表观密度，在烘干状态下的表观密度称为干表观密度。

（三）堆积密度

粒状材料在自然堆积状态下单位体积的质量称为堆积密度。公式为：

$$\rho_0' = \frac{m}{V_0'} \tag{1-4}$$

式中：ρ_0' 为粒状材料的堆积密度（kg/m^3）；m 为粒状材料的质量（kg）；V_0' 为粒状材料在自然堆积状态下的体积（m^3）。

粒状材料在自然堆积状态下的体积是指既包含颗粒固体体积及其封闭、连通孔隙的体积，又包含颗粒之间空隙体积的总体积。粒状材料的体积可用已标定容积的容器测得。砂子、石子的堆积密度即用此法求得。若以捣实或振实体积计算时,则称为紧密堆积密度,简称紧堆密度。

由于大多数材料含有一定的孔隙,故一般材料的 $\rho > \rho_a > \rho_0 > \rho_0'$。在土木工程中,计算材料用量、构件自重、配料、材料堆放的体积或面积时,常用到材料的密度、表观密度和堆积密度。常用建筑材料的密度、表观密度和堆积密度见表 1-1。

表 1-1　常用建筑材料的密度、表观密度和堆积密度

材料名称	密度/(g/cm³)	表观密度/(kg/m³)	堆积密度/(kg/m³)
钢	7.85	7850	—
花岗岩	2.60～2.90	2500～2800	—
碎石	2.50～2.80	2400～2750	1400～1700
砂	2.50～2.80	2400～2750	1450～1700
黏土	2.50～2.70	—	1600～1800
水泥	2.80～3.20	—	1250～1600
烧结普通砖	2.50～2.70	1600～1900	—
烧结空心砖(多孔砖)	2.50～2.70	800～1480	—
红松木	1.55	380～700	—
泡沫塑料	—	20～50	—
普通混凝土	2.50～2.90	2100～2600	—

二、材料的孔隙率与密实度

(一)孔隙率

材料内部孔隙体积占总体积的百分率称为材料的孔隙率 P_0。公式为:

$$P_0 = \frac{V_0 - V}{V_0} \times 100\% = \left(1 - \frac{\rho_0}{\rho}\right) \times 100\% \tag{1-5}$$

材料孔隙率的大小直接反映材料的密实程度,孔隙率小,则密实程度高。孔隙率相同的材料,它们的孔隙特征可以不同。按孔隙特征的不同,材料的孔隙可分为连通孔隙(开口孔隙)和封闭孔隙(闭口孔隙);按孔径的大小,材料的孔隙可分为微孔、细孔及大孔。材料的孔隙率大小、孔隙特征、孔径大小、孔隙分布等,直接影响材料的力学性能、热物理性能、耐久性能等。一般而言,孔隙率较小、封闭微孔较多且孔隙分布均匀的材料,其吸水性较小,强度较高,导热系数较小,抗渗性较好。

(二)密实度

材料内部固体物质的体积占总体积的百分率称为密实度 D。密实度反映材料中固体物质充实的程度。公式为:

$$D = \frac{V}{V_0} \times 100\% = \frac{\rho_0}{\rho} \times 100\% \tag{1-6}$$

根据上述孔隙率和密实度的定义,孔隙率和密实度的关系为:

$$P_0 + D = 1$$

三、材料的空隙率与填充率

(一)空隙率

粒状材料堆积体积中,颗粒间空隙体积所占总体积的百分率称为空隙率 P_0'。公式为:

$$P_0' = \frac{V_0' - V_0}{V_0'} \times 100\% = \left(1 - \frac{\rho_0'}{\rho_0}\right) \times 100\% \tag{1-7}$$

空隙率的大小反映粒状材料颗粒之间相互填充的密实程度。在配制混凝土时,砂、石的空隙率被作为控制混凝土中骨料级配及计算混凝土砂率的重要依据。

(二)填充率

粒状材料堆积体积中,颗粒体积占总体积的百分率称为填充率 D',其反映粒状材料堆积体积中颗粒填充的程度。公式为:

$$D' = \frac{V_0}{V_0'} \times 100\% = \frac{\rho_0'}{\rho_0} \times 100\% \tag{1-8}$$

根据上述空隙率和填充率的定义,空隙率和填充率的关系为:

$$P_0' + D' = 1$$

四、材料与水有关的性质

(一)亲水性与憎水性

当材料在空气中与水接触时,有些材料能被水润湿,有些材料则不能被水润湿。材料具有亲水性的原因是材料与水接触时,材料与水之间的分子亲合力大于水分子之间的内聚力。当材料与水之间的分子亲合力小于水分子之间的内聚力时,材料表现为憎水性。

材料被水润湿的情况可用润湿边角 θ 表示。当材料与水接触时,在材料、水、空气这三相体的交点处,引沿水滴表面的切线,此切线与材料和水接触面的夹角 θ,称为润湿边角,如图 1-2 所示。θ 角愈小,表明材料愈易被水润湿。试验证明,当 $0° < \theta \leqslant 90°$ 时(见图 1-2a),材料表面吸附水,它能被水润湿而表现出亲水性,这种材料称为亲水性材料;当 $\theta > 90°$ 时(见图 1-2b),材料表面不吸附水,它不能被水润湿而表现出憎水性,这种材料称为憎水性材料;当 $\theta = 0°$ 时,材料完全被水润湿,这种材料称为完全亲水性材料。上述概念也适用于其他液体对固体的润湿情况,相应称为亲液材料和憎液材料。

(a) 亲水性材料 (b) 憎水性材料

图 1-2 材料润湿边角

亲水性材料易被水润湿,且水分能沿着材料表面的连通孔隙或通过毛细管作用而渗入材料内部。憎水性材料则能阻止水分渗入毛细管中,从而降低材料的吸水性。憎水性材料常被用作防水材料,或用作亲水性材料的覆面层,以提高其防水、防潮性能。

材料的亲水性和憎水性主要与材料的物质组成、结构等有关。建筑材料大多为亲水性材料,如水泥、混凝土、砂、石、砖、木材等,只有少数建筑材料如沥青、石蜡及塑料等为憎水性材料。

(二)吸水性与吸湿性

1. 吸水性

材料在水中吸收水分的性质称为吸水性。材料的吸水性用吸水率表示,有以下两种表示方法。

(1)质量吸水率:质量吸水率是指材料在吸水饱和时,其内部所吸收水分的质量占干燥材料质量的百分率。公式为:

$$W_m = \frac{m_b - m_g}{m_g} \times 100\% \tag{1-9}$$

式中:W_m 为材料的质量吸水率(%);m_b 为材料在吸水饱和状态下的质量(g);m_g 为材料在干燥状态下的质量(g)。

(2)体积吸水率:体积吸水率是指材料在吸水饱和时,其内部所吸收水分的体积占干燥材料体积的百分率。公式为:

$$W_V = \frac{m_b - m_g}{V_0} \cdot \frac{1}{\rho_w} \times 100\% \tag{1-10}$$

式中:W_V 为材料的体积吸水率(%);V_0 为干燥材料在自然状态下的体积(cm^3);ρ_w 为水的密度(g/cm^3),常温下可取 $\rho_w = 1g/cm^3$。

土木工程中一般采用质量吸水率,质量吸水率与体积吸水率有以下关系:

$$W_V = W_m \cdot \rho_0 \tag{1-11}$$

式中:ρ_0 为材料在干燥状态下的表观密度(g/cm^3)。

材料所吸收的水分是通过连通孔隙吸入的,故连通孔隙率愈大,则材料的吸水量愈多。通常材料吸水饱和时的体积吸水率,即为材料的连通孔隙率。

材料的吸水性与材料的孔隙率及孔隙特征等有关。对于细微连通的孔隙,孔隙率愈大,则吸水率愈大。封闭的孔隙内水分不易进去,而连通大孔虽然水分易进入,但不易留存,只能润湿孔壁,所以吸水率较小。各种材料的吸水率差异很大,如花岗岩的吸水率为 0.5%~0.7%,混凝土的吸水率为 2%~3%,烧结普通砖的吸水率为 8%~20%,木材的吸水率可超过 100%。材料的吸水率不大时,可用质量吸水率表示,通常所说的吸水率一般指材料的质量吸水率。对一些轻质多孔材料,如加气混凝土、木材等,由于质量吸水率往往超过 100%,故可用体积吸水率表示。

2. 吸湿性

材料在空气中吸收水分的性质称为吸湿性。材料的吸湿性用含水率表示。含水率是指材料内部含水质量占材料干质量的百分率。公式为:

$$W_h = \frac{m_s - m_g}{m_g} \times 100\% \tag{1-12}$$

式中:W_h 为材料的含水率(%);m_s 为材料在吸湿状态下的质量(g);m_g 为材料在干燥状态下的质量(g)。

材料的吸湿性随着空气相对湿度和环境温度的变化而改变,当空气相对湿度较大且温度较低时,材料的含水率较大,反之则小。材料中所含水分与周围空气的相对湿度相平衡时的含水率,称为平衡含水率。当材料吸湿达到饱和状态时的含水率即为材料的吸水率。具有细微连通孔隙的材料,吸湿性强,在潮湿空气中能吸收很多水分,这是由于这类材料的内表面积很大,所以吸附水的能力很强。

材料的吸水性和吸湿性主要与材料的物质组成、结构等有关。材料的吸水性和吸湿性均会对材料的性能产生不利影响。材料吸水后会导致其自重增大、导热性增大,材料的强度和耐久性等将有不同程度的下降。材料干湿交替还会引起其尺寸形状的改变而影响正常使用。

(三)耐水性

材料在饱和水作用下强度不显著降低的性质称为耐水性。材料的耐水性用软化系数 K_R 表示。公式为:

$$K_R = \frac{f_w}{f_d} \tag{1-13}$$

式中:f_w 为材料在吸水饱和状态下的抗压强度(MPa);f_d 为材料在干燥状态下的抗压强度(MPa)。

软化系数的大小反映材料在浸水饱和后强度降低的程度。材料的软化系数主要与材料的物质组成、结构等有关。一般来说,材料被水浸湿后,强度均会有所降低,这是因为水分被组成材料的微小颗粒表面吸附,形成水膜,削弱了微小颗粒之间的结合力。软化系数愈小,表示材料吸水饱和后强度下降愈多,即耐水性愈差。材料的软化系数为 0～1。不同材料的软化系数相差颇大,如黏土 $K_R=0$,而金属 $K_R=1$。土木工程中将软化系数大于 0.85 的材料称为耐水性材料。长期处于水中或潮湿环境中的重要结构,要选择软化系数大于 0.85 的耐水性材料。用于受潮较轻或次要结构的材料,其软化系数不宜小于 0.75。

(四)抗水渗透性能

材料抵抗压力水渗透的性质称为抗水渗透性能。材料的抗水渗透性能常用渗透系数表示。渗透系数的意义是:一定厚度的材料,在单位压力水头作用下,单位时间内透过单位面积的水量。公式为:

$$K_s = \frac{Qd}{AtH} \tag{1-14}$$

式中:K_s 为材料的渗透系数(cm/h);Q 为渗透水量(cm³);d 为材料的厚度(cm);A 为渗水面积(cm²);t 为渗水时间(h);H 为静水压力水头(cm)。

K_s 值愈大,表示渗透材料的水量愈多,即抗水渗透性能愈差。工程实际中,材料的抗水渗透性能通常用抗渗等级或渗水高度表示。抗渗等级是以规定要求的试件,按照标准要求逐级施加水压力,让规定数量的试件达到所能承受的最大水压力。公式为:

$$Pn = 10H - 1 \tag{1-15}$$

式中:Pn 为抗渗等级;H 为规定数量试件渗水时的水压力(MPa)。

抗渗等级符号"Pn"中,n 为该材料在标准要求下所能承受的最大水压力的 10 倍数,如 P4、P6、P8、P10、P12 等分别表示材料能承受 0.4MPa、0.6MPa、0.8MPa、1.0MPa、1.2MPa 的水压且不渗水。渗水高度是以规定要求的试件,按照标准要求施加恒定水压力下的平均渗水高度。

材料的抗水渗透性能主要与材料的物质组成、结构等有关,尤其与其孔隙特征有关。细微连通的孔隙中水易渗入,故这种孔隙愈多,材料的抗水渗透性能愈差。由于封闭孔隙中水不易渗入,因此封闭孔隙率大的材料,其抗水渗透性能仍然良好。连通大孔中水最易渗入,故其抗水渗透性能最差。材料的抗水渗透性能还与材料的憎水性和亲水性有关,憎水性材料的抗水渗透性能优于亲水性材料。

抗水渗透性能是决定材料耐久性的重要因素。在设计地下结构、压力管道、压力容器等结构时,均要求其所用材料具有一定的抗水渗透性能。抗水渗透性能也是检验防水材料质量的重要指标。

(五)抗冻性能

材料经受规定条件下的多次冻融循环作用而质量损失率和抗压强度损失率(或相对动弹性模量)符合规定要求的性质称为材料的抗冻性能。材料的抗冻性能等级通常用抗冻等级或抗冻标号表示。

材料的抗冻标号是以材料在慢冻法气冻水融条件下经受的冻融循环最大次数来表示抗冻性能。用符号"Dn"表示抗冻标号,其中 n 为最大冻融循环次数,如 D25、D50 等。

材料的抗冻等级是以材料在快冻法水冻水融条件下经受的冻融循环最大次数来表示抗冻性能。用符号"Fn"表示抗冻等级,其中 n 为最大冻融循环次数,如 F25、F50 等。

材料抗冻性能等级的选择是根据结构物的种类、使用要求、气候条件等来决定的。例如烧结普通砖、陶瓷面砖、轻混凝土等墙体材料,一般要求其抗冻性能等级为 D15(F15)或 D25(F25);用于桥梁和道路的混凝土应为 D50(F50)、D100(F100),而水工混凝土要求高达 F500。

材料的抗冻性能主要与材料的物质组成、结构等有关,尤其与其孔隙特征和孔隙率有关。材料受冻融破坏主要是其孔隙中的水结冰所致。水结冰时,体积增大约 9%,若材料孔隙中充满水,则结冰膨胀对孔壁产生很大的冻胀应力,当此应力超过材料的抗拉强度时,孔壁将产生局部开裂。随着冻融循环次数的增多,材料破坏加重。所以,材料的抗冻性能取决于其孔隙率、孔隙特征、充水程度和材料对水结冰膨胀所产生的冻胀应力的抵抗能力。如果孔隙未充满水,即还未达到饱和,具有足够的自由空间,则即使受冻也不致产生很大的冻胀应力。极细的孔隙虽可充满水,但是因孔壁对水的吸附力极大,吸附在孔壁上的水冰点很低,它在一般负温下不会结冰。粗大孔隙一般水分不会充满其中,对冻胀破坏可起到缓冲作用。毛细孔隙中既易充满水,又易结冰,故对材料的冰冻破坏影响最大。若材料的变形能力强、强度高、软化系数大,则其抗冻性能良好。一般认为,软化系数小于 0.80 的材料,其抗冻性能较差。

另外,从外部条件来看,材料受冻融破坏的程度与冻融温度、结冰速度、冻融频繁程度等因素有关。环境温度愈低、降温愈快、冻融愈频繁,则材料受冻融破坏愈严重。材料的冻融破坏作用是从外表面产生剥落开始,逐渐向内部深入发展。

抗冻性能良好的材料,抵抗大气温度变化、干湿交替等破坏作用的能力较强,所以抗冻性能等级常作为考量材料耐久性的一项重要指标。在设计寒冷地区及寒冷环境(如冷藏库)的建筑物时,必须考虑材料的抗冻性能。处于温暖地区的建筑物,虽无冰冻作用,但为抵抗大气的作用,确保建筑物的耐久性,也常对材料提出一定的抗冻性能要求。

五、材料的热物理性能

材料除了满足必要的强度及其他性能要求外,为了降低建筑物的使用能耗,以及为生产和生活创造适宜的条件,还要求材料具有一定的热物理性能,以维持室内温度。材料的热物理性能指标有导热系数、比热容、热阻、蓄热系数、导温系数、传热系数、热惰性等。

（一）导热系数

导热系数（也称热导率）是指材料在稳定传热条件下,1m 厚的材料,两侧表面的温差为1 度（K 或℃）,在 1h 内,通过 $1m^2$ 面积传递的热量,单位为 W/(m·K),K 也可用℃代替。公式为:

$$\lambda = \frac{Qa}{(T_1-T_2)At} \tag{1-16}$$

式中:λ 为材料的导热系数[W/(m·K)];Q 为传热量(J);a 为材料厚度(m);A 为传热面积(m^2);T 为传热时间(s);T_1-T_2 为材料两侧表面温差(K)。

不同材料具有不同的热物理性能,衡量材料保温隔热性能优劣的主要指标是导热系数 λ[W/(m·K)]。材料的导热系数愈小,则通过材料传递的热量越小,表示材料的保温隔热性能愈好。各种材料的导热系数差别很大,一般为 0.025~3.50W/(m·K),如泡沫塑料导热系数为 0.035W/(m·K)、大理石导热系数为 3.5W/(m·K)。

导热系数是材料的固有特性,与材料的物质组成、结构等有关,尤其是与孔隙率、孔隙特征、湿度、温度等有着密切关系。由于密闭空气的导热系数很小,约为 0.023W/(m·K),所以材料的孔隙率较大者其导热系数较小,但是如果孔隙粗大或贯通,由于对流作用,材料的导热系数反而增高。材料受潮或受冻后,其导热系数大大提高,这是由于水和冰的导热系数比空气的导热系数大很多[水的导热系数约为 0.581W/(m·K),冰的导热系数约为2.326 W/(m·K)]。因此,材料应经常处于干燥状态,以利于发挥其保温隔热效果。

（二）比热容

材料的比热容表示 1kg 材料,温度升高或降低 1℃时所吸收或释放出的热量。公式为:

$$c = \frac{Q}{m(T_1-T_2)} \tag{1-17}$$

式中:c 为材料的比热容[kJ/(kg·K)];Q 为材料吸收或释放出的热量(kJ);m 为材料的质量(kg);T_1-T_2 为材料受热或冷却前后的温度差(K)。

比热容是衡量材料吸热或放热能力大小的物理量。比热容也是材料的固有特性,主要取决于矿物成分和有机成分含量,一般无机材料比热容小于有机材料的比热容。不同材料的比热容不同,即使是同一种材料,由于所处的物态不同,比热容也不同。例如,水的比热容为 4.19kJ/(kg·K),而水结冰后比热容则为 2.05kJ/(kg·K)。

材料的比热容对保持建筑物内部温度稳定有很大意义,比热容大的材料,能在热流变动或采暖设备供热不均匀时,缓和室内的温度波动。

（三）热阻

根据导热系数的定义,式(1-16)可改写成:

$$Q = (\lambda/a)(T_1-T_2)At \tag{1-18}$$

λ/a 决定了材料在一定的表面温差下,单位时间内通过单位面积的热流量大小。建筑热物理性能中,把 λ/a 的倒数 a/λ 称为材料层的热阻,用 R 表示,单位为 $m^2 \cdot K/W$。热阻 R 反映材料抵抗热流通过的能力,即热流通过时的阻力。与导热系数或传热系数不同的是,热阻与传热物体的厚度有关。在同样的温度条件下,热阻越大,通过材料的热量越小。

(四)蓄热系数

当某一足够厚度的单一材料层一侧受到谐波热作用时,通过表面的热流波幅与表面温度波幅的比值称为蓄热系数。蓄热系数是衡量材料储热能力的重要性能指标。它取决于材料的导热系数、比热容、表观密度以及热流波动的周期。公式为:

$$S = \sqrt{\frac{2\pi}{T}\lambda c \cdot \gamma_0} \tag{1-19}$$

式中:S 为材料的蓄热系数 $[W/(m^2 \cdot K)]$;λ 为材料的导热系数 $[W/(m \cdot K)]$;c 为材料的比热容 $[J/(kg \cdot K)]$;γ_0 为材料的表观密度 (kg/m^3);T 为材料的热流波动周期 (h)。

通常使用周期为 24h 的蓄热系数,记为 S_{24}。材料的蓄热系数大,蓄热性能好,热稳定性也较好。

(五)导温系数

导温系数又称为热扩散率,材料的导温系数是衡量材料在稳定(两侧面温差恒定)的热作用下传递热量多少的热物理性能指标。当热作用随时间而变化时,材料内部的传热特性不仅取决于导热系数,还与材料的蓄热能力有关。在这种随时间而变化的不稳定传热过程中,材料各点达到相同温度的速度与材料的导热系数成正比,与材料的体积热容量成反比。体积热容量等于比热容与表观密度的乘积,其物理意义是 $1m^3$ 的材料升温或降温 1℃所吸收或释放出的热量。公式为:

$$\delta = \lambda/c\gamma_0 \tag{1-20}$$

式中:δ 为材料的导温系数 (m^2/s);λ 为材料的导热系数 $[W/(m \cdot K)]$;c 为材料的比热容 $[J/(kg \cdot K)]$;γ_0 为材料的表观密度 (kg/m^3)。

导温系数越大,材料内部传播温度变化越迅速,各点达到相同温度越快。材料的分子结构和化学成分对材料的导温系数影响很大。在表观密度相同的情况下,晶体材料的导温系数比玻璃体材料的导温系数大。导温系数一般随材料表观密度减小而降低,然而,当表观密度减小到一定程度时,导温系数反而随材料表观密度减小而迅速增大。导温系数随着温度的升高而有所增大,但是,影响幅度不大。湿度对导温系数的影响较为复杂,这是因为当湿度增大时,导热系数与比热容也都增大,但是增大速率不同,而导温系数取决于导热系数与比热容的比值。

(六)传热系数

传热系数(也称总传热系数)是指在稳定传热条件下,围护结构两侧空气温差为 1 度(K 或℃)时,1h 内透过 $1m^2$ 面积所传递的热量。其单位是 $W/(m^2 \cdot K)$,K 也可用℃代替。传热系数是建筑围护结构保温隔热性能的重要指标。

(七)热惰性

热惰性是衡量围护结构抵抗温度波动和热流波动的能力,用热惰性指标 D 表示。热惰性指标 D 是表征围护结构对周期性温度波在其内部衰减快慢程度的无量纲指标,其值等于材料层的热阻与蓄热系数的乘积。单一材料的围护结构 $D=R \cdot S$，多层材料的围护结构 $D=\sum(R \cdot S)$，R 为结构层的热阻，S 为相应材料层的蓄热系数。热惰性指标 D 值愈大，周期性温度波在其内部的衰减愈快，围护结构的热稳定性愈好。

材料的导热系数和比热容是设计建筑物围护结构(墙体、屋盖)时进行热物理性能指标计算的重要参数，设计时应选用导热系数较小，而比热容较大的材料，有利于保持建筑物室内温度的稳定性。同时，导热系数也是工业窑炉热物理性能指标计算和确定冷藏保温隔热层厚度的重要数据。几种典型材料干燥状态的热物理性能指标如表 1-2 所示。由该表可知，水的比热容最大。

表 1-2　几种典型材料干燥状态的热物理性能指标

材料名称	导热系数/[W/(m·K)]	比热容/[kJ/(kg·K)]	蓄热系数(24h)/[W/(m²·K)]
紫铜	407.000	0.42	324.00
青铜	64.000	0.38	118.00
建筑钢材	58.200	0.48	126.00
铸铁	49.900	0.48	112.00
铝	203.00	0.92	191.00
花岗岩	3.490	0.92	25.49
大理石	2.910	0.92	23.27
建筑用砂	0.580	1.01	8.26
碎石、卵石混凝土	1.280~1.510	0.92	13.57~15.36
自然煤矸石或炉渣混凝土	0.560~1.000	1.05	7.63~11.68
粉煤灰陶粒混凝土	0.440~0.950	1.05	6.30~11.40
黏土陶粒混凝土	0.530~0.840	1.05	7.25~10.36
加气混凝土	0.093~0.220	1.05	2.81~3.59
泡沫混凝土	0.190	1.05	2.81
钢筋混凝土	1.740	0.92	17.20
水泥砂浆	0.930	1.05	11.37
石灰水泥砂浆	0.870	1.05	10.75
石灰砂浆	0.810	1.05	10.07
石灰石膏砂浆	0.760	1.05	9.44
保温砂浆	0.290	1.05	4.44
烧结普通砖	0.650	0.85	10.05
蒸压灰砂砖砌体	1.100	1.05	12.72
KP1 型烧结多孔砖砌体	0.580	1.05	7.92
炉渣砖砌体	0.810	1.05	10.43

材料名称	导热系数/[W/(m·K)]	比热容/[kJ/(kg·K)]	蓄热系数(24h)/[W/(m²·K)]
松木(热流垂直木纹)	0.140	2.51	3.85
泡沫塑料	0.033～0.048	1.38	0.36～0.79
泡沫玻璃	0.058	0.84	0.70
膨胀珍珠岩	0.070～0.058	1.17	0.63～0.84
膨胀聚苯板	0.042	1.38	0.36
矿棉、岩棉、玻璃棉板	0.048	1.34	0.77
硬泡聚氨酯	0.027	1.38	0.36
石膏板	0.330	1.05	5.28
胶合板	0.170	2.51	4.57
平板玻璃	0.760	0.84	10.69
冰	2.326	2.05	—
水	0.581	4.19	—
静止空气	0.023	1.00	—

第二节　材料的基本力学性质

一、材料的强度及强度等级

(一)强度

材料在外力作用下抵抗破坏的能力称为强度。当材料受外力作用时,其内部产生应力,外力增加,应力相应增大,直至材料内部质点间结合力不足以抵抗外力时,材料即发生破坏。材料破坏时,应力达到极限值,这个极限应力值就是材料的强度,也称为极限强度。

根据外力作用形式的不同,材料的强度有抗拉强度、抗压强度、抗剪强度及抗弯强度等,如图 1-3 所示。

材料的这些强度是通过静力试验测定的,故总称为静力强度。材料的静力强度是通过标准试件的破坏试验测得的。材料的抗压、抗拉和抗剪强度的计算公式为:

$$f = \frac{P_{\max}}{A} \tag{1-21}$$

式中:f 为材料的强度(抗压、抗拉或抗剪)(N/mm^2);$P_{\max}$ 为试件破坏时的最大荷载(N);A 为试件受力面积(mm^2)。

材料的抗弯强度与试件的几何外形及荷载施加形式有关。对于矩形截面和条形试件,当两支点中间作用一集中荷载时,其抗弯强度计算公式为:

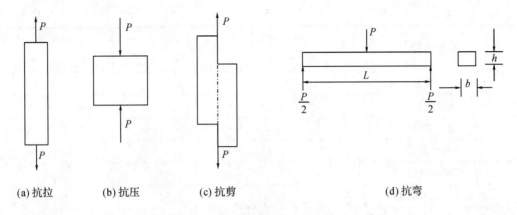

(a)抗拉　　　　(b)抗压　　　　(c)抗剪　　　　　　　　(d)抗弯

图 1-3　材料受外力作用示意

$$f_{tm} = \frac{3P_{max}L}{2bh^2} \qquad (1\text{-}22)$$

式中：f_{tm} 为材料的抗弯强度（N/mm²）；P_{max} 为试件破坏时的最大荷载（N）；L 为试件两支点间的距离（mm）；b、h 分别为试件截面的宽度和高度（mm）。

（二）影响材料强度的主要因素

（1）材料的组成：材料的组成是材料性质的物质基础，不同化学组成或矿物组成的材料，具有不同的力学性质，它对材料的性质起着决定性作用。

（2）材料的结构：即使材料的组成相同，其结构不同，强度也不同。材料的孔隙率、孔隙特征及内部质点间结合方式等均影响材料的强度。晶体结构材料，其强度还与晶粒粗细有关，其中细晶粒的强度高。玻璃是脆性材料，其抗拉强度很低，但其制成玻璃纤维后，具有较高的抗拉强度。一般材料的孔隙率愈小，强度愈高。对于同一品种的材料，其强度与孔隙率之间存在近似直线的反比关系。

（3）含水状态：大多数材料被水浸湿后或吸水饱和状态下的强度低于干燥状态下的强度。这是因为水分被组成材料的微粒表面吸附，形成水膜，材料内部质点间距离增大、体积膨胀（湿胀），从而削弱微粒间的结合力。

（4）温度：通常温度升高时，材料内部质点的振动加强，体积膨胀（热胀），质点间距离增大、作用力减弱，材料的强度降低。反之相反（除了负温状态）。

（5）试件的形状和尺寸：同种材料具有相同受压面积时，立方体试件的抗压强度高于棱柱体试件的抗压强度；同种材料具有相同形状时，小尺寸试件的强度高于大尺寸试件的强度。

（6）加荷速度：通常加荷速度快时，由于材料的变形速度滞后于荷载增长速度，故测得的强度值偏高；反之，因材料有充裕的变形时间，故测得的强度值偏低。

（7）受力面状态：试件的受力面凹凸不平或表面润滑时，所测强度值偏低。

由此可知，材料的强度是在规定条件下测定的数值。为了使试验结果准确，且具有可比性，各个国家均制定了统一的材料试验标准。在测定材料强度时，必须严格按照规定的试验方法进行。

（三）强度等级

各种材料的强度差别很大。土木工程材料按其强度值的大小，人为划分为若干个强度等级。如硅酸盐水泥按 28d 的抗压强度和抗折强度划分为 42.5 级～62.5 级共 6 个强度等级，普通混凝土按 28d 的抗压强度划分为 C15～C80 共 14 个强度等级。土木工程材料划分强度等级，对生产者和使用者均有重要意义，它可使生产者在质量控制时有据可依，从而保证产品质量；使用者有利于直观掌握材料的性能指标，以便于合理选用材料，正确地进行设计和控制工程施工质量。

强度是材料的实测极限应力值，是唯一的，是划分强度等级的依据；而每一强度等级则包含一系列实测强度。常用土木工程材料的强度如表 1-3 所示。

表 1-3　常用土木工程材料的强度　（单位：MPa）

材料	抗压强度	抗拉强度	抗弯强度
花岗岩	100～250	5～8	10～14
烧结普通砖	7.5～30	—	1.8～4.0
普通混凝土	7.5～60	1～4	2.0～8.0
松木（顺纹）	30～50	80～120	60～100
钢材	235～1800	235～1800	—

（四）比强度

比强度反映材料单位体积质量的强度，其值等于材料的强度与其表观密度之比。比强度是衡量材料轻质高强性能的重要指标。优质的建筑结构材料必须具有较高的比强度。几种土木工程材料的比强度如表 1-4 所示。

表 1-4　几种土木工程材料的比强度

材　料	表观密度 ρ_0/(kg/m^3)	强度 f_c/(MPa)	比强度(f_c/ρ_0)
低碳钢	7850	420	0.054
普通混凝土	2400	40	0.017
松木（顺纹抗拉）	500	100	0.200
松木（顺纹抗压）	500	36	0.072
玻璃钢	2000	450	0.225
烧结普通砖	1700	10	0.006

由表 1-4 中比强度数据可知，玻璃钢和木材是轻质高强的材料，它们的比强度大于低碳钢，而低碳钢的比强度大于普通混凝土。普通混凝土是表观密度大而比强度相对较低的建筑材料，所以要努力改进普通混凝土这一当代用量最多、最重要的土木工程材料，向轻质高强的材料方向发展是一项十分重要的工作。

二、材料的弹性与塑性

材料在外力作用下易产生变形，当外力撤除后能完全恢复变形的性质称为弹性。这种可恢复的可逆变形称为弹性变形,具有这种性质的材料称为弹性材料。弹性材料的变形特征常用弹性模量 E 表示,其值等于应力 σ 与应变 ε 之比,即:

$$E = \frac{\sigma}{\varepsilon} \tag{1-23}$$

弹性模量是衡量材料抵抗变形能力的一个重要指标。同一种材料在其弹性变形范围内,弹性模量为常数。弹性模量愈大,材料愈不易变形,亦即刚度愈大。弹性模量是结构设计的重要参数。

材料在外力作用下易产生变形,当外力撤除后不能恢复变形的性质称为塑性。这种不可恢复的不可逆变形称为塑性变形,具有这种性质的材料称为塑性材料。

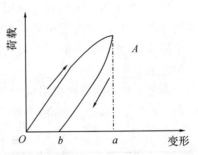

图 1-4 弹塑性材料的变形曲线

实际上,纯弹性变形的土木工程材料是没有的,通常一些土木工程材料在受力不大时,表现为弹性变形;当外力超过一定值时,则表现为塑性变形,如低碳钢就是这类材料。另外,许多土木工程材料在受力时弹性变形和塑性变形同时产生,这种材料当外力取消后,弹性变形即可恢复,而塑性变形不能消失,这种材料称为弹塑性材料,如混凝土就是这类材料。弹塑性材料的变形曲线如图 1-4 所示,图中 ab 为可恢复的弹性变形,bO 为不可恢复的塑性变形。

三、材料的脆性与韧性

材料在外力作用下无明显的变形而突然破坏的性质称为脆性,具有这种性质的材料称为脆性材料。脆性材料的抗拉强度远小于其抗压强度,可小数倍甚至数十倍。脆性材料抵抗冲击荷载或振动作用的能力很差,只适合用作承压构件。建筑材料中大部分无机非金属材料均属于脆性材料,如天然岩石、陶瓷、玻璃、普通混凝土等。

材料在外力作用下能产生较大变形而不破坏的性质称为韧性,具有这种性质的材料称为韧性材料。材料的韧性用冲击韧性指标 a_K 表示,冲击韧性指标反映带缺口的试件做冲击破坏试验时,断口处单位面积所吸收的能量。其计算公式为:

$$a_K = \frac{A_K}{A} \tag{1-24}$$

式中:a_K 为材料的冲击韧性指标(J/mm^2);A_K 为试件破坏时所消耗的能量(J);A 为试件受力净截面积(mm^2)。

土木工程中,对于承受冲击荷载、振动荷载或有抗震要求的结构,如吊车梁、桥梁、路面等所用的材料,均要求具有较高的韧性。

四、材料的硬度与耐磨性

(一)硬度

硬度是指材料表面抵抗硬物压入或刻划的能力。材料硬度测试方法有多种,不同材料用不同的测试方法,常用的有压入法和刻划法两种。压入法主要有布氏硬度和洛氏硬度。布氏硬度通常用于铸铁、非铁金属、低合金结构钢及结构钢调质件、木材、混凝土等材料。洛氏硬度理论上可用于各种材料硬度的测试,但因采用不同的硬度等级,使测得的硬度值无法比较,故常用于淬火钢的硬度测试。刻划法主要有莫氏硬度。莫氏硬度主要用于无机非金属材料,特别是矿物的硬度测试,按莫氏硬度将矿物硬度分为 10 级,按硬度递增顺序为:滑石 1 级、石膏 2 级、方解石 3 级、萤石 4 级、磷灰石 5 级、正长石 6 级、石英 7 级、黄玉 8 级、刚玉 9 级、金刚石 10 级。

一般材料的硬度愈大,其耐磨性愈好。工程中有时也用硬度间接推算材料的强度。

(二)耐磨性

耐磨性是材料表面抵抗磨损的能力。材料的耐磨性用磨损率表示,其计算公式为:

$$N = \frac{m_1 - m_2}{A} \tag{1-25}$$

式中:N 为材料的磨损率(g/cm^2);m_1、m_2 分别为材料磨损前、后的质量(g);A 为试件受磨面积(cm^2)。

材料的耐磨性与材料的组成、结构、强度、硬度等有关。土木工程中用于踏步、台阶、地面、路面等部位的材料,应具有较高的耐磨性。一般来说,强度较高且密实的材料,其硬度较大,耐磨性较好。

第三节 材料的耐久性

材料的耐久性是指材料在多种环境因素耦合作用下,能不变质、不破坏,长久地保持其性能的性质。耐久性是材料的一项综合性质,诸如抗冻性、抗渗性、抗碳化性、抗风化性、大气稳定性、耐腐蚀性等。此外,材料的强度、耐磨性、耐热性等也与材料的耐久性有密切关系。

一、环境对材料的作用

在构筑物使用过程中,材料除了内在原因使其组成、结构、性能发生变化外,还受到周围复杂环境及各种自然因素的耦合作用或共同作用的破坏。这些作用可概括为以下几方面。

(1)物理作用:包括环境温度、湿度的交替变化,即冷热、干湿、冻融等循环作用。材料在经受这些作用后,将发生膨胀、收缩,产生内应力,长期的循环作用,将使材料遭到破坏。

(2)化学作用:包括大气和环境水中的酸、碱、盐等溶液或其他有害物质对材料的侵蚀作用,以及日光等对材料的作用,使材料产生本质的变化而破坏。

(3)机械作用:包括荷载的持续作用或交变作用引起材料的疲劳、冲击、磨损等破坏。

(4)生物作用:包括菌类、昆虫等的侵害作用,导致材料发生腐朽、蛀蚀等破坏。

各种材料耐久性的具体内容,因其组成和结构不同而异。例如,钢材易氧化而锈蚀;无机非金属材料常因氧化、风化、碳化、溶蚀、冻融、热应力、干湿交替等作用而破坏;有机材料多因腐烂、虫蛀、老化而变质等。

二、材料耐久性的测定

对材料耐久性最可靠的判断是对其在使用条件下进行长期的观察和测定,但这需要很长时间。为此,近年来常采用快速检验法,这种方法是模拟实际使用条件,将材料在试验室进行有关的快速试验,根据试验结果对材料的耐久性作出判定。在试验室进行快速试验的项目主要有:干湿循环、冻融循环、人工碳化、加速腐蚀、盐雾、酸雨、加湿与紫外线干燥循环、盐溶液浸渍与干燥循环、化学介质浸渍等。

三、提高材料耐久性的重要意义

在选择建筑材料时,必须考虑材料的耐久性问题。采用耐久性良好的建筑材料,对节约材料、充分发挥建筑材料的正常服役性能、保证建筑结构长期正常使用、延长建筑物使用寿命、减少维修费用等,均具有十分重要的意义。

第四节 材料的组成及结构

虽然复杂环境因素对建筑材料性能的影响很大,但是这些都属于外因,外因要通过内因才起作用,所以对材料性质起决定性作用的是其内部因素。所谓的内部因素就是指材料的物质组成和结构。

一、材料的组成

材料的组成包括材料的化学组成、矿物组成和相组成。它不仅影响材料的化学性质,而且是决定材料物理、力学性质的重要因素。

（一）化学组成

化学组成(或成分)是指构成材料的化学元素及化合物的种类及数量。当材料与自然环境或各类物质相接触时,它们之间必然按化学变化规律发生作用。如材料受到酸、碱、盐类等物质的侵蚀作用,材料遇火燃烧,以及钢材和其他金属材料的锈蚀等都属于化学作用。

材料的化学组成有的简单,有的复杂。材料的化学组成决定着材料的化学稳定性、大气稳定性、耐火性等性质。例如,石膏、石灰和石灰石的主要化学组成分别是 $CaSO_4$、CaO 和 $CaCO_3$,均比较单一,这些化学组成就决定了石膏、石灰易溶于水且耐水性差,而石灰石较稳定。花岗岩、水泥、木材、沥青等的化学组成比较复杂。花岗岩主要由多种氧化物形成的天然矿物(如石英、长石、云母等)组成,它强度高、抗风化性好;普通水泥主要由 CaO、SiO_2、Al_2O_3 等氧化物形成的硅酸钙及铝酸钙等矿物组成,它决定了水泥易水化形成凝胶体,具有胶凝性,且呈碱性;木材主要由 C、H、O 形成的纤维素和木质素组成,故易燃烧;沥青则由多种 C—H 化合物及其衍生物组成,故其易老化。

总之,各种材料均有其自身的化学组成,不同化学组成的材料,具有不同的化学、物理及力学性质。因此,化学组成是材料性质的基础,它对材料的性质起决定性作用。

（二）矿物组成

矿物是指由地质作用形成的具有相对固定的化学组成和确定的内部结构的天然单质或化合物。矿物必须具有特定的化学组成和结晶结构的无机物。矿物组成是指构成材料的矿物种类和数量。大多数建筑材料的矿物组成是复杂的,如天然石材、无机胶凝材料等。复杂的矿物组成是决定其性质的主要因素。水泥因熟料矿物不同或含量不同而表现出的水泥性质也不同,如硅酸盐水泥中硅酸三钙含量高,其硬化速度较快,强度较高。

(三)相组成

物理化学性质完全相同、成分相同的均匀物质的聚集态或者说组成和状态处处"一致"的物质称为相。自然界中的物质可分为气相、液相、固相。同一种物质在温度、压力等条件发生变化时,常常会从一个相转变为另一个相称为相变。例如,气相变为液相或固相,水蒸气变成水或冰。凡是由两相或两相以上物质组成的材料称为复合材料。建筑材料大多数可看作复合材料。

相与相之间有明确的物理界面,超过此界面,一定有某种性质(如密度、组成等)发生突变。复合材料的性质与材料的组成及界面特性有密切关系。所谓界面,从广义上来讲是指多相材料中相与相之间的分界面。在实际材料中,界面是一个薄区,它的成分及结构与相是不一样的,它们之间是不均匀的,可将其作为"界面相"来处理。因此,通过改变和控制材料的相组成,可以改善和提高材料的技术性能。

人工复合材料,如混凝土、建筑涂料等,由各种原材料配合而成,因此,影响这类材料性质的主要因素是其原材料的品质和配比。

二、材料的结构

材料的结构可分为微观结构、细观结构和宏观结构。

(一)微观结构

微观结构是指原子、分子层次上的结构,可用电子显微镜和 X 射线来分析研究该结构特征。微观结构的尺寸分辨程度为"埃"(Å,0.1nm)～"纳米"(nm)范围。材料的许多物理性质,如强度、硬度、弹塑性、熔点、导热性、导电性等都是由其微观结构所决定的。

从微观结构层次上,材料可分为晶体、玻璃体、胶体。

1. 晶体

质点(离子、原子、分子)在空间上按特定的规则呈周期性排列时所形成的结构称为晶体结构。晶体的特点:①具有特定的几何外形,这是晶体内部质点按特定规则排列的外部表现。②具有各向异性,这是晶体的结构特征在性能上的反映。③具有固定的熔点和化学稳定性,这是晶体键能和质点处于最低能量状态所决定的。

根据组成晶体的质点及化学键的不同,晶体可分为以下几种。

原子晶体:中性原子与共价键结合的晶体,如石英等。

离子晶体:正负离子与离子键结合的晶体,如 $CaCl_2$ 等。

分子晶体:以分子间的范德华力即分子键结合的晶体,如有机化合物等。

金属晶体:以金属阳离子为晶格,由自由电子与金属阳离子间的金属键结合的晶体,如钢等。

晶体内部质点的相对密集程度和质点间的结合力,对晶体材料的性质有着重要的影响。例如,碳素钢,其晶体结构中的质点相对密集程度较高,质点间又是以金属键联结着,结合力强,故钢材具有较高的强度、很强的塑性变形能力。同时,因其晶格间隙中存在自由运动的电子,从而使钢材具有良好的导电性和导热性。而在硅酸盐矿物材料(如陶瓷)的复杂晶体结构(基本单元为硅氧四面体)中,质点的相对密集程度不高,且质点间大多是以共价键联结,结合力较弱,故这类材料的强度较低,变形能力差,呈现脆性。同时,晶粒的大小对材料性质也有重要影响,一般晶粒愈细,分布愈均匀,材料的强度愈高。所以改变晶粒的粗细,可以使材料性质发生变化,如钢材的热处理就利用了这一原理。

如果材料的化学组成相同,而形成的晶体结构不同,则性能差异很大。如石英、石英玻璃和硅藻土,化学组成均为 SiO_2,但各自的性能不同。另外,晶体结构的缺陷对材料性质的影响也很大。

2. 玻璃体

将熔融物质迅速冷却(急冷),使其内部质点来不及作有规则的排列就凝固,这时形成的物质结构即为玻璃体,又称为无定形体或非晶体。玻璃体的结合键为共价键与离子键。其结构特征为构成玻璃体的质点在空间上呈非周期性排列。玻璃体无固定的几何外形,具有各向同性,破坏时也无清晰的解理面,加热时无固定的熔点,只出现软化现象。同时,因玻璃体是在快速急冷条件下形成的,故内应力较大,具有明显的脆性,如玻璃。

对玻璃体结构的认识,目前主要有如下三种学说:①构成玻璃体的质点呈无规则空间网络结构。此为无规则网络结构学说。②构成玻璃体的微观组织为微晶子,微晶子之间通过变形和扭曲的界面彼此相连。此为微晶子学说。③构成玻璃体的微观结构为近程有序、远程无序。此为近程有序、远程无序学说。

由于玻璃体在快速急冷凝固时质点来不及作定向排列,质点间的能量只能以内能的形式储存起来,因此玻璃体具有化学不稳定性,亦即存在化学活性潜能,在一定条件下,易与其他物质发生化学反应。例如,水淬粒化高炉矿渣、火山灰等均属玻璃体,经常用作硅酸盐水泥的掺合料,以改善水泥性能。玻璃体在烧土制品或某些天然岩石中,起着胶黏剂的作用。

3. 胶体

物质以极微小的质点(粒径为 $10^{-9} \sim 10^{-7}$m)分散在介质中所形成的结构称为胶体。其中,分散粒子一般带有电荷(正电荷或负电荷),而介质带有相反的电荷,从而使胶体保持稳定性。由于胶体的质点微小,其比表面积很大、总表面积很大,表面能很大,有很强的吸附力,所以胶体具有较强的黏结力。

在胶体结构中,若胶粒数量较少,则液体性质对胶体结构的强度及变形性能影响较大,这种胶体结构称为溶胶结构。溶胶具有较大的流动性,建筑材料中的涂料就是利用这一性质配制而成的。若胶粒数量较多,则胶粒在表面能作用下凝聚或在物理化学作用下彼此相连,形成空间网络结构,从而使胶体结构的强度增大,变形性能减小,形成固态或半固态,此胶体结构称为凝胶结构。凝胶具有触变性,即凝胶被搅拌或振动,又能变成溶胶。水泥浆、新拌混凝土、胶黏剂等均表现出触变性。当凝胶完全脱水硬化变成干凝胶体后,具有固体的性质,即产生强度。硅酸盐水泥主要水化产物的最终形式就是干凝胶体。

胶体结构与晶体结构及玻璃体结构相比,强度较低、变形较大。对材料的组成和微观结构的分析研究,通常采用 X 射线衍射分析、差热分析、红外光谱分析、扫描电镜分析等方法。

(二)细观结构

细观结构(也称显微结构或亚微观结构)是指用光学显微镜能观察到的材料结构。细观结构的尺寸范围在微米(μm)数量级。建筑材料的细观结构,只能针对某种具体材料进行分类研究。例如:混凝土可分为基相、骨料相、界面;天然岩石可分为矿物、晶体颗粒、非晶体;

钢材可分为铁素体、渗碳体、珠光体;木材可分为木纤维、导管髓线、树脂道。

材料在细观结构层次上,组成不同其性质也不同,这些组成的特征、数量、分布以及界面性质等,对材料的性能有重要影响。

（三）宏观结构

建筑材料的宏观结构是指用肉眼或用放大镜可分辨的粗大材料层次。其尺寸在0.10mm以上数量级。宏观结构主要有以下几种。

(1)密实结构。密实结构材料内部基本上无孔隙,结构致密。这类材料的特点是,强度和硬度较高,吸水性小,抗渗性和抗冻性较好,耐磨性较好,保温隔热性差,如钢材、天然石材、玻璃、玻璃钢等。

(2)多孔结构。多孔结构材料内部存在均匀分布的封闭或部分连通的孔隙,孔隙率较大。多孔结构的材料,其性质取决于孔隙的特征、多少、大小及分布情况。一般来说,这类材料的强度较低,抗渗性和抗冻性较差,吸水性较大,保温隔热性较好,吸声性较好,如加气混凝土、石膏制品、烧结普通黏土砖等。

(3)纤维结构。纤维结构材料内部组成具有方向性,纵向较紧密而横向较疏松,存在较多的孔隙。这类材料的性质具有明显的方向性,一般平行纤维方向的强度较高,导热性较大,如木材、玻璃纤维、石棉等。

(4)层状结构。层状结构材料具有叠合结构。层状结构是用胶结料将不同的片状材料或具有各向异性的片状材料胶合成整体。其每一层的材料性质不同,但是叠合成层状结构的材料可获得平面各向同性,更重要的是可以显著提高材料的强度、硬度、保温隔热性等性质,扩大其使用范围,如胶合板、纸面石膏板、塑料贴面板等。

(5)纹理结构。天然材料在生长或形成过程中自然造就的天然纹理,如木材、大理石、花岗石等;人工材料可人为制作纹理,如瓷质彩胎砖、人造花岗岩板材等。这些天然或人工制造的纹理,使材料具有美丽的外观。为了改善建筑材料的表面质感,目前广泛采用仿真技术,可研制出多种纹理结构的装饰材料。

(6)粒状结构。粒状结构材料内部呈颗粒状。颗粒有密实颗粒与轻质多孔颗粒之分。如砂子、石子等,因其致密、强度高,适合用作混凝土的骨料;如陶粒、膨胀珍珠岩等,因其多孔结构,适合用作保温隔热材料。粒状结构的材料,颗粒之间存在大量的空隙,其空隙率主要取决于颗粒级配。

(7)堆聚结构。该结构由骨料与胶凝材料胶结而成。堆聚结构的材料种类繁多,如水泥混凝土、砂浆、沥青混凝土等。

本章知识点及复习思考题

知识点

复习思考题

第二章　无机气硬性胶凝材料

第一节　概　述

胶凝材料是指能将其他材料胶结成整体,并具有一定强度的材料。这里指的其他材料包括粉状材料(石粉、木屑等)、纤维材料(钢纤维、矿棉、玻璃纤维、聚酯纤维等)、散粒材料(砂子、石子、轻集料等)、块状材料(砖、砌块等)、板材(石膏板、水泥板、聚苯板等)等。胶凝材料通常分为有机胶凝材料和无机胶凝材料两大类。

有机胶凝材料是指以天然或人工合成高分子化合物为基本组成的一类胶凝材料。常用的有沥青、树脂、橡胶等。无机胶凝材料是指以无机氧化物或矿物为基本组成的一类胶凝材料。常用的有石灰、石膏、水玻璃、菱苦土和各种水泥。有时也包括粉煤灰、矿渣粉、沸石粉、硅灰、偏高岭土、火山灰等。

根据凝结硬化条件和使用特性的不同,无机胶凝材料通常可分为气硬性和水硬性胶凝材料两类。气硬性胶凝材料是指只能在空气中凝结硬化并保持和发展强度的材料。常用的有石灰、石膏、水玻璃、菱苦土等。这类材料在水中不凝结,也基本没有强度,即使在潮湿环境中强度也很低,通常不宜直接使用。水硬性胶凝材料是指不仅能在空气中,而且能更好地在水中凝结硬化并保持和发展强度的材料。主要有各类水泥和某些复合材料。水是这类材料凝结硬化的必要条件,因此,在空气中使用时,凝结硬化初期要尽可能多浇水或保持潮湿养护。

胶凝材料的凝结硬化过程通常伴随着一系列复杂的物理化学反应和体积变化,且许多内部和外部因素影响其过程,并最终使凝结硬化后的制品性能产生很大差异。不同胶凝材料之间的差异更大。

第二节　石　灰

石灰是一种传统的气硬性胶凝材料,原料来源广、生产工艺简单、成本低,并具有某些优异性能,至今仍为土木工程广泛使用。

一、石灰的原材料

石灰主要的原材料是含碳酸钙($CaCO_3$)的石灰石、白云石和白垩。原材料的品种和产地不同,对石灰性质影响较大,一般要求原材料中黏土杂质含量小于8%。

某些工业副产品也可作为生产石灰的原材料或直接使用。如用碳化钙(CaC_2)制取乙炔时产生的电石渣,主要成分为氢氧化钙[$Ca(OH)_2$],可直接使用,但性能不理想。又如用氨碱法制碱的残渣,主要成分为碳酸钙。本节主要介绍土木工程中常用的以石灰石为原料生产的石灰。

二、石灰的生产

(一)生石灰

石灰的生产,实际上就是将石灰石在高温下煅烧,使碳酸钙分解成为CaO和CO_2,CO_2以气体逸出。反应式如下:

$$CaCO_3 \xrightarrow{900\sim1200℃} CaO + CO_2 \uparrow$$

生产所得的CaO称为生石灰,是一种白色或灰色的块状物质。生石灰的特性为遇水快速产生水化反应,体积膨胀,并能放出大量的热。煅烧良好的生石灰能在几秒内与水反应完毕,体积膨胀2倍左右。

(二)钙质石灰与镁质石灰

由于原料中常含有碳酸镁($MgCO_3$),煅烧后生成MgO,根据《建筑生石灰》(JC/T 479—2013),将MgO含量≤5%的生石灰称为钙质生石灰,而MgO含量>5%的称为镁质生石灰。同等级的钙质石灰质量优于镁质石灰。

(三)欠火石灰与过火石灰

当煅烧温度过低或时间不足时,$CaCO_3$不能完全分解,亦即生石灰中含有石灰石$CaCO_3$,这类石灰称为欠火石灰。由于$CaCO_3$不溶于水,也无胶结能力,在熟化为石灰膏或消石灰粉时作为残渣被废弃,所以有效利用率下降。

当煅烧温度过高或时间过长时,部分块状石灰的表层会被煅烧成致密的釉状物,这类石灰称为过火石灰。过火石灰的特点为颜色较深,密度较大,与水反应熟化的速度较慢,往往要在石灰固化后才开始水化熟化,从而产生局部体积膨胀,影响工程质量。由于过火石灰在生产中是很难避免的,所以石灰膏在使用前必须经过"陈伏"处理。

三、石灰的熟化

(一)熟化与熟石灰

生石灰CaO加水反应生成$Ca(OH)_2$的过程称为熟化。生成物$Ca(OH)_2$称为熟石灰。反应式如下:

$$CaO + H_2O == Ca(OH)_2 + 64.9kJ$$

熟化过程的特点为:

(1)速度快。煅烧良好的CaO与水接触几秒内即可反应完毕。

(2)体积膨胀。CaO与水反应生成$Ca(OH)_2$时,体积增大1.5~2.0倍。

(3)放出大量的热。1g分子CaO熟化生成1g分子$Ca(OH)_2$,约产生64.9kJ的热量。

(二)石灰膏

当熟化时加入大量的水,则生成浆状石灰膏。CaO 熟化生成 $Ca(OH)_2$ 的理论需水量为 32.1%,但实际熟化过程均应加入过量的水。一方面要考虑熟化时放热引起水分蒸发损失,另一方面要确保 CaO 充分熟化。通常在化灰池中进行石灰膏的生产,即将块状生石灰用水冲淋,通过筛网,滤去欠火石灰和杂质,流入化灰池沉淀而得。石灰膏面层必须蓄水保养,其目的是与空气隔断,防止干硬固化和碳化固结,以免影响正常使用效果。

(三)消石灰粉

当熟化时加入适量($60\%\sim80\%$)的水,则生成粉状熟石灰。这一过程通常称为消化,其产品称为消石灰粉。通常是在工厂集中生产消石灰粉,并作为产品对外进行销售。

(四)石灰的"陈伏"

由于过火石灰的表面覆着一层玻璃釉状物,熟化很慢,若在石灰使用并硬化后再继续熟化,则产生的体积膨胀将引起局部鼓泡、隆起和开裂。为消除上述过火石灰的危害,石灰膏使用前应在化灰池中存放 2 周以上,使过火石灰充分熟化,这个过程称为"陈伏"。消石灰粉一般也需要"陈伏"处理。但若将生石灰磨细后使用,则不需要"陈伏"处理,这是因为粉磨过程使过火石灰表面积大大增加,与水熟化反应速度加快,几乎可以同步熟化,而且又能均匀分散在生石灰粉中,不至于引起过火石灰的种种危害。

四、石灰的凝结硬化

石灰在空气中的凝结硬化主要包括结晶和碳化两个过程。结晶作用指的是石灰浆中多余水分蒸发或被砌体吸收,使 $Ca(OH)_2$ 以晶体形态析出,石灰浆体逐渐失去塑性,并凝结硬化产生强度的过程。碳化作用指的是空气中的 CO_2 遇水生成弱碳酸,再与 $Ca(OH)_2$ 发生化学反应生成 $CaCO_3$ 晶体的过程。生成的 $CaCO_3$ 自身强度较高,且填充孔隙使石灰固化体更加致密,强度进一步提高。其反应式如下:

$$Ca(OH)_2 + CO_2 + nH_2O = CaCO_3 + (n+1)H_2O$$

石灰凝结硬化过程的特点为:

(1)速度慢。水分从内部迁移到表层被蒸发或被吸收的过程本身较慢,若表层 $Ca(OH)_2$ 被碳化,生成的 $CaCO_3$ 在石灰表面形成更加致密的膜层,使水分子和 CO_2 的进出更加困难。因此,石灰的凝结硬化过程极其缓慢,通常需要几周的时间。加快硬化速度的简易方法有加强通风和提高空气中 CO_2 的浓度。

(2)体积收缩大。石灰容易产生收缩裂缝。

五、石灰的主要技术性质

(一)保水性与可塑性好

$Ca(OH)_2$ 颗粒极细,比表面积很大,颗粒表面均吸附一层水膜,使得石灰浆具有良好的保水性和可塑性。因此,土木工程中常用其来配制混合砂浆,以弥补水泥砂浆保水性和可塑性差的缺陷。

(二)凝结硬化慢、强度低

石灰浆凝结硬化时间一般需要几周,硬化后的强度一般小于1MPa。如1:3的石灰砂浆强度仅为 0.2～0.5MPa。但通过人工碳化处理，可使强度大幅度提高，如碳化石灰板及其制品的强度可达 10MPa。

（三）耐水性差

石灰浆在水中或潮湿环境中不产生强度，在流水中还会溶解流失，因此，一般只在干燥环境中使用。但固化后的石灰制品经人工碳化处理后，耐水性大大提高，可用于潮湿环境。

（四）干燥收缩大

石灰浆体中的游离水，特别是吸附水的蒸发，易引起硬化时体积收缩、开裂。碳化过程也易引起体积收缩。因此，石灰一般不宜单独使用，通常会掺入砂子、麻刀、纸筋等以减少收缩或提高抗裂性能。

六、石灰的应用

（一）用作涂料和抹面

石灰乳通常采用石灰浆（膏）加入大量水调制成稀浆，用于要求不高的室内粉刷，目前已很少使用。

石灰膏掺入麻刀或纸筋作为墙面抹面材料，也被称为黄灰，过去较常用。目前主要采用石灰膏与水泥、砂或直接与砂配制成混合砂浆或石灰砂浆抹面。

（二）制成混合砂浆

石灰、水泥和砂按一定比例与水配制成混合砂浆，用于砌筑和抹面（详见本书第五章）。

（三）用于建筑物基础加固

消石灰粉和黏土拌合后称为石灰土。石灰土中再加入砂和石屑、炉渣等即为三合土。由于 $Ca(OH)_2$ 能和黏土中部分活性 SiO_2 和 Al_2O_3 反应生成具有水硬性的产物，使密实度、强度和耐水性得到改善。因此，可用于建筑物的地基加固，特别是软土地基固结和道路垫层，如石灰桩加固地基等。但是，目前更常用的方法是将石灰、粉煤灰和砂混合成"三合土"作为道路垫层，因粉煤灰中活性 SiO_2 和 Al_2O_3 的含量高，故其固结强度高于黏土，且其废渣也可利用。

（四）用于生产硅酸盐制品

硅酸盐制品主要包括粉煤灰混凝土、粉煤灰砖、硅酸盐砌块、灰砂砖、加气混凝土等。它们主要以石英砂、粉煤灰、矿渣、炉渣等为原料，其中的 SiO_2、Al_2O_3 与石灰在蒸汽养护或蒸压养护条件下生成水化硅酸钙和水化铝酸钙等水硬性产物，产生强度。若没有 $Ca(OH)_2$ 参与反应，则其强度很低。

生石灰块和粉料在运输和储存过程中应注意密封防潮，否则吸水潮解后与空气中 CO_2 作用生成碳酸钙，使石灰胶结能力下降。

七、石灰的技术标准

（一）建筑生石灰

根据 MgO 含量的不同，建筑生石灰可分为钙质生石灰（MgO 含量≤5%）和镁质生石灰（MgO 含量＞5％），还可根据 CaO 和 MgO 总含量，CO_2、SO_3 含量和产浆量将上述两类石灰分为各个等级，见表 2-1。

表 2-1 建筑生石灰的技术指标

项 目		钙质生石灰			镁质生石灰	
		CL 90-Q	CL 85-Q	CL 75-Q	ML 85-Q	ML 80-Q
CaO＋MgO 含量/%	不小于	90	85	75	85	80
CO_2 含量/%	不大于	4	7	12	7	7
SO_3 含量/%	不大于	2	2	2	2	2
产浆量/(L/kg)	不小于	26	26	26	—	—

注：摘自《建筑生石灰》(JC/T 479—2013)。CL 指钙质生石灰，ML 指镁质生石灰，Q 为生石灰块代号。

（二）建筑生石灰粉

与建筑生石灰一样，建筑生石灰粉可分为钙质和镁质生石灰粉，并可根据 CaO 和 MgO 总含量，CO_2、SO_3 含量和细度分为各个等级，见表 2-2。

表 2-2 建筑生石灰粉的技术指标

项 目			钙质生石灰粉			镁质生石灰粉	
			CL 90-QP	CL 85-QP	CL 75-QP	ML 85-QP	ML 80-QP
CaO＋MgO 含量/%		不大于	90	85	75	85	80
MgO 含量/%			≤5	≤5	≤5	＞5	＞5
CO_2 含量/%		不大于	4	7	12	7	7
SO_3 含量/%		不大于	2	2	2	2	2
细度	0.20mm 筛余量/%	不大于	2	2	2	2	7
	0.09mm 筛余量/%	不大于	7	7	7	7	2

注：摘自《建筑生石灰》(JC/T 479—2013)。QP 为生石灰粉代号。

（三）建筑消石灰粉

根据 MgO 含量的不同，建筑消石灰粉可分为钙质消石灰粉（MgO 含量≤5％）和镁质消石灰粉（MgO 含量＞5％），并根据扣除游离水和结合水后 CaO 和 MgO 的总含量可分为各个等级，见表 2-3。

表 2-3 建筑消石灰粉的技术指标

项 目		钙质消石灰粉			镁质消石灰粉	
		HCL 90	HCL 85	HCL 75	HML 85	HML 80
CaO＋MgO 含量/%	不大于	90	85	75	85	80
SO_3 含量/%	不大于			2		
游离水/%	不大于			2		
体积安定性				合格		

项　目		钙质消石灰粉			镁质消石灰粉	
		HCL 90	HCL 85	HCL 75	HML 85	HML 80
细度	0.20mm 筛余量/%　不大于			2		
	0.09mm 筛余量/%　不大于			7		

注:摘自《建筑消石灰》(JC/T 481—2013)。HCL 指钙质消石灰,HML 指镁质消石灰。

第三节　石　膏

一、石膏的原材料

(一)生石膏

生石膏通常指天然二水石膏,分子式为 $CaSO_4 \cdot 2H_2O$,也称为软石膏,是生产建筑石膏最主要的原料。生石膏粉加水不硬化,无胶结力。

(二)化工石膏

化工石膏指含有二水硫酸钙($CaSO_4 \cdot 2H_2O$)及 $CaSO_4$ 混合物的化工副产品。如生产磷酸和磷肥时的废料称为磷石膏;生产氢氟酸时的废料称为氟石膏等。此外,还有盐石膏、芒硝石膏、钛石膏等,也可作为生产建筑石膏的原料,但性能不及用生石膏制得的建筑石膏。

(三)脱硫石膏

在火力发电厂产生的烟气中通常含有大量的 SO_2,直接排放将严重污染空气,因此,目前通常采用以石灰石浆液为脱硫剂,通过向吸收塔内喷入吸收剂浆液,与烟气充分接触混合,并对烟气进行洗涤,使烟气中的 SO_2 与浆液中的 $CaCO_3$ 以及鼓入的强氧化空气反应,生成二水硫酸钙($CaSO_4 \cdot 2H_2O$),称为脱硫石膏。脱硫石膏的特性与天然生石膏相似,目前已得到广泛应用。

(四)硬石膏

硬石膏指天然无水石膏,分子式为 $CaSO_4$。其不含结晶水,与生石膏差别较大,通常用于生产建筑石膏制品或添加剂。这里不作详细介绍。

二、建筑石膏的生产

将生石膏在 107~170℃ 条件下煅烧脱去部分结晶水而制得的半水石膏,称为建筑石膏,又称为熟石膏,分子式为 $CaSO_4 \cdot \frac{1}{2}H_2O$。反应式如下:

$$CaSO_4 \cdot 2H_2O \xrightarrow{107\sim170℃} CaSO_4 \cdot \frac{1}{2}H_2O + 1\frac{1}{2}H_2O \uparrow$$

生石膏在加热过程中,随着温度和压力的不同,其产品的性能也随之发生变化。上述条件下生成的为 β 型半水石膏,也是最常用的建筑石膏。若将生石膏在 125℃、0.13MPa 压力的蒸压锅内蒸炼，则生成 α 型半水石膏，其晶粒较粗，拌制石膏浆体时的需水量较小，因此，硬化后强度较高，故称为高强石膏。

当煅烧温度升高到 170～300℃ 时，半水石膏继续脱水，生成可溶性硬石膏（$CaSO_4$-Ⅲ），其凝结速度比半水石膏快，但需水量大，强度低。温度继续升高到 400～1000℃，则生成慢溶性硬石膏（$CaSO_4$-Ⅱ）。这种石膏难溶于水，只有当加入某些激发剂后，才具有水化硬化能力，但强度较高，耐磨性能较好。将 $CaSO_4$-Ⅱ 与激发剂混磨后的产品称为硬石膏水泥。

三、建筑石膏的凝结硬化

（一）建筑石膏的水化

建筑石膏加水拌合后，与水发生水化反应生成二水硫酸钙的过程称为水化。反应式如下：

$$CaSO_4 \cdot \frac{1}{2}H_2O + 1\frac{1}{2}H_2O = CaSO_4 \cdot 2H_2O$$

生成的二水硫酸钙与生石膏分子式相同，但由于结晶度、结晶型态和结合状态不同，物理力学性能也不尽相同。其水化和凝结硬化机理可简单描述为：由于二水石膏的溶解度比半水石膏小，故二水石膏首先从饱和溶液中析晶沉淀，促使半水石膏继续溶解，这一反应过程连续不断进行，直至半水石膏全部水化生成二水石膏。

（二）建筑石膏的凝结硬化

随着水化反应的不断进行，自由水分被水化和蒸发而不断减少，加之生成的二水石膏微粒比半水石膏细，比表面积大，可以吸附更多的水，从而使石膏浆体很快失去塑性而凝结；又随着二水石膏微粒结晶长大，晶体颗粒逐渐互相搭接、交错、共生，从而产生强度，即硬化。实际上，上述水化和凝结硬化过程是相互交叉且连续进行的。

建筑石膏凝结硬化过程显著的特点为：

（1）速度快。水化过程一般为 7～12min，整个凝结硬化过程只需 20～30min。

（2）体积微膨胀。建筑石膏凝结硬化过程产生 1% 左右的体积膨胀。这是其他胶凝材料所不具有的特性。

四、建筑石膏的主要技术性质

（一）凝结硬化快

建筑石膏加水拌合后 10min 内便失去塑性而初凝，30min 内即终凝硬化，并产生强度。由于初凝时间短不便施工操作，使用时一般需加入缓凝剂以延长凝结时间。常用的缓凝剂有经石灰处理的动物胶（掺量 0.1%～0.2%）、亚硫酸乙醇废液（掺量 1%）、硼砂、柠檬酸、聚乙烯醇等。掺缓凝剂后，石膏制品的强度将有所降低。

（二）强度较高

建筑石膏的强度发展快，一般 7h 即可达到最大值。抗压强度为 8～12MPa。

（三）体积微膨胀

建筑石膏凝结硬化过程的体积微膨胀特性使得石膏制品表面光滑、体形饱满、无收缩裂纹,特别适用于抹面和制作建筑装饰制品。

（四）色白可加彩色

建筑石膏颜色洁白,一般杂质含量越少,颜色越白。其可加入各种颜料调制成彩色石膏制品,且保色性好。

（五）保温性能好

由于石膏制品在生产时往往会加入过量的水,蒸发后形成大量的内部毛细孔,孔隙率达 $50\%\sim60\%$,表观密度小 $800\sim1000kg/m^3$,导热系数小,故具有良好的保温绝热性能,常用作保温隔热材料,并具有一定的吸声效果。

（六）耐水性差但具有一定的调湿功能

建筑石膏制品的软化系数为 $0.2\sim0.3$,不耐水。但由于毛细孔隙较多,比表面积大,当空气过于潮湿时能吸收水分;而当空气过于干燥时,则能释放出水分,从而调节空气中的相对湿度。提高石膏耐水性的主要措施有掺入矿渣、粉煤灰等活性混合材,或者掺入防水剂做好表面防水处理等。

（七）防火性好

建筑石膏制品的导热系数小,传热慢,比热又大,更重要的是二水石膏遇火脱水,产生的水蒸气能有效阻止火势蔓延,起到防火作用,但脱水后制品强度下降。

五、建筑石膏的应用

（一）作为内墙涂料

抹灰指的是以建筑石膏为胶凝材料,加入水和砂子配成石膏砂浆,用于内墙面抹平。由建筑石膏特性可知,石膏砂浆具有良好的保温隔热性能,调节室内空气的湿度和良好的隔音与防火性能。由于其不耐水,故不宜在外墙使用。

粉刷指的是建筑石膏加水和适量外加剂,调制成涂料,涂刷装修内墙面。建筑石膏表面光洁、细腻、色白,且透湿透气,凝结硬化快、施工方便、黏结强度高,是良好的内墙涂料。

（二）制成装饰制品

以杂质含量少的建筑石膏(有时称为模型石膏)加入少量纤维增强材料和建筑胶水等,制作成各种装饰制品,也可掺入颜料制成彩色制品。

（三）制成石膏板

这是土木工程中使用量最大的一类板材。其包括石膏装饰板、空心石膏板、蜂窝板等,可用作吊顶、隔板或保温、隔声、防火材料等。

（四）其他用途

建筑石膏可作为生产某些硅酸盐制品时的增强剂,如粉煤灰砖、炉渣制品等,也可用作油漆或贴墙纸时的基层找平。

建筑石膏在运输和储存时要注意防潮,储存期一般不宜超过 3 个月,否则将使石膏制品的质量下降。

六、建筑石膏的技术标准

建筑石膏为粉状胶凝材料,堆积密度为 $800\sim1000\text{kg/m}^3$,密度为 $2.5\sim2.8\text{g/cm}^3$。建筑石膏按照强度、细度和凝结时间划分为 4.0 级、3.0 级和 2.0 级,见表 2-4。其中各等级建筑石膏的初凝时间均不得小于 3min,终凝时间不得大于 30min,且通过 0.2mm 方孔筛时的筛余量应≤10%。建筑石膏的质量指标见表 2-4。

表 2-4 建筑石膏的质量指标

等级	2h 湿强度(MPa,不小于)		干强度(MPa,不小于)	
	抗折	抗压	抗折	抗压
4.0	4.0	8.0	7.0	15.0
3.0	3.0	6.0	5.0	12.0
2.0	2.0	4.0	4.0	8.0

注:摘自《建筑石膏》(GB/T 9776—2022)。

第四节 水玻璃

一、水玻璃的组成

水玻璃俗称泡花碱,有钠水玻璃和钾水玻璃两类。钠水玻璃为硅酸钠水溶液,分子式为 $Na_2O \cdot nSiO_2$。钾水玻璃为硅酸钾水溶液,分子式为 $K_2O \cdot nSiO_2$。土木工程中主要使用钠水玻璃。当工程技术要求较高时也可采用钾水玻璃。优质纯净的水玻璃为无色透明的黏稠液体,能溶于水,当含有杂质时呈淡黄色或青灰色。

钠水玻璃分子式 $Na_2O \cdot nSiO_2$ 中的 n 称为水玻璃的模数,代表 SiO_2 和 Na_2O 的分子数比,是非常重要的参数。n 值越大,水玻璃的黏性和强度越高,但在水中的溶解能力下降。当 $n>3.0$ 时,只能溶于热水中,给使用者带来麻烦。n 值越小,水玻璃的黏性和强度越低,易溶于水。故土木工程中常用模数 n 为 $2.6\sim2.8$ 的水玻璃,既易溶于水又有较高的强度。

我国生产的水玻璃模数一般为 $2.4\sim3.3$。水玻璃在水溶液中的含量(或称浓度)常用密度或者波美度(°Bé)表示。土木工程中常用水玻璃的密度一般为 $1.36\sim1.50\text{g/cm}^3$,相当于 $38.4\sim48.3°\text{Bé}$。密度越大,水玻璃含量越高,相应的强度也越大。

水玻璃通常采用石英粉(SiO_2)加上纯碱(Na_2CO_3),在 $1300\sim1400℃$ 的高温下煅烧生成固体 $Na_2O \cdot nSiO_2$,再在高温或高温高压水中溶解,制得溶液状水玻璃产品。

二、水玻璃的凝结固化

水玻璃在空气中的凝结固化与石灰的凝结固化非常相似,主要通过碳化和脱水结晶固结两个过程来实现。反应式如下:

$$Na_2O \cdot nSiO_2 + mH_2O + CO_2 \Longrightarrow Na_2CO_3 + nSiO_2 \cdot mH_2O$$

随着碳化反应的进行,硅凝胶($nSiO_2 \cdot mH_2O$)含量增加,接着自由水分蒸发和硅胶脱

水成固体 SiO_2 而凝结硬化,其特点是:①速度慢。由于空气中 CO_2 浓度低,故碳化反应及整个凝结固化过程十分缓慢。②体积收缩大。③强度低。

为加速凝结固化速度和提高强度,水玻璃使用时一般要求加入固化剂氟硅酸钠,分子式为 Na_2SiF_6。反应式如下:

$$2(Na_2O \cdot nSiO_2) + mH_2O + Na_2SiF_6 = (2n+1)SiO_2 \cdot mH_2O + 6NaF$$

氟硅酸钠的掺量一般为 $12\% \sim 15\%$。掺量太小,凝结固化慢,且强度低;掺量太多,则凝结硬化过快,不便施工操作,而且硬化后的早期强度虽高,但后期强度明显降低。因此,使用时应严格控制固化剂掺量,并根据气温、湿度、水玻璃的模数、密度在上述范围内作适当调整,即气温高、模数大、密度小时选下限,反之亦然。

三、水玻璃的主要技术性质

(一)黏结力和强度较高

水玻璃硬化后的主要成分为硅凝胶($nSiO_2 \cdot mH_2O$)和固体,比表面积大,因而具有较高的黏结力。但水玻璃自身质量、配合料性能及施工养护对强度有显著影响。

(二)耐酸性好

水玻璃可以抵抗除氢氟酸(HF)、热磷酸和高级脂肪酸以外的几乎所有无机和有机酸。

(三)耐热性好

硬化后形成的二氧化硅网状骨架,在高温下强度下降很小,当采用耐热耐火骨料配制水玻璃砂浆和混凝土时,耐热度可达 $1000℃$。因此,水玻璃混凝土的耐热度,也可以理解为主要取决于骨料的耐热度。

(四)耐碱性和耐水性差

因 SiO_2 和 $Na_2O \cdot nSiO_2$ 均溶于碱液,故水玻璃不能在碱性环境中使用。同样,$Na_2O \cdot nSiO_2$、NaF、Na_2CO_3 均溶于水且不耐水,但可采用中等浓度的酸对已硬化的水玻璃进行酸洗处理,以提高耐水性。

四、水玻璃的应用

(一)涂刷材料表面,提高抗风化能力

水玻璃溶液涂刷或浸渍材料后,能渗入缝隙和孔隙中,固化的硅凝胶能堵塞毛细孔通道,可提高材料的密度和强度,从而提高材料的抗风化能力。水玻璃不得用来涂刷或浸渍石膏制品,因为水玻璃与石膏反应生成硫酸钠(Na_2SO_4),在制品孔隙内结晶膨胀,石膏制品开裂破坏。

(二)加固土壤

将水玻璃与氯化钙溶液交替注入土壤中,两种溶液迅速反应生成硅凝胶和硅酸钙凝胶,起到胶结和填充孔隙的作用,使土壤的强度和承载能力得以提高,常用于粉土、砂土和填土的地基加固,称为双液注浆。

(三)配制速凝防水剂

水玻璃可与多种矾配制成速凝防水剂,用于堵漏、填缝等局部抢修。这种多矾防水剂的

凝结速度很快,一般为几分钟,其中四矾防水剂的凝结时间不超过 1min,故在工地上使用时必须做到即配即用。多矾防水剂常用胆矾(硫酸铜,$CuSO_4 \cdot 5H_2O$)、红矾(重铬酸钾,$K_2Cr_2O_7$)、明矾[硫酸铝钾,$KAl(SO_4)_2$]、紫矾四种。

(四)配制耐酸胶凝、耐酸砂浆和耐酸混凝土

耐酸胶凝是用水玻璃和耐酸粉料(常用石英粉)配制而成,与耐酸砂浆和耐酸混凝土一样,主要用于有耐酸要求的工程,如硫酸池等。

(五)配制耐热胶凝、耐热砂浆和耐热混凝土

水玻璃胶凝主要用于耐火材料的砌筑和修补。水玻璃耐热砂浆和混凝土主要用于高炉基础和其他有耐热要求的结构部位。

第五节　镁质胶凝材料

一、原材料和生产

镁质胶凝材料是指以 MgO 为主要成分的无机气硬性胶凝材料,有时称为菱苦土。它是以 $MgCO_3$ 为主要成分的菱镁矿在 800℃ 左右煅烧而得。其生产方式与石灰相似,反应式如下:

$$MgCO_3 \xrightarrow{800℃} MgO + CO_2 \uparrow$$

块状 MgO 经磨细后,即成为白色或浅黄色粉末状菱苦土,类似于磨细的生石灰粉,密度为 $3.1 \sim 3.4 g/cm^3$,堆积密度为 $800 \sim 900 kg/m^3$。

此外,蛇纹石($3MgO \cdot 2SiO_2 \cdot 2H_2O$)、冶炼镁合金的熔渣(MgO 含量 $>25\%$)、白云石($MgCO_3 \cdot CaCO_3$)等也可用来生产镁质胶凝材料,性质和用途与菱苦土相似。当采用白云石生产镁质胶凝材料时,温度不宜超过 800℃,防止 $CaCO_3$ 分解,产品组成为 MgO 和 $CaCO_3$ 的混合物。

二、镁质胶凝材料的凝结硬化

镁质胶凝材料与水拌合后的水化反应与石灰熟化相似。其特点是反应快(但比石灰熟化慢)、放出大量热。反应式如下:

$$MgO + H_2O \Longrightarrow Mg(OH)_2$$

其凝结硬化机理与石灰完全相似,特点相同,即速度慢、体积收缩大、强度很低。因此,很少直接加水使用。为了加速凝结硬化速度、提高制品强度,镁质胶凝材料使用时均应加入适量固化剂。最常用的固化剂为氯化镁溶液,也可用硫酸镁($MgSO_4 \cdot 7H_2O$)、氯化铁($FeCl_3$)或硫酸亚铁($FeSO_4 \cdot H_2O$)等盐类的溶液。氯化镁和氯化铁溶液较常用,氯化镁固化剂的反应式如下:

$$mMgO + nMgCl_2 \cdot 6H_2O \longrightarrow mMgO \cdot nMgCl_2 \cdot 9H_2O$$

反应生成的氧氯化镁($mMgO \cdot nMgCl_2 \cdot 9H_2O$)结晶速度比氢氧化镁[$Mg(OH)_2$]快,因而加速了镁质胶凝材料的凝结硬化速度,而且其制品强度显著提高。

氯化镁溶液(密度为 1.2g/cm³)的掺量一般为镁质胶凝材料的 55%～60%。掺量太大则凝结速度过快,且收缩大、强度低;掺量过小,则硬化太慢、强度也低。此外,凝结硬化对温度很敏感,氯化镁掺量可作适当调整。

三、镁质胶凝材料的技术性质

(一)凝结时间可调

《建筑地面工程施工质量验收规范》(GB 50209—2010)规定,菱苦土用密度为1.2g/cm³的氯化镁溶液调制成标准稠度净浆,初凝时间不得早于 20min,终凝时间不得晚于 6h。

(二)强度高

氯化镁溶液和菱苦土的配制品,抗压强度可达 40～60MPa。其中,1d 强度可达最高强度的 60%～80%,7d 左右可达最高强度。且硬化后的表观密度小(1000～1100kg/m³),属于轻质、早强、高强胶凝材料。

(三)黏结性能好

菱苦土与各种纤维材料的黏结性能很好,且碱性比水泥弱,不会腐蚀纤维材料。因此,常用木屑、玻璃纤维等制作复合板材、地坪等,以提高制品的抗拉、抗折和抗冲击性能。

(四)耐水性差,易泛霜

镁质胶凝材料制品遇水或在潮湿环境中极易吸水变形,强度下降,且制品表面易出现泛霜(俗称返卤)现象,影响正常使用,因此只能在干燥环境中使用。

制品中掺入硫酸镁和硫酸亚铁固化剂可提高耐水性,但强度相对较低。改善耐水性的最佳途径是掺入磷酸盐或防水剂(成本较高),也可掺入矿渣、粉煤灰等活性混合材料。

此外,由于制品中氯离子含量高,对铁钉、钢筋的锈蚀作用很强,因此应尽量避免用铁钉等固定板材或与钢材等易锈材料直接接触。

四、镁质胶凝材料的应用

(一)制作地坪

以菱苦土、木屑、氯化钙及其他混合材料(如滑石粉、砂、石屑、粉煤灰、颜料等)制作地坪,具有一定的弹性,且防火、防爆、导热性小、表面光洁、不起灰。主要用于室内车间地坪。

(二)制作板材

通常加入刨花、木丝、玻璃纤维、聚酯纤维等,制作各种板材,如装饰板、防火板、隔墙板等,也可用来制作通风管道。加入发泡剂时,还可制作保温板。

本章知识点及复习思考题

知识点　　　　　　复习思考题

第三章 水 泥

水泥呈粉末状,与适量水拌合成塑性浆体,经过物理化学过程,浆体能变成坚硬的石状体,并能将散粒状材料胶结成整体。水泥是一种良好的胶凝材料,水泥浆体不仅能在空气中硬化,还能更好地在水中硬化,保持并发展其强度,故水泥是水硬性胶凝材料。

水泥在胶凝材料中占有极其重要的地位,是最重要的建筑材料之一。它不仅大量应用于工业与民用建筑工程中,还广泛应用于农业、水利、公路、铁路、海港和国防等工程中,常用来制造各种形式的钢筋混凝土、预应力混凝土构件和建筑物,也常用于配制砂浆,以及用作灌浆材料等。

水泥的种类繁多,目前生产和使用的水泥品种已达 200 余种。水泥按其组成的基本物质——熟料的矿物组成,一般可分为:①硅酸盐系水泥,其中包括通用硅酸盐水泥(含硅酸盐水泥、普通硅酸盐水泥、矿渣硅酸盐水泥、火山灰质硅酸盐水泥、粉煤灰硅酸盐水泥、复合硅酸盐水泥等六个品种水泥)、快硬硅酸盐水泥、白色硅酸盐水泥以及抗硫酸盐硅酸盐水泥等;②铝酸盐系水泥,如铝酸盐自应力水泥、铝酸盐水泥等;③硫铝酸盐系水泥,如快硬硫铝酸盐水泥、Ⅰ型低碱硫铝酸盐水泥等;④氟铝酸盐水泥;⑤铁铝酸盐水泥;⑥少熟料或无熟料水泥。水泥按其特性与用途可分为:①通用水泥是指大量用于一般土木工程中的水泥,如上述"六种"水泥;②专用水泥是指具有专门用途的水泥,如砌筑水泥、油井水泥、道路水泥等;③特性水泥是指某种性能比较突出的水泥,如快硬水泥、白色水泥、膨胀水泥、低热及中热水泥等。

本章以通用硅酸盐水泥为主要内容,在此基础上介绍其他品种水泥。

第一节 通用硅酸盐水泥概述

通用硅酸盐水泥是指组成水泥的基本物质——熟料的主要成分为硅酸钙,它在所有水泥中应用最广。

一、通用硅酸盐水泥的生产

通用硅酸盐水泥的生产原料主要是石灰石和黏土质原料两类。石灰质原料主要提供 CaO,常采用石灰石、白垩、石灰质凝灰岩等。黏土质原料主要提供 SiO_2、Al_2O_3 及 Fe_2O_3,常采用黏土、黏土质页岩、黄土等。有时两种原料化学成分不能满足要求,还需加入少量校正原料来调整,常采用黄铁矿渣等。通用硅酸盐水泥的生产工艺概括起来就是"两磨一烧",如图 3-1 所示。

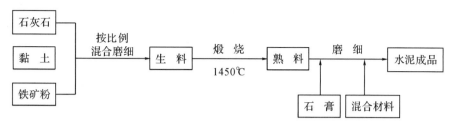

图 3-1　水泥生产工艺示意

生产水泥时先将原料按适当比例混合后再磨细,然后将制成的生料入窑进行高温煅烧;再将烧好的熟料配以适当的石膏和混合材料在磨机中磨成细粉,即得到水泥。

煅烧水泥熟料的窑型主要有回转窑和立窑两类。技术相对落后,能耗较高及产品质量较差的立窑逐渐被淘汰,取而代之的是技术先进、能耗低、产品质量好、生产规模大(可达10000t/d)的室外分解回转窑。

二、通用硅酸盐水泥的组成

通用硅酸盐水泥由硅酸盐水泥熟料、石膏调凝剂和混合材料三部分组成,如表3-1~表3-3所示。

表 3-1　硅酸盐水泥的组分要求

品种	代号	组分(质量分数)/%		
		熟料＋石膏	粒化高炉矿渣	石灰石
硅酸盐水泥	P·Ⅰ	100	—	—
	P·Ⅱ	95~100	0~<5	—
			—	0~<5

表 3-2　普通硅酸盐水泥、矿渣硅酸盐水泥、粉煤灰硅酸盐水泥和火山灰质硅酸盐水泥的组分要求

品种	代号	组分(质量分数)/%				替代组分
		主要组分①				
		熟料＋石膏	粒化高炉矿渣/矿渣粉	粉煤灰	火山灰质混合材料	
普通硅酸盐水泥	P·O	0~<94	6~20①			0~5②
矿渣硅酸盐水泥	P·S·A	50~<79	21~50	—	—	0~8③
	P·S·B	30~<49	51~70	—	—	
粉煤灰硅酸盐水泥	P·F	60~<79	—	21~<40	—	0~5④
火山灰质硅酸盐水泥	P·P	60~<79	—	—	21~<40	

注:①　本组分材料由符合本标准规定的粒化高炉矿渣/矿渣粉、粉煤灰、火山灰质混合材料组成。

②　本替代组分为符合标准规定的石灰石。

③　本替代组分为符合标准规定的粉煤灰或火山灰、石灰石。替代后P·S·A矿渣硅酸盐水泥中粒化高炉矿渣/矿渣粉含量(质量分数)不小于水泥质量的21%,P·S·B矿渣硅酸盐水泥中粒化高炉矿渣/矿渣含量(质量分数)不小于水泥质量的51%。

④　本替代组分为符合标准规定的石灰石。替代后粉煤灰硅酸盐水泥中粉煤灰含量(质量分数)不小于水泥质量的21%,火山灰质硅酸盐水泥中火山灰质混合材料含量(质量分数)不小于水泥质量的21%。

表 3-3　复合硅酸盐水泥的组分要求

品种	代号	组分（质量分数）/%					
		主要组分					
		熟料＋石膏	粒化高炉矿渣/矿渣粉	粉煤灰	火山灰质混合材料	石灰石	砂岩
复合硅酸盐水泥	P·C	50～<79	20～<50①				

注：① 本组分材料由符合本标准规定的粒化高炉矿渣/矿渣粉、粉煤灰、火山灰质混合材料、石灰石和砂岩中的三种（含）以上材料组成。其中，石灰石含量（质量分数）不大于水泥质量的 15%。

（一）硅酸盐水泥熟料

以适当成分的生料煅烧至部分熔融，所得以硅酸钙为主要成分的产物，称为硅酸盐水泥熟料。生料中的主要成分是 CaO、SiO_2、Al_2O_3、Fe_2O_3，经高温煅烧后，反应生成硅酸盐水泥熟料中的四种主要矿物：硅酸三钙（$3CaO \cdot SiO_2$，简写式 C_3S）、硅酸二钙（$2CaO \cdot SiO_2$，简写式 C_2S）、铝酸三钙（$3CaO \cdot Al_2O_3$，简写式 C_3A）和铁铝酸四钙（$4CaO \cdot Al_2O_3 \cdot Fe_2O_3$，简写式 C_4AF）。硅酸盐水泥熟料的化学成分和矿物组分含量如表 3-4 所示。

表 3-4　硅酸盐水泥熟料的化学成分及矿物成分含量

化学成分	含量/%	矿物成分	含量/%
CaO	62～67	$3CaO \cdot SiO_2$（C_3S）	37～60
SiO_2	19～24	$2CaO \cdot SiO_2$（C_2S）	15～37
Al_2O_3	4～7	$3CaO \cdot Al_2O_3$（C_3A）	7～15
Fe_2O_3	2～5	$4CaO \cdot Al_2O_3 \cdot Fe_2O_3$（$C_4AF$）	10～18

（二）石膏

石膏是通用硅酸盐水泥中必不可少的组成材料，主要作用是调节水泥的凝结时间，常采用天然的或合成的二水石膏（$CaSO_4 \cdot 2H_2O$）。

（三）混合材料

混合材料是通用硅酸盐水泥中经常采用的组成材料，按其性能的不同，可分为活性与非活性两大类。常用的混合材料有活性类的粒化高炉矿渣、火山灰质材料及粉煤灰等与非活性类的石灰石、石英砂、黏土、慢冷矿渣等。

第二节　硅酸盐水泥和普通硅酸盐水泥

在硅酸盐系水泥品种中，硅酸盐水泥和普通硅酸盐水泥的组成相差较小，性能较为接近。

一、硅酸盐水泥的水化和凝结硬化

水泥加水拌合后，最初形成具有可塑性的浆体（称为水泥净浆），随着水泥水化反应的进行逐渐变稠而失去塑性，这一过程称为凝结。此后，随着水化反应的继续，浆体逐渐变为具有一定强度的坚硬的固体水泥石，这一过程称为硬化。可见，水化是水泥产生凝结硬化的前提，而凝结硬化则是水泥水化的必然结果。

（一）硅酸盐水泥的水化

硅酸盐水泥与水拌合后，其熟料颗粒表面的四种矿物立即与水发生水化反应，生成水化产物。各矿物的水化反应式如下：

$$2(3CaO \cdot SiO_2) + 6H_2O == 3CaO \cdot 2SiO_2 \cdot 3H_2O + 3Ca(OH)_2$$

（水化硅酸钙凝胶）　（氢氧化钙晶体）

$$2(2CaO \cdot SiO_2) + 4H_2O == 3CaO \cdot 2SiO_2 \cdot 3H_2O + Ca(OH)_2$$

$$3CaO \cdot Al_2O_3 + 6H_2O == 3CaO \cdot Al_2O_3 \cdot 6H_2O$$

（水化铝酸钙晶体）

$$4CaO \cdot Al_2O_3 \cdot Fe_2O_3 + 7H_2O == 3CaO \cdot Al_2O_2 \cdot 6H_2O + CaO \cdot Fe_2O_3 \cdot H_2O$$

（水化铁酸钙凝胶）

上述反应中，硅酸三钙的水化反应速度快，水化放热量大，生成的水化硅酸钙（简写成 C—S—H）几乎不溶于水，而是以胶体微粒析出，并逐渐凝聚成凝胶。经电子显微镜观察，水化硅酸钙的颗粒尺寸与胶体相当，实际呈结晶度较差的箔片状和纤维颗粒，由这些颗粒构成的网状结构具有很高的强度。反应生成的氢氧化钙很快在溶液中达到饱和，呈六方板状晶体析出。硅酸三钙早期与后期强度均高。

硅酸二钙水化反应的产物与硅酸三钙的相同，只是数量上有所不同，但它水化反应慢，水化放热小。由于水化反应速度慢，因此早期强度低，但后期强度增进率大，一年后可赶上甚至超过硅酸三钙的强度。

铁铝酸四钙水化反应快，水化放热中等，生成的水化产物为水化铝酸三钙立方晶体与水化铁酸一钙凝胶，强度较低。

铝酸三钙的水化反应速度极快，水化放热量最大，生成水化铝酸钙晶体的强度较低。上述熟料矿物水化与凝结硬化特性见表 3-5 与图 3-2。

表 3-5　硅酸盐水泥主要矿物组成及其特性

指　标		特　性			
		$3CaO \cdot SiO_2$ (C_3S)	$2CaO \cdot SiO_2$ (C_2S)	$3CaO \cdot Al_2O_3$ (C_3A)	$4CaO \cdot Al_2O_3 \cdot Fe_2O_3$ (C_4AF)
密度/(g/cm³)		3.25	3.28	3.04	3.77
水化反应速率		快	慢	最快	快
水化放热量		大	小	最大	中
强度	早　期	高	低	低	低
	后　期		高		
收缩性		中	中	大	小
抗硫酸盐侵蚀性		中	最好	差	好

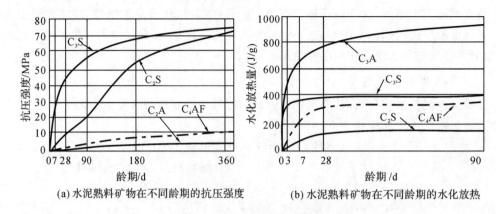

(a) 水泥熟料矿物在不同龄期的抗压强度　　(b) 水泥熟料矿物在不同龄期的水化放热

图 3-2　熟料矿物的水化和凝结硬化特性

由上述可知,正常煅烧的硅酸盐水泥熟料经磨细后与水拌合时,由于铝酸三钙的剧烈水化,会使浆体迅速产生凝结,这在使用时便无法正常施工,因此,在水泥生产时必须加入适量的石膏调凝剂,使水泥的凝结时间满足工程施工的要求。水泥中适量的石膏与水化铝酸三钙反应生成高硫型水化硫铝酸钙,又称钙矾石或 AFt,其反应式如下:

$$3CaO \cdot Al_2O_3 \cdot 6H_2O + 3(CaSO_4 \cdot 2H_2O) + 20H_2O = 3CaO \cdot Al_2O_3 \cdot 3CaSO_4 \cdot 32H_2O$$
(高硫型水化硫铝酸钙晶体)

石膏完全消耗后,一部分钙矾石将转变为单硫型水化硫铝酸钙(简式 AFm)晶体,即:

$$3CaO \cdot Al_2O_3 \cdot 3CaSO_4 \cdot 32H_2O + 2(3CaO \cdot Al_2O_3 \cdot 6H_2O) =$$
$$3(3CaO \cdot Al_2O_3 \cdot CaSO_4 \cdot 12H_2O) + 8H_2O$$

（低硫型水化硫酸铝钙晶体)

水化硫铝酸钙是难溶于水的针状晶体,它沉淀在熟料颗粒的周围,阻碍了水分的进入,因此起到了延缓水泥凝结的作用。

水泥的水化实际上是复杂的化学反应,上述反应是几个典型的水化反应式,若忽略一些次要的或少量的成分以及混合材料的作用,硅酸盐水泥与水反应后,生成的主要水化产物有:水化硅酸钙凝胶、水化铁酸钙凝胶、氢氧化钙晶体、水化铝酸钙晶体、水化硫铝酸钙晶体。在完全水化的水泥中,水化硅酸钙约占 70%,氢氧化钙约占 20%,钙矾石和单硫型水化硫铝酸钙约占 7%。

(二)硅酸盐水泥的凝结硬化过程

迄今为止,尚无统一的理论来阐述水泥的凝结硬化具体过程,现有的理论还存在许多问题有待于进一步研究。一般按水化反应速率和水泥浆体的结构特征,硅酸盐水泥的凝结硬化过程可分为初始反应期、潜伏期、凝结期、硬化期 4 个阶段。

1. 初始反应期

水泥与水接触后立即发生水化反应,在初始的 5~10min 内,放热速率剧增,可达此阶段的最大值,然后又降至很低。这个阶段称为初始反应期。在此阶段硅酸三钙开始水化,生成水化硅酸钙凝胶,同时释放出氢氧化钙,氢氧化钙立即溶于水,钙离子浓度急剧增大,当达到过饱和时,则呈结晶析出。同时,暴露于水泥熟料颗粒表面的铝酸三钙也溶于水,并与已溶解的石膏反应,生成钙矾石结晶析出,附着在颗粒表面。在这个阶段中,水化的水泥只是极少的一部分。

2. 潜伏期

在初始反应期后,有相当长一段时间(1～2h),水泥浆的放热速率很低,这说明水泥水化反应十分缓慢。这主要是因为水泥颗粒表面覆盖了一层以水化硅酸钙凝胶为主的渗透膜层,阻碍了水泥颗粒与水接触。在此期间,由于水泥水化产物数量不多,水泥颗粒仍呈分散状态,所以水泥浆基本保持塑性。

许多研究者将上述两个阶段合并称为诱导期。

3. 凝结、硬化期

在潜伏期后由于渗透压的作用,水泥颗粒表面的膜层破裂,水泥继续水化,放热速率又开始增大,6h 内可增至最大值,然后又缓慢下降。在此阶段,水化产物不断增加并填充水泥颗粒之间的空隙,随着接触点的增多,形成了由分子力结合的凝聚结构,使水泥浆体逐渐失去塑性,这一过程称为水泥的凝结。此阶段结束约有 15% 的水泥水化。

在凝结期后,放热速率缓慢下降,至水泥水化 24h 后,放热速率已降到一个很低值,约 $4.0J/(g \cdot h)$ 以下,此时,水泥水化仍在继续进行,水化铁铝酸钙形成;由于石膏的耗尽,高硫型水化硫铝酸钙转变为低硫型水化硫铝酸钙,水化硅酸钙凝胶形成纤维状。在这一过程中,水化产物越来越多,它们更进一步地填充孔隙且彼此间的结合亦更加紧密,使得水泥浆体产生强度,这一过程称为水泥的硬化。硬化期是一个相当长的时间过程。在适当的养护条件下,水泥硬化可以持续很长时间,几个月、几年甚至几十年后强度还会继续增长。

水泥石强度发展的一般规律是:3～7d 内强度增长最快,28d 内强度增长较快,超过 28 天后强度将继续发展但增长较慢。

需要注意的是:水泥凝结硬化过程的各个阶段不是彼此截然分开的,而是交错进行的。

(三)水泥石的结构

在常温下硬化的水泥石,通常是由水化产物、未水化的水泥颗粒内核、孔隙等组成的多相(固、液、气)的多孔体系。

在水泥石中,水化硅酸钙凝胶对水泥石的强度及其他主要性质起支配作用。水泥石具有强度的实质,包括范德华键、氢键、原子价键等的作用力以及凝胶体的巨大内表面积的表面效应所产生的黏结力。

(四)影响硅酸盐水泥凝结硬化的主要因素

从硅酸盐水泥熟料的单矿物水化及凝结硬化特性中不难看出,熟料的矿物组成直接影响水泥水化与凝结硬化,除此以外,水泥的凝结硬化还与下列因素有关。

1. 水泥细度

水泥颗粒越细,与水起反应的表面积愈大,水化作用的发展就越迅速且充分,使凝结硬化的速度加快,早期强度大。但颗粒过细的水泥硬化时产生的收缩亦越大,而且磨制水泥能耗大、成本高,一般认为,水泥颗粒小于 $40\mu m$ 才具有较高的活性,大于 $100\mu m$ 活性就很低了。

2. 石膏掺量

石膏的掺入可延缓水泥的凝结硬化速率,有试验表明,当水泥中石膏掺入量(以 SO_3% 计)小于 1.3% 时,并不能阻止水泥快凝,但在掺量(以 SO_3% 计)大于 2.5% 以后,水泥凝结时间增加很少。

3. 水泥浆的水灰比

拌合水泥浆时，水与水泥的质量比称为水灰比（W/C）。为使水泥浆体具有一定的塑性和流动性，所以加入的水量通常要大大超过水泥充分水化时所需的水量，多余的水在硬化的水泥石内形成毛细孔隙，W/C越大，硬化水泥石的毛细孔隙率越大，水泥石的强度随其增加而呈直线下降。

4. 温度与湿度

温度升高，水泥的水化反应加速，从而使其凝结硬化速率加快，早期强度提高，但后期强度反而可能有所下降；相反，在较低温度下，水泥的凝结硬化速度慢，早期强度低，但因生成的水化产物较致密而可以获得较高的最终强度；负温下水结成冰时，水泥的水化将停止。

水是水泥水化硬化的必要条件，在干燥环境中，水分蒸发快，易使水泥浆失水而使水化不能正常进行，影响水泥石强度的正常增长，因此用水泥拌制的砂浆和混凝土，在浇筑后应注意保水养护。

5. 养护龄期

水泥的水化硬化是一个较长时期不断进行的过程，随着时间的增加，水泥的水化程度提高，凝胶体不断增多，毛细孔减少，水泥石强度不断增加。

二、硅酸盐水泥的技术性质

《通用硅酸盐水泥》（GB 175—2023）对硅酸盐水泥的主要技术性质作出下列规定。

（一）细度

细度是指水泥颗粒的粗细程度，水泥细度通常采用筛析法或比表面积法测定。国家标准规定，硅酸盐水泥的比表面积不低于 $300m^2/kg$ 且不大于 $400m^2/kg$。水泥细度是鉴定水泥品质的选择性指标，但水泥的粗细将会影响其水化速度与早期强度，过细的水泥将对混凝土的性能产生不良影响。

（二）凝结时间

凝结时间是指水泥从加水开始，到水泥浆失去塑性所需的时间。凝结时间分初凝时间和终凝时间，初凝时间是指从水泥加水到水泥浆开始失去塑性的时间，终凝时间是指从水泥加水到水泥浆完全失去塑性的时间。硅酸盐水泥的初凝时间不得早于 45min，终凝时间不得迟于 390min。

水泥凝结时间的测定，是以标准稠度的水泥净浆，在规定温度和湿度条件下，用凝结时间测定仪测定。所谓标准稠度用水量是指水泥净浆达到规定稠度时所需的拌合用水量，以占水泥重量的百分率表示，硅酸盐水泥的标准稠度用水量一般为 24%～30%。

水泥的凝结时间对水泥混凝土和砂浆的施工有重要的意义。初凝时间不宜过短，以便施工时有足够的时间来完成混凝土和砂浆拌合物的运输、浇捣或砌筑等操作；终凝时间不宜过长，是为了使混凝土和砂浆在浇捣或砌筑完毕后能尽快凝结硬化，以利于下一道工序的及早进行。

（三）安定性

安定性是指水泥浆体硬化后体积变化的均匀性。若水泥硬化后体积变化不稳定、不均匀,即所谓的安定性不良,则会导致混凝土产生膨胀破坏,甚至造成严重的工程质量事故。

在水泥中,因熟料煅烧不完全而存在游离 CaO 与 MgO(f-CaO、f-MgO),由于是高温生成,因此水化活性小,在水泥硬化后水化,产生体积膨胀;生产水泥时加入过多的石膏,在水泥硬化后还会继续与固态的水化铝酸钙反应生成水化硫铝酸钙,产生体积膨胀。这三种物质造成的膨胀均会导致水泥安定性不良,使得硬化水泥石产生弯曲、裂缝甚至粉碎性破坏。煮沸能加速 f-CaO 的水化,国家标准规定通用水泥用沸煮法检验安定性;f-MgO 的水化比f-CaO 更缓慢,沸煮法已不能检验,国家标准规定通用水泥 MgO 含量不得超过 5%,若水泥经压蒸法检验合格,则 MgO 含量可放宽到 6%;由石膏造成的安定性不良,需经长期浸在常温水中才能发现,不便于检验,所以国家标准规定硅酸盐水泥中的 SO_3 含量不得超过3.5%。

（四）强度

水泥的强度是评定其质量的重要指标,也是划分水泥强度等级的依据。水泥的强度包括抗压强度与抗折强度,必须同时满足标准要求,缺一不可。通用硅酸盐水泥不同龄期强度要求见表 3-6。

表 3-6　通用硅酸盐水泥不同龄期强度要求

强度等级	抗压强度/MPa		抗折强度/MPa	
	3d	28d	3d	28d
32.5	≥12.0	≥32.5	≥3.0	≥5.5
32.5R	≥17.0		≥4.0	
42.5	≥17.0	≥42.5	≥4.0	≥6.5
42.5R	≥22.0		≥4.5	
52.5	≥22.0	≥52.5	≥4.5	≥7.0
52.5R	≥27.0		≥5.0	
62.5	≥27.0	≥62.5	≥5.0	≥8.0
62.5R	≥32.0		≥5.5	

注:摘自《通用硅酸盐水泥》(GB 175—2023)。

（五）碱含量

水泥中的碱含量是按 $Na_2O+0.658K_2O$ 计算的重量百分率来表示。水泥中的碱会和集料中的活性物质如活性 SiO_2 反应,生成膨胀性的碱硅酸盐凝胶,导致混凝土开裂破坏。这种反应和水泥的碱含量、集料的活性物质含量及混凝土的使用环境有关。为防止碱集料反应,即使在使用相同活性集料的情况下,不同的混凝土配合比、使用环境对水泥的碱含量要求也不一样,因此,标准中将碱含量定为任选要求,当用户要求提供低碱水泥时,水泥中的碱含量由供需双方协商确定。

（六）水化热

水泥在凝结硬化过程中因水化反应所放出的热量,称为水泥的水化热,通常以 kJ/kg 表示。大部分水化热是伴随着强度的增长在水化初期放出的。水泥的水化热大小和释放速率主要与水泥熟料的矿物组成、混合材料的品种与数量、水泥的细度及养护条件等有关,另外,加入外加剂可改变水泥的释热速率。大型基础、水坝、桥墩、厚大构件等大体积混凝土构筑物,由于水化热聚集在内部不易散发,内部温升可达 50~60℃甚至更高,内外温差产生的应力和温降收缩产生的应力常使混凝土产生裂缝,因此,大体积混凝土工程不宜采用水化热较大、放热较快的水泥,如硅酸盐水泥,因为它含熟料最多。但国家标准未就该项指标作出具体规定。

三、水泥石的腐蚀与防止

硅酸盐水泥硬化后,在通常使用条件下具有优良的耐久性。但在某些侵蚀性液体或气体等介质的作用下,水泥石结构会逐渐遭到破坏,这种现象称为水泥石的腐蚀。

（一）水泥石的几种主要侵蚀类型

导致水泥石腐蚀的因素很多,作用过程亦甚为复杂,本节仅介绍几种典型介质对水泥石的侵蚀作用。

1. 软水侵蚀（溶出性侵蚀）

不含或仅含少量重碳酸盐（含 HCO_3^- 的盐）的水称为软水,如雨水、蒸馏水、冷凝水及部分江水、湖水等。当水泥石长期与软水接触时,水化产物将按其稳定存在所必需的平衡氢氧化钙（钙离子）浓度的大小,依次逐渐溶解或分解,从而造成水泥石的破坏,这就是溶出性侵蚀。

在各种水化产物中,$Ca(OH)_2$ 的溶解度最大（25℃约 1.3gCaO/L）,因此首先溶出,这样不仅增加了水泥石的孔隙率,使水更容易渗入,而且由于 $Ca(OH)_2$ 浓度降低,还会使水化产物依次发生分解,如高碱性的水化硅酸钙、水化铝酸钙等分解成为低碱性的水化产物,并最终变成硅酸凝胶、氢氧化铝等无胶凝能力的物质。在静水及无压力水的情况下,由于周围的软水易为溶出的氢氧化钙所饱和,使溶出作用停止,所以对水泥石的影响不大;但在流水及压力水的作用下,水化产物的溶出将会不断进行下去,水泥石结构的破坏将由表及里不断进行下去。当水泥石与环境中的硬水接触时,水泥石中的氢氧化钙与重碳酸盐发生反应。反应式如下:

$$Ca(OH)_2 + Ca(HCO_3)_2 \longrightarrow CaCO_3 + 2H_2O$$

生成的几乎不溶于水的碳酸钙积聚在水泥石的孔隙内,形成致密的保护层,可阻止外界水的继续侵入,从而可阻止水化产物的溶出。

2. 盐类侵蚀

在水中通常存在大量的盐类,某些溶解于水中的盐类会与水泥石相互作用产生置换反应,生成一些易溶或无胶结能力或产生膨胀的物质,从而使水泥石结构破坏。最常见的盐类侵蚀是硫酸盐侵蚀与镁盐侵蚀。

硫酸盐侵蚀是由于水中存在一些易溶的硫酸盐,它们与水泥石中的氢氧化钙反应生成硫酸钙,硫酸钙再与水泥石中的固态水化铝酸钙反应生成钙矾石,体积急剧膨胀（约 1.5 倍）,使水泥石结构破坏。反应式如下:

$$3CaO \cdot Al_2O_3 \cdot 6H_2O + 3(CaSO_4 \cdot 2H_2O) + 20H_2O \Longrightarrow$$
$$3CaO \cdot Al_2O_3 \cdot 3CaSO_4 \cdot 32H_2O$$

钙矾石呈针状晶体,常称其为"水泥杆菌"。若硫酸钙浓度过高,则直接在孔隙中生成二水石膏结晶,产生体积膨胀而导致水泥石结构破坏。

镁盐侵蚀主要是氯化镁和硫酸镁与水泥石中的氢氧化钙起换位反应,生成无胶结能力的氢氧化镁及易溶于水的氯化镁或生成石膏导致水泥石结构破坏。反应式如下:

$$MgCl_2 + Ca(OH)_2 == Mg(OH)_2 + CaCl_2$$

$$MgSO_4 + Ca(OH)_2 + 2H_2O == CaSO_4 \cdot 2H_2O + Mg(OH)_2$$

可见,硫酸镁对水泥石起镁盐与硫酸盐双重侵蚀作用。

在海水、湖水、盐沼水、地下水、某些工业污水及流经高炉矿渣或煤渣的水中常含钾、钠、铵等硫酸盐;在海水及地下水中常含有大量的镁盐,主要是硫酸镁和氯化镁。

3. 酸类侵蚀

(1)碳酸侵蚀:在某些工业污水和地下水中常溶解有较多的 CO_2,这种水分对水泥石的侵蚀作用称为碳酸侵蚀。首先,水泥石中的 $Ca(OH)_2$ 与溶有 CO_2 的水反应,生成不溶于水的碳酸钙;接着碳酸钙又再与碳酸水反应生成易溶于水的碳酸氢钙。反应式如下:

$$Ca(OH)_2 + CO_2 + H_2O == CaCO_3 + 2H_2O$$

$$CaCO_3 + CO_2 + H_2O == Ca(HCO_3)_2$$

当水中含有较多的碳酸,上述反应向右进行,从而导致水泥石中的 $Ca(OH)_2$ 不断地转变为易溶的 $Ca(HCO_3)_2$ 而流失,进一步导致其他水化产物的分解,使水泥石结构遭到破坏。

(2)一般酸侵蚀:水泥的水化产物呈碱性,因此,酸类对水泥石一般都会有不同程度的侵蚀作用,其中侵蚀作用最强的是无机酸中的盐酸、氢氟酸、硝酸、硫酸及有机酸中的乙酸、蚁酸和乳酸等,它们与水泥石中的 $Ca(OH)_2$ 反应后的生成物,或者易溶于水,或者体积膨胀,都会对水泥石结构产生破坏作用。例如,盐酸和硫酸分别与水泥石中的 $Ca(OH)_2$ 作用:

$$2HCl + Ca(OH)_2 == CaCl_2 + 2H_2O$$

$$H_2SO_4 + Ca(OH)_2 == CaSO_4 + 2H_2O$$

反应生成的氯化钙易溶于水,生成的石膏继而又产生硫酸盐侵蚀作用。

4. 强碱侵蚀

水泥石本身具有相当高的碱度,因此,弱碱溶液一般不会侵蚀水泥石,但是,当铝酸盐含量较高的水泥石遇到强碱(如氢氧化钠)作用后会被腐蚀破坏。氢氧化钠与水泥熟料中未水化的铝酸三钙作用,生成易溶的铝酸钠:

$$3CaO \cdot Al_2O_3 + 6Na(OH) == 3Na_2O \cdot Al_2O_3 + 3Ca(OH)_2$$

当水泥石被氢氧化钠浸润后又在空气中干燥,与空气中的二氧化碳作用生成碳酸钠,它在水泥石毛细孔中结晶沉积,会使水泥石胀裂。

除了上述4种典型的侵蚀类型外,糖、氨、盐、动物脂肪、含环烷酸的石油产品等对水泥石也有一定的侵蚀作用。

在实际工程中,水泥石的腐蚀常常是几种侵蚀介质同时存在、共同作用所产生的;但干的固体化合物不会对水泥石产生侵蚀,侵蚀性介质必须呈溶液状且浓度大于某一临界值。

水泥的耐蚀性可用耐蚀系数定量表示。耐蚀系数是以同一龄期下,水泥试体在侵蚀性溶液中养护的强度与在淡水中养护的强度之比,比值越大,耐蚀性越好。

（二）水泥石腐蚀的防止

从以上对侵蚀作用的分析可以看出，水泥石被腐蚀的基本内因为：一是水泥石中存在有易被腐蚀的组分，如 $Ca(OH)_2$ 与水化铝酸钙；二是水泥石本身不致密，有很多毛细孔通道，侵蚀性介质易进入其内部。因此，针对具体情况可采取下列措施防止水泥石的腐蚀。

（1）合理选用水泥品种。如采用水化产物中 $Ca(OH)_2$ 含量较少的水泥，可提高对多种侵蚀作用的抵抗能力；采用铝酸三钙含量低于 5％ 的水泥，可有效抵抗硫酸盐的侵蚀；掺入活性混合材料，可提高硅酸盐水泥抵抗多种介质的侵蚀作用。

（2）提高水泥石的密实度。水泥石（或混凝土）的孔隙率越小，抗渗能力越强，侵蚀介质也越难进入，侵蚀作用越小。在实际工程中，可采用多种措施提高混凝土与砂浆的密实度。

（3）设置隔离层或保护层。当侵蚀作用较强或上述措施不能满足要求时，可在水泥制品（混凝土、砂浆等）表面设置耐腐蚀性高且不透水的隔离层或保护层。

四、硅酸盐水泥的特性与应用

（1）凝结硬化快，早期强度与后期强度均高。这是因为硅酸盐水泥中硅酸盐水泥熟料多，即水泥中 C_3S 多。因此，适用于现浇混凝土工程、预制混凝土工程、冬季施工混凝土工程、预应力混凝土工程、高强混凝土工程等。

（2）抗冻性好。硅酸盐水泥石具有较高的密实度，且具有对抗冻性有利的孔隙特征，因此抗冻性好，适用于严寒地区遭受反复冻融循环的混凝土工程。

（3）水化热高。硅酸盐水泥中 C_3S 和 C_3A 含量高，水化放热速度快、放热量大，因此，适用于冬季施工，不适用于大体积混凝土工程。

（4）耐腐蚀性差。硅酸盐水泥石中的 $Ca(OH)_2$ 与水化铝酸钙较多，耐腐蚀性差，因此，不适用于受流动软水和压力水作用的工程，也不宜用于受海水及其他侵蚀性介质作用的工程。

（5）耐热性差。水泥石中的水化产物在 $250\sim300℃$ 时会产生脱水，强度开始降低，当温度达到 $700\sim1000℃$ 时，水化产物分解，水泥石的结构几乎完全被破坏，所以硅酸盐水泥不适用于耐热、耐高温要求的混凝土工程。但当温度为 $100\sim250℃$ 时，由于额外的水化作用及脱水后凝胶与部分 $Ca(OH)_2$ 的结晶对水泥石的密实作用，所以水泥石的强度不会降低。

（6）抗碳化性好。水泥石中 $Ca(OH)_2$ 与空气中 CO_2 的作用称为碳化。硅酸盐水泥水化后，水泥石中含有较多的 $Ca(OH)_2$，因此抗碳化性好。

（7）干燥收缩小。硅酸盐水泥硬化时干燥收缩小，不易产生干缩裂纹，故适用于干燥环境。

五、普通硅酸盐水泥

《通用硅酸盐水泥》（GB 175—2023）规定：普通硅酸盐水泥由硅酸盐水泥熟料、再加入 ＞6％ 且 ≤20％ 的活性混合材料及适量石膏组成，简称普通水泥，代号 P·O。活性混合材料的最大掺量不得超过 20％，其中允许用不超过水泥质量 5％ 的石灰石来代替。

由组成可知，普通硅酸盐水泥与硅酸盐水泥的差别仅在于其中含有少量混合材料，而绝大部分仍是硅酸盐水泥熟料，故其特性与硅酸盐水泥基本相同；但由于掺入少量混合材料，因此与同强度等级硅酸盐水泥相比，普通硅酸盐水泥早期硬化速度稍慢、3d 强度稍低、抗冻性稍差、水化热稍小、耐蚀性稍好。

第三节　掺大量混合材料的硅酸盐水泥

一、混合材料

磨制水泥时掺入的人工或天然矿物材料称为混合材料。混合材料按其性能的不同，可分为活性混合材料和非活性混合材料两大类。

（一）活性混合材料

常温下能与石灰、石膏或硅酸盐水泥一起，加水拌合后能发生水化反应，生成水硬性的水化产物的混合材料称为活性混合材料。常用的活性混合材料有粒化高炉矿渣、火山灰质混合材料、硅粉及粉煤灰。

1. 粒化高炉矿渣

粒化高炉矿渣是将炼铁高炉中的熔融炉渣经急速冷却后形成的质地疏松的颗粒材料。由于采用水淬方法进行急冷，故又称水淬高炉矿渣。急冷的目的在于阻止其中的矿物成分结晶，使其在常温下成为不稳定的玻璃体（一般占 80％以上），从而具有较高的化学能即具有较高的潜在活性。

粒化高炉矿渣中的活性成分主要是活性 Al_2O_3 和活性 SiO_2，矿渣的活性用质量系数 K 评定，按照《用于水泥中的粒化高炉矿渣》（GB/T 203—2008），K 是指矿渣的化学成分中 CaO、MgO、Al_2O_3 的质量分数之和与 SiO_2、MnO、TiO_2 的质量分数之和的比值。它反映了矿渣中活性组分与低活性、非活性组分之和的比例，K 值越大，则矿渣的活性越高。水泥用粒化高炉矿渣的质量系数不得小于 1.2。

2. 火山灰质混合材料

火山灰质混合材料是指具有火山灰性的天然或人工的矿物材料。其品种很多，天然的有火山灰、凝灰岩、浮岩、沸石、硅藻土等；人工的有烧页岩、烧黏土、煤渣、煤矸石、硅灰等。火山灰质混合材料的活性成分也是活性 Al_2O_3 和活性 SiO_2。

3. 硅粉

硅粉是硅铁合金生产过程排出的烟气，遇冷凝聚所形成的微细球形玻璃质粉末。硅粉颗粒的粒径约 $0.1\mu m$，比表面积在 $20000m^2/kg$ 以上，SiO_2 含量大于 90％。由于硅粉具有很细的颗粒组成和很大的比表面积，因此其水化活性很大。当用于水泥和混凝土时，能加速水泥的水化硬化过程，改善硬化水泥浆体的微观结构，可明显提高混凝土的强度和耐久性。

4. 粉煤灰

粉煤灰是从燃煤发电厂的烟道气体中收集的粉末，又称飞灰。它以 Al_2O_3、SiO_2 为主要成分，含有少量 CaO，具有火山灰性能，其活性主要取决于玻璃体的含量以及无定形 Al_2O_3 和 SiO_2 含量，同时颗粒形状及大小对其活性也有较大的影响，细小球形玻璃体含量越高，粉煤灰的活性越高。

《用于水泥和混凝土中的粉煤灰》（GB/T 1596—2017）规定，粉煤灰的活性用强度活性指数（粉煤灰取代 30％水泥的试验胶砂与无粉煤灰取代水泥时的对比水泥胶砂 28d 抗压强度之比)来评定,用于水泥中的粉煤灰要求活性指数不小于70%。

(二)非活性混合材料

凡常温下与石灰、石膏或硅酸盐水泥一起,加水拌合后不能发生水化反应或反应甚微,不能生成水硬性产物的混合材料称为非活性混合材料,常用的非活性混合材料主要有石灰石、石英砂及慢冷矿渣等。

二、活性混合材料的水化

磨细的活性混合材料与水调和后,本身不会硬化或硬化极其缓慢;但在饱和$Ca(OH)_2$溶液中,常温下就会发生显著的水化反应:

$$xCa(OH)_2+活性\ SiO_2+n_1H_2O\Longrightarrow xCaO\cdot SiO_2\cdot(n_1+x)H_2O$$
$$(水化硅酸钙)$$

$$yCa(OH)_2+活性\ Al_2O_3+n_2H_2O\Longrightarrow yCaO\cdot Al_2O_3\cdot(n_2+y)H_2O$$
$$(水化铝酸钙)$$

生成的水化硅酸钙和水化铝酸钙是具有水硬性的产物,与硅酸盐水泥中的水化产物相同。当有石膏存在时,水化铝酸钙还可以和石膏进一步反应生成水化硫铝酸钙。由此可见,氢氧化钙和石膏激发了混合材料的活性,故称它们为活性混合材料的激发剂;氢氧化钙称为碱性激发剂,石膏称为硫酸盐激发剂。

掺入活性混合材料的硅酸盐水泥与水拌合后,首先是水泥熟料水化,之后是水泥熟料的水化产物——$Ca(OH)_2$与活性混合材料中的活性SiO_2和活性Al_2O_3发生水化反应(亦称二次反应)生成水化产物,由此过程可知,掺入活性混合材料的硅酸盐系水泥的水化速度较慢,故早期强度较低,而由于水泥中熟料含量相对减少,故水化热较低。

三、混合材料在水泥生产中的作用

活性混合材料掺入水泥中的主要作用是:改善水泥的某些性能、调节水泥强度、降低水化热、降低生产成本、增加水泥产量、扩大水泥品种。

非活性混合材料掺入水泥中的主要作用是:调节水泥强度、降低水化热、降低生产成本、增加水泥产量。

四、矿渣硅酸盐水泥、火山灰质硅酸盐水泥、粉煤灰硅酸盐水泥、复合硅酸盐水泥

(一)组成与技术要求

《通用硅酸盐水泥》(GB 175—2023)规定:由硅酸盐水泥熟料,再加入质量分数>20%的单个或两个及以上不同品种的混合材料及适量石膏,组成上述四个品种的硅酸盐水泥。

其终凝时间不大于600min,细度以$45\mu m$方孔筛筛余表示,不小于5%。水泥中氧化镁含量≤6.0%(矿渣硅酸盐水泥中矿渣质量分数>50%时,不作此项限定),矿渣硅酸盐水泥中的三氧化硫含量≤4.0%,其余技术性指标同硅酸盐水泥。

(二)特性与应用

从这四种水泥的组成可以看出,它们的区别仅在于掺入的活性混合材料的不同,而由于

四种活性混合材料的化学组成和化学活性基本相同,其水泥的水化产物及凝结硬化速度相近,因此,这四种水泥的大多数性质和应用相同或相近,即这四种水泥在许多情况下可相互替代使用。同时,又由于这四种活性混合材料的物理性质和表面特征及水化活性等有些差异,使得这四种水泥分别具有某些特性。总之,这四种水泥与硅酸盐水泥或普通硅酸盐水泥相比,具有以下特点。

1. 四种水泥的共性

(1)早期强度低、后期强度发展高。其原因是这四种水泥的熟料含量少且二次水化反应(即活性混合材料的水化)慢,故早期(3d、7d)强度低。后期由于二次水化反应的不断进行和水泥熟料的不断水化,水化产物不断增多,强度可赶上或超过同标号的硅酸盐水泥或普通硅酸盐水泥(见图3-3)。活性混合材料的掺量越多,早期强度越低,但后期强度增长越多。

这四种水泥不适用于早期强度要求高的混凝土工程,如冬季施工现浇工程等。

(2)对温度敏感,适合高温养护。这四种水泥在低温下水化明显减慢,强度较低。采用高温养护可大大加速活性混合材料的水化,并可加速熟料的水化,故可大大提高早期强度,且不影响常温下后期强度的发展(见图3-3)。

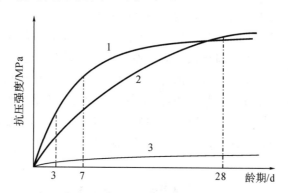

1—硅酸盐水泥 2—掺混合材料的硅酸盐水泥 3—混合材料

图3-3 强度发展规律

(3)耐腐蚀性好。这四种水泥的熟料数量相对较少,水化硬化后水泥石中的氢氧化钙和水化铝酸钙的数量少,且活性混合材料的二次水化反应使水泥石中氢氧化钙的含量进一步减少,因此耐腐蚀性好,适用于有硫酸盐、镁盐、软水等侵蚀作用的环境,如水工、海港、码头等混凝土工程。但当侵蚀介质的浓度较高或耐腐蚀性要求高时,仍不宜使用。

(4)水化热小。四种水泥中的熟料含量少,因而水化放热量少,尤其是早期放热速度慢,放热量小,适用于大体积混凝土工程。

(5)抗冻性较差。矿渣和粉煤灰易泌水形成连通孔隙,火山灰一般需水量较大,会增加内部孔隙,故这四种水泥的抗冻性均较差。

(6)抗碳化性较差。由于这四种水泥在水化硬化后,水泥石中的氢氧化钙的含量少,故抵抗碳化的能力差。因而不适用于二氧化碳浓度含量高的工业厂房,如铸造、翻砂车间等。

2. 四种水泥的特性

(1)矿渣硅酸盐水泥。由于粒化高炉矿渣玻璃体对水的吸附能力差,即对水分的保持能力差(保水性差),与水拌合时易产生泌水造成较多的连通孔隙,因此,矿渣硅酸盐水泥的抗渗性差,且干缩较大。矿渣本身耐热性好,且矿渣硅酸盐水泥水化后氢氧化钙的含量少,故矿渣硅酸盐水泥的耐热性较好。

矿渣硅酸盐水泥适合用于有耐热要求的混凝土工程,不适用于有抗渗要求的混凝土工程。

(2)火山灰质硅酸盐水泥。火山灰质混合材料内部含有大量的微细孔隙,故火山灰质硅酸盐水泥的保水性好;火山灰质硅酸盐水泥水化后形成较多的水化硅酸钙凝胶,使水泥石结构致密,因而其抗渗性较好;火山灰质硅酸盐水泥的干缩大,水泥石易产生细微裂纹,且空气中的二氧化碳能使水化硅酸钙凝胶分解成碳酸钙和氧化硅的混合物,使水泥石的表面产生起粉现象。火山灰质硅酸盐水泥的耐磨性较差。

火山灰质硅酸盐水泥适用于有抗渗性要求的混凝土工程,不宜用于干燥环境中的地上混凝土工程,也不宜用于有耐磨性要求的混凝土工程。

(3)粉煤灰硅酸盐水泥。粉煤灰是表面致密的球形颗粒,其吸附水的能力较差,即保水性差、泌水性大,其在施工阶段易使制品表面因大量泌水产生收缩裂纹(又称失水裂纹),因而粉煤灰硅酸盐水泥抗渗性差;粉煤灰硅酸盐水泥的干缩较小,这是因为粉煤灰的比表面积小,拌合需水量也小。粉煤灰硅酸盐水泥的耐磨性较差。

粉煤灰硅酸盐水泥适用于承载较晚的混凝土工程,不宜用于有抗渗性要求的混凝土工程,且不宜用于干燥环境中的混凝土及有耐磨性要求的混凝土工程。

(4)复合硅酸盐水泥。由于掺入了两种或两种以上规定的混合材料,其效果不只是各类混合材料的简单混合,而是互相取长补短,产生单一混合材料不能起到的优良效果,因此,复合水泥的性能介于普通硅酸盐水泥和以上三种混合材料硅酸盐水泥之间。

根据以上阐述,将各种通用硅酸盐水泥的性质及在工程中如何选用进行适当归纳,见表3-7和表3-8所示。

表 3-7　通用硅酸盐水泥的性质

品种	硅酸盐水泥	普通硅酸盐水泥	矿渣硅酸盐水泥	火山灰质硅酸盐水泥	粉煤灰硅酸盐水泥	复合硅酸盐水泥
性质	1.早期、后期强度高 2.耐腐蚀性差 3.水化热大 4.抗碳化性好 5.抗冻性好 6.耐磨性好 7.耐热性差	1.早期强度稍低,后期强度高 2.耐腐蚀性稍好 3.水化热较好 4.抗碳化性好 5.抗冻性好 6.耐磨性较好 7.耐热性稍好 8.抗渗性好	早期强度低,后期强度高 / 1.对温度敏感,适合高温养护;2.耐腐蚀性好;3.水化热小;4.抗冻性较差;5.抗碳化性较差 / 1.泌水性大、抗渗性差 2.耐热性较好 3.干缩较大	1.保水性好、抗渗性好 2.干缩大 3.耐磨性差	1.泌水性大(快)易产生失水裂纹、抗渗性差 2.干缩小、抗裂性好 3.耐磨性差	早期强度较高 / 干缩较大

表 3-8　通用硅酸盐水泥的选用

名称	混凝土工程特点及所处的环境条件	优先选用	可以选用	不宜选用
普通混凝土	在一般气候环境中的混凝土	普通硅酸盐水泥	矿渣硅酸盐水泥、火山灰质硅酸盐水泥、粉煤灰硅酸盐水泥、复合硅酸盐水泥	—
	在干燥环境中的混凝土	普通硅酸盐水泥	矿渣硅酸盐水泥	火山灰质硅酸盐水泥、粉煤灰硅酸盐水泥
	在高湿度环境中或长期处于水中的混凝土	矿渣硅酸盐水泥、火山灰质硅酸盐水泥、粉煤灰硅酸盐水泥、复合硅酸盐水泥	普通硅酸盐水泥	—
	厚大体积的混凝土	矿渣硅酸盐水泥、火山灰质硅酸盐水泥、粉煤灰硅酸盐水泥、复合硅酸盐水泥	普通硅酸盐水泥	硅酸盐水泥
有特殊要求的混凝土	要求快硬、高强（>C40）的混凝土	硅酸盐水泥	普通硅酸盐水泥	矿渣硅酸盐水泥、火山灰质硅酸盐水泥、粉煤灰硅酸盐水泥、复合硅酸盐水泥
	严寒地区的露天混凝土、寒冷地区处于水位升降范围内的混凝土	普通硅酸盐水泥	矿渣硅酸盐水泥（强度等级>32.5）	火山灰质硅酸盐水泥、粉煤灰硅酸盐水泥
	严寒地区处于水位升降范围内的混凝土	普通硅酸盐水泥（强度等级>42.5）	—	火山灰质硅酸盐水泥、矿渣硅酸盐水泥、粉煤灰硅酸盐水泥、复合硅酸盐水泥
	有抗渗要求的混凝土	普通硅酸盐水泥、火山灰质硅酸盐水泥	—	矿渣硅酸盐水泥、粉煤灰硅酸盐水泥
	有耐磨性要求的混凝土	硅酸盐水泥、普通硅酸盐水泥	矿渣硅酸盐水泥（强度等级>32.5）	火山灰质硅酸盐水泥、粉煤灰硅酸盐水泥
	受侵蚀性介质作用的混凝土	矿渣硅酸盐水泥、火山灰质硅酸盐水泥、粉煤灰硅酸盐水泥、复合硅酸盐水泥	—	硅酸盐水泥、普通硅酸盐水泥

第四节　其他品种水泥

一、道路硅酸盐水泥

随着我国高等级道路的发展,水泥混凝土路面已成为主要路面类型之一。对专供公路、城市道路和机场跑道用的道路水泥,我国已制定了国家标准。

以适当成分的生料烧至部分熔融,所得以硅酸钙为主要成分和较多量的铁铝酸钙的硅酸盐熟料称为道路硅酸盐水泥熟料。由道路硅酸盐水泥熟料、0~10%活性混合材料和适量石膏磨细制成的水硬性胶凝材料,称为道路硅酸盐水泥(简称道路水泥),代号 P·R。

(一)技术要求

《道路硅酸盐水泥》(GB/T 13693—2017)规定的技术要求如下。

1. 化学组成

在道路水泥或熟料中含有下列有害成分必须加以限制:

(1)氧化镁含量。水泥中氧化镁含量不得超过 5.0%。

(2)三氧化硫含量。水泥中三氧化硫含量不得超过 3.5%。

(3)烧失量。水泥中烧失量不得大于 3.0%。

(4)游离氧化钙含量。熟料中游离氧化钙含量,不应大于 1.0%。

(5)碱含量。碱含量应按 $\omega(Na_2O)+0.658\omega(K_2O)$ 计算值表示。若使用活性骨料,用户要求提供低碱水泥时,水泥中碱含量应不超过 0.60%或由供需双方商定。

2. 矿物组成

(1)铝酸三钙含量。熟料中铝酸三钙含量不应大于 5%;

(2)铁铝酸四钙含量。熟料中铁铝酸四钙含量不应小于 15.0%。

当 $\omega(Al_2O_3)/\omega(Fe_2O_3)\geqslant0.64$ 时,铝酸三钙(C_3A)和铁铝酸四钙(C_4AF)含量按下式求得:

$$\omega(3CaO \cdot Al_2O_3) \longrightarrow 2.65[\omega(Al_2O_3)-0.64\omega(Fe_2O_3)] \tag{3-1}$$

$$\omega(4CaO \cdot Al_2O_3 \cdot Fe_2O_3) \longrightarrow 3.04\omega(Fe_2O_3) \tag{3-2}$$

式中:$\omega(3CaO \cdot Al_2O_3)$ 为硅酸盐水泥熟料中 C_3A 的含量(%);$\omega(4CaO \cdot Al_2O_3 \cdot Fe_2O_3)$ 为硅酸盐水泥熟料中 C_4AF 的含量(%);$\omega(Al_2O_3)$ 为硅酸盐水泥熟料中 Al_2O_3 的含量(%);$\omega(Fe_2O_3)$ 为硅酸盐水泥熟料中 Fe_2O_3 的含量(%)。

3. 物理力学性质

(1)比表面积。比表面积为 300~450m²/kg。

(2)凝结时间。初凝时间不小于 90min,终凝时间不大于 720min。

(3)沸煮法安定性。用雷氏夹检验合格。

(4)干缩性。28d 干缩率应不大于 0.10%。

(5)耐磨性。28d 磨耗量应不大于 3.00kg/m²。

(6)强度。道路水泥强度等级按规定龄期的抗压和抗折强度划分,各龄期的抗压和抗折强度应不低于表 3-9 所规定的数值。

表 3-9　道路水泥的强度等级、各龄期强度值

强度等级	抗压强度/MPa		抗折强度/MPa	
	3d	28d	3d	28d
7.5	≥21.0	≥42.5	≥4.0	≥7.5
8.5	≥26.0	≥52.5	≥5.0	≥8.5

注:摘自《道路硅酸盐水泥》(GB/T 13693—2017)。

(二)特性与应用

道路水泥是一种抗折强度高、耐磨性好、干缩性小、抗冲击性好、抗冻性和抗硫酸性较好的专用水泥。它适用于道路路面、机场跑道道面、城市广场等工程。由于道路水泥具有干缩性小、耐磨、抗冲击等特性,所以可减少水泥混凝土路面的裂缝和磨耗等病害,减少维修、延长路面使用年限。

二、白色硅酸盐水泥

凡以适当成分的生料烧至部分熔融,所得以硅酸钙为主要成分、氧化铁含量很少的白色硅酸盐水泥熟料,加入适量石膏,磨细制成的水硬性胶凝材料,称为白色硅酸盐水泥(简称白水泥),代号 P·W。

白水泥的性能与硅酸盐水泥基本相同,所不同的是严格控制水泥原料的铁含量,并严防在生产过程中混入铁质。白水泥中的 Fe_2O_3 含量一般小于 0.5%,并尽可能除掉其他着色氧化物(MnO、TiO_2 等)。

白水泥的技术性质应满足《白色硅酸盐水泥》(GB/T 2015—2017)的规定,细度为 $45\mu m$ 方孔筛筛余不大于 30%;初凝时间不小于 45min,终凝时间不大于 600min;沸煮法安定性合格;水泥中 SO_3 含量应不大于 3.5%。白水泥强度等级按规定龄期的抗压和抗折强度来划分,各龄期强度应不低于表 3-10 所规定的数值。白水泥水泥白度值应不低于 87。

表 3-10　白色硅酸盐水泥的强度等级、各龄期强度值

强度等级	抗压强度/MPa		抗折强度/MPa	
	3d	28d	3d	28d
32.5	≥12.0	≥32.5	≥3.0	≥6.0
42.5	≥17.0	≥42.5	≥3.5	≥6.5
52.5	≥22.0	≥52.5	≥4.0	≥7.0

注:摘自《白色硅酸盐水泥》(GB/T 2015—2017)。

三、铝酸盐水泥

凡以铝酸钙为主的铝酸盐水泥熟料,磨细制成的水硬性胶凝材料,称为铝酸盐水泥,代号 CA。

（一）铝酸盐水泥的组成、水化与硬化

铝酸盐水泥的主要化学成分是 CaO、Al_2O_3、SiO_2，生产原料是铝矾土和石灰石。

铝酸盐水泥的主要矿物成分是铝酸一钙（$CaO \cdot Al_2O_3$，简写式 CA）和二铝酸一钙（$CaO \cdot 2Al_2O_3$，简写式 CA_2），此外，还有少量的其他铝酸盐和硅酸二钙。铝酸一钙是铝酸盐水泥的最主要矿物，具有很高的活性，其特点是凝结正常、硬化迅速，是铝酸盐水泥强度的主要来源。二铝酸一钙的凝结硬化慢，早期强度低，但后期强度较高，含量过多将影响水泥的快硬性能。

铝酸盐水泥的水化产物与温度密切相关，主要是十水铝酸一钙（$CaO \cdot Al_2O_3 \cdot 10H_2O$，简写式 CAH_{10}）、八水铝酸二钙（$2CaO \cdot Al_2O_3 \cdot 8H_2O$，简写式 C_2AH_8）和铝胶（$Al_2O_3 \cdot 3H_2O$）。

CAH_{10} 和 C_2AH_8 为片状或针状晶体，它们互相交错搭接，形成坚固的结晶连生体骨架，同时生成的铝胶填充于晶体骨架的空隙中，形成致密的水泥石结构，因此强度较高。水化 $5\sim7d$ 后，水化物数量很少增长，故铝酸盐水泥早期强度增长很快，后期强度增进率很小。

需要指出的是，CAH_{10} 和 C_2AH_8 都是不稳定的，会逐步转化为 C_3AH_6，温度升高转化加快，晶体转变的结果使水泥石内析出了游离水，增大了孔隙率；同时也由于 C_3AH_6 本身强度较低，且互相搭接较差，所以水泥石的强度明显下降，后期强度可能比最高强度降低达 40% 以上。

（二）铝酸盐水泥的技术性质

《铝酸盐水泥》（GB/T 201—2015）规定的技术要求如下。

（1）化学成分。各类型水泥的化学成分要求见表 3-11。

表 3-11　各类型水泥化学成分　　　　　　　　（单位：%）

类型	Al_2O_3	SiO_2	Fe_2O_3	碱含量 $[w(Na_2O)+0.658w(K_2O)]$	$S^{①}$ 含量	Cl^- 含量
CA50	≥50 且 <60	≤9.0	≤3.0	≤0.50	≤0.2	
CA60	≥60 且 <68	≤5.0	≤2.0			≤0.06
CA70	≥68 且 <77	≤1.0	≤0.7	≤0.40	≤0.1	
CA80	≥77	≤0.5	≤0.5			

注：①当用户需要时，生产厂家应提供结果和测定方法。

（2）细度。0.045mm 方孔筛筛余不大于 20%，或比表面积不小于 $300m^2/kg$。

（3）凝结时间。水泥胶砂凝结时间应符合表 3-12 的规定。

（4）强度。各类型水泥各龄期强度值不得低于表 3-13 中的数值。

表 3-12　凝结时间

类型		初凝时间/min	终凝时间/min
CA50		≥30	≤360
CA60	CA60-Ⅰ	≥30	≤360
	CA60-Ⅱ	≥60	≤1080
CA70		≥30	≤360
CA80		≥30	≤360

表 3-13　水泥胶砂强度

类型		抗压强度/MPa				抗折强度/MPa			
		6h	1d	3d	28d	6h	1d	3d	28d
CA50	CA50-Ⅰ	≥20①	≥40	≥50	—	≥3①	≥5.5	≥6.5	—
	CA50-Ⅱ		≥50	≥60	—		≥6.5	≥7.5	—
	CA50-Ⅲ		≥60	≥70	—		≥7.5	≥8.5	—
	CA50-Ⅳ		≥70	≥80	—		≥8.5	≥9.5	—
CA60	CA60-Ⅰ	—	≥65	≥85	—	—	≥7.0	≥10.0	—
	CA60-Ⅱ	—	≥20	≥45	≥85	—	≥2.5	≥5.0	≥10.0
CA70		—	≥30	≥40	—	—	≥5.0	≥6.0	—
CA80		—	≥25	≥30	—	—	≥4.0	≥5.0	—

注：①用户要求时，生产厂家应提供试验结果。

（三）铝酸盐水泥的特性与应用

与硅酸盐水泥相比，铝酸盐水泥具有以下特性及相应的应用。

（1）快硬早强。1d 强度高，适用于紧急抢修工程。

（2）水化热大。放热量主要集中在早期，1d 内即可放出水化总热量的 $70\%\sim80\%$，因此，不宜用于大体积混凝土工程，但适用于寒冷地区冬季施工的混凝土工程。

（3）抗硫酸盐侵蚀性好。因为铝酸盐水泥在水化后几乎不含有 $Ca(OH)_2$，且结构致密，所以适用于抗硫酸盐及海水侵蚀的工程。

（4）耐热性好。因为不存在水化产物 $Ca(OH)_2$ 在较低温度下的分解，且在高温时水化产物之间发生固相反应，生成新的化合物。因此，铝酸盐水泥可作为耐热砂浆或耐热混凝土的胶结材料，能耐 $1300\sim1400$℃高温。

（5）长期强度会降低。一般强度会降低 $40\%\sim50\%$，因此不宜用于长期承载结构，也不宜用于高温环境中的工程。

四、快硬硫铝酸盐水泥

以适当成分的生料，经煅烧所得以无水硫铝酸钙和硅酸二钙为主要矿物成分的熟料，加入适量的石膏和 $0\sim10\%$ 的石灰石，磨细制成的早期强度高的水硬性胶凝材料，称为快硬硫铝酸盐水泥，代号 R·SAC。

生产快硬硫铝酸盐水泥的主要原料是矾土、石灰石和石膏。熟料的化学成分和矿物组成见表 3-14。

表 3-14 快硬硫铝酸盐水泥化学成分与矿物组成

化学成分	含量/%	矿物组成	含量/%
CaO	40~44	$C_4A_3\bar{S}$	36~44
Al_2O_3	18~22	C_2S	23~34
SiO_2	8~12	C_2F	10~17
Fe_2O_3	6~10	$CaSO_4$	12~17
SO_3	12~16	—	—

快硬硫铝酸盐的主要水化产物是:高硫型水化硫铝酸钙(AF_t)、低硫型水化硫铝酸钙(AF_m)铝胶和水化硅酸盐,由于 $C_4A_3\bar{S}$、C_2S 和 $CaSO_4 \cdot 2H_2O$ 在水化反应时互相促进,因此,水泥的反应非常迅速,早期强度非常高。

(一)快硬硫铝酸盐水泥的技术性质

《快硬高铁硫铝酸盐水泥》(JC/T 933—2019)规定的技术要求如下。

(1)比表面积。比表面积不小于 350m²/kg。

(2)凝结时间。初凝时间不早于 25min,终凝时间不迟于 180min。

(3)强度。以 3d 抗压强度分为 42.5、52.5、62.5、72.5 四个强度等级,各强度等级水泥的各龄期强度应不低于表 3-15 中的数值。

表 3-15 快硬高铁硫铝酸盐水泥强度指标

强度等级	抗压强度/MPa			抗折强度/MPa		
	1d	3d	28d	1d	3d	28d
42.5	≥33.0	≥42.5	≥45.0	≥6.0	≥6.5	≥7.0
52.5	≥42.0	≥52.5	≥55.0	≥6.5	≥7.0	≥7.5
62.5	≥50.0	≥62.5	≥65.0	≥7.0	≥7.5	≥8.0
72.5	≥56.0	≥72.5	≥75.0	≥7.5	≥8.0	≥8.5

注:摘自《快硬高铁硫铝酸盐水泥》(JC/T 933—2019)。

(二)快硬硫铝酸盐水泥的特性与应用

(1)凝结快、早期强度很高。1d 的强度可达 34.5~59.0MPa,因此,特别适用于抢修或紧急工程。

(2)水化放热快。放热总量不大,因此,适用于冬季施工,但不适用于大体积混凝土工程。

(3)硬化时体积微膨胀。因为水泥水化生成较多钙矾石,因此,适用于有抗渗、抗裂要求的混凝土工程。

(4)耐蚀性好。因为水泥石中没有 $Ca(OH)_2$ 与水化铝酸钙,适用于有耐蚀性要求的混凝土工程。

（5）耐热性差。因为水化产物 AF_t 和 AF_m 中含有大量结晶水，遇热分解释放大量的水使水泥石强度下降，因此，不适用于有耐热要求的混凝土工程。

本章知识点及复习思考题

知识点

复习思考题

第四章 混 凝 土

第一节 概 述

混凝土是指用胶凝材料将粗细骨料胶结成整体的复合固体材料的总称。混凝土种类很多,其中以水泥为胶凝材料的普通混凝土是建设工程中使用量最大和最重要的建筑材料之一。

一、混凝土的分类

（一）按表观密度分类

（1）重混凝土。表观密度大于 $2600kg/m^3$ 的混凝土,常由重晶石或铁矿石等作为粗细骨料配制而成。

（2）普通混凝土。表观密度为 $1950\sim2500kg/m^3$ 的水泥混凝土,主要由砂、石子、水泥、掺合料和外加剂配制而成,是土木工程中最常用的混凝土品种。

（3）轻混凝土。表观密度小于 $1950kg/m^3$ 的混凝土,包括轻骨料混凝土、多孔混凝土和大孔混凝土等。

（二）按胶凝材料的品种分类

通常根据主要胶凝材料的品种,并以其名称命名,如水泥混凝土、石膏混凝土、水玻璃混凝土、硅酸盐混凝土、沥青混凝土等。有时也以加入的特种改性材料命名,如水泥混凝土中掺入钢纤维时,称为钢纤维混凝土;水泥混凝土中掺入聚合物时,称为聚合物混凝土;水泥混凝土中掺入大量粉煤灰时则称为粉煤灰混凝土等。

（三）按使用部位、功能和特性分类

混凝土按使用部位、功能和特性通常可分为:结构混凝土、道路混凝土、水工混凝土、水下不分散混凝土、耐热混凝土、耐酸混凝土、防辐射混凝土、补偿收缩混凝土、防水混凝土、泵送混凝土、自密实混凝土、纤维混凝土、聚合物混凝土、高强混凝土、高性能混凝土和超高性能混凝土等。

二、普通混凝土

普通混凝土是指以水泥为主要胶凝材料,砂子和石子为骨料,掺入适量粉煤灰、矿粉等掺合料和外加剂,按规定比例计量、搅拌、浇筑成型、凝结固化成具有一定强度的"人工石材",即水泥混凝土,是目前工程上大量使用的混凝土品种。

（一）普通混凝土的主要优点

(1)原材料来源丰富。混凝土中约 70% 是砂石料,属地方性材料,可就地取材,避免远距离运输,因而价格低廉。

(2)施工方便。混凝土拌合物具有良好的流动性和可塑性,可根据工程需要浇筑成各种形状尺寸的构件及构筑物。其既可现场浇筑成型,也可预制。

(3)性能可根据需要设计调整。通过调整各组成材料的品种和比例,特别是掺入不同外加剂和掺合料,可获得不同施工和易性、强度、耐久性或具有特殊性能的混凝土,满足不同工程需求。

(4)抗压强度高。混凝土的抗压强度一般为 7.5～60MPa。当掺入高效减水剂和掺合料时,可达 100MPa 以上。且与钢筋具有良好的匹配性,浇筑成钢筋混凝土后,可以有效地改善抗拉强度低的缺陷,使混凝土能够应用于各种结构部位。

(5)耐久性好。原材料选择正确、配比合理、施工养护良好的混凝土具有优异的抗渗性、抗冻性和耐腐蚀性能,且对钢筋有保护作用,可保持混凝土结构长期使用性能稳定。

（二）普通混凝土的主要缺点

(1)自重大。$1m^3$ 混凝土重约 2400kg,故结构物自重及自重引起的荷载较大,相应的地基处理费用也会增加。

(2)抗拉强度低,抗裂性差。混凝土的抗拉强度一般只有抗压强度的 1/20～1/10,易开裂。

(3)收缩变形大。水泥水化凝结硬化引起的自收缩和干燥收缩达 $500 \times 10^{-6} m/m$ 以上,易产生混凝土收缩裂缝。

（三）普通混凝土的基本要求

(1)满足便于搅拌、运输和浇捣,获得均匀密实混凝土的施工和易性。

(2)满足设计要求的强度等级。

(3)满足工程所处环境条件所必需的耐久性。

(4)满足上述三项要求的前提下,最大限度地降低胶凝材料用量,降低成本,实现经济合理性。

为了同时满足上述四项基本要求,就必须研究原材料性能;研究影响混凝土和易性、强度、耐久性、变形性能的主要因素;研究配合比设计原理、混凝土质量波动规律以及相关的检验评定标准等。

第二节　普通混凝土的组成材料

混凝土的性能在很大程度上取决于组成材料的性能,必须根据工程性质、设计要求和施工现场条件合理选择原材料的品种、质量和用量。要做到合理选择原材料,则首先必须了解材料的性质、作用原理和质量要求。

一、胶凝材料

(一)水泥

1. 水泥品种选择

水泥品种选择主要根据工程结构特点、工程所处环境及施工条件等确定。详见第三章水泥。

2. 水泥强度等级选择

水泥强度等级的选择原则为：混凝土设计强度等级越高，则水泥强度等级也宜越高；设计强度等级低，则水泥强度等级也相应低。例如：C40及以下混凝土，一般选用42.5级；C45~C60混凝土一般选用52.5级，在采用高效减水剂等条件下也可选用42.5级；大于C60的高强度混凝土，一般宜选用52.5级或更高强度等级的水泥；对于C15及以下的混凝土，则宜选择32.5级的水泥，并外掺粉煤灰等掺合料。目标是保证混凝土中有适量的水泥，既不过多，也不过少。因为水泥用量过多，一方面成本增加，另一方面混凝土收缩增大，对耐久性不利。水泥用量少，混凝土的黏聚性变差，不易获得均匀密实的混凝土，严重影响混凝土的耐久性。

目前广泛应用的预拌混凝土，通常加入了适量的矿粉、粉煤灰等掺合料，因此，在水泥强度等级选择时，应充分考虑掺合料的种类、用量等复合使用的实际效果。

(二)矿物掺合料

混凝土矿物掺合料(也称为矿物外加剂)是指二氧化硅、氧化铝和其他有效矿物为主要成分，在混凝土中可以代替部分水泥、改善混凝土综合性能，且掺量一般不小于5%的具有火山灰活性的粉体材料。在混凝土中的作用机理除微粉的填充效应、形态效应外，主要是活性SiO_2和Al_2O_3与$Ca(OH)_2$在一定温湿度条件下产生化学反应，生成C—S—H凝胶和水化铝酸钙(C_4AH_{13}、C_3AH_6)水化硫铝酸钙($C_2A\bar{S}H_8$)。常用品种有粉煤灰、磨细水淬矿渣微粉(简称矿粉)、硅灰、磨细沸石粉、偏高岭土、硅藻土、烧页岩、沸腾炉渣、钢渣粉、钢铁渣粉及复合矿物掺合料等。随着混凝土技术的进步，矿物掺合料的品种也在不断拓展，如磨细石灰石粉、磨细石英砂粉、硅灰石粉等非活性矿物掺合料在混凝土中也得到广泛应用。特别是近年来研制和应用的复合矿物掺合料，可以说是混凝土技术进步的一个标志，比单一品种更有利于改善混凝土综合性能。

矿物掺合料的主要功能有以下几种。

1. 改善混凝土的和易性

大部分矿物掺合料具有比水泥更细的颗粒，能填充水泥颗粒间的空隙，提高密实性；由于比表面积大，吸附能力强，因而能有效改善混凝土的黏聚性和保水性。其中，矿粉、磨细石灰石粉和石英砂粉等在掺量适当时，通过改善粉料级配等，还能提高混凝土的流动性。优质粉煤灰中由于含有部分空心玻璃微珠，细度和掺量适当时也能提高混凝土的流动性。部分矿物掺合料能有效降低混凝土的黏性和内聚力，从而改善混凝土的可泵性、振捣密实性及抹平性能。

2. 降低混凝土水化温升

粉煤灰和非超细磨的矿粉等绝大部分矿物掺合料,由于推迟了胶凝材料的总体水化进程,能有效降低混凝土的水化温升,推迟温峰出现时间,对大体积混凝土的温度裂缝控制十分有利。

3. 提高早期强度或增进后期强度

部分矿物掺合料,如硅灰和偏高岭土等能有效提高混凝土早期强度。经超细磨的矿粉也能提高混凝土的早期强度。粉煤灰和普通矿粉等早期强度可能略有下降,而后期强度增进速度快。

4. 提高混凝土的耐久性

大部分矿物掺合料均能有效改善和提高混凝土的耐久性,如硅灰、矿粉、偏高岭土、沸石粉等均能有效提高混凝土的抗氯离子渗透、抗硫酸盐腐蚀和抗碱骨料反应等能力,同时也能提高抗渗性。

但矿物掺合料的掺入,由于二次水化反应消耗了大量的氢氧化钙,往往会降低混凝土的碱度,若不能有效提高混凝土的密实性,则抗中性化能力会下降,从而降低对钢筋的保护作用,有的还会增大混凝土的收缩性和脆性,降低混凝土的抗裂性。因此,各类掺合料在钢筋混凝土,特别是预应力混凝土中掺量应有相应的控制。主要掺合料有如下几种。

1. 硅灰

硅灰是生产硅铁时产生的烟灰,硅灰中活性 SiO_2 含量达 90% 以上,比表面积达 $15000m^2/kg$ 以上,火山灰活性高,且能填充水泥的空隙,从而提高混凝土密实度、强度和耐久性。硅灰是高强混凝土配制中应用最早、技术最成熟、应用较多的一种掺合料,也是超高性能混凝土中最常用的组分。但硅灰会减小混凝土流动性、加速混凝土坍落度损失、增大混凝土收缩和脆性、降低混凝土抗裂性等。因此,硅灰掺量不宜过高,适宜掺量为水泥用量的 5%~10%。

2. 矿粉

粒化高炉矿渣粉也称磨细矿渣粉,简称矿粉,是指从炼铁高炉中排出,以硅酸盐和铝硅酸盐为主要成分的熔融物,经淬冷成粒后,通过干燥、粉磨达到规定细度并符合规定活性指数的粉体材料。通常将矿渣磨细到比表面积为 $350m^2/kg$ 以上,从而具有良好的早期强度。掺量一般控制在 10%~30%。矿粉的细度越大,其活性越高,增强作用越显著,但粉磨成本也大大增加。

矿粉的质量指标除了与细度紧密相关外,还取决于各氧化物之间的比例关系。通常用矿渣中碱性氧化物与酸性氧化物的比值 M,将矿渣分为碱性矿渣($M>1$)、中性矿渣($M=1$)和酸性矿渣($M<1$)。M 的计算式如下:

$$M = \frac{CaO + MgO + Al_2O_3}{SiO_2} \tag{4-1}$$

碱性矿渣的胶凝性优于酸性矿渣,因此,M 值越大,反映矿渣的活性越好。

3. 粉煤灰

粉煤灰是煤粉炉燃烧煤粉时从烟道气体中收集到的细颗粒粉末。粉煤灰按煤种和氧化钙含量分为 F 类和 C 类。F 类粉煤灰由无烟煤或烟煤燃烧收集的粉煤灰,也称为低钙灰。

C 类粉煤灰氧化钙含量一般大于 10%，由褐煤或次烟煤燃烧收集的粉煤灰，也称为高钙灰。

粉煤灰在混凝土中的主要功能是利用其火山灰活性、玻璃微珠改善和易性、微细粉末的微集料效应。通常根据细度、烧失量和需水量比划分为Ⅰ级灰、Ⅱ级灰、Ⅲ级灰。Ⅰ级灰的品质较高，需水量比小于 95%，具有一定减水作用，强度活性也较高，可用于普通钢筋混凝土、高强混凝土和预应力混凝土。Ⅱ级灰一般不具有减水作用，主要用于普通钢筋混凝土。Ⅲ级灰品质较低，也较粗，活性较差，一般只能用于素混凝土和砂浆，若经专门试验验证后也可以用于钢筋混凝土。高钙粉煤灰通常含游离氧化钙，当用于混凝土时，含量不得大于 2.5%，且体积安定性检验必须合格。

4. 沸石粉

沸石粉以天然斜发沸石岩或丝光沸石岩为原料，经粉磨至规定细度的粉体材料。天然沸石含大量活性 SiO_2 和微孔，磨细后作为掺合料具有微集料效应和火山灰活性功能。由于沸石粉对钾、钠和氯离子的强吸附作用和对水化产物的改善作用，所以能有效抑制混凝土的碱-骨料反应和提高抗硫酸盐腐蚀能力。当比表面积大于 $500m^2/kg$ 时，能有效改善混凝土黏聚性和保水性，并具有一定的内养护作用，从而提高混凝土后期强度和耐久性，掺量一般为 5%～15%。

5. 偏高岭土

偏高岭土是由高岭土($Al_2O_3 \cdot 2SiO_2 \cdot 2H_2O$)在 700～800℃条件下脱水制得的白色粉末，平均粒径为 1～2μm，SiO_2 和 Al_2O_3 含量在 90% 以上，特别是 Al_2O_3 含量较高。由于其极高的火山灰活性，故有超级火山灰之称。

研究结果表明，掺入偏高岭土能显著提高混凝土的早期强度和长期抗压强度、抗折强度及劈裂抗拉强度。由于高活性偏高岭土对钾、钠和氯离子的强吸附作用和对水化产物的改善作用，能有效抑制混凝土的碱-骨料反应和提高抗硫酸盐腐蚀能力，同时能有效改善混凝土的冲击韧性和耐久性。随着偏高岭土掺量的提高，混凝土的坍落度将有所下降，因此，需要适当增加用水量或高效减水剂的掺量。

6. 复合矿物掺合料

复合矿物掺合料指采用两种或两种以上的矿物掺合料，单独粉磨至规定的细度后再按一定的比例复合而成的粉体材料；或指两种及两种以上的矿物原料按一定的比例混合后，必要时可掺入适量石膏和助磨剂，再粉磨到规定细度的粉体材料。每一种矿物掺合料除了各自的优点外，均有不足之处，如粉煤灰和沸石粉的早期强度较低、硅灰增大收缩等。因此，采用两种或两种以上矿物掺合料复合，达到优势互补，进一步提高综合性能，并可促进工业固废的综合利用，已成为目前的重点研究和发展方向。

矿物掺合料在混凝土中的掺量应根据品种和混凝土水胶比通过试验确定。水胶比较小时，掺量可适当增大。采用硅酸盐水泥或普通硅酸盐水泥时，钢筋混凝土中的最大掺量宜符合表 4-1 的规定；预应力混凝土中的最大掺量宜符合表 4-2 的规定。对大体积混凝土，粉煤灰、矿粉和复合掺合料的最大掺量可增加 5%。采用掺量大于 30% 的 C 类粉煤灰的混凝土应以实际使用的水泥和粉煤灰掺量进行安定性检验，检验合格后才能使用。

表 4-1　钢筋混凝土中矿物掺合料最大掺量

矿物掺合料种类	水胶比	最大掺量/%	
		采用硅酸盐水泥时	采用普通硅酸盐水泥时
粉煤灰	≤0.40	45	35
	>0.40	40	30
粒化高炉矿渣粉	≤0.40	65	55
	>0.40	55	45
钢渣粉	—	30	20
磷渣粉	—	30	20
硅灰	—	10	10
复合掺合料	≤0.40	65	55
	>0.40	55	45

注:① 采用其他通用硅酸盐水泥时,宜将水泥混合料掺量 20% 以上的混合料量计入矿物掺合料。

　② 复合掺合料各组分的掺量不宜超过单掺时的最大掺量。

　③ 在混合使用两种或两种以上矿物掺合料时,矿物掺合料总掺量应符合表中复合掺合料的规定。

表 4-2　预应力混凝土中矿物掺合料最大掺量

矿物掺合料种类	水胶比	最大掺量/%	
		采用硅酸盐水泥时	采用普通硅酸盐水泥时
粉煤灰	≤0.40	35	30
	>0.40	25	20
粒化高炉矿渣粉	≤0.40	55	45
	>0.40	45	35
钢渣粉	—	20	10
磷渣粉	—	20	10
硅灰	—	10	10
复合掺合料	≤0.40	55	45
	>0.40	45	35

注:① 采用其他通用硅酸盐水泥时,宜将水泥混合料掺量 20% 以上的混合料量计入矿物掺合料。

　② 复合掺合料各组分的掺量不宜超过单掺时的最大掺量。

　③ 在混合使用两种或两种以上矿物掺合料时,矿物掺合料总掺量应符合表中复合掺合料的规定。

二、细骨料

粒径小于 4.75mm 的骨料称为细骨料,亦即砂。常用的细骨料有河砂、海砂、山砂和机制砂(也称为人工砂、加工砂)等。将河砂、海砂或山砂与机制砂按一定比例混合而成的砂称为混合砂。根据质量指标分为 I 类砂、II 类砂和 III 类砂。I 类砂可用于强度等级大于 C60 的混凝土;II 类砂可用于 C30～C60 的混凝土;III 类砂可用于小于 C30 的混凝土。

海砂的氯离子含量高,容易导致钢筋锈蚀,未经淡化处理时只能用于配制素混凝土,不能直接用于配制钢筋混凝土,如要使用,必须经过淡水冲洗,使有害成分含量减少到规定值以下。山砂可以用于一般工程混凝土结构,当用于重要结构物时,必须通过坚固性试验和碱活性试验。机制砂是指以岩石、卵石、矿山废石和尾矿等为原料,经机械破碎、整形、筛分、粉控等工艺制成的,粒径小于 4.75mm 的岩石颗粒。

细骨料的主要质量指标有以下几种。

1. 有害杂质含量

细骨料中的有害杂质主要包括两方面:①黏土和云母。它们黏附于砂表面或夹杂其中,严重降低黏结强度,从而降低混凝土的强度、抗渗性和抗冻性,增大混凝土的收缩性。机制砂中的石粉根据吸附性不同,也会不同程度影响混凝土的性能。②有机质、硫化物及硫酸盐。它们影响水泥水化或腐蚀水泥石,从而影响混凝土的性能。因此,对有害杂质含量必须加以限制。《建设用砂》(GB/T 14684—2022)对各种有害杂质和机制砂石粉含量的限值作了相应规定,见表 4-3 和表 4-4。《普通混凝土用砂、石质量及检验方法标准》(JGJ 52—2006)中对有害杂质含量也作了相应规定。

表 4-3　砂中有害物质含量限值

项　目		Ⅰ类	Ⅱ类	Ⅲ类
云母含量(按质量计)/%	≤	1.0	2.0	2.0
硫化物及硫酸盐含量(按 SO_3 质量计)/%	≤	0.5		
有机物含量(用比色法试验)		合格		
轻物质[①](按质量计)/%	≤	1.0		
氯化物含量[②](按氯离子质量计)/%	≤	0.01	0.02	0.06[②]
含泥量[③](按质量计)/%	≤	1.0	3.0	5.0
泥块含量(按质量计)/%	≤	0.2	1.0	2.0
贝壳[④](按质量计)/%	≤	3.0	5.0	8.0

注:① 天然砂中如含有浮岩、火山渣等天然轻骨料时,经试验验证后,该指标可不作要求。
　② 对于钢筋混凝土用净化处理的海砂,其氯化物含量应≤0.02%。
　③ 该指标仅对天然砂作要求,机制砂根据石粉含量分类。
　④ 该指标仅适用于净化处理的海砂,其他砂种不作要求。

表 4-4　机制砂的石粉含量限值

类别	亚甲蓝(MB)值	石粉含量(按质量计/%)　≤
Ⅰ类	MB 值≤0.5	15.0
	0.5<MB 值≤1.0	10.0
	1.0<MB 值≤1.4 或快速试验合格	5.0
	MB 值>1.4 或快速试验不合格	1.0[a]
Ⅱ类	MB 值≤1.0	15.0
	1.0<MB 值≤1.4 或快速试验合格	10.0
	MB 值>1.4 或快速试验不合格	3.0[a]
Ⅲ类	MB 值≤1.4 或快速试验合格	15.0
	MB 值>1.4 或快速试验不合格	5.0[a]

注:a 根据使用环境和用途,经试验验证,由供需双方协商确定,Ⅰ类砂石粉含量可放宽至≤3.0%,Ⅱ类砂石粉含量

可放宽至≤5.0%，Ⅲ类砂石粉含量可放宽至≤7.0%。

此外，由于氯离子对钢筋有严重的腐蚀作用，当采用海砂配制钢筋混凝土时，经淡水冲洗后海砂中氯离子含量要求小于0.06%（以干砂重量计）；对预应力混凝土不宜采用海砂，若必须使用海砂时，则需经淡水冲洗至氯离子含量小于0.02%。若用海砂配制素混凝土，则氯离子含量不受限制。

2. 颗粒形状及表面特征

河砂和海砂经水流冲刷，颗粒多为近似球状，且表面少棱角、较光滑，配制的混凝土流动性往往比山砂或机制砂好，但与水泥的黏结性能相对较差；山砂和机制砂表面较粗糙，多棱角，故混凝土拌合物流动性相对较差，但与水泥的黏结性能较好。水胶比相同时，山砂或机制砂配制的混凝土强度略高；而流动性相同时，因山砂和机制砂用水量较大，故混凝土强度相近或有所下降。河砂和机制砂数字成像粒形照片分别见图4-1和图4-2。

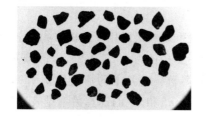 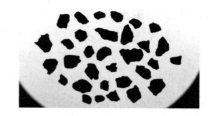

图4-1　河砂数字成像粒形照片　　　图4-2　机制砂数字成像粒形照片

3. 坚固性

天然砂是由岩石经自然风化作用而成，机制砂也会含有大量的风化岩体，在冻融或干湿循环作用下有可能继续风化，因此对某些重要工程或特殊环境下工作的混凝土用砂，如严寒地区室外工程，并处于湿潮或干湿交替状态下的混凝土，有腐蚀介质存在或处于水位升降区的混凝土等，应做坚固性检验。坚固性根据《建设用砂》（GB/T 14684—2022），采用硫酸钠溶液浸泡—烘干—浸泡循环试验法检验。测定5个循环后的质量损失率。指标应符合表4-5的要求。

4. 压碎指标和片状含量

机制砂由于原料性能和加工方式的不同，材质、棱角、粒形等均不同，因此还应进行压碎指标试验，根据《建设用砂》（GB/T 14684—2022），应符合表4-6的要求，也可采用《普通混凝土用砂、石质量及检验方法标准》（JGJ 52—2006）规定的综合压碎指标。机制砂加工过程产生的片状含量也应加以限制，其中Ⅰ类砂规定要求小于10%。

表4-5　坚固性指标			
项目	Ⅰ类	Ⅱ类	Ⅲ类
循环后质量损失/%　＜	8	8	10

表4-6　机制砂的压碎指标			
项目	Ⅰ类	Ⅱ类	Ⅲ类
单级最大压碎指标/%　＜	20	25	30

5. 粗细程度与颗粒级配

砂的粗细程度是指不同粒径的砂粒混合体平均粒径大小。通常用细度模数（M_x）表示，其值并不等于平均粒径，但能较准确反映砂的粗细程度。细度模数M_x越大，表示砂越粗，单位质量总表面积（或比表面积）越小；M_x越小，则砂比表面积越大。

砂的颗粒级配是指不同粒径的砂粒搭配比例。良好的级配指粗颗粒间形成的空隙恰好由中颗粒填充,中颗粒间形成的空隙恰好由细颗粒填充,如此逐级填充(见图 4-3)使砂形成

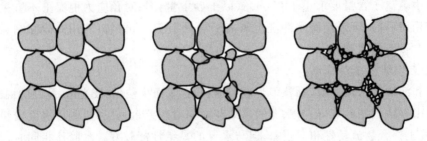

图 4-3　砂颗粒级配示意

最紧密的堆积状态,空隙率达到最小值,堆积密度达到最大值。可有效节约胶凝材料用量,降低成本,并提高混凝土综合性能。

(1)细度模数和颗粒级配的测定。砂的粗细程度和颗粒级配用筛分析方法测定,用细度模数表示粗细,用级配区表示砂的级配。筛分析是用一套孔径为 4.75、2.36、1.18、0.600、0.300、0.150mm 的方孔筛,将 500g 干砂由粗到细依次过筛,称量各筛上的筛余量 m_i(g),计算各筛上的分计筛余率 a_i(%),再计算累计筛余率 A_i(%)。a_i 和 A_i 的计算关系见表 4-7。

表 4-7　累计筛余率与分计筛余率计算关系

筛孔尺寸/mm	筛余量/g	分计筛余率/%	累计筛余率/%
4.75	m_1	$a_1 = m_1/m$	$A_1 = a_1$
2.36	m_2	$a_2 = m_2/m$	$A_2 = A_1 + a_2$
1.18	m_3	$a_3 = m_3/m$	$A_3 = A_2 + a_3$
0.600	m_4	$a_4 = m_4/m$	$A_4 = A_3 + a_4$
0.300	m_5	$a_5 = m_5/m$	$A_5 = A_4 + a_5$
0.150	m_6	$a_6 = m_6/m$	$A_6 = A_5 + a_6$
底　盘	$m_底$	$m = m_1 + m_2 + m_3 + m_4 + m_5 + m_6 + m_底$	

细度模数根据下式计算(精确至 0.01):

$$M_x = \frac{(A_2 + A_3 + A_4 + A_5 + A_6) - 5A_1}{100 - A_1} \tag{4-2}$$

根据细度模数 M_x 两次试验结果的平均值,分为:特粗砂 $M_x > 3.7$;粗砂 $M_x = 3.1 \sim 3.7$;中砂 $M_x = 3.0 \sim 2.3$;细砂 $M_x = 2.2 \sim 1.6$;特细砂 $M_x = 1.5 \sim 0.7$。

砂的颗粒级配根据 0.600mm 筛孔对应的累计筛余率 A_4,分成 1 区、2 区和 3 区三个级配区,见表 4-8。级配良好的粗砂应落在 1 区;级配良好的中砂应落在 2 区;细砂则在 3 区。Ⅰ 类砂的累计筛余率应符合 2 区的规定,并符合分计筛余率的相应要求,且细度模数应为 2.3 ~ 3.2。实际使用的砂颗粒级配可能不完全符合要求,除了 4.75mm 和 0.600mm 对应的累计筛余率外,其余各档允许略有超界,但各级累计筛余率超出值总和不应大于 5%,当某一筛档累计筛余率超界 5% 以上时,说明砂级配很差。

以累计筛余率为纵坐标,筛孔尺寸为横坐标,根据表 4-8 的级区可绘制 1、2、3 级配区的筛分曲线,如图 4-4 所示。在筛分曲线上可以直观地分析砂的颗粒级配优劣。

表 4-8 砂的颗粒级配区范围

砂的分类	天然砂			机制砂、混合砂			Ⅰ类砂分计筛余率① /%
级配区	1 区	2 区	3 区	1 区	2 区	3 区	
筛孔尺寸/mm	累计筛余率/%						
4.75	10～0	10～0	10～0	5～0	5～0	5～0	0～10
2.36	35～5	25～0	15～0	35～5	25～0	15～0	10～15
1.18	65～35	50～10	25～0	65～35	50～10	25～0	15～25
0.60	85～71	70～41	40～16	85～71	70～41	40～16	20～31
0.30	95～80	92～70	85～55	95～80	92～70	85～55	20～30
0.15	100～90	100～90	100～90	97～85	94～80	94～75	5～15
筛底	—	—	—	—	—	—	0～20

注:①对于机制砂,4.75mm 筛的分计筛余率不应大于 5%;当亚甲蓝(MB)值大于 1.4 时,0.15mm 筛和筛底的分计筛余率之和不应大于 25%;对于天然砂,筛底的分计筛余率不应大于 10%。

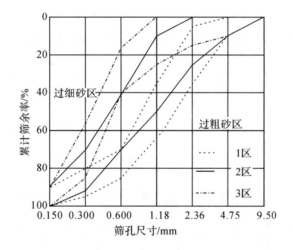

图 4-4 天然砂级配曲线

[**例 4-1**] 某工程用河砂,经烘干、称量、筛分析,测得筛余量列于表 4-9。试评定该砂的粗细程度(M_x)和级配。

表 4-9 筛分析试验结果

筛孔尺寸/mm	4.75	2.36	1.18	0.600	0.300	0.150	底 盘	合 计
第一次筛余量/g	28.5	57.6	73.1	156.6	118.5	55.5	9.7	499.5
第二次筛余量/g	27.5	58.5	74.2	155.4	119.8	53.9	9.8	499.1

[**解**] ① 分计筛余率和累计筛余率计算结果列于表 4-10。

表 4-10　分计筛余率和累计筛余率计算结果

分计筛余率/%	代号	a_1	a_2	a_3	a_4	a_5	a_6
	第一次	5.71	11.53	14.63	31.35	23.72	11.11
	第二次	5.51	11.72	14.87	31.14	24.00	10.80
累计筛余率/%	代号	A_1	A_2	A_3	A_4	A_5	A_6
	第一次	5.71	17.24	31.87	63.22	86.94	98.05
	第二次	5.51	17.23	32.10	63.24	87.24	98.04

② 计算细度模数：

$$M_{x1} = \frac{(A_2+A_3+A_4+A_5+A_6)-5A_1}{100-A_1}$$

$$= \frac{(17.24+31.87+63.22+86.94+98.05)-5\times5.71}{100-5.71} = 2.85$$

$$M_{x2} = \frac{(A_2+A_3+A_4+A_5+A_6)-5A_1}{100-A_1}$$

$$= \frac{(17.23+32.10+63.24+87.24+98.04)-5\times5.51}{100-5.51} = 2.86$$

$$M_x = (M_{x1}+M_{x2})\div2 = (2.85+2.86)\div2 = 2.9$$

③ 确定级配区、绘制级配曲线：该砂样在 0.600mm 筛上的平均累计筛余率 $A_4=63.23$ 落在 2 级区，其他各筛上的累计筛余率也均落在 2 级区规定的范围内，因此，可以判定该砂为 2 级区砂。级配曲线见 4-5。

④ 结果评定：该砂的细度模数 $M_x=2.9$，属中砂；2 级区砂，级配良好，可用于配制混凝土。

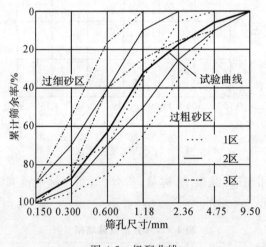

图 4-5　级配曲线

(2)砂的掺配使用。配制普通混凝土的砂宜为中砂（$M_x=2.3\sim3.0$），2 级区。但实际工程中往往会出现砂偏细或偏粗的情况，特别是机制砂，由于机制砂通常较粗，且表面粗糙多棱角，因此会影响混凝土的和易性。通常对其有两种处理方法：

① 当只有一种砂源时，对偏细砂适当减少砂用量，即降低砂率；对偏粗砂则适当增加砂

用量,即增加砂率。

② 当粗砂和细砂可同时提供时,宜将细砂和粗砂按一定比例掺配使用,机制砂与河沙也可掺配使用,这样既可调整 M_x,也可改善砂的级配,有利于节约胶凝材料,提高混凝土性能。掺配比例可根据砂资源状况,粗细砂各自的细度模数及级配情况,通过试验和计算确定。

6. 砂的含水状态

砂的含水状态有如下 4 种,如图 4-6 所示。

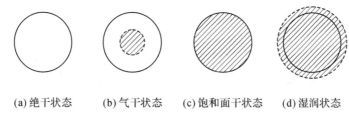

　　(a)绝干状态　　　(b)气干状态　　(c)饱和面干状态　　(d)湿润状态

图 4-6　骨料含水状态示意

① 绝干状态:砂粒内外不含任何水,通常在(105±5)℃条件下烘干而得。

② 气干状态:砂粒表面干燥,内部孔隙中部分含水,指室内或室外(天晴)大气平衡的含水状态,其含水量的大小与空气相对湿度和温度密切相关。

③ 饱和面干状态:砂粒表面干燥,内部孔隙全部吸水饱和。水利、交通工程上通常采用饱和面干状态计量砂用量。

④ 湿润状态:砂粒内部吸水饱和,表层还含有部分表面水。施工现场、露天堆场,特别是雨后常出现此种状况;为了防止在生产、运输和堆放过程产生扬尘,通过人工喷淋使之成为湿润状态;湿法生产的机制砂,通常是湿润状态的。生产混凝土中计量砂用量时,要扣除砂中的含水量;同样,计量水用量时,要扣除砂中带入的水量。

三、粗骨料

粒径大于 4.75mm 的骨料为粗骨料。混凝土工程中常用的有碎石和卵石两大类。碎石为岩石经破碎、筛分而得;卵石多为自然形成的河卵石经筛分而得;当采用大块卵石破碎加工的碎石,也称为碎卵石。根据卵石和碎石的技术要求分为Ⅰ类、Ⅱ类和Ⅲ类。Ⅰ类用于强度等级大于 C60 的混凝土;Ⅱ类用于 C30~C60 的混凝土;Ⅲ类用于小于 C30 的混凝土。

粗骨料的主要技术指标有以下几种。

1. 有害杂质含量

与细骨料中的有害杂质一样,主要有黏土、硫化物及硫酸盐、有机物等。根据《建设用卵石、碎石》(GB/T 14685—2022),其含量应符合表 4-11 的要求。

2. 颗粒形态及表面特征

粗骨料的颗粒形状以近立方体或近球状体为最佳,但在岩石破碎加工过程中往往会产生一定量的针、片状,使骨料的空隙率增大,并降低混凝土的强度,特别是抗折强度。针状是指长度大于该颗粒所属粒级平均粒径的 2.4 倍的颗粒;片状是指厚度小于平均粒径 0.4 倍的颗粒。

表 4-11　碎石或卵石的技术要求

项　目		指　标		
		Ⅰ类	Ⅱ类	Ⅲ类
含泥量(按质量计)/%	≤	0.5	1.0	1.5
泥块含量(按质量计)/%	≤	0	0.2	0.5
硫化物及硫酸盐含量(按 SO_3 质量计)/%	≤	0.5	1.0	1.0
有机物含量		合格		
针片状颗粒(按质量计)/%	≤	5	10	15
坚固性质量损失/%	≤	5	8	12
碎石压碎指标/%	≤	10	20	30
卵石压碎指标/%	≤	12	14	16
空隙率/%	≤	43	45	47
吸水率/%	≤	1.0	2.0	2.0

　　粗骨料的表面特征指表面粗糙程度。碎石表面比卵石粗糙,且多棱角,因此,拌制的混凝土拌合物流动性较差,但与水泥黏结强度较高,配合比相同时,混凝土强度相对较高。卵石表面较光滑,少棱角,因此,拌合物的流动性较好,但黏结性能较差,强度相对较低。但若保持流动性相同,由于卵石可比碎石少用适量水,因此,卵石混凝土强度并不一定低。

　　3. 粗骨料最大粒径

　　混凝土所用粗骨料的粒级上限称为最大粒径。骨料粒径越大,其总表面积越小,通常空隙率也相应减小,因此所需的浆体或砂浆数量也可相应减少,有利于节约水泥、降低成本,并改善混凝土性能。所以在条件许可的情况下,应尽量选择较大粒径的骨料。但在实际工程上,骨料最大粒径受到多种条件的限制:①最大粒径不得大于构件最小截面尺寸的 1/4,同时不得大于钢筋净距的 3/4。②对于混凝土实心板,最大粒径不宜超过板厚的 1/3,且不得大于 40mm。③对于泵送混凝土,当泵送高度在 50m 以下时,最大粒径与输送管内径之比,碎石不宜大于 1:3.0,卵石不宜大于 1:2.5;泵送高度为 50～100m 时,碎石不宜大于 1:4.0,卵石不宜大于 1:3.0;泵送高度大于 100m 时,碎石不宜大于 1:5.0,卵石不宜大于 1:4.0。④对大体积混凝土(如混凝土坝或围堤)或疏筋混凝土,往往受到搅拌设备和运输、成型设备条件的限制。有时为了节省水泥,减小收缩,可在大体积混凝土中抛入大块石,常称作抛石混凝土。

　　4. 粗骨料的颗粒级配

　　石子的粒级分为连续粒级和单粒级两种。连续粒级指 4.75mm 以上至最大粒径 D_{max},各粒级均占一定比例,且在一定范围内。单粒级指从 1/2 最大粒径开始至 D_{max}。单粒级主要用于配制具有要求级配的连续粒级,也可与连续粒级混合使用,以改善级配或配成较大密实度的连续粒级。单粒级一般不宜单独用来配制混凝土,如必须单独使用,则应作技术经济分析,并通过试验证明不发生离析或影响混凝土质量。

　　石子的级配与砂的级配一样,通过一套标准筛筛分试验,可计算累计筛余率。根据《建设用卵石、碎石》(GB/T 14685—2022),碎石和卵石级配均应符合表 4-12 的要求。

　　5. 粗骨料的强度

　　碎石和卵石的强度可用岩石的抗压强度或压碎值指标两种方法表示。

表 4-12 碎石或卵石的颗粒级配范围

级配情况	公称粒级/mm	累计筛余率/%											
		筛孔尺寸(方孔筛)/mm											
		2.36	4.75	9.50	16.0	19.0	26.5	31.5	37.5	53.0	63.0	75.0	90
连续粒级	5～16	95～100	85～100	30～60	0～10	0	—	—	—	—	—	—	—
	5～20	95～100	90～100	40～80	—	0～10	0	—	—	—	—	—	—
	5～25	95～100	90～100	—	30～70	—	0～5	0	—	—	—	—	—
	5～31.5	95～100	90～100	70～90	—	15～45	—	0～5	0	—	—	—	—
	5～40	—	95～100	70～90	—	30～65	—	—	0～5	0	—	—	—
单粒粒级	5～10	95～100	80～100	0～15	0	—	—	—	—	—	—	—	—
	10～16	—	95～100	80～100	0～15	—	—	—	—	—	—	—	—
	10～20	—	95～100	85～100	—	0～15	—	—	—	—	—	—	—
	16～25	—	—	95～100	55～70	25～40	0～10	—	—	—	—	—	—
	16～31.5	—	95～100	—	85～100	—	—	0～10	0	—	—	—	—
	20～40	—	—	95～100	—	80～100	—	—	0～10	0	—	—	—
	40～80	—	—	—	—	95～100	—	—	70～100	—	30～60	0～10	0

岩石的抗压强度通常采用 ϕ50mm×50mm 的圆柱体或边长为 50mm 的立方体试样测定。一般要求其抗压强度大于配制混凝土强度的 1.5 倍,且不小于 45MPa(饱水抗压强度)。

压碎值指标是将 9.5～19mm 的石子 m 克,装入专用试样筒中,施加 200kN 的荷载,卸载后用孔径为 2.36mm 的筛子筛去被压碎的细粒,称量筛余,计作 m_1,则压碎值指标 Q(%)按下式计算:

$$Q=\frac{m-m_1}{m}\times100 \tag{4-3}$$

压碎值越小,表示石子强度越高,反之亦然。各类别骨料的压碎值指标应符合表 4-11 的要求。

6. 粗骨料的坚固性

粗骨料的坚固性指标与砂相似,各类别骨料的质量损失应符合表 4-12 的要求。

四、拌合用水

《混凝土用水标准》(JGJ 63—2006)规定,凡符合国家标准的生活饮用水,均可拌制各种混凝土。海水可拌制素混凝土,但不宜拌制有饰面要求的素混凝土,更不得拌制钢筋混凝土和预应力混凝土。

值得注意的是,在野外或山区施工采用天然水拌制混凝土时,均应对水的有机质、Cl^- 和 SO_4^{2-} 含量等进行检测,合格后方能使用。对某些污染严重的河道、池塘或地下水,一般不得用于拌制混凝土。

五、混凝土外加剂

外加剂是指能有效改善混凝土某项或多项性能的一类材料。其掺量一般只占胶凝材料用量的 5% 以下，却能显著改善混凝土的和易性、强度、耐久性或调节凝结时间。外加剂的应用促进了混凝土生产和施工技术的飞速发展，技术经济效益十分显著，使得高强高性能混凝土的生产和应用成为现实，并解决了许多工程技术难题。如远距离运输和高耸建筑物的泵送问题；紧急抢修工程的早强速凝问题；大体积混凝土工程的水化热问题；超长结构的收缩补偿问题；地下建筑物的防渗漏问题等。目前，外加剂已成为混凝土最主要的组成材料之一。

（一）外加剂的功能和分类

外加剂根据功能的不同，可分为以下几种。

（1）改善流变性能的外加剂：主要有减水剂、引气剂、泵送剂等。

（2）调节凝结硬化性能的外加剂：主要有缓凝剂、速凝剂、早强剂等。

（3）调节含气量的外加剂：主要有引气剂、加气剂、泡沫剂、消泡剂等。

（4）改善耐久性的外加剂：主要有引气剂、防水剂、阻锈剂等。

（5）提供特殊性能的外加剂：主要有防冻剂、膨胀剂、着色剂、引气剂和泵送剂等。

（二）建筑工程常用混凝土外加剂品种

1. 减水剂

减水剂是指在混凝土坍落度相同的条件下，能减少拌合用水量，或者在混凝土配合比不变的情况下，能增加混凝土流动性的外加剂。根据减水率的大小，减水剂可分为普通减水剂和高效减水剂两大类。此外，尚有复合型减水剂，如引气减水剂，同时具有减水和引气作用；早强减水剂，同时具有减水和提高早期强度作用；缓凝减水剂，同时具有减水和延缓凝结时间的功能等。

减水剂的主要功能包括：①配合比不变时显著提高流动性。②流动性和胶凝材料用量不变时，减少用水量，降低水胶比，提高强度。③保持流动性和强度不变时，节约胶凝材料用量，降低成本。④配置高强高性能混凝土。⑤配制高可泵性或自密实混凝土。

减水剂的主要作用机理包括分散作用和润滑作用两方面。减水剂实际上为一种表面活性剂，长分子链的一端易溶于水——亲水基，另一端难溶于水——憎水基，如图 4-7 所示。

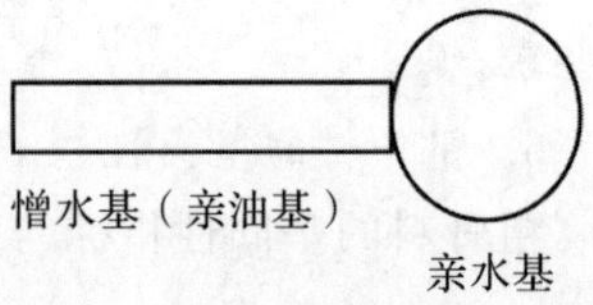

憎水基（亲油基）

亲水基

图 4-7　表面活性剂（减水剂）分子链示意

分散作用：胶凝材料加水拌合后，由于颗粒间分子引力和表面张力的作用，浆体往往形成絮凝结构，使 10%～30% 的拌合水被包裹在胶凝材料颗粒之中，不能参与自由流动和润滑作用，从而影响混凝土拌合物的流动性，见图 4-8（a）。当加入减水剂后，由于减水剂分子能定向吸附于粉料颗粒表面，使粉料颗粒表面带有同一种电荷（通常为负电荷），形成静电排斥作用，促使水泥颗粒快速相互分散，絮凝结构破坏，释放出被包裹的水，并参与流动，从而有效地增加混凝土拌合物的流动性，见图 4-8（b）。

润滑作用：减水剂中的亲水基极性很强，因此粉料颗粒表面的减水剂吸附膜能与水分子

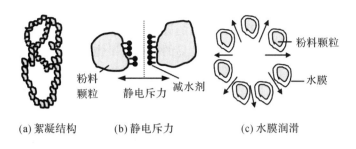

图 4-8　减水剂作用机理示意

形成一层稳定的溶剂化水膜,见图 4-8(c),这层水膜具有很好的润滑作用,能有效降低粉料颗粒间的滑动阻力,从而使混凝土流动性进一步提高。

作为早期使用的木质素系和糖蜜类减水剂,由于减水率低、综合性能差,所以已很少单独使用。目前,工程上常用的减水剂品种有以下几种。

(1)萘磺酸盐系减水剂。萘磺酸盐系减水剂简称萘系减水剂,它是以工业萘或由煤焦油中分馏出含萘的同系物经分馏为原料,经磺化、缩合等一系列复杂的工艺而制成的棕黄色液体或粉末。其主要成分为 β-萘磺酸盐甲醛缩合物。属非引气型高效减水剂,具有早强功能,对钢筋无锈蚀作用。但混凝土的坍落度损失较大,故实际生产的萘系减水剂,绝大多数为复合型,通常与缓凝剂或引气剂复合。适宜掺量为 0.5%～1.2%,减水率可达 15%～30%。主要适用于配制高强、早强、流态和蒸养混凝土制品和工程,也可用于一般工程,是目前工程上使用量最大的外加剂品种之一。

(2)树脂系减水剂。树脂系减水剂为磺化三聚氰胺甲醛树脂减水剂,通常称为密胺树脂系减水剂。它是以三聚氰胺、甲醛和亚硫酸钠为原料,经磺化、缩聚等工艺生产而成的棕色液体。属非引气型早强高效减水剂,适宜掺量为 0.5%～2.0%,减水率可达 20% 以上,1d 强度提高 1 倍以上,7d 强度可达基准 28d 强度,长期强度也能提高,且可显著提高混凝土的抗渗、抗冻性和弹性模量。掺树脂系减水剂的混凝土黏性较大,可泵性较差,且坍落度经时损失也较大。目前主要用于配制高强、早强、流态、蒸汽养护和铝酸盐水泥耐火混凝土等。

(3)聚羧酸系高性能减水剂。聚羧酸系高性能减水剂是近年来发展最快的新一代减水剂,由含有羧基的不饱和单体与其他单体共聚而成。减水率可达 25% 以上,坍落度损失小,1d 强度增加 50% 以上,收缩率比可小于 100%,甲醛含量小于 0.05%,氯离子含量小于 0.6%。掺聚羧酸系减水剂的混凝土具有相对较高的优质微气泡,特别适用于配制高强泵送混凝土、具有早强要求的混凝土和流态混凝土。聚羧酸系减水剂的价格相对较高,但掺量相对较低,对配制高强混凝土、高泵送混凝土具有较好的性价比,也可与其他减水剂复合使用。

(4)复合减水剂。单一减水剂往往很难满足不同工程性质和不同施工条件的要求,因此,减水剂研究和生产中往往复合其他组分,形成早强减水剂、缓凝减水剂、引气减水剂、缓凝引气减水剂等。随着工程建设和混凝土技术进步的需要,各种新型多功能复合减水剂正在不断研制生产中,如 2～3h 内无坍落度损失的保塑高效减水剂等,这一类外加剂主要有:聚羧酸盐与改性木质素的复合物、带磺酸端基的聚羧酸多元聚合物、芳香族氨基磺酸系高分子化合物、改性羟基衍生物与烷基芳香磺酸盐的复合物、萘磺酸甲醛缩合物与木钙等的复合物、三聚氰胺甲醛缩合物与木钙的复合物等。

此外,脂肪族系和氨基磺酸盐系高效减水剂在工程上,特别是在预制构件厂应用也很广泛。其他减水剂品种还有:以甲基萘为原料的聚次甲基萘磺酸钠减水剂,以古马隆为原料的氧茚树脂磺酸钠减水剂,丙烯酸酯或乙酸乙烯的接枝共聚物系高效减水剂,聚羧酸醚系与交联聚合物的复合物系高效减水剂,顺丁烯二酸衍生共聚物系高效减水剂等。

2. 早强剂

早强剂是指能加速混凝土早期强度发展的外加剂。其主要作用机理是加速水泥水化速度,加速水化产物的早期结晶和沉淀;主要功能是缩短混凝土施工养护期,加快施工进度,提高模板周转率。它适用于有早强要求的混凝土工程及低温施工、预制构件等。早强剂的主要品种有氯化钙、硫酸钠和有机胺三大类,但使用更多的是它们的复合早强剂。

常用的氯化钙早强剂能使混凝土 3d 强度提高 $50\% \sim 100\%$,但后期强度不一定提高,甚至可能低于基准混凝土。由于 Cl^- 对钢筋有腐蚀作用,故钢筋混凝土中掺量应严格控制在 1% 以内,并与阻锈剂亚硝酸钠等复合使用,且不得在下列工程中使用:①环境相对湿度大于 8%、水位升降区、露天结构或经常受水淋的结构。②镀锌钢材或铝铁相接触部位及有外露钢筋埋件而无防护措施的结构。③含有酸碱或硫酸盐侵蚀介质的结构。④环境温度高于 60℃ 的结构。⑤使用冷拉钢筋或冷拔低碳钢丝的结构。⑥给排水构筑物、薄壁构件、中级和重级吊车、屋架、落锤或锻锤基础。⑦预应力混凝土结构。⑧含有活性骨料的混凝土结构。⑨电力设施系统混凝土结构。

常用的硫酸钠早强剂,早强效果不及 $CaCl_2$。对矿渣水泥混凝土早强效果较显著,但后期强度略有下降。硫酸钠早强剂在预应力混凝土结构中的掺量不得大于 1%;潮湿环境中的钢筋混凝土结构中掺量不得大于 1.5%。此外,不得用于下列工程:①与镀锌钢材或铝铁相接触部位的结构及外露钢筋预埋件而无防护措施的结构。②使用直流电源的工厂及电气化运输设施的钢筋混凝土结构。③含有活性骨料的混凝土结构。

有机胺类早强剂主要有三乙醇胺、三异丙醇胺等。最常用的三乙醇胺为无色或淡黄色油状液体,呈碱性,易溶于水。三乙醇胺的掺量极微,一般为胶凝材料用量的 $0.02\% \sim 0.05\%$,虽然早强效果不及 $CaCl_2$,但后期强度不下降并略有提高,且对混凝土耐久性无不利影响。但掺量不宜超过 0.1%,否则可能导致混凝土后期强度下降。

复合早强剂。为了克服单一早强剂存在的各种不足,发挥各自特点,通常将三乙醇胺、硫酸钠、氯化钙、氯化钠、石膏及其他外加剂复配组成复合早强剂,有时可产生叠加功能。

3. 引气剂

引气剂是指混凝土在搅拌过程中能引入大量均匀、稳定且封闭的微小气泡的外加剂。气泡直径一般为 $0.02 \sim 1.0\text{mm}$,绝大部分 $<0.2\text{mm}$。常用引气剂有松香树脂、脂肪醇磺酸盐、烷基和烷基芳烃磺酸类、皂苷类以及蛋白质盐、石油磺盐酸等。掺量一般为 $0.005\% \sim 0.01\%$。严防超量掺用,否则将严重降低混凝土强度。当采用高频振捣时,引气剂掺量可适当提高。引气剂的主要功能有:

(1)改善混凝土拌合物的和易性。在拌合物中,相互封闭的微小气泡能起到滚珠作用,减小骨料间的摩阻力,从而提高混凝土的流动性。若保持流动性不变,则可减少用水量,一般每增加 1% 的含气量可减少用水量 $6\% \sim 10\%$。由于大量微细气泡吸附一层稳定的水膜,从而减弱混凝土的泌水性,故能改善混凝土的保水性和黏聚性。

(2)提高混凝土耐久性。一方面,大量的微细气泡堵塞和隔断了混凝土中的毛细孔通道,同时泌水少造成的孔缝也减小。因而能大大提高混凝土的抗渗性能、抗腐蚀性能和抗风化性能。另一方面,连通毛细孔减少,吸水率也相应减小,且能缓冲水结冰时引起的内部水压力,从而使抗冻性大大提高。

(3)引气剂的应用和注意事项。引气剂主要应用于具有较高抗渗和抗冻要求的混凝土工程或贫混凝土,提高混凝土耐久性,也可用来改善泵送性。工程上常与减水剂复合使用,或采用复合引气减水剂。

引气剂导致混凝土含气量提高,混凝土有效受力面积减小,故混凝土强度将下降,一般每增加 1％含气量,抗压强度下降 5％左右,抗折强度下降 2％～3％。故引气剂的掺量必须通过含气量试验严格加以控制,普通混凝土中含气量的限值可按表 4-13 控制。

表 4-13　混凝土含气量限值

粗骨料最大粒径/mm		10	15	20	25	40
含气量/％	≤	7.0	6.0	5.5	5.0	4.5

4. 缓凝剂

缓凝剂是指能延长混凝土的初凝和终凝时间的外加剂。常用的缓凝剂为木钙和糖蜜。糖蜜的缓凝效果优于木钙,一般能缓凝 3h 以上。为了满足特殊工程超长缓凝的要求,如地铁连续墙、超长和超大混凝土结构、大型水利工程等,缓凝时间有时要求 24h 以上,目前常用葡萄糖酸钠、羟基羧酸及其盐类等。

缓凝剂的主要功能有:①降低大体积混凝土的水化热和推迟温峰出现时间,有利于减小混凝土温差引起的温度应力。②便于夏季施工和连续浇捣的混凝土,防止出现混凝土施工缝。③便于泵送施工、滑模施工和远距离运输。④通常具有减水作用,故亦能提高混凝土后期强度或增加流动性或节约胶凝材料用量。

5. 速凝剂

速凝剂是指能使混凝土迅速硬化的外加剂。一般初凝时间小于 5min,终凝时间小于 10min,1h 内即产生强度,3d 强度可达基准混凝土的 3 倍以上,但后期强度一般低于基准混凝土。

速凝剂主要用于喷射混凝土和紧急抢修工程、军事工程、防洪堵水工程等,如矿井、隧道、引水涵洞、地下工程岩壁衬砌、边坡和基坑支护等。

6. 防冻剂

防冻剂是指能使混凝土中水的冰点下降,保证混凝土在负温下凝结硬化并产生足够强度的外加剂。绝大部分防冻剂由防冻组分、早强组分、减水组分或引气剂复合而成,主要适用于冬季低温条件下的施工。值得说明的是,防冻组分本身并不能提高硬化混凝土的抗冻性。常用的防冻剂种类有氯盐类防冻剂、氯盐类阻锈防冻剂、氯盐类防冻剂、无氯低碱/无碱类防冻剂等。

7. 膨胀剂

膨胀剂是指混凝土凝结硬化过程中生成膨胀性产物或气体,使混凝土产生一定体积膨胀的外加剂。掺入膨胀剂的目的是补偿混凝土自收缩、干缩和温度变形,防止混凝土开裂,并提高混凝土的密实性和防水性能。常用膨胀剂品种有硫铝酸钙、氧化钙、氧化镁、铁屑膨胀剂和复合膨胀剂等,也可采用加气类膨胀剂,如铝粉膨胀剂。

目前,建筑工程中膨胀剂主要应用于地下室底板和侧墙混凝土、钢管混凝土、超长结构混凝土、有抗渗要求的混凝土等,使用得当可以有效降低混凝土开裂风险。但应严格控制掺量,若掺量过低则膨胀率小,起不到补偿收缩效果;掺量过高则可能导致超量膨胀,引起混凝土结构破坏。掺膨胀剂混凝土应特别加强湿养护,尤其是早期湿养护,以保证充分发挥膨胀剂的补偿收缩作用,连续湿养护时间一般要求 14d 以上。如果不能保证充分潮湿养护,有可能产生比不掺膨胀剂更大的收缩,导致混凝土开裂。

8. 絮凝剂

絮凝剂主要用以提高混凝土的黏聚性和保水性,使混凝土即使受到水的冲刷,水泥和集料也不离析分散。因此,这种混凝土又称为抗冲刷混凝土或水下不分散混凝土,适用于水下施工。常用的品种有纤维素系和丙烯基系。

(1)纤维素系:主要是非离子型水溶性纤维素醚,如亲水性强的羟基纤维素(HEC)、羟乙基甲基纤维素(HEMC)和羟丙基甲基纤维素(PHMC)等。它们的黏度随分子量及取代基团的不同而不同。

(2)丙烯基系:以聚丙烯酰胺为主要成分。

絮凝剂常与其他外加剂复合使用,如与减水剂、引气剂、调凝剂等复合。

9. 减缩剂

日本日产水泥公司和 Sanyo 化学工业公司于 1982 年首先研制出混凝土减缩剂。随后,美国在 1985 年获得混凝土减缩剂的专利,在实际应用中取得了良好的技术效果,特别是对减小混凝土的自收缩有很强的针对性。多年来,为了降低减缩剂的成本和改善混凝土的综合性能,科研人员对减缩剂的组成及复配技术开展了大量研究。

减缩剂的主要作用机理是:一方面,降低混凝土孔隙水的表面张力,从而减小毛细孔失水时产生的收缩应力;另一方面,减缩剂增强了水分子在凝胶体中的吸附作用,进一步减小混凝土的最终收缩值。根据毛细管强力理论,毛细孔失水时引起的收缩应力可由下式表示:

$$\Delta P = \frac{2\sigma\cos\theta}{r} \tag{4-4}$$

式中:ΔP 为毛细孔水凹液面产生的收缩应力(MPa);σ 为水的表面张力;θ 为水凹液面与毛细孔壁的接触角;r 为毛细孔半径。

据此,在一定的毛细孔半径时,一方面,水的表面张力下降,将直接降低由毛细孔失水时产生的收缩应力。另一方面,由水和减缩剂组成的溶液黏度增加,使得接触角 θ 增大,即 $\cos\theta$ 减小,从而进一步降低混凝土的收缩应力。

由减缩剂的作用机理可知,在原材料和配合比一定时,减缩率是一个相对稳定值,施工养护和环境条件对混凝土的减缩率影响较小。亦即当养护条件差或空气相对湿度小、风速大,混凝土的收缩增大时,由于减缩率基本一定,故其降低收缩的绝对值也增加。

此外,减缩剂几乎没有水泥适应性问题,与水泥的矿物组成和掺合料等几乎无关,且与其他混凝土外加剂有良好的相容性。随着我国经济基础的加强,特别是混凝土工程裂缝控制的迫切需要,以及减缩剂研究技术和产品性能的进一步提高,减缩剂这一新材料将得到越来越广泛的应用。

10. 养护剂

养护剂又称混凝土养生液,涂敷于新浇筑的混凝土表面,形成一层致密的薄膜,使混凝土表面与空气隔绝,防止水分蒸发,最大限度地减少失水,保证混凝土充分水化和防止早期收缩开裂的外加剂。按主要成膜物质,分为以下三类。

(1)无机物类:主要成分为水玻璃及硅溶胶。此类养护剂涂敷于混凝土表面,能与水泥的水化产物氢氧化钙反应生成致密的硅酸钙,堵塞混凝土表面水分的蒸发孔道而达到减少失水和加强养护的作用。

(2)有机物类:主要有乳化石蜡类和氯乙烯-偏氯乙烯共聚乳液类等。此类养护剂涂敷于混凝土表面,基本上不与混凝土组分发生反应,而是在混凝土表面形成连续的不透水薄膜,起到保水和养护的作用。

(3)有机、无机复合类:主要由有机高分子材料(如氯乙烯-偏氯乙烯共聚乳液、乙烯-乙酸乙烯共聚乳液、聚乙酸乙烯乳液、聚乙烯醇树脂等)与无机材料(如水玻璃、硅溶胶等)及其他表面活性剂复合而成。

11. 阻锈剂

阻锈剂是指能抑制或减轻混凝土中钢筋或其他金属预埋件锈蚀的外加剂。钢筋或金属预埋件的锈蚀与其表面形成的保护膜有关。混凝土碱度高,埋入的金属表面能形成钝化膜,可有效抑制钢筋锈蚀。若混凝土中存在氯化物,将破坏钝化膜,加速钢筋锈蚀。加入适宜的阻锈剂可以有效减缓钝化膜破坏,防止或减缓锈蚀。常用的种类有:以亚硝酸盐、铬酸盐、苯甲酸盐为主要成分的阳离子型阻锈剂,作用机理是具有接受电子的能力,能抑制阳极反应。以碳酸钠和氢氧化钠等碱性物质为主要成分的离子型阻锈剂,作用机理是以阴离子为强质子受体,通过提高溶液的 pH,降低 Fe 离子的溶解度而减缓阳极反应或在阴极区形成难溶性覆膜而抑制反应。另外,还有硫代羟基苯胺复合型阻锈剂,作用机理是分子结构中具有两个或更多的定位基团,既可作为电子授体,又可作为电子受体,兼具以上两种阻锈剂的性质,能够同时影响阴阳极反应。因此,它不仅能抑制氯化物侵蚀,还能抑制金属表面微电池反应引起的锈蚀。

第三节　普通混凝土的技术性质

一、新拌混凝土的性能

(一)混凝土的和易性

1. 和易性的概念

混凝土拌合物的和易性,也称工作性,是指拌合物易于搅拌、运输、浇捣成型,并获得质量均匀密实混凝土的综合性能。通常用流动性、黏聚性和保水性三项指标表示。流动性是指拌合物在自重或外力作用下产生流动的难易程度;黏聚性是指拌合物各组成材料之间不产生分层离析的性能;保水性是指拌合物不产生严重的泌水现象。

通常情况下,混凝土拌合物的流动性越大,则保水性和黏聚性越差,反之亦然。和易性良好的混凝土是指既具有满足施工要求的流动性,又具有良好的黏聚性和保水性。因此,不能简单地将流动性大的混凝土称之为和易性好,或者流动性减小说成和易性变差。良好的和易性既是施工的要求也是获得质量均匀密实混凝土的基本保证。

2. 和易性的测试和评定

混凝土拌合物和易性是一项极其复杂的综合性能,到目前为止尚无能够全面反映混凝土和易性的测定方法,通常通过测定流动性,再辅以其他直观观察或经验综合评定混凝土和易性。流动性的测定方法有坍落度法、维勃稠度法、探针法、斜槽法、流出时间法和凯利球法等十多种。对普通混凝土而言,常用的是坍落度法和维勃稠度法再辅以黏聚性和保水性观察。对自密实混凝土或有超高泵送性能要求的混凝土,通常采用坍落扩展度、T_{50}扩展时间来评价填充性和可泵性;有时还采用 J 环扩展度评价间隙通过性、筛析法或跳桌法评价抗离析性;保水性可采用常压泌水率或压力泌水率评价。

(1)坍落度法:将搅拌好的混凝土分三层装入坍落度筒中,见图 4-9(a),每层插捣 25 次,抹平后垂直提起坍落度筒,混凝土则在自重作用下坍落,以坍落度(mm)代表混凝土的流动性。坍落度越大,则流动性越好。

黏聚性通过观察坍落度测试后混凝土所保持的形状,或侧面用捣棒敲击后的形状判定,如图 4-9 所示。当坍落度筒一提起即出现图中(c)或(d)形状,表示黏聚性不良;敲击后出现(b)状,则黏聚性良好;敲击后出现(c)状,则黏聚性欠佳;敲击后出现(d)状,则黏聚性不良。

保水性是以水或稀浆从底部析出的量的大小评定,见图 4-9(b)。析出量大,保水性差,严重时粗骨料表面稀浆流失而裸露。析出量小则保水性好。

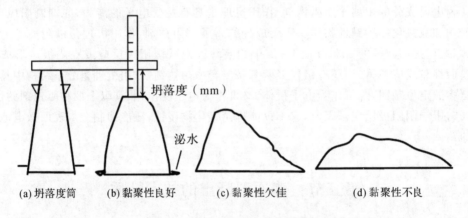

(a)坍落度筒　　(b)黏聚性良好　　(c)黏聚性欠佳　　(d)黏聚性不良

图 4-9　混凝土拌合物和易性测定

根据坍落度值大小将混凝土分为:①大流动性混凝土,坍落度≥160mm;②流动性混凝土,坍落度 100～150mm;③塑性混凝土,坍落度 10～90mm;④干硬性混凝土,坍落度<10mm。

坍落度法测定混凝土和易性的适用条件为:①粗骨料最大粒径≤40mm;②坍落度≥10mm。

对大流动性混凝土,特别是坍落度大于 200mm 时,用单一的坍落度值往往并不足以区分不同的流动特性,所以通常辅以坍落扩展度表征。坍落扩展度是指坍落度试验时,混凝土流动扩展后的平均直径(mm)。

(2)维勃稠度法:对坍落度小于 10mm 的干硬性混凝土,坍落度值已不能准确反映其流动性大小。如当两种混凝土坍落度均为零时,在振捣器作用下的流动性可能完全不同。故一般采用维勃稠度法测定。坍落度法的测试原理是混凝土在自重作用下坍落,而维勃稠度法则是在坍落度筒提起后,施加一个振动外力,测试混凝土在外力作用下完全填满面板所需时间(s)代表混凝土流动性。时间越短,流动性越好;时间越长,流动性越差。维勃稠度试验仪见图4-10。

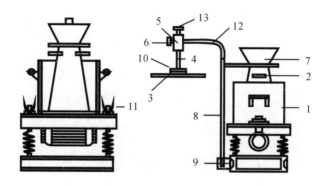

1—容器;2—坍落度筒;3—圆盘;4—滑棒;5—套筒;6、13—螺栓;
7—漏斗;8—支柱;9—定位螺丝;10—荷重;11—元宝螺丝;12—旋转架

图4-10　维勃稠度试验仪

(3)坍落度的选择原则:实际施工时采用的坍落度大小根据下列条件选择。

① 构件截面尺寸大小:截面尺寸大,易于振捣成型,坍落度适当选小些,反之亦然。

② 钢筋疏密:钢筋较密,则坍落度选大些。反之亦然。

③ 捣实方式:人工捣实,则坍落度选大些。机械振捣则选小些。

④ 运输距离:从搅拌机出口至浇捣现场运输距离较远时,应考虑途中坍落度损失,坍落度宜适当选大些,特别是商品混凝土。

⑤ 气候条件:气温高、空气相对湿度小时,因水泥水化速度加快及水分挥发加速,坍落度损失大,坍落度宜选大些,反之亦然。当采用非泵送施工时坍落度可按表4-14选用。

表4-14　混凝土浇筑时的坍落度

构件种类	坍落度/mm
基础或地面等的垫层、无配筋的大体积结构(挡土墙、基础等)或配筋稀疏的结构	10~30
板、梁和大型及中型截面的柱子等	30~50
配筋密列的结构(薄壁、斗仓、筒仓、细柱等)	50~70
配筋特密的结构	70~90

3. 影响和易性的主要因素

(1)单位用水量。单位用水量是指拌制1m³混凝土所需用水量,是混凝土拌合物流动性的决定因素。用水量增大,流动性随之增大。但用水量大带来的不利影响是保水性和黏聚性变差,易产生分层离析和泌水,从而影响混凝土的匀质性、强度和耐久性。大量研究证明,在原材料品质一定的条件下,单位用水量一旦选定,胶凝材料用量增减$50\sim100\mathrm{kg/m^3}$,流动性基本保持不变,这一规律称为固定用水量定则。这一定则为普通混凝土的配合比设计提供了极大的便利,可通过固定用水量保证混凝土坍落度的同时调整胶凝材料用量,即调整水胶比来满足不同强度和耐久性要求。在进行混凝土配合比设计时,单位用水量可根据施工要求的坍落度和粗骨料的种类、规格,根据《普通混凝土配合比设计规程》(JGJ 55—

2011),按表 4-15 选用,再通过试配调整,最终确定单位用水量。

表 4-15 混凝土单位用水量选用

项　目	指　标	卵石最大粒径/mm				碎石最大粒径/mm			
		10.0	20.0	31.5	40.0	16.0	20.0	31.5	40.0
坍落度/mm	10～30	190	170	160	150	200	185	175	165
	35～50	200	180	170	160	210	195	185	175
	55～70	210	190	180	170	220	205	195	185
	75～90	215	195	185	175	230	215	205	195
维勃稠度/s	16～20	175	160	—	145	180	170	—	155
	11～15	180	165	—	150	185	175	—	160
	5～10	185	170	—	155	190	180	—	165

注:① 本表用水量系采用河砂且为中砂时的平均取值,如采用细砂,每立方米混凝土用水量可增加 5～10kg,采用粗砂时则可减少 5～10kg。

② 当采用机制砂时,需适当增加用水量。

③ 掺用外加剂或掺合料时,可相应增减用水量。

(2)浆骨比。浆骨比是指胶凝材料与水组成的浆体体积与砂石骨料体积之比。在混凝土凝结硬化之前,浆体主要赋予流动性和黏聚性;在混凝土凝结硬化以后,主要赋予黏结强度。在水胶比一定的前提下,浆骨比越大,即浆体体积越大,混凝土流动性越大。通过调整浆骨比大小,既可以满足流动性要求,又能保证良好的黏聚性和保水性。浆骨比不宜太大,否则易产生流浆现象,使黏聚性下降。浆骨比也不宜太小,否则因骨料间缺少黏结体,拌合物易发生崩塌现象,且不易振捣均匀密实。因此,合理的浆骨比是混凝土拌合物和易性的良好保证。

(3)水胶比。水胶比即水与胶凝材料之质量比。在胶凝材料用量和骨料用量不变的情况下,水胶比增大,相当于单位用水量增大,浆体变稀,拌合物流动性也随之增大,反之亦然。用水量增大带来的负面影响是严重降低混凝土的保水性,增大泌水,同时使黏聚性也下降。但水胶比也不宜太小,否则因流动性过低影响混凝土振捣密实,易产生麻面和空洞。合理的水胶比是混凝土拌合物流动性、保水性和黏聚性的良好保证。

(4)砂率。砂率是指砂占砂石总质量的百分率,表达式为:

$$S_P = \frac{S}{S+G} \times 100\% \tag{4-5}$$

式中:S_P 为砂率;S 为砂子用量(kg);G 为石子用量(kg)。

砂率对和易性的影响显著。

① 对流动性的影响。在胶凝材料用量和水胶比一定的条件下,一方面,由于砂子与浆体组成的砂浆在粗骨料间起到润滑和滚珠作用,可以减小粗骨料间的摩擦阻力,所以在一定范围内,随砂率增大,混凝土流动性增大。另一方面,由于砂子的比表面积比粗骨料大,随着砂率增加,粗细骨料的总表面积增大,在浆体用量一定的条件下,骨料表面包裹的浆体量变薄,润滑作用下降,使混凝土流动性降低。所以砂率超过一定范围,流动性随砂率增加而下降,见图 4-11(a)。

② 对黏聚性和保水性的影响。砂率减小,相当于浆体厚度增加,混凝土的黏聚性和保水性均下降,易产生泌水、离析和流浆现象。砂率增大,黏聚性和保水性增加。但砂率过大,当浆体不足以包裹骨料表面时,则黏聚性下降。

③ 合理砂率的确定。合理砂率是指砂体积填满石子空隙并有一定的富余量,能在石子间形成一定厚度的砂浆层,以减小粗骨料间的摩擦力,使混凝土流动性达到最大值。或者在保持流动性不变的情况下,使浆体用量达到最小值,见图 4-11(b)。

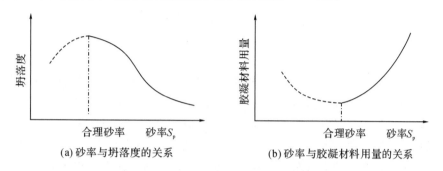

(a)砂率与坍落度的关系　　　　　　　(b)砂率与胶凝材料用量的关系

图 4-11　砂率与混凝土流动性和胶凝材料用量的关系

合理砂率的确定可根据上述两原则通过试验确定。在预拌混凝土生产企业和大型混凝土工程中经常采用。对普通混凝土工程可根据经验或根据《普通混凝土配合比设计规程》(JGJ 55—2011),参照表 4-16 选用。

表 4-16　混凝土的砂率选用

水胶比(W/B)	卵石最大粒径/mm			碎石最大粒径/mm		
	10.0	20.0	40.0	16.0	20.0	40.0
0.40	26～32	25～31	24～30	30～35	29～34	27～32
0.50	30～35	29～34	28～33	33～38	32～37	30～35
0.60	33～38	32～37	31～36	36～41	35～40	33～38
0.70	36～41	35～40	34～39	39～44	38～43	36～41

注:① 表中数值系河砂且为中砂的选用砂率。对细砂或粗砂,可相应地减小或增大砂率。

② 本砂率适用于坍落度为 10～60mm 的混凝土。坍落度如大于 60mm 或小于 10mm 时,应相应增大或减小砂率;按每增大 20mm,砂率增大 1% 的幅度予以调整。

③ 只用一个单粒级粗骨料配制混凝土时,砂率值应适当增大。

④ 掺有各种外加剂或掺合料时,其合理砂率值应经试验或参照其他有关规定选用。

⑤ 对薄壁构件砂率取偏大值。

⑥ 采用机制砂配置混凝土时,砂率宜适当增大。

(5)水泥品种及细度。一方面,水泥品种不同时,达到相同流动性的需水量往往不同,从而影响混凝土的流动性。另一方面,不同水泥品种对水的吸附作用往往不等,从而影响混凝土的保水性和黏聚性。如火山灰水泥、矿渣水泥配制的混凝土流动性比普通水泥小。在流动性相同的情况下,矿渣水泥的保水性能较差,黏聚性也较差。同品种水泥越细,流动性越差,但黏聚性和保水性越好。

(6)掺合料品种和掺量。掺合料品种对流动性的影响显著。如Ⅰ级粉煤灰可增大流动性,并使保水性得以改善,Ⅱ级粉煤灰则有可能降低流动性;硅灰则严重降低混凝土的流动性,但黏聚性和保水性得以改善;超细磨的矿粉通常也会降低流动性,但当较粗时则对流动性影响较小;偏高岭土、沸石粉通常也会降低流动性,而对黏聚性和保水性有改善作用。其影响程度随掺量增加而增大。

(7)骨料的品种和粗细程度。卵石表面光滑,碎石粗糙且多棱角,因此,卵石配制的混凝土流动性较好,但黏聚性和保水性则相对较差。河砂与山砂、机制砂的差异与上述相似。对级配符合要求的砂石料来说,粗骨料粒径越大,砂子的细度模数越大,则流动性越大,但黏聚性和保水性有所下降,特别是砂的粗细,在砂率不变的情况下,影响更加显著。

(8)骨料的含水状态。粗细骨料的吸水率虽然总体均较小,但由于在混凝土中的总量大,在 $1800kg/m^3$ 左右,即使是 0.5% 的吸水率,也可达 $9kg/m^3$,所以严重降低混凝土的流动性。虽然吸水有一个时间过程,但将影响到混凝土的坍落度损失。因此,当采用干砂配制混凝土时,须考虑吸水率对混凝土流动性和坍落度损失的影响。当采用湿砂配制混凝土时,在扣除砂的含水量时,也应考虑到这一因素。特别是采用吸水率大、吸水速度快的砂石料时,更应引起重视。合理的方式是以饱和面干状态的砂石质量为设计和计量的依据。

(9)外加剂。改善混凝土和易性的外加剂主要有减水剂和引气剂。它们能使混凝土在用水量不变的条件下增加流动性,并具有良好的黏聚性和保水性。

(10)时间、气候条件。随着胶凝材料水化和水分蒸发,混凝土的流动性将随着时间的延长而下降。气温高、湿度小、风速大将加速流动性的损失。

4. 混凝土和易性的调整和改善措施

(1)当混凝土流动性小于设计要求时,为了保证混凝土的强度和耐久性,不能单独加水,必须保持水胶比不变,增加胶凝材料和水的用量。但胶凝材料用量增加,混凝土成本提高,收缩和水化热增大,且可能导致黏聚性和保水性下降。

(2)当坍落度大于设计要求时,可在保持砂率不变的前提下,增加砂石用量。实际上相当于减少浆体体积。

(3)改善骨料级配,既可增加混凝土流动性,又能改善黏聚性和保水性。但骨料占混凝土用量的 75% 左右,实际操作难度往往较大。

(4)掺减水剂或引气剂,是改善混凝土和易性的有效措施。但含气量的增加会严重降低强度。

(5)尽可能选用最优砂率。当黏聚性不足时,可适当增大砂率。

(二)混凝土的凝结时间

混凝土的凝结时间与水泥的凝结时间有相似之处,但由于骨料的掺入,水胶比的不同及外加剂的应用,又存在一定的差异。水胶比增大,凝结时间延长;早强剂、速凝剂使凝结时间缩短;缓凝剂则使凝结时间大大延长。

混凝土的凝结时间分初凝和终凝。初凝时间是指混凝土加水至失去塑性所经历的时间,亦即表示可施工操作的时间极限;终凝时间是指混凝土加水至产生强度所经历的时间。初凝时间可适当长,以便于施工操作;终凝与初凝的时间差则越短越好。

混凝土凝结时间的测定通常采用贯入阻力法。影响混凝土实际凝结时间的因素主要有水胶比、水泥品种、水泥细度、外加剂、掺合料和气候条件等。

二、硬化混凝土的性能

（一）混凝土的强度

强度是硬化混凝土最重要的性质之一，混凝土的力学性能、耐久性和变形性能均与强度密切相关，混凝土的强度也是配合比设计、施工控制和质量检验评定的主要技术指标。混凝土的强度主要有抗压强度、抗折强度、抗拉强度和抗剪强度等。其中，抗压强度值最大，也是最主要的强度指标。

1. 混凝土的立方体抗压强度和强度等级

《混凝土物理力学性能试验方法标准》（GB/T 50081—2019）规定，立方体试件的标准尺寸为 150mm×150mm×150mm；标准养护条件为：温度在 (20±2)℃，相对湿度在 95% 以上；标准龄期为 28 d。在上述条件下测得的抗压强度值称为混凝土立方体抗压强度，以 f_{cu} 表示。

根据《混凝土结构设计规范》（2015 年版）（GB 50010—2010），混凝土的强度等级应按立方体抗压强度标准值确定，立方体抗压强度标准值系指具有 95% 保证率的混凝土立方体抗压强度。钢筋混凝土结构用混凝土分为 C15、C20、C25、C30、C35、C40、C45、C50、C55、C60、C65、C70、C75、C80 共 14 个等级。《混凝土质量控制标准》（GB 50164—2011）规定，普通混凝土分为 C10、C15、C20、C25、C30、C35、C40、C45、C50、C55、C60、C65、C70、C75、C80、C85、C90、C95、C100 共 19 个强度等级。如 C30 表示立方体抗压强度标准值为 30MPa，亦即混凝土立方体抗压强度≥30MPa 的保证率（概率）要求在 95% 以上。

混凝土强度等级的划分主要是为了方便设计、施工验收等。强度等级的选择根据建筑物的重要性、结构部位和荷载情况确定。一般可按下列原则初步选择：

（1）普通建筑物的垫层、基础、地坪及受力不大的结构或非永久性建筑选用 C10～C25。

（2）普通建筑物的梁、板、柱、楼梯、屋架等钢筋混凝土结构选用 C25～C30。

（3）高层建筑、大跨度结构、预应力混凝土及特种结构宜选用 C30 以上混凝土。

2. 轴心抗压强度

轴心抗压强度也称为棱柱体抗压强度。由于实际结构物（如梁、柱）多为棱柱体构件，因此采用棱柱体试件强度更有实际意义。一般采用 150mm×150mm×（300～450）mm 的棱柱体试件，经标准养护到 28 d 测试而得。同一材料的轴心抗压强度 f_{cp} 小于立方体抗压强度 f_{cu}，其比值大约为 $f_{cp}=(0.7～0.8)f_{cu}$。这是因为抗压强度试验时，试件在上下两块钢压板的摩擦力约束下，侧向变形受到限制，即环箍效应，其影响高度大约为试件边长的 0.866 倍，如图 4-12 所示。因此，立方体试件整体受到环箍效应的限制，测

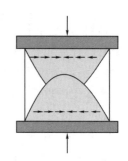

图 4-12　钢压板对试件的约束作用

得的强度相对较高。而棱柱体试件的中间区域未受到环箍效应的影响，属纯压区，测得的强度相对较低。当钢压板与试件之间涂上润滑剂后，摩擦力减小，环箍效应减弱，立方体抗压强度与棱柱体抗压强度趋于相等。

3. 抗拉强度

混凝土的抗拉强度很小,只有抗压强度的 $1/10\sim1/20$,混凝土强度等级越高,其比值越小。为此,在钢筋混凝土结构设计中,一般不考虑承受拉力,而是通过配置钢筋,由钢筋来承担结构的拉力。但抗拉强度对混凝土的抗裂性具有重要作用,它是结构设计中裂缝宽度和裂缝间距计算控制的主要依据,也是抵抗收缩和温度变形等导致开裂的主要指标。

用轴向拉伸试验测定混凝土的抗拉强度,由于荷载不易对准轴线而产生偏拉,且夹具处由于应力集中常发生局部破坏,因此,试验测试非常困难,测试值的准确度也较低,故国内外普遍采用劈裂法间接测定混凝土的抗拉强度,即劈裂抗拉强度。

劈拉试验的标准试件尺寸为边长 150mm 的立方体,在上下两相对面的中心线上施加均布线荷载,使试件内竖向平面上产生均布拉应力,如图 4-13 所示。

此拉应力可通过弹性理论计算得出,计算式如下:

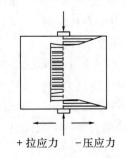

+ 拉应力 - 压应力

图 4-13 劈裂抗拉试验装置示意

$$f_{st} = \frac{2P}{\pi A} = 0.637\frac{P}{A} \tag{4-6}$$

式中:f_{st} 为混凝土劈裂抗拉强度(MPa);P 为破坏荷载(N);A 为试件劈裂面积(mm^2)。

劈拉法不但大大简化了试验过程,而且能较准确地反应混凝土的抗拉强度。试验研究表明,轴拉强度低于劈拉强度,两者的比值为 $0.8\sim0.9$。在无试验资料时,劈拉强度也可通过立方体抗压强度由下式估算:

$$f_{st} = 0.35f_{cu}^{3/4} \tag{4-7}$$

4. 影响混凝土强度的主要因素

影响混凝土强度的因素有很多,从内因来说,主要有胶凝材料强度、水胶比和骨料品质;从外因来说,则主要有施工条件、养护温度、湿度、龄期、试验条件和外加剂等。分析影响混凝土强度各因素的目的在于,可根据工程实际情况采取相应技术措施,提高和保证混凝土的强度。

(1)胶凝材料强度和水胶比:混凝土的强度主要来自胶凝材料强度以及与骨料之间的黏结力。胶凝材料强度越高,则自身强度及与骨料的黏结强度就越高,混凝土强度也越高,试验证明,混凝土强度与胶凝材料强度成正比关系。

水泥完全水化的理论需水量约为水泥质量的 23%,作为胶凝材料完全水化的需水量可能更小,但实际拌制混凝土时,为获得良好的和易性,水胶比往往大于此值,多余水分蒸发后,在混凝土内部留下孔隙,且水胶比越大,留下的孔隙越大,使有效承压面积减小,混凝土强度也就越小。此外,多余水分在混凝土内部迁移上升过程中遇到粗骨料时,由于受到粗骨料的阻碍,水分往往在其底部积聚,形成水泡,极大地削弱与骨料的黏结强度,使混凝土强度下降。因此,在胶凝材料强度和其他条件相同的情况下,水胶比越小,混凝土强度越高,水胶比越大,混凝土强度越低。但水胶比太小,混凝土过于干稠,使得不能保证振捣均匀密实,强度反而降低。试验证明,在相同的情况下,混凝土的强度 f_{cu} 与水胶比呈有规律的曲线关系,而与胶水比则呈线性关系。如图 4-14 所示,通过大量试验资料的数理统计分析,建立了混凝土强度经验公式(又称鲍罗米公式):

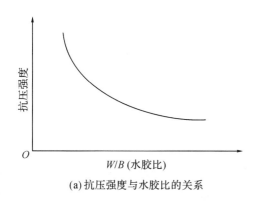

(a) 抗压强度与水胶比的关系

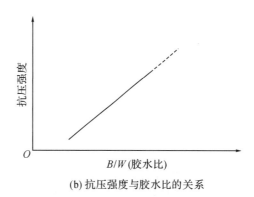

(b) 抗压强度与胶水比的关系

图 4-14 混凝土抗压强度与水胶比及胶水比的关系

$$f_{cu} = \alpha_a f_b \left(\frac{B}{W} - \alpha_b \right) \tag{4-8}$$

式中：f_{cu} 为混凝土的立方体抗压强度（MPa）；$\frac{B}{W}$ 为混凝土的胶水比，即 $1m^3$ 混凝土中胶凝材料与水用量之比，其倒数即是水胶比；f_b 为胶凝材料 28d 胶砂抗压强度（MPa）；α_a、α_b 为与骨料种类有关的经验系数。

胶凝材料的胶砂强度根据《水泥胶砂强度检验方法（ISO 法）》（GB/T 17671—2021）测定。当胶凝材料 28d 胶砂强度无实测值时，可按下式计算：

$$f_b = \gamma_f \gamma_s \cdot f_{ce} \tag{4-9}$$

式中：γ_f、γ_s 为粉煤灰和粒化高炉矿渣粉的影响系数，可按表 4-17 选用。f_{ce} 为水泥 28d 胶砂抗压强度（MPa）。

表 4-17　粉煤灰和粒化高炉矿渣粉的影响系数

掺量/%	粉煤灰影响系数 γ_f	粒化高炉矿渣粉影响系数 γ_s
0	1.00	1.00
10	0.85～0.95	1.00
20	0.75～0.85	0.95～1.00
30	0.65～0.75	0.90～1.00
40	0.55～0.65	0.80～0.90
50	—	0.70～0.85

注：① 采用 Ⅰ 级、Ⅱ 级粉煤灰宜取上限值。

② 采用 S75 级粒化高炉矿渣粉宜取下限值，采用 S95 级宜取上限值，采用 S105 级可取上限值加 0.05。

③ 当超出表中的掺量时，影响系数应经试验确定。

当水泥 28d 胶砂抗压强度无实测值时，可按下式计算：

$$f_{ce} = \gamma_c \cdot f_{ce,g} \tag{4-10}$$

式中：γ_c 为水泥强度等级富余系数，可按实际统计资料确定，当无实际统计资料时，可按表 4-18 选用。如水泥已存放一定时间，则取 1.0；如存放时间超过 3 个月，或水泥已有结块现象，γ_c 可能小于 1.0，必须通过试验实测。$f_{ce,g}$ 为水泥强度等级值。如 42.5 级，$f_{ce,g}$ 取 42.5MPa。

表 4-18　　水泥强度等级值的富余系数

水泥强度等级	32.5	42.5	52.5
富余系数	1.12	1.16	1.10

经验系数 α_a、α_b 可通过试验或本地区经验确定。根据所用骨料品种,《普通混凝土配合比设计规程》(JGJ 55—2011)提供的参数为:

碎石:$\alpha_a=0.53$, $\alpha_b=0.20$

卵石:$\alpha_a=0.49$, $\alpha_b=0.13$

混凝土强度经验公式为配合比设计和质量控制带来了极大便利。例如,当选定水泥强度等级(或胶凝材料强度)、水胶比和骨料种类时,可以推算混凝土 28d 强度值。又例如,根据设计要求的混凝土强度值,在原材料选定后,可以估算应采用的水胶比值。

[例 4-2] 已知某混凝土用胶凝材料强度为 41.6MPa,水胶比为 0.50,碎石。试估算该混凝土 28d 强度值。

[解] 因为:$W/B=0.50$　所以 $B/W=1/0.5=2$

将碎石:$\alpha_a=0.53$,$\alpha_b=0.20$ 代入混凝土强度公式有:

$$f_{cu}=0.53\times41.6(2-0.20)=39.7(MPa)$$

答:估计该混凝土 28d 强度值为 39.7MPa。

[例 4-3] 已知某工程用混凝土采用强度等级为 42.5 的普通水泥(强度富余系数 γ_c 为 1.15),卵石,要求配制强度为 46.8MPa 的混凝土。估算应采用的水胶比。

[解] $f_{ce}=\gamma_c \cdot f_{ce,g}=1.15\times42.5=48.9(MPa)$

将卵石:$\alpha_a=0.49$,$\alpha_b=0.13$ 代入混凝土强度公式有:

$$46.8=0.49\times48.9\times(B/W-0.13)$$

解得:$B/W=2.08$,　所以:$W/B=0.48$

答:配制该混凝土应采用的水胶比为 0.48。

(2)骨料的品质:骨料中的有害物质含量高,则混凝土强度低,骨料自身强度不足,也可能降低混凝土强度,在配制高强混凝土时影响尤为突出。

骨料的颗粒形状和表面粗糙度对强度影响较为显著,如碎石表面较粗糙,多棱角,与砂浆的机械啮合力(即黏结强度)提高,混凝土强度较高。相反,卵石表面光洁,强度也较低,这一点在混凝土强度公式中的骨料系数已有所反映。河砂、机制砂的作用效果与粗骨料类似。

当粗骨料中针片状含量较高时,将降低混凝土强度,对抗折强度的影响更显著。所以在骨料选择时要尽量选用接近球状体的颗粒。

(3)制备和施工条件:主要指计量、搅拌、运输和振捣成型。一般情况下,采用机械振捣比人工振捣均匀密实,强度也略高,而且机械振捣允许采用更小的水胶比或流动度,能获得更高的强度(见图 4-15)。此外,高频振捣、多频振捣和二次振捣工艺等,均有利于提高密实度和强度。机械搅拌通常比人工搅拌均匀,因此,强度也相对较高;搅拌时间越长,越有利于提高均匀性,从而提高混凝土强度(见图 4-16)。但考虑到能耗、施工进度等,现场搅拌一般控制在 2~3min,预拌混凝土企业的搅拌设备效率较高,一般控制在 1min 左右,低流动性或高强度混凝土的搅拌时间应适当增加。投料方式对强度也有一定影响,如先投入粗骨料、胶凝材料和适量水搅拌一定时间,再加入砂和其余水,强度比一次全部投料搅拌提高 10% 左右。

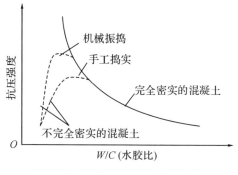

图 4-15　机械振捣和手工捣实对抗压强度的影响

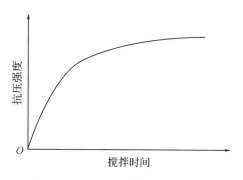

图 4-16　搅拌时间对抗压强度的影响

一般情况下,采用机械振捣比人工振捣要均匀密实,强度也略高。而且机械振捣允许采用更小的水胶比或流动度,获得更高的强度。此外,高频振捣,多频振捣和二次振捣工艺等,均有利于提高强度。

(4)养护条件:混凝土浇筑成型后的养护温度、湿度是决定强度发展的主要外部因素。

养护环境温度高,水泥水化速度加快,掺合料的二次水化作用加强,混凝土强度发展也快,早期强度高;反之亦然。但是,针对不加掺合料的水泥混凝土,当养护温度超过 40℃时,虽然能提高早期强度,但 28d 以后的强度通常比 20℃标准养护得低;若掺入一定量的粉煤灰和矿粉时,则能提高养护温度对后期强度也有提高作用。当温度在冰点以下,不但水泥水化停止,而且有可能由冰冻导致混凝土结构疏松,严重降低强度,尤其是早龄期混凝土应特别加强防冻措施。

湿度通常指的是空气相对湿度。一方面,相对湿度低,空气干燥,混凝土中的水分蒸发加快,严重时导致混凝土缺水而停止水化,强度发展受阻。另一方面,混凝土在强度较低时失水过快,极易引起干缩开裂,影响耐久性。因此,应特别加强早期养护,确保内部有足够的水分使胶凝材料充分水化,并控制早期收缩开裂。通常应在混凝土浇筑完毕后即开始对混凝土加以覆膜、喷养护剂或浇水养护。对硅酸盐水泥、普通水泥和矿渣水泥配制的混凝土连续养护时间不得少于 7d;对掺有缓凝剂、膨胀剂、大量掺合料或有防水抗渗要求的混凝土连续养护不得少于 14d。

风速对失水速率的影响显著,风速越大,失水越快,对强度影响也越大,同时增大干燥收缩,因此对空旷地带、高空地带浇筑混凝土时,应采取有效的防风措施。

(5)龄期:龄期是指混凝土在正常养护下所经历的时间。随着养护龄期增长,胶凝材料水化程度提高,凝胶体增多,自由水和孔隙率减少,密实度提高,混凝土强度也随之提高。最初的 7d 内强度增长较快,而后增幅减小,28d 以后,强度增长更趋缓慢,但如果养护条件得当,则在几年甚至数十年内仍将有所增长。

普通硅酸盐水泥配制的混凝土,在标准养护下,混凝土强度的发展大致与龄期(d)的对数成正比,因此可通过试验研究建立相关关系,根据某一特定龄期的强度推得另一龄期的强度。对不掺减水剂的混凝土,根据已有经验,早期强度推算 28d 龄期强度可参考下式进行:

$$f_{cu,28} = \frac{\lg 28}{\lg n} \cdot f_{cu,n} \tag{4-11}$$

式中：$f_{cu,28}$、$f_{cu,n}$分别为28d和第nd时的混凝土抗压强度，$n\geq 3$。当采用早强型普通硅酸盐水泥时，由3～7d强度推算28d强度会偏大；同样，对掺入矿物掺合料的混凝土，推算强度可能会偏低。

工程实际温度、龄期对混凝土强度的影响规律，如图4-17所示，可作为不同龄期强度估算的参考。

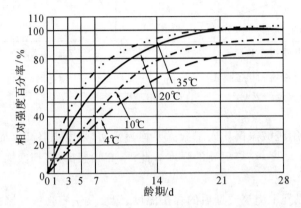

图 4-17　温度、龄期对混凝土强度的影响曲线

（6）外加剂：在混凝土中掺入减水剂，可在保证相同流动性的前提下，减少用水量，降低水胶比，从而提高混凝土的强度。掺入早强剂，则可有效提高混凝土的早期强度，但对28d强度不一定有利，后期强度还有可能低于不掺早强剂的混凝土。

（7）试验条件对测试结果的影响：试验条件是指试件的尺寸、形状、表面状态和加载速度等。

① 试件尺寸：大量的试验研究证明，试件的尺寸越小，测得的强度相对越高，这是由于大试件内部产生孔隙、裂缝或局部缺陷的概率增大，使强度降低。因此，当采用非标准尺寸试件时，要乘以尺寸换算系数。《普通混凝土配合比设计规程》（JGJ 55—2011）规定，边长为100mm的立方体试件换算成150mm的立方体标准试件时，应乘以系数0.95；边长为200mm的立方体试件的尺寸换算系数为1.05。

② 试件形状：主要指棱柱体和立方体试件之间的强度差异。受环箍效应的影响，棱柱体强度较低。

③ 表面状态：若表面平整，则受力均匀，测试所得强度较高；而表面粗糙或凹凸不平，则受力不均匀，强度偏低。若试件表面涂润滑剂及其他油脂物质时，环箍效应减弱，强度偏低。

④ 含水状态：混凝土含水率较高时，受软化作用，强度降低；而混凝土干燥时，则强度较高。且混凝土强度等级越低，差异越大。

⑤ 加载速度：根据混凝土受压破坏理论，混凝土破坏是在变形达到极限值时发生的。当加载速度较快时，材料变形的增长落后于荷载的增加速度，故破坏时的荷载值偏高；相反，当加载速度很慢，混凝土将产生徐变，使测得的强度值偏低。

5．提高混凝土强度的措施

根据上述影响混凝土强度的因素分析，提高混凝土强度可从以下几方面采取措施：

（1）提高水泥强度等级或胶凝材料强度。

（2）尽可能降低水胶比，或采用干硬性混凝土。

（3）采用优质砂石骨料，选择合理砂率。

（4）采用机械搅拌合机械振捣，确保搅拌均匀性和振捣密实性，加强施工管理。

（5）改善养护条件，保证一定的温度和湿度条件，必要时可采用湿热处理，提高早期强度。特别是用粉煤灰水泥、矿渣水泥、火山灰水泥配制的混凝土或掺合料较多时，湿热处理的增强效果更加显著，不仅能提高早期强度，也能提高后期强度。

（6）掺入减水剂或早强剂，提高混凝土的强度或早期强度。

（7）掺硅灰或超细矿渣粉也是提高混凝土强度的有效措施。

（二）混凝土的变形性能

混凝土在凝结硬化过程和凝结硬化以后，均会产生一定量的体积变形，主要包括化学收缩、干湿变形、自收缩、早期收缩、温度变形及荷载作用下的变形。

1. 化学收缩

由于胶凝材料水化产物的体积小于反应前胶凝材料和水化结合水的总体积，从而使混凝土出现体积收缩。这种由胶凝材料水化、凝结硬化过程产生的自身体积缩减，称为化学收缩。其收缩值随混凝土龄期的增加而增大，大致与时间的对数成正比。收缩量与胶凝材料用量和胶凝材料品种有关。胶凝材料用量越大，化学收缩值越大。这一点在富浆混凝土和高强混凝土中应引起重视。化学收缩是不可逆变形。

2. 干湿变形

由混凝土内部水分向外部迁移蒸发引起的体积变形，称为干燥收缩。混凝土吸湿或吸水引起的膨胀，称为湿胀。在混凝土凝结硬化初期，如空气过于干燥或风速大、蒸发快，可导致混凝土塑性收缩裂缝。在混凝土凝结硬化以后，当收缩值过大，收缩应力超过混凝土极限抗拉强度时，可导致混凝土干缩裂缝。因此，混凝土的干燥收缩在实际工程质量控制中必须加以重视，混凝土浇筑完毕应及时采用有效的保湿养护措施。

3. 自收缩

自收缩是指混凝土在没有向外部失水，也没有外部供水的情况下，仅仅是胶凝材料水化导致混凝土内部缺水产生的收缩。自收缩和干燥收缩产生的机理在实质上可以认为是一致的，主要由毛细孔失水，形成水凹液面而产生收缩应力。混凝土的自收缩早在20世纪40年代就已发现，由于自收缩在没有采用减水剂之前，普通混凝土的水胶比均较大，混凝土强度也较低，自收缩占总收缩的比例较小，一般不到10%，几乎可忽略不计。但随着低水胶比高强混凝土的应用，混凝土的自收缩问题重新得到关注。研究结果表明，当混凝土的水胶比低于0.3时，自收缩高达 $200 \times 10^{-6} \sim 400 \times 10^{-6}$ m/m。此外，胶凝材料的用量增加和硅灰、磨细矿粉的使用都将增加混凝土的自收缩值。

4. 早期收缩

根据《普通混凝土长期性能和耐久性能试验方法标准》(GB/T 50082—2009)，通常所说的混凝土干燥收缩，是将混凝土成型后用塑料膜覆盖养护24h脱模，再在水中养护48h，取出后表面擦干测试基准长度，放入温度为(20±2)℃、相对湿度为(60±5)%的恒温、恒湿条件下测试不同龄期的收缩值，即混凝土加水搅拌成型后3d作为起测点，并不反映前3d的收缩。早期收缩则是指从混凝土加水搅拌成型后至3d内的收缩。对于不掺减水剂的普通混凝土，由于水胶比大，早期混凝土内部水分相对充足，加上适时的养护，3d内的收缩相对较小,即使不加养护,也有 $50×10^{-6}$ m/m 左右,对混凝土收缩开裂的影响较小,所以常常被忽略。但对掺减水剂的现代普通混凝土,水泥越来越细,早期强度提高,混凝土强度等级不断提高,水胶比越来越小,以及泵送施工要求的砂率增大等,如果早期养护不能得到有效保障,则混凝土初凝以后的早期收缩可高达 $200×10^{-6}$～$500×10^{-6}$ m/m,特别是高强混凝土,早期收缩更大,若不加以控制,可导致混凝土早期收缩开裂,这也是目前混凝土工程早期开裂的主要因素,必须引起高度重视。

影响混凝土收缩值的因素主要有以下几个。

(1)胶凝材料用量:砂石骨料的收缩值很小,故混凝土的收缩主要来自浆体的收缩,浆体的收缩值可达 $2000×10^{-6}$ m/m 以上。在水胶比一定时,胶凝材料用量越大,混凝土收缩值也越大。故在高强混凝土配制时,尤其要控制胶凝材料用量。相反,若骨料含量越高,胶凝材料用量越少,则混凝土收缩越小。对普通混凝土而言,相应的收缩比为混凝土∶砂浆∶水泥浆=1∶2∶4 左右。混凝土的极限收缩值为 $500×10^{-6}$～$900×10^{-6}$ m/m。

(2)水胶比:对普通混凝土来说,在胶凝材料用量一定时,水胶比越大,意味着多余水分越多,蒸发收缩值也越大。因此要严格控制水胶比,尽量降低水胶比。值得关注的是,大量的研究结果表明,当掺入减水剂以后,混凝土的收缩值随水胶比减小而增大,其作用机理还有待进一步研究。

(3)胶凝材料品种和强度:一般情况下,矿渣水泥比普通水泥收缩大,故对干燥环境施工和使用的混凝土结构,要尽量避免使用矿渣水泥。高强度水泥比低强度水泥收缩大。硅灰等掺合料会增大混凝土的收缩。在良好的养护条件下,矿粉与粉煤灰能减少混凝土的收缩。

(4)环境条件:气温越高、环境湿度越小或风速越大,混凝土的干燥速度越快,在混凝土凝结硬化初期特别容易引起干缩开裂,故必须加强早期保湿养护。空气相对湿度越低,最终的极限收缩也越大。

(5)减水剂:减水剂通常能增大混凝土的收缩,并随着掺量的增加而增大,特别是早期收缩增加更大,所以要合理选择减水剂品种和控制掺量。

干燥混凝土吸湿或吸水后,部分干缩变形可得到恢复,这种变形称为混凝土的湿胀。对于已干燥的混凝土,即使长期泡在水中,仍有部分干缩变形不能完全恢复,残余收缩为总收缩的 30%～50%。这是因为干燥过程中混凝土的结构和强度均发生了变化。但若混凝土一直在水中硬化时,体积不变,甚至略有膨胀,这是由于凝胶体吸水产生的溶胀作用,与化学收缩并不矛盾。

5. 温度变形

混凝土的温度膨胀系数为 $(8～12)×10^{-6}$ m/(m·℃)。即温度每升高或降低 1℃,长 1m 的混凝土将产生 0.01mm 左右的膨胀或收缩变形。混凝土的温度变形对大体积混凝土、超长结构混凝土及大面积混凝土工程等极为不利,极易产生温度裂缝。如纵长 100m 的混凝土,温度降低 30℃(夏冬季温差),则将产生 30mm 的收缩,在完全约束条件下,混凝土内部将产生 7.5MPa 左右的拉应力,足以导致混凝土开裂。故纵长结构或大面积混凝土均要设置伸缩缝、配制温度钢筋或掺入膨胀剂等技术措施,防止混凝土开裂。

6. 荷载作用下的变形

(1)短期荷载作用下的变形:混凝土在外力作用下的变形包括弹性变形和塑性变形两种。塑性变形主要由水化凝胶体的塑性流动和各组成间的滑移产生,所以混凝土是一种弹塑性材料,在短期荷载作用下,其应力-应变关系为一条曲线,如图 4-18 所示。

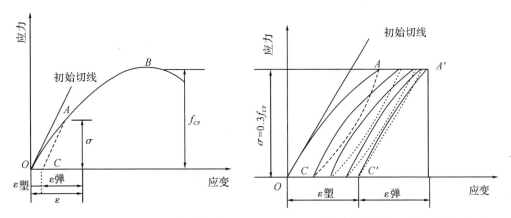

(a) 混凝土在压应力作用下的应力-应变关系　　(b) 混凝土在低应力重复荷载下的应力-应变关系

图 4-18　混凝土在荷载作用下的应力-应变关系

（2）混凝土的静力弹性模量:弹性模量为应力与应变之比。对纯弹性材料来说,弹性模量是一个定值,而对混凝土这一弹塑性材料来说,不同应力水平的应力与应变之比为变量。应力水平越高,塑性变形比重越大,故测得的比值越小。因此,《混凝土物理力学性能试验方法标准》(GB/T 50081—2019)规定,混凝土的弹性模量是以棱柱体(150mm×150mm×300mm)试件抗压强度的 1/3 作为控制值,在此应力水平下重复加荷—卸荷至少 2 次,以基本消除塑性变形后测得的应力-应变之比,是一个条件弹性模量,在数值上近似等于初始切线的斜率。表达式为:

$$E_S = \frac{\sigma}{\varepsilon} \tag{4-12}$$

式中:E_S 为混凝土静力抗压弹性模量(MPa);σ 为混凝土的应力取 1/3 棱柱体轴心抗压强度(MPa);ε 为混凝土应力为 σ 时的弹性应变(m/m)。

影响弹性模量的因素主要有:①混凝土强度越高,弹性模量越大。C10～C60 混凝土的弹性模量为 $1.75 \times 10^4 \sim 3.60 \times 10^4$ MPa。②骨料含量越高,骨料自身的弹性模量越大,则混凝土弹性模量越大。③混凝土水胶比越小,越密实,弹性模量越大。④混凝土养护龄期越长,弹性模量也越大。⑤早期养护温度较低时,弹性模量较大,亦即蒸汽养护混凝土的弹性模量较小。⑥掺入引气剂将使混凝土弹性模量下降。

（3）长期荷载作用下的变形——徐变:混凝土在一定的应力水平(如极限强度的 50%～70%)下,保持荷载不变,随着时间的延长而增加的变形称为徐变。徐变产生的原因主要是凝胶体的黏性流动和滑移。加荷早期的徐变增加较快,后期减缓,如图 4-19 所示。混凝土在卸荷后,一部分变形瞬间恢复,这一变形小于最初加荷时产生的弹塑性变形。在卸荷后一定时间内,变形还会缓慢恢复一部分,称之为徐变恢复。最后残留部分的变形称为残余变形。混凝土的徐变一般可达 $300 \times 10^{-6} \sim 1500 \times 10^{-6}$ m/m。

混凝土的徐变在不同结构物中有不同的作用。对普通钢筋混凝土构件,能消除混凝土内部温度应力和收缩应力,减弱混凝土的开裂现象。对预应力混凝土结构,混凝土的徐变使预应力损失大大增加,这是极其不利的。因此,预应力结构一般要求较高的混凝土强度等级

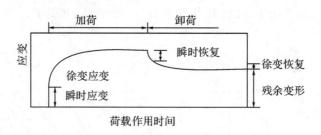

图 4-19 混凝土的应变与荷载作用时间的关系

以减小徐变及预应力损失。

混凝土徐变变形与影响因素的关系主要有:①胶凝材料用量越大(水胶比一定时),徐变越大。②W/B 越小,徐变越小。③龄期长、结构致密、强度高,则徐变小。④骨料用量多,弹性模量高,级配好,最大粒径大,则徐变小。⑤应力水平越高,徐变越大。此外,还与试验时的应力种类、试件尺寸、温度等有关。

(三)混凝土的耐久性

混凝土的耐久性是指在外部和内部不利因素的长期作用下,保持其原有设计性能和使用功能的性质。它是混凝土结构经久耐用的重要指标。外部因素指的是酸、碱、盐的腐蚀作用、冰冻破坏作用、水压渗透作用、碳化作用、干湿循环引起的变形或风化作用、荷载应力作用和振动冲击作用等。内部因素主要指的是孔隙率和孔结构、密实度、水化产物、有害物质含量、碱骨料反应和自身体积变化等。通常根据不同结构部位和使用环境,用混凝土的抗渗性、抗氯离子渗透性、抗冻性、抗碳化性能、抗腐蚀性能和碱骨料反应综合评价混凝土的耐久性。

《混凝土结构设计规范》(2015 年版)(GB 50010—2010)对混凝土结构耐久性作了明确界定,共分为五大环境类别,见表 4-19。其中一类、二类和三类环境中,设计使用年限为 50 年的结构混凝土应符合表 4-20 的规定。《混凝土结构耐久性设计标准》(GB/T 50476—2019)有更加详细的分类和相应的规定。

表 4-19 混凝土结构的环境类别

环境类别		条 件
一		室内干燥环境;无侵蚀性静水浸没环境
二	a	室内潮湿环境;非严寒和非寒冷地区的露天环境、与无侵蚀性的水或土壤直接接触的环境;严寒和寒冷地区的冰冻线以下与无侵蚀性的水或土壤直接接触的环境
	b	干湿交替的环境;水位频繁变动的环境;严寒和寒冷地区的露天环境;严寒和寒冷地区的冰冻线以上与无侵蚀性的水或土壤直接接触的环境
三	a	严寒和寒冷地区冬季水位变动的环境;受除冰盐影响的环境;海风环境
	b	盐渍土环境;受出冰盐作用的环境;海岸环境
四		海水环境
五		受人为或自然的侵蚀性物质影响的环境

表 4-20　结构混凝土耐久性的基本要求

环境类别		最大水胶比	最低强度等级	最大氯离子含量/%	最大碱含量/(kg/m³)
一		0.60	C20	0.30	不限制
二	a	0.55	C25	0.20	3.0
	b	0.50(0.55)	C30(C25)	0.15	
三	a	0.45(0.50)	C35(C30)	0.15	
	b	0.40	C40	0.10	

注:① 氯离子含量系指其占胶凝材料总量的百分率。

② 预应力构件混凝土中的最大氯离子含量为 0.06%,最小胶凝材料用量为 300kg/m³;最低混凝土强度等级应按表中规定提高两个等级。

③ 素混凝土构件的水胶比及最低强度等级的要求可适当放宽。

④ 处于寒冷和严寒地区二 b、三 a 类环境中的混凝土应使用引气剂,并可采用括号里的有关参数。

⑤ 当有可靠工程经验时,对处于二类环境中的最低混凝土强度等级可降低一个等级。

⑥ 当使用非碱活性骨料时,对混凝土中的碱含量可不作限制。

对一类环境中设计使用年限为 100 年的结构混凝土,应符合下列规定:钢筋混凝土结构的最低混凝土强度等级为 C30;预应力结构为 C40;最大氯离子含量为 0.05%;宜使用非碱活性骨料,当使用碱活性骨料时,最大碱含量为 3.0kg/m³;保护层厚度相应增加 40%;使用过程中应做到定期维护。对二类和三类环境中设计使用年限为 100 年的结构混凝土,应采取专门有效措施。对三类环境中的结构混凝土,其受力钢筋宜采用阻锈剂、环氧树脂涂层钢筋或其他具有耐腐蚀性能的钢筋、采取阴极保护措施或采用可更换的构件措施等。对四类和五类环境中的结构混凝土,其耐久性应经专门设计,并应符合有关标准的规定。

1. 混凝土的抗渗性

混凝土的抗渗性是指抵抗压力液体(水、油、溶液等)和气体渗透作用的能力。抗渗性是决定混凝土耐久性最主要的技术指标之一。因为抗渗性好,密实性高,外界腐蚀介质不易侵入内部,所以抗腐蚀性能相应提高。同样,由于水不易进入混凝土内部,所以冰冻破坏作用和风化作用也相应减小。因此,混凝土的抗渗性可以认为是混凝土耐久性指标的综合体现。对一般混凝土结构,特别是地下建筑、水池、水塔、水管、水坝、排污管渠、油罐以及港工、海工混凝土结构,更应保证混凝土具有足够的抗渗性能。

混凝土的抗渗性能用抗渗等级表示。抗渗等级是根据《普通混凝土长期性能和耐久性能试验方法标准》(GB/T 50082—2009),通过试验确定。根据《混凝土质量控制标准》(GB 50164—2011),混凝土抗渗性能可分为 P4、P6、P8、P10 和 P12 共 5 个等级,分别表示混凝土能抵抗 0.4MPa、0.6MPa、0.8MPa、1.0MPa 和 1.2MPa 的水压力而不渗漏。

影响混凝土抗渗性的主要因素有以下几个。

(1)水胶比和胶凝材料用量。水胶比和胶凝材料用量是影响混凝土抗渗透性能的最主要指标之一。水胶比越大,多余水分蒸发后留下的毛细孔道就越多,亦即孔隙率大,又多为连通孔隙,故混凝土抗渗性能越差。特别是当水胶比大于 0.60 时,抗渗性能急剧下降。因此,为了保证混凝土的耐久性,必须对水胶比加以限制。如某些工程从强度计算出发,可以选用较大水胶比,但为了保证耐久性又必须选用较小水胶比,此时只能提高强度、服从耐久性要求。为保证混凝土耐久性,胶凝材料用量的多少,在某种程度上可用水胶比表示。因为混凝土达到一定流动性的用水量基本一定,胶凝材料用量少,亦即水胶比大。《普通混凝土配合比设计规程》(JGJ 55—2011)对混凝土工程最大水胶比和最小胶凝材料用量的限制条件见表 4-21。

表 4-21　混凝土的最大水胶比和最小胶凝材料用量

环境类别		最大水胶比	最小胶凝材料用量/(kg/m³)		
			素混凝土	钢筋混凝土	预应力混凝土
一		0.60	250	280	300
二	a	0.55	280	300	300
	b	0.50(0.55)	320		
三	a	0.45(0.50)	330		
	b	0.40			

注:① 当用活性掺合料取代部分水泥时,表中的最大水胶比及最小胶凝材料用量即为替代前的水胶比和胶凝材料用量。

② 配制 C15 级及其以下等级的混凝土时,可不受本表的限制。

(2)骨料含泥量和级配。一方面,骨料含泥量高,则总表面积增大,混凝土达到同样流动性所需用水量增加,毛细孔道增多;另一方面,含泥量大的骨料界面黏结强度低,也将降低抗渗性能。若骨料级配差,则骨料空隙率大,填满空隙所需水泥浆增大,同样导致毛细孔增加,影响抗渗性能。如浆体不能完全填满骨料空隙,则抗渗性能更差。

(3)施工质量和养护条件。搅拌均匀、振捣密实是抗渗性能的重要保证。适当的养护温度和浇水养护是保证抗渗性能的基本措施。如果振捣不密实留下蜂窝、空洞,抗渗性就严重下降;如果温度过低产生冻害或温度过高产生温度裂缝,则抗渗性能严重降低;如果浇水养护不足,混凝土产生干缩裂缝,也会严重降低抗渗性能。因此,要保证混凝土良好的抗渗性能,施工养护是一个极其重要的环节。

此外,胶凝材料品种、拌合物的保水性和黏聚性等,对抗渗性能也有显著影响。

提高混凝土抗渗性的措施,除了对上述相关因素加以严格控制和合理选择外,还可通过掺入引气剂或引气减水剂提高抗渗性。其主要作用机理是引入微细闭气孔、阻断连通毛细孔道,同时降低用水量或水胶比。对长期处于潮湿或水位变动的严寒和寒冷环境混凝土的含气量应分别不小于 4.5%(D_{max}=40mm)、5.0%(D_{max}=25mm)、5.5%(D_{max}=20mm)。若是盐冻环境,含气量则应分别再提高 0.5%,但也不宜超过 7.0%。

2. 混凝土的抗冻性

混凝土的抗冻性是指混凝土在吸水饱和状态下,能经受多次冻融循环而不被破坏,同时也不严重降低强度的性能。混凝土冻融破坏机理主要是:内部毛细孔中的水结冰时产生 9% 左右的体积膨胀,在混凝土内部产生膨胀应力,当这种膨胀应力超过混凝土局部的抗拉强度时,就可能产生微细裂缝,在反复冻融作用下,混凝土内部的微细裂缝逐渐增多、连通和扩大,最终导致混凝土强度下降,或混凝土表面(特别是棱角处)产生酥松剥落,直至完全破坏。

混凝土抗冻性以抗冻标号表示。抗冻标号的测定可参照《普通混凝土长期性能和耐久性能试验方法标准》(GB/T 50082—2009)。将吸水饱和的混凝土试件在−15℃条件下冰冻 4h,再在 20℃水中融化 4h 作为一个循环,当抗压强度下降不超过 25%,重量损失不超过

5％时,混凝土所能承受的最大冻融循环次数来表示。根据《混凝土质量控制标准》(GB 50164—2011),混凝土的抗冻标号分为 D50、D100、D150、D200 和大于 D200 共 5 个标号,其中的数字表示混凝土能经受的最大冻融循环次数。如 D200,即表示该混凝土能承受 200 次冻融循环,且强度损失小于 25％,重量损失小于 5％,也可以采用快冻法进行测定,用代号 F 加后续的数字表示。

影响混凝土抗冻性的主要因素有:①水胶比或孔隙率。水胶比大,则孔隙率大,导致吸水率增大,冰冻破坏严重,抗冻性差。②孔隙特征。连通毛细孔易吸水饱和,冻害严重。若为封闭孔,则不易吸水,冻害就小,故加入引气剂能提高抗冻性。若为粗大孔洞,则混凝土一离开水面水就流失,冻害就小,故无砂大孔混凝土的抗冻性较好。③吸水饱和程度。若混凝土的孔隙非完全吸水饱和,冰冻过程产生的压力促使水分向孔隙处迁移,从而降低冰冻膨胀应力,对混凝土破坏作用就小。④混凝土的自身强度。在相同的冰冻破坏应力作用下,混凝土强度越高,冻害程度也就越低。此外,还与降温速度和冰冻温度有关。

从上述分析可知,要提高混凝土抗冻性,关键是提高混凝土的密实性,即降低水胶比;加强施工养护,提高混凝土的强度和密实性。掺入引气剂等改善孔结构也是提高混凝土抗冻性的有效措施。

3. 混凝土的抗碳化性能

(1)混凝土碳化机理。混凝土碳化是指空气中的 CO_2 与水反应生成弱碳酸,再与水化产物 $Ca(OH)_2$ 发生化学反应,生成 $CaCO_3$ 和水的过程。反应式如下:

$$Ca(OH)_2 + (CO_2 + H_2O) = CaCO_3 + 2H_2O$$

碳化使混凝土的碱度下降,故也称混凝土中性化。酸雨及酸性环境也会导致混凝土的中性化。碳化过程是由表及里逐步向混凝土内部发展,碳化深度大致与碳化时间的平方根成正比,公式为:

$$L = K\sqrt{t} \tag{4-13}$$

式中:L 为碳化深度(mm);t 为碳化时间(d);K 为碳化速度系数。

碳化速度系数与混凝土的原材料、孔隙率和孔隙构造和外部 CO_2 浓度、温度、湿度等条件有关。在外部条件(CO_2 浓度、温度、湿度)一定的情况下,它反映混凝土的抗碳化能力强弱。K 值越大,混凝土碳化速度越快,抗碳化能力越差。

(2)碳化对混凝土性能的影响。碳化作用对混凝土的负面影响主要有两方面:一是碳化产生收缩,导致混凝土表面产生拉应力,从而降低混凝土的抗拉强度和抗折强度,严重时直接导致混凝土开裂,进一步使得 CO_2 和其他腐蚀介质更易进入混凝土内部,加速碳化作用,降低耐久性。二是碳化作用使混凝土的碱度降低,失去强碱环境对钢筋的保护作用,导致钢筋锈蚀膨胀,严重时,使混凝土保护层沿钢筋纵向开裂,直至剥落,进一步加速碳化和腐蚀,严重影响钢筋混凝土结构的力学性能和耐久性能。

虽然碳化作用生成的 $CaCO_3$ 能填充混凝土中的孔隙,使密实度提高,同时碳化作用释放出的水分有利于促进未水化颗粒的进一步水化,能适当提高混凝土的抗压强度,但对混凝土结构而言,碳化作用所造成的危害远远大于抗压强度的提高。

(3)影响混凝土碳化速度的主要因素。①混凝土的水胶比:主要影响混凝土孔隙率和密实度,是影响混凝土碳化速度的最主要因素之一。②胶凝材料品种和用量:普通水泥水化产物中 $Ca(OH)_2$ 含量高,碳化同样深度所消耗的 CO_2 量要求多,相当于碳化速度减慢。而矿渣水泥、火山灰水泥、粉煤灰水泥、复合水泥以及高掺量混合材配制的混凝土,$Ca(OH)_2$含量低,故碳化速度相对较快。胶凝材料用量大,碳化速度慢。③施工养护:搅拌均匀、振捣成型密实、养护良好的混凝土碳化速度较慢。蒸汽养护的混凝土碳化速度相对较快。④环境条件:空气中CO_2的浓度大,碳化速度加快。当空气相对湿度为$50\%\sim75\%$时,碳化速度最快。当相对湿度小于20%时,由于缺少水环境,碳化终止;当相对湿度达100%或水中的混凝土,由于CO_2不易进入混凝土孔隙内,故碳化也将停止。

(4)提高混凝土抗碳化性能的措施。根据碳化作用机理及影响因素,提高抗碳化性能的关键是提高混凝土的密实性,降低孔隙率,阻止CO_2向混凝土内部渗透。绝对密实的混凝土碳化作用自然也将停止。因此,提高混凝土抗碳化性能的主要措施为:尽可能降低混凝土的水胶比,提高密实度;加强施工养护,保证混凝土均匀密实和胶凝材料充分水化;根据环境条件合理选择胶凝材料品种;用减水剂、引气剂等外加剂降低水胶比或引入封密气孔改善孔结构;必要时还可以采用表面涂刷石灰水或封闭措施等加以保护。

4. 混凝土的碱-骨料反应

碱-骨料反应是指混凝土中由胶凝材料、外加剂及水带入的碱(K_2O和Na_2O),与骨料中的活性SiO_2发生化学反应,在骨料表面形成碱-硅酸凝胶,吸水后将产生3倍以上的体积膨胀,从而导致混凝土膨胀开裂而破坏。碱骨料反应引起的破坏,一般要经过若干年后才会发现,一旦发生则很难修复,因此,骨料中含有活性SiO_2且在潮湿环境或水中使用的混凝土工程,必须严格限制混凝土中的碱含量。大型水工结构、桥梁结构、铁路工程、高等级公路、机场跑道一般均要求对骨料进行碱活性试验或对混凝土中的碱含量加以限制。

5. 提高混凝土耐久性的措施

不同混凝土工程因所处环境和使用条件不同,对耐久性的要求也有所不同,但就影响耐久性的因素来说,良好的密实度是关键,因此,提高耐久性的措施可以从以下几方面进行:①控制混凝土最大水胶比和最小胶凝材料用量。②合理选择胶凝材料品种。③选用良好的骨料和级配。④加强施工质量控制,确保振捣密实和良好的养护。⑤采用适宜的外加剂。⑥掺入粉煤灰、矿粉、硅灰或沸石粉等活性混合材料。

第四节　混凝土的质量管理

一、混凝土质量波动的原因

在混凝土生产和施工过程中,原材料、配合比、施工养护、试验条件、气候因素的变化,均可能造成混凝土质量的波动,如影响到混凝土的和易性、强度及耐久性。由于强度是混凝土的主要技术指标,其他性能可从强度得到间接反映,故可以强度为例分析质量波动的主要因素。

(一)原材料的质量波动

原材料的质量波动主要有:砂细度模数和级配的波动;粗骨料最大粒径、级配和超逊径含量的波动;骨料含泥(粉)量的波动;骨料含水量的波动;水泥质量的波动(不同批或不同厂家的实际强度可能不同);外加剂质量的波动(如液体材料的含固量、减水剂的减水率等);掺合料质量的波动等。所有的这些质量波动,均将严重影响混凝土的和易性、强度和耐久性。在生产混凝土时,必须对原材料的质量严格加以控制,及时检测并加以调整,尽可能减少原材料质量波动对混凝土质量造成影响。

(二)生产和运输过程引起的混凝土质量波动

生产和运输过程引起的混凝土质量波动主要有:原材料计量误差导致的配合比变化,搅拌时间长短,计量时未根据砂石含水量变动及时调整配合比,运输过程环境温度的变化,运输时间过长引起的坍落度损失或分层、离析等。

(三)施工养护引起的混凝土质量波动

混凝土的质量波动与施工养护有着十分紧密的联系。主要有振捣时间过长或不足;浇水养护时间,或者未能根据气温和湿度变化及时调整保温、保湿措施等。

(四)试验条件变化引起的混凝土质量波动

试验条件的变化主要指取样代表性,成型质量(特别是不同人员操作时),试件的养护条件变化,试验机自身误差以及试验人员操作的熟练程度等。

二、混凝土质量(强度)波动的规律

在正常的原材料供应和生产、施工条件下,混凝土的强度有时偏高,有时偏低,但总是在配制强度的附近波动,质量控制越严,生产、施工管理水平越高,则波动的幅度越小;反之,则波动的幅度越大。通过大量的数理统计分析和工程实践证明,混凝土的强度波动符合正态分布规律,正态分布曲线见图 4-20。

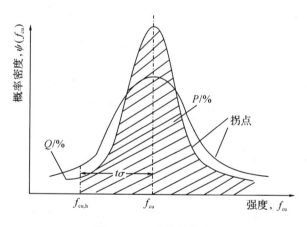

图 4-20　正态分布曲线

正态分布的特点:

(1)曲线形态呈钟形,在对称轴的两侧曲线上各有一个拐点。拐点至对称轴的距离等于 1 个标准差 σ。

(2)曲线以平均强度为对称轴,两边对称,即小于平均强度和大于平均强度出现的概率相等。平均强度值附近的概率(峰值)最高,离对称轴越远,出现的概率越小。

(3)曲线与横坐标之间围成的面积为总概率,即 100%。

(4)曲线越窄、越高,相应的标准差值(拐点离对称轴距离)也越小,表明强度越集中于平均强度附近,混凝土匀质性好,质量波动小,生产和施工管理水平高。若曲线宽且矮,相应的标准差越大,说明强度离散大、匀质性差、生产和施工管理水平差。因此,从概率分布曲线可以比较直观地分析混凝土质量波动的情况。

三、混凝土强度的匀质性评定

混凝土强度的匀质性,通常采用数理统计方法加以评定,主要评定参数有以下几个。

（一）强度平均值 $f_{cu,m}$

混凝土强度平均值按下式计算:

$$f_{cu,m} = \frac{1}{N}(f_{cu,1} + f_{cu,2} + \cdots + f_{cu,N}) = \frac{1}{N}\sum_{i=1}^{N} f_{cu,i} \tag{4-14}$$

式中:N 为该批混凝土试件立方体抗压强度的总组数;$f_{cu,i}$ 为第 i 组试件的强度值。理论上,平均强度 $f_{cu,m}$ 与该批混凝土的配制强度相等,它只反映该批混凝土强度的总平均值,并不反映混凝土强度的波动情况。例如,平均强度为 20MPa,可以由 15MPa、20MPa、25MPa 求得,也可以由 18MPa、20MPa、22MPa 求得,虽然平均值相等,但它们的匀质性显然是后者优于前者。

（二）标准差 σ

混凝土强度标准差按下式计算:

$$\sigma = \sqrt{\frac{\sum_{i=1}^{N}(f_{cu,i} - f_{cu,m})^2}{N-1}} \tag{4-15}$$

对平均强度相同的混凝土而言,标准差 σ 能确切反映混凝土质量的均匀性,但当平均强度不等时,并不确切。例如,平均强度分别为 25MPa 和 50MPa 的混凝土,当 σ 均等于 5MPa 时,对前者来说波动已很大,但对后者来说波动并不算大。因此,对不同强度的混凝土单用标准差值尚难以评判其匀质性,宜采用变异系数加以评定。

（三）变异系数 C_v

变异系数 C_v 根据下式计算:

$$C_v = \frac{\sigma}{f_{cu,m}} \tag{4-16}$$

变异系数亦即标准差 σ 与平均强度 $f_{cu,m}$ 的比值,实际上反映相对于平均强度而言的变异程度。其值越小,说明混凝土质量越均匀,波动越小。如上例中,前者的 $C_v = 5/25 = 0.20$;后者的 $C_v = 5/50 = 0.10$。显而易见,后者质量均匀性好,生产和施工管理水平高。《混凝土质量控制标准》(GB 50164—2011)规定,混凝土的生产质量控制水平,可根据不同强度等级、在统计周期内混凝土强度的标准差和实测强度达到强度标准值组数的百分率来评定,标准差应符合表 4-22 的规定。

表 4-22　混凝土生产质量水平

生产场所	强度标准差/MPa		
	<C20	C20~C40	≥C45
预拌混凝土搅拌站 预制混凝土构件厂	≤3.0	≤3.5	≤4.0
施工现场搅拌站	≤3.5	≤4.0	≤4.5

（四）强度保证率 $P(\%)$

根据数理统计的概念，强度保证率指混凝土强度总体中大于设计强度等级的概率。当样本足够大时，其数值与混凝土强度大于设计等级的组数占总组数的百分率相近。可根据正态分布的概率函数计算求得：

$$P = \frac{1}{\sqrt{2\pi}} \int_{-t}^{\infty} e^{-\frac{t^2}{2}} dt \tag{4-17}$$

式中：P 为强度保证率；t 为概率度，或称为保证率系数，可根据下式计算：

$$t = \frac{|f_{cu,k} - f_{cu,m}|}{\sigma} = \frac{|f_{cu,k} - f_{cu,m}|}{C_v \cdot f_{cu,m}} \tag{4-18}$$

式中：$f_{cu,k}$ 为混凝土设计强度等级。

根据 t 值，可计算强度保证率 P。由于计算比较复杂，一般可根据表 4-23 直接查取 P 值。

表 4-23　不同 t 值的强度保证率 P 值

t	0.00	0.50	0.80	0.84	1.00	1.04	1.20	1.28	1.40	1.50	1.60
$P/\%$	50.0	69.2	78.8	80.0	84.1	85.1	88.5	90.0	91.9	93.5	94.5
t	1.645	1.70	1.75	1.81	1.88	1.96	2.00	2.05	2.33	2.50	3.00
$P/\%$	95.0	95.5	96.0	96.5	97.0	97.5	97.7	98.0	99.0	99.4	99.9

（五）混凝土的配制强度

从上述分析可知，如果混凝土的平均强度与设计强度等级相等，强度保证率系数 $t=0$，此时保证率为 50%，亦即只有 50% 的混凝土强度大于等于设计强度等级，工程质量难以保证。因此，必须适当提高混凝土的配制强度，以提高保证率。这里的配制强度理论上等于混凝土的平均强度。JGJ 55—2011 规定，混凝土强度保证率必须达到 95% 以上，此时对应的保证率系数 $t=1.645$，当混凝土的设计强度等级小于 C60 时，配制强度按下式计算：

$$f_{cu,h} = f_{cu,m} = f_{cu,k} + 1.645\sigma \tag{4-19}$$

式中：$f_{cu,h}$ 为混凝土的配制强度（MPa）；σ 为混凝土强度标准差（MPa）。

当混凝土强度等级不小于 C60 时，配制强度按下式计算：

$$f_{cu,h} = f_{cu,m} = 1.15 f_{cu,k} \tag{4-20}$$

混凝土强度标准差可根据近 1~3 个月的同一品种、同一强度等级混凝土的强度资料，按下式计算：

$$\sigma = \sqrt{\frac{\sum_{i=1}^{n} f_{cu,i}^2 - n f_{cu,m}^2}{n-1}} \qquad (4\text{-}21)$$

对于强度等级不大于 C30 的混凝土,当混凝土强度标准差计算值不小于 3.0MPa 时,按上式计算结果取值;当计算值小于 3.0MPa 时,取 3.0MPa。对于强度等级大于 C30 且小于 C60 的混凝土,当混凝土强度标准差计算值不小于 4.0MPa 时,按上式计算结果取值;当计算值小于 4.0MPa 时,取 4.0MPa。

当无统计资料和经验时,可参考表 4-24 取值。

表 4-24　标准差的取值

混凝土设计强度等级 $f_{cu,k}$	≤C20	C25~C45	C50~C55
σ/MPa	4.0	5.0	6.0

第五节　普通混凝土的配合比设计

一、混凝土配合比设计基本要求

混凝土配合比是指 $1m^3$ 混凝土中各组成材料的用量,或各组成材料之质量比。配合比设计的目标是满足以下四项基本要求:①满足施工要求的和易性。②满足设计的强度等级,并具有 95% 的保证率。③满足工程所处环境对混凝土的耐久性要求。④经济合理,最大限度节约胶凝材料用量,降低混凝土成本。

二、混凝土配合比设计中的三个基本参数

为了达到混凝土配合设计的四项基本要求,关键是要控制好水胶比(W/B)、单位用水量 W_0 和砂率 S_p 三个基本参数。这三个基本参数的确定原则如下。

(一)水胶比

水胶比根据设计要求的混凝土强度和耐久性确定。确定原则为:在满足混凝土设计强度和耐久性的基础上,选用较大水胶比,以节约胶凝材料,降低混凝土成本。

(二)单位用水量

单位用水量主要根据坍落度、粗骨料品种和最大粒径确定。确定原则为:在满足施工和易性的基础上,尽量选用较小的单位用水量,以节约胶凝材料。因为当水胶比一定时,用水量越大,所需胶凝材料用量也越大。

(三)砂率

合理砂率的确定原则为:砂子的用量填满石子的空隙略有富余。砂率对混凝土和易性、强度和耐久性影响很大,也直接影响胶凝材料的用量,故应尽可能选用最优砂率,并根据砂子细度模数、坍落度要求等加以调整,有条件时宜通过试验确定。

三、混凝土配合比设计方法和原理

混凝土配合比设计的基本方法有两种：一是体积法（又称绝对体积法）；二是质量法（又称假定表观密度法），基本原理如下。

（一）体积法基本原理

体积法的基本原理为混凝土的总体积，等于砂、石子、水、水泥、矿物掺合料体积及混凝土中所含的少量空气体积之总和。若以 V_h、V_c、V_f、V_w、V_s、V_g、V_k 分别表示混凝土、水泥、矿物掺合料、水、砂、石子、空气的体积，则有：

$$V_h = V_w + V_c + V_f + V_S + V_g + V_k \tag{4-22}$$

若以 C_0、F_0、W_0、S_0、G_0 分别表示 $1m^3$ 混凝土中水泥、矿物掺合料、水、砂、石子的用量（kg），以 ρ_w、ρ_c、ρ_f、ρ_s、ρ_g 分别表示水、水泥、矿物掺合料的密度和砂、石子的表观密度（kg/m³），0.01α 表示混凝土中空气体积，则上式可改写为：

$$\frac{C_0}{\rho_c} + \frac{F_0}{\rho_f} + \frac{W_0}{\rho_w} + \frac{S_0}{\rho_s} + \frac{G_0}{\rho_g} + 0.01\alpha = 1 \tag{4-23}$$

式中，α 为混凝土含气量的百分率（%），在不使用引气型外加剂时，可取 $\alpha = 1$。

（二）质量法基本原理

质量法基本原理为混凝土的总质量，即各组成材料质量之和。当混凝土所用原材料和三项基本参数确定后，混凝土的表观密度（即 $1m^3$ 混凝土的质量）接近某一定值。若预先能假定出混凝土表观密度，则有：

$$C_0 + F_0 + W_0 + S_0 + G_0 = \rho_{0h} \tag{4-24}$$

式中，ρ_{0h} 为 $1m^3$ 混凝土的质量（kg），即混凝土的表观密度。

混凝土配合比设计中砂、石子料用量指的是干燥状态下的质量。水工、港工、交通系统常采用饱和面干状态下的质量。

四、混凝土配合比设计步骤

混凝土配合比设计步骤为：首先根据原始技术资料计算"初步计算配合比"；然后经试配调整获得满足和易性要求的"基准配合比"；再经强度和耐久性检验确定满足设计强度、耐久性要求、施工要求和经济合理的"试验室配合比"；最后根据施工现场砂、石子的含水率换算成"施工配合比"。

（一）初步计算配合比

1. 计算混凝土配制强度 $f_{cu,h}$

$$f_{cu,h} = f_{cu,m} = f_{cu,k} + 1.645\sigma \tag{4-25}$$

2. 根据配制强度和耐久性要求计算水胶比（W/B）

（1）根据强度要求计算水胶比。

由式：

$$f_{cu,h} = \alpha_a f_b \left(\frac{B}{W} - \alpha_b \right)$$

则有：

$$\frac{W}{B} = \frac{\alpha_A f_b}{f_{cu,h} + \alpha_a \alpha_b f_b}$$

(2)根据耐久性要求查表 4-21 得最大水胶比限值。

(3)比较强度要求水胶比和耐久性要求水胶比,取两者中的较小值。

3. 确定用水量

根据施工要求的坍落度和骨料品种、粒径,由表 4-15 选取每立方米混凝土的用水量 W_0。掺外加剂时,混凝土的用水量可按下式计算:

$$W_0 = W_0'(1-\beta) \tag{4-26}$$

式中:W_0 为计算配合比每立方米混凝土的用水量(kg/m^3);W_0' 为未掺外加剂时推定的满足实际坍落度要求的每立方米混凝土用水量(kg/m^3)。以表 4-15 中 90mm 坍落度的用水量为基础,按每增大 20mm 坍落度相应增加 $5kg/m^3$ 用水量来计算,当坍落度增大到 180mm 以上时,随坍落度相应增加的用水量可减少。例如:碎石,最大粒径为 31.5mm,坍落度在 90mm 时的用水量为 $205kg/m^3$,当设计要求坍落度在 180mm 时,坍落度增加值为 90mm,则用水量增加值约为 $22.5kg/m^3$,因此 W_0' 等于 $227.5kg/m^3$。β 为外加剂的减水率(%),应经试验确定。

每立方米混凝土中外加剂用量 A_0 可按下式计算:

$$A_0 = B_0 \beta_a \tag{4-27}$$

式中:A_0 为计算配合比每立方米混凝土中外加剂用量(kg/m^3);B_0 为计算配合比每立方米混凝土中胶凝材料用量(kg/m^3);β_a 为外加剂掺量(%),应经试验确定。

4. 计算每立方米混凝土的胶凝材料用量 B_0

(1)计算胶凝材料用量:$B_0 = W_0 \div \dfrac{W}{B}$

(2)查表 4-21,复核是否满足耐久性要求的最小胶凝材料用量,取两者中的较大值。

(3)每立方米混凝土的矿物掺合料用量可按下式计算:

$$F_0 = B_0 \beta_f \tag{4-28}$$

式中:F_0 为计算配合比每立方米混凝土中矿物掺合料用量(kg/m^3);β_f 为矿物掺合料掺量(%)。

(4)水泥用量 C_0 即为胶凝材料用量减去矿物掺合料用量。

5. 确定合理砂率 S_p

(1)可根据骨料品种、粒径及水胶比查表 4-16 选取。实际选用时,可采用内插法,并根据附加说明进行修正。

(2)在有条件时,可通过试验确定合理砂率。

6. 计算砂、石用量(S_0、G_0),并确定初步计算配合比

(1)质量法:

$$\begin{cases} C_0 + F_0 + W_0 + S_0 + G_0 = \rho_{0h} \\ S_p = \dfrac{S_0}{S_0 + G_0} \end{cases} \tag{4-29}$$

(2)体积法:

$$\begin{cases} \dfrac{C_0}{\rho_c} + \dfrac{F_0}{\rho_f} + \dfrac{W_0}{\rho_w} + \dfrac{S_0}{\rho_s} + \dfrac{G_0}{\rho_g} + 0.01\alpha = 1 \\ S_p = \dfrac{S_0}{S_0 + G_0} \end{cases} \tag{4-30}$$

（3）配合比的表达方式：

① 根据上述方法求得的 C_0、F_0、W_0、S_0、G_0、A_0，可直接以每立方米混凝土各材料用量（kg）表示。

② 根据各材料用量间的比例关系：$C_0 : F_0 : S_0 : G_0 = \dfrac{C_0}{B_0} : \dfrac{F_0}{B_0} : \dfrac{S_0}{B_0} : \dfrac{G_0}{B_0}$ 表示，再加上 W/B、β_a。

（二）基准配合比和试验室配合比

初步计算配合比是根据经验公式和经验图表估算而得，因此，不一定符合实际情况，必须通过试拌验证。当不符合设计要求时，需通过调整，使和易性满足施工要求，W/B 满足强度和耐久性要求。

1. 和易性调整——确定基准配合比

根据初步计算配合比，经计量、搅拌制成混凝土拌合物，先测定混凝土坍落度，同时观察黏聚性和保水性。如不符合要求，可按下列原则进行调整。

（1）当坍落度小于设计要求时，保持水胶比不变，增加用水量和相应的胶凝材料用量（增加浆体）。

（2）当坍落度大于设计要求时，保持砂率不变，增加砂、石用量（相当于减少浆体用量）。

（3）当黏聚性和保水性不良时（通常是砂率不足），可适当增加砂用量，即增大砂率。

（4）当拌合物砂浆量明显过多时，可单独加入适量石子，即降低砂率。

在混凝土和易性满足要求后，测定拌合物的实际表观密度 ρ_h，并按下式计算 $1\mathrm{m}^3$ 混凝土各材料用量，即基准配合比。

令：$A = C_拌 + F_拌 + W_拌 + S_拌 + G_拌$

则有：

$$
\begin{cases}
C_j = \dfrac{B_拌}{A} \times \rho_h \\[2mm]
F_j = \dfrac{F_拌}{A} \times \rho_h \\[2mm]
W_j = \dfrac{W_拌}{A} \times \rho_h \\[2mm]
S_j = \dfrac{S_拌}{A} \times \rho_h \\[2mm]
G_j = \dfrac{G_拌}{A} \times \rho_h
\end{cases}
\tag{4-31}
$$

式中：A 为试拌调整后，各材料的实际总用量（kg）；ρ_h 为混凝土的实测表观密度（kg/m³）；$C_拌$、$F_拌$、$W_拌$、$S_拌$、$G_拌$ 为试拌调整后，胶凝材料、水、砂子、石子实际拌合用量（kg）；C_j、F_j、W_j、S_j、G_j 为基准配合比中 $1\mathrm{m}^3$ 混凝土的各材料用量（kg）。

如果初步计算配合比和易性完全满足要求且无须调整，也必须测定实际混凝土拌合物的表观密度，并利用上式计算 C_j、F_j、W_j、S_j、G_j，否则将出现"负方"或"超方"现象，亦即初步计算 $1\mathrm{m}^3$ 混凝土，在实际拌制时，少于或多于 $1\mathrm{m}^3$。当混凝土表观密度实测值与计算值之差的绝对值不超过计算值的 2% 时，则初步计算配合比即为基准配合比，无须调整。

2. 强度和耐久性复核——确定试验室配合比

根据和易性满足要求的基准配合比和水胶比，配制一组混凝土试件，并保持用水量不变,水胶比分别增加和减少 0.05 再配制二组混凝土试件,用水量应与基准配合比相同,砂率可分别增加和减少 1%。制作混凝土强度试件时,应同时检验混凝土拌合物的流动性、黏聚性、保水性和表观密度,并以此结果代表相应配合比的混凝土拌合物的性能。

三组试件经标准养护 28d,测定抗压强度,以三组试件的强度和相应水胶比作图,确定与配制强度相对应的水胶比,并重新计算胶凝材料和砂石用量。当对混凝土的抗渗、抗冻等耐久性指标有要求时,则制作相应试件进行检验。强度和耐久性均合格的水胶比对应的配合比,称为混凝土试验室配合比,计作 C、F、W、S、G。

(三)施工配合比

试验室配合比是以干燥(或饱和面干)材料为基准计算而得,但现场施工所用的砂、石料常含有一定的水分,因此,在现场配料前,必须先测定砂石料的实际含水率,在用水量中将砂石带入的水扣除,并相应增加砂石料的称量值。设砂的含水率为 $a\%$;石子的含水率为 $b\%$,则施工配合比可按下列各式计算:

$$\begin{cases} \text{水泥}: C' = C; \qquad \text{掺合料}: F' = F \\ \text{砂子}: S' = S(1+a\%) \\ \text{石子}: G' = G(1+b\%) \\ \text{水}: W' = W - S \cdot a\% - G \cdot b\% \end{cases} \qquad (4\text{-}32)$$

[**例 4-4**] 某框架结构钢筋混凝土柱,混凝土设计强度等级为 C35,机械搅拌,机械振捣成型,混凝土坍落度要求为 55～70mm,并根据施工单位的管理水平和历史统计资料,混凝土强度标准差 σ 取 4.0MPa。所用原材料如下:

水泥:普通硅酸盐水泥 42.5 级,密度 $\rho_c = 3.1$,水泥强度富余系数 $K_c = 1.10$;

砂:河砂 $M_x = 2.4$,2 级配区,$\rho_s = 2.65\text{g/cm}^3$;

石子:碎石,$D_{max} = 31.5\text{mm}$,连续级配,级配良好,$\rho_g = 2.70\text{g/cm}^3$;

水:自来水。

求:混凝土初步计算配合比。

[**解**] 1. 确定混凝土配制强度 $f_{cu,h}$

$$f_{cu,h} = f_{cu,k} + 1.645\sigma = 35 + 1.645 \times 4.0 = 41.58(\text{MPa})$$

2. 确定水胶比(W/B)

(1)根据强度要求计算水胶比(W/B):

$$\frac{W}{B} = \frac{\alpha_a f_{ce}}{f_{cu,h} + \alpha_a \alpha_b f_{ce}} = \frac{0.53 \times 42.5 \times 1.10}{41.58 + 0.53 \times 0.20 \times 42.5 \times 1.10} = 0.53$$

(2)根据耐久性要求确定水胶比(W/B):

由于框架结构混凝土柱处于干燥环境,对水胶比无限制,故只取满足强度要求的水胶比即可。

3. 确定用水量 W_0。

查表 4-15 可知,坍落度为 55～70mm 时,用水量为 195kg。

4. 计算胶凝材料用量(B_0)

$$B_0 = W_0 \cdot \frac{B}{W} = 195 \times \frac{1}{0.53} = 368(\text{kg})$$

根据表 4-21,满足耐久性对胶凝材料用量的最小要求。

计算粉煤灰用量： $F_0 = B_0 \beta_f = 444 \times 20\% = 89(\text{kg})$

计算水泥用量： $C_0 = B_0 - F_0 = 444 - 89 = 355(\text{kg})$

5. 确定砂率 S_p

参照表 4-16，通过插值（内插法）计算，取砂率 $S_p = 35\%$。

6. 计算砂、石用量（S_0、G_0）

采用体积法计算，因无引气剂，故取 $a = 1$。

$$\begin{cases} \dfrac{368}{3100} + \dfrac{195}{1000} + \dfrac{S_0}{2650} + \dfrac{G_0}{2700} + 0.01 \times 1 = 1 \\ \dfrac{S_0}{S_0 + G_0} = 35\% \end{cases}$$

解上述联立方程得：$S_0 = 635\text{kg}$； $G_0 = 1179\text{kg}$。

因此，该混凝土初步计算配合为：$B_0 = 368\text{kg}$，$W_0 = 195\text{kg}$，$S_0 = 635\text{kg}$，$G_0 = 1179\text{kg}$。或者：$B:S:G = 1:1.73:3.20$，$W/B = 0.53$。

[例 4-5] 承上题，根据初步计算配合比，称取 12L 各材料用量进行混凝土和易性试拌调整。测得混凝土坍落度 $T = 20\text{mm}$，因小于设计要求而增加 5% 的水泥和水，重新搅拌测得坍落度为 65mm，且黏聚性和保水性均满足设计要求，并测得混凝土表观密度 $\rho_h = 2390\text{kg/m}^3$，求基准配合比。又经混凝土强度试验，恰好满足设计要求，已知现场施工所用砂含水率为 4.5%，石子含水率为 1.0%，求施工配合比。

[解] **1. 基准配合比**

（1）根据初步计算配合比计算 12L 各材料用量为：

$$C = 4.416\text{kg}, W = 2.340\text{kg}, S = 7.62\text{kg}, G = 14.15\text{kg}$$

（2）增加 5% 的水泥和水用量为：

$$\Delta C = 0.221\text{kg}, \Delta W = 0.117\text{kg}$$

（3）各材料总用量为：

$$A = (4.416 + 0.221) + (2.340 + 0.117) + 7.62 + 14.15 = 28.86(\text{kg})$$

（4）根据式（4-31）计算的基准配合比为：$C_j = 384$，$W_j = 203$，$S_j = 631$，$G_j = 1172$。

2. 施工配合比

根据题意，试验室配合比等于基准配合比，则施工配合比为：

$$C = C_j = 384(\text{kg})$$
$$S = 631 \times (1 + 4.5\%) = 659(\text{kg})$$
$$G = 1172 \times (1 + 1\%) = 1184(\text{kg})$$
$$W = 203 - 631 \times 4.5\% - 1179 \times 1\% = 163(\text{kg})$$

[例 4-6] 某上部结构钢筋混凝土框架柱，混凝土设计强度等级为 C40，机械搅拌，泵送施工，机械振捣成型，混凝土坍落度要求为 180mm，根据生产单位的管理水平和历史统计资料，混凝土强度标准差 σ 取 4.0MPa。所用原材料如下：

水泥：普通硅酸盐水泥 42.5 级，密度 $\rho_c = 3.10$，水泥强度富余系数 $\gamma_c = 1.12$；

粉煤灰：Ⅱ级，密度 $\rho_f = 2.20$，掺量 20%；

砂：河砂 $M_x = 2.4$，2 级配区，$\rho_s = 2.65\text{g/cm}^3$；

减水剂：非引气型减水剂，掺量 $\beta_a = 1.8\%$，混凝土减水率 18%；

石子:碎石,$D_{max}=31.5mm$,连续级配,级配良好,$\rho_g=2.70g/cm^3$;

水:自来水。

求:混凝土初步计算配合比。

[解] 1. 确定混凝土配制强度 $f_{cu,h}$

$$f_{cu,h}=f_{cu,k}+1.645\sigma=40+1.645\times4.0=46.6(MPa)$$

2. 确定水胶比(W/B)

(1)根据强度要求计算水胶比(W/B):

胶凝材料强度: $f_b=\gamma_f\cdot f_{ce}=0.85\times42.5\times1.12=40.5(MPa)$

水胶比: $$\frac{W}{B}=\frac{\alpha_a f_b}{f_{cu,h}+\alpha_a\alpha_b f_b}=\frac{0.53\times40.5}{46.6+0.53\times0.20\times40.5}=0.42$$

(2)根据耐久性要求确定水胶比(W/B):

由于上部结构混凝土框架柱处于干燥环境,对水胶比无限制,故取满足强度要求的水胶比。

3. 确定用水量 W_0

根据表 4-15,碎石,最大粒径为 31.5mm,坍落度为 90mm 时的用水量为 205kg/m³,设计要求坍落度为 180mm,坍落度增加值为 90mm,则用水量增加值约为 22.5kg/m³,因此,未掺外加剂时推定的满足实际坍落度要求的每立方米混凝土用水量 W_0' 等于 227.5kg/m³。则有:

$$W_0=W_0'(1-\beta)=227.5(1-18\%)=186.6(kg)$$

4. 计算胶凝材料用量 B_0

$$B_0=W_0\cdot\frac{B}{W}=186.6\times\frac{1}{0.42}=444(kg)$$

根据表 4-21,满足耐久性对胶凝材料用量的最小要求。

计算粉煤灰用量: $F_0=B_0\beta_f=444\times20\%=89(kg)$

计算水泥用量: $C_0=B_0-F_0=444-89=355(kg)$

5. 确定砂率 S_p

参照表 4-16,根据水胶比 0.42,碎石,$D_{max}=31.5mm$,通过内插法得砂率 30.6%,这一砂率适用于坍落度为 10～60mm 的混凝土,取近似中间值 30mm,由于本工程要求坍落度为 180mm,增加值为 150mm,根据表中注 2,坍落度每增加 20mm,砂率增加 1%,即增加 7.5%,因此,砂率为 38.1%,取整数确定为 38%。

6. 计算砂、石子用量(S_0、G_0)

采用体积法计算,因无引气剂,故取 $a=1$。

$$\begin{cases}\dfrac{355}{3100}+\dfrac{89}{2200}+\dfrac{186.6}{1000}+\dfrac{S_0}{2650}+\dfrac{G_0}{2700}+0.01\times1=1\\[2mm]\dfrac{S_0}{S_0+G_0}=38\%\end{cases}$$

解上述联立方程得: $S_0=660kg$;$G_0=1078kg$。

7. 计算减水剂用量

$$A_0=B_0\beta_a=444\times1.8\%=7.99(kg)$$

因此,该混凝土初步计算配合为:

$C_0 = 355\text{kg}, F_0 = 89\text{kg}, W_0 = 186.6\text{kg}, S_0 = 660\text{kg}, G_0 = 1078\text{kg}, A_0 = 7.99\text{kg}$。

关于混凝土配合比设计,上述初步计算配合比的计算过程中,无论是强度计算式、用水量和砂率选用,都是基于统计学意义上的"经验",由于实际所采用的混凝土原材料差异性非常大,因此必须经过后续的试配调整。相对而言,这只是一种简单而严谨性略显不足的设计方法。因此,近年来国内外学者进行了多方面的研究和发展,提出了"全计算法""计算机人工智能辅助法"等多种以期提高设计准确性的方法。

第六节　高性能混凝土

《高性能混凝土评价标准》(JGJ/T 385—2015)对高性能混凝土的定义是:以建设工程设计、施工和使用对混凝土性能的特定要求为总体目标,选用优质常规原材料,合理掺加外加剂和矿物掺合料,采用较低水胶比并优化配合比,通过预拌合绿色生产方式以及严格的施工措施,制成具有优异的拌合物性能、力学性能、耐久性能和长期性能的混凝土。

获得高性能混凝土的有效途径为掺入高性能混凝土外加剂和矿物掺合料,并同时采用适当的水泥和骨料。对于具有特殊要求的混凝土,还可掺用纤维材料提高抗裂、抗拉、抗弯性能和冲击韧性;也可掺用聚合物等提高密实度和耐磨性。常用的外加剂有高性能减水剂、高性能引气剂、防水剂和其他特种外加剂。常用的矿物掺料有Ⅰ级粉煤灰或超细磨粉煤灰、磨细矿粉、沸石粉、偏高岭土、硅灰等,有时也可掺入适量的超细磨石灰石粉或石英砂粉。常用的纤维材料有钢纤维、聚酯纤维和玻璃纤维等。

根据结构所处的环境条件,高性能混凝土应满足下列一种或几种技术要求:①水胶比不大于0.38。②56d龄期的6h总导电量小于1000C。③快冻法F300次冻融循环后相对动弹性模量大于80%。④胶凝材料抗硫酸盐腐蚀试验的试件15周膨胀率小于0.4%,混凝土最大水胶比不大于0.45。⑤混凝土中可溶性碱总含量小于3.0kg/m³。

一、高性能混凝土的原材料

（一）水泥

水泥的品种通常选用硅酸盐水泥和普通水泥,也可采用矿渣水泥等。强度等级选择一般为:C50~C80混凝土宜用强度等级为42.5级;C80以上应选用更高强度的水泥。1m³混凝土中的水泥用量要控制在500kg以内,且尽可能降低水泥用量。水泥和矿物掺合料的总量不应大于600kg/m³。

（二）骨料

高性能混凝土采用的细骨料应选择质地坚硬、级配良好的中、粗河砂或人工砂。其性能指标应符合《普通混凝土用砂、石质量及检验方法标准》(JGJ 52—2006)的规定。配制C60以上强度等级高性能混凝土的粗骨料,应选用级配良好的碎石或碎卵石。岩石的抗压强度与混凝土的抗压强度之比不宜低于1.5,或其压碎值宜小于10%,粗骨料的最大粒径不宜大于25mm,宜将15~25mm和5~15mm两级粗骨料配合使用。粗骨料中针片状颗粒含量应小于10%,且不得混入风化颗粒。有抗冻要求的高性能混凝土用骨料的品质指标要求见表4-25。

表4-25 有抗冻要求的高性能混凝土用骨料的品质指标要求

混凝土结构	细骨料		粗骨料	
所处环境	吸水率/% ≤	坚固性质量损失/% ≤	吸水率/% ≤	坚固性质量损失/% ≤
微冻地区	3.5		3.0	
寒冷地区	3.0	10	2.0	12
严寒地区				

在一般情况下,不宜采用碱活性骨料。当骨料中含有潜在的碱活性成分时,必须按规定检验骨料的碱活性,并采取预防危害的措施。

(三)矿物掺合料

矿物掺合料宜采用硅灰、粉煤灰、磨细矿渣粉、天然沸石粉、偏高岭土及复合掺合料等。所选用的矿物掺合料必须对混凝土和钢材无害。性能指标应满足相关标准的要求,《高强高性能混凝土用矿物外加剂》(GB/T 18736—2017)技术性能见表4-26。

表4-26 高强高性能混凝土用矿物外加剂的技术要求

试验项目		磨细矿渣		粉煤灰	磨细天然沸石	硅灰	偏高岭土
		I	II				
MgO(质量分数)/%	≤	14.0		—	—	—	4.0
SO_3(质量分数)/%	≤	4.0		3.0	—	—	1.0
烧失量(质量分数)/%	≤	3.0		5.0	—	0.6	4.0
Cl(质量分数)/%	≤	0.06		0.06	0.06	0.10	0.06
SiO_2(质量分数)/%	≥					85	50
Al_2O_3(质量分数)/%	≥						35
游离CaO(质量分数)/%	≤			1.0			1.0
吸铵值/(mmol/kg)	≥	—		—	1000	—	—
含水率(质量分数)/%	≤	1.0		1.0		3.0	1.0
细度	比表面积/(m²/kg)	600	400			1500	
	45μm方孔筛筛余(质量分数)/%	≤	—	25.0	5.0	5.0	5.0
需水量比/%	≤	115	105	100	115	125	120
活性指数/% ≥	3d	80	—	—	—	90	85
	7d	100	75	—	—	95	90
	28d	110	100	70	95	115	105

高性能混凝土中矿物掺合料的用量应有所控制,一般情况下,硅灰不大于10%;粉煤灰

不大于 30％；磨细矿渣粉不大于 40％；天然沸石粉不大于 10％；偏高岭土粉不大于 15％；复合掺合料不大于 40％。当粉煤灰超量取代水泥时，超量值不宜大于 25％。

（四）化学外加剂

高效减水剂是高性能混凝土常用的外加剂品种，减水率一般要求大于 20％，以最大限度降低水胶比，提高密实性。为改善混凝土的施工和易性及提供其他特殊性能，也可同时掺入引气剂、缓凝剂、防水剂、膨胀剂、防冻剂等。掺量可根据不同品种和要求选用。

二、高性能混凝土的配合比设计

高性能混凝土的配合比设计应根据混凝土结构工程的要求，确保其施工要求的工作性，以及结构混凝土的强度和耐久性。耐久性设计应针对混凝土结构所处的外部环境中劣化因素的作用，使结构在设计使用年限内不超过容许劣化状态。

高性能混凝土的配制强度与普通混凝土配合比设计相同。当混凝土强度标准差无统计数据时，对预拌混凝土可取 4.5MPa。

高性能混凝土的单方用水量不宜大于 175kg/m³；胶凝材料总量宜为 450～600kg/m³，其中，矿物掺合料用量不宜大于胶凝材料总量的 40％；宜采用较低的水胶比；砂率宜采用 37％～44％；高效减水剂掺量应根据坍落度要求确定。

抗碳化耐久性设计时的水胶比可按下式确定：

$$\frac{W}{B} \leqslant \frac{5.38c}{a \cdot \sqrt{t}} + 38.3 \tag{4-33}$$

式中：W/B 为水胶比（％）；c 为钢筋的混凝土保护层厚度（cm）；a 为碳化区分系数，室外取 1.0，室内取 1.7；t 为设计使用年限（年）。

抗冻害耐久性设计可根据外部劣化因素的强弱，按表 4-27 控制水胶比最大值。

表 4-27　不同冻害地区或盐冻地区混凝土水胶比最大值

外部劣化因素	水胶比最大限值
微冻地区	0.50
寒冷地区	0.45
严寒地区	0.40

高性能混凝土的抗冻性（冻融循环次数）采用《普通混凝土长期性能和耐久性能试验方法标准》（GB/T 50082—2009）规定的快冻法测定时，根据混凝土的冻融循环次数按下式确定混凝土的抗冻耐久性指数，并符合表 4-28 的要求。

表 4-28　高性能混凝土的抗冻耐久性指数要求

混凝土结构所处环境条件	冻融循环次数	抗冻耐久性指数 K_m
微冻区	所要求的冻融循环次数	<0.60
寒冷地区	≥300	0.60～0.79
严寒地区	≥300	≥0.8

$$K_m = \frac{PN}{300} \tag{4-34}$$

式中：K_m 为混凝土的抗冻耐久性指数；N 为混凝土试件冻融试验进行至相对弹性模量等于 60% 时的冻融循环次数；P 为参数，取 0.6。

受海水作用的海港工程混凝土的抗冻性测定时，应以工程所在地的海水代替普通水制作混凝土试件。当无海水时，可用 3.5% 的氯化钠溶液代替海水，进行快冻法测定，并符合表 4-27 的要求。受除冰盐冻融作用的高速公路和钢筋混凝土桥梁混凝土，抗冻性应通过试验确定。当抗冻性混凝土水胶比大于 0.30 时，宜掺入引气剂，含气量应达到 4%～5% 的要求。

在抗盐害耐久性设计方面，对海岸盐害地区，可根据盐害外部劣化因素分为：准盐害环境地区（离海岸 250～1000m）、一般盐害环境地区（离海岸 50～250m）、重盐害环境地区（离海岸 50m 以内）。盐湖周边 250m 以内也属重盐害环境地区。通常要求高性能混凝土中氯离子含量小于胶凝材料用量的 0.06%，高性能混凝土的表面裂缝宽度应有所控制，一般应控制在保护层厚度的 1/30。根据 56d 龄期混凝土 6h 的导电量大小，可将混凝土抗氯离子渗透性分为四类，见表 4-29。

表 4-29　根据混凝土导电量试验结果对混凝土进行分类

6h 导电量/C	氯离子渗透性	可采用的典型混凝土种类
2000～4000	中	中等水胶比（0.40～0.60）普通混凝土
1000～2000	低	低水胶比（<0.40）普通混凝土
500～1000	非常低	低水胶比（<0.38）含矿物微细粉混凝土
<500	可忽略不计	低水胶比（<0.30）含矿物微细粉混凝土

抗盐害混凝土的水胶比应按结构所处环境条件，根据表 4-30 控制最大水胶比。

表 4-30　盐害环境中混凝土水胶比最大值

混凝土结构所处环境	水胶比最大值
准盐害环境地区	0.50
一般盐害环境地区	0.45
重盐害环境地区	0.40

此外，当有抗硫酸盐腐蚀或抑制碱-骨料反应要求时，均应有效控制水泥中的矿物组成含量、选择合适的矿物掺合料品种、控制混凝土中的总碱含量和水胶比等技术措施，并通过试验确定合理的配合比。

三、高性能混凝土养护

严格的施工养护是获得混凝土高性能的必要措施，特别是底板、楼面板等大面积混凝土浇筑后，应立即用塑料薄膜严密覆盖。二次振捣和压抹表面时，可卷起覆盖物操作，然后及时覆盖，混凝土终凝后可用水养护。采用水养护时，水的温度应与混凝土的温度相适应，避免温差过大导致混凝土开裂。保湿养护期不应少于 14d。当高性能混凝土中胶凝材料用量较大时，应采取覆盖保温养护措施。保温养护期间应控制混凝土内部温度不超过 75℃；应采取措施确保混凝土内外温差不超过 25℃。主要措施有降低入模温度控制混凝土结构内部最高温度；通过保湿蓄热养护控制结构内外温差；控制混凝土表面温度因环境影响（如暴晒、气温骤降等)而发生的剧烈变化。

高性能混凝土作为我国推广应用的新技术产品之一,是建设工程发展的必然趋势。随着经济的发展,高性能混凝土在建筑、道路、桥梁、港口、海洋、大跨度及预应力结构、高耸建筑物等工程中的应用将越来越广泛,C50~C80 的高性能混凝土将普遍得到使用,C80 以上的混凝土也将在一定范围内得到应用。

第七节 轻混凝土

轻混凝土是指表观密度小于 1950kg/m³ 的混凝土,有轻集料混凝土、多孔混凝土和无砂大孔混凝土三类。轻混凝土的主要特点为:

(1)表观密度小。轻混凝土与普通混凝土相比,其表观密度一般可减小 1/4~3/4,使上部结构的自重明显减轻,从而显著减少地基的处理费用,并且可减小柱子的截面尺寸。又由于构件自重产生的恒载减小,因此可减少梁板的钢筋用量。此外,还可降低材料运输费用,加快施工进度。

(2)保温性能良好。材料的表观密度是决定其导热系数的主要因素,因此,轻混凝土通常具有良好的保温性能,可降低建筑物使用能耗。

(3)耐火性能良好。轻混凝土具有保温性能好、热膨胀系数小等特点,遇火强度损失小,故特别适用于耐火等级要求高的高层建筑和工业建筑。

(4)力学性能良好。轻混凝土的弹性模量较小、受力变形较大,抗裂性较好,能有效吸收地震能,提高建筑物的抗震能力,故适用于有抗震要求的建筑。

(5)易于加工。轻混凝土易于打入钉子和进行锯切加工。这给施工中固定门窗框、安装管道和电线等带来很大的便利。

轻混凝土目前在主体结构中的应用尚不多,主要原因是单位价格较高。但是,随着技术进步,建筑功能要求的提升,通过建筑物综合经济分析,则可收到显著的技术和经济效益,尤其是考虑建筑物使用阶段的节能效益,其技术经济效益更佳。

一、轻骨料混凝土

用轻粗骨料、轻细骨料(或普通砂)和水泥等胶凝材料配制而成的混凝土,其干表观密度不大于 1950kg/m³,称为轻骨料混凝土,主要用于梁板柱等结构工程。当粗细骨料均为轻骨料时,称为全轻混凝土;当细骨料为普通砂时,称砂轻混凝土。轻骨料混凝土的导热系数小,在 0.55 W/(m·K)左右,约为普通水泥混凝土 1.60W/(m·K)的 1/3,因此可有效改善梁板柱和剪力墙的热工性能。

(一)轻骨料的种类及技术性质

1. 轻骨料的种类

凡是骨料粒径为 5mm 以上,堆积密度小于 1100kg/m³ 的轻质骨料,称为轻粗骨料。粒径小于 5mm,堆积密度小于 1200kg/m³ 的轻质骨料,称为轻细骨料。

轻骨料按其来源的不同,可分为三类:①天然轻骨料(如浮岩、火山渣及轻砂等);②工业废料轻骨料(如粉煤灰陶粒、膨胀矿渣、自燃煤矸石、污泥陶粒等);③人造轻骨料(如膨胀珍珠岩、页岩陶粒、黏土陶粒等)。

2. 轻骨料的技术性质

轻骨料的技术性质主要有堆积密度、强度、颗粒级配和吸水率等,此外,还有耐久性、体积安定性、有害成分含量等。

(1)堆积密度:轻骨料的表观密度直接影响所配制的轻骨料混凝土的表观密度和性能,轻粗骨料按堆积密度可划分为 10 个等级:200、300、400、500、600、700、800、900、1000、1100kg/m³。轻砂的堆积密度为 410～1200kg/m³。

(2)强度:轻粗骨料的强度,通常采用筒压法测定其筒压强度。筒压强度是间接反映轻骨料颗粒强度的一项指标,对相同品种的轻骨料,筒压强度与堆积密度常呈线性关系。但筒压强度不能反映轻骨料在混凝土中的真实强度,因此,技术规程中还规定采用强度标号来评定轻粗骨料的强度。筒压法和强度标号测试方法可参考相关规范。

(3)吸水率:轻骨料的吸水率一般都比普通砂石料大,因此将显著影响混凝土拌合物的和易性、水胶比和强度的发展。在设计轻骨料混凝土配合比时,必须根据轻骨料的一小时吸水率计算附加用水量。轻砂和天然轻粗骨料吸水率不作规定,其他轻粗骨料的吸水率应符合《轻集料及其试验方法 第 1 部分:轻集料》(GB/T 17431.1—2010)的规定。

(4)最大粒径与颗粒级配:保温及结构保温轻骨料混凝土用的轻骨料,其最大粒径不宜大于 40mm。结构轻骨料混凝土的轻骨料不宜大于 20mm。

对轻粗骨料的级配要求,其自然级配的空隙率不应大于 50%。轻砂的细度模数不宜大于 4.0;大于 5mm 的筛余量不宜大于 10%。

(二)轻骨料混凝土的强度等级

轻骨料混凝土按干表观密度一般为 600～1900kg/m³,共分为 14 个等级。强度等级按立方体抗压强度标准值分为 LC5.0、LC7.5、LC10、LC15、LC20、LC25、LC30、LC35、LC40、LC45、LC50、LC55、LC60 等 13 个等级。

轻骨料混凝土按其用途的不同,可分为保温轻骨料混凝土、结构保温轻骨料混凝土和结构轻骨料混凝土三类,其相应的强度等级和表观密度要求见表 4-31。

表 4-31 轻骨料混凝土按用途分类

类别名称	混凝土强度等级的合理范围	混凝土表观密度等级的合理范围	用 途
保温轻骨料混凝土	LC5.0、LC7.5	≤800	主要用于保温的围护结构或热工构筑物
结构保温轻骨料混凝土	LC10、LC15、LC20	800～1400	主要用于既承重又保温的围护结构
结构轻骨料混凝土	LC20、LC25、LC30、LC35、LC40、LC45、LC50、LC55、LC60	1400～1900	主要用于承重构件或构筑物

轻骨料混凝土的轻骨料具有颗粒表观密度小、总表面积大、易吸水等特点。其拌合物适用的流动范围比较窄,过大的流动性会导致黏聚性下降,使轻骨料上浮、离析;过小的流动性则会使捣实困难。流动性的大小主要取决于用水量,由于轻骨料吸水率大,因而其用水量的概念与普通混凝土有所区别。加入拌合物中的水量称为总用水量,可分为两部分,一部分被骨料吸收,其数量相当于 1h 的吸水量,这部分水称为附加用水量,其余部分称为净用水量,使拌合物获得要求的流动性和保证水泥水化的进行。净用水量可根据混凝土的用途及要求的流动性来选择。另外,轻骨料混凝土的和易性也受砂率的影响,尤其是采用轻细骨料时,拌合物和易性随着砂率的提高而有所改善。轻骨料混凝土的砂率一般比普通混凝土的砂率略大。

对于轻骨料混凝土,由于轻骨料自身强度较低,因此其强度的决定因素除了水泥强度与水胶比(水胶比考虑净用水量)外,还取决于轻骨料的强度。与普通混凝土相比,采用轻骨料会导致混凝土强度下降,并且骨料用量越多,强度越低,其表观密度也越小。

轻骨料混凝土由于受到轻骨料自身强度的限制,因此,每一品种轻骨料只能配制一定强度的混凝土,如要配制高于此强度的混凝土,即使降低水胶比,也不可能使混凝土强度有明显提高,或提高幅度很小。

轻骨料混凝土荷载作用下的变形比普通混凝土大,弹性模量较小,约为同级别普通混凝土的 $50\%\sim70\%$,制成的构件受力后挠度较大是其缺点。但因极限应变大,有利于改善构筑物的抗震性能或抵抗动荷载能力。轻骨料混凝土的收缩和徐变比普通混凝土大 $20\%\sim50\%$ 和 $30\%\sim60\%$,热膨胀系数则比普通混凝土低 20% 左右。

(三)轻骨料混凝土的制作与使用特点

一是轻骨料本身吸水率较天然砂、石大,若不进行预湿,则拌合物在运输或浇筑过程中的坍落度损失较大,在设计混凝土配合比时须考虑轻骨料附加水量。

二是拌合物中粗骨料容易上浮,也不易搅拌均匀,故应选用强制式搅拌机作较长时间的搅拌。轻骨料混凝土成型时振捣时间不宜过长,以免造成分层,最好采用加压振捣。

三是轻骨料吸水能力较强,要加强浇水养护,防止早期干缩开裂。

四是轻骨料预吸收的水分,有利于后期的内养护作用,可有效降低后期干燥收缩。

(四)轻骨料混凝土配合比设计要点

轻骨料混凝土配合比设计的基本要求与普通混凝土相同,但应满足对混凝土表观密度的要求。

轻骨料混凝土配合比设计方法与普通混凝土基本相似,分为绝对体积法和松散体积法。砂轻混凝土宜采用绝对体积法,即按每立方米混凝土的绝对体积为各组成材料的绝对体积之和进行计算。松散体积法宜用于全轻混凝土,即以给定每立方米混凝土的粗细骨料松散总体积为基础进行计算,然后以设计要求的混凝土表观密度为依据进行校核,最后通过试拌调整得出,详见《轻骨料混凝土应用技术标准》(JGJ/T 12—2019)。

轻骨料混凝土与普通混凝土配合比设计中的不同之处主要有两点:一是用水量为净用水量与附加用水量两者之和;二是砂率为砂的体积占砂石总体积之比。

二、泡沫混凝土

泡沫混凝土是多孔混凝土的一种,一般无粗、细骨料,内部充满大量细小封闭的孔,孔隙率高达 60％以上。近年来,也有用压缩空气经过充气介质弥散成大量微气泡,均匀地分散在料浆中而形成多孔结构,这种多孔混凝土称为充气混凝土。

多孔混凝土质轻,其表观密度不超过 $1000kg/m^3$,通常在 $300\sim800kg/m^3$;保温性能优良,导热系数随其表观密度降低而减小,一般为 $0.09\sim0.20W/(m \cdot K)$;其制品的可加工性好,可锯、可刨、可钉、可钻,并可用胶黏剂黏结。

泡沫混凝土是将由水泥等拌制的料浆与由泡沫剂搅拌形成的泡沫混合搅拌,再经浇筑、养护硬化而成的多孔混凝土。当制品生产中采用蒸汽养护或蒸压养护时,不仅可缩短养护时间,且能提高强度,还能掺用粉煤灰、煤渣或矿渣,以节省水泥,甚至可以全部利用工业废渣代替水泥。如以粉煤灰、石灰、石膏等为胶凝材料,再经蒸压养护,制成蒸压泡沫混凝土。

泡沫混凝土也可在现场直接浇筑,用作屋面或墙体保温层。

三、大孔混凝土

大孔混凝土是指无细骨料的混凝土,其按粗骨料的种类,可分为普通无砂大孔混凝土和轻骨料大孔混凝土两类。普通大孔混凝土是用碎石、卵石、重矿渣等配制而成。轻骨料大孔混凝土则是用陶粒、浮岩、碎砖、煤渣等配制而成。有时为了提高大孔混凝土的强度,也可掺入少量细骨料,这种混凝土称为少砂混凝土。

普通大孔混凝土的表观密度在 $1500\sim1900kg/m^3$,抗压强度为 $3.5\sim10MPa$。轻骨料大孔混凝土的表现密度在 $500\sim1500kg/m^3$,抗压强度为 $1.5\sim7.5MPa$。

大孔混凝土的导热系数小,保温性能好,收缩一般较普通混凝土小(30％～50％),抗冻性优良。

大孔混凝土宜采用单一粒级的粗骨料,如粒径为 $10\sim20mm$ 或 $10\sim30mm$。不允许采用小于 $5mm$ 和大于 $40mm$ 的骨料。水泥等级宜采用 32.5 级或 42.5 级。水胶比(对轻骨料大孔混凝土为净用水量的水胶比)可取用 $0.30\sim0.40$,以水泥浆能均匀包裹在骨料表面不流淌为宜。

大孔混凝土适用于制作墙体小型空心砌块、砖和各种板材,也可用于现浇墙体。普通大孔混凝土还可制成滤水管、滤水板等,广泛用于市政工程。

透水混凝土也可作为大孔混凝土,强度可达 $30MPa$,主要应用于海绵城市建设。

第八节　特种混凝土

一、抗渗混凝土

抗渗混凝土系指抗渗等级不低于 P6 级的混凝土,即它能抵抗 $0.6MPa$ 静水压力作用而不发生透水现象。为了提高混凝土的抗渗性,通常采用合理选择原材料、提高混凝土的密实度以及改善混凝土内部孔隙结构等方法来实现。目前,常用的防水混凝土配制方法有以下几种。

(一)富浆法

这种方法是依靠采用较小的水胶比,较高的胶凝材料用量和砂率,提高浆体的质量和数量,使混凝土更密实。

防水混凝土所用原材料应符合下列要求:

(1)水泥强度等级一般选用 42.5 级及以上,品种应按设计要求选用,当有抗冻要求时,应优先选用硅酸盐水泥。

(2)粗骨料的最大粒径不宜大于 40mm,通常控制在 20mm,含泥量不得大于 1%,泥块含量不得超过 0.5%。

(3)细骨料的含泥量不得大于 3%,泥块含量不得大于 1%。

(4)外加剂宜采用防水剂、膨胀剂、引气剂或减水剂。

防水混凝土配合比计算应遵守以下几项规定:

(1)每立方米混凝土中的胶凝材料用量不宜少于 320kg。

(2)砂率宜为 35%～40%;灰砂比宜为 1:(2～2.5)。

(3)防水混凝土的最大水胶比应符合表 4-32 的规定。

表 4-32　防水混凝土的最大水胶比

抗渗等级	P6	P8～P12	P12 以上
C20～C30	0.60	0.55	0.50
C30 以上	0.55	0.50	0.45

(二)骨料级配法

骨料级配法是通过改善骨料级配,使骨料本身达到最密实的堆积状态。为了降低空隙率,还应加入占骨料量 5%～8% 的粒径小于 0.16mm 的细粉料。同时,严格控制水胶比、用水量及拌合物的和易性,使混凝土结构致密,从而提高抗渗性。

(三)外加剂法

这种方法与前面两种方法比,施工简单,造价低廉,质量可靠,因此被广泛采用。它是在混凝土中掺入适当品种的外加剂,以改善混凝土内孔结构,隔断或堵塞混凝土中各种孔隙、裂缝、渗水通道等,达到改善混凝土抗渗的目的。常采用引气剂(如松香热聚物)、密实剂(如 $FeCl_3$ 防水剂)、高效减水剂(降低水胶比)、膨胀剂(防止混凝土收缩开裂)等。

(四)采用特种水泥

采用特种水泥,如无收缩不透水水泥、膨胀水泥等来拌制混凝土,能够改善混凝土的内孔结构,有效提高混凝土的致密度和抗渗能力。

二、耐热混凝土

耐热混凝土是指能长期在高温(200～900℃)作用下保持所要求的物理和力学性能的一种特种混凝土。

普通混凝土不耐高温,故不能在高温环境中使用。其不耐高温的原因是:水化产物中的氢氧化钙及石灰岩质的粗骨料在高温下均要产生分解,石英砂在高温下要发生晶型转变而体积膨胀,加之固化浆体与骨料的热膨胀系数不同。所有这些均将导致普通混凝土在高温下产生裂缝,使强度严重下降。

耐热混凝土是由合适的胶凝材料、耐热粗细骨料及水,按一定比例配制而成。其根据所用胶凝材料的不同,通常可分为以下几种。

(一)矿渣水泥耐热混凝土

矿渣水泥耐热混凝土是以矿渣水泥为主要胶结材料,如安山岩、玄武岩、重矿渣、黏土碎砖等为耐热粗细骨料,并以烧黏土、砖粉等作磨细掺合料,再加入适量的水配制而成。耐热磨细掺合料中的二氧化硅和三氧化铝在高温下均能与氧化钙作用,生成稳定的无水硅酸盐和铝酸盐,能提高混凝土的耐热性。矿渣水泥配制的耐热混凝土其极限使用温度为900℃。

(二)铝酸盐水泥耐热混凝土

铝酸盐水泥耐热混凝土是采用高铝水泥或硫铝酸盐水泥、耐热粗细骨料、高耐火度磨细掺合料及水配制而成。这类混凝土在300~400℃下其强度会急剧降低,但残留强度能保持不变。到1100℃时,其结构水全部脱出而烧结成陶瓷材料,则强度重新提高。常用粗细骨料有碎镁砖、烧结镁砖、矾土、镁铁矿和烧黏土等。铝酸盐水泥耐热混凝土的极限使用温度为1300℃。

(三)水玻璃耐热混凝土

水玻璃耐热混凝土是以水玻璃作胶结材料,掺入氟硅酸钠作促硬剂,耐热粗细骨料可采用碎铁矿、镁砖、铬镁砖、滑石、焦宝石等。磨细掺合料为烧黏土、镁砂粉、滑石粉等。水玻璃耐热混凝土的极限使用温度为1200℃。施工时严禁加水;养护时也必须干燥,严禁浇水养护。

(四)磷酸盐耐热混凝土

磷酸盐耐热混凝土是由磷酸铝和高铝质耐火材料或锆英石等制备的粗细骨料及磨细掺合料配制而成,目前更多的是直接采用工业磷酸配制耐热混凝土。这种混凝土具有高温韧性强、耐磨性好、耐火度高的特点,其极限使用温度为1500~1700℃。磷酸盐耐热混凝土的硬化需在150℃以上烘干,总干燥时间不少于24h,硬化过程中不允许浇水。

耐热混凝土多用于高炉基础、焦炉基础、热工设备基础,以及围护结构、护衬、烟囱等。

三、耐酸混凝土

能抵抗多种酸及大部分腐蚀性气体侵蚀作用的混凝土称为耐酸混凝土。

(一)水玻璃耐酸混凝土

水玻璃耐酸混凝土由水玻璃作胶结料,氟硅酸钠作促硬剂,与耐酸粉料及耐酸粗细骨料按一定比例配制而成。耐酸粉料由辉绿岩、耐酸陶瓷碎料、石英质材料磨细而成。耐酸粗细骨料常用的有石英岩、辉绿岩、安山岩、玄武岩、铸石等。水玻璃耐酸混凝土的配合比一般为水玻璃:耐酸粉料:耐酸细骨料:耐酸粗骨料=(0.6~0.7):1:1:(1.5~2.0)。水玻璃耐酸混凝土养护温度不低于10℃,养护时间不少于6d。

水玻璃耐酸混凝土能抵抗除氢氟酸以外的各种酸类的侵蚀,特别是对硫酸、硝酸有良好的抗腐性,且具有较高的强度,其3d强度约为11MPa,28d强度可达15MPa。多用于化工车间的地坪、酸洗槽等。

(二)硫黄耐酸混凝土

它是以硫黄为胶凝材料,聚硫橡胶为增韧剂,掺入耐酸粉料和细骨料,经加热(160~

170℃)熬制成硫黄砂浆,灌入耐酸粗骨料中冷却后即为硫黄耐酸混凝土。其抗压强度可达 40MPa 以上,常用于地面、设备基础等。

四、聚合物混凝土

聚合物混凝土是由有机聚合物、无机胶凝材料和骨料结合而成的新型混凝土,常用的有以下两类。

(一)聚合物浸渍混凝土

将已硬化的混凝土干燥后浸入有机单体中,用加热或辐射等方法使混凝土孔隙内的单体聚合,使混凝土与聚合物形成整体,称为聚合物浸渍混凝土。

由于聚合物填充了混凝土内部的孔隙和微裂缝,从而增加了混凝土的密实度,提高了浆体与骨料之间的黏结强度,减少了应力集中,因此,具有高强、耐腐蚀、抗冲击等优良的物理力学性能。与基材(混凝土)相比,抗压强度可提高 2~4 倍,一般可达 150MPa。

浸渍所用的单体有:甲基丙烯酸甲酯(MMA)、苯乙烯(S)、丙烯腈(AN)、聚酯-苯乙烯等。对于完全浸渍的混凝土应选用黏度尽可能低的单体,如 MMA、S 等,对于局部浸渍的混凝土,可选用黏度较大的单体如聚酯-苯乙烯等。

聚合物浸渍混凝土适用于要求高强度、高耐久性的特殊构件,特别适用于输送液体的有筋管道、无筋管和坑道。

(二)聚合物水泥混凝土

聚合物水泥混凝土是用聚合物乳液拌合水泥,并掺入砂或其他骨料而制成。生产工艺与普通混凝土相似,便于现场施工。

聚合物可分天然聚合物(如天然橡胶)和各种合成聚合物(如聚乙酸乙烯、苯乙烯、聚氯乙烯等)。

通常认为,在混凝土凝结硬化过程中,聚合物与水泥之间没有发生化学作用,只是水泥水化吸收乳液中的水分,使乳液脱水而逐渐凝固,水泥水化产物与聚合物互相包裹填充形成致密的结构,从而改善混凝土的物理力学性能,表现为黏结性能好,耐久性和耐磨性高,抗折强度明显提高,但不及聚合物浸渍混凝土显著,而抗压强度有可能下降。

聚合物水泥混凝土多用于无缝地面,也常用于混凝土路面、机场跑道面层和构筑物的防水层。

五、纤维混凝土

纤维混凝土是以混凝土为基体,外掺各种纤维材料而成。掺入纤维的目的是提高混凝土的抗拉和抗弯性能、增加冲击韧性。

常用的纤维材料有钢纤维、玻璃纤维、石棉纤维、碳纤维和合成纤维等。所用的纤维必须具有耐碱、耐海水、耐气候变化的特性。国内外之所以研究和应用钢纤维较多,是因为钢纤维对抑制混凝土裂缝的形成,提高混凝土抗拉和抗弯、增加冲击韧性效果最佳,但成本较高,因此,近年来对合成纤维的应用技术研究较多,有可能成为纤维混凝土的主要品种之一。

在纤维混凝土中,纤维的含量、几何形状以及分布情况,均对其性质有重要影响。以钢纤维为例:为了便于搅拌,一般控制钢纤维的长径比为 60~100,掺量为 0.5%~1.3%(体积比),尽可能选用直径细、截面形状非圆形的钢纤维。一般来说,钢纤维混凝土的抗拉强度可提高 2 倍左右,抗冲击强度可提高 5 倍以上。

纤维混凝土目前主要用于复杂应力结构构件、对抗冲击性要求高的工程,如飞机跑道、高速公路、桥面面层、管道、高层建筑结构转换层的梁柱节点等。随着纤维混凝土技术的提高,各类纤维性能的改善,成本的降低,在建筑工程中的应用将会越来越广泛。

六、防辐射混凝土

能遮蔽对人体有害的 X、γ 等射线的混凝土,称为防辐射混凝土。通常采用水泥、水及重骨料配制而成,其表观密度一般在 $3000kg/m^3$ 以上。混凝土愈重,其防护 X、γ 射线的性能越好,且防护结构的厚度可减小。但对中子流的防护,除需要重混凝土外,还需要含有足够多的氢元素。

配制防辐射混凝土时,宜采用胶结力强、水化结合水量高的水泥,如硅酸盐水泥,最好使用硅酸锶等重水泥。采用高铝水泥施工时,需采取冷却措施。常用的重骨料主要有重晶石($BaSO_4$)、褐铁矿($2Fe_2O_3 \cdot 3H_2O$)、磁铁矿(Fe_3O_4)、赤铁矿(Fe_2O_3)等。另外,掺入硼和硼化物及锂盐等,也能有效改善混凝土的防护性能。

防辐射混凝土主要用于核能工业以及应用放射性同位素的装置中,如反应堆、加速器、放射化学装置、海关、医院等的防护结构。

七、彩色混凝土

彩色混凝土,也称为面层着色混凝土。通常采用彩色水泥或白水泥加颜料按一定比例配制成彩色饰面料,先铺于模底,厚度不小于 10mm,再在其上浇筑普通混凝土,这称为反打一步成型,也可冲压成型。除此之外,还可在新浇混凝土表面干撒着色硬化剂显色,或者采用化学着色剂渗入已硬化混凝土的毛细孔中,生成难溶且抗磨的有色沉淀物显示色彩。

彩色混凝土目前多用于制作路面砖,有人行道砖和车行道砖两类,其按形状的不同,又可分为普通型砖和异型砖两种。普通型砖有方形、六角形等,它们的表面可做成各种图案花纹;异型砖铺设后,砖与砖之间相互产生联锁作用,故又称联锁砖。联锁砖的排列方式有多种,不同排列则形成不同图案的路面。采用彩色路面砖铺路面,可形成多彩美丽的图案和永久性的交通管理标志,具有美化城市的作用。

八、碾压式水泥混凝土

碾压式水泥混凝土是以较低的水泥用量和很小的水胶比配制而成的超干硬性混凝土,经机械振动碾压密实而成,通常简称为碾压混凝土。这种混凝土主要用来铺筑路面和坝体,具有强度高、密实度大、耐久性好和成本低等优点。

(一)原材料和配合比

碾压式水泥混凝土的原材料与普通混凝土基本相同。为节约水泥、改善和易性和提高耐久性,通常掺入大量的粉煤灰。当用于路面工程时,粗集料最大粒径应不大于 20mm,基层则可放大到 30~40mm。为了改善集料级配,通常掺入一定量的石屑,且砂率比普通混凝土要大。

碾压式水泥混凝土的配合比设计主要通过击实试验,以最大表观密度或强度为技术指标,来选择合理的集料级配、砂率、胶凝材料用量和最佳含水量(其物理意义与普通混凝土的水胶比相似),采用体积法计算砂石用量,并通过试拌调整和强度验证,最终确定配合比,并以最佳含水率和最大表观密度值作为施工控制和质量验收的主要技术依据。

(二)主要技术性能和经济效益

1. 主要技术性能

(1)强度高:碾压式水泥混凝土由于采用很小的水胶比(一般为 0.3 左右),集料又采用连续密级配,并经过振动式或轮胎式压路机的碾压,混凝土具有密实度高和表观密度大的优点,胶结料能最大限度地发挥作用,因而混凝土具有较高的强度,特别是早期强度更高。如水泥用量为 200kg/m³ 的碾压混凝土抗压强度可达 30MPa 以上,抗折强度大于 5MPa。

(2)收缩小:碾压式水泥混凝土由于采用密实级配,胶结料用量低,水胶比小,因此,混凝土凝结硬化时的化学收缩小,多余水分挥发引起的干缩也小。混凝土的总收缩大大下降,一般只有同等级普通混凝土的 1/2～1/3。

(3)耐久性好:由于碾压式水泥混凝土的密实结构孔隙率小,因此,混凝土的抗渗性、耐磨性、抗冻性和抗腐蚀性等耐久性指标大大提高。

2. 经济效益

(1)节约水泥:等强度条件下,碾压式水泥混凝土可比普通混凝土节约 30% 以上的水泥用量。

(2)工效高、加快施工进度:碾压式水泥混凝土应用于路面工程可比普通混凝土工效提高 2 倍左右。又因为早期强度高,故可缩短养护期、加快施工进度、提早开放交通。

(3)降低施工和维护费用:当碾压式水泥混凝土应用于大体积混凝土工程时,由于水化热小,所以可以大大简化降温措施,节约降温费用。对混凝土路面工程,其养护费用远低于沥青混凝土路面,而且使用年限较长。

九、超高性能混凝土

超高性能混凝土(ultra-high performance concrete,UHPC),也称作活性粉末混凝土(reactive powder concrete,RPC),是近几十年来最具创新性的水泥基工程材料之一。自20世纪 90 年代以来,它成为国际研发热点,发达国家已在建筑、桥梁、隧道、铁路、核反应堆等领域应用。20 世纪 90 年代末,我国相继开展 UHPC 研究,其制备技术和基本性能研究持续加速并取得明显成效,还在一些实际工程中应用,如大跨径人行天桥、公路铁路桥梁、薄壁筒仓、大型装饰墙板、装配式建筑外墙板、基站塔楼、核废料罐、钢索锚固加强板、ATM 机保护壳等。

超高性能主要体现在超高的力学性能和超高的耐久性。抗压强度可达 180MPa,抗弯强度可达 35MPa,冲击韧性约为普通混凝土的 250 倍;超高抗渗性,其透气性和透水性几乎为零,氯离子渗透系数也极小;超高抗冻性,因其吸水率极低,几乎没有冰冻破坏作用。实现超高性能的主要技术途径是采用最大堆积密度理论。水胶比一般控制在 0.17 左右。常用的原材料有水泥、硅灰、石英砂、纤维和外加剂等。

十、自密实混凝土

自密实混凝土是指具有高流动性、均匀性和稳定性,浇筑时无须外力振捣,能够在自重作用下流动并充满模板空间的混凝土。它适用于现场浇筑和生产预制构件,尤其适用于浇筑量大、浇捣困难的结构以及对施工进度、噪声有特殊要求的工程。

配置自密实混凝土宜采用硅酸盐水泥或普通硅酸盐水泥,并掺入适量粉煤灰、粒化高炉矿渣粉、硅灰等矿物掺合料,以改善和易性。粗骨料宜采用连续级配或 2 个及以上单粒径级配搭配使用,最大公称粒径不宜大于 20mm;对于结构紧密的竖向构件、复杂形状的结构以及有特殊要求的工程,粗骨料的最大公称粒径不宜大于 16mm;也可采用轻粗骨料,宜采用最大粒径小于 16mm 的连续级配,密度等级要求大于 700。细骨料宜采用级配Ⅱ区的中砂。

自密实混凝土拌合物除应满足普通混凝土拌合物对凝结时间、黏聚性和保水性的要求外,还应满足自密实性能的要求,见表 4-33。

表 4-33　自密实混凝土拌合物的自密实性能及要求

自密实性能	性能指标	性能等级	技术要求
填充性	坍落扩展度/mm	SF1	550～655
		SF2	660～755
		SF3	760～850
	扩展时间 T500/s	VS1	≥2
		VS2	<2
间隙通过性	坍落扩展度与 J 环扩展度差值/mm	PA1	25<PA1≤50
		PA2	0≤PA2≤25
抗离析性	离析率/%	SR1	≤20
		SR2	≤15
	粗骨料振动离析率/%	f_m	≤10

注:当抗离析性试验结果有争议时,以离析率筛析法试验结果为准。

不同性能等级的自密实混凝土应用范围应按表 4-34 确定。

表 4-34　不同性能等级自密实混凝土的应用范围

自密实性能	性能等级	应用范围	重要性
填充性	SF1	从顶部浇筑的无配筋或配筋较少的混凝土结构; 泵送浇筑施工的工程; 截面较小,无须水平长距离流动的竖向结构	控制指标
	SF2	适用于普通钢筋混凝土结构	
	SF3	适用于结构紧密的竖向构件、形状复杂的结构等(粗骨料最大工程粒径宜小于 16mm)	
	VS1	适用于普通钢筋混凝土结构	
	VS2	适用于配筋较多的结构或有较高混凝土外观性能要求的结构,应严格控制	

续表

自密实性能	性能等级	应用范围	重要性
间隙通过性	PA1	适用于钢筋净距为 80～100mm	可选指标
	PA2	适用于钢筋净距为 60～80mm	
抗离析性	SR1	适用于流动距离小于 5m、钢筋净距大于 80mm 的薄板结构和竖向结构	可选指标
	SR2	适用于流动距离超过 5m、钢筋净距大于 80mm 的竖向构件；也适用于流动距离小于 5m、钢筋净距小于 80mm 的竖向结构，当流动距离超过 5m，SR 值宜小于 10%	

注：① 钢筋净距小于 60mm 时宜进行浇筑模型试验；对于钢筋净距大于 80mm 的薄板结构或钢筋净距大于 100mm 的其他结构可不作间隙通过性指标要求。

② 高填充性（坍落扩展度指标为 SF2 或 SF3）的自密实混凝土，应有抗离析性要求。

自密实混凝土的配合比设计应根据工程结构形式、施工工艺以及环境因素进行，宜采用绝对体积法；并应在综合考虑混凝土自密实性能、强度、耐久性以及其他性能要求的基础上，计算初始配合比，经试验室试配、调整得出满足自密实性能要求的基础配合比，经强度、耐久性复核得到设计配合比。自密实混凝土的水胶比宜小于 0.45，胶凝材料用量宜控制在 400～550kg/m³。骨料的体积可按表 4-35 选用。

表 4-35　每立方米混凝土中粗骨料的体积

填充性指标	SF1	SF2	SF3
每立方米混凝土中粗骨料的体积/m³	0.32～0.35	0.30～0.33	0.28～0.30

本章知识点及复习思考题

知识点　　　　　　复习思考题

第五章 砂　　浆

　　砂浆是由胶凝材料、细集料以及填料、纤维、添加剂和水按一定比例配制,经搅拌并硬化而成。从某种意义上说,砂浆是无粗集料的混凝土。

　　砂浆按所用胶凝材料的不同,可分为水泥砂浆、水泥石灰混合砂浆、石灰砂浆、水玻璃耐酸砂浆和聚合物砂浆;按照生产方式的不同,可分为预拌砂浆、现场搅拌砂浆;按功能和用途的不同,可分为砌筑砂浆、抹面砂浆、装饰砂浆、防水砂浆、保温砂浆、耐酸砂浆、耐热砂浆、防腐砂浆、抗裂砂浆和修补砂浆等。

　　建设工程中,砂浆主要用于砌体的砌筑、墙地面找平、防水抹面、粘贴墙地砖、装饰面层、勾缝、修补和作为墙地面的保温层等,随着砂浆日益多功能化,在保温隔热、吸声、防辐射、耐酸、耐腐蚀等更多领域可以应用。

第一节　砂浆的组成材料

一、胶凝材料

　　常用的砂浆胶凝材料有水泥、石灰和聚合物等。胶凝材料的品种可根据砂浆的使用环境和用途进行选择。

　　(一)水泥

　　通用水泥均可以用来配制砂浆,也可采用砌筑水泥。水泥品种的选择与混凝土相同。由于砂浆强度相对于混凝土而言较低,因此通常选用强度等级为 32.5 级的水泥,以保证砂浆的和易性。混合砂浆和聚合物砂浆采用的水泥强度等级也不宜大于 42.5 级。当必须采用高强度等级的水泥时,可掺入适量掺合料,以调节强度与砂浆的和易性。

　　砌筑水泥是在硅酸盐水泥熟料中掺入大量的炉渣、灰渣等混合料经磨细后制得的和易性较好的水硬性胶凝材料,代号 M,主要用于配制砂浆。砌筑水泥中的熟料含量一般为 15%~25%,强度较低,见表 5-1。细度为 80μm 方孔筛筛余不大于 10.0%。初凝时间不小于 60min,终凝时间不大于 720min。

　　(二)石灰

　　为了改善砂浆和易性以及为了节约水泥,通常在砂浆中掺入适量的石灰。过去使用较多的为石灰膏,目前使用较多的为消石灰粉和磨细生石灰粉。石灰在水泥砂浆中用作保水增稠材料,具有保水性好、价格低廉的优点,可有效避免砌体如砖的高吸水性导致的砂浆

表 5-1 砌筑水泥各标号、各龄期强度值

水泥等级	抗压强度/MPa			抗折强度/MPa		
	3d	7d	28d	3d	7d	28d
12.5	—	≥7.0	≥12.5	—	≥1.5	≥3.0
22.5	—	≥10.0	≥22.5	—	≥2.0	≥4.0
32.5	≥10.0	—	≥32.5	≥2.5	—	≥5.5

起壳脱落现象,因此广泛用作配制砌筑砂浆与抹面砂浆,是一种传统的建筑材料。但由于石灰耐水性差,加之质量不稳定,导致所配置的砂浆强度低、黏结性差,影响砌体工程质量,而且由于掺入加石灰粉时粉尘大,施工现场作业条件差,环境污染也十分严重,所以目前的使用已受到限制。

（三）可再分散乳胶粉

可再分散乳胶粉是高分子聚合物乳液经喷雾干燥以及后续处理而成的粉状热塑性树脂,可以增加砂浆的内聚力、黏聚力和柔韧性。可再分散乳胶粉的生产工艺流程示意见图 5-1。

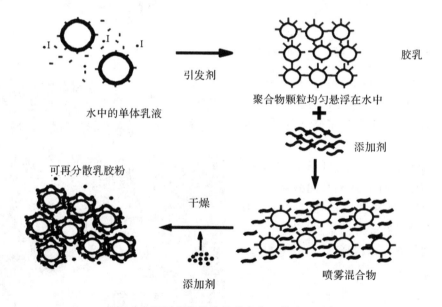

图 5-1 可再分散乳胶粉的生产工艺流程示意

可再分散乳胶粉的成分包括以下五种:①聚合物树脂,位于胶粉颗粒的核心部分也是可再分散乳胶粉发挥作用的主要成分。例如,聚乙酸乙烯酯/乙烯树脂。②内添加剂,起到改性树脂的作用。例如,增塑剂可降低树脂成膜温度,但并非每一种乳胶粉都有添加剂成分。③保护胶体,是乳胶粉颗粒表面包裹的一层亲水性的材料,绝大多数可再分散乳胶粉的保护胶体为聚乙烯醇。④外添加剂,是为进一步扩展乳胶粉的性能而另外添加的材料,如高效塑化剂等,也不是每一种可再分散乳胶都含有这种添加剂。⑤抗结块剂,为细矿物填料,主要用于防止乳胶粉在储运过程中结块以及便于胶粉流动(如从纸袋或槽车中倾倒出来)。

可再分散乳胶粉加入水中后,在亲水性的保护胶体以及机械剪切力的作用下,乳胶粉颗

粒可快速分散到水中,使可再分散乳胶粉成膜。随着聚合物薄膜的最终形成,在固化的砂浆中形成了由无机与有机胶凝材料构成的体系,即水硬性材料构成的脆硬性骨架,以及可再分散乳胶粉在间隙和固体表面成膜构成的柔性网络。可再分散乳胶粉在水中的再分散过程见图5-2,其和水泥砂浆共同形成的复合结构的电子显微图像见图5-3。

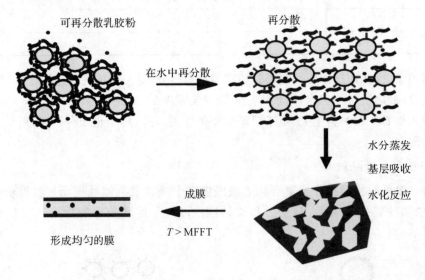

图 5-2　可再分散乳胶粉在水中的再分散过程

掺入可再分散乳胶粉后,可提高砂浆含气量,从而对新拌砂浆起到润滑作用,而且分散时对水的亲和也增加了浆体的黏稠度,提高了施工砂浆的内聚力,所以可以改善新拌砂浆的和易性。另外,由于乳胶粉形成的薄膜的拉伸强度通常高于水泥砂浆一个数量级以上,所以砂浆的抗拉强度得到增强;也由于聚合物具有较好的柔性,砂浆的变形能力和抗裂性均得以提高。

（四）水玻璃

化学工业和冶金工业常采用水玻璃作为胶凝材料配制水玻璃耐酸砂浆和水玻璃耐热砂浆。

图 5-3　聚合物改性砂浆的 SEM 图像

二、细集料

配制砂浆的细集料时常用的是天然砂、机制砂,也可采用膨胀珍珠岩和膨胀蛭石颗粒。砂应符合混凝土用砂的技术性质要求。由于砂浆层较薄,砂的最大粒径应有所限制,理论上不应超过砂浆层厚度的 $1/4 \sim 1/5$。例如,砖砌体用砂浆宜选用中砂,最大粒径不宜大于 2.5mm;石砌体用砂浆宜选用粗砂,砂的最大粒径不宜大于 5.0mm;光滑的抹面及勾缝的砂浆宜采用含泥量低的细砂,其最大粒径不宜大于 1.2mm。由于砂中的含泥量对砂浆强度,特别是对干缩性能影响较大,因此,配制砌筑砂浆的砂含泥量不应超过 5%。具体砂的性能要求见第四章。

珍珠岩是一种火山玻璃质岩,显微镜下观察其基质部分有明显的圆弧裂开,构成珍珠结构并具波纹构造、珍珠和油脂光泽。在快速加热条件下,它可膨胀成一种低容重、多孔状材料,称膨胀珍珠岩。由于其容量小、导热率低、耐火和隔声性能好,且无毒、价格低等特点,故可用作保温砂浆的集料。但由于大多数膨胀珍珠岩硅含量高(通常超过 70%),多孔具有吸附性,对隔热保温极为不利,特别是在潮湿的地方,膨胀珍珠岩制品容易吸水致使其导热率急剧增大,高温时水分又易蒸发,带走大量的热,从而失去保温隔热性能。所以采用膨胀珍珠岩配制保温砂浆时应注意防水。

蛭石是由黑云母、金云母、绿泥石等矿物风化或热液蚀变而来,工业上常使用的是由蛭石和黑云母、金云母形成的层间矿物。将蛭石去除杂质后,破碎、过筛、干燥处理后进行焙烧膨化,可得膨胀蛭石。膨胀蛭石也是保温砂浆常用的集料。

三、添加剂和纤维

为改善新拌及硬化后砂浆的各种性能或赋予砂浆某些特殊性能,常在砂浆中掺入适量纤维和添加剂。

(一)纤维

砂浆中掺入适量纤维,可以提高砂浆的抗裂性能,包括抵抗早期塑性收缩裂缝和后期干燥收缩裂缝。常用纤维材料有耐碱玻璃纤维、岩棉纤维、钢纤维、碳纤维和聚丙烯等各种化学纤维。其中,聚丙烯纤维是目前最常用的纤维品种,其在每立方米砂浆中的掺量一般为 $1.0 \sim 1.5 kg$。聚丙烯纤维直径一般为 $20 \sim 80 \mu m$,密度为 $0.91 g/cm^3$,抗拉强度为 $260 \sim 414 MPa$,弹性模量为 $0.15 \sim 0.8 GPa$,极限延伸率为 $15\% \sim 160\%$,不溶于水,与大部分酸、碱和有机溶剂接触不发生作用,具有良好的耐久性。

(二)添加剂

1. 保水增稠剂

用于干粉砂浆的保水剂和增稠剂有纤维素醚和淀粉醚。纤维素醚主要采用天然纤维通过碱溶、接枝反应(醚化)、水洗、干燥、研磨等工序加工而成。纤维素醚可以分为离子型和非离子型。离子型主要有羧甲基纤维素盐,非离子型主要有甲基纤维素、甲基羟乙基(丙基)纤维素、羟乙基纤维素等。常用的纤维素醚有羟甲基乙基纤维素醚(MHEC)和羟甲基丙基纤维素醚(MHPC)。

纤维素醚的添加量很低,但能显著改善新拌砂浆的性能,是影响砂浆施工性能的一种主要添加剂。纤维素醚为流变改性剂,用来调节新拌砂浆的流变性能,主要有以下功能:①增加新拌砂浆的稠度,防止离析并获得均匀一致的可塑体。②具有一定引气作用,还可以稳定砂浆中引入的均匀细小气泡。③作为保水剂,有助于保持薄层砂浆中的水分(自由水),在砂浆施工后,可使水泥有更多的时间水化。

淀粉醚不仅可以显著增加砂浆的稠度,还可以降低新拌砂浆的垂流程度,砂浆需水量和屈服值也略有增加,可以作为砂浆的抗悬挂剂。

2. 微沫剂

20 世纪 70 年代开始,水泥砂浆中就掺入了松香皂等引气剂来代替部分或全部石灰,掺入微沫剂能改善砂浆的和易性。微沫剂实际上为引气剂的一种,在砂浆搅拌过程可形成大量微小、封闭和稳定的气泡,一方面能增加浆体体积,改善和易性,使得用水量相应减少,而且搅拌后产生的适量微气泡使拌合物骨料颗粒间的接触点大大减少,降低了颗粒间的摩擦力,砂浆内聚性好,便于施工。另一方面,微小的封闭气泡可以改善砂浆的抗渗性能,特别是能提高砂浆的保温性能。但微沫剂掺量过多将明显降低砂浆的强度和黏结性。

3. 憎水剂

憎水剂可以防止水分进入砂浆,同时还可以保持砂浆处于开放状态从而允许水蒸气的扩散。它主要有脂肪酸金属盐、硅烷和特殊的憎水性可再分散聚合物粉末等三个系列。

4. 消泡剂

消泡剂的功能与引气剂相反。引气剂定向吸附于气—液表面稳定的单分子膜包裹空气从而形成微小气泡。消泡剂在溶液中比稳泡剂更容易被吸附,当其进入液膜后,可以使已吸附于气—液表面的引气剂分子基团脱附,因而使之不易形成稳定的膜,降低液体的黏度,使液膜失去弹性,加速液体渗出,最终使液膜变薄破裂,从而减少砂浆中的气泡尤其是大气泡的含量。

消泡剂作用机理为破泡作用和抑泡作用。破泡作用:破坏泡沫稳定存在的条件,使稳定存在的气泡变为不稳定的气泡并使之进一步变大、析出,使已经形成的气泡破灭。抑泡作用:不仅能使已生成的气泡破灭,还能较长时间抑制气泡形成。

消泡剂也是一类表面活性剂,常用作消泡剂的有磷酸酯类(磷酸三丁酯)、有机硅化合物、聚醚、高碳醇(二异丁基甲醇)、异丙醇、脂肪酸及其脂、二硬脂酸酰乙二胺等。

5. 其他的外加剂

另外,砂浆中还有许多其他的外加剂,如提高流动性的减水剂、调节凝结时间的缓凝剂和速凝剂、提高砂浆早期强度的早强剂等,这些外加剂的内容参见第四章。

四、填料

为改善砂浆的和易性、节约胶凝材料用量、降低砂浆成本,同时改善砂浆性能,在配制砂浆时可掺入粉煤灰、矿渣微粉、硅灰、炉灰、黏土膏、电石渣、碳酸钙粉等作为填料。粉煤灰、矿渣微粉、硅灰以及沸石粉具有一定的火山灰活性。电石渣的主要组成为 $Ca(OH)_2$,可以替代部分或全部石灰。

(一)碳酸钙粉

碳酸钙粉来自石灰岩矿石。根据碳酸钙生产方法的不同,可以将碳酸钙分为轻质碳酸钙、重质碳酸钙和活性碳酸钙。

重质碳酸钙简称重钙,是用机械方式直接粉碎天然的大理石、方解石、石灰石、白垩、贝壳等而制得。

轻质碳酸钙又称为沉淀碳酸钙,简称轻钙,是将石灰石等原料煅烧生成石灰和二氧化碳,再加水消化石灰生成石灰乳,然后通入二氧化碳碳化石灰乳生成碳酸钙沉淀,最后经脱水、干燥和粉碎而制得。或者先用碳酸钠和氯化钙进行反应生成碳酸钙沉淀,然后经脱水、干燥和粉碎而制得。由于轻质碳酸钙的沉降体积($2.4\sim2.8mL/g$)比重质碳酸钙的沉降体积($1.1\sim1.4mL/g$)大,所以被称为轻质碳酸钙。

活性碳酸钙又称改性碳酸钙、表面处理碳酸钙、胶质碳酸钙,简称活钙,是用表面改性剂对轻质碳酸钙或重质碳酸钙进行表面改性而制得的。由于经表面改性剂改性后的碳酸钙一般都具有补强作用,即所谓的"活性",所以习惯上把改性碳酸钙都称为活性碳酸钙。

（二）膨润土

膨润土内含有蒙脱土,是以蒙脱土石为主要成分的层状硅酸盐。

膨润土具有很强的吸湿性,能吸附相当于自身体积 8～20 倍的水而膨胀至 30 倍;在水介质中能分散成胶体悬浮液,并具有一定的黏滞性、触变性和润滑性,它和泥砂等的掺和物具有可塑性和黏结性,有较强的阳离子交换能力和吸附能力。

膨润土为溶胀材料,其溶胀过程将吸收大量的水,使砂浆中的自由水减少,导致砂浆流动性降低,流动性损失加大。膨润土为类似蒙脱石的硅酸盐,主要具有柱状结构,因而其水解后,在砂浆中可形成卡屋结构,增大砂浆的稳定性,同时其特有的滑动效果,在一定程度上提高了砂浆的滑动性能,增大了可泵性。

（三）凹凸棒土

凹凸棒土是指以凹凸棒石为主要组成部分的一种黏土矿,凹凸棒石是一种层链状结构的含水富镁铝硅酸黏土矿物。

由于凹凸棒土具有特殊的物理化学性质,在石油、化工、造纸、医药、农业等方面都得到了广泛的应用。在建筑领域中,除了作为涂料填充剂、矿棉黏结剂和防渗材料外,凹凸棒土其他的应用还在开发。改性凹凸棒土用作砂浆保水增稠外加剂的应用研究受到人们的广泛重视。

五、水

拌制砂浆用水与混凝土拌合用水的要求相同,均需满足《混凝土用水标准》(JGJ 63—2006)的规定。

第二节　砂浆的主要技术性质

建筑砂浆的主要技术性质包括新拌砂浆的和易性、密度、凝结时间,以及硬化砂浆的强度、黏结性、收缩和抗渗性等。

一、新拌砂浆的技术性质

新拌砂浆的技术性质主要指和易性、密度、凝结时间、含气量等,其中,和易性包括流动性和保水性两项指标。

（一）流动性

流动性是指砂浆在自重或外力作用下产生流动的难易程度。砂浆流动性实质上反映了砂浆的稠度。流动性的大小用砂浆稠度测定仪测定,以圆锥体沉入砂浆中的深度表示,单位为 mm,称为稠度。影响砂浆流动性的主要因素有:①胶凝材料及掺合料的品种和用量(常用灰砂比表示);②砂的粗细程度、形状及级配;③用水量;④外加剂品种与掺量;⑤搅拌时间及环境条件等。

砂浆流动性的选择与基底材料种类、施工条件以及天气情况等有关。对于多孔吸水性砌体材料(砖)和干热天气,稠度一般选 70～90mm;对于密实不吸水砌体材料和湿冷天气,稠度一般选 30～50mm。

(二)保水性

保水性指新拌砂浆保持水分,各组成材料不产生离析的性能。如果砂浆保水性不良,运输、存放和施工过程容易产生泌水、分层、离析或水分被基面过快吸收,导致施工困难,并影响胶凝材料的正常水化硬化,降低砂浆强度以及与基层的黏结强度。影响保水性的主要因素有胶凝材料的用量和品种,石灰膏、黏土膏、微沫剂等能有效改善砂浆的保水性。

砂浆的保水性不宜过高,若过高,则一方面导致挂灰困难,影响砌筑和粉刷施工;另一方面导致内部水分无法在塑性阶段挥发或被基层吸收,使砂浆强度下降,并增大砂浆的干燥收缩。

建筑砂浆的保水性可用分层度表示。分层度的测定是先测定砂浆稠度,再将砂浆装入分层度筒内,静置 30min 后,去掉上部 2/3 的砂浆,取剩余部分砂浆经拌合 2min 后再测稠度,两次测得的稠度差值即为砂浆的分层度(以 mm 计)。

对于保水性能特别优良的砂浆,采用分层度已很难精确反映砂浆的保水性能,也可采用《建筑砂浆基本性能试验方法标准(JGJ/T 70—2009)》中建筑砂浆的保水性试验指标来表示,其试验过程为,在砂浆装入密封好的试模后盖上棉纱和滤纸,然后用 2kg 的重物压2min,测试被滤纸吸走的水分,以重物压前后砂浆含水量的比值表示预拌砂浆的保水性能。

(三)新拌砂浆的其他性能

新拌砂浆的密度是砂浆拌合物捣实后的单位体积质量,是以人工或机械捣实的砂浆拌合物质量除以砂浆密度测定仪的容积来表示的。新拌砂浆拌合物的凝结时间采用贯入阻力法测定,以贯入阻力值达到 0.5MPa 时所需的时间来表示。新拌砂浆的含气量反映新拌砂浆内部所含气体的多少,可采用仪器法或容重法测定,具体测定过程可参考《建筑砂浆基本性能试验方法标准(JGJ/T 70—2009)》。

二、硬化后砂浆的主要技术性质

(一)立方体抗压强度和强度等级

砂浆抗压强度以 70.7mm×70.7mm×70.7mm 的带底试模所成型的立方体试件强度表示,3 个为一组。砂浆抗压强度试件成型后在室温为 (20 ± 5)℃的环境下静置 (24 ± 2)h且气温较低时不能超过两昼夜,然后拆模放入温度为 (20 ± 2)℃、相对湿度为 90% 以上的标准养护室中养护至规定龄期再进行测试。《砌筑砂浆配合比设计规程》(JGJ/T 98—2010)规定,水泥砂浆及预拌砌筑砂浆的强度等级分为 M5、M7.5、M10、M15、M20、M25、M30 七级;水泥混合砂浆等级可分为 M5、M7.5、M10、M15 四级。对不吸水基层材料,砂浆强度主要取决于水泥强度和水灰比。对吸水性基层材料,砂浆强度主要取决于水泥强度和水泥用量,而与水灰比无关。

(二)拉伸黏结强度

砂浆与基材之间的黏结强度直接影响到砌体的抗裂性、整体性、砌体强度、抗震性以及粉刷层的抗剥落性能。一般来说,砂浆抗压强度越高,黏结强度也越高。当然,基层材料的吸水性能、表面状态、清洁程度、湿润状况以及施工养护等都会影响黏结强度。砂浆中掺入聚合物可有效提高砂浆的黏结强度。

砂浆拉伸黏结强度的试验方法参见《建筑砂浆基本性能试验方法标准》(JGJ/T 70—2009)和《预拌砂浆》(GB/T 25181—2019)。试验拉伸黏结强度示意见图5-4。具体试验过程如下:先按照水泥∶砂∶水=1∶3∶0.5的质量比例成型养护好基底水泥砂浆试件,然后制备砂浆料浆,其中干混砂浆料浆、湿拌砂浆料浆和现拌砂浆料浆的干物料总量不少于10kg,并在成型框中按规定工艺成型检验砂浆,每组至少制备10个试件,养护13d后用环氧树脂等高强度黏合剂黏结上夹具,继续养护1d后测试拉伸黏结强度。

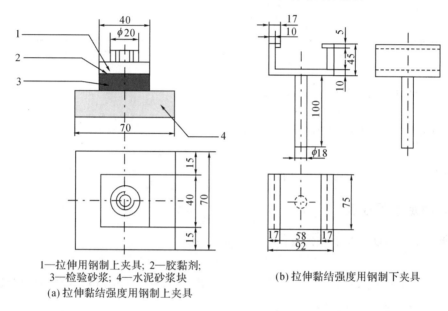

1—拉伸用钢制上夹具; 2—胶黏剂;
3—检验砂浆; 4—水泥砂浆块
(a)拉伸黏结强度用钢制上夹具

(b)拉伸黏结强度用钢制下夹具

图 5-4　试验拉伸黏结强度示意(单位:mm)

(三)导热系数

导热系数的测试方法有防护热箱法、热流计法、热线法等。导热系数的计算参见第一章。

第三节　砌筑砂浆的配合比设计

目前,常用的砌筑砂浆有水泥砂浆和水泥混合砂浆两大类。根据《砌筑砂浆配合比设计规程》(JGJ/T 98—2010),水泥砂浆配合比可根据表5-2选用,并通过试配确定。

强度等级	水泥	砂	用水量
M5	200~230		
M7.5	230~260		
M10	260~290		
M15	290~330	砂的堆积密度	270~330
M20	340~400		
M25	360~410		
M30	430~480		

表 5-2   水泥砂浆各材料用量   （单位：kg/m³）

注：① M15 及以下强度等级水泥砂浆，水泥强度等级为 32.5 级；M15 以上强度等级水泥砂浆，水泥强度等级为 42.5 级。

② 当采用细砂或粗砂时，用水量分别取上限或下限。

③ 稠度小于 70mm 时，用水量可小于下限。

④ 施工现场气候炎热或干燥时，可酌量增加用水量。

⑤ 试配强度应按式 5-1 进行计算。

水泥混合砂浆配合比设计步骤如下。

一、确定试配强度

砂浆的试配强度可按下式确定：

$$f_{m,0} = k f_2 \tag{5-1}$$

式中：$f_{m,0}$ 为砂浆的试配强度（MPa），精确至 0.1MPa；f_2 为砂浆抗压强度平均值（MPa），精确至 0.1MPa；k 为系数，按表 5-3 取值。

表 5-3   砂浆强度标准差 σ 及 k 值

施工水平	强度标准差 σ/MPa							k
	M5	M7.5	M10	M15	M20	M25	M30	
优良	1.00	1.15	2.00	3.00	4.00	5.00	6.00	1.15
一般	1.25	1.88	2.50	3.75	5.00	6.25	7.50	1.20
较差	1.50	2.25	3.00	4.50	6.00	7.50	9.00	1.25

砂浆强度标准差的确定应符合下列规定：

当有统计资料时，砂浆强度标准差应按下式计算：

$$\sigma = \sqrt{\frac{\sum_{i=1}^{n} f_{m,i}^2 - n\mu_{fm}^2}{n-1}} \tag{5-2}$$

式中：$f_{m,i}$ 为统计周期内同一品种砂浆第 i 组试件的强度（MPa）；μ_{fm} 为统计周期内同一品种砂浆 n 组试件强度的平均值（MPa）；n 为统计周期内同一品种砂浆试件的组数，$n \geq 25$。

当不具有近期统计资料时，砂浆现场强度标准差 σ 可按表 5-3 取用。

二、计算水泥用量

每立方米砂浆中的水泥用量,应按下式计算:

$$Q_c = \frac{1000(f_{m,0} - \beta)}{\alpha \cdot f_{ce}} \qquad (5\text{-}3)$$

式中:Q_c 为每立方米砂浆中的水泥用量(kg),应精确至 1kg;$f_{m,0}$ 为砂浆的试配强度(MPa),精确至 0.1MPa;f_{ce} 为水泥的实测强度(MPa),精确至 0.1MPa;α、β 为砂浆的特征系数,其中 $\alpha = 3.03$,$\beta = -15.09$。

注:各地区也可用本地区试验资料确定的 α、β 值,统计用的试验组数不得少于 30 组。

在无法取得水泥的实测强度 f_{ce} 时,可按下式计算:

$$f_{ce} = r_c \cdot f_{ce,k} \qquad (5\text{-}4)$$

式中:$f_{ce,k}$ 为水泥强度等级对应的强度值(MPa);r_c 为水泥强度等级值的富余系数,该值应按实际统计资料确定。无统计资料时,取 $r_c = 1.0$。

三、水泥混合砂浆的掺合料用量

水泥混合砂浆的掺合料应按下式计算:

$$Q_D = Q_A - Q_C \qquad (5\text{-}5)$$

式中:Q_D 为每立方米砂浆中掺合料的用量,精确至 1kg;石灰膏、黏土膏使用时的稠度为 (120 ± 5)mm;Q_C 为每立方米砂浆中水泥的用量,精确至 1kg;Q_A 为每立方米砂浆中水泥和掺合料的总量,精确至 1kg;可为 350kg/m³。

四、确定砂子用量

每立方米砂浆中砂子用量 Q_s(kg/m³),应按干燥状态(含水率小于 0.5%)的堆积密度作为计算值。

五、用水量

每立方米砂浆中用水量 Q_w(kg/m³),可根据砂浆稠度要求选用 210~310kg,并通过试验确定。

注:(1)混合砂浆的用水量,不包括石灰膏中的水。

(2)当采用细砂或粗砂时,用水量分别取上限或下限。

(3)稠度小于 70mm 时,用水量可小于下限。

(4)施工现场气候炎热或干燥时,可酌情增加用水量。

第四节　预拌砂浆

一、预拌砂浆的种类

预拌砂浆可分为干混砂浆和湿拌砂浆两种。

(一)干混砂浆

干混砂浆曾称为干粉料、干混料或干粉砂浆。它是由胶凝材料、细骨料、外加剂、聚合物干粉、掺合料等固体材料组成，经工厂准确配料和均匀混合而制成的砂浆半成品，不含拌合水。拌合水是使用前在施工现场搅拌时加入的。

干混砂浆按其用途的不同，可分为干混砂浆和特种干混砂浆。

普通干混砂浆有干混砌筑砂浆、干混抹灰砂浆、干混地面砂浆、干混普通防水砂浆，并采用表 5-4 的符号。

表 5-4　普通干混砂浆符号

品种	干混砌筑砂浆	干混抹灰砂浆	干混地面砂浆	干混普通防水砂浆
符号	DM	DP	DS	DW

特种干混砂浆有干混陶瓷砖黏结砂浆、干混耐磨地坪砂浆、干混界面处理砂浆、干混特种防水砂浆、干混自流平砂浆、干混灌浆砂浆、干混外保温黏结砂浆、干混外保温抹面砂浆、干混聚苯颗粒保温砂浆和干混无机集料保温砂浆，采用表 5-5 的符号。

表 5-5　特种干混砂浆符号

品种	干混陶瓷砖黏结砂浆	干混耐磨地坪砂浆	干混界面砂浆	干混特种防水砂浆	干混自流平砂浆
符号	DTA	DFH	DIT	DWS	DSL
品种	干混灌浆砂浆	干混外保温黏结砂浆	干混外保温抹面砂浆	干混聚苯颗粒保温砂浆	干混无机集料保温砂浆
符号	DRG	DEA	DBI	DPG	DTI

干混砂浆为采用新技术与新材料以及保证工程质量创造了有利条件，而且有利于文明施工和环境保护。随着研究开发和推广应用的深入，干混砂浆在品质、效率、经济和环保等方面的优势不断凸显。

(二)湿拌砂浆

湿拌砂浆与干混砂浆有相似之处，原材料基本相同，所不同的是，水是在工厂直接加入的，类似于预拌混凝土。但预拌混凝土到施工现场后的浇筑速度较快，对坍落度和初凝时间的控制主要是考虑运输和浇筑时间。而预拌砂浆到施工现场后用于砌筑或粉刷(地坪除外)，施工时间要长得多，因此对流动度损失和初凝时间的控制要求更高。

按用途分为湿拌砌筑砂浆、湿拌抹灰砂浆、湿拌地面砂浆和湿拌防水砂浆,并采用表 5-6 的符号。

表 5-6　湿拌砂浆符号

品种	湿拌砌筑砂浆	湿拌抹灰砂浆	湿拌地面砂浆	湿拌防水砂浆
符号	WM	WP	WS	WW

按强度等级和抗渗等级的分类应符合表 5-7 的规定。

表 5-7　湿拌砂浆分类

项目	湿拌砌筑砂浆	湿拌抹灰砂浆	湿拌地面砂浆	湿拌防水砂浆
强度等级	M5、M7.5、M10、M15、M20、M25、M30	M5、M7.5、M10、M15、M20	M15、M20、M25	M10、M15、M20
稠度/mm	50、70、90	70、90、110	50	50、70、90
凝结时间/h	8、12、24	8、12、24	4、8	8、12、24
抗渗等级	—	—	—	—

二、预拌砂浆的技术要求

为适应建筑市场的需要,《预拌砂浆》(GB/T 25181—2019)规定了干混砂浆和湿拌砂浆的强度等级及性能指标,分别见表 5-8 和表 5-9。

表 5-8　部分干混砂浆性能指标

项目	干混砌筑砂浆		干混抹灰砂浆			干混地面砂浆	干混普通防水砂浆
	普通砌筑砂浆(G)	薄层砌筑砂浆(T)	普通抹灰砂浆(G)	薄层抹灰砂浆(T)	机喷抹灰砂浆(S)		
强度等级	M5、M7.5、M10、M15、M20、M25、M30	M5、M10	M5、M7.5、M10、M15、M20	M5、M7.5、M10	M5、M7.5、M10、M15、M20	M15、M20、M25	M15、M20
抗渗等级	—	—	—	—	—	—	P6、P8、P10
保水率/%	≥88.0	≥99.0	≥88.0	≥99.0	≥92.0	≥88.0	≥88.0
凝结时间/h	3~12	—	3~12	—	—	3~9	3~12
2h稠度损失率/%	≤30	—	≤30	—	≤30	≤30	≤30
压力泌水率/%	—	—	—	—	<40	—	—

续表

项目	干混砌筑砂浆		干混抹灰砂浆			干混地面砂浆	干混普通防水砂浆
	普通砌筑砂浆（G）	薄层砌筑砂浆（T）	普通抹灰砂浆（G）	薄层抹灰砂浆（T）	机喷抹灰砂浆（S）		
14d 拉伸黏结强度/MPa	—	—	M5：≥0.15 ＞M5：≥0.20	≥0.30	≥0.20	—	≥0.20
28d 收缩率/%	—	—	≤0.20				≤0.15
抗冻性① 强度损失率/%	≤25						
抗冻性① 质量损失率/%	≤5						

注：① 有抗冻性要求时，应进行抗冻性试验。

表 5-9 部分湿拌砂浆性能指标

项目	湿拌砌筑砂浆	湿拌抹灰砂浆		湿拌地面砂浆	湿拌防水砂浆
		普通抹灰砂浆（G）	机喷抹灰砂浆（S）		
强度等级	M5、M7.5、M10、M15、M20、M25、M30	M5、M7.5、M10、M15、M20		M15、M20、M25	M15、M20
抗渗等级	—	—		—	P6、P8、P10
稠度①/mm	50、70、90	70、90、100	90、100	50	50、70、90
保塑时间/h	6、8、12、24	6、8、12、24		4、6、8	6、8、12、24
保水率/%	≥88.0	≥88.0	≥92.0	≥88.0	≥88.0
压力泌水率/%	—	—	＜40	—	—
14d 拉伸黏结强度/MPa		M5：≥0.15 ＞M5：≥0.20	≥0.20		≥0.20
抗冻性② 强度损失率/%	≤25				
抗冻性② 质量损失率/%	≤5				

注：① 可根据现场气候条件或施工要求确定。
　　② 有抗冻性要求时，应进行抗冻性试验。

三、预拌砂浆的配合比设计(供参考)

(一)配合比设计步骤

预拌砂浆的配合比设计步骤如下:

1. 计算砂浆试配强度 $f_{m,0}$

按式(5-7)计算 $f_{m,0}$。

2. 选取用水量 Q_w

根据砂浆设计稠度以及水泥、粉煤灰、外加剂和砂的品质,按表5-10选取 Q_w。

表 5-10　预拌砂浆用水量选用

砂浆种类	用水量/(kg/m³)	砂浆种类	用水量/(kg/m³)
砌筑砂浆 抹灰砂浆	260～320 270～320	地面砂浆	250～300

3. 选取保水增稠功能外加剂用量 Q_{cf}

保水增稠功能外加剂用量可选用各类砂浆稠化粉、再分散乳胶粉等材料,其用量宜为 $30～70kg/m^3$(若采用保水增稠剂,用量为胶凝材料的 $1\%～2\%$)。水泥用量少时,砂浆稠化粉用量取上限;水泥用量多时,砂浆稠化粉取下限。

4. 取粉煤灰掺量 β_f

粉煤灰掺量以粉煤灰占水泥和粉煤灰总量的百分数表示,其值不应大于 50%。

5. 计算水泥用量 Q_c 和粉煤灰用量 Q_f

由

$$f_{m,0} = A f_c \frac{Q_c + K Q_f}{Q_w} + B \tag{5-6}$$

$$\beta_f = \frac{Q_f}{Q_c + Q_f} \tag{5-7}$$

解得

$$Q_f = \frac{Q_w(f_{m,0} - B)}{A f_c (\frac{1}{\beta_f} - 1 + K)} \tag{5-8}$$

$$Q_c = (\frac{1}{\beta_f} - 1) Q_f \tag{5-9}$$

式中: β_f 为粉煤灰掺量($\%$); $f_{m,0}$ 为砂浆配置强度(MPa); f_c 为水泥实测 28d 抗压强度(MPa); Q_w 为用水量(kg/m³); Q_f 为粉煤灰用量(kg/m³); K、A、B 为回归系数, $K=0.516$, $A=0.487$, $B=-5.19$。

外墙抹灰砂浆水泥用量不宜少于 $250kg/m^3$,地面面层砂浆水泥用量不宜少于 $300kg/m^3$。

6. 计算砂用量 Q_s

由

$$\frac{Q_c}{\rho_c}+\frac{Q_f}{\rho_f}+\frac{Q_{cf}}{\rho_{cf}}+\frac{Q_s}{\rho_s}+\frac{Q_a}{\rho_a}+\frac{Q_w}{\rho_w}+0.01=1 \tag{5-10}$$

解得：

$$Q_s=\rho_s(1-\frac{Q_c}{\rho_c}-\frac{Q_f}{\rho_f}-\frac{Q_{cf}}{\rho_{cf}}-\frac{Q_a}{\rho_a}-\frac{Q_w}{\rho_w}-0.01) \tag{5-11}$$

式中：ρ 为材料的密度（kg/m³）；Q 为材料的用量（kg/m³）；下标 c、f、cf、a、w 分别指水泥、粉煤灰、稠化粉、砂、外加剂和水；0.01 是指不用引气剂时，砂浆的含气量（m³）。

7. 校核灰砂体积比

按下式计算灰砂体积比：

$$\text{灰砂体积比}=（水泥＋粉煤灰＋稠化粉）体积：砂体积 \tag{5-12}$$

如果计算得到的灰砂体积比不符合表 5-11 中的范围，则应对配合比作适当的调整。

表 5-11 灰砂体积比

砂浆种类	（水泥＋粉煤灰＋稠化粉）体积：砂体积
砌筑砂浆	(1：3.5)～(1：4.5)
抹灰砂浆	(1：2.5)～(1：4.0)
地面砂浆	(1：2.2)～(1：3.0)

8. 缓凝功能外加剂掺量

凝结时间应根据施工组织来确定。缓凝剂掺量根据其产品说明和砂浆凝结时间要求经试配确定。

（二）配合比的试配与校核

1. 和易性校核

采用工程中实际使用的材料，按计算配合比试拌砂浆，测定拌合物的稠度和分层度，当不能满足要求时，应调整材料用量，直到符合要求为止。调整拌合物性能后得到的配合比称为基准配合比。

2. 凝结时间校核

试配时，至少采用三个不用的配合比，其中一个为基准配合比，另外两个配合比的水泥用量或水泥与粉煤灰的总量按基准配合比分别增减 10％计。在保证稠度、分层度合格的条件下，适当调整掺合料、保水增稠材料和缓凝剂的用量。

按上述三个配合比配置砂浆，测定凝结时间；并制作立方体试件，养护至 28d 后测定其抗压强度，选取凝结时间和抗压强度符合要求且水泥用量最低的配合比作为砂浆的配合比。

（三）配合比设计实例

工程需要 RP15 预拌抹灰砂浆，稠度要求为 90mm，凝结时间要求为 24h。原材料主要参数：32.5 级普通硅酸盐水泥，实测强度为 36.5MPa，密度为 3100kg/m³；中砂，表观密度为 2650kg/m³；Ⅱ级低钙干排粉煤灰，密度为 2100kg/m³；砂浆稠化粉，密度为 2300kg/m³；某预拌砂浆专用液体缓凝功能外加剂，密度为 1100kg/m³。施工水平一般。

[解]

1. 计算砂浆试配强度

查表 5-3 得砂浆强度标准差值为 3.75MPa,则试配强度为:

$$f_{m,0}=f_2+0.645\sigma=15.0+0.645\times3.75=17.4(MPa)$$

2. 选取用水量

按表 5-10,初步取 $Q_w=300kg/m^3$;该值还需通过试拌,按砂浆稠度要求进行调整。选取粉煤灰掺量,取 $\beta_f=30\%$。

3. 计算粉煤灰用量

$$Q_f=\frac{Q_w(f_{m,0}-B)}{Af_c(\frac{1}{\beta_f}-1+K)}=\frac{300\times(17.4+5.19)}{0.487\times36.5\times(0.3^{-1}-1+0.516)}=134(kg/m^3)$$

4. 计算水泥用量

$$Q_c=(\frac{1}{\beta_f}-1)Q_f=(0.3^{-1}-1)\times134=313(kg/m^3)$$

5. 选取砂浆稠化粉用量

根据水泥用量,取 $Q_{cf}=50kg/m^3$。

6. 计算缓凝功能外加剂用量

根据砂浆的凝结时间要求为 24h 和其产品说明,取缓凝功能外加剂掺量为粉煤灰总质量为 1.3%,则缓凝剂的用量为:

$$Q_a=\beta_a(Q_c+Q_f+Q_{cf})=1.3\%\times(313+134+50)=6.5(kg/m^3)$$

7. 计算砂用量

$$Q_s=\rho_s(1-\frac{Q_c}{\rho_c}-\frac{Q_f}{\rho_f}-\frac{Q_{cf}}{\rho_{cf}}-\frac{Q_a}{\rho_a}-\frac{Q_w}{\rho_w}-0.01)$$

$$=2650\times(1-\frac{313}{3100}-\frac{134}{2100}-\frac{50}{2300}-\frac{6.5}{1100}-\frac{300}{1000}-0.01)$$

$$=1319(kg/m^3)$$

8. 校核灰砂比

$$灰砂比=(水泥+粉煤灰+稠化粉)体积:砂体积$$

$$=(313/3100+134/2100+50/2300):(1319/2650)$$

$$=1:2.7$$

该灰砂比在表 5-11 的范围内。

9. 砂浆中各组成材料的用量

水泥用量 $Q_c=313kg/m^3$;粉煤灰用量 $Q_f=134kg/m^3$;稠化粉用量 $Q_{cf}=50kg/m^3$;缓凝剂用量 $Q_a=6.5kg/m^3$;砂用量 $Q_s=1319kg/m^3$;用水量 $Q_w=300kg/m^3$。

10. 砂浆中各组成材料的比例

水泥:粉煤灰:稠化粉:缓凝剂:砂:水 = 1:0.43:0.16:0.02:4.2:0.96

第五节　其他砂浆

一、普通抹面砂浆

凡涂抹在基底材料的表面,兼有保护基层和增加美观作用的砂浆,可统称为抹面砂浆。抹面砂浆根据其功能的不同,可分为普通抹面砂浆、防水砂浆、装饰砂浆和特种砂浆(如绝热、吸声、耐酸、防射线砂浆)等。抹面砂浆一般不承受荷载,与基层要有足够大的黏结强度,面层要求平整、光洁、细致、美观。为了防止砂浆层收缩开裂,可加入纤维材料、聚合物或掺合料。抹面砂浆的主要技术指标是和易性以及黏结强度。

常用的普通抹面砂浆有水泥砂石渣浆、石灰砂浆、水泥石灰混合砂浆、麻刀石灰砂浆(简称麻刀灰)、纸筋石灰砂浆(简称纸筋灰)以及通过掺入各种微沫剂配制的水泥砂浆或混合砂浆等。

水泥砂浆主要用于潮湿或强度要求较高的部位;混合砂浆多用于室内抹灰或要求不高的外墙;石灰砂浆、麻刀灰、纸筋灰多用于室内抹灰。

二、装饰砂浆

装饰砂浆是指涂抹在建筑物内外墙表面,具有美观装饰效果的抹面砂浆。装饰砂浆的底层和中层抹灰与普通抹面砂浆基本相同,但是其面层要选用具有一定颜色的胶凝材料和骨料或者经各种加工处理,使得建筑物表面呈现各种不同的色彩、线条和花纹等装饰效果。

装饰砂浆一般采用水泥胶结料,灰浆类饰面砂浆多采用白色水泥或彩色水泥。所用集料除普通天然砂外,石渣类饰面常使用石英砂、彩釉砂、着色砂、彩色石渣等。颜料应采用耐碱性和耐候性优良的矿物颜料。

常用的装饰砂浆饰面方式有灰浆类饰面和石渣类饰面两大类。灰浆类饰面主要通过水泥砂浆的着色或对水泥砂浆表面进行艺术加工,从而获得具有特殊色彩、线条、纹理等质感的饰面。其主要优点是:材料来源广,施工操作简便,造价较低廉,而且通过不同的工艺加工,可以创造出不同的装饰效果。常用的灰浆类饰面有拉毛灰、甩毛灰、仿面砖、拉条、喷涂、和弹涂等。

石渣类饰面采用天然大理石、花岗石以及其他天然或人工石材经破碎成 $4 \sim 8$ mm 的石渣粒料,再用水泥(普通水泥、白水泥或彩色水泥)作胶结料,采用不同的加工方法除去表面水泥浆皮,使石渣呈现不同的外露形式以及水泥浆与石渣的色泽对比,构成不同的装饰效果。石渣类饰面比灰浆类饰面色泽明亮,质感相对丰富,不易褪色,耐光性和耐污染性也较好。常用的石渣类饰面有水刷石、斩假石和水磨石等。

三、防水砂浆

防水砂浆的配制方法和防水混凝土类似,主要通过掺入少量能改善抗渗性的有机物或无机物类外加剂,从而达到防水的目的。它主要有引气剂防水砂浆、减水剂防水砂浆、三乙醇胺防水砂浆、氯化铁防水砂浆和膨胀防水砂浆的应用技术。

（一）引气剂防水砂浆

引气剂防水砂浆是国内应用较普遍的一种外加剂防水砂浆，是在砂浆拌合物中掺入微量引气剂配制而成的。它具有良好的和易性、抗渗性、抗冻性和耐久性，且经济效益显著。最常使用的是松香酸钠引气剂。

（二）减水剂防水砂浆

通过掺入各种减水剂配制的防水砂浆，统称为减水剂防水砂浆。减水剂在防水砂浆中常用作掺量，与配制减水剂砂浆相当。砂浆中掺入减水剂后，由于减水剂分子对水泥颗粒的吸附—分散、润滑和湿润作用，减少拌合用水量，从而提高新拌砂浆的保水性和抗离析性。保持相同的和易性情况下，掺入减水剂能减少砂浆拌合用水量，使得砂浆中超过水泥水化所需的水量减少，这部分自由水蒸发后留下的毛细孔体积也相应减小，从而提高了砂浆的密实性。

使用引气型减水剂，可以在砂浆中引入一定量独立、分散的小气泡，由于这种气泡的阻隔作用，因此改变了毛细管的数量和特征。

（三）三乙醇胺防水砂浆

三乙醇胺一般用作早强剂，亦可用来配制防水砂浆。用微量（占水泥质量的 0.05%）三乙醇胺配制的防水砂浆称为三乙醇胺防水砂浆。

三乙醇胺防水砂浆不仅具有良好的抗渗性，还具有早强和增强作用，适用于需要早强的防水工程在砂浆中掺入微量三乙醇胺能提高抗渗性的基本原理为：三乙醇胺能加速水泥的水化作用，促使水泥水化早期就生成较多的含水结晶产物，相应地减少了游离水，也就相应地减少了由于游离水蒸发而遗留下来的毛细孔，从而提高了砂浆的抗渗性。

（四）氯化铁防水砂浆

氯化铁防水砂浆是在砂浆拌合物中加入少量氯化铁防水剂配制成具有高抗渗性、高密实度的砂浆。

氯化铁防水剂的主要成分为氯化铁、氯化亚铁、硫酸铝等，它们能与水泥中的 C_3S、C_2S 水化释放出的 $Ca(OH)_2$ 发生反应，生成氢氧化铁、氢氧化亚铁和氢氧化铝等不溶于水的胶体，这些胶体可以填充砂浆内的空隙，堵塞毛细管渗水通道，增加砂浆的密实性。氯化铁与 $Ca(OH)_2$ 作用生成氯化钙，不但能起填充作用，而且这种新生态的氯化钙能激化水泥熟料矿物，加速其水化速度，并与硅酸二钙、铝酸三钙和水反应生成氯硅酸钙和氯铝酸钙晶体，提高了砂浆的密实性，因而抗渗性得以提高。

（五）膨胀防水砂浆

膨胀防水砂浆就是利用膨胀水泥或掺入膨胀剂配制的，在凝结硬化过程中产生一定的体积膨胀，补偿干燥失水和温度变化造成的收缩。

膨胀剂种类繁多，膨胀源各异，如 Aft、$Ca(OH)_2$、$Mg(OH)_2$、$Fe(OH)_3$ 等。由于膨胀源不同，在水化过程中发生的物理化学变化也不同，因此，补偿收缩的效果也不同。

四、保温和吸声砂浆

(一)膨胀聚苯颗粒保温砂浆

它是以聚苯乙烯颗粒作为主要轻骨料,水泥为胶结料,再配以合成纤维、高分子聚合物黏结剂、辅助性骨料等配置的保温砂浆。目前广泛应用于各种外墙外保温或内保温体系,其导热率小,保温性能优良,同时因合成纤维和聚合物黏结剂的有效应用,具有良好的抗裂、抗渗性,性价比较好,是目前市场上主流产品之一。

(二)无机轻集料保温砂浆

采用水泥等胶凝材料和膨胀珍珠岩、膨胀蛭石、陶粒砂等无机轻质多孔骨料,按照一定比例配制的砂浆。其具有质量轻、保温隔热性能好[导热系数为 $0.07\sim0.10(\text{W/m}\cdot\text{K})$]等特点,主要用于屋面、墙体保温和热水、空调管道的保温层。

(三)相变保温砂浆

将已经过处理的相变材料掺入抹面砂浆中即制成相变保温砂浆。相变材料可以用很小的体积储存很多的热能而且在吸热的过程中保持温度基本不变。当环境升高到相变温度以上时,砂浆内的相变材料会由固相向液相转变,吸收热量;把多余的能量储存起来,使室温上升缓慢;当环境温度降低,降低到相变温度以下,砂浆内的相变材料会由液相向固相转变,释放出热量,保持室内温度适宜。因此,可用作室内的冬季保温和夏季制冷材料,令室内保持良好的热舒适度,通过这种方法可以降低建筑能耗,从而实现建筑节能。变相砂浆的保温隔热原理是使墙体对温度产生热惰性,长时间维持在一定的温度范围内,不因环境温度的改变而改变。相变保温砂浆由于其蓄热能力较强,制备工艺简单,愈来愈受到人们的关注。

(四)吸声砂浆

吸声砂浆与保温砂浆类似,也是采用水泥等胶凝材料和聚苯颗粒、膨胀珍珠岩、膨胀蛭石、陶粒砂等轻质骨料,按照一定比例配制的砂浆。由于其骨料内部孔隙率大,因此,吸声性能十分优良。吸声砂浆还可以在砂浆中掺入锯末、玻璃纤维、矿物棉等材料拌制而成。主要用于室内吸声墙面和顶面。

五、其他特种砂浆

(一)自流平地坪砂浆

其是在水泥基材料中加入聚合物及各种外加剂,完工后表面光滑平整,且具有高抗压强度。自流平地坪砂浆适合用于仓库、停车场、工业厂房、学校、医院、展览厅等的施工,也可作为环氧地坪、聚氨酯地坪、饰面砖、木质砖、地毯等面材的高平整基层。

(二)耐酸砂浆

一般采用水玻璃作为胶凝材料,再配以耐酸骨料拌制而成,并掺入氟硅酸钠作为固化剂。耐酸砂浆主要作为衬砌材料、耐酸地面或内壁防护层等。

水玻璃类材料是由水玻璃(钠水玻璃或钾水玻璃)和硬化剂为主要材料组成的耐酸材料。水玻璃类材料是无机质的化学反应型胶凝材料。钠水玻璃与氟硅酸钠的反应产物是硅酸凝胶,因凝胶中不断脱水,缩合形成稳定的—Si—O—Si—结构。该结构对大多数无机酸而言是稳定的,因此水玻璃类材料具有优良的耐酸性、耐热性和较高的力学性能。除热磷酸、氢氟酸、高级脂肪酸外,水玻璃类材料还对大多数无机酸、有机酸酸性气体均有优良的耐腐蚀稳定性,尤其是对强氧化性酸、高浓度硫酸、硝酸、铬酸有足够的耐蚀能力。

密实型水玻璃砂浆由于密实度高,不仅保留了水玻璃类材料原有的化学稳定性,还具有抑制酸液的渗透能力,使酸液的渗透深度保持在 $2\sim5mm$,因此提高了其抵抗结晶盐破坏的能力。

（三）防辐射砂浆

防辐射砂浆要求:密度大,含结合水多;砂浆的导热率高(使局部的温度升高最小),热膨胀系数低(使温度的应变最小)和低的干燥收缩(使湿差应变最小);砂浆具有良好的均质性,不允许存在空洞、裂纹等缺陷。此外,砂浆还应具有一定的结构强度和耐火性。一般采用重水泥(钡水泥、锶水泥)或重质骨料(黄铁矿、重晶石、硼砂等)拌制而成,可防止各类辐射,主要用于射线防护工程。

本章知识点及复习思考题

知识点　　　　复习思考题

第六章　建筑钢材

建筑钢材是指用于土木工程中的各种型钢、钢板、普通钢筋、预应力筋等。

建筑钢材是在严格的质量控制条件下生产的,与非金属材料相比,它具有品质均匀致密、强度和硬度高、塑性和韧性好、抗冲击和振动荷载能力强等优点;钢材还具有优良的加工性能,可以锻压、焊接、铆接和切割,便于装配。

采用各种型钢和钢板制作的钢结构,具有强度高、自重轻等特点,适用于大跨度结构、多层及高层结构、受动力荷载结构和重型工业厂房结构等。

第一节　钢的冶炼和分类

一、钢的冶炼

钢和铁的主要化学成分都是铁和碳,主要区别是含碳量。钢是含碳量小于 2% 的铁碳合金,而生铁(又称铸铁)的含碳量大于 2%。

生铁的冶炼是将铁矿石、石灰石(溶剂)、焦炭(燃料)和少量锰矿石按照一定比例投入高炉,在高温条件下经还原反应和其他的化学反应,将铁矿石中的氧化铁还原成金属铁,再吸收碳而形成生铁,原料中的杂质则和石灰石等化合成高炉矿渣。

钢由生铁冶炼而成。钢的冶炼是将熔融的生铁中的杂质进行氧化,使其中的碳含量降低到预定的范围,同时磷、硫等杂质含量也降低到允许范围之内。

主要的炼钢方法有以下四种。

(1)转炉法:用高压纯氧(99.5%)吹入熔融的铁水中,使多余的碳和杂质(磷、硫等)迅速氧化除去,氧气顶吹转炉炼钢法发展迅速,是目前最主要的一种炼钢方法。

(2)电炉法:主要用废钢返回熔炼获得各种特殊钢。

(3)平炉法:以煤气或重油为燃料,原料为铁液、废钢铁和适量铁矿石,利用空气或者氧气,使杂质氧化而被除去。因为生产效率较低,目前这种方法基本已被淘汰。

(4)特种炼钢法:以钢水为原料,主要用于制作特殊性能钢和合金钢。

二、钢的分类

钢的分类方法很多,通常有以下几种分类方法。

(一)按冶炼时脱氧程度分类

(1)沸腾钢:炼钢时仅加入锰铁进行脱氧,脱氧不完全。这种钢液铸锭时,有大量的一氧化碳气体逸出,钢液呈沸腾状,故称为沸腾钢,代号F。沸腾钢组织不够致密,成分不太均匀,硫、磷等杂质偏析较严重,故质量较差。但是因其成本低、产量高,故被广泛用于一般工程。

(2)镇静钢:炼钢时采用锰铁、硅铁和铝锭等作为脱氧剂,脱氧完全。这种钢液铸锭时基本没有气体逸出,能平静地充满锭模并冷却,故称为镇静钢,代号Z。镇静钢虽然成本较高,但是其组织致密,成分均匀,含硫量较少,性能稳定,故质量好。它适用于预应力混凝土结构等重要结构工程。

(3)半镇静钢:脱氧程度介于沸腾钢和镇静钢之间,故称为半镇静钢,代号b。半镇静钢的质量介于沸腾钢和镇静钢之间。

(4)特殊镇静钢:比镇静钢脱氧程度更充分的钢,故称为特殊镇静钢,代号为TZ。特殊镇静钢的质量最好,它适用于特别重要的结构工程。

与机械制造、国防工业及工具等用钢相比,建筑用钢材对其质量和性能要求相对较低,用量较大,所以,建筑钢材中多采用镇静钢或半镇静钢。

(二)按化学成分分类

1. 碳素钢

化学成分主要是铁,其次是碳,故也称碳钢或铁碳合金钢,其含碳量为0.02%~2.06%。碳素钢除了铁、碳外,还含有极少量的硅、锰和微量的硫、磷等元素。碳素钢按含碳量的多少又可分为以下几种。

(1)低碳钢:含碳量小于0.25%。

(2)中碳钢:含碳量为0.25%~0.60%。

(3)高碳钢:含碳量大于0.60%。

低碳钢在土木工程中应用最广泛。

2. 合金钢

合金钢是在炼钢过程中,为改善钢材的性能,特意加入某些合金元素而制得的一种钢。常用合金元素有硅、锰、钛、钒、铌、铬等。按合金元素总含量多少,合金钢又分为:

(1)低合金钢:合金元素总含量小于5%。

(2)中合金钢:合金元素总含量为5%~10%。

(3)高合金钢:合金元素总含量大于10%。

低合金钢为土木工程中常用的钢种。

(三)按有害杂质含量分类

根据钢中有害杂质磷(P)和硫(S)含量的多少,钢材可分为以下四类。

(1)普通钢:磷含量不大于0.045%,硫含量不大于0.050%。

(2)优质钢:磷含量不大于0.035%,硫含量不大于0.035%。

(3)高级优质钢:磷含量不大于0.025%,硫含量不大于0.025%。

(4)特级优质钢:磷含量不大于0.025%,硫含量不大于0.015%。

(四)按用途分类

(1)结构钢:主要用于建筑结构,如钢结构用钢、钢筋混凝土结构用钢等。一般为低碳钢、中碳钢、低合金钢。

（2）工具钢：主要用于各种刀具、量具及模具的钢，一般为高碳钢。

（3）特殊钢：具有特殊的物理、化学及机械性能的钢，如不锈钢、耐热钢、耐酸钢、耐磨钢、磁性钢等，一般为合金钢。

（4）专用钢：具有专门用途的钢，如铁道用钢、压力容器用钢、船舶用钢、桥梁用钢、建筑装饰用钢等。

钢材产品一般分为型材、板材、线材和管材等。型材包括钢结构用的角钢、工字钢、槽钢、方钢、吊车轨、钢板桩等。板材包括用于建造房屋、桥梁及建筑机械的中、厚钢板，用于屋面、墙面、楼板等的薄钢板。线材包括钢筋混凝土用钢筋和预应力混凝土用钢丝、钢绞线等。管材包括钢桁架和供水、供气（汽）管线等。

第二节　钢材的技术性质

钢材的技术性质主要包括力学性能和工艺性能两个方面。

一、抗拉性能

抗拉性能是钢材最重要的技术性质之一。根据低碳钢受拉时的应力-应变曲线（见图 6-1），可以了解抗拉性能的下列特征指标。

（1）弹性阶段：OA 段，如卸去荷载，试件将恢复原状，表现为弹性变形，与 A 点相对应的应力为弹性极限，用 σ_p 表示。此阶段应力 σ 与应变 ε 成正比，其比值为常数，即弹性模量，用 E 表示。弹性模量反映钢材抵抗变形的能力，它是钢材在受力条件下计算结构变形的重要指标。土木工程中常用的低碳钢的弹性模量 E 为 $2.0 \times 10^5 \sim 2.1 \times 10^5 \mathrm{MPa}$，$\sigma_p$ 为 $180 \sim 200 \mathrm{MPa}$。

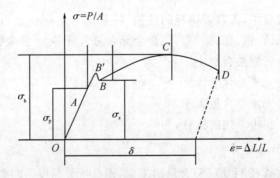

图 6-1　低碳钢受拉时应力-应变曲线

（2）屈服阶段：AB 段，当荷载增大，试件应力超过 σ_p 时，应变增加很快，而应力基本不变，这种现象称为屈服，此时，应力与应变不再成比例，开始产生塑性变形。图中 B' 点所对应的应力为屈服上限，最低点 B 所对应的应力为屈服下限。屈服上限与试验过程中的许多因素有关。屈服下限比较稳定，容易测试，所以规范规定以屈服下限的应力值作为钢材的屈服强度，用 $R_{eL}(\sigma_s)$ 表示。屈服强度是钢材开始丧失对变形的抵抗能力，并开始产生大量塑性变形时所对应的应力。

中碳钢和高碳钢没有明显的屈服现象,规范规定以 0.2% 残余变形所对应的应力值作为名义屈服强度,用 $\sigma_{0.2}$ 表示。

屈服强度对钢材的使用意义重大。一方面,当钢材的实际应力超过屈服强度时,变形即迅速发展,将产生不可恢复的永久变形,尽管尚未破坏但是已不能满足使用要求;另一方面,当应力超过屈服强度时,因为变形不协调,受力较大部位的应力不再提高,而自动将荷载重新分配给某些应力较小的部位。因此,屈服强度是结构设计中确定钢材的容许应力及强度取值的主要依据。

(3)强化阶段:BC 段,当荷载超过屈服点时,由于试件(钢材)内部在高应力状态下晶格组织结构进行调整和发生变化,其抵抗变形能力又重新提高,故称为强化阶段。对应于最高点 C 点的应力称为强度极限或抗拉强度,用 $R_m(\sigma_b)$ 表示。抗拉强度是钢材所能承受的最大拉应力,即当拉应力达到强度极限时,钢材完全丧失对变形的抵抗能力而断裂。

通常,钢材是在弹性范围内使用,但是在应力集中点,其应力可能超过屈服强度,此时由于产生一定的塑性变形,可以产生应力重分布,从而使结构免遭破坏。

抗拉强度虽不能直接作为计算依据,但屈服强度与抗拉强度的比值,即屈强比(σ_s/σ_b)对工程应用有重大意义。屈强比愈小,说明屈服强度与抗拉强度相差愈大,钢材在应力超过屈服强度工作时的可靠性愈大,即延缓结构破坏过程的潜力愈大,因而结构的安全储备愈大,结构愈安全;屈强比过小,钢材强度的有效利用率过低,因而造成浪费。屈强比愈大,则相反。工程所用的钢材不仅具有较高的屈服强度,还具有一定的屈强比,满足工程结构的安全可靠性和经济合理性,即应具有较高的性价比,钢材的屈强比一般不应大于 0.85。常用碳素钢的屈强比为 0.58~0.63,合金钢的屈强比为 0.65~0.75。

(4)颈缩阶段:CD 段,当应力达到最高点之后,试件薄弱处的横截面显著缩小,产生"颈缩现象",由于试件断口区域局部横截面急剧缩小,所以此部位塑性变形迅速增加,拉力也随之下降,最后试件拉断。试件拉断后的标距增量与原始标距之比的百分率为伸长率 $A(\delta_n)$(断后伸长率),可按下式计算:

$$\delta_n = \frac{L_1 - L_0}{L_0} \times 100\% \tag{6-1}$$

式中:δ_n 为伸长率(%);L_1 为试件拉断后的标距(mm);L_0 为试件试验前的原始标距(mm);n 为长或短试件的标志,长标距试件 $n=10$,短标距试件 $n=5$。

伸长率反映钢材拉伸断裂时所能承受的塑性变形能力,是衡量钢材塑性的重要技术指标。钢材拉伸时塑性变形在试件标距范围内分布是不均匀的,颈缩处伸长较大,故试件原始标距(L_0)与直径(d_0)之比愈大,颈缩处的伸长值占总伸长值的比例愈小,计算所得伸长率也愈小。通常钢材拉伸试件的原始标距取 $L_0 = 5d$(短试件)或 $L_0 = 10d$(长试件),其伸长率分别以 δ_5 和 δ_{10} 表示。对于同一钢材,δ_5 大于 δ_{10}。

传统的伸长率 A(断后伸长率)只反映颈缩断口区域的残余变形,不能反映颈缩出现之前整体的平均变形,也不能反映弹性变形,这与钢材拉断时刻应变状态下的变形相差较大。而且,各类钢材的颈缩特征也有差异,加上断口拼接误差,较难真实反映钢材的拉伸变形特性。为此,以钢材在最大力时的总伸长率为钢材的拉伸性能指标更为合理。

最大力总伸长率测定:选择 Y 和 V 两个标记,这两个标记之间的距离在拉伸试验之前至少应为 100mm。两个标记应位于夹具离断裂点最远的一侧。两个标记离开夹具的距离应不小于 20mm 或钢筋公称直径 d（取两者之较大者）；两个标记与断裂点之间的距离应不小于 50mm 或 $2d$（取两者之较大者），见图 6-2。

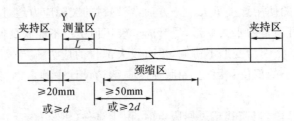

图 6-2　最大力总伸长率测试

最大力总伸长率，可按下式计算：

$$\delta_{gt} = (\frac{L-L_0}{L_0} + \frac{\sigma_b}{E}) \times 100\% \tag{6-2}$$

式中：δ_{gt} 为最大力总伸长率（%）；L 为图 6-2 所示断裂后的距离（mm）；L_0 为测试前 YV 之间的距离（mm）；σ_b 为抗拉强度实测值（MPa）；E 为钢筋的弹性模量，其值可取为 2.0×10^5 MPa。

二、冷弯性能

冷弯性能是钢材在常温条件下，承受弯曲变形的能力，是反映钢材缺陷的一种重要工艺性能。钢材的冷弯性能以弯曲试验时的弯曲角度和弯心直径为指标来表示。钢材弯曲试验时弯曲角度愈大，弯心直径愈小，则表示对冷弯性能的要求愈高。试件弯曲处若无裂纹、起层及断裂等现象，则认为其冷弯性能合格。

钢材的冷弯性能与伸长率一样，也是反映钢材在静荷载作用下的塑性，而且冷弯是在更苛刻的条件下对钢材塑性的严格检验，它能反映钢材内部组织是否均匀、是否存在内应力及夹杂物等缺陷。在工程中，弯曲试验还被用作严格检验钢材焊接质量的一种手段。

三、冲击韧性

冲击韧性是钢材抵抗冲击荷载的能力。钢材因冲击韧性是以试件冲断时单位面积所吸收的能量来表示。冲击韧性可按下式计算：

$$a_k = \frac{W}{A} \tag{6-3}$$

式中：a_k 为冲击韧性（J/cm²）；W 为试件冲断时所吸收的冲击能（J）；A 为试件槽口处最小横截面积（cm²）。

影响冲击韧性的主要因素有化学成分、冶炼质量、冷作硬化及时效、环境温度等。

钢材的冲击韧性随温度降低而下降，其规律是：冲击韧性一开始随温度降低而缓慢下降，但是当温度降至一定范围（狭窄的温度区间）时，钢材因冲击韧性骤然下降而呈脆性，即冷脆性，此时的温度称为脆性转变温度，见图 6-3。脆性转变温度越低，表明钢材的低温冲击韧性越好。为此，在低温条件下使用的结构，设计时必须考虑钢材的冷脆性，应选用脆性转变温度低于最低使用温度的钢材，并满足规范规定的 −20℃ 或 −40℃ 条件下冲击韧性指标要求。

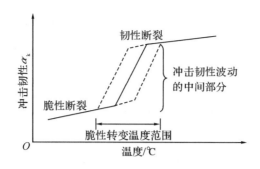

图 6-3　钢的脆性转变温度

四、硬度

硬度是指钢材抵抗硬物压入表面的能力。硬度值与钢材的力学性能之间有一定的相关性。根据我国现行标准,测定钢材硬度的方法有布氏硬度法、洛氏硬度法和维氏硬度法三种。常用的硬度指标为布氏硬度和洛氏硬度。

（一）布氏硬度

布氏硬度试验是按规定选择一个直径为 D（mm)的淬硬钢球或硬质合金球,以一定荷载 P(N)将其压入试件表面,持续至规定时间后卸去荷载,测定试件表面的压痕直径 d(mm),根据计算或查表确定单位面积所承受的平均应力值,其值作为硬度指标(无量纲),称为布氏硬度,代号 HB。

布氏硬度法比较准确,但是压痕较大,不宜用于成品检验。

（二）洛氏硬度

洛氏硬度试验是将金刚石圆锥体或钢球等压头,按一定荷载压入试件表面,以压头压入试件的深度来表示硬度值(无量纲),称为洛氏硬度,代号 HR。

洛氏硬度法的压痕小,所以常用于判断钢材的热处理效果。

五、耐疲劳性能（交变荷载下的疲劳极限、疲劳曲线）

钢材在交变荷载的反复作用下,可在远小于抗拉强度的情况下发生脆性断裂而破坏,这种现象称为疲劳破坏。疲劳破坏会在低应力状态下突然发生,危害极大,往往会造成灾难性的工程事故。

钢材的疲劳破坏指标为疲劳强度(或称疲劳极限)。它是指钢材在交变荷载作用下,在规定的周期基数内不发生断裂所能承受的最大应力。疲劳强度是衡量钢材耐疲劳性的指标。

钢材的疲劳破坏是在长期交变应力作用下,在应力较高或者有缺陷的点或局部逐渐形成细微裂纹,裂纹尖端处产生应力集中而使裂纹逐渐扩大直至钢材发生断裂。断口处可明显分辨出疲劳裂纹扩展区和残留部分的瞬时断裂区。

钢材的耐疲劳强度大小与内部组织、成分偏析、最大应力处的表面光洁程度、加工损伤等缺陷有关,同时钢材表面质量、截面变化和受腐蚀程度等都影响其耐疲劳性能。一般来说,钢材的抗拉强度高,其疲劳极限也高。

第三节　钢材的化学成分及其对钢材性能的影响

钢材中除了主要化学成分铁(Fe)以外,还含有少量的碳(C)、硅(Si)、锰(Mn)、磷(P)、硫(S)、氧(O)、氮(N)、钛(Ti)、钒(V)等元素,这些元素虽然含量少,但是对钢材性能有很大影响。

(1)碳。碳是决定钢材性能的重要元素。碳对钢材性能的影响如图 6-4 所示。钢材中含碳量小于 0.8％时,随着含碳量的增加,钢材的强度和硬度提高、塑性和韧性降低;含碳量在 0.8％~1.0％时,随着含碳量的增加,钢材的强度和硬度提高、塑性降低,呈现脆性,含碳量在 1.0％左右时,钢材的强度可达到最高;含碳量大于 1.0％时,随着含碳量的增加,钢材的硬度提高、脆性增大、强度和塑性降低。含碳量大于 0.3％时,随着含碳量的增加,钢材的可焊性显著降低、焊接性能变差、冷脆性和时效敏感性增大、耐大气腐蚀性降低。

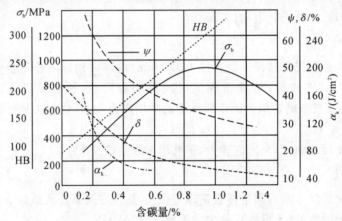

σ_b—抗拉强度;　δ—伸长率;　α_k—冲击韧性;　ψ—断面收缩;　HB—硬度

图 6-4　含碳量对碳素钢性能的影响

一般土木工程中,所用的碳素钢为低碳钢,其含碳量小于 0.25％;所用的低合金钢,其含碳量小于 0.52％。

(2)硅。硅是作为脱氧剂而存在于钢中,是钢材中有益的主要合金元素。硅含量较低(小于 1.0％)时,随着硅含量的增加,提高钢材的强度、抗疲劳性、耐腐蚀性及抗氧化性,而对塑性和韧性无明显影响,但是对钢材的可焊性和冷加工性能有所影响。通常,碳素钢的硅含量小于 0.3％,低合金钢的硅含量小于 1.8％。

(3)锰。锰是炼钢时用来脱氧去硫而存在于钢中,是钢材中有益的主要合金元素。锰具有很强的脱氧去硫能力,能消除或减轻氧、硫所引起的热脆性。随着锰含量的增加,能显著改善钢材的热加工性能,提高钢材的强度、硬度及耐磨性。锰含量小于 1.0％时,对钢材的塑性和韧性无明显影响。一般低合金钢的锰含量为 1.0％~2.0％。

(4)磷。磷是钢材中的有害元素。随着磷含量的增加,钢材的强度、屈强比、硬度、耐磨性和耐蚀性提高,塑性、韧性、可焊性显著降低。特别是温度愈低,对钢材的塑性和韧性的影响愈大,钢材的冷脆性增大。故磷在低合金钢中可配合其他元素作为合金元素使用。通常,磷含量要小于 0.045%。

(5)硫。硫是钢材中的有害元素。随着硫含量的增加,钢材的热脆性增大,可焊性、冲击韧性、耐疲劳性和抗腐蚀性降低,各种机械性能也降低。通常,硫含量要小于 0.045%。

(6)氧。氧是钢材中的有害元素。随着氧含量的增加,钢材的强度有所降低,塑性特别是韧性显著降低,可焊性变差。氧的存在会造成钢材的热脆性。通常,氧含量要小于 0.03%。

(7)氮。氮对钢材性能的影响与碳、磷相似。随着氮含量的增加,钢材的强度提高,但会塑性特别是韧性显著降低,可焊性变差,冷脆性加剧。氮在铝、铌、钒等元素的配合下,可以减少其不利影响,改善钢材性能,可作为低合金钢的合金元素使用。通常,氮含量要小于 0.008%。

(8)钛。钛是强脱氧剂。随着钛含量的增加,能显著提高钢材的强度,改善韧性、可焊性,但会略降低塑性。钛是常用的微量合金元素。

(9)钒。钒是弱脱氧剂。钒加入钢中可减弱碳和氮的不利影响。随着钒含量的增加,能有效提高钢材的强度,但有时也会增加焊接淬硬倾向。钒是常用的微量合金元素。

第四节　钢材的冷加工与热处理

一、钢材的冷加工

将钢材于常温下进行冷拉、冷拔、冷轧、冷扭等,使之产生一定的塑性变形,强度和硬度明显提高,塑性和韧性有所降低,这个过程称为钢材的冷加工(或冷加工强化、冷作强化)。

土木工程中对大量使用的钢筋,往往同时进行冷加工和时效处理,常用的冷加工方法是冷拉和冷拔。

(一)冷拉

将热轧钢筋用拉伸设备在常温下拉长,使之产生一定的塑性变形称为冷拉。冷拉后的钢筋屈服强度提高 20%~30%,钢筋长度也增加 4%~10%。

钢材经冷拉后屈服阶段缩短,伸长率减小,材质变硬。

实际冷拉时,应通过试验确定冷拉控制参数。冷拉参数的控制,直接关系到冷拉效果和钢材质量。

钢筋的冷拉可采用控制应力或控制冷拉率的方法。当采用控制应力方法时,在控制应力下的最大冷拉率应满足规定要求,当最大冷拉率超过规定要求时,应进行力学性能检验。当采用控制冷拉率方法时,冷拉率须由试验确定,测定冷拉率时钢筋的冷拉应力应满足规定要求。对不能分清炉罐号的热轧钢筋,不应采取控制冷拉率的方法。

(二)冷拔

将光圆钢筋通过硬质合金拔丝模孔强行拉拔。钢筋在冷拔过程中,不仅受拉,同时还受到挤压作用。经过一次或多次冷拔后,钢筋的屈服强度可提高 40%~60%,但是塑性明显降低,具有硬钢的特性。

二、钢材的时效处理

将冷加工后的钢材,在常温下存放 15~20d,或加热至 $100~200℃$ 并保持 2h 左右,其屈服强度、抗拉强度及硬度进一步提高,这个过程称为时效处理。前者称为自然时效,后者称为人工时效。

强度较低的钢筋可采用自然时效,强度较高的钢筋则需采用人工时效。

钢材经冷加工及时效处理后,其性能变化规律如图 6-5 所示。

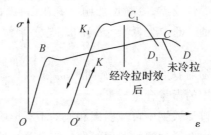

图 6-5　钢筋冷拉时效后应力-应变曲线的变化

图 6-5 中 $OBCD$ 为未经冷拉和时效处理试件的 $\sigma\text{-}\varepsilon$ 曲线。当试件冷拉至超过屈服强度的任意一个 K 点时卸荷载,此时由于试件已经产生塑性变形,曲线沿 KO' 下降,KO' 大致与 BO 平行。如果立即重新拉伸,则新的屈服点将提高至 K 点,之后的 $\sigma\text{-}\varepsilon$ 曲线将与原来曲线 KCD 相似。如果在 K 点卸荷载后不立即重新拉伸,而是将试件进行自然时效或人工时效,然后再拉伸,则其屈服点又进一步提高至 K_1 点,继续拉伸时曲线沿 $K_1C_1D_1$ 发展。这表明钢筋经冷拉和时效处理后,屈服强度得到进一步提高,抗拉强度亦有所提高,塑性和韧性则相应降低。

三、钢材焊接

钢材焊接是将两块金属局部加热,接缝部分迅速熔融或半熔融,使其牢固连接起来。焊接是各种型钢、钢板、钢筋等钢材的主要连接方式。土木工程的钢结构,焊接结构要占 90% 以上。在钢筋混凝土结构中,大量的钢筋接头、钢筋网片、钢筋骨架、预埋铁件及钢筋混凝土预制构件的安装等,都要采用焊接。

钢材的焊接性能是指在一定的焊接工艺条件下,在焊缝及其附近过热区(热影响区)不产生裂纹及硬脆倾向,焊接后钢材的力学性能,特别是强度不低于被焊钢材(母材)的强度。

(一)钢材焊接的基本方法

钢材的焊接方法主要有以下几种。

(1)电弧焊:以焊条为一极,钢材为另一极,利用焊接电流流过所产生的电弧热进行焊接的一种熔焊方法。

(2)闪光对焊:将两钢材安放成对接形式,利用电阻热使对接点金属熔化,产生强烈飞溅,形成闪光,迅速施加顶锻力完成的一种压焊方法。

(3)电渣压力焊:将两钢材安放成竖向对接形式,焊接电流流过对接端面间隙,在焊剂层下形成电弧过程和电渣过程,所产生的电弧热和电阻热,熔化钢材,加压完成的一种压焊方法。

(4)埋弧压力焊:将两钢材安放成 T 形接头形式,焊接电流流过,在焊剂层下产生电弧,形成熔池,加压完成的一种压焊方法。

(5)电阻点焊:将两钢材安放成交叉叠接形式,压紧于两电极之间,利用电阻热熔化母材金属,加压形成焊点的一种压焊方法。

(6)气压焊:采用氧乙炔火焰或其他火焰将两钢材对接处加热,使其达到塑性状态(固态)或熔化状态(熔态)后,加压完成的一种压焊方法。

焊接过程的特点是:在短时间内达到很高的温度(剧热);金属熔化的体积很小(局部);金属传热快,冷却速度快(剧冷)。因此,在焊接部位常发生复杂的、不均匀的反应和变化;存在剧烈的膨胀和收缩。因而易产生内应力、组织的变化及变形。

经常发生的焊接缺陷有以下几种。

(1)焊缝金属缺陷:裂纹(主要是热裂纹)、气孔、夹杂物(脱氧生成物和氮化物)。

(2)焊缝附近基体金属热影响区的缺陷:裂纹(冷裂纹)、晶粒粗大和析出物脆化(焊接过程中形成的碳化物或氮化物,在缺陷处析出,使晶格畸变加剧所引起的脆化)。

由于焊接件在使用过程中的主要性能是强度、塑性、韧性和耐疲劳性,因此,对焊接件的性能影响最大的是焊接缺陷,由此引起的塑性和冲击韧性的降低。

(二)影响钢材焊接质量的主要因素

(1)钢材的可焊性:可焊性好的钢材,焊接质量易于保证。含碳量小于 0.25% 的碳素钢具有良好的可焊性。加入合金元素(如硅、锰、钒、钛等),将增大焊接处的硬脆性,降低可焊性,特别是硫能使焊接处产生热裂纹及硬脆性。

(2)焊接工艺:钢材的焊接由于局部金属在短时间内达到高温熔融,焊接后又急速冷却,因此必将伴随产生急剧的膨胀、收缩、内应力及组织变化,从而引起钢材性能的改变。所以,必须正确掌握焊接方法,选择适宜的焊接工艺及控制参数。

(3)焊条、焊剂等焊接材料:根据不同材质的被焊钢材,选用符合质量要求并适宜的焊条、焊剂,但是焊条的强度必须大于被焊钢材的强度。

钢材焊接后必须取样进行焊接件力学性能检验,一般包括拉伸试验和弯曲试验,要求试验时焊接处不能断裂。

四、钢材的热处理方法

钢材热处理是将钢材在固态范围内按照一定的规则加热、保温和冷却,以改变其组织结构,从而获得需要性能的一种工艺过程。其特点使塑性降低不多,但是其强度提高很大,综合性能比较理想。热处理方法主要有退火、正火、淬火和回火。建筑工程所用钢材一般在生产厂家进行热处理,在施工现场通常需要对焊接件进行热处理。

(1)退火:退火是将钢材加热到一定温度,保温后缓慢冷却(随炉冷却)的一种热处理工艺,有低温退火和完全退火之分。低温退火的加热温度在基本组织转变温度以下,完全退火的加热温度在 800~850℃。其目的是细化晶粒、改善组织,减少加工中产生的缺陷,减轻晶格畸变,降低硬度,提高塑性,消除内应力,防止变形、开裂,也为最终热处理做好准备。

(2)正火:正火是将钢加热到基本组织转变温度以上(30~50℃),待完全奥氏体化后,再在空气中进行冷却的热处理工艺。正火是退火的一种特例,正火在空气中冷却,冷却速度比退火更快,所形成钢的强度、硬度提高而塑性下降,工艺更简单,能耗更低。正火的目的是细化钢的组织,消除热加工造成的过热缺陷。

(3)淬火:淬火是将钢材加热到基本组织转变温度以上(一般为 900℃以上),保温使组织完全转变,即放入水或矿物油等冷却介质中快速冷却,使之转变为不稳定组织的一种热处理操作。其目的是得到高强度、硬度和耐磨的钢材。淬火是强化钢筋最重要的热处理手段之一。

(4)回火:钢筋淬火后的钢组织不稳定,若不及时回火,淬火工件会发生变形甚至开裂,一般不直接使用,必须随即进行回火处理。因此,回火是将钢材加热到基本组织转变温度以下(150~650℃内选定),保温后按一定速度冷却至室温的一种热处理工艺,其目的是促进不稳定组织转变为需要的稳定组织,消除淬火产生的内应力、改善机械性能等。

第五节　钢材的技术标准与选用

钢材可分为钢筋混凝土结构用钢和钢结构用钢两大类。

一、主要钢种

(一)碳素结构钢

1. 碳素结构钢的牌号及其表示方法

《碳素结构钢》(GB/T 700—2006)规定,碳素结构钢牌号分为 Q195、Q215、Q235 和 Q275。

碳素结构钢的牌号由屈服强度的字母 Q、屈服强度数值、质量等级符号(A、B、C、D)、脱氧方法符号(F、Z、TZ)等 4 个部分按顺序构成。镇静钢(Z)和特殊镇静钢(TZ)在钢的牌号中可以省略。按硫、磷杂质含量由多到少,将质量等级分为 A、B、C、D。如 Q235-A·F,表示此碳素结构钢是屈服强度为 235MPa 的 A 级沸腾钢;Q235-C,表示此碳素结构钢是屈服强度为 235MPa 的 C 级镇静钢。

2. 碳素结构钢的技术要求

根据《碳素结构钢》(GB/T 700—2006),碳素结构钢的技术要求如下。

(1)化学成分:各牌号碳素结构钢的化学成分应符合表 6-1 的规定。

(2)力学性能:碳素结构钢的力学性能应符合表 6-2 的规定;弯曲性能应符合表 6-3 的规定。

表 6-1　碳素结构钢的化学成分

牌号	统一数字代号[①]	质量等级	厚度(或直径)/mm	化学成分(质量分数)/%,不大于					脱氧方法
				C	Mn	Si	S	P	
Q195	U11952	—	—	0.12	0.50	0.30	0.040	0.035	F、Z
Q215	U12152	A	—	0.15	1.20	0.35	0.050	0.045	F、Z
	U12155	B					0.045		

续表

牌号	统一数字代号[①]	质量等级	厚度(或直径)/mm	化学成分(质量分数)/%,不大于					脱氧方法
				C	Mn	Si	S	P	
Q235	U12352	A	—	0.22	1.40	0.35	0.050	0.045	F、Z
	U12355	B		0.20[②]			0.045		
	U12358	C		0.17			0.040	0.040	Z
	U12359	D					0.035	0.035	TZ
Q275	U12752	A	—	0.24	1.50	0.35	0.050	0.045	F、Z
	U12755	B	≤40	0.21			0.045		Z
			>40	0.22			0.040	0.040	
	U12758	C	—	0.20			0.035		
	U12759	D					—	0.035	TZ

注:① 表中为镇静钢(Z)、特殊镇静钢(TZ)牌号的统一数字代号,沸腾钢牌号的统一数字代号如下:

    Q195F——U11950;

    Q215AF——U12150,Q215BF——U12153;

    Q235AF——U12350,Q235BF——U12353;

    Q275AF——U12750。

② 经需方同意,Q 235B 的含碳量可不大于 0.22%。

表 6-2 碳素结构钢的力学性能

牌号	质量等级	拉伸试验												冲击试验(V形)	
		屈服强度[①]σ_S/MPa,不小于						抗拉强度[②] σ_b/MPa	断后伸长率 δ/%,不小于					温度/℃	冲击功(纵向)/J,不小于
		厚度(或直径)/mm							钢材厚度(或直径)/mm						
		≤16	>16~40	>40~60	>60~100	>100~150	>150~200		≤40	>40~60	>60~100	>100~150	>150~200		
Q195	—	195	185	—	—	—	—	315~430	33	—	—	—	—		
Q215	A	215	205	195	185	175	165	335~450	31	30	29	27	26	—	—
	B													+20	27
Q235	A	235	225	215	215	195	185	370~500	26	25	24	22	21	—	—
	B[③]													+20	27
	C													0	
	D													−20	
Q275	A	275	265	255	245	225	215	410~540	22	21	20	18	17	—	—
	B													+20	27
	C													0	
	D													−20	

注:① Q195 的屈服强度值仅供参考,不作为交货条件。

② 厚度大于 100mm 的钢材,抗拉强度下限允许降低 20MPa。宽带钢(包括剪切钢板)抗拉强度上限不作为交货条件。

③ 厚度小于 25mm 的 Q235B 级钢材,如供方能保证冲击吸收功合格,经需方同意,可不作检验。

表 6-3　碳素结构钢的弯曲性能

牌　号	试样方向	弯曲试验($B=2a^{①}$,180°)	
		钢材厚度(或直径)[②]/mm	
		≤60	>60~100
		弯心直径 d	
Q195	纵	0	—
	横	0.5a	
Q215	纵	0.5a	1.5a
	横	a	2a
Q235	纵	a	2a
	横	1.5a	2.5a
Q275	纵	1.5a	2.5a
	横	2a	3a

注:① B 为试样宽度,a 为试样厚度(或直径)。

　② 当钢材厚度(或直径)大于 100mm 时,弯曲试验由双方协商确定。

从表 6-1、表 6-2 和表 6-3 可以看出,碳素结构钢随着牌号的增大,其含碳量和锰含量增加,强度和硬度提高,而塑性和韧性降低,弯曲性能逐渐变差。

3. 碳素结构钢的应用

碳素结构钢通常用于焊接、铆接、栓接工程结构用热轧钢板、钢带、型钢和钢棒。选用碳素结构钢,应综合考虑结构的工作环境条件、承受荷载类型(动荷载或静荷载)、承受荷载方式(直接或间接)、连接方式(焊接或非焊接)等。碳素结构钢由于其综合性能较好,且成本较低,目前在土木工程中应用广泛。应用最广泛的碳素结构钢是 Q235,由于其具有较高的强度、良好的塑性、韧性及可焊性,综合性能好,故能较好地满足一般钢结构和钢筋混凝土结构的用钢要求。用 Q235 大量轧制各种型钢、钢板及钢筋。其中 Q235-A,一般仅适用于承受静荷载作用的结构;Q235-C 和 Q235-D,可用于重要的焊接结构。

Q195 和 Q215,强度低,塑性和韧性较好,具有良好的可焊性,易于冷加工,常用作钢钉、铆钉、螺栓及钢丝等,也可用作轧材用料。Q215 经冷加工后可代替 Q235 使用。

Q275 强度较高,但是塑性、韧性和可焊性较差,不易焊接和冷加工,可用于轧制钢筋、制作螺栓配件等,但更多的是用于制作机械零件和工具等。

(二)优质碳素结构钢

根据《优质碳素结构钢》(GB/T 699—2015),共有 28 个牌号。

1. 分类与代号

(1)钢棒按使用加工方法分为两类:

　① 压力加工用钢　　　UP

　　a. 热加工用钢　　　UHP

　　b. 顶锻用钢　　　　UF

　　c. 冷拔坯料用钢　　UCD

② 切削加工用钢　　　UC

（2）钢棒按表面种类分为下列五类：

    ① 压力加工表面　　　SPP

    ② 酸洗　　　SA

    ③ 喷丸（砂）　　　SS

    ④ 剥皮　　　SF

    ⑤ 磨光　　　SP

2．技术要求

（1）牌号、统一数字代号及化学成分。优质碳素结构钢的牌号是由两位数字和字母两部分构成。两位数字表示平均含碳量的万分数；字母分别表示锰含量、冶金质量等级、脱氧方法。普通锰含量（0.35%～0.80%）的，不写"Mn"；较高锰含量（0.80%～1.20%）的，在两位数字后面加注"Mn"；半镇静钢加注"b"。例如：45Mn 号钢表示平均含碳量为 0.45%、较高锰含量的优质镇静钢。根据《优质碳素结构钢》（GB/T 699—2015），优质碳素结构钢的牌号、统一数字代号及化学成分应符合表 6-4 的规定。

表 6-4　优质碳素结构钢的牌号、统一数字代号及化学成分

序号	统一数字代号	牌号	化学成分（质量分数）/%							
			C	Si	Mn	P	S	Cr	Ni	Cu[①]
						不小于				
1	U20082	08[②]	0.05～0.11	0.17～0.37	0.35～0.65	0.035	0.035	0.10	0.30	0.25
2	U20102	10	0.07～0.13	0.17～0.37	0.35～0.65	0.035	0.035	0.15	0.30	0.25
3	U20152	15	0.12～0.18	0.17～0.37	0.35～0.65	0.035	0.035	0.25	0.30	0.25
4	U20202	20	0.17～0.23	0.17～0.37	0.35～0.65	0.035	0.035	0.25	0.30	0.25
5	U20252	25	0.22～0.29	0.17～0.37	0.50～0.80	0.035	0.035	0.25	0.30	0.25
6	U20302	30	0.27～0.34	0.17～0.37	0.50～0.80	0.035	0.035	0.25	0.30	0.25
7	U20352	35	0.32～0.39	0.17～0.37	0.50～0.80	0.035	0.035	0.25	0.30	0.25
8	U20402	40	0.37～0.44	0.17～0.37	0.50～0.80	0.035	0.035	0.25	0.30	0.25
9	U20452	45	0.42～0.50	0.17～0.37	0.50～0.80	0.035	0.035	0.25	0.30	0.25
10	U20502	50	0.47～0.55	0.17～0.37	0.50～0.80	0.035	0.035	0.25	0.30	0.25
11	U20552	55	0.52～0.60	0.17～0.37	0.50～0.80	0.035	0.035	0.25	0.30	0.25
12	U20602	60	0.57～0.65	0.17～0.37	0.50～0.80	0.035	0.035	0.25	0.30	0.25
13	U20652	65	0.62～0.70	0.17～0.37	0.50～0.80	0.035	0.035	0.25	0.30	0.25
14	U20702	70	0.67～0.75	0.17～0.37	0.50～0.80	0.035	0.035	0.25	0.30	0.25
15	U20752	75	0.72～0.80	0.17～0.37	0.50～0.80	0.035	0.035	0.25	0.30	0.25
16	U20802	80	0.77～0.85	0.17～0.37	0.50～0.80	0.035	0.035	0.25	0.30	0.25
17	U20852	85	0.82～0.90	0.17～0.37	0.50～0.80	0.035	0.035	0.25	0.30	0.25
18	U21152	15Mn	0.12～0.18	0.17～0.37	0.70～1.00	0.035	0.035	0.25	0.30	0.25

续表

序号	统一数字代号	牌号	化学成分(质量分数)/%							
			C	Si	Mn	P	S	Cr	Ni	Cu[①]
						不小于				
19	U21202	20Mn	0.17～0.23	0.17～0.37	0.70～1.00	0.035	0.035	0.25	0.30	0.25
20	U21252	25Mn	0.22～0.29	0.17～0.37	0.70～1.00	0.035	0.035	0.25	0.30	0.25
21	U21302	30Mn	0.27～0.34	0.17～0.37	0.70～1.00	0.035	0.035	0.25	0.30	0.25
22	U21352	35Mn	0.32～0.39	0.17～0.37	0.70～1.00	0.035	0.035	0.25	0.30	0.25
23	U21402	40Mn	0.37～0.44	0.17～0.37	0.70～1.00	0.035	0.035	0.25	0.30	0.25
24	U21452	45Mn	0.42～0.50	0.17～0.37	0.70～1.00	0.035	0.035	0.25	0.30	0.25
25	U21502	50Mn	0.48～0.56	0.17～0.37	0.70～1.00	0.035	0.035	0.25	0.30	0.25
26	U21602	60Mn	0.57～0.65	0.17～0.37	0.70～1.00	0.035	0.035	0.25	0.30	0.25
27	U21652	65Mn	0.62～0.70	0.17～0.37	0.90～1.20	0.035	0.035	0.25	0.30	0.25
28	U21702	70Mn	0.67～0.75	0.17～0.37	0.90～1.20	0.035	0.035	0.25	0.30	0.25

注：① 热压力加工用钢铜含量应不大于 0.20%。

② 用铝脱氧的镇静钢，碳、锰含量无下限，锰含量上限为 0.45%，硅含量不大于 0.03%，全铝含量为 0.020%～0.070%，此时牌号为 08Al。

(2)力学性能。根据《优质碳素结构钢》(GB/T 699—2015)，优质碳素结构钢的力学性能应符合表 6-5 的规定。

表 6-5　优质碳素结构钢的力学性能

序号	牌号	试件毛坯尺寸[①] /mm	推荐的热处理制度[③]			力学性能[⑤]					钢材交货状态硬度 HBW	
			正火	淬火	回火	抗拉强度 R_m/MP[①]	下屈服强度 R_{eL}[④]/MP[①]	断后伸长率 A/%	断面收缩率 Z/%	冲击吸收能量 KU/J	未热处理钢	退火钢
			加热温度/℃			≥					≤	
1	08	25	930	—	—	325	195	33	60	—	131	—
2	10	25	930	—	—	335	205	31	55	—	137	—
3	15	25	920	—	—	375	225	27	55	—	143	—
4	20	25	910	—	—	410	245	25	55	—	156	—
5	25	25	900	870	600	450	275	23	50	71	170	—
6	30	25	880	860	600	490	295	21	50	63	179	—
7	35	25	870	850	600	530	315	20	45	55	197	—
8	40	25	860	840	600	570	335	19	45	47	217	187
9	45	25	850	840	600	600	355	16	40	39	229	197
10	50	25	830	830	600	630	375	14	40	31	241	207

续表

序号	牌号	试件毛坯尺寸⑦/mm	推荐的热处理制度③			力学性能⑤					钢材交货状态硬度 HBW	
			正火	淬火	回火	抗拉强度 R_m/MP①	下屈服强度 R_{eL}④/MP①	断后伸长率⑥ A/%	断面收缩率⑥ Z/%	冲击吸收能量 KU/J	未热处理钢	退火钢
			加热温度/℃			≥					≤	
11	55	25	820	—	—	645	380	13	35	—	255	217
12	60	25	810	—	—	675	400	12	35	—	255	229
13	65	25	810	—	—	695	410	10	30	—	255	229
14	70	25	790	—	—	715	420	9	30	—	369	229
15	75	试样②	—	820	480	1080	880	7	30	—	285	241
16	80	试样②	—	820	480	1080	930	6	30	—	285	241
17	85	试样②	—	820	480	1130	980	6	30	—	302	255
18	15Mn	25	920	—	—	410	245	26	55	—	163	—
19	20Mn	25	910	—	—	450	275	34	50	—	197	—
20	25Mn	25	900	870	600	490	295	22	50	71	207	—
21	30Mn	25	880	860	600	540	315	20	45	63	217	187
22	35Mn	25	870	850	600	560	335	18	45	55	229	197
23	40Mn	25	860	840	600	590	355	17	45	47	229	207
24	45Mn	25	850	840	600	620	375	15	40	39	241	217
25	50Mn	25	830	830	600	645	390	13	40	31	255	217
26	60Mn	25	810	—	—	695	410	11	35	—	269	229
27	65Mn	25	830	—	—	735	430	9	30	—	285	229
28	70Mn	25	790	—	—	785	450	8	30	—	285	229

注:① 钢棒尺寸小于式样毛坯尺寸时,用原尺寸钢棒进行热处理。

② 留有加工余量的式样,其性能为淬火+回火状态下的性能。

③ 热处理温度允许调整范围:正火±30℃,淬火±20℃,回火±50℃;推荐保温时间:正火不少于30min,空冷;淬火不少于30min,75、80 和 85 钢油冷,其他钢棒水冷;600℃回火不少于 1h。

④ 当屈服现象不明显时,可用规定塑性延伸强度 $R_{p0.2}$ 代替。

⑤ 表中的力学性能适用于公称直径或者厚度不大于 80mm 的钢棒。

⑥ 公称直径或厚度大于 80～250mm 的钢棒,允许其断后伸长率、断面收缩率比本表的规定分别降低 2%(绝对值)和 5%(绝对值)。

⑦ 公称直径或厚度大于 120～250mm 的钢棒允许改锻(轧)成 70～80mm 的试料取样检验,其结果应符合本表的规定。

优质碳素结构钢的力学性能主要取决于含碳量,含碳量高的强度高,但是塑性和韧性降低。

在土木工程中,优质碳素结构钢主要用于重要结构。常用 30～45 号钢,制作钢铸件及高强螺栓;常用 65～80 号钢,制作碳素钢丝、刻痕钢丝和钢绞线;常用 45 号钢,制作预应力混凝土用的锚具。

(三)低合金高强度结构钢

低合金高强度结构钢是在碳素结构钢的基础上,加入总量小于 5% 的合金元素制成的结构钢。所加入的合金元素主要有锰、硅、钒、钛、铌、铬、镍等。

1. 低合金高强度结构钢的牌号及其表示方法

根据《低合金高强度结构钢》(GB/T 1591—2018),低合金高强度结构钢分为热轧钢(AR 或 WAR)、正火钢(N)、正火轧制钢(+N)、热机械轧制钢(M)。低合金高强度结构钢的牌号是由屈服强度字母 Q、规定的最小上屈服强度数值、交货状态代号、质量等级符号(B、C、D、E、F)四部分构成。

2. 低合金高强度结构钢的技术要求及应用

(1)低合金高强度结构钢的化学成分应符合表 6-6(a)～(c)的规定。

表 6-6(a)　热轧钢的牌号及化学成分

牌号	质量等级	C① ≤40②	C① >40	Si	Mn	P③	S③	Nb④	V⑤	Ti⑤	Cr	Ni	Cu	Mo	N⑥	B
		\<化学成分(质量分数)/%\>														
		公称厚度或直径/mm									不大于					
		不大于														
Q355	B	0.24		0.55	1.60	0.035	0.035	—		—	0.30	0.30	0.40	—	0.012	
	C	0.20	0.22			0.030	0.030									
	D	0.20	0.22			0.025	0.025								—	
Q390	B	0.20		0.55	1.70	0.035	0.035	0.05	0.13	0.05	0.30	0.50	0.40	0.10	0.015	—
	C					0.030	0.030									
	D					0.025	0.025									
Q420⑦	B	0.20		0.55	1.70	0.035	0.035	0.05	0.13	0.05	0.80	0.40	0.20		0.015	—
	C					0.030	0.030									
Q460⑦	C	0.20		0.55	1.80	0.030	0.030	0.05	0.13	0.05	0.30	0.80	0.40	0.20	0.015	0.004

注:① 公称厚度大于 100mm 的型钢,碳含量可由供需双方协调确定。

② 公称厚度大于 30mm 的钢材,碳含量不大于 0.22%。

③ 对于型钢和棒材,其磷和硫含量上限值可提高 0.005%。

④ Q390,Q420 最高可到 0.07%,Q460 最高可到 0.11%。

⑤ 最高可到 0.20%。

⑥ 如果钢中酸溶铝 Als 含量不小于 0.015% 或全铝 Alt 含量不小于 0.020%,或添加了其他固氮合金元素,氮元素含量不做限制,孤单元素应在质量证书中注明。

⑦ 仅适用于型钢和棒材。

表 6-6(b)　正火、正火轧制钢的牌号及化学成分

牌号	质量等级	化学成分(质量分数)/%													
		C	Si	Mn	P①	S①	Nb	V	Ti③	Cr	Ni	Cu	Mo	N	Als④
		不大于			不大于					不大于					不小于
Q355N	B	0.20	0.50	0.90~1.65	0.035	0.035	0.005~0.05	0.01~0.12	0.006~0.05	0.30	0.50	0.40	0.10	0.015	0.015
	C	0.20	0.50	0.90~1.65	0.030	0.030	0.005~0.05	0.01~0.12	0.006~0.05	0.30	0.50	0.40	0.10	0.015	0.015
	D	0.20	0.50	0.90~1.65	0.030	0.025	0.005~0.05	0.01~0.12	0.006~0.05	0.30	0.50	0.40	0.10	0.015	0.015
	E	0.18	0.50	0.90~1.65	0.025	0.020	0.005~0.05	0.01~0.12	0.006~0.05	0.30	0.50	0.40	0.10	0.015	0.015
	F	0.16	0.50	0.90~1.65	0.020	0.010	0.005~0.05	0.01~0.12	0.006~0.05	0.30	0.50	0.40	0.10	0.015	0.015
Q390N	B	0.20	0.50	0.90~1.70	0.035	0.035	0.01~0.05	0.01~0.20	0.006~0.05	0.30	0.50	0.40	0.10	0.015	0.015
	C	0.20	0.50	0.90~1.70	0.030	0.030	0.01~0.05	0.01~0.20	0.006~0.05	0.30	0.50	0.40	0.10	0.015	0.015
	D	0.20	0.50	0.90~1.70	0.030	0.025	0.01~0.05	0.01~0.20	0.006~0.05	0.30	0.50	0.40	0.10	0.015	0.015
	E	0.20	0.50	0.90~1.70	0.025	0.020	0.01~0.05	0.01~0.20	0.006~0.05	0.30	0.50	0.40	0.10	0.015	0.015
Q420N	B	0.20	0.60	1.00~1.70	0.035	0.035	0.01~0.05	0.01~0.20	0.006~0.05	0.30	0.80	0.40	0.10	0.015	0.015
	C	0.20	0.60	1.00~1.70	0.030	0.030	0.01~0.05	0.01~0.20	0.006~0.05	0.30	0.80	0.40	0.10	0.015	0.015
	D	0.20	0.60	1.00~1.70	0.030	0.025	0.01~0.05	0.01~0.20	0.006~0.05	0.30	0.80	0.40	0.10	0.025	0.015
	E	0.20	0.60	1.00~1.70	0.025	0.020	0.01~0.05	0.01~0.20	0.006~0.05	0.30	0.80	0.40	0.10	0.025	0.015
Q460N②	C	0.20	0.60	1.00~1.70	0.030	0.030	0.01~0.05	0.01~0.20	0.006~0.05	0.30	0.80	0.40	0.10	0.015	0.015
	D	0.20	0.60	1.00~1.70	0.030	0.025	0.01~0.05	0.01~0.20	0.006~0.05	0.30	0.80	0.40	0.10	0.025	0.015
	E	0.20	0.60	1.00~1.70	0.025	0.020	0.01~0.05	0.01~0.20	0.006~0.05	0.30	0.80	0.40	0.10	0.025	0.015

注:① 对于型钢和棒材,硫和磷含量上限值可提高 0.005%。

② V+Nb+Ti≤0.22%,Mo+Cr≤0.30%。

③ 最高可到 0.20%。

④ 可用全铝 Alt 替代,此时全铝最小含量为 0.020%。当钢中添加了铌、钒、钛等细化晶粒元素且含量不小于表中规定含量的下限时,铝含量无下限。

表 6-6(c)　热机械轧制钢的牌号及化学成分

牌号	质量等级	化学成分(质量分数)/%														
		C	Si	Mn	P①	S①	Nb	V	Ti②	Cr	Ni	Cu	Mo	N	B	Als③
		不大于														不小于
Q355M	B	0.14④	0.50	1.60	0.035	0.035	0.01~0.05	0.01~0.10	0.006~0.05	0.30	0.50	0.40	0.10	0.015	—	0.015
	C	0.14④	0.50	1.60	0.030	0.030	0.01~0.05	0.01~0.10	0.006~0.05	0.30	0.50	0.40	0.10	0.015	—	0.015
	D	0.14④	0.50	1.60	0.030	0.025	0.01~0.05	0.01~0.10	0.006~0.05	0.30	0.50	0.40	0.10	0.015	—	0.015
	E	0.14④	0.50	1.60	0.025	0.020	0.01~0.05	0.01~0.10	0.006~0.05	0.30	0.50	0.40	0.10	0.015	—	0.015
	F	0.14④	0.50	1.60	0.020	0.010	0.01~0.05	0.01~0.10	0.006~0.05	0.30	0.50	0.40	0.10	0.015	—	0.015

续表

牌号	质量等级	C	Si	Mn	P①	S①	Nb	V	Ti②	Cr	Ni	Cu	Mo	N	B	Als③
		化学成分(质量分数)/%														
		不大于														不小于
Q390M	B	0.15④	0.50	1.70	0.035	0.035	0.01~0.05	0.01~0.12	0.006~0.05	0.30	0.50	0.40	0.10	0.015	—	0.015
	C				0.030	0.030										
	D				0.030	0.025										
	E				0.025	0.020										
Q420M	B	0.16④	0.50	1.70	0.035	0.035	0.01~0.05	0.01~0.12	0.006~0.05	0.30	0.80	0.40	0.20	0.015~0.025	—	0.015
	C				0.030	0.030										
	D				0.030	0.025										
	E				0.025	0.020										
Q460M	C	0.16④	0.60	1.70	0.030	0.030	0.01~0.05	0.01~0.12	0.006~0.05	0.30	0.80	0.40	0.20	0.015~0.025	—	0.015
	D				0.030	0.025										
	E				0.025	0.020										
Q500M	C	0.18	0.60	1.80	0.030	0.030	0.01~0.11	0.01~0.12	0.006~0.05	0.60	0.80	0.55	0.20	0.015~0.025	0.004	0.015
	D				0.030	0.025										
	E				0.025	0.020										
Q550M	C	0.18	0.60	2.00	0.030	0.030	0.01~0.11	0.01~0.12	0.006~0.05	0.80	0.80	0.80	0.30	0.015~0.025	0.004	0.015
	D				0.030	0.025										
	E				0.025	0.020										
Q620M	C	0.18	0.60	2.60	0.030	0.030	0.01~0.11	0.01~0.12	0.006~0.05	0.10	0.80	0.80	0.30	0.015~0.025	0.004	0.015
	D				0.030	0.025										
	E				0.025	0.020										
Q690M	C	0.18	0.60	2.00	0.030	0.030	0.01~0.11	0.01~0.12	0.006~0.05	0.10	0.80	0.80	0.30	0.015~0.025	0.004	0.015
	D				0.030	0.025										
	E				0.025	0.020										

注：① 对于型钢和棒材，硫和磷含量可提高 0.005%。

② 最高可到 0.20%。

③ 可用全铝 Alt 替代，此时全铝最小含量为 0.020%。当钢中添加了铌、钒、钛等细化晶粒元素且含量不小于表中规定含量的下限时，铝含量无下限。

④ 对于型钢和棒材，Q355M、Q390M、Q420M、Q460M 的最大碳含量可提高 0.02%。

（2）低合金高强度结构钢的弯曲性能，当需方要求做弯曲试验时，弯曲试验应符合表 6-7 的规定。当供方保证弯曲性能合格时，可不做弯曲试验。

表 6-7　低合金高强度结构钢的弯曲试验

试样方向	180°弯曲试验（D 为弯曲压头直径，a 为试样厚度或直径）	
	公称厚度或直径/mm	
	≤16	>16～100
对于公称宽度不小于 600mm 的钢板及钢带，拉伸试验取横向试样；其他钢材的拉伸试验取纵向试样	$D=2a$	$D=3a$

（3）低合金高强度结构钢的力学性能应符合表 6-8(a)～(d)的规定。

低合金高强度结构钢与碳素结构钢相比，强度较高，综合性能好，所以在相同使用条件下，可比碳素结构钢节省用钢 20%～30%，对减轻结构自重有利。同时，低合金高强度结构钢还具有良好的塑性、韧性、可焊性、耐磨性、耐蚀性、耐低温性等性能，有利于延长钢材的服役性能，延长结构的使用寿命。

低合金高强度结构钢通常用于一般结构和工程用钢板、钢带、型钢和钢棒。广泛用于钢结构和钢筋混凝土结构中，特别适用于各种重型结构、高层结构、大跨度结构及大柱网结构等。

表 6-8(a)　热轧钢材的拉伸性能

牌号	质量等级	上屈服强度 $R_{eH}^{①}$/MPa 不小于									拉伸强度 R_m/MPa			
		公称厚度或直径/mm												
		≤16	>16～40	>40～63	>63～80	>80～100	>100～150	>150～200	>200～250	>250～400	≤100	>100～150	>150～250	>250～400
Q355	B、C	355	345	335	325	315	295	285	275	—	470～630	450～600	450～600	—
	D									265②				450～600②
Q390	B、C、D	390	380	360	340	340	320	—	—	—	490～650	470～620	—	—
Q420③	B、C	420	410	390	370	370	350	—	—	—	520～680	500～650	—	—
Q460③	C	460	450	430	410	410	390	—	—	—	550～720	530～700	—	—

注：① 当屈服不明显时，可用规定塑性延伸强度 $R_{p0.2}$ 替代上屈服强度。
　　② 只适用于质量等级为 D 的钢板。
　　③ 只适用于型钢和棒材。

表 6-8(b)　热轧钢材的伸长率

牌号	质量等级	试样方向	断后伸长率 A/% 不小于 公称厚度或直径/mm					
			≤40	>40~63	>63~100	>100~150	>150~250	>250~400
Q355	B、C、D	纵向	22	21	20	18	17	17①
		横向	20	19	18	18	17	17①
Q390	B、C、D	纵向	21	20	20	19	—	—
		横向	20	19	19	18	—	—
Q420②	B、C	纵向	20	19	19	19	—	—
Q460②	C	纵向	18	17	17	17	—	—

注：① 只适用于质量等级为 D 的钢板。

　　② 只适用于型钢和棒材。

表 6-8(c)　正火、正火轧制钢材的拉伸性能

牌号	质量等级	上屈服强度 R_{eH}①/MPa 不小于 公称厚度或直径/mm								抗拉强度 R_m/MPa 公称厚度或直径/mm			断后伸长率 A/% 不小于 公称厚度或直径/mm					
		≤16	>16~40	>40~63	>63~80	>80~100	>100~150	>150~200	>200~250	≤100	>100~200	>200~250	≤16	>16~40	>40~63	>63~80	>80~200	>200~250
Q355N	BCDEF	355	345	335	325	315	295	285	275	470~630	450~600	450~600	22	22	22	21	21	21
Q390N	BCDE	390	380	360	340	340	320	310	300	490~650	470~620	470~620	20	20	20	19	19	19
Q420N	BCDE	420	400	390	370	360	340	330	320	520~680	500~650	500~650	19	19	19	18	18	18
Q460N	CDE	460	440	430	410	400	380	370	370	540~720	530~710	530~690	17	17	17	17	17	16

注：① 当屈服不明显时，可用规定塑性延伸强度 $R_{p0.2}$ 替代上屈服强度。

表 6-8(d)　热机械轧制(TMCP)钢材的拉伸性能

牌号	质量等级	上屈服强度 $R_{eH}^{①}$/MPa						抗拉强度 R_m/MPa					断后伸长率 A/% 不小于
		公称厚度或直径/mm											
		≤16	>16~40	>40~63	>63~80	>80~100	>100~120	≤40	>40~63	>63~80	>80~100	>100~120②	
355M	BCDEF	355	345	335	325	325	320	470~630	450~610	440~600	440~600	430~590	22
Q390M	BCDE	390	380	360	340	340	335	490~650	480~640	470~630	460~620	450~610	20
Q420M	BCDE	420	400	390	380	370	365	520~680	500~660	480~640	470~630	460~620	19
Q460M	CDE	460	440	430	410	400	385	540~720	530~710	510~690	500~680	490~660	17
Q500M	CDE	500	490	480	460	450	—	610~770	600~760	590~750	540~730	—	17
Q550M	CDE	550	540	530	510	500	—	670~830	620~810	600~790	590~780	—	16
Q620M	CDE	620	610	600	580	—	—	710~880	690~880	670~860	—	—	15
Q690M	CDE	690	680	670	650	—	—	770~940	750~920	730~900	—	—	14

注:① 当屈服不明显时,可用规定塑性延伸强度 $R_{p0.2}$ 替代上屈服强度。

　　② 对于型钢和棒材,厚度或直径不大于150mm。

(四)合金结构钢

1. 合金结构钢的牌号及其表示方法

根据《合金结构钢》(GB/T 3077—2015),合金结构钢共有86个牌号。

合金结构钢的牌号是由两位数字、合金元素、合金元素平均含量、质量等级符号四部分构成。两位数字表示平均含碳量的万分数;当硅含量的上限≤0.45%或锰含量的上限≤0.9%时,不加注"Si"或"Mn",其他合金元素无论含量多少均加注合金元素符号;合金元素平均含量为1.50%~2.49%或2.50%~3.49%或3.50%~4.49%时,在合金元素符号后面加注"2"或"3"或"4",合金元素平均含量小于1.5%时不加注;高级优质钢加注"A",特级优质钢加注"E",优质钢不加注。例如20Mn2钢,表示平均含碳量为0.20%、硅含量上限≤0.45%、平均锰含量为0.15%~2.49%的优质合金结构钢。

2. 合金结构钢的性能及应用

合金结构钢的分类及代号与优质碳素结构钢相同。合金结构钢的特点是均含有Si和Mn,生产过程中对硫、磷等有害杂质控制严格,并且均为镇静钢,因此质量稳定。

合金结构钢与碳素结构钢相比,具有较高的强度和较好的综合性能,即具有良好的塑性、韧性、可焊性、耐低温性、耐腐蚀性、耐磨性、耐疲劳性等性能,有利于节省用钢、延长钢材的服役性能和结构的使用寿命。

合金结构钢主要用于轧制各种型钢(角钢、槽钢、工字钢)、钢板、钢管、铆钉、螺栓、螺帽以及钢筋等,特别是用于各种重型结构、大跨度结构、高层结构等,其技术经济效果更为显著。

二、混凝土结构用钢筋

随着我国现代化建设的发展和"四节一环保"(节能、节地、节水、节材及环境保护)的要求,在混凝土结构工程中提倡应用高强、高性能钢筋。

钢筋按性能确定其牌号和强度级别,并以相应的符号表示。根据混凝土结构构件对受力性能的要求,规定各种牌号钢筋的选用原则。

混凝土结构用钢筋,主要由碳素结构钢和低合金结构钢轧制而成,主要有钢筋混凝土结构用热轧钢筋、余热处理钢筋、冷轧带肋钢筋等普通钢筋(各种非预应力筋)和预应力混凝土结构用钢丝、钢绞线、预应力螺纹钢筋等预应力筋。按直条或盘条(也称盘卷)供货。

(一)钢筋混凝土用热轧钢筋

由于钢筋混凝土用热轧钢筋,具有较好的延性、可焊性、机械连接性能及施工适应性,所以是混凝土结构工程中用量最多的普通钢筋。

钢筋混凝土用钢筋,根据其表面形状分为光圆钢筋和带肋钢筋两类。带肋钢筋有月牙肋钢筋和等高肋钢筋等,如图 6-6 所示。

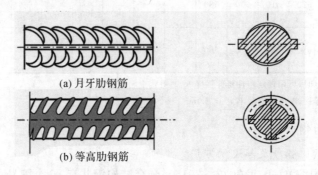

(a) 月牙肋钢筋

(b) 等高肋钢筋

图 6-6 带肋钢筋

相关标准规定,钢筋拉伸、弯曲试验的试样不允许进行车削加工。计算钢筋强度时,钢筋截面积应采用其公称横截面积。

1. 钢筋混凝土用热轧光圆钢筋

根据《钢筋混凝土用钢 第 1 部分:热轧光圆钢筋》(GB/T 1499.1—2017),热轧光圆钢筋的公称直径及允许偏差、公称截面积、理论重量及允许偏差应符合表 6-10 的规定;牌号和化学成分应符合表 6-11 的规定;力学性能特征值和弯曲性能应符合表 6-12 的规定。

《钢筋混凝土用钢 第 1 部分:热轧光圆钢筋》(GB/T 1499.1—2017)标准不适用于由成品钢材再制成的再生钢筋。

热轧光圆钢筋的牌号是由 HPB 和屈服强度特征值构成,其中,H、P、B 分别为热轧(hot

rolled)、光圆(plain)、钢筋(bars)3 个词的英文首字母。

2. 钢筋混凝土用热轧带肋钢筋

根据《钢筋混凝土用钢 第 2 部分:热轧带肋钢筋》(GB/T 1499.2—2018),热轧带肋钢筋的公称直径及允许偏差、公称截面积、理论重量及允许偏差应符合表 6-9 的规定;牌号和化学成分应符合表 6-10 的规定;力学性能特征值和弯曲性能应符合表 6-11 的规定。

《钢筋混凝土用钢 第 2 部分:热轧带肋钢筋》(GB/T 1499.2—2018)不适用于由成品钢材再次轧制成的再生钢筋及余热处理钢筋。

普通热轧带肋钢筋的牌号是由 HRB、屈服强度特征值(和 E)构成,其中,H、R、B 分别为热轧(hot rolled)、带肋(ribbed)、钢筋(bars)三个词的英文首字母,E 为地震(earthquake)的英文首字母。

细晶粒热轧带肋钢筋的牌号是由 HRBF、屈服强度特征值(和 E)组成,其中,F 为细(fine)的英文首字母,其他字母含义同前。

表 6-9 热轧光圆钢筋、热轧带肋钢筋的公称直径与理论重量允许偏差

表面形状	公称直径 /mm	允许偏差	公称截面积 /mm²	理论重量 /(kg/m)	允许偏差
光圆钢筋	6	±0.3	28.27	0.222	±6%
	8		50.27	0.395	
	10		78.54	0.617	
	12		113.1	0.888	
	14	±0.4	153.9	1.21	±5%
	16		201.1	1.58	
	18		254.5	2.00	
	20		314.2	2.47	
	22		380.1	2.98	
带肋钢筋	6	±0.3	28.27	0.222	±7%
	8	±0.4	50.27	0.395	
	10		78.54	0.617	
	12		113.1	0.888	
	14		153.9	1.21	±5%
	16		201.1	1.58	
	18		254.5	2.00	
	20	±0.5	314.2	2.47	
	22		380.1	2.98	±4%
	25		490.9	3.85	
	28		615.8	4.83	
	32	±0.6	804.2	6.31	
	36		1 018	7.99	
	40	±0.7	1 257	9.87	
	50	±0.8	1 964	15.42	

注:表中理论重量按密度为 7.85g/cm³ 计算。

表 6-10　热轧光圆钢筋、热轧带肋钢筋的牌号、化学成分

表面形状	牌号	化学成分(质量分数)/%,不大于					
		C	Si	Mn	P	S	Ceq
光圆钢筋	HPB300	0.25	0.55	1.50	0.045	0.045	—
带肋钢筋	HRB400 HRBF400 HRB400E HRBF400E	0.25	0.80	1.60	0.045	0.045	0.54
	HRB500 HRBF500 HRB500E HRBF500E						0.55
	HRB600	0.28					0.58

表 6-11　热轧光圆钢筋、热轧带肋钢筋的牌号、力学性能、弯曲性能

表面形状	牌号	设计符号	公称直径 a/mm	下屈服强度 R_{eL}/MPa[①]	抗拉强度 R_m/MPa	断后伸长率 A/%[②]	最大力总延伸率 A_{gt}/%[③]	R_m^o/R_{eL}^o	实测屈服强度 R_{eL}^o/规定屈服强度 R_{eL}	冷弯试验(180°)弯芯直径(d)钢筋公称直径(a)
				不小于					不大于	
光圆钢筋	HPB300	A	6～22	300	420	25	10.0	—	—	$d=a$
带肋钢筋	HRB400 HRBF400	B B^F	6～25 28～40 >40～50	400	540	16	7.5	—	—	4a 5a 6a
	HRB400E HRBF400E	C C^F		400	540	—	9.0	1.25	1.30	
	HRB500 HRBF500	D D^F	6～25 28～40 >40～50	500	630	15	7.5	—	—	6a 7a 8a
	HRB500E HRBF500E			500	630	—	9.0	1.25	1.30	
	HRB600		6～25 28～40 >40～50	600	730	14	7.5	—	—	6a 7a 8a

注:① 对于没有明显屈服强度的钢,下屈服强度特征值 R_{eL} 应采用规定塑性延伸强度 $\sigma_{p0.2}$。

② 公称直径 28～40mm 各牌号钢筋的断后伸长率 δ 可降低 1%;公称直径大于 40mm 各牌号钢筋的断后伸长率 δ 可降低 2%。

③ 根据供需双方协议,伸长率类型可从 δ 或 δ_{gt} 中选定。仲裁检验时采用 δ_{gt}。

根据《混凝土结构工程施工质量验收规范》(GB 50204—2015)和《钢筋混凝土用钢 第2部分:热轧带肋钢筋》(GB/T 1499.2—2018),对有抗震设防要求的结构,其纵向受力钢筋的性能应满足设计要求;当设计无具体要求时,对按一、二、三级抗震等级设计的框架和斜撑构件(含梯段)中的纵向受力钢筋应采用 HRB335E、HRB400E、HRB500E、HRBF335E、HRBF400E 或 HRBF500E 钢筋,其强度和最大力下总伸长率的实测值还应符合下列规定:

(1)钢筋实测抗拉强度与实测屈服强度之比不小于 1.25。

(2)钢筋实测屈服强度与表 6-12 规定的屈服强度标准值之比不大于 1.30。

(3)钢筋的最大力下总伸长率 δ_{gt} 不小于 9.0%。

热轧光圆钢筋是用 Q215 或 Q235 碳素结构钢轧制而成的。其强度较低,塑性及焊接性能好,伸长率大,便于弯折成形和进行各种冷加工。我国目前广泛用于钢筋混凝土构件中,作为中小型钢筋混凝土结构的受力钢筋和各种钢筋混凝土结构的箍筋等。

热轧带肋钢筋是用低合金镇静钢或半镇静钢轧制成的钢筋,其强度较高,延性、机械连接性和可焊性及施工适应性较好,而且因表面带肋,加强了钢筋与混凝土之间的黏结力。我国目前广泛应用于大、中型钢筋混凝土结构的主要受力钢筋,经过冷拉后可用作预应力筋。

根据《混凝土结构设计规范》(2015 年版)(GB 50010—2010)和《混凝土结构工程施工质量验收规范》(GB 50204—2015),纵向受力钢筋宜采用 HRB400、HRB500、HRBF400、HRBF500 钢筋,也可采用 HPB300、HRB335、HRBF335 钢筋;梁、柱和斜撑构件的纵向受力钢筋应采用 HRB400、HRB500、HRBF400、HRBF500 钢筋;箍筋宜采用 HRB400、HRBF400、HPB300、HRB500、HRBF500 钢筋,也可采用 HRB335、HRBF335 钢筋。箍筋用于抗剪、抗扭及抗冲切设计时,不宜采用强度高于 400MPa 级的钢筋;当用于约束混凝土的间接配筋(如连续螺旋配箍或封闭焊接箍)时,采用 500MPa 级钢筋具有一定的经济效益。

HRB500 钢筋尚未进行充分的疲劳试验研究,因此,承受疲劳作用的钢筋宜选用 HRB400 钢筋。当 HRBF 钢筋用于疲劳荷载作用的构件时,应经试验验证。

(二)钢筋混凝土用余热处理钢筋 HRB500 级的带肋钢筋

钢筋混凝土用余热处理钢筋是热轧后利用热处理原理进行表面控制冷却(穿水),并利用芯部余热自身完成回火处理所得的成品钢筋。其表面金相组织为淬火自回火组织。余热处理后的钢筋强度虽得以提高,但是其延性、可焊性、机械连接性和施工适应性均降低。一般可用于对变形性能及加工性能要求不高的构件中,如基础、大体积混凝土、楼板、墙体以及次要的中小结构构件等。

1. 分类、牌号

根据《钢筋混凝土用余热处理钢筋》(GB/T 13014—2013),余热处理钢筋按屈服强度特征值分为 400、500 级,按用途可分为可焊和非可焊。钢筋混凝土用余热处理钢筋牌号的构成及其含义如表 6-12 所示。

表 6-12　钢筋混凝土用余热处理钢筋牌号的构成及其含义

类　别	牌　号	牌号构成	英文字母含义
余热处理钢筋	RRB400 RRB500	由 RRB＋规定的屈服强度特征值	RRB 为余热处理钢筋的英文缩写； W 为焊接的英文缩写
	RRB400W	由 RRB＋规定的屈服强度特征值 ＋可焊	

2. 尺寸、重量及允许偏差

钢筋混凝土用余热处理钢筋的公称直径范围为 8～40mm,标准推荐的钢筋公称直径为 8mm、10mm、12mm、16mm、20mm、25mm、32mm 和 40mm。

钢筋混凝土用余热处理钢筋的实际重量与理论重量的允许偏差应符合表 6-13 的规定。

表 6-13　钢筋混凝土用余热处理钢筋的实际重量与理论重量的允许偏差

公称直径/mm	实际重量与理论重量的偏差/%
8～12	±6
14～20	±5
22～50	±4

3. 技术要求

(1)化学成分。钢筋混凝土用余热处理钢筋的化学成分和碳当量(熔炼分析)应符合表 6-14 的规定。根据需要,钢中还可加入 V、Nb、Ti 等元素。

表 6-14　钢筋混凝土用余热处理钢筋的化学成分

牌号	化学成分(质量分数)/%,不大于					
	C	Si	Mn	P	S	Ceq
RRB400 RRB500	0.30	1.00	1.60	0.045	0.045	—
RRB400W	0.25	0.80	1.60	0.045	0.045	0.50

(2)力学性能。钢筋混凝土用余热处理钢筋的力学性能特性值应符合表 6-15 的规定。

表 6-15　钢筋混凝土用余热处理钢筋的力学性能

牌号	设计 符号	R_{eL}/MPa	R_m/MPa	A/%	A_{gt}/%
		不小于			
RRB400	C^R	400	540	14	5.0
RRB500		500	630	13	
RRB400W		430	570	16	7.5

对于没有明显屈服强度的钢,屈服强度特性值 R_{eL} 应采用规定非比例延伸强度 $R_{\mathrm{p0.2}}$。根据供需双方协议,伸长率类型可从 A 或 A_{gt} 中选定。如伸长率类型未经协议确定,则伸长率采用 A,仲裁试验时采用 A_{gt}。

(3)弯曲性能。钢筋混凝土用余热处理钢筋的弯曲性能应符合表 6-16 的规定。按表 6-16 规定的弯芯直径弯曲 180°后,钢筋受弯曲部位表面不得产生裂纹。

表 6-16　钢筋混凝土用余热处理钢筋的弯曲性能

牌号	公称直径 a/mm	弯芯直径 d/mm
RRB400	8～25	$4a$
RRB400W	28～40	$5a$
RRB500	8～25	$6a$

钢筋混凝土用余热处理钢筋的拉伸、弯曲试验试样,不允许进行车削加工。

《钢筋混凝土用余热处理钢筋》(GB/T 13014—2013),不适用于由成品钢材和废旧钢材再次轧制成的钢筋。

钢筋混凝土用余热处理钢筋的应用与热轧带肋钢筋基本类似。土木工程中常用的余热处理钢筋牌号为 RRB400,根据《混凝土结构设计规范》(2015 年版)(GB 50010—2010)和《混凝土结构工程施工质量验收规范》(GB 50204—2015),RRB400 钢筋宜作为纵向受力钢筋;RRB400 钢筋不宜用于直接承受疲劳荷载的构件。

(三)冷轧带肋钢筋

冷轧带肋钢筋是由热轧光圆钢筋为母材,经冷轧减径后在其表面冷轧成二面或三面横肋(月牙肋)的钢筋,见图 6-7。

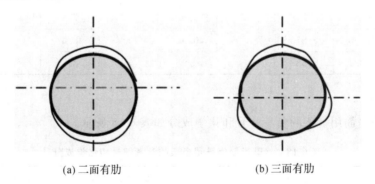

(a) 二面有肋　　　　　　　(b) 三面有肋

图 6-7　冷轧带肋钢筋横截面上月牙肋分布情况

1. 牌号

根据《冷轧带肋钢筋》(GB/T 13788—2017),牌号由 CRB 和抗拉强度最小值构成。C、R、B 分别表示冷轧(cold rolled)、带肋(ribbed)、钢筋(bars)三个词的英文首字母。

冷轧带肋钢筋分为 CRB550、CRB650、CRB800、CRB600H、CRB680H、CRB800H 六个牌号。CRB550、CRB600H 为普通钢筋混凝土用钢筋,其他牌号为预应力混凝土用钢筋。

2. 尺寸、重量及允许偏差

三面肋和二面肋钢筋的尺寸、重量及允许偏差应符合表 6-17 的规定。

表 6-17 三面肋和二面肋钢筋的尺寸、重量及允许偏差

公称直径 d/mm	公称横截面积/mm²	重量		横肋中点高		横肋间隙		相对肋面积 f_r 不小于
		理论重量/(kg/m)	允许偏差/%	h/mm	允许偏差/mm	l/mm	允许偏差/%	
4	12.6	0.099		0.30		4.0		0.036
4.5	15.9	0.125		0.32		4.0		0.039
5	19.6	0.154		0.32		4.0		0.039
5.5	23.7	0.186		0.40		5.0		0.039
6	28.3	0.222		0.40	+0.10 −0.05	5.0		0.039
6.5	33.2	0.261		0.46		5.0		0.045
7	38.5	0.302		0.46		5.0		0.045
7.5	44.2	0.347		0.55		6.0		0.045
8	50.3	0.395	±4	0.55		6.0	±15	0.045
8.5	56.7	0.445		0.55		7.0		0.045
9	63.6	0.499		0.75		7.0		0.052
9.5	70.8	0.556		0.75		7.0		0.052
10	78.5	0.617		0.75		7.0		0.052
10.5	86.5	0.679		0.75	±0.10	7.4		0.052
11	95.0	0.746		0.85		7.4		0.056
11.5	103.8	0.815		0.95		8.4		0.056
12	113.1	0.888		0.95		8.4		0.056

3. 化学成分

冷轧带肋钢筋用盘条的参考牌号和化学成分如表 6-18 所示。

表 6-18 冷轧带肋钢筋用盘条的参考牌号和化学成分

钢筋牌号	盘条牌号	化学成分/%					
		C	Si	Mn	V、Ti	S	P
CRB550	Q215	0.09~0.15	≤0.30	0.25~0.55	—	≤0.050	≤0.045
CRB650	Q235	0.14~0.22	≤0.30	0.30~0.65	—	≤0.050	≤0.045
CRB800	24MnTi	0.19~0.27	0.17~0.37	1.20~1.60	Ti:0.01~0.05	≤0.045	≤0.045
	20MnSi	0.17~0.25	0.40~0.80	1.20~1.60	—	≤0.045	≤0.045
CRB970	41MnSiV	0.37~0.45	0.60~1.10	1.00~1.40	V:0.05~0.12	≤0.045	≤0.045
	60	0.57~0.65	0.17~0.37	0.50~0.80	—	≤0.035	≤0.035

4. 技术性能

根据《冷轧带肋钢筋》(GB/T 13788—2017),力学性能和工艺性能应符合表 6-19 的规定。

表 6-19　冷轧带肋钢筋的力学性能和工艺性能

牌号	$R_{p0.2}$ /MPa 不小于	R_m /MPa 不小于	伸长率/% 不小于		弯曲试验 180°	反复弯曲次数	应力松弛性能初始应力相当于公称抗拉强度的 70%
			$A_{11.3}$	A_{100}			1000h 松弛率/% 不大于
CRB550	500	550	8.0	—	$D=3d$	—	—
CRB650	585	650	—	4.0		3	8
CRB800	720	800	—	4.0		3	8
CRB970	875	970	—	4.0		3	8

注:表中 D 为弯心直径,d 为钢筋公称直径。

钢筋的强屈比 $R_m/R_{p0.2}$ 不小于 1.03。经供需双方协议可用 $A_{gt} \geq 2.0\%$ 代替 A。

CRB550 钢筋的公称直径范围为 4~12mm。CRB650 及以上牌号钢筋的公称直径为 4mm、5mm、6mm。

(四)预应力混凝土用钢棒

预应力混凝土用钢棒是由低合金热轧圆盘条经淬火和回火所得的钢棒。《预应力混凝土用钢棒》(GB/T 5223.3—2017)规定如下。

1. 分类

按钢棒表面形状的不同,预应力混凝土用钢棒可分为光圆钢棒、螺旋槽钢棒、螺旋肋钢棒、带肋钢棒四种。

2. 代号及标记

预应力混凝土用钢棒代号 PCB,光圆钢棒代号 P,螺旋槽钢棒代号 HG,螺旋肋钢棒代号 HR,带肋钢棒代号 R,低松弛代号 L。

产品标记中应含有预应力混凝土用钢棒代号 PCB、公称直径、公称抗拉强度、代号、延性级别(延性 35 或延性 25)、低松弛(L)、标准号。

3. 技术性能

尺寸、重量、性能等应符合表 6-20~表 6-25 的规定。伸长特性(包括延性级别和相应伸长率)应符合表 6-26 的规定。

表 6-20 光圆钢棒尺寸及允许偏差、每米理论重量

公称直径 D_n/mm	直径允许偏差/mm	公称横截面积 S_n/mm²	每米理论重量/(g/m)
6	±0.10	28.3	222
7		38.5	302
8		50.3	395
9	±0.12	63.6	499
10		78.5	616
11		95.0	746
12		113	887
13		133	1044
14		154	1209
15		177	1389
16		201	1578

注:每米理论重量=公称横截面积×钢的密度,计算每米理论重量时,钢的密度为 7.85g/cm³。

表 6-21 螺旋槽钢棒的尺寸、重量及允许偏差

公称直径 D_n/mm	公称横截面积 S_n/mm	每米理论重量/(g/m)	每米长度重量/(g/m)		螺旋槽数量/条	外轮廓直径及偏差		螺旋槽尺寸				导程及偏差	
			最大	最小		直径 D/mm	偏差/mm	深度 α/mm	偏差/mm	宽度 b/mm	偏差/mm	导程 c/mm	偏差/mm
7.1	40	314	327	306	3	7.25	±0.15	0.20	±0.10	1.70	±0.10	公称直径的10倍	±10
9.0	64	502	522	490	6	9.25		0.30		1.50			
10.7	90	707	735	689	6	11.10	±0.20	0.30		2.00			
12.6	125	981	1021	957	6	13.10		0.45	±0.15	2.20			
14.0	154	1209	1257	1179	6	14.30	±0.25	0.45		2.30			

表 6-22　螺旋肋钢棒的尺寸、重量及允许偏差

公称直径 D_n/mm	公称横截面积 S_n/mm	每米理论重量/(g/m)	每米长度重量/(g/m) 最大	每米长度重量/(g/m) 最小	螺旋肋数量/条	基圆尺寸 基圆直径 D_1/mm	基圆尺寸 偏差/mm	外轮廓尺寸 外轮廓直径 D/mm	外轮廓尺寸 偏差/mm	单肋尺寸 宽度 a/mm	螺旋肋导程 c/mm
6	28.3	222	231	217		5.80	±0.10	6.30	±0.15	2.20~2.60	40~50
7	38.5	302	314	295		6.73		7.46		2.60~3.00	50~60
8	50.3	395	411	385		7.75		8.45		3.00~3.40	60~70
9	63.6	499	519	487		8.75		9.45		3.40~3.80	65~75
10	78.5	616	641	601		9.75		10.45		3.60~4.20	70~85
11	9.50	746	776	727		10.75	±0.15	11.45	±0.20	4.00~4.60	75~90
12	113	887	923	865	4	11.70		12.50		4.20~5.00	85~100
13	133	1044	1086	1018		12.75		13.45		4.60~5.40	95~110
14	154	1209	1257	1179		13.75		14.40		5.00~5.80	100~115
16	201	1578	1641	1538		15.75	±0.05	16.70	±0.10	3.50~4.50	100~115
18	254	1994	2074	1944		17.68	±0.06	18.68	±0.12	4.00~5.00	80~90
20	314	2465	2563	2403		19.62	±0.08	20.82	±0.16	4.50~5.50	90~100
22	380	2983	3102	2908		21.60	±0.10	23.20	±0.20	5.50~6.50	100~110

注：16~22mm 预应力螺旋肋钢棒主要用于矿山支护。

表 6-23　有纵肋带肋钢棒的尺寸、重量及允许偏差

公称直径 D_n/mm	公称横截面积 S_n/mm	每米理论重量/(g/m)	每米长度重量/(g/m) 最大	每米长度重量/(g/m) 最小	内径 d 公称尺寸/mm	内径 d 偏差/mm	横肋高 h 公称尺寸/mm	横肋高 h 偏差/mm	纵肋高 h_1		横肋宽 b/mm	纵肋宽 a/mm	间距 L 公称尺寸/mm	间距 L 偏差/mm	横肋末端最大间隙（公称周长的10%弦长）/mm
6	28.3	222	231	217	5.8	±0.4	0.5	±0.3	0.6	±0.3	0.4	1.0	4.0		1.8
8	50.3	395	411	385	7.7	±0.5	0.7	±0.4 −0.3	0.8	±0.5	0.6	1.2	5.5		2.5
10	78.5	616	641	601	9.6		1.0	±0.4	1.0	±0.6	1.0	1.5	7.0	±0.5	3.1
12	113	887	923	865	11.5		1.2		1.2		1.2	1.5	8.0		3.7
14	154	1209	1257	1179	13.4		1.4	±0.4 −0.5	1.4	±0.8	1.2	1.8	9.0		4.3
16	201	1578	1641	1538	15.4		1.6		1.5		1.2	1.8	10.0		5.0

注：纵肋斜角 θ 为 0~30°；尺寸 a、b 为参考数据。

表 6-24　无纵肋带肋钢棒的尺寸、重量及允许偏差

公称直径 D_n/mm	公称横截面积 S_n/mm	每米理论重量/(g/m)	每米长度重量/(g/m)		垂直内径 d_1		水平内径 d_2		横肋高 h		横肋宽 b/mm	间距 L	
			最大	最小	公称尺寸/mm	偏差/mm	公称尺寸/mm	偏差/mm	公称尺寸/mm	偏差/mm		公称尺寸/mm	偏差/mm
6	28.3	222	231	217	5.7	±0.4	6.2	±0.4	0.5	±0.3	0.4	4.0	
8	50.3	395	411	385	7.5	±0.5	8.3	±0.5	0.7	+0.4 −0.3	0.6	5.5	±0.5
10	78.5	616	641		9.4		10.3		1.0	±0.4	1.0	7.0	
12	113	887	923	865	11.3		12.3		1.2		1.2	8.0	
14	154	1209	1257	1179	13.0		14.3		1.4	+0.4 −0.5	1.2	9.0	
16	201	1578	1641	1538	15.0		16.3		1.5		1.2	10.0	

注：尺寸 b 为参考数据。

表 6-25　钢棒的力学性能和工艺性能

表面形状类型	公称直径 D_n/mm	抗拉强度 R_{ns}/MPa 不小于	规定塑性延伸强度 $R_{ns0.2}$/MPa 不小于	弯曲性能		应力松弛性能	
				性能要求	弯曲半径/mm	初始应力为公称抗拉强度的百分数/%	1000h 应力松弛率 r/% 不大于
光圆	6			反复弯曲 不小于 4 次	15		
	7				20		
	8				20		
	9				25		
	10	1080	930		25	60	1.0
	11	1230	1080	弯曲 160°～180° 后弯曲处 无裂纹	弯曲压头直径 为钢棒公称直径的 10 倍	70	2.0
	12	1420	1280			80	4.5
	13	1570	1420				
	14						
	15						
	16						

续表

表面形状类型	公称直径 D_n/mm	抗拉强度 R_{ns}/MPa 不小于	规定塑性延伸强度 $R_{ns0.2}$/MPa 不小于	弯曲性能		应力松弛性能	
				性能要求	弯曲半径/mm	初始应力为公称抗拉强度的百分数/%	1000h 应力松弛率 r/% 不大于
螺旋槽	7.1			—			
	9.0	1080	930				
	10.7	1230	1080				
	12.6	1420	1280				
	14.0	1570	1120				
螺旋肋	6			反复弯曲180° 不少于4次	15		
	7				20		
	8				20		
	9	1080	930		25		
	10	1230	1080		25		
	11	1420	1280				
	12	1570	1120	弯曲 160°~180° 后弯曲处无裂纹	弯曲压头直径为钢棒公称直径的10倍	60	1.0
	13					70	2.0
	14					80	4.5
	16						
	18	1080	930				
	20	1270	1140				
	22						
带肋钢棒	6			—			
	8	1080	930				
	10	1230	1080				
	12	1420	1280				
	14	1570	1420				
	16						

表 6-26　预应力混凝土用钢棒伸长特性

韧性级别	最大力总伸长率 A_{gt}/% 不小于	断后伸长率($L_0=8D_n$)A/% 不小于
延性 35	3.5	7.0
延性 25	2.5	5.0

注:① 日常检验可用断后伸长率,仲裁试验以最大力总伸长率为准。

　　② 最大力总伸长率标距 $L_0=200mm$。

4. 应用

预应力混凝土用钢棒具有高强度、高韧性和高握裹力等优点,主要用于预应力混凝土桥梁轨枕,还可用于预应力梁、板结构及吊车梁等。

预应力混凝土用钢棒成盘供应,开盘后能自行伸直,不需调直和焊接,施工方便,且节约钢材。

(五)预应力混凝土用钢丝

预应力混凝土用钢丝是用索氏体化盘条制造,经冷拉或冷拉后消除应力处理制成。

根据《预应力混凝土用钢丝》(GB/T 5223—2014),钢丝按加工状态可分为冷拉钢丝(代号 WCD)和消除应力钢丝(代号 WLR,亦即低松弛钢筋)两类;钢丝按外形可分为光圆钢丝(代号 P)、螺旋肋钢丝(代号 H)和刻痕钢丝(代号 I)三种。

预应力混凝土用钢丝的产品标记是由预应力钢丝、公称直径、抗拉强度等级、加工状态代号、外形代号、标准号六部分组成。例如:预应力钢丝 7.00-1570-WLR-H-GB/T 5223—2014。

根据《混凝土结构设计规范》(2015 年版)(GB 50010—2010),在结构设计中消除应力光圆钢丝的设计符号为"A^P"、消除应力螺旋肋钢丝的设计符号为"A^H"。

冷拉钢丝、消除应力光圆及螺旋肋钢丝的力学性能应符合表 6-27、表 6-28 的规定。

预应力混凝土用钢丝具有强度高、柔性好、松弛率低、抗腐蚀性强、质量稳定、安全可靠等特点,主要用于大跨度屋架及薄腹梁、大跨度吊车梁、桥梁等预应力结构。

目前,我国增列中强度预应力钢丝,以补充中等强度预应力筋的空缺,用于中、小跨度的预应力构件;逐步淘汰锚固性能差的刻痕钢丝。

(六)预应力混凝土用螺纹钢筋

预应力混凝土用螺纹钢筋(也称精轧螺纹钢筋)是一种热轧成带有不连续外螺纹的直条大直径预应力筋,该钢筋在任意截面处,均可用带有匹配形状的内螺纹的连接器或锚具进行连接或锚固。

根据《预应力混凝土用螺纹钢筋》(GB/T 20065—2016),相关力学性能如表 6-27 ～表 6-28 所示。

表 6-27　压力管道用冷拉钢丝的力学性能

公称直径 d_n/mm	公称抗拉强度 R_m/MPa	最大力的特征值 F_m/kN	最大力的最大值 $F_{m,max}$/kN	0.2%屈服力 $F_{p0.2}$/kN ≥	每210mm扭矩的扭转次数 N ≥	断面收缩率 Z/% ≥	氢脆敏感性能负载为70%最大力时,断裂时间 t/h ≥	应力松弛性能初始力为最大力的70%时,1000h应力松弛率 r/% ≤
4.00		18.48	20.99	13.86	10	35		
5.00		28.86	32.79	21.65	10	35		
6.00	1470	41.56	47.21	31.17	8	30		
7.00		56.57	64.27	42.42	8	30		
8.00		73.88	83.93	55.41	7	30		
4.00		19.73	22.24	14.80	10	35		
5.00		30.82	34.75	23.11	10	35		
6.00	1570	44.38	50.03	33.29	8	30		
7.00		60.41	68.11	45.31	8	30		
8.00		78.91	88.96	59.18	7	30	75	7.5
4.00		20.99	23.50	15.74	10	35		
5.00		32.78	36.71	24.59	10	35		
6.00	1670	47.21	52.86	35.41	8	30		
7.00		64.26	71.96	48.20	8	30		
8.00		83.93	93.99	62.95	6	30		
4.00		22.25	24.76	16.69	10	35		
5.00		34.75	38.68	26.06	10	35		
6.00	1770	50.04	55.69	37.53	8	30		
7.00		68.11	75.81	51.08	6	30		

表 6-28　消除应力光圆及螺旋肋钢丝的力学性能

公称直径 d_n/mm	公称抗拉强度 R_m/MPa	最大力的特征值 F_m/kN	最大力的最大值 $F_{m,max}$/kN	0.2%屈服力 $F_{p0.2}$/kN ≥	最大力总伸长率 ($L_0=200mm$) A_{gt}/% ≥	反复弯曲性能 弯曲次数/(次/180°) ≥	反复弯曲性能 弯曲半径 R/mm	应力松弛性能 初始力相当于实际最大力的百分数/%	应力松弛性能 1000h应力松弛率 r/% ≤
4.00		18.48	20.99	16.22		3	10		
4.80		26.61	30.23	23.35		4	15		
5.00		28.86	32.79	25.32		4	15		
6.00		41.56	47.21	36.37		4	15		
6.25		45.10	51.24	39.58		4	20		
7.00		56.57	64.26	49.64		4	20		
7.50	1470	64.94	73.78	56.99		4	20		
8.00		73.88	83.93	64.84		4	20		
9.00		93.52	106.25	82.07		4	25		
9.50		104.19	118.37	91.44		4	25		
10.00		115.45	131.16	101.32		4	25		
11.00		139.69	158.70	122.59		—	—		
12.00		166.26	188.88	145.90	3.5	—	—	70	2.5
4.00		19.73	22.24	17.37		3	10	80	4.5
4.80		28.41	32.03	25.00		4	15		
5.00		30.82	34.75	27.12		4	15		
6.00		44.38	50.03	39.06		4	15		
6.25		48.17	54.31	42.39		4	20		
7.00		60.41	68.11	53.16		4	20		
7.50	1570	69.36	78.20	61.04		4	20		
8.00		78.91	88.96	69.44		4	20		
9.00		99.88	112.60	87.89		4	25		
9.50		111.28	125.46	97.93		4	25		
10.00		123.31	139.02	108.51		4	25		
11.00		149.20	168.21	131.30		—	—		
12.00		177.57	200.19	156.26		—	—		

公称直径 d_n/mm	公称抗拉强度 R_m/MPa	最大力的特征值 F_m/kN	最大力的最大值 $F_{m,max}$/kN	0.2%屈服力 $F_{p0.2}$/kN ≥	最大力总伸长率 (L_0=200mm) A_{gt}/% ≥	反复弯曲性能		应力松弛性能	
						弯曲次数/(次/180°) ≥	弯曲半径 R/mm	初始力相当于实际最大力的百分数/%	1000h应力松弛率 r/% ≤
4.00	1670	20.99	23.50	18.47	3.5	3	10	70 80	2.5 4.5
5.00		32.78	36.71	28.85		4	15		
6.00		47.21	52.86	41.54		4	15		
6.25		51.24	57.38	45.09		4	20		
7.00		64.26	71.96	56.55		4	20		
7.50		73.78	82.62	64.93		4	20		
8.00		83.93	93.98	73.86		4	20		
9.00		106.25	118.97	93.50		4	25		
4.00	1770	22.25	24.76	19.58		3	10		
5.00		34.75	38.68	30.58		4	15		
6.00		50.04	55.69	44.03		4	15		
7.00		68.11	75.81	59.94		4	20		
7.50		78.20	87.04	68.81		4	20		
4.00	1860	23.38	25.89	20.57		3	10		
5.00		36.51	40.44	32.13		4	15		
6.00		52.58	58.23	46.27		4	15		
7.00		71.57	79.27	62.98		4	20		

1. 强度等级代号

预应力混凝土用螺纹钢筋以屈服强度划分级别,其代号为"PSB",加上规定屈服强度最小值来表示。P、S、B分别为prestressing、screw、bars的英文首字母。例如:PSB830,表示屈服强度最小值为830MPa的预应力混凝土用螺纹钢筋。

根据《混凝土结构设计规范》(2015年版)(GB 50010—2010),在结构设计中预应力混凝土用螺纹钢筋的设计符号为"A^T"。

2. 重量允许偏差

实际重量与理论重量的允许偏差应不大于理论重量的±4%,标准推荐的公称直径为25mm、32mm。外形采用螺纹状无纵肋且钢筋两侧螺纹在同一螺旋线上,其外形如图6-8所示。

3. 力学性能

力学性能应符合表6-29的规定,以保证经过不同方法加工的成品钢筋质量。

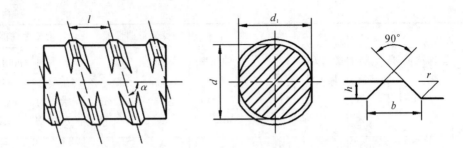

d—基圆内直径;d_1—基圆外直径;h—螺纹高;b—螺纹底宽;l—螺距;r—螺纹根弧;α—导角

图 6-8　预应力混凝土用螺纹钢筋表面及截面形状

表 6-29　预应力混凝土用螺纹钢筋的力学性能

级别	设计符号	屈服强度 R_{eL}/MPa	抗拉强度 R_m/MPa	断后伸长率 A/%	最大力总伸长率 A_{gt}/%	应力松弛性能	
						初始应力	1000h 后应力松弛率 V_r/%
		不小于					
PSB785		785	980	8			
PSB830		830	1 030	7			
PSB930	Φ^T	930	1 080	7	3.5	$0.7 R_{eL}$	≤4.0
PSB1080		1 080	1 230	6			
PSB1200		1200	1330	6			

注:无明显屈服时,用规定非比例延伸强度($R_{P0.2}$)代替。

(1)如无特殊要求,只进行初始力为 70%F_m 的松弛试验,允许使用推算法进行 120h 松弛试验确定 1000h 松弛率。

(2)伸长率类型通常选用 A,经供需双方协商,也可选用 A_{gt}。

(3)经供需双方协商,可提供其他规格的钢筋,可进行疲劳试验。

4. 表面质量

(1)钢筋表面不得有横向裂纹、结疤和折叠。

(2)允许有不影响钢筋力学性能和连接的其他缺陷。

(七)预应力混凝土用钢绞线

预应力混凝土用钢绞线是用索氏体化盘条制造的若干根直径为 2.5～6.0mm 的冷拉光圆钢丝或刻痕钢丝捻制,再进行连续的稳定化处理而制成。

根据《预应力混凝土用钢绞线》(GB/T 5224—2014),钢绞线按结构分为 8 类,其结构代号分别为:1×2(用两根钢丝捻制)、1×3(用三根钢丝捻制)、1×3I(用三根刻痕钢丝捻制)、1×7(用 7 根钢丝捻制的标准型)、1×7I(用六根刻痕钢丝和一根光圆中心钢丝捻制)、1×7C(用七根钢丝捻制又经模拔)、1×19S(用十九根钢丝捻制的 1＋9＋9 西鲁式钢绞线)、1×19W(用十九根钢丝捻制的 1＋6＋6/6 瓦林吞式钢绞线)。

预应力混凝土用钢绞线的产品标记是由预应力钢绞线、结构代号、公称直径、强度级别、标准编号五部分组成,例如:预应力钢绞线 1×7-15.20-1860-GB/T 5224—2014。

　　根据《混凝土结构设计规范》(2015 年版)(GB 50010—2010)，在结构设计中预应力混凝土用钢绞线的设计符号为"A_s"。根据《预应力混凝土用钢绞线》(GB/T 5224—2014)，预应力混凝土结构最常用的 1×7 结构钢绞线的力学性能应符合表 6-30 的规定。

　　预应力钢绞线具有强度高、与混凝土黏结性能好、易于锚固等特点，多用于大跨度、重荷载的预应力混凝土结构。我国目前推广应用高强、大直径的预应力钢绞线。

表 6-30　1×7 结构钢绞线的力学性能

| 钢绞线结构 | 钢绞线公称直径 D_n/mm | 公称抗拉强度 σ_b/MPa | 整根钢绞线的最大力 F_m/kN ≥ | 整根钢绞线最大力的最大值 $F_{m,max}$/kN ≤ | 0.2%屈服力 $F_{p0.2}$/kN ≥ | 最大力总伸长率 (L_0≥500mm) δ_{gt}/% ≥ | 应力松弛性能 | |
							初始负荷相当于实际最大力的百分数/%	1000h 后应力松弛率 r/% ≤
1×7	15.20 (15.24)	1470	206	234	181	3.5	70 80	2.5 4.5
		1570	220	248	194			
		1670	234	262	206			
	9.50 (9.53)	1720	94.3	105	83.0			
	11.10 (11.11)		128	142	113			
	12.70		170	190	150			
	15.20 (15.24)		241	269	212			
	17.80 (17.78)		327	365	288			
	18.90	1820	400	444	352			
	15.70	1770	266	296	234			
	21.60		504	561	444			
	9.50 (9.53)	1860	102	113	89.8			
	11.10 (11.11)		138	153	121			
	12.70		184	203	162			
	15.20 (15.24)		260	288	229			
	15.70		279	309	246			
	17.80 (17.78)		355	391	311			
	18.90		409	453	360			
	21.60		530	587	466			
	9.50 (9.53)	1960	107	118	94.2			
	11.10 (11.11)		145	160	128			
	12.70		193	213	170			
	15.20 (15.24)		274	302	241			

续表

钢绞线结构	钢绞线公称直径 D_n/mm	公称抗拉强度 σ_b/MPa	整根钢绞线的最大力 F_m/kN ≥	整根钢绞线最大力的最大值 $F_{m,max}$/kN ≤	0.2%屈服力 $F_{p0.2}$/kN ≥	最大力总伸长率 ($L_0 \geq 500$mm) δ_{gt}/% ≥	应力松弛性能	
							初始负荷相当于实际最大力的百分数/%	1000h后应力松弛率 r/% ≤
1×7 Ⅰ	12.70	1860	184	203	162	3.5	70 80	2.5 4.5
	15.20 (15.24)		260	288	229			
(1×7) C	12.70	1860	208	231	183			
	15.20 (15.24)	1820	300	333	264			
	18.00	1720	384	428	338			

三、钢结构用钢

在钢结构用钢中一般可直接选用各种规格与型号的型钢,构件之间可直接连接或附件连接。连接方式为铆接、栓接或焊接。因此,钢结构用钢材主要是型钢和钢板。型钢和钢板的成型方法主要有热轧和冷轧。

1. 热轧型钢

热轧型钢主要采用碳素结构钢 Q235-A,低合金高强度结构钢 Q345 和 Q390 热轧成型。

常用的热轧型钢有角钢、工字钢、槽钢、T 型钢、H 型钢、Z 型钢等。热轧型钢的标记方式为一组符号中需要标示型钢名称、横断面主要尺寸、型钢标准号、钢牌号及钢种标准。例如,用碳素结构钢 Q235-A 轧制的,尺寸为 160mm×160mm×16mm 的等边角钢,应标示为:

$$热轧等边角钢 \frac{160 \times 160 \times 16 - GB/T\ 706 - 2016}{Q235\text{-}A - GB/T\ 700 - 2006}$$

碳素结构钢 Q235-A 制成的热轧型钢,强度适中,塑性和可焊性较好,冶炼容易,成本低,适用于土木工程中的各种钢结构。低合金高强度结构钢 Q345 和 Q390 制成的热轧型钢,综合性能较好,适用于大跨度、承受动荷载的钢结构。

2. 钢板和压型钢板

钢板是用碳素结构钢或低合金高强度结构钢经热轧或冷轧生产的扁平钢材。以平板状态供货的称为钢板,以卷状态供货的称为钢带。厚度大于 4mm 以上为厚板,厚度小于或等于 4mm 的为薄板。

热轧碳素结构钢厚板,是钢结构用主要钢材。薄板用于屋面、墙面或压型板原料等。低合金高强度结构钢厚板,用于重型结构、大跨度桥梁和高压容器等。

压型钢板是用薄板经冷压或冷轧成波形、双曲线、V 形等形状,压型钢板有涂层薄板、镀锌薄板、防腐薄板等。其具有单位质量轻、强度高、抗震性能好、施工快、外形美观等优点,主要用于维护结构、楼板、屋面等。

3. 冷弯薄壁型钢

冷弯薄壁型钢是用 2～6mm 的薄钢板经冷弯或模压制成,有角钢、槽钢等开口薄壁型钢及方形、矩形等空心薄壁型钢,主要用于轻型钢结构。

冷弯薄壁型钢的表示方法与热轧型钢相同。

土木工程中钢筋混凝土用钢和钢结构用钢,主要根据结构的重要性、承受荷载类型(动荷载或静荷载)、承受荷载方式(直接或间接)、连接方法(焊接、铆接或栓接)、温度条件(正温或负温)等,综合考虑钢种或钢牌号、质量等级和脱氧方法等进行选用。

第六节　建筑钢材的腐蚀防护与防火

金属腐蚀现象是十分普遍的。从热力学的观点出发,除了少数贵金属(Au、Pt)外,一般金属发生腐蚀都是自发过程。可以说,人类有效地利用金属的历史,就是与金属腐蚀做斗争的历史。近50年来,金属腐蚀已基本发展成为一门独立的综合性边缘学科。随着现代工业的迅速发展,原来大量使用的高强度钢构件不断暴露出严重的腐蚀问题,引起许多相关学科的关注。

金属腐蚀给社会带来巨大的经济损失,造成了灾难性事故,耗竭了宝贵的资源与能源,污染了环境,阻碍了高科技的正常发展。

一、建筑钢材的腐蚀

钢材的腐蚀是钢材受环境介质的化学作用或电化学作用等而引起破坏和变质的现象。钢材的腐蚀都是从表面开始的。建筑钢材腐蚀的主要形式有均匀腐蚀、点蚀、应力腐蚀、腐蚀疲劳等。

钢结构中,钢材的腐蚀导致钢材有效截面积减小、氧化膜破坏、应力腐蚀破裂(开裂或断裂)、产生蚀坑应力集中、氢脆或氢致、体积膨胀、产生各种化学物质、物理溶解、失去光泽等,是导致钢结构耐久性失效的重要因素。尤其是在冲击荷载、循环交变荷载作用下,将产生腐蚀疲劳和应力腐蚀现象,使钢材的疲劳强度显著降低,甚至出现脆性断裂。

根据统计调查结果,在所有钢材腐蚀中腐蚀疲劳、全面腐蚀和应力腐蚀引起的钢结构破坏事故所占比率较高,分别为23%、22%和19%。由于应力腐蚀和氢脆的突发性,因此其危害性最大,常常造成灾难性事故,在实际生产和应用中应引起足够的重视。

混凝土结构中,钢筋锈蚀(混凝土结构工程中习惯上称之为钢筋锈蚀)膨胀引起混凝土保护层顺筋开裂,是导致混凝土结构耐久性失效的重要因素,是混凝土结构破坏的重要原因。混凝土结构中钢筋的锈蚀不仅导致钢筋横截面积减小、钢筋力学性能劣化(如应力不均匀分布、锈坑应力集中)、钢筋与混凝土黏接性能降低;而且钢筋锈蚀产物具有体积膨胀的特性,导致混凝土锈胀开裂,进而加剧钢筋锈蚀,促使钢筋与混凝土的黏结力不断降低,改变混凝土结构受力体系,最终使混凝土结构性能降低或加速混凝土结构破坏。

建筑钢材腐蚀是混凝土结构和钢结构破坏的重要原因。混凝土结构和钢结构的失效形式取决于材料、受力状态、环境条件、结构特征等。

根据腐蚀机理以及与环境介质直接发生反应,建筑钢材的腐蚀主要分为化学腐蚀和电化学腐蚀。

(一)化学腐蚀

化学腐蚀是钢材直接与周围介质发生化学反应而产生的腐蚀。化学腐蚀多数是氧化作用，氧化性介质有空气、氧、水蒸气、二氧化碳、二氧化硫、氯等。化学腐蚀的特征是在钢材表面生成较疏松的氧化物（腐蚀产物）。化学腐蚀随温度、湿度提高而加速，干湿交替环境中钢材腐蚀更为严重。

在无水的有机物介质中或高温的气体中（气体中即使含有水，也是以气相的水蒸气存在），钢材的腐蚀过程才是化学腐蚀过程。

（二）电化学腐蚀

电化学腐蚀是钢材与电解质溶液接触，形成腐蚀原电池而产生的腐蚀。电化学腐蚀与化学腐蚀显著的区别是，电化学腐蚀过程中有电流产生。电化学腐蚀的特征是，腐蚀区域是钢材表面的阳极，腐蚀产物常常发生在阳极与阴极之间，不能覆盖被腐蚀区域，起不到保护作用。潮湿环境中钢材表面会被一层电解质水膜所覆盖，而钢材本身含有铁、碳等多种成分，由于这些成分的电极电位不同，形成许多腐蚀原电池。在阳极区，铁被氧化成为 Fe^{2+} 离子进入水膜；在阴极区，溶于水膜中的氧被还原为 OH^- 离子。随后，两者结合生成不溶于水的 $Fe(OH)_2$，并进一步氧化成结构疏松且易剥落的棕黄色铁锈 $Fe(OH)_3$。

只要环境介质中有凝聚态的水（H_2O）存在，哪怕介质中只含有少量的凝聚态的水，钢材的腐蚀就以电化学腐蚀的过程进行，而钢材表面总会与含凝聚态水的介质接触，所以电化学腐蚀过程非常普遍。

当介质的组成、浓度、温度及阳极的电流密度等条件具备时，在钢材表面覆盖难溶的薄层氧化物膜（钝化膜，厚度一般为几个至十几个纳米）FeO，钢材转入钝化状态（简称钝态），钢材表面特性为钝性，由于钝化膜是不良的离子导体（但却是电子导体，即半导体），由阳极过程优先形成阻滞层，能阻滞钢材的阳极溶解过程，从而引起的钢材和合金具有高的耐腐蚀性，可以起到一定的防护作用，故在干燥环境中，钢材腐蚀进展缓慢。但是，若钢材周围环境条件（如氯化物侵蚀或混凝土中性化等）变化，则钝化膜的外层在溶液接触表面以一定的速度溶解于溶液。钝化膜的厚度逐渐减小，直至完全溶解消失（脱钝）。钢材表面又重新转入活性状态，开始腐蚀（起锈）。钝化膜的溶解是化学溶解过程。

钢材在大气中的腐蚀，实际上是化学腐蚀和电化学腐蚀共同作用所致，但是以电化学腐蚀为主，电化学腐蚀是钢材腐蚀中最普遍的现象。

二、建筑钢材的防腐蚀措施

影响钢材腐蚀的主要因素有环境中的湿度、氧，介质中的酸、碱、盐，钢材的化学成分及表面状况等。一些卤素离子，特别是氯离子能破坏氧化膜（钝化膜），促进腐蚀反应，使腐蚀迅速发展。最常见的钢材腐蚀破坏的重要因素是供给溶氧的空气及水分。

钢材腐蚀时，腐蚀产物的体积大于腐蚀前钢材的原体积，钢材腐蚀后的腐蚀产物将发生体积膨胀（腐蚀膨胀），一般体积膨胀 1.5～4 倍，最严重的可达到原体积的 6 倍。

钢筋混凝土结构中，钢筋锈蚀时锈蚀产物向周围混凝土孔隙中扩散，当锈蚀产物填满孔隙并且积累到一定程度时，由于锈蚀膨胀受到钢筋周围混凝土的限制，在钢筋与混凝土的交界面上产生锈蚀膨胀力，即称锈胀力。随着钢筋锈蚀过程的发展，钢筋与混凝土交界面上的锈蚀产物不断积累，锈胀力不断增大，在钢筋周围混凝土中产生的环向拉应力也不断增大，当锈蚀发展到一定程度，环向拉应力超过混凝土抗拉极限时，混凝土因受拉而开裂（锈胀开裂），甚至剥落。

埋入混凝土中的钢筋,处于 pH 大于 11 的混凝土碱性介质(新拌混凝土的 pH 为 12 左右)环境时,在钢筋表面形成碱性氧化膜(钝化膜),钢筋处于钝化状态,阻止锈蚀发生,故在未中性化的混凝土中钢筋一般不易锈蚀。当钢筋处于 pH 小于 11 的混凝土环境时,钢筋脱钝、起锈。

在工程实际中可采取以下技术措施防止或控制建筑钢材的腐蚀。

（一）涂（镀）层覆盖

1. 金属镀层覆盖

金属镀层按照镀上的金属或采用的工艺可分为很多类。通常用热浸镀、热喷镀(涂)、冷喷镀(涂)、低压等离子喷镀(涂)、低压电弧喷镀(涂)、物理气相沉积、化学气相沉积等方法覆盖钢材表面,提高钢材的耐腐蚀能力。薄壁钢材可采用热浸法镀锌、镀锡、镀铜、镀铬或镀锌后加涂塑料涂层等措施。

金属镀层从电化学腐蚀过程考虑,可分为阳极层和阴极层。阳极层相对于基体钢材是阳极防护层,阴极层相对于基体钢材是阴极防护层。

2. 非金属涂层覆盖

非金属涂层有有机涂层和无机涂层两种。常用的有机涂层有油漆、防腐涂料、塑料、橡胶、防锈油等。常用的无机涂层有搪瓷、陶瓷、玻璃、水泥净浆、水泥砂浆、混凝土、石墨等。钢结构为了防护钢材腐蚀,常用的底漆有红丹、环氧富锌、硅酸乙酯、热喷铝锌、无机富锌、铁红环氧底等;常用的中间漆有环氧云铁、环氧玻璃鳞片等;常用的面漆有聚氨酯、丙烯酸树脂、乙烯树脂、醇酸磁、酚醛磁等。

涂（镀）的作用主要是覆盖,因此要求覆盖层完整无孔,使基体钢材不与介质接触,并且与基体钢材牢固结合,在使用过程中,不应脱层或剥落。

（二）防止形成电化学腐蚀原电池

当钢材与黄铜紧固件连接时会形成电化学腐蚀原电池,此时通过中间介入塑料配件使钢材与黄铜绝缘,可以避免电化学腐蚀原电池的形成,使钢材不被腐蚀。防止形成电化学腐蚀原电池的重要环节是在装配或连接材料之间尽量避免出现缝隙,连接处应避免形成水的通道。采用焊接形式比机械连接更有利于防止电化学腐蚀原电池的形成。

（三）电位控制

1. 阴极保护

在钢材表面通入足够的阴极电流,使这种钢材的阳极溶解速度减小,从而防止钢材腐蚀的方法,称为阴极保护法(简称 PG 法)。根据阴极电流的来源,阴极保护法有两种:一种是外加电流阴极保护法,是通过利用外加直流电源的负极与被保护的钢材相连接,使得被保护的钢材发生阴极极化从而达到保护钢材的目的;另一种是牺牲阳极阴极保护法,是通过外加牺牲阳极,使得被保护的钢材成为腐蚀电池的阴极,从而达到保护钢材的目的。这两种阴极保护法,在腐蚀电池的阳极区、阴极区所发生的电极反应是相似的。

外加电流阴极保护法的主要优点是性能稳定、服役寿命长,但其缺点是系统要求长期保证供电并需要定期进行维护。对预应力混凝土结构,由于预应力筋处在高应力状态,因而钢材氢脆问题十分敏感。

外加电流阴极保护法的阳极系统可采用以下三种系统之一:

（1）混凝土表面安装网状贵金属阳极与优质水泥砂浆或聚合物改性水泥砂浆覆盖层组成的阳极系统。

（2）条状贵金属主阳极与含炭黑填料的水性或溶剂性导电涂层次阳极组成的阳极系统。

（3）开槽埋设于构件中的贵金属棒状阳极与导电聚合物回填物组成的阳极系统。

牺牲阳极阴极保护法比外加电流阴极保护法更为简单，但关键是要有合适的牺牲阳极材料，牺牲阳极的电位不宜过负，否则阴极上会析氢，可导致氢脆。目前，常用的牺牲阳极材料有锌基、镁基和铝基三大类。土木工程中常用的镀锌钢筋就是利用牺牲阳极的阴极保护技术。牺牲阳极阴极保护法适用于连续浸湿的环境。

牺牲阳极阴极保护法的阳极系统可采用以下两种系统之一：

（1）锌板与降低回路电阻的回填料组成的阳极系统。

（2）涂覆于混凝土表面的导电底涂料与锌喷涂层组成的阳极系统。

覆盖层防护钢材腐蚀有时是不完全的，因为覆盖层局部区域可能存在微小孔隙等缺陷，介质可通过缺陷而与钢材相接触，所以钢材腐蚀仍可发生。如果将阴极保护与油漆覆盖联合应用，则缺陷区域可得到保护，而所需的保护电流比未涂油漆的裸露钢材要小得多。

根据《混凝土结构耐久性修复与防护技术规程》（JGJ/T 259—2012），阴极保护法可用于混凝土结构中钢筋的保护。确认保护效果的方法是，测定钢筋电位或钢筋电位的衰减/发展值符合相关要求。

2. 阳极保护

在钢材表面通入足够的阳极电流，使这种钢材电位向正方向移动，达到并保持在钝化区内，使钢材处于稳定的钝化状态，从而防止钢材腐蚀的方法，称为阳极保护法。这种方法与钢材的钝化有密切关系，使钢材改变电位而保持钝态的方法有如下三种。

（1）用外加电源进行阳极极化——以被保护的钢材为阳极，当阳极电流密度达到致钝电流密度时，钢材发生钝化，然后用较小的电流密度，使钢材的电位维持在钝化范围内。

（2）往溶液中添加氧化剂——吹入空气或添加三价铁盐、硝酸盐、铬酸盐、重铬酸盐等氧化剂达到一定浓度，使溶液的氧化-还原电位升高，促进钝化。

（3）合金的阴极改性处理——在合金中添加少量的贵金属元素 Pd、Pt 等，由于它们起着强阴极的作用，可加速阴极反应，使合金电位正方向移到钝化区内，从而得到保护。在溶液中添加 Pd^{2+}、Pt^{4+}、Ag^+、Cu^{2+} 等，由于这些金属离子在合金表面的还原，也有类似的作用。

（四）电化学脱盐

电化学脱盐法（简称 ECR 法）的阳极系统由网状或条状阳极与浸没阳极的电解质溶液组成。电解质宜采用 $Ca(OH)_2$ 饱和溶液或自来水。根据《混凝土结构耐久性修复与防护技术规程》（JGJ/T 259—2012），电化学脱盐法可用于盐污染环境中混凝土结构的钢材保护。确认保护效果的方法是，测定混凝土的氯离子含量和钢筋电位，混凝土内氯离子含量应低于临界氯离子浓度。

（五）电化学再碱化

电化学再碱化法（简称 ERA 法）的阳极系统由网状或条状阳极与浸没阳极的电解质溶液组成。电解质宜采用 $0.5\sim1mol/L$ 的 Na_2CO_3 水溶液等。根据《混凝土结构耐久性修复与防护技术规程》(JGJ/T 259—2012),电化学再碱化法可用于混凝土易中性化导致钢材腐蚀的混凝土结构。确认保护效果的方法是,测定混凝土 pH 和钢筋电位,混凝土 pH 应大于 11。

值得注意的是,预应力混凝土结构不得进行电化学脱盐和电化学再碱化处理;静电喷涂环氧涂层钢筋拼装的构件不得采用任何电化学防护;当预应力混凝土结构采用阴极保护时,应进行可行性论证。

（六）钢材合金化

钢材的化学成分对耐腐蚀性影响很大,在钢中加入一定量的铬、镍、钛、铜等合金元素,可制成耐腐蚀钢(或不锈钢)。通过加入某些合金元素,可以提高钢材的耐腐蚀能力。

（七）钢材表面缓蚀

钢材表面缓蚀是将具有表面活性的化学物质在钢材表面先进行物理吸附,然后转化为化学吸附,占据钢材表面的活性点,从而达到抑制钢材腐蚀的作用。钢材表面缓蚀的类别有无机缓蚀、有机缓蚀、复配缓蚀等。缓蚀产品有 IMC-30-C、Q、Z,IMC-80-B、N、ZS,IMC-932H,IMC-871W 等,也可以在钢材表面涂刷钢材表面钝化剂。

（八）钢材表面改性

钢材表面改性是采用化学的、物理的方法改变钢材表面的化学成分或组织结构,以提高钢材的耐腐蚀性。钢材表面改性的方法有化学热处理(渗氮、渗碳、渗金属等)、激光重熔复合、离子注入、喷丸、纳米化、轧制复合等。

（九）高性能混凝土

对钢筋混凝土结构和预应力混凝土结构中普通钢筋及预应力筋的防锈措施,根据结构的性质和所处环境等,考虑到混凝土等材料的质量要求,主要是提高混凝土等材料的密实度、填充度,保证混凝土保护层厚度,控制氯盐外加剂的掺量。必要时在混凝土中掺入阻锈剂(防锈剂或缓蚀剂)。

预应力筋一般含碳量较高,多是经过变形加工或冷加工处理,又处于高应力工作状态,因而对锈蚀破坏很敏感,特别是高强度热处理钢筋,容易产生应力锈蚀、氢脆等现象。所以,重要的预应力混凝土结构,除了禁止掺用氯盐外,还应对原材料进行严格检验。

近几年的研究结果表明,在拌制混凝土过程中掺入矿物掺合料和化学外加剂,配制成高性能混凝土,改善其微观、细观结构,例如改善界面过渡区、调整孔结构、减少初始缺陷等,提高混凝土的密实度和耐久性,显著提高混凝土保护层的密实度和耐久性,具备抵抗各种复杂环境、介质等耦合作用的能力,提前并缩短钢筋的钝化时间,使钢筋尽快达到钝化状态并长时间保持钝化状态,推迟并延缓钢筋的脱钝和起锈时间,显著降低钢筋的锈蚀速率,大大减少锈蚀产物量,降低锈胀力,避免或显著降低混凝土结构的锈胀开裂,钢筋与混凝土保持良好的黏结力,提高混凝土结构的长期服役性能,延长其服役寿命。

总之,金属腐蚀防护的实质是降低材料与环境条件之间的电化学反应速度。因此,改善材料、改变环境、隔离材料与环境,减少或阻止离子、氧、水在材料与环境之间的交换是相应的措施。每一种金属腐蚀防止措施各有其特色,在实际工程中选择何种防止措施,应根据具体条件确定。

三、建筑钢材的防火

钢是不燃性材料,但这并不代表钢材可以抵抗火灾。耐火试验和火灾案例表明,以失去承载能力为标准,无保护层时钢柱和钢屋架的耐火极限只有0.25h,裸露钢梁的耐火极限仅为0.15h。温度在200℃以内,可以认为钢材的性能基本不变;温度超过300℃以后,钢材的弹性模量、屈服点、极限强度均开始显著下降,应变急剧增大,钢材产生徐变;温度超过400℃时,强度和弹性模量都急剧降低;温度超过500℃,强度只有常温时的60%~70%;温度达到600℃时,钢材进入塑性状态,弹性模量、屈服点和极限强度都接近零,失去承载能力。因此,钢结构需要防火保护层。

当发生火灾时,热空气向构件传热主要是通过辐射、对流,钢构件的内部传热是通过热传导。随着温度的不断升高,钢材的热物理特性和力学性能发生变化,钢结构的承载能力下降。火灾下钢结构的最终失效是构件屈服或屈曲造成的。

钢结构防火保护的基本原理是采用绝热或吸热材料,阻隔火焰和热量,推迟钢结构的升温速率。防火方法以包覆法为主,即以防火涂料、不燃性板材或混凝土和砂浆等将钢构件包裹起来。

（一）防火涂料包裹

防火涂料按照受热时的变化分为膨胀型（薄型）和非膨胀型（厚型）两种;按照施工用途分为室内、露天两种;按照所用黏结剂不同分为有机类、无机类。

膨胀型防火涂料的涂层厚度一般为2~7mm,附着力较强,有一定的装饰效果。由于其内含膨胀组分,遇火之后会膨胀增厚5~10倍,形成多孔结构,从而起到良好的隔热、防火作用,根据涂层厚度可使构件的耐火极限达到0.5~1.5h。

非膨胀型防火涂料的涂层厚度一般为8~50mm,呈粒状面,密度小,强度低,喷涂后需再用装饰面板隔护,耐火极限可达0.5~3.0h。为使防火涂料牢固地包裹钢构件,可在涂层内埋设钢丝网,并使钢丝网与钢构件表面的净距保持在6mm左右。

（二）不燃性板材包裹

常用的不燃性板材有石膏板、硅酸钙板、蛭石板、珍珠岩板、矿棉板和岩棉板等,可通过黏结剂或钢钉、钢箍等固定在钢构件上。

（三）实心包裹

一般采用混凝土将钢结构浇筑在其中。

本章知识点及复习思考题

知识点

复习思考题

第七章 墙体、屋面及门窗材料

第一节 墙体材料

墙体材料是房屋建筑的主要围护材料和结构材料。常用的墙体材料有砖、砌块和板材三大类。其中,实心黏土砖在我国有悠久的应用历史,但由于实心黏土砖毁田取土、生产能耗大、抗震性能差、块体小、自重大、自然耗损大、劳动生产率低、不利于施工机械化等缺点,目前正逐步被限制和淘汰使用。

墙体材料的发展方向是生产和应用多孔砖、空心砖、废渣砖、建筑砌块和建筑板材等各种新型墙体材料,主要目标是节能、节土、利废、保护环境和改善建筑功能。同时要求轻质高强,减轻构筑物自重,简化地基处理;有利于推进施工机械化、加快施工速度、降低劳动强度、提高劳动生产率和工程质量;有利于加速住宅产业化的进程,且抗震性能好、平面布置灵活、便于房屋改造。

一、砖

砖的种类有很多,按所用原材料的不同,可分为黏土砖、页岩砖、煤矸石砖、粉煤灰砖、灰砂砖、炉渣砖、淤泥砖、固体废弃物砖等;按生产工艺的不同,可分为烧结砖和非烧结砖,其中,非烧结砖又可分为压制砖、蒸养砖和蒸压砖等;按有无孔洞,可分为多孔砖、空心砖和实心砖。

(一)烧结普通砖

凡以黏土、页岩、煤矸石、粉煤灰为主要原材料,经成型、干燥、焙烧、冷却而成的实心或孔洞率不大于15%的烧结砖统称为烧结普通砖。

1. 分类

烧结普通砖按主要原料的不同,可分为黏土砖(N)、页岩砖(Y)、煤矸石砖(M)和粉煤灰砖(F)、建筑渣土砖(Z)、淤泥砖(U)、污泥砖(W)、固体废弃物砖(G)。

烧结黏土砖以黏土为主要原材料,由于耗用大量农田,能耗高,且生产中会逸放氟、硫化物等有害气体,目前已被限制或淘汰使用。但由于我国已有建筑中的墙体材料绝大部分为此类砖,所以是一段不能割裂的历史。而且,烧结多孔砖可以认为是从实心黏土砖演变而来的。另外,烧结页岩砖、烧结煤矸石砖、烧结粉煤灰砖等的规格尺寸和基本要求均与烧结黏土实心砖相似。

烧结页岩砖以页岩为主要原料,经破碎、粉磨、成型、制坯、干燥和焙烧等工艺制成,其焙烧温度一般在 1000℃左右。生产这种砖可完全不用黏土,配料时所需水分较少,有利于砖坯的干燥,且制品收缩小。砖的颜色与黏土砖相似,但表观密度较大,一般为 1500～2750kg/m³,抗压强度为 7.5～15MPa,吸水率为 20％左右,可代替实心黏土砖应用于建筑工程。

烧结煤矸石砖以煤矸石为主要原料,经配料、粉碎、磨细、成型、焙烧而制得。焙烧时,基本不需要额外投煤,因此,生产煤矸石砖不仅节省了大量的黏土原料和减少了废渣的占地,也节省了大量燃料。烧结煤矸石砖的表观密度为 1500kg/m³ 左右,比实心黏土砖小,抗压强度为10～20MPa,吸水率为 15％左右,抗风化性能优良。

烧结粉煤灰砖以粉煤灰为主要原料,并掺入适量黏土[两者体积比为 1:(1～1.25)]或膨润土等无机复合掺合料,经均化配料、成型、制坯、干燥、焙烧而制成。由于粉煤灰中存在部分未燃烧的碳,能耗降低,也称为半内燃砖。表观密度为 1400kg/m³ 左右,抗压强度为10～15MPa,吸水率为 20％左右。颜色从淡红转至深红。

此外,烧结普通砖按烧结时的火候(窑内温度分布)不同,可分为欠火砖、正火砖和过火砖;按焙烧方法的不同,又可分为内燃砖和外燃砖。

2. 生产工艺

烧结普通砖的主要生产工艺包括配料、成型、干燥、焙烧、冷却等若干个环节,烧结黏土砖、烧结页岩砖、烧结煤矸石砖和烧结粉煤灰砖的生产工艺基本相似,仅在配料环节有所不同。

以烧结黏土砖为例作简单介绍。烧结黏土砖以粉质或砂质黏土为主要原料,经取土、炼泥、制坯、干燥、焙烧等工艺制成。其中,焙烧是制砖工艺的关键环节。一般是将焙烧温度控制在 900～1100℃,使砖坯烧至部分熔融而烧结。如果焙烧温度过高或时间过长,则易产生过火砖。过火砖的特点为色深、敲击声脆、变形大等。如果焙烧温度过低或时间不足,则易产生欠火砖。欠火砖的特点为色浅、敲击声哑、强度低、吸水率大、耐久性差等。当砖窑中焙烧时为氧化气氛,因生成三氧化二铁(Fe_2O_3)而使砖呈红色,称为红砖。若在氧化气氛中烧成后,再在还原气氛中闷窑,红色 Fe_2O_3 还原成青灰色氧化亚铁(FeO),称为青砖。青砖一般较红砖致密、耐碱、耐久性好,但由于价格高,目前主要用于有特殊要求的一些清水墙中。此外,生产中可将煤渣、含碳量高的粉煤灰等工业废料掺入制坯的土中制作内燃砖。当砖焙烧到一定温度时,废渣中的碳也在干坯体内燃烧,因此可以节省大量的燃料和 5％～10％的黏土原料。内燃砖燃烧均匀,表观密度小,导热系数低,且强度可提高约 20％。

3. 主要技术性质

烧结普通砖外形为直角六面体,其公称尺寸为240mm×115mm×53mm,加上砌筑用灰缝的厚度为 10mm,则 4 块砖长,8 块砖宽,16 块砖厚分别恰好为 1m,故每立方米砖砌体需用砖 512 块。根据《烧结普通砖》(GB/T 5101—2017),烧结普通砖的技术要求包括规格尺寸、外观质量、强度等级和耐久性等方面。

(1)尺寸偏差。烧结普通砖的允许尺寸偏差应符合表 7-1 的要求。

表 7-1　烧结普通砖尺寸允许偏差

公称尺寸/mm	指标	
	样本平均偏差/mm	样本极差 mm　≤
240	±2.0	6.0
115	±1.5	5.0
53	±1.5	4.0

（2）外观质量。烧结普通砖的外观质量应符合表 7-2 的要求。

表 7-2　烧结普通砖外观质量　　　　　　　　（单位：mm）

项目		指标
两条面高度差		≤2
弯曲		≤2
杂质凸出高度		≤2
缺棱角的三个破坏尺寸		不得同时大于 5
裂缝长度	a. 大面上宽度方向及其延伸至条面的长度	≤30
	b. 大面上长度方向及其延伸至顶面的长度或条顶面上水平裂纹的长度	≤50
完整面[a]		不得少于一条面和一顶面

注：为砌筑挂浆而施加的凹凸纹、槽、压花等不算作缺陷。

　　凡有下列缺陷之一者，不得称为完整面：

　　① 缺损在条面或顶面上造成的破坏面尺寸同时大于 10mm×10mm。

　　② 条面或顶面上裂纹宽度大于 1mm，其长度超过 30mm。

　　③ 压陷、黏底、焦花在条面或顶面上的凹陷或凸出超过 2mm，区域尺寸同时大于 10mm×10mm。

　　（3）强度等级。烧结普通砖的强度等级根据 10 块砖的抗压强度平均值、强度标准值划分，共分为 MU30、MU25、MU20、MU15、MU10 五个等级，其具体要求如表 7-3 所示。

表 7-3　普通黏土砖的强度等级　　　　　　　（单位：MPa）

强度等级	抗压强度平均值 $\bar{f}$　≥	强度标准值 f_k　≥
MU30	30.0	22.0
MU25	25.0	18.0
MU20	20.0	14.0
MU15	15.0	10.0
MU10	10.0	6.5

　　烧结普通砖的强度试验根据《砌墙砖试验方法》（GB/T 2542—2012）进行。砖的强度等级评定根据《烧结普通砖》（GB/T 5101—2017），按下列步骤进行。

　　① 按下式计算平均强度：

$$\bar{f} = \frac{1}{10}\sum_{i=1}^{10}f_i \qquad\qquad (7\text{-}1)$$

② 按下式计算变异系数和标准差：

$$S = \sqrt{\frac{1}{9}\sum_{i=1}^{10}(f_i - \overline{f})^2} \tag{7-2}$$

式中：S 为 10 块砖抗压强度标准差，精确至 0.01MPa；$\overline{f}$ 为 10 块砖抗压强度平均值，精确至 0.1MPa；f_i 为单块砖抗压强度值，精确至 0.01MPa。

根据表 7-1 中抗压强度平均值 $\overline{f}$、强度标准值 f_i 评定砖的强度等级。

样本量 $n=10$ 时的强度标准值按下式计算：$f_k = \overline{f} - 1.83S$

f_k 指 10 块砖试样的抗压强度标准值，精确至 0.1MPa。

(4)抗风化性能。抗风化性能是烧结普通砖的重要耐久性指标之一，抗风化性能好的砖其使用寿命长。砖的抗风化性能除与砖本身性质有关外，还与各地区所属的风化区（不同省份可按风化指数划分为严重风化区与非严重风化区）有关。砖的抗风化性能通常用抗冻性、5h 沸煮吸水率及饱和系数三项指标表示。抗冻性要求冻融试验后，每块砖样不允许出现裂纹、分层、掉皮、缺棱、掉角等冻坏现象，且质量损失不得大于 2%；5h 沸煮吸水率和饱和系数根据各地所属分化区及砖种类不同有所差异；饱和系数是指常温 24h 吸水率与 5h 沸煮吸水率之比。

(5)泛霜。泛霜是指黏土原料中的可溶性盐类，随着砖内水分蒸发而在砖表面产生的盐析现象，一般在砖表面形成絮团状斑点的白色粉末。轻微泛霜对清水墙建筑外观会产生较大影响，中等泛霜的砖在建筑潮湿部位时，7~8 年后因盐析结晶膨胀将使砖体的表面产生粉化剥落，在干燥的环境中使用约 10 年后也将脱落；严重泛霜将对建筑结构产生较大的破坏性。优等品无泛霜，一等品不允许出现中等泛霜，合格品不允许出现严重泛霜。

(6)石灰爆裂。原料中若夹带石灰或内燃料（粉煤灰、炉渣）中带入 CaO，在高温煅烧过程中生成过火石灰，在砖体内吸水膨胀，导致破坏，这种现象称为石灰爆裂。石灰爆裂影响砖墙的平整度、灰缝的平直度，甚至使墙面出现开裂破坏。

4.烧结普通砖的应用

烧结普通砖具有良好的耐久性，主要应用于承重和非承重墙体，以及柱、拱、窑炉、烟囱、市政管沟及基础等。

(二)烧结多孔砖

烧结多孔砖外形一般为大面有贯穿孔的直角六面体（见图 7-1），孔型一般为矩形条孔或矩形孔，孔洞率要求大于等于 28%、孔宽度尺寸小于等于 13mm、孔长度尺寸小于等于 40mm，所有孔宽应相等。孔采用单向或双向交错排列，孔洞排列上下、左右应对称、分布均匀，规格大的应设置手抓孔。孔洞尺寸小而多，且为竖向孔，使用时孔洞方向平行于受力方向。

1.分类

烧结多孔砖按照原料分为黏土砖、页岩砖、煤矸石砖、粉煤灰砖、淤泥砖、固体废弃物砖等。

2.主要技术性质

烧结多孔砖的技术性能应满足《烧结多孔砖和多孔砌块》（GB/T 13544—2011）的要求。其主要技术要求包括尺寸允许偏差、外观质量、密度等级、强度等级、孔型孔结构及孔洞率、

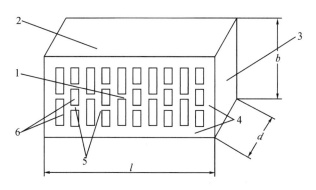

1—大面(坐浆面);2—条面;3— 顶面;4—外壁;5—肋;6—孔洞;

l—长度;b—宽度;d—高度

图 7-1　烧结多孔砖

泛霜、石灰爆裂、抗风化性能,以及放射性核素限量等方面。

(1)尺寸规格。烧结多孔砖的规格尺寸(mm)为:290、240、190、180、140、115、90;其常用尺寸为 240mm×115mm×90mm。

(2)密度等级。烧结多孔砖密度等级分为 1000、1100、1200、1300 四个级别。试验按照《砌墙砖试验方法》(GB/T 2542—2012)进行,其具体要求如表 7-4 所示。

表 7-4　烧结多孔砖的密度等级　　　　　　　　(单位:kg/m³)

密度等级	3 块砖干燥表观密度平均值
1000	900～1000
1100	1000～1100
1200	1100～1200
1300	1200～1300

(3)强度等级。烧结多孔砖的强度等级分为 MU30、MU25、MU20、MU15、MU10 五个等级,评定时根据 10 块砖的大面(有孔面)抗压强度平均值、强度标准值划分,其具体要求如表 7-5 所示。

表 7-5　烧结多孔砖的强度等级　　　　　　　　(单位:MPa)

强度等级	抗压强度平均值 $\overline{f}$　≥	强度标准值 f_k　≥
MU30	30.0	22.0
MU25	25.0	18.0
MU20	20.0	14.0
MU15	15.0	10.0
MU10	10.0	6.5

烧结多孔砖的强度试验根据《烧结多孔砖和多孔砌块》(GB/T 13544—2011)的规定,按下列步骤进行。

① 按下式计算变异系数和标准差：

$$S = \sqrt{\frac{1}{9}\sum_{i=1}^{10}(f_i - \overline{f})^2} \qquad (7\text{-}3)$$

式中：S 为 10 块砖强度标准差，精确至 0.01MPa；$\overline{f}$ 为 10 块砖强度平均值，精确至 0.1MPa；f_i 为单块砖强度测定值，精确至 0.01MPa。

② 根据表 7-5 中的抗压强度平均值 $\overline{f}$ 和强度标准值 f_k 指标评定砖的强度等级，当样本量 $n=10$ 时的强度标准值 f_k 按下式计算，精确至 0.1MPa：

$$f_k = \overline{f} - 1.83S \qquad (7\text{-}4)$$

（4）其他指标。烧结多孔砖的其他指标如泛霜、石灰爆裂、抗风化性能等耐久性能技术指标与烧结普通砖基本相同。

3. 烧结多孔砖的应用

烧结多孔砖主要用于六层及以下的承重砌体。

（三）烧结空心砖

烧结空心砖为端面有孔洞的直角六面体（见图 7-2），孔洞率要求大于等于 40%，孔大而小，孔洞为矩形条孔或其他孔形，平行于大面或条面，孔洞有序、交错排列，在与砂浆的接合面应设有增加结合力的凹线槽。

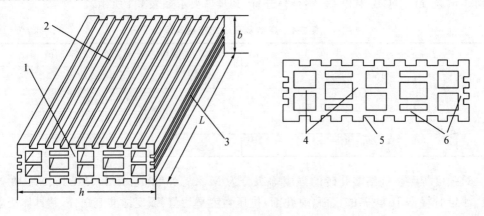

1—顶面；2—大面；3—条面；4—肋；5—凹线槽；6—外壁；

l—长度；b—宽度；h—高度

图 7-2　烧结空心砖

1. 分类

烧结空心砖按照原料的不同，可分为黏土砖、页岩砖、煤矸石砖、粉煤灰砖、淤泥砖、建筑渣土砖及其他废弃物砖和空心砌块。

2. 主要技术性质

烧结空心砖的技术性能应满足《烧结空心砖和空心砌块》（GB/T 13545—2014）的要求。其主要技术要求包括尺寸允许偏差、外观质量、密度等级、强度等级、孔形孔结构及孔洞率、耐久性及放射性核素限量等方面。

（1）尺寸规格。烧结空心砖的规格尺寸应符合以下要求。长度规格尺寸（mm）：390、290、240、190、180（175）、140；宽度规格尺寸（mm）：190、180（175）、140、115；高度规格尺寸

(mm):180(175)、140、115、90;其他规格尺寸由供需双方协议确定。

(2)密度等级。烧结空心砖密度等级分为800、900、1000、1100四个级别。试验按照《砌墙砖试验方法》(GB/T 2542—2012)进行,其具体要求如表7-6所示。

表 7-6　烧结空心砖的密度等级　　　　　　　　　　(单位:kg/m³)

密度等级	5块砖表观密度平均值
800	≤800
900	801~900
1000	901~1000
1100	1001~1100

(3)强度等级。烧结空心砖的强度等级分为 MU10.0、MU7.5、MU5.0、MU3.5 四个等级,评定时根据10块砖的大面抗压强度平均值、强度标准值或单块最小抗压强度值划分,其具体要求如表7-7所示。烧结空心砖的强度试验及计算评定与烧结普通砖相同。

表 7-7　烧结空心砖的强度等级

强度等级	抗压强度/MPa		
	抗压强度平均值 f ≥	变异系数 $\delta \leq 0.21$	变异系数 $\delta > 0.21$
		强度标准值 f_k ≥	单块最小抗压强度值 f_{min} ≥
MU10.0	10.0	7.0	8.0
MU7.5	7.5	5.0	5.8
MU5.0	5.0	3.5	4.0
MU3.5	3.5	2.5	2.8

(4)其他指标。烧结空心砖的其他指标如泛霜、石灰爆裂、抗风化性能等耐久性能技术指标与烧结普通砖基本相同。此外,标准对烧结空心砖的吸水率也有具体要求。

与烧结普通砖相比,多孔砖和空心砖可节省黏土20%~30%,节约燃料10%~20%,减轻自重30%左右,且烧成率高,施工效率高,并能改善绝热性能和隔声性能。

(四)烧结保温砖

烧结保温砖是以黏土、页岩或煤矸石、粉煤灰、淤泥等固体废弃物为主要原材料制成的,或加入成孔材料制成的实心或多孔薄壁经焙烧而成,主要用于建筑物围护结构保温隔热的砖。从广义的概念讲,其也属于烧结多孔砖或烧结空心砖。

1. 分类

烧结保温砖按照原料的不同,可分为黏土保温砖、页岩保温砖、煤矸石保温砖、粉煤灰保温砖、淤泥保温砖、固体废弃物保温砖等。

烧结保温砖按照烧结工艺和砌筑方法的不同,可分为两类:经精细工艺处理砌筑中采用薄灰缝、契合无灰缝的烧结保温砖为 A 类;未经精细工艺处理的砌筑中采用普通灰缝的烧结保温砖为 B 类。

2. 主要技术性质

烧结保温砖的技术性能应满足《烧结保温砖和保温砌块》(GB/T 26538—2011)的要求。其主要技术要求包括尺寸偏差、外观质量、密度等级、强度等级、传热系数、耐久性及放射性核素限量等方面。

(1)尺寸规格。A类按照长度、宽度、高度尺寸(mm)一般为：490、360(359、365)、300、250(249、248)、200、100；B类按照长度、宽度、高度尺寸(mm)一般为：390、290、240、190、180(175)、140、115、90、53。

(2)密度等级。烧结保温砖密度等级分为700、800、900、1000四个级别,试验按照《砌墙砖试验方法》(GB/T 2542—2012)进行,其具体要求如表7-8所示。

表7-8　烧结保温砖的密度等级　　　　　　　　　(单位:kg/m³)

密度等级	5块砖表观密度平均值
700	≤700
800	701～800
900	801～900
1000	901～1000

(3)强度等级。烧结保温砖的强度等级分为 MU15.0、MU10.0、MU7.5、MU5.0、MU3.5 五个等级,评定时根据 10 块砖的抗压强度平均值、强度标准值或单块最小抗压强度值划分,其具体要求如表7-9所示。

表7-9　烧结保温砖的强度等级

| 强度等级 | 抗压强度/MPa | | | 密度等级范围/ (kg/m³) |
| | 抗压强度平均值 $\overline{f}$ ≥ | 变异系数 $\delta \leq 0.21$ | 变异系数 $\delta > 0.21$ | |
		强度标准值 f_k ≥	单块最小抗压强度值 f_{min} ≥	
MU15.0	15.0	10.0	12.0	≤1000
MU10.0	10.0	7.0	8.0	
MU7.5	7.5	5.0	5.8	
MU5.0	5.0	3.5	4.0	
MU3.5	3.5	2.5	2.8	≤800

(4)传热系数等级。烧结保温砖传热系数是保温性能的重要指标,具体传热系数等级按 K 值分为 2.00、1.50、1.35、1.00、0.90、0.80、0.70、0.60、0.50、0.40 十个质量等级,具体要求如表7-10所示。

表 7-10　烧结保温砖的传热系数等级　　　〔单位：W/(m²·K)〕

传热系数等级	单层试样传热系数 K 值的实测值范围
2.00	1.51～2.00
1.50	1.36～1.50
1.35	1.01～1.35
1.00	0.91～1.00
0.90	0.81～0.90
0.80	0.71～0.80
0.70	0.61～0.70
0.60	0.51～0.60
0.50	0.41～0.50
0.40	0.31～0.40

(5)其他指标。烧结保温砖的其他性能指标(如泛霜、石灰爆裂、吸水率、抗风化性能等指标)与烧结多孔砖或烧结空心砖基本相同。

(五)非烧结砖

非烧结砖的强度是通过配料中掺入一定量胶凝材料或在生产过程中形成一定量的胶凝物质而制得，是替代烧结普通砖的新型墙体材料之一。非烧结砖的主要缺点是，干燥收缩较大和压制成型产品的表面过于光洁，干缩值在 0.50mm/m 以上，容易导致墙体开裂和粉刷层剥落。

1. 蒸压灰砂砖和多孔砖

蒸压灰砂砖和多孔砖是以石灰和砂为主要原料，经磨细、混合搅拌、陈化、压制成型和蒸压养护制成的。一般石灰占 10%～20%，砂占 80%～90%。

蒸压养护的压力为 0.8～1.0MPa、温度在 175℃左右，经 6h 左右的湿热养护，使原来在常温常压下几乎不与 $Ca(OH)_2$ 反应的砂(晶态二氧化硅)，产生具有胶凝能力的水化硅酸钙凝胶，水化硅酸钙凝胶与 $Ca(OH)_2$ 晶体共同将未反应的砂粒黏结起来，从而使砖具有强度。

蒸压灰砂砖的规格与烧结普通砖相同。根据《蒸压灰砂实心砖和实心砌块》(GB/T 11945—2019)，蒸压灰砂砖可分为 MU30、MU25、MU20、MU15、MU10 五个强度等级。强度等级 MU15 及以上的砖可用于基础及其他建筑部位。MU10 砖可用于砌筑防潮层以上的墙体。

蒸压灰砂多孔砖类似于烧结多孔砖，孔洞率要求不小于 25%，孔洞应上下左右对齐，分布均匀；按照抗压强度分为 MU30、MU25、MU20、MU15 四个强度等级。

灰砂砖可用于防潮层以上的建筑承重部位，不宜在温度高于 200℃以及承受急冷、急热或有酸性介质侵蚀的建筑部位使用。

2. 粉煤灰砖

粉煤灰砖是以粉煤灰和石灰为主要原料，掺入适量石膏和炉渣，加水混合拌成坯料，经陈化、轮碾、加压成型，再通过常压或高压蒸汽养护而制成的一种墙体材料。其尺寸规格与烧结普通砖相同。

根据《蒸压粉煤灰砖》(JC/T 239—2014),粉煤灰砖的强度等级可分为 MU30、MU25、MU20、MU15 和 MU10 五级。其强度和抗冻性指标要求如表 7-11 所示,一般要求线性干燥收缩值不大于 0.50mm/m。

粉煤灰砖不得用于长期受热(200℃以上)、受急冷急热和有酸性介质侵蚀的部位。

表 7-11　粉煤灰砖强度指标

强度等级	抗压强度/MPa　≥		抗折强度/MPa　≥	
	10 块平均值	单块最小值	10 块平均值	单块最小值
MU30	30.0	24.0	4.8	3.8
MU25	25.0	20.0	4.5	3.6
MU20	20.0	16.0	4.0	3.2
MU15	15.0	12.0	3.7	3.0
MU10	10.0	8.0	2.5	2.0

注:强度级别以蒸汽养护后,1d 的强度为准。

3. 炉渣砖

炉渣砖是以煤燃烧后的残渣为主要原料,配以一定数量的石灰和少量石膏,经配料、加水搅拌、陈化、轮辗、成型和蒸养或蒸压养护而制得的实心砌墙砖。其规格与烧结普通砖相同。

炉渣砖的抗压强度为 10~25MPa,表观密度为 1500~2000kg/m³。根据《炉渣砖》(JC/T 525—2007),其主要强度指标见表 7-12。炉渣砖可以用于建筑物的墙体和基础。

表 7-12　炉渣砖强度指标　　　　　　　　　　　　　(单位:MPa)

强度等级	抗压强度平均值	变异系数 $\delta \leqslant 0.21$	变异系数 $\delta \geqslant 0.21$
	10 块平均值　≥	强度标准值 f_k　≥	单块最小抗压强度 f_{min}　≥
25	25.0	19.0	20.0
20	20.0	14.0	16.0
15	15.0	10.0	12.0

4. 混凝土多孔砖

混凝土多孔砖以水泥为主要胶结材料,砂、石为主要骨料,加水搅拌、振压成型,经自然养护制成的一种多排小孔砌筑材料。孔洞率大于 30%,主规格尺寸为 240mm×115mm×90mm,共分为 MU30、MU25、MU20、MU15、MU10 五个强度等级。可用于承重或非承重砌体,当用于标高为 ±0.000 以下的基础时,宜采用相配套的混凝土实心砖(规格尺寸与烧结普通砖相同),且强度等级不宜小于 MU15。

二、建筑砌块

建筑砌块的尺寸大于砖,并且为多孔或轻质材料,主要品种有:混凝土空心砌块(包括小型砌块和中型砌块两类)、蒸压加气混凝土砌块、轻集料混凝土砌块、粉煤灰砌块、煤矸石空心砌块、石膏砌块、菱镁砌块、大孔混凝土砌块、自保温混凝土复合砌块、陶粒加气混凝土砌块等。目前应用较多的是混凝土小型空心砌块、蒸压加气混凝土砌块、粉煤灰砌块和石膏砌块。

（一）普通混凝土小型空心砌块

普通混凝土小型空心砌块主要以水泥、矿物掺合料、砂、石和水为原材料，经搅拌、振动成型、养护等工艺制成，空心率为25%～50%，采用专用设备进行工业化生产。

混凝土小型空心砌块于19世纪末起源于美国，目前在各发达国家已经十分普及。它具有强度高、自重轻、耐久性好等优点，部分砌块还具有美观的饰面以及良好的保温隔热性能，适合于建造各种类型的建筑物，包括高层和大跨度建筑，以及围墙、挡土墙、花坛等设施，应用范围十分广泛。砌块建筑还具有使用面积增大、施工速度较快、建筑造价和维护费用较低等优点。但混凝土小型空心砌块的收缩较大，易产生收缩变形、不便砍削施工和管线布置等。

混凝土小型空心砌块主要技术性能指标有以下几种。

1. 形状、规格

混凝土砌块各部位的名称见图7-3，其中主规格尺寸为390mm×190mm×190mm，空心率不小于25%。

为了改善单排孔砌块对管线布置和砌筑效果带来的不利影响，近年来对孔洞结构做了大量的改进。目前，实际生产和应用较多的为双排孔、三排孔和多排孔结构。另一方面，为了确保肋与肋之间的砌筑灰缝饱满和布浆施工的方便，砌块的底部均采用半封底结构。

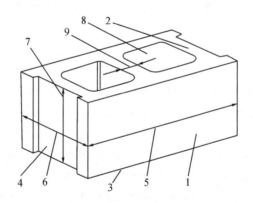

1—条面；2—坐浆面（肋厚较小的面）；3—铺浆面（肋厚较大的面）；4—顶面；

5—长度；6—宽度；7—高度；8—壁；9—肋

图7-3　砌块各部位的名称

2. 强度等级

根据混凝土砌块的抗压强度值划分为 MU5.0、MU7.5、MU10、MU15、MU20、MU25、MU30、MU35、MU40 共9个等级。抗压强度试验根据《混凝土砌块和砖试验方法》（GB/T 4111—2013）进行。每个砌块上下表面用水泥砂浆抹平，养护后进行抗压试验，以每组砌块的平均值和单块最小值确定砌块的强度等级，见表7-13。当砌块的 H/B（高宽比）$\geqslant 0.6$ 时，每组样品数量为 5 个；当 $H/B < 0.6$ 时，每组样品数量为 10 个。

表 7-13　混凝土砌块强度等级　　　　　　　　（单位:MPa）

强度等级	砌块抗压强度	
	平均值　≥	单块最小值　≥
MU5.0	5.0	4.0
MU7.5	7.5	6.0
MU10	10.0	8.0
MU15	15.0	12.0
MU20	20.0	16.0
MU25	25.0	20.0
MU30	30.0	24.0
MU35	35.0	28.0
MU40	40.0	32.0

此外,混凝土砌块的技术性质尚有抗冻性、干燥收缩值、软化系数和抗碳化性能等。

由于混凝土砌块的收缩较大,特别是肋厚较小,砌体的黏结面较小,黏结强度较低,砌体容易开裂,因此应采用专用砌筑砂浆和粉刷砂浆,以提高砌体的抗剪强度和抗裂性能。

(二)蒸压加气混凝土砌块

目前,常用的蒸压加气混凝土砌块有以粉煤灰、水泥和石灰为主要原料生产的粉煤灰加气混凝土砌块和以水泥、石灰、砂为主要原料生产的砂加气混凝土砌块两大类。

1. 规格尺寸

根据《蒸压加气混凝土砌块》(GB/T 11968—2020),加气混凝土砌块的长度一般为600mm,宽度有 100mm、120mm、125mm、150mm、180mm、200mm、240mm、250mm 及 300mm 等九种规格,高度有 200mm、240mm、250mm、300mm 四种规格。在实际应用中,尺寸可根据需要进行生产。因此,可适应不同砌体的需要。

2. 强度及等级

抗压强度是加气混凝土砌块的主要指标,以 100mm×100mm×100mm 的立方体试件强度表示,一组三块,根据平均抗压强度划分为 A1.5、A2.0、A2.5、A3.5、A5.0 五级,同时要求各强度等级的砌块单块最小抗压强度分别不低于 1.2MPa、1.7MPa、2.1MPa、3.0MPa、4.2MPa。

3. 体积密度

加气混凝土砌块根据干燥状态下的体积密度划分为 B03、B04、B05、B06、B07 共 5 个级别。抗压密度和干密度应符合表 7-14 的规定。

表 7-14　蒸压加气混凝土砌块的干密度

强度级别	抗压强度/MPa		干密度级别	平均干密度/(kg/m³)
	平均值　≥	最小值　≥		
A1.5	1.5	1.2	B03	≤350
A2.0	2.0	1.7	B04	≤450

续表

强度级别	抗压强度/MPa		干密度级别	平均干密度/(kg/m³)
	平均值 ≥	最小值 ≥		
A2.5	2.5	2.1	B04	≤450
			B05	≤550
A3.5	3.5	3.0	B04	≤450
			B05	≤550
			B06	≤650
A5.0	5.0	4.2	B05	≤550
			B06	≤650
			B07	≤750

4. 干燥收缩

加气混凝土的干燥收缩值一般较大,特别是粉煤灰加气混凝土,由于没有粗细集料的抑制作用收缩率达 0.5mm/m。因此,砌筑和粉刷时宜采用专用砂浆,并增设拉结钢筋或钢筋网片。干燥收缩值应不大于 0.5mm/m。

5. 导热性能和隔声性能

加气混凝土中含有大量小气孔,导热系数为 0.10～0.20W/(m·K),因此,具有良好的保温性能。它既可用于屋面保温,也可用于墙体自保温。加气混凝土的多孔结构,使得其具有良好的吸声性能。它平均吸声系数可达 0.15～0.20。抗冻性、导热系数应符合表 7-15 和表 7-16 的规定。

表 7-15　抗冻性

强度级别		A2.5	A3.5	A5.0
抗冻性	冻后质量平均损失/%	≤5.0		
	冻后强度平均值损失/%	≤20		

表 7-16　导热系数

千密度级别	B03	B04	B05	B06	B07
导热系数(干态)/[W/(m·K)] ≤	0.10	0.12	0.14	0.16	0.18

6. 蒸压加气混凝土砌块的应用

蒸压加气混凝土砌块具有表观密度小、导热系数小[0.10～0.20W/(m·K)]、隔声性能好等优点。B03、B04、B05 一般用于非承重结构的围护和填充墙,也可用于屋面保温。B06、B07、B08 可用于不高于 6 层建筑的承重结构。在标高±0.000 以下,长期浸水或经常受干湿循环、受酸碱侵蚀以及表面温度高于 80℃ 的部位一般不允许使用蒸压加气混凝土砌块。

加气混凝土的收缩一般较大,容易导致墙体开裂和粉刷层剥落,因此,砌筑时宜采用专用砂浆,以提高黏结强度;粉刷时应对基层应进行处理,并宜采用聚合物改性砂浆。

(三)轻集料混凝土小型空心砌块

轻集料混凝土小型空心砌块是以粉煤灰陶粒、黏土陶粒、页岩陶粒、膨胀珍珠岩等各种轻骨料替代普通骨料,再配以水泥、砂制作而成,其生产工艺与普通混凝土小型空心砌块类似。尺寸规格为 390mm×190mm×190mm,密度等级有 700、800、900、1000、1100、1200、1300、1400 八级,强度等级有 MU 2.5、MU 3.5、MU 5.0、MU 7.5、MU 10.0 五级。轻集料混凝土小型空心砌块吸水率应不大于 18%、干燥收缩率应不大于 0.065%、碳化系数应不小于 0.8、软化系数应不小于 0.8,其余参数参照《轻集料混凝土小型空心砌块》(GB/T 15229—2011)。与普通混凝土小型空心砌块相比,轻集料混凝土小型空心砌块重量更轻,保温性能、隔声性能、抗冻性能更好。主要应用于非承重结构的围护和框架结构填充墙。

(四)粉煤灰砌块和粉煤灰混凝土小型空心砌块

粉煤灰砌块又称为粉煤灰硅酸盐砌块,是以粉煤灰、石灰、石膏和骨料,经加水搅拌、振动成型、蒸汽养护而制成的实心砌块。根据《粉煤灰混凝土小型空心砌块》(JC/T 862—2008),粉煤灰砌块的主规格尺寸为 880mm×380mm×240mm,880mm×430mm×240mm,其外观形状见图 7-4,根据外观质量和尺寸偏差可分为一等品和合格品两种。砌块的抗压强度、碳化后强度、抗冻性能和密度应符合表 7-17 的规定。

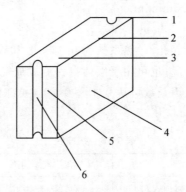

1—角;2—棱;3—坐浆面;4—侧面;5—端面;6—灌浆槽

图 7-4　粉煤灰砌块各部位的名称

表 7-17　粉煤灰砌块的性能指标

项目	指标	
	10 级	13 级
抗压强度/MPa	3 块试块平均值不小于 10.0 单块最小值不小于 8.0	3 块试块平均值不小于 13.0 单块最小值不小于 10.5
人工碳化后强度/MPa	不小于 6.0	不小于 7.5
抗冻性	冻融循环结束后,外观无明显疏松、剥落或裂缝, 强度损失不大于 20%	
密度/(kg/m³)	不超过设计密度的 10%	
干缩值/(mm/m)	一等品不大于 0.75,合格品不大于 0.90	

粉煤灰混凝土小型空心砌块是指以水泥、粉煤灰、各种轻重骨料为主要材料,也可加入外加剂,经配料、搅拌、成型、养护制成的空心砌块。根据《粉煤灰混凝土小型空心砌块》(JC/T 862—2008),按照孔的排数可分为单排孔、双排孔、多排孔;主规格尺寸为 390mm× 190mm×190mm;按平均强度和最小强度可分为 MU3.5、MU5.0、MU7.5、MU10.0、MU15.0、MU20.0 六级;按砌块密度等级可分为 600、700、800、900、1000、1200、1400 七级;其碳化系数不小于 0.80、软化系数应不小于 0.80;干燥收缩率不大于 0.060m/mm。其施工应用与普通混凝土小型空心砌块类似。

(五)石膏砌块

石膏砌块是以建筑石膏为原料,经料浆拌合、浇注成型、自然干燥或烘干而制成的轻质块状墙体材料,也可采用各种工业副产石膏生产,如脱硫石膏等。或在保证石膏砌块各种技术性能的同时,掺入膨胀珍珠岩、陶粒等轻骨料;或在采用高强石膏的同时掺入大量的粉煤灰、炉渣等废料,以降低制造成本、保护和改善生态环境。若在石膏砌块内部掺入水泥或玻璃纤维等增强增韧组分,则可极大地改善砌块的物理力学性能。

石膏砌块的外形一般为平面长方体,通常在纵横四边设有企口。石膏砌块按生产原材料的不同,可分为天然石膏砌块和工业副产石膏砌块;其按结构特征的不同,可分为实心石膏砌块和空心石膏砌块;其按防水性能的不同,可分为普通石膏砌块和防潮石膏砌块;其按规格形状的不同,可分为标准规格、非标准规格和异型砌块。石膏砌块的导热系数一般小于 0.15W/(m·K),是良好的节能墙体材料,而且具有良好的隔声性能。它主要用于框架结构或其他构筑物的非承重墙体。石膏砌块的物理力学性能应符合表 7-18 的规定。

表 7-18　物理力学性能

项　　目		要　求
表观密度/(kg/m³)	实心石膏砌块	≤1100
	空心石膏砌块	≤800
断裂荷载/N		≥2000
软化系数		≥0.6

注:摘自《石膏砌块》(JC/T 698—2010)。

(六)泡沫混凝土砌块

泡沫混凝土砌块有两种:一种是在水泥和填料中加入泡沫剂和水等经机械搅拌、成型、养护而成的多孔、轻质、保温隔热材料,又称为水泥泡沫混凝土;另一种是以粉煤灰为主要材料,加入适量的石灰、石膏、泡沫剂和水经机械搅拌、成型、蒸压或蒸养而成的多孔、轻质、保温隔热材料,又称为硅酸盐泡沫混凝土。

泡沫混凝土砌块的外形、物理力学性质均类似于加气混凝土砌块;根据《泡沫混凝土砌块》(JC/T 1062—2022),其密度等级分为 B03、B04、B05、B06、B07、B08、B09、B10 八级,干表观密度(kg/m³)分别为 330、430、530、630、730、830、930、1030,其强度等级分为 A0.5、A1.0、A1.5、A2.5、A3.5、A5.0、A7.5 七级;抗压强度(MPa)分别为 0.5、1.0、1.5、2.5、3.5、5.0、7.5;导热系数为 0.08～0.27W/(m·K)、吸音性和隔音性均较好,干收缩值(快速法)小于等于 0.90mm/m,碳化系数应不小于 0.80。

(七)烧结多孔砌块

烧结多孔砌块是以黏土、页岩、煤矸石、粉煤灰、淤泥、固体废弃物等为原料,经焙烧而成的,其外形一般为直角六面体,在与砂浆的接合面上设有增加结合力的粉刷槽和砌筑砂浆槽,孔洞率要求大于等于33%,主要用于承重砌体。

烧结多孔砌块的规格尺寸(mm)为:490、440、390、340、290、240、190、180、140、115、90;密度等级分为900、1000、1100、1200四级。

烧结多孔砌块的性能指标应满足《烧结多孔砖和多孔砌块》(GB/T 13544—2011)的要求。与烧结多孔砖相比,烧结多孔砌块尺寸、孔洞率都较大,密度相对较小,其余性能指标,如强度等级、尺寸允许偏差、外观质量、孔洞尺寸与排列、抗风化性等耐久性指标等均与烧结多孔砖一致,此处不再赘述。

(八)烧结空心砌块

烧结空心砌块是以黏土、页岩、煤矸石、粉煤灰为主要原料,经焙烧而成的用于建筑物非承重部位的空心砌块。根据《烧结空心砖和空心砌块》(GB/T 13545—2014),其外形为直角六面体,在与砂浆的接合面应设有增加接合力的凹线槽,孔洞率要求大于等于40%,长度规格尺寸(mm)为:390、290、240、190、180(175)、140;宽度规格尺寸(mm)为:190、180(175)、140、115;高度规格尺寸(mm)为:180(175)、140、115、90;密度等级分800、900、1000、1100四级。其性能指标均与前述烧结空心砖一致,此处不再赘述。

(九)烧结保温砌块

烧结保温砌块外形为直角六面体,也有各种异形的,经焙烧而成用于建筑物围护结构保温隔热的砌块,其原材料和生产工艺与烧结保温砖一致。按照烧结处理工艺和砌筑方法分类,经精细工艺处理的砌筑中采用薄灰缝、契合无灰缝的烧结保温砖和保温砌块记为A类;未经精细工艺处理的砌筑中采用普通灰缝的烧结保温砖和保温砌块记为B类。每类砖或砌块的尺寸要求不同。烧结保温砌块的强度等级、密度等级、传热系数等级、尺寸允许偏差、外观质量、抗风化性等耐久性指标等均与烧结保温砖一致,此处不再赘述。

(十)自保温混凝土复合砌块

通过在骨料中加入轻质骨料和(或)在实心混凝土块孔洞中填插保温材料等工艺生产的,其所砌筑墙体具有自保温功能的混凝土小型空心砌块。根据《自保温混凝土复合砌块》(JG/T 407—2013),这类砌块的复合类型有三类:Ⅰ类为骨料中复合轻质骨料,Ⅱ类为孔洞中填插保温材料,Ⅲ类是在骨料中复合轻质骨料同时在孔洞中填插保温材料。自保温混凝土复合砌块主规格长度为390mm、290mm,宽度为190mm、240mm、280mm,高度为190mm。

自保温混凝土复合砌块的密度等级分为500、600、700、800、900、1000、1100、1200、1300九级;强度等级分为MU3.5、MU5.0、MU7.5、MU10.0、MU15.0五级;当量导热系数等级分为EC10、EC15、EC20、EC25、EC30、EC35、EC40七级;当量蓄热系数等级分为ES1、ES2、ES3、ES4、ES5、ES6、ES7七级。

自保温混凝土复合砌块的性能指标应符合《自保温混凝土复合砌块》(JG/T 407—2013)的要求。

（十一）陶粒加气混凝土砌块

陶粒加气混凝土砌块是以轻质陶粒等轻集料为骨料，以水泥、粉煤灰浆体为胶凝材料，以铝粉或发泡液为发泡剂，混合浇注成型，经蒸汽养护、机械切割而成，可用于建筑物围护结构的保温隔热。

根据《陶粒加气混凝土砌块》（JG/T 504—2016），陶粒加气混凝土砌块的主要规格尺寸为 600mm×240mm×200mm；干密度等级一般分为 B05、B06、B07、B08 四级；强度等级一般分为 CA2.5、CA3.5、CA5.0、CA7.5 四级。其主要性能指标与蒸压加气混凝土砌块基本一样。

三、建筑墙板

建筑墙板主要有用于内墙或隔墙的轻质墙板以及用于外墙的挂板和承重墙板，如纸面石膏板、石膏纤维板、石膏空心条板、石膏刨花板、GRC 轻质多孔条板、GRC 平板、纤维水泥平板、水泥刨花板、轻质陶粒混凝土条板、固定式挤压成型混凝土多孔条板、轻集料混凝土配筋墙板、移动式挤压成型混凝土多孔条板、SP 墙板等。

（一）石膏墙板

石膏墙板是以石膏为主要原料制成的墙板的统称，包括纸面石膏板、石膏纤维板、石膏空心条板、石膏刨花板等，主要用作建筑物的隔墙、吊顶等。

纸面石膏板是以熟石膏为胶凝材料，掺入适量添加剂和纤维作为板芯，以特制的护面纸为面层的一种轻质板材。其按用途的不同，可分为普通纸面石膏板（P）、耐水纸面石膏板（S）和耐火纸面石膏板（H）三种。

石膏纤维板由熟石膏、纤维（废纸纤维、木纤维或有机纤维）和多种添加剂加水组合而成，按照其结构主要有三种：一种是单层均质板，一种是三层板（上下面层为均质板，芯层由膨胀珍珠岩、纤维和胶料组成），还有一种为轻质石膏纤维板（由熟石膏、纤维、膨胀珍珠岩和胶料组成，主要用作天花板）。石膏纤维板不以纸覆面并采用半干法生产，可减少生产和干燥时的能耗，具有较好的尺寸稳定性和防火、防潮、隔音性能，以及良好的可加工性和二次装饰性。

石膏空心条板是以熟石膏为胶凝材料，掺入适量的水、粉煤灰或水泥和少量的纤维，同时掺入膨胀珍珠岩为轻质骨料，经搅拌、成型、抽芯、干燥等工序制成的空心条板，包括石膏、石膏珍珠岩、石膏粉煤灰硅酸盐空心条板等。

石膏刨花板以熟石膏为胶凝材料，木质刨花碎料为增强材料，外加适量的水和化学缓凝助剂，经搅拌形成半干性混合料，在 2.0～3.5MPa 的压力下成型并维持在该受压状态下，完成石膏和刨花的胶结所形成的板材。

以上几种板材均以熟石膏为其胶凝材料和主要成分，其性质接近，主要有：

防火性好。石膏板中的二水石膏含 20% 左右的结晶水，在高温下能释放出水蒸气，降低表面温度、阻止热传导或窒息火焰达到防火效果，且不产生有毒气体。

绝热、隔声性能好。石膏板的导热系数一般小于 0.20W/(m·K)，故具有良好的保温绝热性能。石膏板的孔隙率高，表观密度小（<900kg/m³），特别是空心条板和蜂窝板，表观密度更小，吸声系数可达 0.25～0.30，故具有较好的隔声效果。

抗震性能好。石膏板表观密度小,结构整体性强,能有效减弱地震荷载和承受较大的层间变位,尤其是蜂窝板,抗震性能更佳,特别适用于地震区的中高层建筑。

强度低。石膏板的强度均较低,一般只能作为非承重的隔墙板。

耐干湿循环性能差,耐水性差。石膏板具有很强的吸湿性,吸湿后体积膨胀,严重时可导致晶型转变、结构松散、强度下降。故石膏板不宜在潮湿环境及经常受干湿循环的环境中使用。若经防水处理或贴上防水纸后,也可以在潮湿环境中使用。

(二)纤维复合板

纤维复合板的基本形式有三类:第一类是在黏结料中掺入各种纤维质材料经"松散"搅拌复合在长纤维网上制成的纤维复合板;第二类是在两层刚性胶结材之间填充一层柔性或半硬质纤维复合材料,通过钢筋网片、连接件和胶结材构成复合板材;第三类是以短纤维复合板作为面板,再用轻钢龙骨等复合岩棉保温层和纸面石膏板构成复合墙板。复合纤维板材集轻质、高强、高韧性和耐水性于一体,可以按要求制成任意规格的形状和尺寸,适用于外墙及内墙面承重或非承重结构。

根据所用纤维材料的品种和胶结材的种类,目前主要品种有:纤维增强水泥平板(TK板)、玻璃纤维增强水泥复合内隔墙平板和复合板(GRC外墙板)、混凝土岩棉复合外墙板(包括薄壁混凝土岩棉复合外墙板)、石棉水泥复合外墙板(包括平板)、钢丝网岩棉夹芯板(GY板)等十几种。

1. GRC板材(玻璃纤维增强水泥复合墙板)

其按形状的不同,可分为GRC平板和GRC轻质多孔条板。

GRC平板以耐碱玻璃纤维、低碱度水泥、轻集料和水为主要原料制成。它具有密度低、韧性好、耐水、可加工性好等特点。其生产工艺主要有两种,即喷射-抽吸法和布浆-脱水-辊压法,前种方法生产的板材又称为S-GRC板,后种称为雷诺平板。以上两种板材的主要技术性质有:密度不大于$1200kg/m^3$,抗弯强度不小于8MPa,抗冲击强度不小于$3kJ/m^2$,干湿变形不大于0.15%,含水率不大于10%,吸水率不大于35%,导热系数不大于$0.22W/(m\cdot K)$,隔音系数不小于22dB等。GRC平板可以作为建筑物的内隔墙和吊顶板,经过表面压花、覆涂之后也可作为建筑物的外墙板。

GRC轻质多孔条板是以耐碱玻璃纤维为增强材料,以硫铝酸盐水泥轻质砂浆为基材制成的具有若干圆孔的条形板。GRC轻质多孔条板的生产方式很多,有挤压成型、立模成型、喷射成型、预拌泵注成型、铺网抹浆成型等。板的厚度有90型和120型(单位为mm)两种。根据《玻璃纤维增强水泥轻质多孔隔墙条板》(GB/T 19631—2005),其主要技术性质见表7-19。该条板主要用于建筑物的内外非承重墙体,抗压强度超过10MPa的板材也可用于建筑物的加层和两层以下建筑的内外承重墙体。

表7-19 GRC板主要技术性能

物理力学性能		一等品	合格品
抗折破坏荷载/N	90型 ≥	2200	2000
	120型 ≥	3000	2800
干燥收缩值/(mm/m) ≤		0.6	

续表

物理力学性能		一等品	合格品
抗冲击性(30kg,0.5m落差)		冲击5次,板面无裂缝	
吊挂力/N ≥		1000	
空气声计权隔声量/dB	90型 ≥	35	
	120型 ≥	40	

2. 纤维增强水泥平板(TK 板)

纤维增强水泥平板是以低碱水泥、中碱玻璃纤维或短石棉纤维为原料,在圆网抄取机上制成的薄型建筑平板。主要技术性能见表7-20。耐火极限为9.3~9.8min;导热系数为0.58W/(m·K)。常用规格为:长1220mm、1550mm、1800mm;宽820mm;厚40mm、50mm、60mm、80mm。适用于框架结构的复合外墙板和内墙板。

表 7-20 TK 板主要技术性能

指 标		优等品	一等品	合格品
抗折强度/MPa	≥	18	13	7.0
抗冲击/(kJ/m²)	≥	2.8	2.4	1.9
吸水率/%	≤	25	28	32
密度/(g/cm³)	<	1.8	1.8	1.6

3. 石棉水泥复合外墙板

这种复合板是以石棉水泥平板(或半波板)为覆面板,填充保温芯材,石膏板或石棉水泥板为内墙板,用龙骨为骨架,经复合而成的一种轻质、保温非承重外墙板。其主要特性由石棉水泥平板决定,它是以石棉纤维和水泥为主要原料,经抄坯、压制、养护而成的薄型建筑平板。表观密度为1500~1800kg/m³,抗折强度为17~20MPa。

4. GY 板

这是一种采用钢丝网片和半硬质岩棉复合而成的墙板。面密度约为110kg/m²,热阻为0.8m²·K/W(板厚100mm,其中岩棉50mm,两面水泥砂浆各25mm),隔声系数大于40dB。GY 板适用于建筑物的承重或非承重墙体,也可预制门窗及各种异形构件。

5. 纤维增强硅酸钙板

通常称为"硅钙板",是以钙质材料、硅质材料和纤维为主要原料,经制浆、成坯、蒸压养护而成的轻质板材,其中,建筑用板材厚度一般为5~12mm。制造纤维增强硅酸钙板的钙质原料为消石灰或普通硅酸盐水泥,硅质原料为磨细石英砂、硅藻土或粉煤灰,纤维可用石棉或纤维素纤维。同时为进一步降低板的密度并提高其绝热性,可掺入膨胀珍珠岩;为进一步提高板的耐火极限温度并降低其在高温下的收缩率,有时也加入云母片等材料。

硅钙板按其密度可分为 D0.6、D0.8、D1.0 三种,按其抗折强度、外观质量和尺寸偏差可分为优等品、一等品和合格品三个等级。导热系数为 0.15~0.29W/(m·K)。

该板材具有密度低、比强度高、湿胀率小、防火、防潮、防霉蛀、加工性良好等优点,主要用作高层、多层建筑或工业厂房的内隔墙和吊顶,经表面防水处理后可用作建筑物的外墙板。由于该板材具有很好的防火性,特别适用于高层、超高层建筑。

(三)混凝土墙板

混凝土墙板以各种混凝土为主要原料加工制作而成,主要有蒸压加气混凝土板、挤压成型混凝土多孔条板、轻骨料混凝土配筋墙板等。

蒸压加气混凝土板是由钙质材料(水泥+石灰或水泥+矿渣)、硅质材料(石英砂或粉煤灰)、石膏、铝粉、水和钢筋组成的轻质板材。其内部含有大量微小、封闭的气孔,孔隙率达70%～80%,因而具有自重小、保温隔热性好、吸音性强等特点,同时具有一定的承载能力和耐火性,主要用作内、外墙板、屋面板或楼板。

轻骨料混凝土配筋墙板是以水泥为胶凝材料,陶粒或天然浮岩为粗骨料,陶砂、膨胀珍珠岩砂、浮岩砂为细骨料,经搅拌、成型、养护而制成的一种轻质墙板。为增强其抗弯能力,常常在内部轻骨料混凝土浇筑完后铺设钢筋网片。在每块墙板内部均设置六块预埋铁件,施工时与柱子或楼板的预埋钢板焊接相连,墙板接缝处需采取防水措施(主要为构造防水和材料防水两种)。

混凝土多孔条板是以混凝土为主要原料的轻质空心条板。其按生产方式的不同,可分为固定式挤压成型和移动式挤压成型两种;其按混凝土种类的不同,可分为普通混凝土多孔条板、轻骨料混凝土多孔条板、VRC轻质多孔条板等。其中,VRC轻质多孔条板是以快硬型硫铝酸盐水泥掺入35%～40%的粉煤灰为胶凝材料,以高强纤维为增强材料,掺入膨胀珍珠岩等轻骨料而制成的一种板材。以上混凝土多孔条板主要用作建筑物的内隔墙。

(四)复合墙板和墙体

单独一种墙板很难同时满足墙体的物理、力学和装饰性能要求,因此,常常采用复合的方式满足建筑物内、外隔墙的综合功能要求,由于复合墙板和墙体品种繁多,这里仅介绍常用的几种复合墙板或墙体。

GRC复合外墙板是以低碱水泥砂浆为基材,耐碱玻璃纤维为增强材料制成面层,内设钢筋混凝土肋,并填充绝热材料内芯,一次制成的一种轻质复合墙板。

GRC复合外墙板的GRC面层具有高强度、高韧性、高抗渗性、高耐久性,内芯具有良好的隔热性和隔声性,适合于框架结构建筑的非承重外墙挂板。

随着轻钢结构的广泛应用,金属面夹芯板也得到了较大的发展。目前,主要有金属面硬质聚氨酯夹芯板、金属面聚苯乙烯夹芯板、金属面岩棉、矿渣棉夹芯板等。

金属面夹芯板通常采用的金属面材料见表7-21。

表 7-21 金属面夹芯板常用面材种类

面材种类	厚度/mm	外表面	内表面	备注
彩色喷涂钢板	0.5～0.8	热固化型聚酯树脂涂层	热固化型环氧树脂涂层	金属基材热镀锌钢板,外表面两涂两烘,内表面一涂一烘
彩色喷涂镀铝锌板	0.5～0.8	热固化型丙烯树脂涂层	热固化型环氧树脂涂层	金属基材铝板,外表面两涂两烘,内表面一涂一烘
镀锌钢板	0.5～0.8	—	—	—
不锈钢板	0.5～0.8	—	—	—

续表

面材种类	厚度/mm	外表面	内表面	备注
铝板	0.5～0.8	—	—	可用压花铝板
钢板	0.5～0.8	—	—	—

钢筋混凝土岩棉复合外墙板包括承重混凝土岩棉复合外墙板和非承重薄壁混凝土岩棉复合外墙板。承重混凝土岩棉复合外墙板主要用于大模和大板高层建筑,非承重薄壁混凝土岩棉复合外墙板可用于框架轻板体系和高层大模体系的外墙工程。

承重混凝土岩棉复合外墙板一般由150mm厚钢筋混凝土结构承重层、50mm厚岩棉绝热层和50mm混凝土外装饰保护面层构成;非承重薄壁混凝土岩棉复合外墙板由50mm(或70mm)厚钢筋混凝土结构承重层、80mm厚岩棉绝热层和30mm混凝土外装饰保护面层组成。绝热层的厚度可根据各地气候条件和热工要求予以调整。

石膏板复合墙板是指用纸面石膏板为面层、绝热材料为芯材的预制复合板。石膏板复合墙体是指用纸面石膏板为面层,绝热材料为绝热层,并设有空气层与主体外墙进行现场复合,用作外墙内保温复合墙体。

预制石膏板复合墙板按构造的不同,可分为纸面石膏复合板、纸面石膏聚苯龙骨复合板和无纸石膏聚苯龙骨复合板,所用绝热材料主要为聚苯板、岩棉板或玻璃棉板。

现场拼装石膏板内保温复合外墙采用石膏板和聚苯板复合龙骨,在龙骨间用塑料钉挂装绝热板保温层、外贴纸面石膏板,在主体外墙和绝热板之间留有空气层。

纤维水泥(硅酸钙)板预制复合墙板是以薄型纤维水泥或纤维增强硅酸钙板为面板,中间填充轻质芯材一次复合形成的一种轻质复合板材,可作为建筑物的内隔墙、分户墙和外墙。主要材料为纤维水泥薄板或纤维增强硅酸钙薄板(厚度为4mm、5mm),芯材采用普通硅酸盐水泥、粉煤灰、泡沫聚苯乙烯粒料、外加剂和水等拌制而成的混合料。

复合墙板两面层采用纤维水泥薄板或纤维增强硅酸钙薄板,中间为轻混凝土夹芯层,长度可为2450mm、2750mm、2980mm;宽度为600mm;厚度为60mm、90mm。

聚苯模块混凝土复合绝热墙体是将聚苯乙烯泡沫塑料板组成模块,并在现场连接成模板,在模板内部放置钢筋和浇筑混凝土,此模板不仅是永久性模板,还是墙体的高效保温隔热材料。聚苯板组成聚苯模块时往往会设置一定数量的高密度树脂腹筋,并安装连接件和饰面板。此种方式不仅可以不使用木模或钢模就可加快施工进度,而且由于聚苯模板的保温保湿作用,便于夏冬两季施工中混凝土强度的增长。在聚苯板上可以方便地进行开槽、挖孔以及铺设管道、电线等操作。

第二节　屋面材料

屋面材料主要为各类瓦制品,按成分的不同,可分为黏土瓦、水泥瓦、石棉水泥瓦、钢丝网水泥波瓦、塑料大波瓦、沥青瓦、烧结瓦等;按生产工艺的不同,可分为压制、挤制瓦和手工光彩脊瓦;按形状分有平瓦、波形瓦、脊瓦。新型屋面材料主要有轻钢彩色屋面板、铝塑复合板等。黏土瓦现已淘汰使用,故不再赘述。下面列举几种常用的瓦制品进行介绍。

一、石棉水泥瓦

石棉水泥瓦是以温石棉纤维与水泥为原料,经加水搅拌、压滤成型、蒸养、烘干而成的轻型屋面材料。该瓦的形状尺寸分为大波瓦、小波瓦及脊瓦三种。石棉水泥瓦具有防火、防腐、耐热、耐寒、绝缘等性能,其大量应用于工业建筑,如厂房、库房、堆货棚等。此外,农村中的住房也常有应用。

石棉水泥瓦受潮和遇水后,强度会有所下降。石棉纤维对人体健康有害,很多国家已禁止使用。石棉水泥瓦根据抗折力、吸水率、外观质量等分为优等品、一等品和合格品三级。其规格和物理力学性能如表 7-22 所示。

表 7-22　石棉水泥瓦的规格和物理力学性能

性　能		规格/mm								
		大波瓦			中波瓦			小波瓦		
		280×994×7.5			2400×745×6.5 1800×745×6.0			1800×720×6.0 1800×720×5.0		
级　别		优等品	一等品	合格品	优等品	一等品	合格品	优等品	一等品	合格品
抗折力	横向/(N/m)	3800	3300	2900	4200	3600	3100	3200	2800	2400
	纵向/(N/m)	470	450	430	350	330	320	420	360	300
吸水率/%		26	28	29	26	28	28	25	26	26
抗冻性		25 次冻融循环后不得有起层等破坏现象								
不透水性		浸水后瓦体背面允许出现滴斑,但不允许出现水滴								
抗冲击性		在相距 60cm 处进行观察,冲击一次后被击处不得出现龟裂、剥落、贯通孔及裂纹								

二、钢丝网水泥波瓦

钢丝网水泥波瓦是普通水泥瓦中间设置一层低碳冷拔钢丝网,成型后再经养护而成的大波波形瓦。规格有两种,一种长 1700mm,宽 830mm,厚 14mm,重约 50kg;另一种长 1700mm,宽 830mm,厚 12mm,重 39~49kg。脊瓦每块为 15~16kg,要求瓦的初裂荷载每块不小于 2200N。在 100mm 的静水压力下,24h 后瓦背无严重溢水现象。

钢丝网水泥波瓦,适用于工厂散热车间、仓库及临时性建筑的屋面,有时也可用作这些建筑的围护结构。

三、玻璃钢波形瓦

玻璃钢波形瓦是以不饱和树脂和无捻玻璃纤维布为原料制成的。其尺寸为长 1800mm,宽 740mm,厚为 0.8~2mm。这种瓦质轻、强度大、耐冲击、耐高温、透光、有色泽,适用于建筑遮阳板及车站月台,集贸市场等简易建筑的屋面,但不能用于与明火接触的场合。当用于有防火要求的建筑物时,应采用难燃树脂。

四、聚氯乙烯波纹瓦

聚氯乙烯波纹瓦，又称塑料瓦楞板，它以聚氯乙烯树脂为主体，加入其他助剂，经塑化、压延、压波而制成的波形瓦。它具有轻质、高强、防水、耐腐、透光、色彩鲜艳等优点，适用于凉棚、果棚、遮阳板和简易建筑的屋面。常用规格为 $1000mm \times 750mm \times (1.5 \sim 2)mm$。抗拉强度为 45MPa，静弯强度为 80MPa，热变形特征为 60℃ 时 2h 不变形。

五、彩色混凝土平瓦

彩色混凝土平瓦以细石混凝土为基层，面层覆制各种颜料的水泥砂浆，经压制而成。其具有良好的防水和装饰效果，且强度高、耐久性良好，近年来发展较快。彩色混凝土平瓦的规格与黏土瓦相似。

此外，建筑上常用的屋面材料还有沥青瓦、铝合金波纹瓦、陶瓷波形瓦、玻璃曲面瓦等。

六、油毡（沥青）瓦

彩色沥青瓦是以玻璃纤维毡为胎基，经浸涂石油沥青后，一面覆盖彩色矿物粒料，另一面撒以隔离材料所制成的瓦状屋面防水材料。其主要用于各类民用住宅，特别是多层住宅、别墅的坡屋面防水工程。由于彩色沥青瓦具有色彩鲜艳丰富、形状灵活多样、施工简便无污染、产品质轻性柔、使用寿命长等特点，在坡屋面防水工程中得到了广泛的应用。

彩色沥青瓦在国外已有 80 多年的历史。在一些工业发达的国家，彩色沥青瓦的使用已占整个住宅屋面市场的 80% 以上。在国内，近几年来，随着坡屋面的重新崛起，作为坡屋面的主选瓦材之一，彩色沥青瓦的发展越来越快。

沥青瓦的胎体材料对强度、耐水性、抗裂性和耐久性起主导作用，胎体材料主要有聚酯毡和玻纤毡两种。玻纤毡具有优良的物理化学性能，抗拉强度大，裁切加工性能良好，与聚酯毡相比，玻纤毡在浸涂高温熔融沥青时表现出更好的尺寸稳定性。

石油沥青是生产沥青瓦的传统黏结材料，具有黏结性、不透水性、塑性、大气稳定性均较好以及来源广泛和价格相对低廉等优点。此外，涂盖料、增黏剂、矿物粉料填充、覆面材料对沥青瓦的质量也有直接影响。

七、琉璃瓦

琉璃瓦是素烧的瓦坯表面涂以琉璃釉料后再经烧制而成的制品。这种瓦表面光滑、质地紧密、色彩美丽、耐久性好，但成本较高，一般多用于古建筑修复，仿古建筑及园林建筑中的亭台楼阁使用。

八、烧结瓦

烧结瓦是由黏土或其他无机非金属原料，经成型、烧结等工艺处理，用于建筑屋面覆盖及装饰用的板状或块状烧结制品。通常，根据形状、表面状态及吸水率不同来进行分类和具体产品命名，具体可参照《烧结瓦》(GB/T 21149—2019)。

烧结瓦根据形状的不同，可分为平瓦、脊瓦、三曲瓦、双筒瓦、鱼鳞瓦、牛舌瓦、板瓦、筒瓦、滴水瓦、沟头瓦、J 形瓦、S 形瓦、波形瓦和其他异形瓦及其配件、饰件；根据表面状态的不同,可分为有釉瓦及无釉瓦;根据吸水率的不同,可分为Ⅰ类瓦、Ⅱ类瓦、Ⅲ类瓦、青瓦。

烧结瓦的常用规格如下。平瓦:400mm×240mm、360mm×220mm,厚度10～20mm;脊瓦:总长≥300mm、宽≥180mm,厚度10～20mm;三曲瓦、双筒瓦、鱼鳞瓦、牛舌瓦:300mm×200mm、150mm×150mm,厚度8～12mm;板瓦、筒瓦、滴水瓦、沟头瓦:430mm×350mm、110mm×50mm,厚度8～16mm;J形瓦、S形瓦:320mm×320mm、250mm×250mm,厚度12～20mm。

烧结瓦主要用于多层和低层建筑。其适用于防水等级为Ⅱ级(一至两道防水设防,并设防水垫层)、Ⅲ级(一道防水设防,并设防水垫层)、Ⅳ级(一道防水设防,不设防水垫层)的屋面防水。防水垫层铺设于防水层下,也可作为一道防水层,用于保护屋面,延长屋面使用寿命。不宜使用防水涂料作为防水层或防水垫层。

第三节　门窗材料

目前,我国建筑能耗约占全国总能耗的27.6%,而由门窗损失的采暖和制冷能耗占到建筑维护结构损失能耗的50%以上。因此,门窗的保温性和气密性是影响建筑能耗的重要因素。

建筑门窗的设置显著影响着建筑物的外观特征,门窗产品的材料、规格、色彩与质感构成了建筑外立面的整体视觉效果。室内环境温度、湿度、气流、热辐射、节能、隔声和采光均与门窗材料紧密相关。我国对建筑外窗的抗风压性能、雨水渗漏性能、气密性能、保温性能、空气隔声性能等均制定了严格的标准。

从建筑门窗的窗框材料发展来看,最早使用的是实木材料,但随着森林资源的保护和木材资源的短缺,现已限制使用。20世纪70年代发展使用的实腹钢窗可以说是第二代产品,主要作为代木产品,曾经发挥过一定作用。但由于钢窗材料的变形和锈蚀问题,以及水密性、气密性和保温、隔声性能较差,目前也已被限制使用。铝合金门窗材料被称为第三代产品,至今仍广泛使用。与钢窗材料相比,其抗变形能力、防锈能力、气密性、水密性和装饰效果,均有了极大的提高。但它的保温性能和空气隔声性能仍不理想,因此,进一步发展了热阻断铝合金门窗材料,保温性能和隔声性能得以改善。塑料(钢)门窗是近十年来大力推广应用的新材料,得益于我国化学工业的技术进步和科研技术人员的不懈努力。塑料材料的耐久性大大提高。塑钢门窗具有良好的水密性、气密性和保温、隔声性能,且通过钢塑复合,抗变形能力大大提高。

一、木门窗

木门窗的气密性、水密性、抗风压以及抗潮湿、防水性能相对较差,室外工程已很少使用。但由于良好的保温性能,特别是木制品的材质、造型特点与艺术效果,是金属和塑料类产品无法取代的,因此室内工程中使用仍很普遍。

木门窗的主要技术要求在《建筑装饰装修工程质量验收标准》(GB 50210—2018)及《木门窗》(GB/T 29498—2013)中有详细规定,主要包括木材的品种、材质等级、规格、尺寸、框扇的线型及人造木板中的甲醛含量等。

除实木门窗外,胶合板门、纤维板门和模压门的应用也十分普遍。特别是模压门,与实木门窗相比,原材料来源更广,整体性强,造型丰富,防水、防火、防盗、防腐性能更好,同时具有良好的气密性、水密性和保温、隔声性能。它在一定程度上有取代实木门窗的趋势。

木门的主要类型按开启方式的不同,可分为平开门、推拉门、连窗门、折叠门、旋转门和弹簧门等;按所用材料和造型特点的不同,可分为镶板门、包板门、木框玻璃门、拼板门、花格门等。

木窗的主要类型有平开窗、推拉窗、中悬窗、立转窗、提拉窗、上悬窗、下悬窗及百叶窗等。

二、铝合金门窗

铝外观呈银白色,密度为 $2.7g/cm^3$,熔点为 $660℃$,由于其表面常常被氧化铝薄膜覆盖,因此具有良好的耐蚀性。铝的可塑性良好(伸长率为 50%),但硬度和强度较低。

铝合金主要有 Al—Mn 合金、Al—Mg 合金、Al—Mg—Si 合金等。合金元素的引入,不仅保持了铝质量轻的特点,还提高了其机械力学性能,例如屈服强度可达 $210\sim500MPa$,抗拉强度可达 $380\sim550MPa$ 等。因此,铝合金不仅可用于建筑装饰领域,还可用于结构领域。铝合金的主要缺点是弹性模量小、热膨胀系数大、耐热性差等。

为进一步提高铝合金的耐磨性、耐蚀性、耐光性和耐候性能,可以对铝合金进行表面处理。表面处理包括表面预处理、阳极氧化处理和表面着色处理三个步骤。

铝合金门窗的维修费用低、色彩造型丰富、耐久性较好,因此得到了广泛的应用。其主要缺点是导热系数大,不利于建筑节能。

三、断桥式铝合金门窗

断桥式铝合金门窗,也叫断桥式铝合金(塑型)复合门窗,其原理是利用塑料型材(隔热性高于铝型材 1250 倍)将室内外两层铝合金既隔开又紧密连接成一个整体,构成一种新的隔热型的铝型材,用这种型材做门窗,其隔热性与塑(钢)窗在同一个等级——国标级,彻底解决了铝合金传导散热快、不符合节能要求的问题;同时,采取了一些新的结构配合形式,彻底解决了"铝合金推拉窗密封不严"的问题。该产品两面为铝材,中间用塑料型材腔体做断热材料。这种创新结构设计,兼顾了塑料和铝合金两种材料的优势,同时满足装饰效果和门窗强度及耐老性能的多种要求。超级断桥铝塑型材可实现门窗的三道密封结构,合理分离水气腔,成功实现等压气液平衡,显著提高门窗的水密性和气密性。这种窗的气密性比任何铝、塑窗都好,能保证风沙大的地区室内窗台和地板无灰尘;能保证在高速公路两侧 50m 内的居民不受噪声干扰,其性能接近平开窗。

四、塑料门窗

塑料门窗是继木、钢、铝合金门窗之后兴起的新型节能门窗,是节能、保温、隔音且水密性、气密性和耐久性都很好的门窗。塑料门窗是以改性聚氯乙烯树脂为原料,经挤出成型为各种断面的中空异型材,再经定长切割并在其内腔加钢质型材加强筋,通过热熔焊接机焊接组装成门窗框、扇,最后装配玻璃、五金配件、密封条等构成的门窗成品。型材内腔以型钢增强而形成塑钢结合的整体,故这种门窗也称塑钢门窗。

近 10 年来,我国塑料门窗的生产与应用取得了快速发展,但与国外发达国家相比,仍然存在一定的差距。据统计,目前欧洲塑料门窗的市场平均占有率为 40％,德国塑料门窗市场占有率达 54％,美国达 45％。我国在新建建筑中的使用比例尚不足 35％。

评价门窗整体性能的质量主要有 6 项指标,即抗风压性能、空气渗透性能、雨水渗透性能、保温性能、隔声性能和装饰性能。从这 6 项指标看,塑料门窗可谓是一个全能型的产品。随着塑料门窗表面装饰技术(如表面覆膜、彩色喷涂、双色共挤等技术)的推广与应用,塑料门窗将越来越受到青睐。

塑料门窗的主要技术性能有以下几种。

(1)强度高、耐冲击。塑料型材采用特殊的耐冲击配方和精心设计的耐冲击断面,在 $-10℃$、1m 高、自由落体冲击试验下不破裂,所制成的门窗能耐风压 $1500\sim3500Pa$,适用于各种建筑物。

(2)抗老化性能好。由于配方中添加了改性剂、光热稳定剂和紫外线吸收剂等各种助剂,使塑料门窗具有很好的耐候性、抗老化性能,可以在 $-10\sim70℃$ 的各种条件下长期使用,经受烈日、暴雨、风雪、干燥、潮湿之侵袭而不脆、不变质。

(3)隔热保温性好,节约能源。硬质 PVC 材质的导热系数较低,仅为铝材的 1/250,钢材的 1/360,又因塑料门窗的型材为中空多腔结构,内部被分成若干紧闭的小空间,使导热系数进一步降低,因此具有良好的隔热和保温性。

(4)气密性、水密性好。塑料窗框、窗扇间采用搭接装配,各缝隙间都装有耐久性弹性密封条或阻见板,防止空气渗透、雨水渗透性极佳,并在框、扇适当位置开设排水槽孔,能将雨水和冷凝水排出室外。

(5)隔音性好。塑料门窗用型材为中空结构,内部若干充满空气的密闭小腔室,具有良好的隔音效果。若经过精心设计,框扇搭接严密,则防噪声性能会更好,这种性能使塑料门窗更适用于交通频繁、噪声侵袭严重或特别需要安静的环境,如医院、学校及办公大楼等。

(6)耐腐蚀性好。硬质 PVC 材料不受任何酸、碱、盐、废气等物质的侵蚀,耐腐蚀、耐潮湿,不朽、不锈、不霉变,无须油漆。

(7)防火性能好。塑料门窗为优良的防火材料,不自燃、不助燃、遇火自熄。

(8)电绝缘性高。塑料 PVC 型材为优良的绝缘体,使用安全性高。

(9)热膨胀系数低,能保证正常使用。

五、中空玻璃门窗

近年来,随着对建筑节能的重视,门窗节能也越来越受到重视。门窗面积占建筑面积的 20％以上,其保温隔热性能的好坏成为建筑节能的关键因素之一。因此,具有较好保温隔热性能的中空玻璃门窗也得到了普遍应用。

所谓中空玻璃是由两片玻璃用灌满分子筛的铝间隔框将其周边分开并用密封胶条密封,在玻璃层间形成干燥气体空间或灌入惰性气体的产品。在门窗中替代单层玻璃,不仅可以起到良好的节能效果,隔音性能也大为改善。

在节能方面,单层玻璃的门窗是建筑物冷(热)量最大的耗损点,而中空玻璃的传热系数仅为 $1.63\sim3.1W/(w\cdot K)$,是单层玻璃的 29％~56％,因而热损失可减少 70％左右,大大减轻采冷(暖)空调的负载。显然,窗户面积越大,中空玻璃的节能效果越明显。

在隔音方面,中空玻璃能大幅度降低噪声的分贝数,一般的中空玻璃可降低噪声 30～45dB。其隔音原理是:中空玻璃的密封空间内的空气,由于铝框内灌充的高效分子筛的吸附作用,成为导声系数很低的干燥气体,从而构成一道隔音屏障。中空玻璃密封空间内若有惰性气体,还可以进一步提高其隔音效果。

本章知识点及复习思考题

知识点　　　　　　复习思考题

第八章　合成高分子材料

合成高分子材料是指由人工合成的高分子化合物为基础所组成的材料,它有许多优良的性能,如密度小、比强度大、弹性高、电绝缘性能好、耐腐蚀、装饰性能好等。作为土木工程材料,由于它能减轻构筑物自重、改善性能、提高工效、减少施工安装费用,获得良好的装饰及艺术效果,因而得到了广泛的应用。高分子材料作为建材中主要成分使用的包括塑料、涂料、胶黏剂、高分子防水材料等,作为辅助添加剂的包括各种减水剂、增稠剂及聚合物改性砂浆中添加的高分子乳液或可分散聚合物胶粉等。

第一节　高分子化合物的基本概念

一、高分子化合物

高分子化合物(简称高分子),由许多相同的、简单的结构单元通过价键(共价键、配位键或缺电子键)重复连接而成,因此,高分子又称作聚合物。例如,聚氯乙烯分子由许多氯乙烯结构单元重复连接而成:

$$\cdots\cdots CH_2CHCH_2CHCH_2CH_2\cdots\cdots CH_2CH\cdots\cdots \tag{8-1}$$
$$\quad\quad\quad | \quad\quad | \quad\quad | \quad\quad\quad\quad |$$
$$\quad\quad Cl \quad Cl \quad Cl \quad\quad\quad Cl$$

上式中符号……代表碳链骨架。为方便起见,上式可缩写成

$$\left(CH_2\!-\!CH\right)_n \tag{8-2}$$
$$\quad\quad\quad |$$
$$\quad\quad Cl$$

式 8-2 是聚氯乙烯的结构式,端基只占大分子中很少一部分,故略去不计。圆括号内是聚氯乙烯的结构单元,也是其重复结构单元,简称重复单元。许多重复单元连接成线型大分子,类似一条链子,因此有时又将重复单元称作链节。式 8-2 中,$\left(CH_2\!-\!CH\right)_n$ 是该高分子长链骨架,即为主链;主链旁的—Cl 称之为侧基。n 代表重复单元数,又称聚合度(DP),聚合度是衡量聚合物大小的一个指标。

能够形成聚合物中结构单元的小分子称之为单体,它是合成聚合物的原料。由单体合成聚合物的反应称之为聚合反应。

聚合反应有加聚反应和缩聚反应。聚合物有加聚物和缩聚物。其中,加聚反应是指生成聚合物(例如聚氯乙烯)的结构单元与其单体(氯乙烯)相比较,除了电子结构(化学键方向、类型)有所改变外,其所含原子种类、数目均未变化的聚合反应。在加聚物中,结构单元

即重复单元,也称单体单元。

聚乙烯是特例,其分子式为 $\left(\!CH_2\!-\!CH_2\!\right)_n$,其重复单元是 $-CH_2-$,但因其与单体单元不同,故习惯上并不把聚乙烯写成 $\left(\!CH_2\!\right)_n$。

缩聚反应是指所生成的聚合物结构单元在组成上比其相应的原料单体分子少了一些原子的聚合反应。之所以会出现这个反应,是因为在这些聚合反应中官能团间进行缩合反应,失去了某种小分子。例如,由己二酸、己二胺两种单体经缩聚反应(失去小分子水)生成聚己二酰己二胺(尼龙-66)的反应,反应式为:

$$n\,NH_2(CH_2)_6NH_2 + n\,HOOC(CH_2)_4COOH \longrightarrow$$

$$\left(\!NH(CH_2)_6NH\!-\!CO(CH_2)_4CO\!\right)_n + 2n\,H_2O \tag{8-3}$$

这里的结构单元不宜称为单体单元,且和重复单元(链节)的含义也不同。

涤纶聚酯式(8-4)的结构单元也有类似的情况:

$$\left(\!OCH_2CH_2O\cdot CO\!\!\bigcirc\!\!CO\!\right)_n \tag{8-4}$$

聚合物的分子量 M 是重复单元的分子量 M_0 与聚合度 DP 或重复单元数 n 的乘积。

$$M = DP\cdot M_0 = nM_0 \tag{8-5}$$

例如,常用聚氯乙烯分子量为 5 万～15 万,其重复单元分子量为 62.5,由此可以算得聚合度为 800～2400。

可将聚酰胺、聚酯类缩聚物的聚合度定义为两种结构单元总数,记作 $\overline{X_n}$。这样,式(8-3)和式(8-4)中的聚合度将是重复单元数 n 的 2 倍,分子量 M 有以下关系:

$$M = \overline{X_n}\cdot\overline{M_0} = 2n\cdot\overline{M_0} = 2DP\cdot\overline{M_0} \tag{8-6}$$

式中,$\overline{M_0}$ 是重复单元内结构单元的平均分子量。

在加聚反应中,由一种单体进行的聚合反应称之为均聚反应,所得的聚合物称之为均聚物。由两种或两种以上单体进行的聚合反应称之为共聚反应,所得聚合物称为共聚物,相应的有二元、三元、四元等共聚物。

二、聚合物的分类

高分子化合物可以分为天然高分子和合成高分子两大类。

（一）天然高分子

天然高分子分为天然无机高分子和天然有机高分子。天然无机高分子如石棉、石墨、金刚石、云母等。天然有机高分子都是在生物体内制造出来的,如动物毛、皮、爪、蚕丝、虫胶、植物纤维素、淀粉、蛋白质、天然橡胶、树脂等。

（二）合成高分子

合成高分子是指从结构和分子量都已知的小分子原料出发,通过一定的化学反应和聚合方法合成的聚合物。

聚合物的分类方法很多,经常采用的方法有下列几种。

(1)聚合物按其材料性能与用途的不同,可分为合成橡胶、合成纤维和塑料,此外还有胶黏剂、涂料等。合成橡胶的主要品种有丁苯橡胶、顺丁橡胶、氯丁橡胶、异戊橡胶、丁基橡胶和乙丙橡胶。合成纤维的主要品种有涤纶、锦纶(尼龙)、腈纶、维纶、丙纶。塑料还可分为热塑性塑料和热固性塑料,前者为线型(或支化)聚合物,受热时可熔融、流动,可多次重复加工成型,主要品种有聚乙烯、聚丙烯、聚氯乙烯、聚苯乙烯;后者是体型聚合物,在加工过程中固化成型,以后不能再加热塑化和重复成型,主要品种有酚醛树脂和不饱和聚酯。

(2)聚合物按其主链结构的不同,可分为碳链、杂链、元素有机聚合物。

① 碳链聚合物。高分子主链完全由碳原子组成,它们绝大多数是由含双键的烯类、二烯类单体经加聚反应生成,如聚乙烯、聚苯乙烯、聚氯乙烯等(见表 8-1)。

表 8-1 碳链聚合物

聚合物	符号	重复单元	单体
聚乙烯	PE	$-CH_2-CH_2-$	$CH_2\!=\!CH_2$
聚丙烯	PP	$-CH_2-\underset{\underset{CH_3}{\mid}}{CH}-$	$CH_2\!=\!\underset{\underset{CH_3}{\mid}}{CH}$
聚异丁烯	PIB	$-CH_2-\underset{\underset{CH_3}{\mid}}{\overset{\overset{CH_3}{\mid}}{C}}-$	$CH_2\!=\!\underset{\underset{CH_3}{\mid}}{\overset{\overset{CH_3}{\mid}}{C}}$
聚苯乙烯	PS	$-CH_2-\underset{\underset{C_6H_5}{\mid}}{CH}-$	$CH_2\!=\!\underset{\underset{C_6H_5}{\mid}}{CH}$
聚氯乙烯	PVC	$-CH_2-\underset{\underset{Cl}{\mid}}{CH}-$	$CH_2\!=\!\underset{\underset{Cl}{\mid}}{CH}$
聚四氟乙烯	PTFE	$-F_2C-CF_2-$	$F_2C\!=\!CF_2$
聚丙烯酸	PAA	$-CH_2-\underset{\underset{COOH}{\mid}}{CH}-$	$CH_2\!=\!\underset{\underset{COOH}{\mid}}{CH}$
聚甲基丙烯酸甲酯	PMMA	$-CH_2-\underset{\underset{COOCH_3}{\mid}}{\overset{\overset{CH_3}{\mid}}{C}}-$	$CH_2\!=\!\underset{\underset{COOCH_3}{\mid}}{\overset{\overset{CH_3}{\mid}}{C}}$
聚丙烯腈	PAN	$-CH_2-\underset{\underset{CN}{\mid}}{CH}-$	$CH_2\!=\!\underset{\underset{CN}{\mid}}{CH}$
聚乙烯醇	PVA	$-CH_2-\underset{\underset{OH}{\mid}}{CH}-$	$CH_2\!=\!\underset{\underset{OH(假设)}{\mid}}{CH}$
聚丁二烯	PB	$-CH_2-CH\!=\!CH-CH_2-$	$CH_2\!=\!CH-CH\!=\!CH_2$

② 杂链聚合物。高分子主链中除碳原子外,还有氧、氮、硫等杂原子,如聚醚、聚酯、聚酰胺、聚氨酯等(见表 8-2)。

③ 元素有机聚合物。高分子主链中没有碳原子,主要由硅、硼、铝和氧、氮、硫、磷等原子组成,但其侧基是有机基团,如有机硅橡胶主链是硅氧链,侧基是甲基、乙基、乙烯基、芳基等有机基团(见表 8-2)。

表 8-2 杂链和元素有机聚合物

类型	聚合物	结构单元	原料
聚醚	聚甲醛	$-O-CH_2-$	$HCHO$ 或 $(CH_2O)_3$
	聚环氧乙烷	$-O-CH_2CH_2-$	$H_2C\!\!-\!\!CH_2$(环氧乙烷)
	环氧树脂		
聚酯	涤纶	$OCH_2CH_2O-C(\!=\!O)-C_6H_4-C(\!=\!O)-$	$HOCH_2CH_2OH +$ 对苯二甲酸
	醇酸树脂		$CH_2OHCH_2OHCH_2OH + C_6H_4(CO)_2O$
聚酰胺	尼龙-66	$-NH(CH_2)_6NH-CO(CH_2)_4CO-$	$NH_2(CH_2)_6NH_2 + HOOC(CH_2)_4COOH$
	尼龙-6	$-NH(CH_2)_5CO-$	$NH(CH_2)_5CO$
聚氨酯	聚氨酯	$-O(CH_2)_2O-CNH(CH_2)_6NHC-$ (带两个 $\overset{\|}{O}$)	$HO(CH_2)_2OH + OCN(CH_2)_6NCO$
酚醛	酚醛		$C_6H_5OH + HCHO$
脲醛	脲醛	$-NHCNH-CH_2-$ ($\overset{\|}{O}$)	$CO(NH_2)_2 + HCHO$
有机硅	硅橡胶		

如果聚合物的主链、侧链均无碳原子,则成无机高分子,如聚氯化磷腈、水玻璃(硅酸钠)。无机高分子的一般特性是耐热、耐燃,但往往较脆,且耐水性差。

三、聚合物的命名

高分子有多种命名方法,在土木工程材料工业领域常以习惯命名。对于一种单体经加聚制成的聚合物,常以单体名为基础,前面冠以"聚"字,如聚乙烯、聚丙烯等,大多数烯类单体聚合物都可按此命名。

由两种不同单体缩聚反应生成的聚合物,除了在名称之首冠以"聚"字外,还在名字中反映出经缩聚反应生成的主链中的特征基团。如由对苯二甲酸甲酯和乙二醇经酯交换反应并聚合得到的酯称为聚对苯二甲酸乙二醇酯;由己二酸和己二胺缩聚得到的聚合物称为聚己二酰己二胺。

对于由两种不同单体聚合生成的聚合物,且其聚合物结构又不明确(多数是热固性塑料),常摘取两种单体的简名,后缀以"树脂"两字来命名。例如,苯酚和甲醛、尿素和甲醛、甘油和邻苯二甲酸酐的聚合物分别称作酚醛树脂、脲醛树脂、醇酸树脂。因为这些产物的外观类似"天然树脂",所以也可称为"合成树脂"。这样的命名其实是一种类别名。例如,"酚醛树脂"中的酚类单体就有苯酚、对甲酚、间甲酚等。此外,"树脂"也用来指未加助剂或填料的聚合物粉料、粒料,如聚乙烯树脂等。

由两种烯类单体共聚合制得的共聚物的命名是在两种单体名称间加连字符,并冠以"聚"字。如聚苯乙烯-丙烯腈、聚甲基丙烯酸甲酯-苯乙烯,也可称之为苯乙烯-丙烯腈共聚物、甲基丙烯酸甲酯-苯乙烯共聚物。

许多合成橡胶都是共聚物,对它们往往从共聚物单体中各取一字,后缀以"橡胶"两字来命名,如丁(二烯)苯(乙烯)橡胶、丁(二烯)(丙烯)腈橡胶、乙(烯)丙(烯)橡胶等。但注意,氯丁橡胶是指由 2-氯-1,3-丁二烯聚合得到的合成橡胶。

也有以聚合物的结构特征来命名的,如聚酰胺、聚酯、聚碳酸酯、聚砜等。这些名称都代表一类聚合物,具体每一品种另有详细的名称。如己二胺和己二酸的反应产物的学名是聚己二酰己二胺,在商业上称作尼龙-66。尼龙代表聚酰胺一大类。尼龙后第一个数字表示二元胺的碳原子数,第二个或以后数字则代表二元酸的碳原子数。

在合成高分子中也有许多俗名。例如,我国习惯以"纶"字作为合成纤维商品名的后缀字,如涤纶(聚对苯二甲酸乙二醇酯)、锦纶(聚酰胺)、维尼纶(聚乙烯醇缩醛)、腈纶(聚丙烯腈)、氯纶(聚氯乙烯)、丙纶(聚丙烯)等。

四、聚合物的结构与性质

(一)聚合物分子链的形状与性质

聚合物按分子几何结构形态的不同,可分为线型、支链型和体型三种。

(1)线型:线型聚合物的链节排列成"一维"线状主链,大多数呈卷曲状见图 8-1(a)。线状大分子间以分子间力结合在一起,因分子间作用力微弱,使分子容易相互滑动,因此线型结构的合成树脂加热时可熔融塑化,冷却时则固化成型,如此可反复进行,这类树脂称为热塑性树脂,并能溶于适当溶剂中。

线型聚合物具有良好的弹性、塑性、柔顺性,但强度较低、硬度小、耐热性、耐腐蚀性较差。

(2)支链型：支链型聚合物的分子在主链上带有比主链短的支链，支链有短支链、长支链、树枝状支链见图 8-1(b)。由单体中取代基所构成的侧基，即使如聚甲基丙烯酸十二烷基酯中那样的一个较长的烷基，也不属于支链。与线型聚合物相似，支链型聚合物具有热塑性，可以加热熔融，也能溶于适当的溶剂。但因分子排列较松，分子间作用力较弱，因而密度、熔点及强度均低于线型聚合物。

(3)体型：体型聚合物的分子是由线型或支链型聚合物分子以化学键交联形成，呈空间网状结构见图 8-1(c)。交联程度小的网状结构，受热可软化，但不熔融，适当溶剂也可使其溶胀，但不可以溶解，故具有良好的弹性。交联度高的体型结构，加热不软化，也不易被溶剂溶胀，因此具有优异的耐热性、化学稳定性、机械强度大、硬度高，表现为刚性材料。

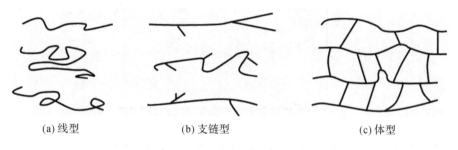

(a) 线型　　　　　　　(b) 支链型　　　　　　　(c) 体型

图 8-1　聚合物大分子链的形状

有不少聚合物或预聚体，如酚醛树脂、脲醛树脂、醇酸树脂等，在树脂合成阶段，控制原料配合比和反应，使其停留在线型或少量支链的低分子阶段。在成型阶段，经加热再使其中潜在的活性官能团继续反应成交联结构而固化，再加热也不再塑化，这类树脂称之为热固性树脂(塑料)。热固性聚合物具有较高的强度与弹性模量，但塑性小、较硬脆，耐热性、耐腐蚀性较好，不溶不熔。用作橡胶的聚合物，如天然橡胶、丁苯、顺丁烯等，在加工成制品时，必须使之有适度(轻度)的交联(硫化)，从而获得并保持可贵的高弹性。

(二)聚合物的聚集态结构与物理状态

聚集态结构是指聚合物内部大分子之间的几何排列与堆砌方式。按其分子在空间排列规则与否，固态聚合物中并存着晶态与非晶态两种聚集状态，但与低分子量晶体不同，由于长链高分子难免弯曲，故在晶态聚合物中也总有非晶区存在，且大分子链可以同时跨越几个晶区和非晶区。晶区所占的百分比称为结晶度。一般，结晶度越高，则聚合物的密度、弹性模量、强度、硬度、耐热性、折光系数等越高，而冲击韧性、黏附力、塑性、溶解度等越小。晶态聚合物一般为不透明或半透明的，非晶态聚合物则一般为透明的，体型聚合物只有非晶态一种。

线型聚乙烯分子结构简单规整，分子链柔顺，容易紧密排列，形成结晶，虽然次价力较小，但结晶度在 90% 以上。带支链的聚乙烯结晶度(55%～60%)就低得多。

其他聚合物结构就没有聚乙烯那么简单规整。聚酰胺分子结构与聚乙烯有些类似，并不复杂，强极性的酰胺键因氢键而有较大的次价力，有利于结晶。但要求酰胺键有规则地排列，因此结晶度有所限制。拉伸有利于有序排列，可使结晶度提高。

聚苯乙烯、聚氯乙烯、聚甲基丙烯酸甲酯等大分子主链上有侧基，使链的刚性增加，虽然有较大的次价力,但堆砌困难,因此结晶倾向极低。主链上有环状结构的聚合物,如涤纶和纤维素,使结晶困难,若温度和时间适当,则也能结晶到中等程度。

天然橡胶和硅橡胶的分子链过于柔顺,如温度适当,则经拉伸可规则排列;若拉力去除后,则规则排列并不能维持,将恢复到原来的完全无定型状态。

液晶是介于三维有序的固体晶态和无序液态之间的中间状态。液晶高分子具有一系列优异性能,如高强度、高模量、耐高温、尺寸稳定、阻燃、绝缘、耐辐射、耐腐蚀等,可用作高性能的合成纤维、工程塑料和复合材料。

在不同的温度条件下,聚合物的形态是有差别的,主要表现为下列三种物理状态,见图8-2。

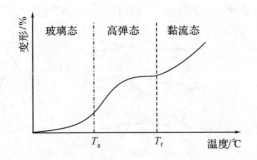

图 8-2　非晶态线型高聚物的变形与温度的关系

(1)玻璃态:当低于某一温度时,分子链作用力很大,分子链与链段运动受到限制,聚合物呈非晶态的固体称为"玻璃态"。聚合物转变为玻璃态的温度称为玻璃化温度 T_g。温度继续下降,当聚合物表现为不能拉伸或弯曲的脆性时的温度,称为"脆化温度",简称"脆点"。

(2)高弹态:当温度超过玻璃化温度 T_g 时,分子链段可以比较自由地运动,聚合物在外力作用下能产生大的变形。当外力卸除后又会缓慢地恢复原状,聚合物的运动状态称为"高弹态"。

(3)黏流态:随温度继续升高,当温度达到"流动温度" T_f 后,聚合物呈极黏的液体,这种状态称为"黏流态"。此时,分子链和链段都可以发生运动,当受到外力作用时,分子间相互滑动产生形变;当外力卸去后,形变不能恢复。

聚合物使用目的的不同,对各个转变温度的要求也不同。通常,玻璃化温度 T_g 低于室温的称为橡胶,高于室温的称为塑料。玻璃化温度是塑料的最高使用温度,但却是橡胶的最低使用温度。

第二节　塑　料

塑料是以天然或合成高分子化合物为基体材料,加入适量的填料和添加剂,在高温、高压下塑化成型,且在常温、常压下保持制品形状不变的材料。常用的合成高分子化合物是各种合成树脂。

目前,已生产出各种用途的塑料,且新的聚合物在不断出现,塑料的性能也在逐步改善。塑料作为建筑工程材料有着广阔的应用前途。如常用的塑料制品有塑料壁纸、壁布、饰面板、塑料地板、塑料门窗、管线护套等;绝热材料有泡沫塑料与蜂窝塑料等;防水和密封材料有塑料薄膜、密封膏、管道、卫生设施等;土木工程材料有塑料排水板、土木工程织物等;市政工程材料有塑料给水管、塑料排水管、煤气管等。

一、塑料的组成

(一)合成树脂

习惯上或广义上讲,凡作为塑料基材的高分子化合物(聚合物)都称为树脂。合成树脂是塑料的基本组成材料,在塑料中起黏结作用。塑料的性质主要决定于合成树脂的种类、性质和数量。合成树脂在塑料中的含量为 $30\%\sim60\%$,仅有少数的塑料完全由合成树脂所组成,如有机玻璃。

用于塑料的热塑性树脂主要有聚乙烯、聚氯乙烯、聚甲基丙烯酸甲酯、聚苯乙烯、聚四氟乙烯等加聚聚合物;用于塑料的热固性树脂主要有酚醛树脂、脲醛树脂、不饱和树脂、不饱和聚酯树脂、环氧树脂、有机硅树脂等缩聚聚合物。

(二)填充料

在合成树脂中加入填充料可以降低分子链间的流淌性,可提高塑料的强度、硬度及耐热性,减少塑料制品的收缩,并能有效降低塑料的成本。

常用的填充料有木粉、滑石粉、硅藻土、石灰石粉、石棉、铝粉、炭黑和玻璃纤维等,塑料中填充料的掺率为 $40\%\sim70\%$。

(三)增塑剂

增塑剂可降低树脂的流动温度 T_f,使树脂具有较大的可塑性以利于塑料加工成型,由于增塑剂的加入降低了大分子链间的作用力,因此能降低塑料的硬度和脆性,使塑料具有较好的塑性、韧性和柔顺性等机械性质。

增塑剂必须与树脂均匀地混合在一起,并且具有良好的稳定性。常用的增塑剂有邻苯二甲酸二辛酯、磷酸三甲酚酯、樟脑、二苯甲酮等。

(四)固化剂

固化剂也称硬化剂或熟化剂。它的主要作用是使线性聚合物交联成体型聚合物,使树脂具有热固性,形成稳定而坚硬的塑料制品。

酚醛树脂中常用的固化剂为乌洛托品(六亚甲基四胺),环氧树脂中常用的则为胺类(乙二胺、间苯二胺)、酸酐类(邻苯二甲酸酐、顺丁烯二酸酐)及高分子类(聚酰胺树脂)。

(五)着色剂

着色剂的加入使塑料具有鲜艳的色彩和光泽,改善塑料制品的装饰性。常用的着色剂是一些有机染料和无机颜料,有时也采用能产生荧光或磷光的颜料。

(六)稳定剂

为防止塑料在热、光及其他条件下过早老化而加入的少量物质称为稳定剂。常用的稳定剂有抗氧化剂和紫外线吸收剂。

除上述组成材料以外,在塑料生产中还常常加入一定量的其他添加剂,使塑料制品的性能更好、用途更广泛。如加入发泡剂可以制得泡沫塑料,加入阻燃剂可以制得阻燃塑料。

二、塑料的性质

塑料具有质量轻、比强度高、保温绝热性能好、加工性能好及富有装饰性等优点,但也存在易老化、易燃、耐热性差及刚性差等缺点。

(一)物理力学性质

(1)密度。塑料的密度一般为 $0.9 \sim 2.2 \mathrm{g/cm^3}$,较混凝土和钢材小。

(2)孔隙率。塑料的孔隙率在生产时可在很大范围内加以控制。例如,塑料薄膜和有机玻璃的孔隙率几乎为零,而泡沫塑料的孔隙率可高达 $95\% \sim 98\%$。

(3)吸水率。大部分塑料是耐水材料,吸水率很小,一般不超过 1%。

(4)耐热性。大多数塑料的耐热性都不高,使用温度一般为 $100 \sim 200℃$,仅个别塑料(氟塑料、有机硅聚合物等)的使用温度可达 $300 \sim 500℃$。

(5)导热性。塑料的导热性较低,密实塑料的导热系数为 $0.23 \sim 0.70 \mathrm{W/(m \cdot K)}$,泡沫塑料的导热系数则接近于空气。

(6)强度。塑料的强度较高,如玻璃纤维增强塑料(玻璃钢)的抗拉强度高达 $200 \sim 300 \mathrm{MPa}$,许多塑料的抗拉强度与抗弯强度相近。

(7)弹性模量。塑料的弹性模量较小,约为混凝土的 $1/10$,同时具有徐变特性,所以塑料在受力时有较大的变形。

(二)化学性质

(1)耐腐蚀性。大多数塑料对酸、碱、盐等腐蚀性物质的作用都具有较高的化学稳定性,但有些塑料在有机溶剂中会溶解或溶胀,使用时应注意。

(2)老化。长期使用的塑料易受光、热、大气等作用,内部聚合物的组成与结构会发生变化,致使塑料失去弹性、变硬、变脆出现龟裂(分子交联作用引起)或变软、发黏出现蠕变(分子裂解引起)等现象,这种性质劣化的现象称为老化。

(3)可燃性。塑料属于可燃性材料,在使用时应注意,建筑工程用塑料应为阻燃塑料。

(4)毒性。一般来说,液体状态的树脂几乎都有毒性,但完全固化后的树脂则基本无毒。

三、常用工程塑料及其制品

(一)工程塑料的常用品种

(1)聚乙烯塑料。聚乙烯塑料由乙烯单体聚合而成。按密度的不同,聚乙烯可分为高密度聚乙烯、中密度聚乙烯、低密度聚乙烯。低密度聚乙烯比较柔软,熔点和抗拉强度较低,伸长率和抗冲击性较高,适合制造防潮防水工程中用的薄膜。高密度聚乙烯较硬,耐热性、抗裂性、耐腐蚀性较好,可制成给排水管、绝缘材料、洁具、燃气管、中空制品、衬套、钙塑泡沫装饰板、油罐或作为耐腐蚀涂层等。

(2)聚氯乙烯塑料。聚氯乙烯塑料由氯乙烯单体聚合而成,是工程上常用的一种塑料。聚氯乙烯的化学稳定性高,抗老化性好,但耐热性差,在 $100℃$ 以上时会因分解、变质而破坏,通常使用温度在 $60 \sim 80℃$。根据增塑剂掺量的不同,可制得硬质或软质聚氯乙烯塑料。软质聚氯乙烯可挤压或注射成板材、型材、薄膜、管道、地板砖、壁纸等,还可制成低黏度的增塑溶胶,或制成密封带。硬质聚氯乙烯适用于制作排水管道、外墙覆面板、天窗和建筑配件等。

（3）聚苯乙烯塑料。聚苯乙烯塑料由苯乙烯单体聚合而成，透光性好，易于着色，化学稳定性高，耐水、耐光，成型加工方便，价格较低。但聚苯乙烯性脆，抗冲击韧性差，耐热性差，易燃，使其应用受到一定限制。

（4）聚丙烯塑料。聚丙烯塑料由丙烯聚合而成，其特点是质轻（密度为 $0.90g/cm^3$），耐热性较高（100～120℃），刚性、延性和抗水性均好。它的不足之处是，低温脆性显著，抗大气性差，故适用于室内。近年来，聚丙烯的生产发展较迅速，聚丙烯已与聚乙烯、聚氯乙烯等共同成为工程塑料的主要品种。聚丙烯塑料主要用作管道、容器、建筑零件、耐腐蚀板、薄膜、纤维等。

（5）聚甲基丙烯酸甲酯。聚甲基丙烯酸甲酯是由甲基丙烯酸甲酯聚合而成的热塑性树脂，俗称有机玻璃。它的透光性好，低温强度高，耐热性和抗老化性好，成型加工方便。缺点是耐磨性差，价格较贵，可制作采光天窗、护墙板和广告牌。将聚甲基丙烯酸甲酯的乳液涂刷在木材、水泥制品等多孔材料上，可以形成耐水的保护膜。

（6）聚酯树脂。聚酯树脂由二元或多元醇和二元或多元酸缩聚而成。聚酯树脂具有优良的胶结性能，弹性和着色性好，柔韧、耐热、耐水。在建筑工程中，聚酯树脂主要用来制作玻璃纤维增强塑料、装饰板、涂料、管道等。

（7）ABS 塑料。ABS 是丙烯腈、丁二烯、苯乙烯的共聚物。它是不透明的塑料，呈浅象牙色，密度为 $1.05g/cm^3$。ABS 综合了丙烯腈的耐化学腐蚀性、耐油性、刚度和硬度，丁二烯的韧性、抗冲击性和耐寒性，苯乙烯的电性能。ABS 树料拉伸强度和模量一般，但是具有优异的耐冲击强度。除此之外，ABS 还有加工适应性广的特点，可以注射成型、挤出成型、真空成型、吹塑成型、压光加工等。尺寸稳定性好、耐蠕变、耐应力开裂、制品表面光泽性也好。其可用作结构材料，是通用工程塑料中应用最广泛的一种。在建材工业中，ABS 塑料可用作管道、管件、百叶窗、门窗框架、高级洁具等。

（8）酚醛树脂。酚醛树脂通常是由苯酚与甲醛缩聚而成的。由于所用苯酚与甲醛的配合比不同，所得酚醛树脂的性质也不同。酚醛树脂的产品为黏性液体或易溶的固体，对其加热将不可逆地固化。其制品具有耐热、耐湿、耐化学侵蚀和电绝缘性，但本身呈脆性，不能单独作为塑料使用。酚醛塑料在建筑上的主要用途是制造各种层压板和玻璃纤维增强塑料、矿棉及其电器制品、防水涂料以及木结构用胶等。

（9）脲醛树脂。脲醛树脂是由尿素和甲醛缩合而成，加入填料等成分可制成塑料，商品名为"电玉"，色彩鲜艳，有自熄性，可制成装饰品以及电绝缘材料。固化后相当坚固，但不耐水、易老化。为克服上述缺点，通常在合成时对其加以改性。经发泡处理后可制得一种闭孔的硬质氨基泡沫塑料，表观密度仅为 $15kg/m^3$。其强度低，可作为填充保温绝热材料。脲醛树脂可用来生成木丝板、胶合木结构、层压板以及泡沫塑料。改性的脲醛树脂可用来制造涂料。

（10）有机硅树脂。有机硅树脂又称为硅树脂，分子主链结构为硅氧链。线型的有机硅由二甲基二氯硅烷水解得到，分子量低，常用作清漆、润滑剂和脱模剂中的外加剂或单独作为憎水剂。由于硅的存在使聚合物获得一系列特征，例如，耐热性可达 400～500℃。化学稳定性高，耐水、抗化学侵蚀，有良好的电绝缘性。

(二)常用塑料制品

(1)塑料门窗。塑料门窗主要采用改性硬质聚氯乙烯(PVC-U)经挤出制成各种型材。型材经过加工,组装成建筑物的门窗。

塑料门窗可分为全塑门窗、复合门窗和聚氨酯门窗,但以全塑门窗为主。它由 PVC-U 中空型材拼装而成,有白色、深棕色、双色、仿木纹等品种。

塑料门窗与其他门窗相比,具有耐水、耐腐蚀,气密性、水密性、绝热性、隔声性、耐燃性、尺寸稳定性、装饰性好等特点,而且无须油漆,维护保养方便,同时还能显著节能。

(2)塑料管材。塑料管材与金属管材相比,具有质轻、不生锈、不生苔、不易积垢、管壁光滑、对流体阻力小,安装加工方便、节能等特点。近年来,塑料管材的生产与应用已得到了较大的发展,它在工程塑料制品中所占的比例较大。

塑料管材分为硬管与软管。其按主要原料的不同,可分为聚氯乙烯管、聚乙烯管、聚丙烯管、ABS 管、聚丁烯管、玻璃钢管等。塑料管材的品种有给水管、排水管、雨水管、波纹管、电线穿线管、燃气管等。

(3)塑料壁纸。壁纸是当前使用较广泛的墙面装饰材料,尤其是塑料壁纸,其图案变化多样,色彩丰富。通过印花、发泡等工艺,可仿制木纹、石纹、锦缎、织物,也可仿制瓷砖、普通砖等,如果处理得当,甚至能达到以假乱真的效果,为室内装饰提供了极大的便利。

塑料壁纸有普通壁纸、发泡壁纸和特种壁纸三类。

① 普通壁纸:普通壁纸也称塑料面纸底壁纸,即在纸面上涂刷塑料而成。为了增加质感和装饰效果,常在纸面上印有图案或压出花纹,再涂上塑料层。这种壁纸耐水,可擦洗,比较耐用,价格也较便宜。

② 发泡壁纸:发泡壁纸是在纸面上涂上发泡的塑料面。其立体感强、能吸声、有较好的音响效果。为了增加黏结力,提高其强度,可用棉布、麻布、化纤布等来代替纸底,这类壁纸叫塑料壁布,将它贴在墙上,不易脱落,即使受到冲击、碰撞等也不会破裂。因其加工方便,价格不高,所以较受欢迎。

③ 特种壁纸:因功能上的需要而生产的壁纸为特种壁纸,也称功能壁纸,如耐水壁纸、防火壁纸、防霉壁纸、塑料颗粒壁纸、金属基壁纸、静电植绒壁纸等。其中,塑料颗粒壁纸有一定的隔热、吸声效果,而且便于清洗。金属基壁纸是一种节能壁纸。近年来生产的静电植绒壁纸,带图案,仿锦缎,装饰性、手感性均好,但价格较高。

(4)塑料地板。塑料地板与传统的地面材料相比,具有质轻、美观、耐磨、耐腐蚀、防潮、防火、吸声、绝热、有弹性、施工简便、易于清洗与保养等特点,使用较为广泛。

塑料地板种类繁多,按所用树脂的不同,可分为聚氯乙烯塑料地板和氯乙烯-乙酸乙烯塑料地板、聚乙烯塑料地板和聚丙烯塑料地板。目前,绝大部分的塑料地板为聚氯乙烯塑料地板。其按形状的不同,可分为块状与卷状,其中块状占的比例大。块状塑料地板可以拼成不同色彩和图案,装饰效果好,也便于局部修补;卷状塑料地板铺设速度快,施工效率高。其按质地的不同,可分为半硬质与软质塑料地板。由于半硬质塑料地板具有成本低,尺寸稳定性、耐热性、耐磨性、装饰性好等特点,目前应用最广泛;软质塑料地板的弹性好,行走舒适,有一定的隔热、吸声、防潮等优点。其按产品结构的不同,可分为单层与多层复合塑料地板。单层塑料地板多属于低发泡地板,厚度一般为3~4mm,表面可压成凹凸花纹,耐磨、耐冲击、防滑,但此地板弹性、隔热性、吸声性较差;多层复合塑料地板一般分上、中、下三层,上层为耐磨、耐久的面层,中层为弹性发泡层,下层为填料较多的基层,上、中、下三层一般用热压黏结而成。此地板的主要特点是:具有弹性,脚感舒适,绝热、吸声。此外,还有无缝塑料地面(也叫塑料涂布地面),它的特点是:无缝,易于清洗,耐腐蚀、防漏、抗渗性优良,施工简便等,适用于现浇地面、旧地面翻修、实验室、医院等有侵蚀作用的地面。

橡胶地板是以天然橡胶、合成橡胶或再生橡胶为主要原料,使地板具有耐磨、吸声、富有弹性、抗冲击性、电绝缘性等特点,但绝热性差,适合于绝热性要求不高的公共建筑或工业厂房地面。

抗静电塑料地板具有质轻、耐磨、耐腐蚀、防火、抗静电等特性,适合于机房、邮电部门、对空调要求较高及有抗静电要求的建筑物地面。

木塑复合地板把热塑性塑料与木纤维或植物纤维(包括锯末、树木树杈,糠壳、稻壳、花生壳、农作物秸秆等),按一定比例添加特殊的加工助剂、偶联剂等,经高温高压处理后采用挤压牵引成型等工艺制备的地板,也可以用同样方法制备其他各类型材或装饰线条制品等。该产品兼具木材和塑料的双重特性,不怕虫蛀、不生真菌、不易燃,热伸缩性和吸水性均比木材小,尺寸稳定性好,耐磨性和抗冲击性能高,而且使用、维修简便,可锯、刨、钉,产品可以回收利用。

塑料地板在施工时,要求基层干燥平整,铺设地板时,必须清除地面上的残留物。塑料地板要求平整,尺寸准确,若有卷曲、翘角等情况,应先处理压平,对缺角要另作处理。

塑料地板的黏结剂,我国使用的有溶剂型与乳型两类。一般地板与黏结剂配套供应,必须按使用说明严格施工,以免影响质量。

(5)其他塑料制品。其他塑料制品主要有以下几种。

① 塑料饰面板:可分为硬质、半硬质与软质。表面可印木纹、石纹和各种图案,可贴装饰纸、塑料薄膜、玻璃纤维布和铝箔,也可制成花点、凹凸图案和不同的立体造型,当原料中掺入荧光颜料,能制成荧光塑料板。此类板材具有质轻、绝热、吸声、耐水、装饰好等特点,适用于作内墙或吊顶的装饰材料。

② 玻璃纤维增强塑料:俗称"玻璃钢",是由合成树脂胶结玻璃纤维或玻璃布而成的一种轻质、高强的塑料。玻璃钢所用胶结材料有酚醛、聚酯或环氧树脂,其中使用最多的是不饱和聚酯树脂,这种聚合物在固化状态下具有很好的化学稳定性,且价格较低。玻璃钢具有质轻、耐水、强度高、耐化学腐蚀、装饰好等特点,适合作为采光或装饰性板材。

③ 塑料薄膜:耐水、耐腐蚀、伸长率大,可以印花,并能与胶合板、纤维板、石膏板、纸、玻璃纤维布等黏结、复合。塑料薄膜除用作室内装饰材料外,还可作防水材料、混凝土施工养护等。

用合成纤维织物加强的薄膜,是充气房屋的主要材料,它具有质轻、不透气、绝热、运输安装方便等特点,适用于展览厅、体育馆、农用温室、临时粮仓及各种临时建筑。

第三节 胶黏剂

能直接将两种材料牢固地黏结在一起的物质统称为胶黏剂。随着合成化学工业的发展,胶黏剂的品种和性能获得了很大的发展,广泛地应用于建筑构件、材料等的连接,这种连接方法有工艺简单、省工省料、接缝处应力分布均匀、密封和耐腐蚀等优点。

一、胶黏剂的基本要求

为将材料牢固地黏结在一起,胶黏剂必须具备下列要求:①具有足够的流动性,且保证被黏结表面能充分浸润。②易于调节黏结性和硬化速度。③不易老化。④膨胀或收缩变形小。⑤具有足够的黏结强度。

二、胶黏剂的组成材料

(一)黏料

黏料是胶黏剂的基本成分,又称基料,对胶黏剂的胶接性能起决定作用。合成胶黏剂的胶料,既可用合成树脂、合成橡胶,也可采用两者的共聚体和机械混合物。用于胶接结构受力部位的胶黏剂以热固性树脂为主;用于非受力部位和变形较大部位的胶黏剂以热塑性树脂和橡胶为主。

(二)固化剂

固化剂能使基本黏合物质形成网状或体型结构,增加胶层的内聚强度。常用的固化剂有胺类、酸酐类、高分子类和硫黄类等。

(三)填料

加入填料可改善胶黏剂的性能(如提高强度、降低收缩性、提高耐热性等),常用填料有金属及其氧化物粉末、水泥及木棉、玻璃等。

(四)稀释剂

为了改善工艺性(降低黏度)和延长使用期,常加入稀释剂。稀释剂分活性和非活性,前者参加固化反应,后者不参加固化反应,只起稀释作用。常用稀释剂有环氧丙烷、丙酮等,此外,还有防老剂、催化剂等。几种环氧树脂胶黏剂的配合比实例见表 8-3。

表 8-3 几种环氧树脂胶黏剂的配合比

环氧树脂/g	稀释剂/cm³	增塑剂/cm³	固化剂/cm³	填充料/g	用　途
E-44 环氧树脂 100	—	苯二甲酸二丁酯 10~20	乙二胺(95%)6~8	硅酸盐水泥 200	黏结
E-44 环氧树脂 100	—	苯二甲酸二丁酯 40~50	乙二胺(95%)6~8	硅酸盐水泥 200	修补

环氧树脂/g	稀释剂/cm³	增塑剂/cm³	固化剂/cm³	填充料/g	用　途
E-44 环氧树脂 100	二甲苯 5~10	—	乙二胺(95%)7	—	修补裂缝 0.1~1.0mm
E-44 环氧树脂 100	二甲苯 5~10	—	乙二胺(95%)7	硅酸盐水泥 30~60	修补裂缝 1.0~2.0mm
E-20 环氧树脂 100	二甲苯 15	—	乙二胺(95%)6~8	滑石粉 150	混凝土构件 黏结补墙
E-20 环氧树脂 100	二甲苯 40	—	—	硅酸盐水泥 300	修补屋面裂缝

三、常用胶黏剂

(一)热固性树脂胶黏剂

1. 环氧树脂胶黏剂

环氧树脂胶黏剂的组成材料为合成树脂、固化剂、填料、稀释剂、增韧剂等。随着配方的改进,可以得到不同品种和用途的胶黏剂。环氧树脂未固化前是线型热塑性树脂,由于分子结构中含有极活泼的环氧基($-CH-CH_2$,中间为 O)和多种极性基(特别是羟基),故它可与多种类型的固化剂反应生成网状体型结构聚合物,对金属、木材、玻璃、硬塑料和混凝土都有很高的黏附力,故有"万能胶"之称。

2. 不饱和聚酯树脂胶黏剂

不饱和聚酯树脂是由不饱和二元酸、饱和二元酸组成的混合酸与二元醇起反应制成线型聚酯,再用不饱和单体交联固化后,即成体型结构的热固性树脂,主要用于制造玻璃钢。

不饱和聚酯树脂胶黏剂的接缝耐久性和环境适应性较好,并有一定的强度。

(二)热塑性合成树脂胶黏剂

1. 聚乙酸乙烯胶黏剂

聚乙酸乙烯乳液(常称白胶)由乙酸乙烯单体、水、分散剂、引发剂以及其他辅助材料经乳液聚合而成,是一种使用方便,价格便宜,应用普遍的非结构胶黏剂。它对于各种极性材料有较好的黏附力,以黏接各种非金属材料为主,如玻璃、陶瓷、混凝土、纤维织物和木材。它的耐热性在40℃以下,对溶剂作用的稳定性及耐水性均较差,且有较大的徐变,多作为室温下工作的非结构胶,如粘贴塑料墙纸、聚苯乙烯或软质聚氯乙烯塑料板以及塑料地板等。

2. 聚乙烯醇胶黏剂

聚乙烯醇由聚乙酸乙烯酯水解而成,是一种水溶液聚合物。这种胶黏剂适合胶接木材、纸张、织物等。其耐热性、耐水性和耐老化性很差,所以一般与热固性胶结剂一同使用。

3. 聚乙烯醇缩醛胶黏剂

聚乙烯醇在催化剂作用下同醛类反应,生成聚乙烯醇缩醛,低聚醛度的聚乙烯醇缩甲醛即是目前工程上广泛应用的 107 胶的主要成分。107 胶在水中的溶解度很高,成本低,现已成为建筑装修工程上常用的胶黏剂。例如,用来粘贴塑料壁纸、墙布、瓷砖等,在水泥砂浆中掺入少量 107 胶,能提高砂浆的黏结性、抗冻性、抗渗性、耐磨性和减少砂浆的收缩,也可以配制成地面涂料。

（三）合成橡胶胶黏剂

（1）氯丁橡胶胶黏剂。氯丁橡胶胶黏剂是目前橡胶胶黏剂中广泛应用的溶液型胶。它是由氯丁橡胶、氧化镁、防老剂、抗氧剂及填料等混炼后溶于溶剂而成。这种胶黏剂对水、油、弱酸、弱碱、脂肪烃和醇类都有良好的抵抗性,可在 $-50\sim+80℃$ 下工作,具有较高的初黏力和内聚强度,但有徐变,易老化,多用于结构黏接或不同材料的黏接。为改善性能可掺入油溶性酚醛树脂,配成氯丁酚醛胶。它可在室温下固化,适用于黏接包括钢、铝、铜、陶瓷、水泥制品、塑料和硬质纤维板等多种金属和非金属材料。

（2）丁腈橡胶。丁腈橡胶是丁二烯和丙烯腈的共聚产物。丁腈橡胶胶黏剂主要用于橡胶制品,以及橡胶与金属、织物、木材的黏接。它的最大特点是耐油性能好,抗剥离强度高,对脂肪烃和非氧化性酸有良好的抵抗性,加上橡胶的高弹性,所以更适用于柔软的或热膨胀系数相差悬殊的材料之间的黏接,如黏合聚氯乙烯板材、聚氯乙烯泡沫塑料等,为获得更大的强度和弹性,还可将丁腈橡胶与其他树脂混合。

本章知识点及复习思考题

知识点

复习思考题

第九章　防水材料

第一节　概　述

　　防水材料是指能够防止雨水、地下水与其他水渗透的重要组成材料。防水是建筑物的一项主要功能，防水材料是实现这一功能的物质基础。防水材料的主要作用是防潮、防漏、防渗，避免水和盐分对建筑物的侵蚀，从而保护建筑构件。由于基础的不均匀沉降、结构变形、建筑材料的热胀冷缩等，建筑物的外壳总会产生许多裂缝，防水材料能否适应这些缝隙的位移、变形是衡量其性能优劣的重要标志。防水材料质量的好坏直接影响到人们的居住环境、生活条件及建筑物的寿命。

　　近年来，我国的建筑防水材料方向发展很快，由传统的沥青基防水材料向高聚物改性防水材料和合成高分子防水材料方向发展，克服了传统防水材料温度适应性差、耐老化时间短、抗拉强度和延伸率低、使用寿命短等缺陷，使防水材料由低档向中、高档，品种化、系列化方向迈进了一大步；在防水设计方面，由过去的单一材料向不同性能的材料复合应用方向发展，在施工方法上也由热熔法向冷贴法方向发展。

　　建筑防水材料品种繁多，按其原材料组成的不同，可划分为无机类、有机类和复合类防水材料；按其防水工程或部位的不同，可分为屋面防水材料、地下防水材料、室内防水材料、外墙防水材料及防水构筑物防水材料等；按其生产工艺和使用功能特性的不同，可分为防水卷材、防水涂料、密封材料、堵漏材料、防水混凝土和防水砂浆。本章主要介绍防水卷材、防水涂料、密封材料等材料的组成、性能特点及应用。

第二节　防水卷材

　　防水卷材是工程防水材料的重要品种之一，在防水材料的应用中处于主导地位，在建筑防水工程的实践中起着重要作用，是一种量大面广的防水材料。防水卷材质量的优劣与建筑物的使用寿命是紧密相连的，目前使用的常用沥青基防水卷材是传统的防水卷材，也是目前应用最多的防水卷材，但是其使用寿命较短。合成高分子材料的发展为研制和生产优良的防水卷材提供了更多的原料来源。目前，防水卷材已从沥青基向高聚物改性沥青基和橡胶、树脂等合成高分子防水卷材方向发展，油毡的胎体也从纸胎向玻璃纤维胎或聚酯胎方向发展，防水层的构造从多层向单层方向发展，施工方法从热熔法向冷贴法方向发展。

防水卷材按材料组成的不同，一般可分为沥青基防水卷材、高聚物改性沥青防水卷材和合成高分子防水卷材等三大类。

一、沥青基防水卷材

沥青基防水卷材分为有胎卷材和无胎卷材。有胎卷材是指用玻璃布、石棉布、棉麻织品、厚纸等作为胎体，浸渍石油沥青，表面撒一层防黏材料而制成的卷材，又称作浸渍卷材；无胎卷材是将橡胶粉、石棉粉等与沥青混炼再压延而成的防水材料，也称辊压卷材。沥青类防水卷材价格低廉、结构致密、防水性能良好、耐腐蚀和黏附性好，是目前建筑工程中常用的柔性防水材料，广泛应用于工业、民用建筑、地下工程、桥梁道路、隧道涵洞及水工建筑等领域。但由于沥青材料的低温柔性差、温度敏感性强、耐大气化性差，故属于低档防水卷材。

二、高聚物改性沥青防水卷材

高聚物改性沥青防水卷材由于其温度稳定性差、延伸率小等，很难适应基层开裂及伸缩变形的要求。采用高聚物材料对传统的沥青防水卷材进行改性，则可以改善传统沥青防水卷材温度稳定性差、延伸率低的不足，从而使改性沥青防水卷材具有高温不流淌、低温不脆裂、拉伸强度高和延伸率较大等优异性能。主要的高聚物改性沥青防水卷材有以下几种。

（一）SBS 改性沥青防水卷材

SBS（苯乙烯-丁二烯-苯乙烯）改性沥青防水卷材是以聚酯毡、玻纤毡等增强材料为胎体，以 SBS 改性石油沥青为浸渍涂盖层，以塑料薄膜为防黏隔离层，经过选材、配料、共熔、浸渍、复合成型、收卷曲等工序加工而成的一种柔性防水卷材。

SBS 改性沥青防水卷材具有优良的耐高低温性能，可形成高强度防水层，耐穿刺、耐硌伤、耐撕裂、耐疲劳，具有优良的延伸性和较强的抗基层变形能力，低温性能优异。

SBS 改性沥青防水卷材除用于一般工业与民用建筑防水外，还适用于高级和高层建筑物的屋面、地下室、卫生间等的防水防潮，以及桥梁、停车场、屋顶花园、游泳池、蓄水池、隧道等建筑的防水。又由于该卷材具有良好的低温柔韧性和极高的弹性延伸性，更适合北方寒冷地区和结构易变形的建筑物的防水。

（二）APP 改性沥青防水卷材

石油沥青中加入 25%～35%的 APP（无规聚丙烯）可以大幅度提高沥青的软化点，并能明显改善其低温柔韧性。

APP 改性沥青防水卷材是以聚酯毡或玻纤毡为胎体，以 APP 改性沥青为预浸涂盖层，然后上层撒上隔离材料，下层覆盖聚乙烯薄膜或撒布细砂而成的沥青防水卷材。APP 改性沥青防水卷材的特点是，不仅具有良好的防水性能、优良的耐高温性能和较好的柔韧性，可形成高强度、耐撕裂、耐穿刺的防水层，还具有耐紫外线照射、耐久寿命长、热熔法黏结可靠性强等特点。

与 SBS 改性沥青防水卷材相比，除在一般工程中使用外，APP 改性沥青防水卷材由于耐热度好且有着良好的耐紫外老化性能，故更适合高温或有太阳辐照地区的建筑物的防水。

（三）其他改性沥青防水卷材

氧化沥青防水卷材是以氧化沥青或优质氧化沥青（催化氧化沥青或改性氧化沥青）为浸

涂材料,以无纺玻纤毡、加纺玻纤毡、黄麻布、铝箔或玻纤铝箔复合为胎体加工制造而成。该卷材造价低,属于中低档产品。优质氧化沥青油毡具有很好的低温柔韧性,适合北方寒冷地区建筑物的防水。

丁苯橡胶改性沥青防水卷材是采用低软化点氧化石油沥青浸渍原纸,然后以催化剂和丁苯橡胶改性沥青加填料涂盖两面,再撒以撒布料所制成的防水卷材。该类卷材适应于一般建筑物的防水、防潮,具有施工温度范围广的特点,在−15℃以上均可施工。

再生胶改性沥青防水卷材是由再生橡胶粉掺入适量的石油沥青和化学助剂进行高温高压处理后,再掺入一定量的填料经混炼、压延而制成的无胎体防水卷材。该卷材具有延伸率大、低温柔韧性好、耐腐蚀性强、耐水性好及热稳定性好等特点,适用于一般建筑物的防水层,尤其适用于有保护层的屋面或基层沉降较大的建筑物变形缝处的防水。

自黏性改性沥青防水卷材是以自黏性改性沥青为涂盖材料,以无纺玻纤毡、加纺玻纤毡、无纺聚酯布为胎体,在浸涂胎体后,下表面用隔离纸覆盖,上表面用具有自支保护功能的隔离材料覆面,使用时只需揭开隔离纸便可铺贴,稍加压力就能粘贴牢固。它具有良好的低温柔韧性和施工方便等特点,除一般工程外,更适合北方寒冷地区建筑物的防水。

三、合成高分子防水卷材

合成高分子防水卷材是以合成橡胶、合成树脂或两者的共混体为基础,加入适量的助剂和填充料等,经过混炼、塑炼、压延或挤出成型、硫化、定型等加工工艺制成的片状可卷曲的防水材料。

合成高分子防水卷材具有强度高、断裂伸长率大、抗撕裂强度高、耐热性能好、低温柔性好、耐腐蚀、耐老化及可以冷施工等一系列优异性能,而且彻底改变了沥青基防水卷材施工条件差、污染环境等缺点,是值得大力推广的新型高档防水卷材。目前,其多用于酒店、大厦、游泳池、厂房等要求有良好防水性的屋面、地下等防水工程。

根据组成材料的不同,合成高分子防水卷材一般可分为橡胶型、树脂型和橡塑共混型防水材料三大类,各类又可细分为若干个品种。下面介绍一些常用的合成高分子防水卷材。

(一)三元乙丙橡胶防水卷材

三元乙丙橡胶防水卷材是以三元乙丙橡胶为主要原料,掺入适量的丁基橡胶、硫化剂、促进剂、补强剂、稳定剂、填充剂和软化剂等,经密炼、塑炼、过滤、拉片、挤出(或压延)成型、硫化等工序制成的高强高弹性防水材料。目前,国内三元乙丙橡胶防水卷材的类型按工艺分为硫化型、非硫化型两种,其中硫化型占主导。

三元乙丙橡胶卷材是目前耐老化性能最好的一种卷材,使用寿命可达30年以上。它具有防水性好、重量轻、耐候性好、耐臭氧性好、弹性和抗拉强度大、抗裂性强、耐酸碱腐蚀等特点,而且耐高低温性能好,并可以冷施工,目前在国内属高档防水材料。三元乙丙橡胶卷材适用于工业与民用建筑的屋面工程的外露防水层,适用于受振动、易变形建筑工程防水,也适用于刚性保护层或倒置式屋面以及地下室、水渠、蓄水池、隧道、地铁等建筑工程防水。

(二)聚氯乙烯防水卷材

聚氯乙烯防水卷材是以聚氯乙烯树脂为主要原料,掺入填充料和适量的改性剂、增塑剂、抗氧剂、紫外线吸收剂和其他加工助剂,经混合、造粒、挤出或压延、定型、压花、冷却卷曲等工序加工而成的防水卷材。

聚氯乙烯防水卷材的特点是,价格便宜,抗拉强度和断裂伸长率较高,对基层伸缩、开裂、变形的适应性强;低温度柔韧性好,可在较低的温度下施工和应用;卷材的搭接除了可用胶黏剂外,还可用热空气焊接的方法,使接缝处更严密。

与三元乙丙橡胶防水卷材相比,除在一般工程中使用外,聚氯乙烯防水卷材还适用于刚性层下的防水层及旧建筑混凝土构件屋面的修缮工程,以及有一定耐腐蚀要求的室内地面工程的防水、防渗工程等。

(三)氯化聚乙烯防水卷材

氯化聚乙烯防水卷材是以氯化聚乙烯树脂为主要原料,掺入适量的化学助剂和填充料,采用塑料或橡胶的加工工艺,经捏和、塑炼、压延、卷曲、分卷、包装等工序,加工制成的弹塑性防水材料。

氯化聚乙烯防水卷材不仅具有热塑性弹性体的优良性能,还具有耐热、耐老化、耐腐蚀等性能,且原材料来源丰富,价格较低,生产工艺较简单,可冷施工操作,故发展迅速,目前在国内属中高档防水卷材。

氯化聚乙烯防水卷材适用于各种工业和民用建筑物屋面,各种地下室,其他地下工程以及浴室、卫生间和蓄水池、排水沟、堤坝等的防水工程。由于氯化聚乙烯呈塑料性能,耐磨性能很强,故还可作为室内装饰底面的施工材料,兼有防水和装饰作用。

(四)氯化聚乙烯-橡胶共混防水卷材

氯化聚乙烯-橡胶共混防水卷材是以氯化聚乙烯树脂和合成橡胶为主体,掺入适量硫化剂等添加剂及填充料,经混炼、压延或挤出等工艺制成的高弹性防水卷材。

氯化聚乙烯-橡胶共混防水卷材兼有塑料和橡胶的特点。它具有高强度、高延伸率和良好的耐臭氧、耐低温性能,良好的耐老化、耐水、耐腐蚀性能。该卷材是一种硫化型橡胶防水卷材,不但强度高,延伸率大,且具有高弹性,受外力时可产生拉伸变形,且变形范围大。同时,当外力消失后,卷材可逐渐回弹到受力前的状态,这样当卷材应用于建筑防水工程时,对基层变形就有一定的适应能力。

氯化聚乙烯-橡胶共混防水卷材适用于屋面外露、非外露防水工程,地下室外防外贴法或外防内贴法施工的防水工程,以及水池、土木建筑等防水工程。

(五)其他合成高分子防水卷材

合成高分子防水卷材除以上四种典型品种外,还有再生胶、三元丁橡胶、氯磺化聚乙烯、三元乙丙橡胶-聚乙烯共混等防水卷材。这些卷材原则上都是塑料经过改性,或橡胶经过改性,或两者复合以及多种复合,制成的能满足建筑防水要求的制品。它们因所用的基材不同而性能差异较大,使用时应根据其性能特点合理选择。

《屋面工程质量验收规范》(GB 50207—2012)规定,合成高分子防水卷材适用于防水等级为Ⅰ级、Ⅱ级和Ⅲ级的屋面防水工程。在Ⅰ级屋面防水工程中至少有一道厚度不小于1.5mm的合成高分子防水卷材;在Ⅱ级屋面防水工程中,可采用一道或两道厚度不小于1.2mm的合成高分子防水卷材;在Ⅲ级屋面防水工程中,可采用一道厚度不小于1.2mm的合成高分子防水卷材。常见的合成高分子防水卷材的特点和使用范围见表9-1。

表 9-1　常见的合成高分子防水卷材的特点和适用范围

卷材名称	特点	适用范围	施工工艺
再生胶防水卷材	有良好的延伸性、耐热性、耐寒性和耐腐蚀性,价格低廉	单层非外露部位及地下防水工程,或加盖保护层的外露防水工程	冷黏法施工
氯化聚乙烯防水卷材	具有良好的耐候、耐臭氧、耐热老化、耐油、耐化学腐蚀及抗撕裂性能	单层或复合作用宜用于紫外线强的炎热地区	冷黏法或自黏法施工
聚氯乙烯防水卷材	具有较高的抗拉和撕裂强度,伸长率较大,耐老化性能好,原材料丰富,价格便宜,容易黏结	单层或复合适用于外露或有保护层的防水工程	冷黏法或热风焊接法施工
三元乙丙橡胶防水卷材	防水性能优异,耐候性、耐臭氧、耐化学腐蚀性好,弹性和抗拉强度大,对基层变形开裂的适用性强,重量轻,适用温度范围宽,寿命长,但价格高,黏结材料尚需配套完善	防水要求较高,防水层耐用年限长的工业与民用建筑,单层或复合使用	冷黏法或自黏法施工
三元丁橡胶防水卷材	有较好的耐候性、耐油性、抗拉强度和伸长率,耐低温性能稍低于三元乙丙防水卷材	单层或复合适用于要求较高的防水工程	冷黏法施工
氯化聚乙烯-橡胶共混防水卷材	不仅具有氯化聚乙烯特有的高强度和优异的耐臭氧、耐老化性能,还具有橡胶所特有的高弹性、高延伸性以及良好的低温柔性	单层或复合使用,尤宜用于寒冷地区或变形较大的防水工程	冷黏法施工

第三节　防水涂料

防水涂料是一种流态或半流态物质,可用刷、喷等工艺涂布在基体表面,经溶剂挥发,或各组分间的化学反应,形成具有一定弹性和一定厚度的连续薄膜,使基层表面与水隔绝,并能抵抗一定的水压力,从而起到防水和防潮作用。

一、防水涂料的组成、分类和特点

防水涂料实质上是一种特殊涂料,它的特殊性在于当涂料涂布在防水结构表面后,能形成柔软、耐水、抗裂和富有弹性的防水涂膜,隔绝外部的水分子向基层渗透。因此,在原材料的选择上不同于普通建筑涂料,主要采用憎水性强、耐水性好的有机高分子材料,常用的主体材料为聚氨酯、氯丁胶、再生胶、SBS 橡胶和沥青以及它们的混合物,辅助材料主要有固化剂、增韧剂、增黏剂、防霉剂、填充料、乳化剂、着色剂等,其生产工艺和成膜机理与普通建筑涂料基本相同。

防水涂料根据组分的不同,可分为单组分防水涂料和双组分防水涂料两类;根据成膜物质的不同,可分为沥青基防水材料、高聚物改性沥青防水材料、合成高分子防水材料、聚合物水泥基防水材料、水泥基渗透结晶型防水材料五类；根据涂料的分散介质和成膜机理的不同，可分为溶剂型、水乳型和反应型三类。不同介质防水涂料的性能特点见表 9-2。

表 9-2　溶剂型、乳液型和反应型防水涂料的性能特点

项目	溶剂型防水涂料	水乳型防水涂料	反应型防水涂料
成膜机理	通过溶剂的挥发、高分子材料的分子链接触、缠结等过程成膜	通过水分子的蒸发，乳胶颗粒靠近、接触、变形等过程成膜	通过预聚体与固化剂发生化学反应成膜
干燥速度	干燥快，涂膜薄而致密	干燥较慢，一次成膜的致密性较低	可一次形成致密较厚的涂膜，几乎无收缩
储存稳定性	储存稳定性较好，应密封储存	储存期一般不宜超过半年	各组分应分开密封存放
安全性	易燃、易爆、有毒，生产、运输和使用过程中应注意安全，注意防火	无毒、不易燃，生产使用比较安全	有异味，在生产、运输使用过程中，应注意防火
施工情况	施工时应保持通风良好，保证人身安全	施工较安全，操作简单，可在较为潮湿的找平层上施工，施工温度不宜低于 5℃	施工时，需按照规定配方进行现场配料，搅拌均匀，以保证施工质量

一般来说，防水涂料具有以下五个特点：

(1)防水涂料在常温下呈液态，尤其适宜在立面、阴阳角、穿结构层管道、不规则屋面、节点等细部构造处进行防水施工，固化后能在这些复杂结构表面形成完整的防水膜。

(2)涂膜防水层自重轻，尤其适用于轻型薄壳屋面的防水。

(3)防水涂料施工属于冷施工，既可刷涂，也可喷涂，操作简便，施工速度快，环境污染小，同时也减小了工人的劳动强度。

(4)温度适应性强，防水涂层在 $-30 \sim 80℃$ 条件下均可使用。

(5)涂膜防水层可通过加贴增强材料来提高抗拉强度。

(6)容易修补，发生渗漏可在原防水涂层的基础上修补。

防水涂料的主要优点是易于维修和施工，尤其适用于管道较多的卫生间、特殊结构的屋面以及旧结构的堵漏防渗工程。

二、常用的防水涂料

(一)沥青基防水涂料

沥青基防水涂料的成膜物质是石油沥青，一般分为溶剂型和水乳型两种。溶剂型沥青涂料是将石油沥青直接溶解于汽油等有机溶剂后制得的溶液。沥青溶液施工后所形成的涂膜很薄，一般不单独作防水涂料使用，只用作沥青类油毡施工时的基层处理剂。水乳型沥青防水涂料是将石油沥青分散于水中所形成的稳定的水分散体。目前，常用的沥青类防水涂料有水乳无机矿物厚质沥青涂料、水性石棉沥青防水涂料、石灰乳化沥青、水性铝粉屋面反

光涂料、溶剂型屋面反光隔热涂料、膨润土-石棉乳化沥青防水涂料、阳离子乳化高蜡石油沥青防水涂料等。这类涂料属于中低档防水涂料,具有沥青类防水卷材的基本性质,价格低廉,施工简单。

(二)高聚物改性防水涂料

沥青防水涂料通过适当的高聚物改性可以显著提高其柔韧性、弹性、流动性、气密性、耐化学腐蚀性和耐疲劳性等。高聚物改性沥青防水涂料一般是用再生橡胶、合成橡胶或 SBS 等对沥青进行改性而制成的水乳型或溶剂型防水涂料。

1. 氯丁橡胶沥青防水涂料

氯丁橡胶沥青防水涂料的基料是氯丁橡胶和石油沥青。其按溶剂的不同,可分为溶剂型和水乳型两种氯丁橡胶沥青防水涂料。其中,水乳型氯丁橡胶沥青防水涂料的特点是,涂膜强度大、延伸性好,能充分适应基层的变化,耐热性和低温柔韧性优良,耐臭氧、抗腐蚀、阻燃性好,不透水,是一种安全无毒的防水涂料,已经成为我国防水涂料的主要品种之一。其适用于工业和民用建筑物的屋面防水、墙身防水和楼面防水、地下室和设备管道的防水、旧屋面的维修和补漏,还可用于沼气池、油库等密闭工程混凝土以提高其抗渗性和气密性。

2. 水乳型再生橡胶改性沥青防水涂料

水乳型再生橡胶改性沥青防水涂料是由阴离子型再生乳胶和阴离子型沥青乳胶混合均匀构成。再生橡胶和石油沥青的微粒借助于阴离子表面活性剂的作用,稳定地分散在水中而形成的乳状液。

该涂料以水为分散剂,具有无毒、无味、不燃的优点,可在常温下冷施工作业,并可在稍潮湿无积水的表面施工,涂膜有一定的柔韧性和耐久性,材料来源广,价格低。它属于薄型涂料,一次涂刷涂膜较薄,需多次涂刷才能达到规定厚度。该涂料一般要加衬玻璃纤维布或合成纤维加筋毡构成防水层,施工时再配以嵌缝密封膏,以达到较好的防水效果。该涂料适用于工业与民用建筑混凝土基层屋面防水,以沥青珍珠岩为保温层的保温屋面防水,地下混凝土建筑防潮以及旧油毡屋面翻修和刚性自防水屋面的维修等。

3. SBS 改性沥青防水涂料

SBS 改性沥青防水涂料是以沥青、橡胶、合成树脂、SBS 及表面活性剂等高分子材料组成的一种水乳型弹性沥青防水涂料。该涂料的优点是,低温柔韧性好、抗裂性强、黏结性能优良、耐老化性能好,与玻纤布等增强胎体复合,能用于任何复杂的基层,防水性能好,可冷施工作业,是较为理想的中档防水涂料。SBS 改性沥青防水涂料适用于复杂基层的防水防潮施工,如厕浴间、地下室、厨房、水池等,尤其适用于寒冷地区的防水施工。

(三)合成高分子防水涂料

合成高分子防水涂料是以合成橡胶或合成树脂为主要成膜物质,加入其他辅料而配制成的单组分或多组分防水涂料。合成高分子防水涂料的品种很多,常见的有氯丁橡胶、聚氯乙烯、聚氨酯、丙烯酸酯、丁基橡胶、氯磺化聚乙烯、偏二氯乙烯等防水涂料。防水涂料向着高性能、多功能化的方向迅速发展,比如粉末态、反应型、纳米型、快干型等各种功能性涂料逐渐被开发利用。这里主要介绍以下几种。

1. 聚氨酯防水涂料

聚氨酯防水涂料以异氰酸酯基与多元醇、多元胺及其他含活泼氢的化合物进行加成聚合,生成的产物含氨基甲酸酯基为氨酯键,故称为聚氨酯。聚氨酯防水涂料是防水涂料中最重要的一类涂料,无论是双组分还是单组分都属于以聚氨酯为成膜物质的反应型防水涂料。

聚氨酯涂膜防水涂料涂膜固化时无体积收缩,具有较大的弹性和较高的延伸率,较好的抗裂性、耐候性、耐酸碱性、耐老化性,以及适当的强度和硬度,几乎满足作为防水材料的全部特性。当涂膜厚度为 1.5~2.0mm 时,使用年限可在 10 年以上,而且对各种基材如混凝土、石、砖、木材、金属等均有良好的附着力,属于高档的合成高分子防水涂料。

双组分聚氨酯防水涂料广泛应用于屋面、外墙、地下工程、卫生间、游泳池等的防水,也可用于室内隔水层及接缝密封,还可用作金属管道、防腐地坪、防腐池的防腐处理等。单组分聚氨酯防水涂料则多数用于建筑的砖石结构、金属结构部分及聚氨酯屋面防水层的修补。

2. 水性丙烯酸酯防水涂料

丙烯酸系防水涂料是以纯丙烯酸共聚物、改性丙烯酸或纯丙烯酸酯乳液为主要成分,加入适量填料和助剂配制而成的水性单组分防水涂料。这类防水涂料由于其介质为水,不含任何有机溶剂,因此属于良好的环保型涂料。

这类涂料的最大优点是,具有优良的防水性、耐候性、耐热性和耐紫外线性。涂膜延伸性好,弹性好,伸长率可达 250%,能适应基层一定幅度的变形开裂;温度适应性强,在 -30~80℃ 范围内性能无大的变化;可以调制成各种色彩,兼有装饰和隔热效果。这类涂料适用于各类建筑防水工程,如钢筋混凝土、轻质混凝土、沥青和油毡、金属表面、外墙、卫生间、地下室、冷藏库等,也可作防水层的维修和保护层等。

3. 硅橡胶防水涂料

硅橡胶防水涂料是以硅橡胶胶乳以及其他乳液的复合物为主要基料,掺入无机填料及各种助剂配制而成的乳液型防水涂料。通常由 1 号和 2 号组成,1 号涂布于底层和面层,2 号涂布于中间的加强层。

该类涂料兼有涂膜防水和渗透防水材料两者的优良特性,具有良好的防水性、抗渗透性、成膜性、弹性、黏结性、延伸性和耐高低温特性,适应基层变形能力强。可渗入基底,与基底牢固黏结,成膜速度快,可在潮湿底基层上施工,可刷涂、喷涂或滚涂。它可以做到无毒级产品,是其他高分子防水材料所不能比拟的,因此,硅橡胶防水涂料适用于各类工程尤其是地下工程的防水、防渗和维修工程,对水质不造成污染。

4. 聚氯乙烯防水涂料

聚氯乙烯防水涂料是以聚氯乙烯和煤焦油为基料,加入适量的防老剂、增塑剂、稳定剂及乳化剂,以水为分散介质所制成的水乳型防水涂料。施工时,一般要铺设玻纤布、聚酯无纺布等胎体进行增强处理。

该类防水涂料弹塑性好,耐寒、耐化学腐蚀、耐老化和成品稳定性好,可在潮湿的基层上冷施工,防水层的总造价低。聚氯乙烯防水涂料可用于各种一般工程的防水、防渗及金属管道的防腐工程。

(四)聚合物水泥防水涂料

聚合物防水涂料以丙烯酸酯、乙烯-乙酸乙烯酯等聚合物乳液和水泥为主要原料,加入填料及其他助剂配制而成,经水分挥发和水泥水化固化成膜的双组分水性防水涂料。聚合物水泥防水涂料系水性涂料,无毒、无害、无污染,属于环保型产品,使用安全,对四周环境和人员无任何危害。聚合物防水涂料的涂层坚韧高强,耐水性、耐候性、耐久性优异,能耐

140℃高温,尤其适用于道路、桥梁的防水工程,并可加颜料以形成彩色涂层。该类涂料与基面及水泥砂浆等各种基层材料牢固黏结,是理想的修补黏结材料,对各种各样的建筑材料具有很好的附着性,能形成整体无缝致密稳定的弹性防水层。聚合物防水涂料能在潮湿(无明水)或干燥的多种材质基面上直接进行施工,能在立面、斜面和顶面上直接施工,不流淌,施工简便,便于操作,工期短,在常温条件下涂料可自行干燥,涂膜防水层便于维修。

（五）水泥基渗透结晶型防水涂料

水泥基渗透结晶型防水涂料是由硅酸盐水泥、石英砂、特殊活性物质及添加剂组成的无机粉末状防水涂料。与水作用后,硅酸盐活性离子通过载体向混凝土内部扩散渗透,与混凝土孔隙中的钙离子进行化学反应,生成不溶于水的硅酸盐结晶体填充混凝土毛细孔道,从而使混凝土结构致密,实现防水功能。

与高分子类有机防水涂料相比,这类防水材料具有一些独特的性能:可以与混凝土组成完整、耐久的整体;可以在新鲜或初凝混凝土表面施工;固化快,48h后可以进行后续施工;可以抵抗海水和其他盐分的化学侵蚀,起到保护混凝土和钢筋的作用;无毒,可用于饮用水工程。

第四节　建筑密封材料

建筑密封材料又称嵌缝材料,主要用在板缝、接头、裂隙、屋面等部位。通常要求建筑密封材料具有良好的黏结性、抗下垂性,不渗水、不透气,易于施工,还要求具有良好的弹塑性,能长期经受被黏构件的伸缩和振动,在接缝发生变化时不断裂、剥落,并要有良好的耐老化性能,不受温度和紫外线的影响,长期保持密封所需的黏结性和内聚力等。

一、建筑密封材料的组成和分类

建筑密封材料的基材主要有油基、橡胶、树脂等有机类化合物和无机类化合物,与防水涂料类似。其生产工艺也相对简单,主要包括溶解、混炼、密炼等过程,这里不一一详述。

建筑密封材料的防水效果主要取决于两个方面:一方面是密封材料本身的密封性、憎水性和耐久性等;另一方面是密封材料和基材的黏附力。黏附力的大小与密封材料对基材的浸润性、基材的表面性状(粗糙度、清洁度、温度和物理化学性质等)以及施工工艺密切相关。

建筑密封材料按形态的不同,一般可分为不定型密封材料和定型密封材料两大类(见表9-3)。不定型密封材料常温下呈膏体状态;定型密封材料是将密封材料按密封工程特殊部位的不同要求制成带、条、方、圆、垫片等形状。定型密封材料按密封机理的不同,还可分为遇水膨胀型和非遇水膨胀型两类。

表 9-3　建筑密封材料的分类及主要品种

分类		类型	主要品种
不定型密封材料	非弹性密封材料	油性密封材料	普通油膏
		沥青基密封材料	橡胶改性沥青油膏、桐油橡胶改性沥青油膏、桐油改性沥青油膏、石棉沥青腻子、沥青鱼油油膏、苯乙烯焦油油膏
		热塑性密封材料	聚氯乙烯胶泥、改性聚氯乙烯胶泥、塑料油膏、改性塑料油膏
	弹性密封材料	溶剂型弹性密封材料	丁基橡胶密封膏、氯丁橡胶密封膏、氯磺化聚乙烯橡胶密封膏、丁基氯丁再生胶密封膏、橡胶改性聚酯密封膏
		水乳型弹性密封材料	水乳丙烯酸密封膏、水乳氯丁橡胶密封膏、改性 EVA 密封膏、丁苯胶密封膏
		反应型弹性密封材料	聚氨酯密封膏、聚硫密封膏
定型密封材料		密封条带	铝合金门窗橡胶密封条、丁腈胶-PVC 门窗密封条、自黏性橡胶、水膨胀橡胶、PVC 胶泥墙板防水带
		止水带	橡胶止水带、嵌缝止水密封胶、无机材料基止水带、塑料止水带

二、常用建筑密封材料

（一）橡胶沥青油膏

它具有良好的防水防潮性能,黏结性好,延伸率大,耐高低温性能好,老化缓慢,适用于各种混凝土屋面、墙板及地下工程的接缝密封等,是一种较好的密封材料。

（二）聚氯乙烯胶泥

其主要特点是生产工艺简单,原材料来源广,施工方便,具有良好的耐热性、黏结性、弹塑性、防水性以及较好的耐寒性、耐腐蚀性和耐老化性能。它适用于各种工业厂房和民用建筑的屋面防水嵌缝,以及受酸碱腐蚀的屋面防水,也可用于地下管道的密封和卫生间等。

（三）有机硅建筑密封膏

有机硅建筑密封膏具有优良的耐热、耐寒、耐老化及耐紫外线等耐候性能,与各种基材如混凝土、铝合金、不锈钢、塑料等有良好的黏结力,并且具有良好的伸缩耐疲劳性能,防水、防潮、抗震、气密、水密性能好。它适用于各类建筑物和地下结构的防水、防潮和接缝处理。

（四）聚硫橡胶密封材料

这类密封材料的特点是弹性特别高,能适应各种变形和振动,黏结强度好(0.63MPa)、抗拉强度高(1~2MPa)、延伸率大(500%以上)、直角撕裂强度大(8kN/m)。此外,它还具有优异的耐候性,极佳的气密性和水密性,良好的耐油、耐溶剂、耐氧化、耐湿热和耐低温性能,使用温度范围广,对各种基材如混凝土、陶瓷、木材、玻璃、金属等均有良好的黏结性能。

聚硫密封材料适用于混凝土墙板、屋面板、楼板、地下室等部位的接缝密封以及金属幕墙、金属门窗框四周、中空玻璃的防水、防尘密封等。

（五）聚氨酯弹性密封膏

聚氨酯弹性密封膏对金属、混凝土、玻璃、木材等均有良好的黏结性能，具有弹性大、延伸率大、黏结性好、耐低温、耐水、耐油、耐酸碱、抗疲劳及使用年限长等优点。与聚硫、有机硅等反应型建筑密封膏相比，其价格较低。

聚氨酯弹性密封膏广泛应用于墙板、屋面、伸缩缝等勾缝部位的防水密封工程，以及给排水管道、蓄水池、游泳池、道路桥梁、机场跑道等工程的接缝密封与渗漏修补，也可用于玻璃、金属材料的嵌缝。

（六）水乳型丙烯酸密封膏

该类密封材料具有良好的黏结性能、弹性和低温柔韧性能，无溶剂污染、无毒、不燃，可在潮湿的基层上施工，操作方便，特别是其具有优异的耐候性和耐紫外线老化性能，属于中档建筑密封材料。其使用范围广、价格便宜、施工方便，综合性能明显优于非弹性密封膏和热塑性密封膏，但要比聚氨酯、聚硫、有机硅等密封膏差一些。该密封材料中含有约15％的水，故在温度低于0℃时不能使用，而且要考虑其中水分的散发所产生的体积收缩，对吸水性较大的材料如混凝土、石料、石板、木材等多孔材料构成的接缝的密封比较适宜。

水乳型丙烯酸密封膏主要用于外墙伸缩缝、屋面板缝、石膏板缝、给排水管道与楼屋面接缝等处的密封。

（七）止水带

止水带也称为封缝带，是处理建筑物或地下构筑物接缝（如伸缩缝、施工缝、变形缝等）用的一类定型防水密封材料。常用品种有橡胶止水带、嵌缝止水密封胶、无机材料基止水带（BW复合止水带）及塑料止水带等。

（1）橡胶止水带。它具有良好的弹塑性、耐磨性和抗撕裂性能，适应变形能力强，防水性能好，但使用温度和使用环境对物理性能有较大的影响，当作用于止水带上的温度超过50℃，以及受强烈的氧化作用或受油类等有机溶剂的侵蚀时不宜采用。橡胶止水带一般用于地下工程、小型水坝、蓄水池、地下通道、河底隧道、游泳池等工程的变形缝部位的隔离防水以及水库、输水洞等处闸门的密封止水。

（2）嵌缝止水密封胶。它能和混凝土、塑料、玻璃、钢材等材料牢固黏合，具有优良的耐气候老化性能及密封止水性能，同时还具有一定的机械强度和较大的伸长率，可在较宽的温度范围内适应基材的热胀冷缩变化，并且施工方便，质量可靠，可大大减少维修费用。它主要用于建筑和水利工程等混凝土建筑物的接缝，电缆接头、汽车挡风玻璃、建筑用中空玻璃及其他用途的止水密封。

（3）无机材料基止水带。它具有优良的黏结力和延伸率，可以利用自身的黏性直接黏在混凝土施工缝表面。它是静水膨胀材料，遇水可快速膨胀，封闭结构内部有细小裂缝和孔隙，止水效果好。其主体材料为无机类，又包于混凝土中间，故不存在老化问题。这种止水带适用于各种地下工程防水混凝土水平缝和垂直缝，主要用来代替橡胶止水带和钢板止水带，以及地面各种存水设施、给排水管道的接缝防水密封等。

（4）塑料止水带。塑料止水带的优点是原料来源丰富，价格低廉，耐久性好，物理力学性能能满足使用要求。它可用于地下室、隧道、涵洞、溢洪道、沟渠等的隔离防水。

（八）密封条带

根据弹性性能的不同,密封条带可分为非回弹、半回弹和回弹型三种。非回弹型以聚丁烯为基,并用少量低分子量聚异丁烯或丁基橡胶增强,或以低分子量聚异丁烯为基,可用于二次密封,装配玻璃、隔热玻璃等。半回弹型往往以丁基橡胶或较高分子量的聚异丁烯为基。高回弹型密封带以固化丁基橡胶或氯丁橡胶为基,两者可用于幕墙和预制构件,也可用于隔热玻璃等。

作为衬垫使用的定型密封材料,由于其必须在压缩作用下工作,故要由高恢复性的材料制成。预制密封垫常用的材料有氯丁橡胶、三元乙丙橡胶、海帕伦、丁基橡胶等。氯丁橡胶由于恢复率优良,故在建筑物及公路上的应用处于领先地位。以三元乙丙为基的产品性能更好,但价格更贵。

在我国,目前该类材料的品种和使用量还相对较少,主要品种有丁基密封腻子、铝合金门窗橡胶密封条、丁腈胶-PVC 门窗密封条、彩色自黏性密封条、自黏性橡胶、遇水膨胀橡胶以及 PVC 胶泥墙板防水带等。

（1）丁基密封腻子。它是以丁基橡胶为基料,并添加增塑剂、增黏剂、防老化剂等辅助材料配成的一种建筑密封材料(不干性腻子)。它具有寿命长、价格较低、无毒、无味、安全等特点,还具有良好的耐水黏结性和耐候性,带水堵漏效果好,使用温度范围广,能在 $-40\sim100℃$ 长期使用,且与混凝土、金属、熟料等多种材料有良好的黏结力,可冷施工,使用方便。它适用于建筑防水密封,涵洞、隧道、水坝、地下工程的带水堵漏密封,环保工程管道密封等。在建筑密封方面,它可用于外墙板接缝、卫生间防水密封、大型屋面伸缩缝嵌缝、活动房屋嵌缝等。

（2）丁腈胶-PVC 门窗密封条。它具有较高的强度和弹性,适当的硬度和优良的耐老化性能。该产品广泛用于建筑物门窗、商店橱窗、地柜和铝型材的密封配件,镶嵌在铝合金和玻璃之间,能起到固定、密封和轻度避震作用,防止外界灰尘、水分等进入系统内部,广泛用于铝合金门窗的装配。

（3）彩色自黏性密封条。它具有优良的耐久性、气密性、黏结力和伸长率。它适用于混凝土、塑料、金属构件、玻璃、陶瓷等各种接缝的密封,也广泛用于铝合金屋面接缝、金属门窗框的密封等。

（4）自黏性橡胶。该类产品具有良好的柔顺性,在一定压力下能填充到各种裂缝及空洞中去,延伸性能良好,能适应较大范围的沉降错位,具有良好的耐化学性和极优良的耐老化性能,能与一般橡胶制成复合体。可单独作腻子用于接缝的嵌缝防水,或与橡胶复合制成嵌条用于接缝防水,也可用作橡胶密封条的辅助黏结嵌缝材料。该类产品广泛用于工农业给排水工程,公路、铁路工程以及水利和地下工程。

（5）遇水膨胀橡胶。该材料既具有一般橡胶制品的性能,又能遇水膨胀。它具有优良的弹性和延伸性,在较宽的温度范围内均可发挥优良的防水密封作用。遇水膨胀倍率可在 $100\%\sim500\%$ 之间调节,耐水性、耐化学性和耐老化性良好,可根据需要加工成不同形状的密封嵌条、密封圈、止水带等,也能与其他橡胶制成复合防水材料。遇水膨胀橡胶主要用于各种基础工程和地下设施如隧道、地铁、水电给排水工程中的变形缝、施工缝的防水,混凝土、陶瓷、塑料管、金属等各种管道的接缝防水等。

（6）PVC胶泥墙板防水带。其特点是：胶泥条经加热后与混凝土、砂浆、钢材等有良好的黏结性能，防水性能好，弹性较大，高温不流淌，低温不脆裂，能适应大型墙板由荷载、温度变化等而引起的构件变形。它主要用于混凝土墙板的垂直和水平接缝的防水。胶泥条一般采用热黏操作。

本章知识点及复习思考题

知识点

复习思考题

第十章 装饰材料

第一节 概 述

一、建筑装饰与材料

装饰材料一般指建筑物内外墙面、地面、顶棚装饰所需要的材料,它不仅装饰美化建筑、满足人的美感需要,还可以改善和保护主体结构,延长建筑物的寿命。因此,常称之为建筑装饰材料。

装饰材料是建筑材料中的精品,它集材料性能,工艺、造型、色彩于一体,反映时代的特征,体现科学技术发展的水平。

建筑物的外观效果不仅取决于建筑造型、比例、虚实对比、线条以及平面立面的设计手法,同时还需要装饰材料的质感、色彩和线形加以衬托。

材料的质感很难精确定义,一般指材料的质地感觉。同一种材料可把它加工成不同的性状,比如粗细、纹理和光泽的变化从而达到不同的质感。如粗犷的花岗石给人以庄重、雄伟的感觉;若制成磨光的石板材,又给人以高雅整洁的感觉;具有弹性松软的材料,给人以柔和、温暖、舒适之感。

选择质感,还需要考虑其附加的作用和影响。例如表面粗糙的材料,可遮挡其瑕疵,但易挂灰。光亮的地面易清洗,但人走在上面易滑倒,不安全。

线形是指材料制成不同的形状或施工时拼成线形。采用直线、曲线或圆弧线,构成一定的格缝、凹凸线,从而提高建筑饰面的美化效果。有的直接采用块状材料砌清水墙,既简洁又美观。

色彩对装饰表现效果具有重要的作用。材料的色彩实际上是材料对光谱的反射,它涉及物理学、生理学和心理学。对物理学来说,颜色是光线;对生理学来说,颜色是感受;对心理学来说,颜色易使人产生幻想。颜色的选择应与环境相协调,既要体现个性,又要易于让多数人接受。装饰材料的色彩应耐光耐晒,具有较好的化学稳定性,不易褪色。

二、建筑装饰材料的分类

建筑装饰材料的品种繁多,通常有以下三种分类。

(1)按化学成分分类。其可分为无机材料(包括金属和非金属)、有机材料、复合材料。

(2)按建筑物装饰部位分类。其可分为外墙装饰材料、内墙装饰材料、地面装饰材料、顶棚装饰材料等。

（3）按装饰材料的名称分类。其可分为石材、玻璃、陶瓷、涂料、塑料、金属、装饰水泥、装饰混凝土等。

三、装饰材料的基本要求和选用

选用装饰材料,外观固然重要,但还需具有一定的物理化学性质,以满足其使用部位的性能要求。装饰材料还应对相应的建筑物部位起保护作用。例如:

外墙装饰材料,不仅色彩与周围环境协调美观,具有耐水抗冻、抗侵蚀等物理学性质,还能保护墙体结构,提高墙体材料抗风吹、日晒、雨淋、辐射、大气及微生物的作用。若兼有隔热保温则更为完美。

内部装饰材料除了保护墙体和增加美观度外,还应方便清洁、耐擦洗,并具有一定的吸声、保温、吸湿功能,不含对人体有害的成分,可改善室内生活和工作环境。

地面装饰材料应具有较好的抗折、抗冲击、耐磨、保温、吸声、防火、抗腐蚀、抗污染、脚感好等性能。但很多性能是难以同时兼备的。如花岗石板材和地毯则是两类性质相反的材料,只能根据建筑物的使用性质和使用者的爱好进行选择。

顶棚材料则需吸声、隔热、防火、轻质、有一定的耐水性。

装饰材料品种繁多,同一种材料也有不同的档次。选用装饰材料时,首先根据建筑物的装修等级和经济状况"定调";其次根据建筑装饰部位的功能要求选择材料的品种,不同品种具有不同的性能;最后还要考虑施工因素和材料来源的方便性。有的装饰材料装饰效果好,又经济,但施工难度大、周期长;有的材料难以采购和运输等。

总之,装饰材料的选用,应在一定的建筑环境和空间,以适当的经济物质条件去改善和创造美好的生活和工作环境。

第二节　天然石材及其制品

天然石材是最古老的建筑材料之一,意大利的比萨斜塔、古埃及的金字塔、中国的赵州桥等,均为著名的古代石结构建筑。石材脆性大、抗拉强度低、自重大、开采加工较困难等,作为结构材料,近代已逐步被混凝土材料所代替。但由于石材特有的色泽和纹理美,使得其在室内外装饰中仍然得到广泛的应用。石材用于建筑装饰已有悠久的历史,早在古罗马时代,就开始使用白色及彩色大理石作为建筑饰面材料。近代,随着石材加工水平的不断提高,石材独特的装饰效果得到充分展示,作为高级饰面材料,颇受人们欢迎,许多商场、宾馆等公共建筑均用石材作为墙面、地面等装饰材料。

一、岩石的形成和分类

天然岩石根据其形成的地质条件的不同,可分为岩浆岩、沉积岩、变质岩三大类。

（一）岩浆岩

1. 岩浆岩的形成及种类

岩浆岩又称火成岩,它是地壳深处的熔融岩浆上升到地表附近或喷出地表经冷凝而形成的岩石。根据岩浆冷凝情况的不同,岩浆岩又可分为深成岩、喷出岩和火山岩三种。

深成岩是地壳深处的岩浆,在受上部覆盖层压力的作用下经缓慢且较均匀地冷凝而形成的岩石。其特点是矿物结晶完整,晶粒粗大,结构致密,呈块状构造;具有抗压强度高,吸水率小,表观密度大,抗冻性、耐磨性、耐水性良好等性能。常见的深成岩有花岗岩、正长岩、闪长岩、橄榄岩等。

喷出岩是岩浆喷出地表后,在压力骤减、迅速冷却的条件下形成的岩石。其特点是大部分结晶不完全,多呈细小结晶(隐晶质)或玻璃质(解晶质)。当喷出的岩浆形成较厚的喷出岩岩层时,其结构和性质与深成岩相似;当形成较薄的岩层时,由于冷却速度快,且岩浆中气压降低而膨胀,形成多孔结构的岩石,其性质近于火山岩。常见的喷出岩有玄武岩、辉绿岩、安山岩等。

火山岩是火山爆发时,岩浆被喷到空中急速冷却后形成的岩石。其特点是呈多孔玻璃质结构,表观密度小。常见的火山岩有火山灰、浮岩、火山渣、火山凝灰岩等。

2. 建筑装饰工程常用的岩浆岩

(1)花岗岩。花岗岩是岩浆岩中分布较广的一种岩石,主要由长石、石英和少量云母(或角闪石等)组成,有时也称为麻石。花岗岩具有致密的结晶结构和块状构造,其颜色一般为灰白、微黄、淡红等。由于结构致密,其孔隙率和吸水率很小,表观密度大($2500 \sim 2800 \mathrm{kg/m^3}$);抗压强度高($120 \sim 250 \mathrm{MPa}$);吸水率低($0.1\% \sim 0.2\%$);抗冻性好(D100~D200);耐风化性和耐久性好,使用年限为 $75 \sim 200$ 年,高质量的可达 1000 年以上。对硫酸和硝酸的腐蚀具有较强的抵抗性,故可用作设备的耐酸衬里。表面经琢磨加工后光泽度好,是优良的装饰材料。但在高温作用下,花岗岩内部石英晶形转变膨胀而引起破坏,因此,其耐火性差。在建筑工程中花岗岩常用于基础、闸坝、桥墩、台阶、路面、墙石和勒脚及纪念性建筑物等。

(2)玄武岩、辉绿岩。玄武岩是喷出岩中最普通的一种,其颜色较深,常呈玻璃质或隐晶质结构,有时也呈多孔状或斑形构造。硬度高,脆性大,抗风化能力强,表观密度为 $2900 \sim 3500 \mathrm{kg/m^3}$,抗压强度为 $100 \sim 500 \mathrm{MPa}$。常用作高强混凝土的骨料,也可用其铺筑道路路面等。辉绿岩主要由铁、铝硅酸盐组成。它具有较高的耐酸性,可用作耐酸混凝土的骨料。其熔点为 $1400 \sim 1500 \,^{\circ}\mathrm{C}$,可作为铸石的原料,所制得的铸石结构均匀致密且耐酸性好。因此,它是化工设备耐酸衬里的良好材料。

(二)沉积岩

1. 沉积岩的形成及种类

沉积岩是地表的各种岩石经自然风化、风力搬迁、流水冲移等作用后,再沉积而形成的岩石,主要存在于地表及离地表较近处。其特征是层状构造,外观多理(各层的成分、结构、颜色、层厚等均不相同),表观密度小,孔隙率和吸水率较大,强度较低,耐久性较差。

沉积岩根据其生成条件的不同,又可分为机械沉积岩(如砂岩、页岩)、生物沉积岩(如石灰岩、硅藻土)、化学沉积岩(如石膏、白云岩)等三种。

2. 建筑工程常用的沉积岩

(1)石灰岩。石灰岩俗称灰石或青石,主要化学成分为 $CaCO_3$,主要矿物成分为方解石,但常含有白云石、菱镁矿、石英、蛋白石、铁矿物及黏土等。因此,石灰岩的化学成分、矿物组成、致密程度以及物理性质等差异甚大。石灰岩通常为灰白色、浅灰色,常因含有杂质而呈现深灰、灰黑、浅红等颜色,表观密度为 $2600\sim2800kg/m^3$,抗压强度为 $20\sim160MPa$,吸水率为 $2\%\sim10\%$。如果岩石中黏土含量不超过 $3\%\sim4\%$,其耐水性和抗冻性较好。石灰岩来源广,硬度低,易劈裂,便于开采,具有一定的强度和耐久性,因而广泛应用于建筑工程中。其块石可作基础、墙身、石阶及路面等,其碎石是常用的混凝土骨料。此外,它也是生产水泥和石灰的主要原料。

(2)砂岩。砂岩主要是由石英砂或石灰岩等细小碎屑经沉积并重新胶结而成的岩石。它的性质决定于胶结物的种类及胶结的致密程度。以氧化硅胶结而成的称硅质砂岩;以碳酸钙胶结而成的称钙质砂岩;还有铁质砂岩和黏土质砂岩。致密的硅质砂岩其性能接近于花岗岩,可用于纪念性建筑及耐酸工程等;钙质砂岩的性质类似于石灰岩,抗压强度为 $60\sim80MPa$,较易加工,应用较广,可作基础、踏步、人行道等,但耐酸性差;铁质砂岩的性能比钙质砂岩差,其密实者可用于一般建筑工程;黏土质砂岩浸水易软化,在建筑工程中一般不用。

(三)变质岩

1. 变质岩的形成及种类

变质岩是指地壳中原有的岩浆岩或沉积岩,由于地壳变动和岩浆活动产生的温度和压力,使原岩石在固态状态下发生再结晶,使其矿物成分、结构构造以至于化学成分部分或全部改变而形成的岩石。通常岩浆岩变质后,结构不如原岩石坚实,性能变差;而沉积岩变质后,结构较原岩石致密,性能变好。

2. 建筑工程常用的变质岩

(1)大理岩。大理岩又称大理石、云石,是由石灰岩或白云岩经高温高压作用,重新结晶变质而成,主要矿物成分为方解石、白云石,化学成分主要为 CaO、MgO、CO_2 和少量的 SiO_2 等。天然大理岩具有黑、白、灰、绿、米黄等多种色彩,并且斑纹多样,千姿百态。大理岩的颜色由其所含成分决定的,见表 10-1。

表 10-1　大理岩的颜色与所含成分的关系

颜色	白色	紫色	黑色	绿色	黄色	红褐色、紫红色、棕黄色	无色透明
所含成分	碳酸钙、碳酸镁	锰	碳或沥青物	钴化物	铬化物	锰及氧化铁的水化物	石英

大理岩石质细腻、光泽柔润、绚丽多彩,磨光后具有优良的装饰性。大理岩的表观密度为 $2500\sim2700kg/m^3$,抗压强度为 $50\sim140MPa$,莫氏硬度为 $3\sim4$,使用年限为 $30\sim100$ 年。大理石构造致密,表观密度大,但硬度不大,易于切割、雕琢和磨光,可用于高级建筑物的装饰和饰面工程。我国的汉白玉、丹东绿、雪花白、红奶油、墨玉等大理石均为世界著名的高级建筑装饰材料。

(2)石英岩。石英岩是由硅质砂岩变质而成,晶体结构。结构均匀致密,抗压强度高($250\sim400MPa$),耐久性好,但硬度大、加工困难。常用作重要建筑物的贴面、耐磨耐酸的贴面材料,其碎块可用作混凝土的骨料。

(3)片麻岩。片麻岩是由花岗岩变质而成,其矿物成分与花岗岩相似,呈片状构造,因而各个方向的物理、力学性质不同。在垂直于解理(片层)方向有较高的抗压强度($120\sim200MPa$)。沿解理方向易于开采加工,但在冻融循环过程中易剥落分离成片状,故抗冻性差,易于风化。常用作碎石、块石及人行道石板等。

二、天然石材的技术性质

天然石材的技术性质包括物理性质、力学性质和工艺性质。天然石材的技术性质取决于其组成的矿物种类、特征以及结合状态。天然石材因生成条件各异,常含有不同种类的杂质,使矿物组成有所变化。因此,即使是同一类岩石,其性质也可能有很大差别,使用前必须进行检验和鉴定。

(一)物理性质

1. 表观密度

表观密度大于 $1800kg/m^3$ 的称为重质石材,否则称为轻质石材。石材表观密度与其矿物组成和孔隙率有关,它能间接反映石材的致密程度和孔隙多少。在通常情况下,同种石材的表观密度愈大,其抗压强度愈高,吸水率愈小,耐久性愈好。

2. 吸水性

吸水率低于 1.5% 的岩石称为低吸水性岩石;吸水率在 1.5%～3.0% 的称为中吸水性岩石;吸水率高于 3.0% 的称为高吸水性岩石。花岗岩的吸水率通常小于 0.5%,致密的石灰岩,吸水率可小于 1%,而多孔贝壳石灰岩,吸水率高达 15%。

3. 耐水性

石材的耐水性用软化系数表示。软化系数大于 0.9 为高耐水性石材,软化系数在 0.7～0.9 的为中耐水性石材,软化系数在 0.6～0.7 的为低耐水性石材。一般软化系数低于 0.6 的石材,不允许用于重要建筑。

4. 抗冻性

石材的抗冻性是用冻融循环次数来表示的,也就是石材在水饱和状态下能经受规定条件下数次冻融循环,而强度降低值不超过 25%,重量损失不超过 5% 时,则认为抗冻性合格。石材的抗冻标号分为 D5、D10、D15、D25、D50、D100、D200 等。石材的抗冻性与其矿物组成、晶粒大小及分布均匀性、胶结物的胶结性质等有关。

5. 耐热性

石材的耐热性与其化学成分及矿物组成有关。含有石膏的石材,在 100℃ 以上时开始破坏;含有碳酸镁的石材,当温度高于 725℃ 时会发生破坏;含有碳酸钙的石材,当温度达到 827℃ 时开始破坏。由石英与其他矿物所组成的结晶石材,如花岗岩等,温度高于 700℃ 以上时,由于石英受热晶型转变发生膨胀,所以强度迅速下降。

6. 导热性

石材的导热性主要与其表观密度和结构状态有关。重质石材的导热系数可达 2.91～3.49W/(m·K);轻质石材的导热系数则在 0.23～0.70W/(m·K)。相同成分的石材,玻璃态比结晶态的导热系数小,封闭孔隙的导热性差。

7. 光泽度

高级天然石材大都经研磨抛光后进行装修,加工后的平整光滑程度越好,光泽度越高。材料的光泽度是利用光电的原理进行测定的,要采用光电光泽计或性能类似的仪器测定。光泽是物体表面的一种物理现象,物体表面受到光线照射时,会产生反光,物体表面越平滑光亮,反射光量越大;反之,若表面粗糙不平,入射光则会产生漫射,反射光量就小,见图 10-1。

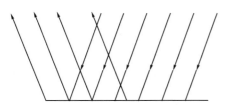
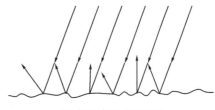

(a) 平整光滑表面的反射光   (b) 粗糙表面的漫反射

图 10-1   光的反射

8. 放射性元素含量

建筑石材同其他装饰材料一样，也可能存在影响人体健康的成分，主要是放射性核元素镭-226、钍-232 等，其标准可依据《建筑材料放射性核素限量》(GB 6566—2010)中的放射性核素比活度确定，使用范围有 A、B、C 三类。A 类材料使用范围不受限制，可用于任何场所；B 类材料不可用于 I 类民用建筑的内饰面，但可用于 II 类民用建筑物、工业建筑内饰面及其他一切建筑的外饰面；C 类只可用于建筑物外饰面及室外其他场所。

(二)力学性质

1. 抗压强度

根据《天然饰面石材试验方法》(GB/T 9966.1—2020～GB/T 9966.18—2021)，饰面石材干燥、水饱和条件下的抗压强度是以边长为 50mm 的立方体或直径为 50mm×50mm 的圆柱体抗压强度值来表示的，可分为 MU100、MU80、MU60、MU50、MU40、MU30、MU20、MU15、MU10 九个等级。不同尺寸的石材尺寸换算系数见表 10-2。

表 10-2   石材尺寸换算系数

立方体边长/mm	200	150	100	70	50
换算系数	1.43	1.28	1.14	1	0.86

2. 弯曲强度

弯曲强度是饰面石材重要的力学性能指标，《天然饰面石材试验方法》(GB/T 9966.2—2020)规定，试件弯曲强度可以采用以下两种方法进行测量。

方法 A：350mm×100mm×30mm ，也可采用实际厚度(H)的样品，试样长度为 $10H+50$mm，宽度为 100mm。固定力矩弯曲强度(方法 A)示意见图 10-2。

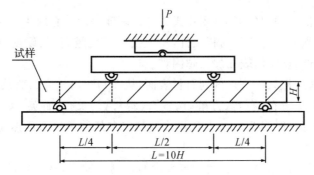

P—试样破坏载荷；H—试样厚度；L—下部两个支撑轴间的距离

图 10-2   固定力矩弯曲强度(方法 A)示意

弯曲强度计算式为：

$$f_A = \frac{3PL}{4KH^2} \tag{10-1}$$

式中：f_A 为弯曲强度（MPa）；P 为试样破坏载荷（N）；L 为下部两个支撑轴间的距离（mm）；K 为试样宽度（mm）；H 为试样厚度（mm）。

方法 B：250mm×50mm×50mm。集中荷载弯曲强度（方法 B）示意见图 10-3。

弯曲强度按下式计算：

$$f_B = \frac{3PL}{2KH^2} \tag{10-2}$$

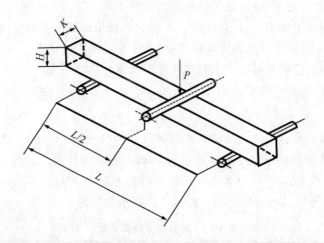

P—试样破坏载荷；H—试样厚度；L—下部两个支撑轴间的距离；K 为试样宽度

图 10-3　集中荷载弯曲强度（方法 B）示意

3. 冲击韧性

石材的抗拉强度比抗压强度小得多，为抗压强度的 1/20～1/10，是典型的脆性材料。

石材的冲击韧性取决于矿物组成与构造。石英岩和硅质砂岩脆性很大，含暗色矿物较多的辉长岩、辉绿岩等具有相对较大的韧性。通常，晶体结构的岩石比非晶体结构的岩石韧性高。

4. 硬度

石材的硬度指抵抗刻划的能力，用莫氏或肖氏硬度表示。它取决于矿物的硬度与构造。石材的硬度与抗压强度具有良好的相关性，一般抗压强度越高，其硬度也越高。硬度越高，其耐磨性和抗刻划性越好，但表面加工越困难。

莫氏硬度：它采用常见矿物来刻划石材表面，从而判断出相应的莫氏硬度。莫氏硬度从 1 到 10 的矿物分别是滑石、石膏、方解石、萤石、磷灰石、长石、石英、黄玉、刚玉和金刚石。装修石材的莫氏硬度一般为 5～7。莫氏硬度的测定在某种条件下虽然简便，但各等级不成比例，相差悬殊。

肖氏硬度：由英国肖尔提出，它用一定重量的金刚石冲头，从一定的高度落到磨光石材试件的表面，根据回跳的高度来确定其硬度。

5. 耐磨性

耐磨性是指石材在使用条件下抵抗摩擦、边缘剪切以及冲击等复杂作用的性质。石材的耐磨性用单位面积磨耗量表示。石材的耐磨性与其矿物的硬度、结构、构造特征以及石材的抗压强度和冲击韧性等有关。

（三）工艺性质

石材的工艺性质指开采及加工的适应性，包括加工性、磨光性和抗钻性。

加工性指对岩石进行劈解、破碎与凿琢等加工时的难易程度。强度、硬度较高的石材，不易加工；质脆而粗糙、颗粒交错结构、含层状或片状构造以及业已风化的岩石，都难以满足加工要求。

磨光性指岩石能否磨成光滑表面的性质。致密、均匀、细粒的岩石，一般都有良好的磨光性，可以磨成光滑亮洁的表面。疏松多孔、鳞片状结构的岩石，磨光性均较差。

抗钻性指岩石钻孔的难易程度。影响抗钻性的因素复杂，一般与岩石的强度、硬度等性质有关。

三、常用天然装饰石材

（一）天然大理石板材

岩石学中所指的大理岩是由石灰岩或白云岩变质而成的变质岩，主要矿物成分是方解石或白云石，主要化学成分为碳酸盐类（碳酸钙或碳酸镁）。但建筑工程上通常所说的大理石是广义的，是指具有装饰功能，可锯切、研磨、抛光的各种沉积岩和变质岩，属沉积岩的大致有致密石灰岩、砂岩、白云岩等；属变质岩的大致有大理岩、石英岩、蛇纹岩等。

1. 大理石板材的产品分类及等级

《天然大理石建筑板材》（GB/T 19766—2016）规定，其板材根据形状的不同，可分为毛光板（MG）、普型板（PX）和圆弧板（HM）。毛光板为有一面经抛光具有镜面效果的毛板，普型板为正方形或长方形，圆弧板为装饰面轮廓线的曲率半径处处相同的石棉板材，其他形状的板材为异形板。大理石板材按质量不同，又分为优等品 A、一等品 B 和合格品 C 三级。

2. 大理石板材的技术要求

GB/T 19766—2016 规定，除规格尺寸允许偏差和外观质量外，对大理石板材还有下列技术要求。

（1）镜面光泽度：物体表面反射光线能力的强弱程度称为镜面光泽度。大理石板材的抛光面应具有镜面光泽，能清晰反映出景物，其镜面光泽度应不低于 70 光泽单位或由供需双方确定。

（2）体积密度：方解石大理石不小于 2.60g/cm³，白云石大理石不小于 2.80g/cm³，蛇纹石大理石不小于 2.56g/cm³。

（3）吸水率：方解石大理石，白云石大理石不大于 0.50%，蛇纹石大理石不大于 0.60%。

（4）（干燥/水饱和）压缩强度：方解石大理石，白云石大理石不小于 52MPa，蛇纹石大理石不小于 70MPa。

（5）（干燥/水饱和）弯曲强度：不小于 7.0MPa。

（6）耐磨性：不小于 10/cm³。

大理石板材用于装饰等级要求较高的建筑物饰面,主要用于室内饰面,如墙面、地面、柱面、台面、栏杆、踏步等。当用于室外时,因大理石抗风化能力差,易受空气中二氧化硫的腐蚀而使表层失去光泽、变色并逐渐破损。通常只有白色大理石(汉白玉)等少数致密、质纯的品种才可用于室外。

(二)天然花岗石板材

岩石学中花岗岩是指石英、长石及少量云母和暗色矿物(橄榄石类、辉石类、角闪石类及黑云母等)组成全晶质的岩石。但建筑工程上通常所说的花岗石是广义的,是指具有装饰功能,可锯切、研磨、抛光的各种岩浆岩及少数其他类岩石,主要是岩浆岩中的深成岩和部分喷出岩及变质岩。属深成岩的有花岗岩、闪长岩、正长岩、辉长岩;属喷出岩的有辉绿岩、玄武岩、安山岩;属变质岩的有片麻岩。这类岩石的构造非常致密,矿物全部结晶且晶粒粗大,块状构造或粗晶嵌入玻璃质结构中呈斑状构造。

1. 花岗石板材的产品分类及等级

根据《天然花岗石建筑板材》(GB/T 18601—2009),花岗石板材按形状的不同,可分为毛光板(MG)、普型板(PX)、圆弧板(HM)和异型板(YX)四种;按表面加工程度的不同,可分为亚光板(YG)、镜面板(JM)、粗面板(CM)。普通板和圆弧板又可分为优等品(A)、一等品(B)及合格品(C)三级。

2. 花岗石板材的技术要求

《天然花岗石建筑板材》(GB/T 18601—2009)规定,除规格尺寸允许偏差、平面度允许公差和外观质量外,对花岗石建筑板材还有下列几种主要技术要求。

(1)镜面光泽度:镜面板材的正面应具有镜面光泽度,能清晰地反映出景物,其镜面光泽度值应不低于80光泽单位或按供需双方协商确定。

(2)表观密度:不小于$2560kg/m^3$。

(3)吸水率:不大于0.60%。

(4)干燥抗压强度:不小于100.0MPa。

(5)抗弯强度:不小于8.0MPa。

花岗石板材质感丰富,具有华丽高贵的装饰效果,且质地坚硬、耐久性好,是室内外高级的装饰材料。其主要用于建筑物的墙、柱、地、楼梯、台阶、栏杆等表面装饰及服务台、展示台等。

(三)天然石材的选用原则

建筑工程选用天然石料时,应根据建筑物的类型、使用要求和环境条件等,综合考虑适用、经济和美观等方面的要求。

1. 适用性

在选用石材时,根据其在建筑物中的用途和部位,选定其主要技术性质能满足要求的石材。如承重用石材,主要应考虑强度、耐水性、抗冻性等技术性能;饰面用石材,主要考虑表面平整度、光泽度、色彩与环境的协调、尺寸公差、外观缺陷及加工性等技术要求;围护结构用石材,主要考虑其导热性;用作地面、台阶等的石材应坚韧耐磨;高温、高湿、严寒等特殊环境用石材,还应分别考虑其耐久性、耐水性、抗冻性及耐化学侵蚀性等。

2. 经济性

由于天然石材表观密度大,不宜长途运输,所以应综合考虑地方资源,尽量做到就地取材,降低成本。天然岩石一般质地坚硬,雕琢加工困难,加工费工耗时,成本高。一些名贵石材,价格昂贵。因此,选择石材时必须慎重考虑。

3. 色彩

石材装饰必须与建筑环境相协调,其中色彩相融尤为重要,因此,选用天然石材时,必须认真考虑所选石材的颜色与纹理。

第三节　石膏装饰材料

石膏装饰制品具有轻质、隔热、保温、吸声、防火、洁白,表面光滑细腻,对人体健康无危害等优点。在建筑工程中被广泛应用。其主要品种有以下几种。

一、纸面石膏板

纸面石膏板以半水石膏为主要胶凝材料,掺入玻璃纤维、发泡剂、调凝剂制成芯材,并与特制纸面在生产流水线上经成型、切断、烘干、修边等工序制成。宽幅一般为 1000mm 和 1200mm,生产效率高。

根据《纸面石膏板》(GB/T 9775—2008),纸面石膏板具有质轻、抗弯、保湿、隔热、防火、易于现场二次加工等特点。与轻钢龙骨配合,可简便用于普通隔墙,吊顶装饰。在隔墙中,填充岩棉等隔声保温材料,隔声保温效果大为提高。

普通纸面石膏板适用于办公楼、宾馆、住宅等室内墙面和顶棚装饰;不宜用于厨房、卫生间及空气湿度较大的环境。

为提高其耐水性,可掺入适量外加剂进行改性,经改性后的纸面石膏板可用于厨房、卫生间等潮湿环境的装饰。

二、装饰石膏板

装饰石膏板的原材料与纸面石膏板的芯材基本一样,由于发泡剂的掺入会影响制品表面的效果,故一般不掺。

装饰石膏板质轻,强度较高,吸声、保湿、防火,可调节室内湿度,表面光滑洁白,易于制成美观的图案花纹,装饰性强,安装简便。装饰石膏板的物理力学性能应满足《装饰石膏板》(JC/T 799—2016)的要求。

装饰石膏板按板材耐湿性能的不同,分为普通板和防潮板两类。每类按其板面特征的不同,又可分为平板、孔板及浮雕板三种。其装饰图案有印花、压花、浮雕、穿孔等。装饰石膏板按安装形式的不同,可分为嵌装式和粘贴式,嵌装式装饰石膏板带有嵌装企口,配有专用的轻钢龙骨条进行装配式安装,其施工方便,可随意拆卸和交换。其物理力学性能应满足《嵌装式装饰石膏板》(JC/T 800—2007)的要求。粘贴式装饰石膏板的粘结材料一般为石膏基,加入一定的聚合物。施工时,可在石膏板的四角钻孔,用防锈螺钉固定,既可作为粘贴施工的临时固定,又可作为粘贴安全的二道保护。螺钉应比石膏面低,再用石膏腻子补平。

根据声学原理,吸声装饰石膏板背面可贴吸声材料,这么做既可提高吸声效果,又可防止顶棚粉尘落入室内。吸声穿孔石膏板应满足《吸声用穿孔石膏板》(JC/T 803—2007)的要求。装饰穿孔石膏板的抗弯,抗冲击性能较基板低。使用时应注意,吸声用穿孔石膏板主要用于播音室、音乐厅、影剧院、会议室或噪声较大的场所。

三、石膏浮雕装饰

石膏浮雕装饰制品主要包括:装饰石膏线条、线板、花角、灯座、罗马柱、花饰以及艺术石膏工艺品。这些制品均采用优质建筑石膏($CaSO_4 \cdot 1/2H_2O$)和水搅拌成石膏浆,经注模成型、硬化、干燥而成,模具采用橡胶,既方便制模又便于脱模。装饰线条和装饰浮雕板须加入玻璃纤维,以提高其抗折、抗冲击性能。

浮雕石膏线条、线板表面光滑细腻、洁白,花型和线条清晰,无毒、防火,拼装方便,可二次加工。其一般采用直接粘贴或螺钉固定,施工方便,造价仅为同类木质制品的 $1/4 \sim 1/3$,且不易变形腐朽,可用作顶棚角线,装饰效果佳。

浮雕石膏艺术装饰品集雕刻艺术和石膏制品于一体,在建筑装饰中既有实用价值又有很好的艺术装饰效果。

第四节 纤维装饰织物和制品

纤维装饰织物是目前国内外广泛使用的墙面装饰材料之一,主要品种有地毯、挂毯、墙布、窗帘等纤维织物。装饰织物所用纤维有天然纤维和人造纤维。天然纤维主要采用羊毛棉、麻丝等。人造纤维主要是化学纤维,其主要品种有人造棉、人造丝、人造毛、醋酯纤维等。较常用的有聚酯纤维(涤纶)、聚丙烯腈纤维(腈纶)、聚丙烯纤维(丙纶)、聚氨基甲酸酯纤维(氨纶)。纤维装饰织物质地柔软,能保温、吸声,色彩丰富。采用不同的纤维和不同的编织工艺可达到独特的装饰效果。

一、地毯

(一)地毯的分类及特点

地毯可按所用原材料、编织工艺、使用场所和规格尺寸分为以下四类。

1. 按原材料分类

(1)羊毛地毯:羊毛地毯又称纯毛地毯。它有手工编织和机织两种,前者是我国传统的高档地毯,后者是近代发展起来的较高级纯毛地毯。弹性大,不易变形,拉力强,耐磨损,易清洗,易上色,色彩鲜艳,有光泽,但易受虫蛀,属高档铺地装饰织物。

(2)混纺地毯:混纺地毯是以羊毛纤维与合成纤维混纺后编织而成的地毯。合成纤维的掺入可降低原材料的成本,提高地毯的耐磨性。

(3)化纤地毯:化纤地毯采用合成纤维制作的面料而制成,现常用的合成纤维材料有丙纶、腈纶、涤纶等,其外观和触感酷似羊毛。它耐磨且较富有弹性,为目前用量最大的中、低档地毯品种。

(4)剑麻地毯:这种地毯是以植物剑麻为原料,经纺纱、编织、涂胶、硫化等工序而制成。剑麻地毯具有耐酸碱、耐磨、无静电现象等特点,但弹性较差,且手感十分粗糙。其可用于公共建筑地面及家庭地面。

2. 按编制工艺分类

(1)手工编织地毯:手工编织地毯一般指纯毛地毯。它是人工打结裁绒,将绒毛层与基底一起编织而成,做工精细,图案千变万化,是地毯中的高档品。但手工编织地毯工效低、产量小,因而成本高、价格昂贵。

(2)簇绒地毯:簇绒地毯又称裁绒地毯。簇绒法是目前各国生产化纤地毯的主要方式,它是通过带有一排往复式穿针的纺机,把毛纺纱穿入第一层基底(初级背衬织布),并在其面上将毛纺纱穿插成毛圈而背面拉紧,然后在初级背衬的背面刷一层胶黏剂使之固定,这样就生产出了厚实的圈绒地毯。若再用锋利的刀片横向切割毛圈顶部,并经过修剪,就成为平绒地毯,也称割绒地毯或切绒地毯。

簇绒地毯生产时绒毛高度可以调整,圈绒的高度一般为 5~10mm,平绒绒毛高度多在 7~10mm。同时,毯面纤维密度大,因而弹性好,脚感舒适,且可在毯面上印染各种图案花纹。簇绒地毯已成为各国产量最大的化纤地毯品种之一,是很受欢迎的中档产品。

(3)无纺地毯:无纺地毯是指无经纬编织的短毛地毯。它是将绒毛用特殊的钩针扎刺在用合成纤维构成的网布底衬上,然后在其背面涂上胶层,使之牢固,故其又有针刺地毯、针扎地毯或黏合地毯之称。这种地毯因生产工艺简单,故成本低、价廉,但其弹性和耐久性较差。为提高其强度和弹性,可在毯底加缝或加贴一层麻布底衬,或可再贴一层海绵底衬。

3. 按规格尺寸分类

(1)块状地毯。纯毛地毯多制成方形及长方形块状地毯,铺设时可用以组合成各种不同的图案。块状地毯铺设方便灵活,位置可随意变动,对已被磨损的部位,可随时调换,从而延长地毯的使用寿命,达到既经济又美观的目的。门口毯、床前毯、茶几毯等小块地毯在室内的铺设,不仅使室内不同的功能得以区分,还有装饰、保温、吸声的效果,若是铺在浴室或卫生间,还可装饰防滑。

(2)卷装地毯

卷装地毯一般为化纤地毯,其幅宽有 1~4m,每卷长度一般为 20~25m,也可按要求加工。铺设成卷的整幅地毯,可提高地毯的整体性、平整性和观感效果,便于清洁整理,但损坏后不易更换。

4. 按使用场所不同分类

(1)轻度家用级,铺设在不常使用的房间或部位。

(2)中度家用级或轻度专业使用级,用于主卧或家庭餐室等。

(3)一般家用或中度专业使用级,用于起居室及楼梯、走廊等交通频繁的部位。

(4)重度家用或一般专业使用级,用于中重度磨损的场所。

(5)重度专业使用级,价格贵,家庭几乎不用,只用于有特殊要求的场合。

(6)豪华级,地毯品质好,绒毛纤维长,可用于高级装饰的卧室。

二、墙面装饰织物

室内墙面的装饰由传统的石灰砂浆抹面到建筑涂料、墙纸等多种材料装饰。而墙面装饰织物主要是指以纺织物和编织物为原料制成的壁纸(或墙布),其原料可以是丝、羊毛、棉、麻、化纤等纤维,也可以是草、树叶等天然材料。这种材料具有其独特的装饰效果,可吸声保温、美化环境,常用于咖啡厅、宾馆等室内公共场所。常用的品种有织物壁纸和墙布。

纸基织物壁纸是由天然纤维和化学纤维制成的各种色泽、花色的粗细纱或织物再与纸的基层黏合而成。它具有色彩丰富、立体感强、吸声性强等特点,适用于宾馆、饭店、办公大楼、家庭卧室等室内墙面装饰。另外,还有麻草壁纸,它具有古朴、自然和粗犷的装饰效果,其变形小、吸声性强,适用于酒吧、舞厅、会议室、商店、饭店等室内墙面装饰。

墙布纤维常用合成纤维或棉、麻纤维,高级墙面装饰织物纤维主要用锦缎、丝绒、呢料。合成纤维装饰墙布的特点是防潮,耐磨。棉麻纤维装饰墙布具有抗静电、无毒无味的特点。由锦缎、丝绒等材料织成的高级装饰墙面织物具有绚丽多彩、质感丰富、典雅华贵的特点,可用于高级宾馆或别墅室内高档豪华装饰。

第五节　玻璃装饰制品

一、玻璃的基本知识

(一)玻璃的生产

玻璃是用石英砂、纯碱、长石和石灰石为主要原料,并加入一定辅助原料,在 $1550 \sim 1660℃$ 高温下熔融,成型后急速冷却而成的制品。其主要化学成分是 SiO_2、Na_2O、CaO 和少量的 MgO、Al_2O_3、K_2O 等。

目前,常见的成型方法有垂直引上法、水平拉引法、压延法、浮法等。垂直引上法是引上机将熔融的玻璃液垂直向上拉引。水平拉引法是将玻璃溶液向上拉引 70cm 后绕经转向辊再沿水平方向拉引,该方法便于控制拉引速度,可生产特厚和特薄的玻璃。压延法是利用一对水平水冷金属压延辊将玻璃展延成玻璃带,由于玻璃是在可塑状态下压延成型的,因此会留下压延辊的痕迹,常用于生产压花玻璃和夹丝玻璃。浮法是将熔融的玻璃液引入熔融的锡槽,在干净的锡液面上自由摊平,逐渐降温退火加工而成的方法。它是目前先进的玻璃生产方法。它具有玻璃的平整度高、质量好,玻璃的宽度和厚度调节范围大等特点。由于玻璃自身的缺陷(如气泡、结石、波纹、疙瘩等)较少,所以浮法生产的玻璃经深加工后可制成各种特种玻璃。

平板玻璃的产量是采用标准箱来计量的。2mm 厚的玻璃 $10m^2$ 作为一个标准箱。不同厚度的玻璃换算标准箱见表 10-3。玻璃还可用重量箱表示,50kg 折合成一重量箱。

表 10-3　不同厚度玻璃标准箱换算系数

玻璃厚度/mm	2	3	5	6	8	10	12
标准箱/个	1	1.65	3.5	4.5	6.5	8.5	10.5

(二)普通平板玻璃的技术性质

玻璃的密度在 $2.40 \sim 3.80g/cm^3$,玻璃内部十分致密,几乎无空隙,吸水率极低。

普通玻璃的抗压强度为 $600 \sim 1200MPa$,抗拉强度为 $40 \sim 120MPa$,抗弯强度为 $50 \sim 130MPa$,弹性模量为 $(6 \sim 7.5) \times 10^4 MPa$。普通玻璃的莫氏硬度为 $5.5 \sim 6.5$,抗刻划能力较强,但抗冲击能力较差。

普通玻璃的导热系数为 $0.73\sim0.82W/(m\cdot K)$，比热为 $0.33\sim1.05kJ/(kg\cdot K)$，热膨胀系数为 $(8\sim10)\times10^{-6}/℃$，石英玻璃的热膨胀系数为 $5.5\times10^{-6}/℃$。玻璃的热稳定性较差，主要是由于玻璃的导热系数较小，因而会在局部产生温度内应力。玻璃因内应力而出现裂纹或破裂。普通玻璃的软化温度为 $530\sim550℃$。

玻璃的光学性质包括反射系数、吸收系数、透射系数和遮蔽系数四个指标。反射的光能、吸收的光能和透射的光能与投射的光能之比分别为反射系数、吸收系数和透射系数。不同厚度不同品种的玻璃反射系数、吸收系数、透射系数均有所不同。将透过 3mm 厚的标准透明玻璃的太阳辐射能量作为 1，其他玻璃在同样条件下透过太阳辐射能量的相对值为遮蔽系数，遮蔽系数越小，说明透过玻璃进入室内的太阳辐射能越小，光线越柔和。

玻璃的化学稳定性较高，可抵挡除氢氟酸外的所有酸的腐蚀，但耐碱性较差，长期与碱液接触，会使得玻璃中的 SiO_2 溶解，受到浸蚀。

普通平板玻璃的技术性能应符合《平板玻璃》(GB 11614—2022)的技术要求，选用时应参照《建筑玻璃应用技术规程》(JGJ 113—2015)。

二、常用建筑装饰玻璃

(一)镀膜玻璃

热反射玻璃是在玻璃表面涂敷金属或金属氧化物薄膜，其薄膜的加工方法有热分解法(如喷涂法、浸涂法)、金属离子迁移法、化学浸渍法和真空法(如真空镀膜法、溅射法)。镀膜玻璃反射光线能力很强，有镜面效果，因此，有人称之为镜面玻璃。建筑上用它作玻璃幕墙，能映射街景和空中云彩，形成动态画面，装饰效果突出，但易产生光污染。

由于它具有较强反射太阳光辐射热的能力，有人称之为热反射玻璃。这种玻璃可见光透光率为 $60\%\sim80\%$，紫外线透射率较低。镀膜玻璃难以透视，因此具有一定的私密性。

(二)吸热玻璃

在生产普通玻璃时，加入少量有吸热性能的金属氧化物，如氧化亚铁、氧化镍等，可制成吸热玻璃，它既能吸收大量红外线辐射热，又能保持良好的光线透过率。由于太阳光中红外光约占 49%，可见光占 48%，紫外线占 3%，吸热玻璃可以使光线的透射能降低 $20\%\sim35\%$，同时吸热玻璃还能吸收少量的可见光和紫外线，所以有着良好的防眩作用，可以减轻紫外线对人体和室内物品的损害。

吸热玻璃与同厚度普通玻璃相比具有一定的隔热作用。其原因是透射的热量较少，且吸收的辐射热能大部分辐射到室外。

(三)钢化玻璃

玻璃经过物理或化学钢化处理后，抗折、抗冲击强度可提高 $3\sim5$ 倍，并具有耐急冷、急热的性能。当玻璃破碎时，即裂成无棱角的小碎块，且不会飞溅伤人。所需要的钢化玻璃规格尺寸应在钢化前确定，玻璃钢化后不能二次加工。钢化玻璃具有较好的物理力学性能和安全性，是装饰玻璃中较常用的安全玻璃。

(四)夹层玻璃

夹层玻璃是两片或多片玻璃之间嵌夹透明塑料片，经加热、加压、黏合而成的复合玻璃制品。它受到冲击破坏后，产生辐射状或同心圆形裂纹，碎片不脱落，因此，夹层玻璃属安全玻璃。

夹层所用玻璃有普通玻璃、钢化玻璃、镀膜玻璃,若采用钢化玻璃,则其力学性能和安全性更高,可用于安全性要求较高的场所。

（五）夹丝玻璃

它是将普通平板玻璃加热到红热软化状态,再将钢丝网和铜丝网压入玻璃中间而制成。表面可以压花或磨光,颜色可以是透明的或彩色的。在玻璃遭受冲击或温度剧变时,仍能保持固定状态,起到隔绝火势的作用,故又称防火玻璃。常用于天窗、天棚顶盖,以及易受震动的门窗上。彩色夹丝玻璃可用于阳台、楼梯、电梯井。夹丝玻璃的厚度常为 3～19mm。

夹丝玻璃具有平板玻璃的基本物理力学性能,但夹丝玻璃的强度较普通平板玻璃略低,抗风压强度系数仅为同厚度平板玻璃的 0.7 倍,选用时应注意。

（六）中空玻璃

中空玻璃由两片或多片玻璃构成,用边框隔开,四周用密封胶密封,中间充干燥气体,组成中空玻璃。

玻璃片除可用普通玻璃外,还可用钢化玻璃、镀膜玻璃和吸热玻璃等。

中空玻璃保温隔热、隔声性能优良,节能效果突出,并能有效防结露,是现代建筑常用的玻璃装饰材料。

（七）玻璃空心砖

玻璃空心砖由两块预先铸成的凹型玻璃,经熔接或胶接成整块的玻璃空心砖。为提高其装饰效果,一般在其内侧压铸花纹图案。玻璃空心砖光线柔和,图案精美,具有隔热隔声装饰等多重作用,常用于外墙和室内隔断装饰,且不易挂灰,易清洗。

（八）玻璃马赛克

玻璃马赛克也称玻璃锦砖,由石英砂、碱和一定辅助原料经熔融后压成,也可用回收玻璃制成,原材料成本低廉。

玻璃马赛克可制成各种颜色,且色彩稳定,具有玻璃光泽、吸水少、不积灰、下雨自涤、贴牢固度高等特点,是高层建筑外墙较好的装饰材料。

第六节　建筑装饰陶瓷

一、建筑陶瓷的基本知识

建筑陶瓷在我国有悠久的历史,自古以来就是一种优良的装饰材料。陶瓷以黏土和其他天然矿物为主要原料,经破碎、粉磨、计量、制坯、上釉、焙烧等工艺过程制成。

按用途的不同,陶瓷可分为日用陶瓷、工业陶瓷、建筑陶瓷和工艺陶瓷;按材质结构和烧结程度的不同,陶瓷又可分为瓷、炻和陶三大类。

陶质制品烧结程度相对较低,为多孔结构,通常吸水率较大（10％～22％）、强度较低、抗冻性较差、断面粗糙无光、不透明、敲击时声音粗哑,分无釉和施釉两种制品,适用于室内使用。瓷质制品烧结程度高,结构致密、断面细致有光泽、强度高、坚硬耐磨、吸水率低

（<1％）、有一定的半透明性,通常施有釉层。炻质制品介于陶、瓷之间,其结构比陶质致密,强度比陶质高,吸水率较低（1％～10％）,坯体一般带有颜色。由于其对原材料的要求不高,成本较低廉,因此,建筑陶瓷大都采用炻质制品。

建筑陶瓷表面一般施一层釉面,可提高制品的装饰性,改善产品的物理力学性能,还可遮盖坯体的不良颜色。

二、常用建筑陶瓷

（一）内墙釉面砖

内墙釉面砖又称陶质釉面砖,砖体为陶质结构,面层施有釉。釉面有单色和花色两种图案。陶质釉面砖平整度和尺寸精度要求较高,表观质量较好,表面光滑、易清洗,一般用于厨房,卫生间等经常与水接触的内墙面;也可用于实验室、医院等,墙面需经常清洁,卫生条件要求较高的场所。其力学性能可满足室内环境的要求。陶质釉面砖不能用于外墙面装饰。室外的气候条件及使用环境对外墙面砖的抗折抗冲击性能及吸水率等性能要求较高。陶质釉面砖用于外墙装饰易出现龟裂,其抗渗、抗冻及贴牢固度易存在质量隐患。

（二）墙地砖

墙地砖指用于外墙面和室内外地面装饰的面砖。其材料质均属于炻质,有施釉和不施釉之分。

墙地面应具有较高的抗折抗冲击强度,质地致密,吸水率低、抗冻、抗渗、耐急冷急热,对地面砖而言,还应具有较高的耐磨性。其性能应符合《陶瓷砖》（GB/T 4100—2015）的规定。

（三）卫生陶瓷

卫生陶瓷指用于浴室、盥洗室、厕所等处的卫生洗具,如坐便器、水槽等,卫生陶器多用耐火黏土经配料制浆、灌浆成型、上釉焙烧而成。卫生陶瓷结构形式多样,其造型美观,线条流畅,并可节水。颜色为白色和彩色,表面光洁,易于清洗,耐化学腐蚀。其性能应符合《卫生陶瓷》（GB/T 6952—2015）的规定。

（四）建筑琉璃制品

建筑琉璃制品在我国建筑上的使用已有悠久的历史。它是用难熔黏土制坯,经干燥,上釉后熔烧而成。釉面颜色有黄、蓝、绿、青等。品种有瓦类（瓦筒、滴水瓦沟头）、脊类和饰件（博古、兽）。

琉璃制品色彩绚丽,造型古朴,质坚耐久。它主要用于具有民族特色的宫殿式房屋和园林中的亭台楼阁等。其性能应符合《建筑琉璃制品》（JC/T 765—2015）的要求。

第七节　建筑涂料

一、涂料的概念及其分类

涂料是指涂敷于物体表面,并能与物体表面材料很好地黏结形成连续性膜,从而对物体起到装饰、保护或具有某些特殊功能的材料。涂料在物体表面干结形成的薄膜被称为涂膜,又称涂层。涂料包括油漆,但油漆不代表涂料,其原因是早期涂料的主要原材料是天然树脂和油料,如松香、生漆、虫胶和亚麻子油、桐油等,所以称油漆。自20世纪50年代以来,随着石油化工的发展,各种合成树脂和溶剂、助剂的出现,油漆这一词已失去其确切的定义,故称涂料。但人们仍习惯把溶剂涂料称油漆,乳液型涂料称乳胶漆。

涂料的品种很多,各国分类方法也不尽相同,我国对于一般涂料的分类命名方法按《涂料产品分类和命名》(GB/T 2705—2003)。常见的分类方法有以下几种。

(1)以涂料产品的用途为主线,并辅以主要成膜物的分类方法,将涂料产品划分为三个主要类别:建筑涂料、工业涂料和通用涂料及辅助材料。

(2)除建筑涂料外,主要以涂料产品的主要成膜物为主线,并辅以产品主要用途的分类方法,将涂料产品划分为两个主要类别:建筑涂料、其他涂料及辅助材料。

二、建筑涂料的组成物质

(一)主要成膜物质

主要成膜物质在涂料中主要起成膜及黏结作用,使涂料在干燥或固化后能形成连续的涂层,主要成膜物质的性能对涂料质量起决定性作用。

主要成膜物质分有机和无机两大类。有机涂料中的主要成膜物质为各种树脂。常用的合成树脂包括乳液型树脂和溶剂型树脂两类。乳液型树脂的成膜过程主要是乳液中的水分蒸发浓缩;溶剂型树脂的成膜过程主要是溶剂挥发,有时还伴随着化学反应。乳液型树脂对环境的污染较小,但在低温储存和成膜均较困难,这类合成树脂主要有乙酸乙烯树脂系、氯乙烯树脂系和丁基树脂系。

溶剂型合成树脂有单组分和多组分反应固化型两大类。溶液型树脂涂料是将树脂溶解于各类有机溶剂中。这类涂料干燥迅速,可在低温条件下涂饰施工,其涂膜光泽好,硬度较高,耐候性能优良。主要缺点是易燃、易污染环境,成本较高,含固量较低。反应固化型一般由主剂和固化剂双组分组成,施工时按一定的比例混合经反应固化成膜。涂膜机械性能和耐久性能优异。但施工操作较繁杂,并且必须计量准确,即配即用。

(二)次要成膜物质

次要成膜物质本身不能胶结成膜,分散在涂料中能改善涂料的某些性能,如调配涂料的色彩、提高涂料的遮盖力、增加涂料厚度、提高涂料的耐磨性、降低涂料的成本等。常用的次要成膜物质为着色颜料和体积颜料。着色颜料常用无机颜料,因建筑涂料通常应用在混凝土及砂浆等碱性基面上,因而必须具有耐碱性,并且当外墙涂料用于建筑室外装饰时,由于长期暴露在阳光及风雨中,因此要求颜料具有较好的耐光性和耐候性。其主要品种有:

红色颜料:铁红(Fe_2O_3);

黄色颜料:铁黄$[FeO(OH) \cdot nH_2O]$;

绿色颜料:铬绿(Cr_2O_3);

棕色颜料:铁棕(Fe_2O_3);

白色颜料:钛白(TiO_2)、锌白(ZnO)、锌钡白(也称立德粉,$ZnS \cdot BaSO_4$)、硅灰石粉($CaO \cdot SiO_2$)、氧化锆(ZrO_2);

蓝色颜料:群青蓝($Na_6A_4Si_6S_4O_{20}$)、钴蓝($Co \cdot Al_2O_3$);

黑色颜料:炭黑(C)、石墨(C)、铁黑(Fe_3O_4);

金属颜料:银色颜料铝粉(又称银粉)、金色颜料铜粉(又称金粉)。

有机质颜料的遮盖力及颜色的耐光性、耐溶剂性等均不及无机颜料,但由于其色彩丰富,也常用于涂料中。有机质颜料按化学结构的不同可分三类:偶氮系(红、黄、蓝),缩合多环式系(青、蓝、绿),着色沉淀系(红、黄、紫)。

体积颜料又称填料,能提高涂料的密度和机械性能。常用的体积颜料有轻质碳酸钙、滑石粉等。

(三)辅助成膜物质

辅助成膜物质包括溶剂和助剂。

溶剂主要有有机溶剂和水。溶剂起到溶解或分散主要成膜物质,提高涂料的施工性能,增加涂料的渗透能力,改善涂料和基层的黏结效果,保证涂料的施工质量等。涂料施工后,溶剂逐渐挥发或蒸发,最终形成连续和均匀的涂膜。常用的有机溶剂有二甲苯、乙醇、正丁醇、丙酮、乙酸乙酯和溶剂油等。水也可作为溶剂,用于水溶性涂料或乳液性涂料。溶剂虽不是构成涂料的材料,但它与涂膜质量和涂料成本有很大的关系。选用溶剂一般要考虑其溶解力、挥发率、易燃性和毒性等问题。

为了提高涂料的综合性质,并赋予涂膜某些特殊功能,在配制涂料时常加入相关助剂。其中,提高固化前涂料性质的有分散剂、乳化剂、消泡剂、增稠剂、防流挂剂、防沉降剂和防冻剂等;提高固化后涂膜性能的助剂有增塑剂、稳定剂、抗氧剂、紫外光吸收剂等。此外,尚有催化剂、固化剂、催干剂、中和剂、防霉剂、难燃剂等。

三、建筑涂料的技术性质

建筑涂料的技术性质包括涂料施工前和施工后两个方面的性能。

(一)施工前涂料的性能

施工前涂料的性能包括涂料在容器中的状态、施工操作性能、干燥时间、最低成膜温度和含固量等。容器中的状态主要指储存稳定性及均匀性。储存稳定性指涂料在运输和存放过程不产生分层离析、沉淀、结块、发霉、变性及改性等。均匀性是指每桶溶液上中下三层的颜色、稠度及性能的均匀性,桶与桶、批与批和不同存放时间的均匀性。这些性能的测试主要采用肉眼观察,包括低温(−5℃)、高温(50℃)和常温(23℃)储存稳定性。

施工操作性能主要包括涂料的开封、搅匀、提取方便与否,是否有挂流、油缩、拉丝、涂刷困难等现象,还包括便于重涂和补涂的性能。由于施工操作或其他原因,建筑物的某些部位(如阴阳角)往往需要重涂或补涂。因此,要求硬化涂膜与涂料具有很好的相溶性,能形成良好的整体。这些性能主要与涂料的黏度有关。

干燥时间分为表干时间与实干时间。表干是指以手指轻触标准试样涂膜,如有些发黏,但无涂料粘在手指上,即认为表面干燥;实干是指液态漆膜完全转化变成固态漆膜并使表面达到一定硬度。表干时间一般不得超过2h。实干时间一般不超过24h。

涂料的最低成膜温度规定了涂料施工作业最低温度,水性及乳液型涂料的最低温度一般大于0℃,否则水可能因结冰而难以施工。溶剂型涂料是最低成膜温度主要与溶剂的沸点及固化反应特性有关。

含固量指在一定温度下加热挥发后余留物质的含量。它的大小对涂膜的厚度有直接影响，同时还影响涂膜的致密性和其他性能。

此外，涂料的细度对涂抹表面的光泽度及耐污染性等有较大的影响，有时还需要测定建筑涂料的 pH、保水性、吸水率以及易稀释性和施工安全性等。

（二）施工后涂膜的性能

（1）遮盖率：遮盖率是指涂料对基层颜色的遮盖能力，即把涂料均匀地涂刷在黑白格玻璃板上，使其底色不再呈现的最小用量，以 g/m^2 表示。

（2）涂膜外观质量：涂膜与标准样板相比较，观察其是否符合色差范围，表面是否平整光洁，有无结皮、皱纹、气泡及裂痕等现象。

（3）附着力与黏结程度：附着力即为涂膜与基层材料的黏附能力，能与基层共同变形不致脱落。影响附着力和黏结强度的主要因素有涂料对基层的渗透能力、涂料本身的分子结构以及基层的表面性状。涂料对基层的渗透主要与涂料的分子量、浸润性等有关，施工时的环境条件会影响成膜固化及涂膜质量。一般来说，气温过低、过高，相对湿度过大、过小都是不利的。

（4）耐磨损性：建筑涂料在使用过程中要受到风沙雨雪及人为的磨损，尤其是地面涂料，磨损作用更加强烈。一般采用漆膜耐磨仪在一定荷载下转磨一定次数后，以涂料重量的损失克数表示耐磨损性。

（5）耐老化性：耐老化性指涂料中的成膜物质受大气中热、臭氧等因素的综合作用发生降解老化，使涂膜光泽度降低、粉化、变色、龟裂、磨损露底等。

四、常用建筑涂料

（一）常用外墙涂料

1. 丙烯酸酯外墙涂料

丙烯酸酯外墙涂料是以热塑性丙烯酸酯合成树脂为主要成膜物质，加入溶剂、填料、助剂等，经研磨而成的一种外墙涂料。它具有较好的耐久性，使用寿命可达 10 年以上，是目前外墙涂料中较为优良的品种，也是我国目前高层建筑外墙应用较多的涂料品种。

丙烯酸外墙涂料的特点是耐候性好，在长期光照、日晒、雨淋的条件下，不易变色、粉化或脱落。它对墙面有较好的渗透作用，结合牢固性好。使用时不受温度限制，即使在零度以下的严寒季节施工，也可很好地干燥成膜。施工方便，可采用刷涂、滚涂、喷涂等施工工艺，可以按用户要求配置成各种颜色。

2. 聚氨酯系外墙涂料

聚氨酯系外墙涂料是以聚氨酯与其他合成树脂复合体为主要成膜物质，添加颜料、填料、助剂组成的优质外墙涂料。主要品种有聚氨酯-丙烯酸酯外墙涂料和聚氨酯高弹性外墙涂料。

聚氨酯涂料由双组分按比例混合固化成膜，其含固量高，与混凝土、金属、木材等黏结牢固，涂膜柔软，弹性变形能力大，可以随基层的变形而伸缩，即使基层裂缝宽度达 0.3mm 以上，也不至于将涂膜撕裂。经 1000h 的加速耐候试验，其伸长率、硬度、抗拉强度等性能几乎没有降低，经 5000 次以上伸缩疲劳试验不断裂，而丙烯酸系厚质涂料在 500 次时就已断裂。

聚氨酯涂料有极好的耐水、耐酸碱、耐污染性,涂膜光泽度好,呈瓷状质感,价格较贵。

聚氨酯系外墙涂料可做成各种颜色,一般为双组分或多组分涂料,施工时现场按比例配合,要求基层含水量不大于 8%。

常用的聚氨酯-丙烯酸酯外墙涂料为三组分涂料,施工前将甲、乙、丙三组分按比例充分搅拌后即可施工,涂料应在规定的时间内用完。

3. 丙烯酸酯有机硅涂料

丙烯酸酯有机硅涂料是由有机硅改性丙树脂为主要成膜物质,添加颜料、填料、助剂组成的优质溶剂型涂料。因有机硅的改性,使丙烯酸酯的耐候性和耐沾污性等性能大大提高。

丙烯酸酯有机涂料渗透性好,能渗入基层,增加基层的抗水性能,涂料的流平性好,涂膜光洁、耐磨、耐污染、易清洁。涂料施工方便,可刷涂、滚涂和喷涂。一般涂刷两道,间隔 4h 左右。涂刷前基层含水量应小于 8%,故在涂刷时和涂层干燥前应注意防止雨淋和尘土污染。

4. 氯化橡胶外墙涂料

氯化橡胶外墙涂料又称氯化橡胶水泥漆,是由氯化橡胶、溶剂、增塑剂、颜料、填料和助剂等配制而成的溶剂型外墙涂料。

氯化橡胶干燥快,数小时后可复涂第二道,比一般油漆快干数倍。能在 $-20\sim50℃$ 环境中施工,施工基本不受季节影响。但施工中应注意防火和劳动保护。涂料具有优良的耐碱性、耐酸性、耐候性、耐水性、耐久性和维修重涂性,并具有一定的防霉功能。涂料对水泥、混凝土钢铁表面均有良好的附着能力,上下涂层因溶剂的溶解浸渗作用而紧密地粘在一起。它是一种较为理想的溶剂型外墙涂料。

5. 苯-丙乳胶漆

由苯乙烯和丙烯类单体、乳化剂、引发剂等,通过乳液聚合反应,得到苯-丙共聚乳液,以此液为主要成膜物质,加入颜料填料和助剂组成的涂料称为苯-丙乳胶漆,是目前应用较普遍的外墙乳液型涂料之一。

苯-丙乳胶漆具有丙烯酸类涂料的高耐光性、耐候性、不泛黄等特点,并具有优良的耐碱、耐水、耐湿擦洗等性能,外观细腻色彩艳丽,质感好。苯-丙乳胶漆与水泥基材的附着力好,适用于外墙面的装饰。但其施工温度不宜低于 8℃,施工时如涂料太稠可加入少量水稀释,两道涂料施工间隔时间不小于 4h。1kg 涂料可涂刷 $2\sim4m^2$,使用寿命为 $5\sim10$ 年。

6. 丙烯酸酯乳液涂料

丙烯酸酯乳液涂料是由甲基丙烯酸甲酯、丙烯酸乙酯等丙烯系单体经乳液共聚而制得的纯丙烯酸酯系乳液为主要成膜物质,加入填料、颜料及其他助剂而制得的一种优质乳液型外墙涂料。

这种涂料比其他乳液型涂料的涂膜光泽柔和,耐候性、保光性、保色性优异,耐久性可达 10 年以上,但价格较贵。

7. 硅溶胶外墙涂料

硅溶胶外墙涂料以胶体二氧化硅为主要成膜物质,加入颜料、填料及各种助剂,经混合、研磨而成。这类涂料的成膜机理是胶体二氧化硅单体在空气中失去水分逐渐聚合,随水分进一步蒸发而形成 Si—O—Si 涂膜。

JH80-2 硅溶胶无机建筑涂料为常用的硅胶涂料。涂料以硅溶胶(胶体二氧化硅)为主要成膜物质,加入成膜助剂、填料、颜料等均匀混合、研磨而制成的一种新型外墙涂料。该涂料的特点是,以水为溶剂、对基层的干燥程度要求不高。涂料的耐候性、耐热性好、遇火不燃、无烟;耐污染性好,不易挂灰。施工中无挥发性有机溶剂产生,不污染环境,原料丰富。

8. 复层建筑涂料

它是由两种以上涂层组成的复合涂料。复层建筑涂料一般由基层封闭涂料(底层涂料)、主层涂料、复层涂料所组成。复层建筑涂料按主要成膜物质的不同,可分为聚合物水泥系、硅酸盐系、合成树脂乳液系和反应固化型合成树脂乳液系四大类。

(二)内墙涂料

1. 丙烯酸酯内墙乳胶涂料

丙烯酸酯内墙乳胶涂料又称丙烯酸酯内墙乳胶漆。它是以热塑性丙烯酸酯合成树脂为主要成膜物质,该涂料具有很好的耐酸碱性,涂膜光泽性好,不易变色粉化,耐碱性强,对墙面有较好的渗透性。黏结牢固,是较好的内墙涂料,但价格较高。

2. 聚乙酸乙烯乳液内墙涂料

该涂料以聚乙酸为主要成膜物质,加入适量的颜料、填料及助剂加工而成。

该涂料无毒、无味、不易燃,易于加工、干燥快、透气性好、附着力强,其涂膜细腻、色彩鲜艳、装饰效果好、价格适中,但耐碱性、耐水性、耐候性等较差。

3. 聚乙烯醇类水溶性涂料

该涂料是以聚乙烯醇树脂及其衍生物为主要成膜物质,生产工艺简单,具有一定的装饰效果,且价格便宜。但其耐水性、耐洗刷性和耐久性较差,因此主要用于装饰档次较低的内墙。

(三)地面涂料

1. 聚氨酯地面涂料

聚氨酯地面涂料分薄质罩面和厚质弹性地面涂料两类。薄质涂料主要用于木质地板或其他地面的罩面上光,厚质涂料用于涂刷水泥混凝土地面,形成无缝并具有弹性的耐磨涂层,故称之为弹性地面涂料,这里仅介绍用于水泥混凝土地面的涂料。

聚氨酯弹性地面涂料是双组分常温固化型橡胶涂料。甲组分是聚氨酯预聚体,乙组分是由固化剂、颜料、填料及助剂按一定比例混合,研磨均匀制成。施工时,按一定比例将两组分混合搅拌均匀后涂刷,两组分固化后形成具有一定弹性的彩色涂层。

该涂料的特点是涂料固化后,具有一定的弹性,可加入少量的发泡剂形成含有适量泡沫的涂层,脚感舒适。涂料与水泥、木材、金属、陶瓷等地面的黏接力强,整体性好。涂层的弹性变形能力大,不会因基底裂纹而导致涂层开裂。耐磨性好,并且耐油、耐水、耐酸、耐碱,是化工车间较为理想的地面材料。色彩丰富,可涂成各种颜色,也可做成各种图案。重涂性好、便于维修。施工较复杂,施工中应注意通风、防火及劳动保护。

2. 聚氨酯-丙烯酸酯地面涂料

聚氨酯-丙烯酸酯地面涂料是以聚氨酯-丙烯酸树脂溶液为主要成膜物质,加入适量颜料、填料、助剂等配制而成的一种双组分固化型地面涂料。该涂料的特点是:涂膜光亮平滑,有瓷质感,又称仿瓷地面涂料,具有很好的装饰性、耐磨性、耐水性、耐碱及耐化学腐蚀性。

因涂料由双组分组成,施工时需要按规定比例现场调配,施工比较麻烦,要求严格。

3. 环氧树脂地面厚质涂料

该涂料以环氧树脂 E44(6101)、E42(634) 为主要成膜物质的双组分固化型涂料。甲组分为环氧树脂,乙组分为固化剂和助剂。为了改善涂膜的柔韧性,常掺入增塑剂。这种涂料固化后,涂膜坚硬、耐磨,具有一定的冲击韧性。耐化学腐蚀、耐油、耐水性好,与基层黏结力强,耐久性好,但施工操作较复杂。

(四)特种涂料

特种建筑涂料不仅具有保护和装饰功能,而且可赋予建筑物某些特殊功能,如防火、防腐、防霉、防辐射、隔热、隔声等。这里仅介绍其中的三种。

1. 建筑防火涂料

建筑防火涂料指涂刷在基层材料表面,其涂层能使基层与火隔离,从而延长热侵入基层材料所需的时间,达到延迟和抑制火焰蔓延的作用,为消防灭火提供宝贵的时间。热侵入被涂物所需时间越长,涂料的防火性能越好。故防火涂料的主要作用是阻燃,但如遇大火,防火涂料几乎不起作用。

防火涂料阻燃的基本原理为:①隔离火源与可燃物接触。如某些防火涂料的涂层在高温或火焰作用下能形成熔融的无机覆盖膜(如聚磷酸铵、硼酸等),把底材覆盖住,能有效隔绝底材与空气的接触。②降低环境及可燃物表面温度。某些涂料形成的涂层具有高热反射性能,及时辐射外部传来的热量。有些涂料的涂层在高温或火焰作用下能发生相变,吸收大量的热,从而达到降温的目的。③降低周围空气中氧气的浓度。某些涂料的涂层受热分解出 CO_2、NH_3、HCl、HBr 及 H_2O 等不燃气体,达到延缓燃烧速度或窒息燃烧。

防火涂料按组成材料的不同,可分为非膨胀型和膨胀型防火涂料两类。前者可用含卤素、磷、氮等难燃性物质的高分子合成树脂为主要成膜物质,如卤化醇酸树脂、卤化聚酯、卤化酚醛、卤化环氧、卤化橡胶乳液、卤化聚丙烯酸酯乳液等;也可采用水玻璃、硅溶胶、磷酸盐等无机材料作为成膜物质。膨胀型防火涂料由难燃树脂、难燃剂、成碳剂、发泡剂(三聚氰胺)等组成。这类涂料的涂层在火焰或高温作用下会发生膨胀,形成比原来涂层厚几十倍的泡沫碳质层,有效地阻挡外部热源对底材的作用,从而阻止燃烧的发生。阻燃效果比非膨胀型防火涂料好。

2. 防腐蚀涂料

在建筑物表面,能够保护建筑物避免酸、碱、盐及各种有机物浸蚀的涂料称为建筑防腐蚀涂料。

防腐蚀涂料的主要作用原理是将腐蚀介质与被涂基层隔离,使腐蚀介质无法渗入被涂覆基层中去,从而达到防腐蚀的目的。

防腐蚀涂料应具备如下基本性能:

(1)长期与腐蚀介质接触具有良好的稳定性。

(2)涂层具有良好的抗渗性,能阻挡有害介质的侵入。

(3)具有一定的装饰效果。

(4)与建筑物表面黏结性好,便于涂层维修、重涂。

(5)涂层的机械强度高,不会开裂和脱落。

(6)涂层的耐候性好,能长期保持其防腐蚀能力。

防腐蚀涂料的生产方法与普通涂料一样,但在选择原料时应根据环境的具体要求,选用防腐蚀和耐候性好的原料。如成膜物质应选用环氧树脂、聚氨酯等;颜料、填料应选用化学稳定性好的瓷土、石英粉、刚玉粉、硫酸钡、石墨粉等。常用的防腐蚀涂料有聚氨酯防腐蚀涂料、环氧树脂防腐蚀涂料、乙烯树脂类防腐蚀涂料、橡胶树脂防腐蚀涂料、改性呋喃树脂防腐蚀涂料等。

3. 防霉涂料

霉菌在一定的自然条件下大量存在,如黑曲霉、黄曲霉、变色曲霉、木霉、球毛壳霉、毛霉等,它们在 $23\sim38℃$,相对湿度为 $85\%\sim100\%$ 的适宜条件下大量繁殖,从而腐蚀建筑物的表面,即使普通的装饰涂料也会受到霉菌不同程度的侵蚀。防霉涂料是在某些普通涂料中掺入适量相溶性防霉剂制成。因而防霉涂料的类型与品种和普通涂料相同。常用的防霉剂有五氯酚钠、乙酸苯汞、多菌灵等。其中,前两种毒性较大,使用时要多加注意。对防霉剂的基本要求是,成膜后能保持抑制霉菌生长的效能,不改变涂料的装饰和使用效果。

第八节　金属装饰制品

金属装饰材料强度较高,耐久性好,色彩鲜艳,光泽度高,装饰性强,因此,在装饰工程中被广泛采用。

一、铝合金

在生产过程中,人们发现向熔融的铝中加入适量的某些合金元素制成铝合金,再经加工或热处理,可以大幅度提高其强度,极限抗拉强度甚至可达 $400\sim500MPa$,相当于低合金钢的强度。铝中常加的合金元素有铜(Cu)、镁(Mg)、硅(Si)、锰(Mn)、锌(Zn)等,这些元素有时单独加入,有时配合加入,从而制得各种各样的铝合金。铝合金克服了纯铝强度低,硬度不足的缺点,并能保持铝的质轻、耐腐蚀、易加工等优良性能,故在建筑工程尤其是在装饰领域的应用越来越广泛。

(一)铝合金的分类

铝合金按其成分及生产工艺特点的不同,通常可分为变形铝合金和铸造铝合金两类。

变形铝合金是指这类铝合金可以进行热态或冷态的压力加工,即经过轧制、挤压等工序,可制成板材、管材、棒材及各种异型材使用。这类铝合金要求其具有相当高的塑性。铸造铝合金则是将液态铝合金直接浇注在砂型或金属模型内,铸成各种形状复杂的制件。对这类铝合金则要求其具有良好的流动性、小的收缩性及高的抗热裂性等。

变形铝合金又可分为不能热处理强化和可热处理强化两种。前者用淬火的方法提高强度,后者可以通过热处理的方法来提高其强度。不能热处理强化的铝合金一般通过冷加工(如碾压、拉拔等)过程达到强化。它们具有适中的强度和优良的塑性,易于焊接,并有很好的抗腐蚀性,我国统称为防锈铝合金。可热处理的铝合金其机械性能主要靠热处理来提高,而不是靠冷加工强化来提高。热处理能大幅度提高强度且不降低塑性。用冷加工强化虽然能提高强度,但使塑性迅速降低。

（二）铝合金的表面处理

由于铝材表面的自然氧化膜很薄，因而耐腐蚀性有限，为了提高铝材的抗腐蚀性，可用人工方法增加其氧化膜层厚度。常用的方法是阳极氧化处理。在氧化处理的同时，还可进行表面着色处理，以增加铝合金制品的美观度。

铝合金型材经阳极氧化着色后的膜层为多孔状，具有很强的吸附能力，很容易吸附有害物质而被污染或腐蚀，从而影响外观和使用性能。因此，在表面处理后应采取一定的方法，将膜层的孔加以封闭，使之丧失吸附能力，从而提高氧化膜的抗污染和耐腐蚀性，这种处理过程称为闭孔处理。建筑铝材的常用封孔方法有水合封孔、无机盐溶液封孔和透明有机涂层封孔等。

（三）铝合金材料施工要点

铝合金材料选用应符合《铝合金建筑型材》（GB/T 5237.1—2017～5237.6—2017）标准的要求。铝合金型材在加工制作和施工过程中，不能破坏其表面的氧化铝膜层；不能与水泥、石灰等碱性材料直接接触，避免受到腐蚀；不能与电位高的金属（如钢、铁）接触，否则在有水汽条件下易产生电化腐蚀。

（四）常用铝合金制品

建筑装饰工程中常用铝合金制品包括门窗、铝合金幕墙、铝合金装饰板、铝合金龙骨和各种室内装饰配件等。

铝合金门窗色彩造型丰富，气密性、水密性较好，开闭力小，耐久性较好，维修费用低，因此得到了广泛的应用。虽然，近年来铝合金门窗受到了塑料门窗、塑钢门窗、不锈钢门窗的挑战，不过铝合金门窗在造价、色泽、可加工性等方面仍有优势，因此在各种装饰领域仍被广泛应用。

铝合金装饰板主要有铝合金花纹板、浅花纹板、波纹板、压型板和穿孔板等。它们具有质量轻、易加工、强度高、刚度好、耐久性长等优点，而且色彩造型丰富。其不仅可与玻璃幕墙配合使用，还可对墙、柱、招牌等进行装饰，同样具有独特的装饰效果。

用纯铝或铝合金可加工成 $6.3～200\mu m$ 的薄片制品，成为铝箔。铝箔按照形状的不同，可分为卷状铝箔和片状铝箔；按材质的不同，可分为硬质铝箔、半硬质铝箔和软质铝箔；按加工状态的不同，可分为素箔、压花箔、复合箔、涂层箔、上色箔、印刷箔等。铝箔主要作为多功能保温隔热材料、防潮材料和装饰材料的表面，广泛应用于建筑装饰工程，如铝箔牛皮纸和铝箔泡沫塑料板、铝箔石棉夹心板等复合板材或卷材。

二、不锈钢

不锈钢是以铬（Cr）为主添加元素的合金钢，铬含量越高，钢的抗腐蚀性越好。除铬外，不锈钢中还含有镍（Ni）、锰（Mn）、钛（Ti）、硅（Si）等元素，这些元素将影响不锈钢的强度、塑性、韧性和耐蚀性等技术性能。

不锈钢按其化学成分的不同，可分为铬不锈钢、铬镍不锈钢和高锰低铬不锈钢等几类；按耐腐蚀特点的不同，又可分为普通不锈钢（简称不锈钢）和耐酸钢两类。

建筑装饰用不锈钢制品主要是薄钢板，其中厚度小于1mm的薄钢板用得最多，冷轧不锈钢板厚度为 0.2～2.0mm，宽度为 500～1000mm，长度为 100～200mm，成品卷装供应。

不锈钢薄板主要用作包柱装饰。目前,不锈钢包柱被广泛用于商场、宾馆、餐馆等公共建筑的入口、门厅、中厅等处。

不锈钢除制成薄钢板外,还可加工成型材、管材及各种异型材,在建筑上可用作屋面、幕墙、隔墙、门、窗、内外墙饰面、栏杆、扶手等。

不锈钢的主要特征是耐腐蚀,而光泽度是其另一个重要的装饰特性。其独特的金属光泽,经不同的表面加工可形成不同的光泽度,并按此划分成不同等级。高级抛光不锈钢,具有镜面玻璃般的反射能力,在建筑工程中,可根据建筑功能要求和具体环境条件进行选用。

彩色不锈钢是由普通不锈钢经过艺术加工后,使其成为各种色彩绚丽的不锈钢装饰板,其颜色有蓝、灰、紫、红、青、绿、橙、金黄等多种。采用不锈钢装饰墙面,坚固耐用、美观新颖,具有强烈的时代感。

彩色不锈钢板抗腐蚀性强,耐盐雾腐蚀性能超过一般的不锈钢;机械性能好,其耐磨和耐刻划性能相当于镀金箔的性能。彩色不锈钢板的彩色面层能耐 200℃ 高温,其色泽随着光照角度的不同而产生变换效果。即使弯曲 90°,面层也不会损坏,面层色彩经久不褪。彩色不锈钢板可作电梯厢板、车厢板墙板、顶棚板、建筑装潢、招牌等装饰之用,也可用作高级建筑的其他局部装饰。

三、彩色涂层钢板

彩色涂层钢板又称有机涂层钢板。它是以冷轧钢板或镀锌钢板卷板为基板,经过刷磨、上油、磷化等表面处理后,在基板的表面形成一层极薄的磷化钝化膜。该膜层对增强基材耐腐蚀性和提高漆膜对基材的附着力具有重要的作用。经过表面处理的基板通过辊涂或层压,基板的两面被覆以一定厚度的涂层,再通过烘烤炉加热使涂层固化。一般经涂覆并烘干两次,即获得彩色涂层钢板。其涂层色彩和表面纹理丰富多彩。涂层除必须具有的良好防腐蚀性,以及与基板的良好黏结力外,还必须具有较好的防水蒸气渗透性,避免产生腐蚀斑点。常用的涂层材料有聚氯乙烯(PVC)、环氧树脂、聚酯树脂、聚丙烯酸酯、酚醛树脂等。常见的产品有 PVC 涂层钢板、彩色涂层压型钢板等。

聚氯乙烯涂层钢板是在经过表面处理的基板上先涂以黏结剂,再涂覆 PVC 增塑溶胶而制成。与之相类似的聚氯乙烯复层钢板是将软质或半软质的聚氯乙烯薄膜层黏压到钢板上而制成。这种 PVC 涂层或复层钢板,兼有钢板与塑料两者之特长,具有良好的加工成型性、耐腐蚀性和装饰性,可用作建筑外墙板、屋面板、护壁板等,还可加工成各种管道(如排气、通风等)、电气设备罩等。

彩色涂层压型钢板是将彩色涂层钢板辊压加工成 V 形、梯形、水波纹等形状的轻型维护结构材料,可用作工业与民用建筑的屋盖、墙板及墙壁贴面等。

用彩色涂层压型钢板、H 型钢、冷弯型材等各种断面型材配合建造的钢结构房屋,已发展成为一种完整而成熟的建筑体系。它使结构的重量大大减轻。某些以彩色涂层钢板围护结构的用钢量,已接近或低于钢筋混凝土的用钢量。

四、建筑装饰用铜合金制品

在铜中掺入锌、锡等元素形成铜合金制成各种小型配件或型材板材常用于装饰工程中。由于铜和铜合金制品有着金色的光泽,尤其是用于地面作为花纹图案的装饰线条,在地面使用过程中不断摩擦接触,可保持其艳丽的金色光泽,常用于宾馆、展览馆等公共建筑点缀;也常用于楼梯台阶,既可作防滑条,又可作装饰,效果突出。但由于价格较昂贵和强度不高,难以大量推广使用。

第九节　塑料装饰制品

由于塑料易于加工,着色力强,色彩鲜艳,比强度高,因此,塑料装饰被广泛应用于建筑工程中的地面、顶棚、家具等方面。材料类型有板材、块材、卷材、薄膜和装饰部件等。由于品种繁多,本节只介绍常用的几种建筑塑料装饰。

一、塑料装饰板

塑料装饰板是以树脂材料为浸渍材料或以树脂为基材,经一定工艺制成的具有装饰功能的板材。这类装饰材料有塑料贴面装饰板、覆塑装饰板、聚氯乙烯塑料装饰板、硬质 PVC 透明板及有机玻璃等装饰板材。

（一）塑料贴面装饰板

塑料贴面装饰板是以酚醛树脂的纸质层为胎基,表面用三聚氰胺树脂浸渍过的印花纸为面层,经热压制成并可覆盖于各种基材上的一种装饰贴面材料。按表面质感不同,有镜面（有光）、柔光、木纹、浮雕贴面板等品种;按表面花色不同,有木纹、碎石纹、大理石纹、织物等图案。

塑料贴面板的物理、化学及力学性能较好。密度一般为 $1.0\sim1.4g/cm^3$,大约为铝的 $1/2$,钢铁的 $1/5$,在装饰工程中可代替某些贵重金属板材,获得良好的装饰效果。其特点是:吸水率小,防水性能好,具有较好的耐磨性、韧性和较高的力学特性,耐腐蚀性强。家庭常用的果汁、汽油、药水等溶液,滴在表面 $4\sim6h$,擦拭后不留痕迹。

塑料贴面的花色品种仍在不断更新,给建筑室内及家具表面装饰带来极大的便利。

（二）PVC 塑料装饰板

以 PVC 为基材,添加填料、稳定剂、色料等经捏合、混炼、拉片、切粒、挤压或压延而成的一种装饰板材。特点是表面光滑、色泽鲜艳、防水,耐腐蚀、不变形、易清洗、可钉、可锯、可刨。其可用于各种建筑物的室内装修,家具台面的铺设等。

PVC 塑料可制成透明塑料板,除了具备 PVC 塑料装饰板的性能外,它还具有透明性,可代替部分有机玻璃制作广告牌、灯箱、展览台、橱窗、透明屋顶、防震玻璃、室内装饰及浴室隔断等,其价格低于有机玻璃。

（三）有机玻璃板材

有机玻璃板材,简称有机玻璃。它是一种透光率极好的热塑料性塑料,是以甲基丙烯酸甲酯为主要基料,加入引发剂、增塑剂等聚合而成。

有机玻璃的透光性极好,可透光线的 99%,并能透过紫外线的 73.5%;机械强度较高,耐热性及抗寒性都较好;耐腐蚀性及绝缘性良好;在一定的条件下,尺寸稳定、容易加工。

有机玻璃的缺点是:质地较脆,易溶于有机溶剂,表面硬度不大,易擦毛等。有机玻璃在建筑上,主要用作室内高级装饰材料及特殊的吸顶灯具,或室内隔断以及透明防护等。

(四)玻璃纤维增强塑料装饰板

该材料质轻且强度高,可制成透明装饰板,因此得名,俗称玻璃钢板。玻璃钢由玻璃纤维和树脂以及适当的助剂经调配制作而成。玻璃纤维具有很高的抗拉性能,强度可大于1000MPa,玻纤很细,可编成玻纤布使用。玻璃钢装饰板质轻、强度高,可制成板材、管材或工艺品,也可制成各种洁具。

(五)塑料复合装饰板

以塑料贴面或以塑料薄膜为面层,以胶合板、纤维板、刨花板等板材为基层,采用胶合剂热压而成的一种装饰板材。用胶合板作基层的叫覆塑胶合板,用中密度纤维作基层的叫覆塑中密度纤维板,用刨花板作基层的叫覆塑刨花板。

覆塑装饰板既有基层板的厚度、刚度,又具有塑料粘贴板和薄膜的光洁,质感强、美观、装饰效果好,并具有耐磨、耐高温,不变形、不开裂、易于清洗等特点。它可用于汽车、火车、船舶、高级建筑室内装修及家具、仪表、电气设备的外壳装修。

二、墙面装饰材料

(一)塑料墙纸

塑料墙纸是以一定材料为基材,表面进行涂塑后,再经过印花、压花或发泡处理等多种工艺而制成的一种墙面装饰材料。

塑料墙纸表面可以进行印花、压花及发泡处理,能仿天然石材、木纹及锦缎,达到以假乱真的效果。通过精心设计,印制适合各种环境的花纹图案,几乎不受限制。色彩可任意调配,做到自然流畅,清淡高雅,装饰效果好,可根据需要加工成具有难燃、隔热、吸音、不易结露、可擦洗的塑料墙纸。

常用的塑料墙纸又称普通墙纸,是以 $80g/m^2$ 的纸作基材,涂以 $100g/m^2$ 左右的聚氯乙烯糊状树脂,经印花、压花等工序制成。其品种有单色印花、压花印花、平光印花和有光印花等,花色品种多,经济便宜,生产量大,是使用最为广泛的一种墙纸,可用于住宅、饭店等建筑的内墙装饰。

发泡墙纸是以 $100g/m^2$ 纸作基材,上涂 $300\sim400g/m^2$ 的 PVC 糊状树脂经印花、发泡处理制得。这种发泡墙纸富有弹性且具有凹凸状花纹或图案,色彩丰富,立体感强,还具有吸音作用,但是易积灰,不适合烟尘较大的场所。

特种墙纸是指具有特种功能的墙纸,包括耐水墙纸、防水墙纸、自黏型墙纸、特种面层墙纸和风景壁画型墙纸等。耐水墙纸采用玻璃纤维毡作为基材,适用于浴室、卫生间的墙面装饰,但是粘贴时接缝处应贴牢,否则水渗入可使胶黏剂溶解,从而导致耐水墙纸脱落。防火墙纸采用 $100\sim200g/m^2$ 石棉作为基材,同时面层的 PVC 中掺有阻燃剂,使该种墙纸具有很好的阻燃性。此外,这种墙纸即使燃烧也不会放出浓烟和毒气。自黏型墙纸的后面有不干胶层,使用时撕掉保护纸便可直接贴于墙面。特种面层墙纸采用金属、彩砂、丝绸、麻毛棉纤维等制成,可在墙面产生金属光泽、散射、珠光等艺术效果。风景壁画型墙纸的面层印刷成风景名胜或艺术壁画,常由几幅拼贴而成,适用于厅堂墙面。

（二）铝塑装饰板

铝塑装饰板是一种复合材料,采用高强度铝材及优质聚乙烯复合而成,它是融合现代高科技成果的新型装饰材料。

铝塑装饰板有两种结构,一种是表面很薄的一层铝板,结构层为 PVC 塑料;另一种是上下两层铝板中层为热塑性芯板。铝板表面涂装耐候性极佳的聚偏二氟烯或聚酯涂层。铝塑装饰板具有质轻、比强度高、耐候性和耐腐蚀性优良、施工方便、易于清洁和保养等特点。由于芯板采用优质聚乙烯塑料制成,故同时具备良好的隔热、防震功能。塑铝装饰板外形平整美观,可用作建筑物的幕墙饰面材料,可用于立柱、电梯、内墙等处,亦可用作顶棚、拱肩板、挑口板和广告牌等处的装饰。

三、地面装饰材料

塑料地板的主要品种有两种:一种是块状塑料地板,另一种是塑料卷材地板。

块状塑料地板又称塑料地砖,主要有聚氯乙烯和碳酸钙等,经密炼、压延、压花或印花、发泡等工序制成。其按材质的不同,可分为硬质和半硬质;按外观的不同,可分为单色、复色、印花、压花;按结构的不同,可分为单层和复层。规格主要为 300mm×300mm×1.5mm。块状塑料地板的表面虽然较硬,但仍有一定的柔性,行走时脚感较石材类好,噪声较小,耐热性、耐磨性、耐污染性较好;但抗折强度和硬度低,易被折断和划伤。

塑料块状地板属于较低档的装饰材料,适用于餐厅、饭店、商店、住宅和办公室等。

塑料卷材地板俗称地板革,属于软质塑料。其生产工艺为压延法。产品可进行压花、印花、发泡等。生产时常以 PVC 打底层或采用玻璃纤维毡等其他材料作为基层材料。

与块状塑料地板相比,塑料卷材地板较柔软、脚感好,尤其是发泡塑料地板,施工方便,装饰性较好,易清洗、耐磨性好,但耐热性和耐燃性较差。

塑料卷材地板主要应用于住宅、办公室、实验室、饭店等地面装饰,也可用于台面装饰。另外,还有针对一些特殊场合特制的塑料地板,如防静电塑料地板、防尘塑料地板等。

四、屋面和顶棚装饰塑料

（一）聚碳酸酯塑料装饰板

聚碳酸酯塑料装饰板一般制成蜂窝状结构,以提高其刚度和隔热保温性能。该材料具有轻质、光透射比（36％～82％）高、隔热、隔声、抗冲击、强度高、阻燃、耐候性好和柔性好等特点。同时,可以着色,使之具有各种色彩以调节变换光线的颜色,改变室内环境气氛。除用于制作屋面的透光顶棚、顶罩外,还可以加工成平板、曲面板、折板等,替代玻璃用于室内外的各种装饰。这种材料可制成尺寸很大的顶棚且无须支撑,适用于大面积采光屋面。

（二）钙塑泡沫天花板

在聚乙烯等树脂中,大量加入碳酸钙、亚硫酸钙等填充料及其他添加剂等可制成钙塑泡沫天花板。它体积密度小、吸音隔热、立体感强,但容易老化变色、阻燃性差。

第十节　木材装饰制品

自古以来,木材是人类重要建筑之一,近年来,由于出现了许多新型建筑材料和为了保护森林资源,木材已由过去在土木工程中作结构材料转为作装饰材料。木材装饰具有许多其他材料难以替代的性能和效果,因此在室内装饰中仍占有重要的地位。

一、木材的分类

木材可按其树的外形分为针叶树和阔叶树。针叶树干笔直高大,纹理较直顺,材质均匀、较轻,易于加工,因木质较软,故又称软木。常用树种有杉木、松木、柏木等。

阔叶树通常树干较短,材质较硬、较重,纹理交织,易翘曲、开裂。常用树种有榆木、柞木、水曲柳等。

木材按用途和加工的不同,可分为原条、原木、普通锯材和枕木等四类。原条指已去皮、根及树梢,但尚未加工成规定尺寸的木料;原木是由原条按一定尺寸加工成规定直径和长度的木材;普通锯材是指已加工锯解成材的木料;枕木是指按枕木断面和长度加工而成的木材。

二、木材的技术性质

木材质轻,表观密度为 $300 \sim 800 \mathrm{kg/m^3}$,密度约为 $1.55 \mathrm{g/cm^3}$,孔隙率为 $50\% \sim 80\%$。

木材是非匀质各向异性材料,其各个方向的强度是不一样的,顺纹抗拉强度和抗弯强度较高,横纹强度较低。木材的比强度较大,属质轻强度高的材料。木材弹性和韧性好,能承受较大的冲击荷载和震动作用。木材的导热系数小,为 $0.3 \mathrm{W/(m \cdot K)}$ 左右,具有良好的保温隔热性能。木材装饰性好,具有美丽的天然纹理和色彩。其用作室内装饰或制作家具,给人以自然而高雅的感觉。

当然,木材也有其缺点,如各向异性、膨胀变形大、易腐、易受白蚁等虫害破坏,天然疵病多等,但这些缺点,可通过适当的措施克服。

三、常用木材装饰制品

(一)木地板

木地板分为条木地板和拼花地板两种。其中,条木地板有一定的弹性、脚感舒适、木质感强,能调节室内空气温湿度,给人以温馨、舒适感,是目前中、高级地面装饰材料。木地板应选用木纹美观,不易开裂变形,有适当硬度、耐朽、较耐磨的优质木材。木地板应经干燥、变形稳定后再加工制作。木地板原材料常用柚木、水曲柳、核桃木、檀木、橡木和柞木等制作。条状木地板宽度一般不超过120mm,板厚15～30mm。条木地板拼缝处可平头、企口或错口。铺装缝一般为工字缝。

(二)胶合板

胶合板按质量和使用胶料的不同,可分为Ⅰ、Ⅱ、Ⅲ、Ⅳ四类。Ⅰ类胶合板为耐气候、耐沸煮,能在室内使用;Ⅱ类胶合板即耐水胶合板,能在冷水中浸泡或短时间热水浸泡,但不煮沸;Ⅲ类胶合板即耐潮胶合板,能耐短时间冷水浸泡;Ⅳ类胶合板即不耐潮胶合板,后三种胶合板主要在室内使用。按照表面加工分为砂光胶合板(板面经砂光机砂光)、刮光胶合板(表面经刮光机砂光)、预饰面胶合板(板面经过处理,使用时无须修饰)和贴面胶合板(表面复贴装饰单板,如木纹纸、树脂胶膜或金属片材料)。

胶合板最大的特点是,改变了木材的各向异性,材质均匀、吸湿变形小、幅面大、不易翘曲,而且有着美丽的木纹,是使用广泛的装饰板材之一。

（三）薄木贴面装饰板

薄木贴面装饰板是将具有美丽木纹和天然色调的珍贵树种加工成非常薄的装饰面。

薄木贴面装饰板按厚度的不同,可分为厚薄木(厚度为 0.7～0.8mm)、微薄木(厚度为0.2～0.3mm);按制造方法的不同,可分为旋切薄木、刨切薄木。

薄木贴面木纹美丽,材色悦目,具有自然的特点,可作高级建筑的室内墙、门、橱柜等饰面。

（四）木装饰线条

木装饰线条主要用于接合处、分界面、层次面、衔接口等收边封口材料。线条在室内装饰材料中起着平面构成和线形构成的重要角色,可起固定、连接和加强装饰等作用。

木线条主要选用质硬、木质细、耐磨、黏接性好、可加工性好的木材,经干燥处理后用机械加工或手工加工而成。

木装饰线条的品种规格繁多,从材质上可分为杂木木线、水曲柳线、胡桃木线、柏木木线、榉木木线等;从功能上可分为压边线、压角线、墙腰线、柱角线、天花角线等;从款式上可分外凸式、内凹式、凸凹结合式、嵌槽式等。

木装饰线条可作为墙腰饰线、护壁板和勒角的压条线,门窗的镶边线等,增添室内古朴、高雅和亲切之感。

（五）纤维板

纤维板是将树皮、刨花、树枝等材料经破碎浸泡、研磨成木浆后加入胶料,再经热压成型、干燥处理而成的人造板材,纤维板将木材的利用率由 60% 提高到 90%。纤维板按密度的不同,可分为硬质纤维板(表观密度＞800kg/m³)、中密度纤维板(表观密度＞500kg/m³)、软质纤维板(表观密度＜500kg/m³)。硬质纤维板表观密度大,强度高,是木材的优良代用材料,主要用作室内壁板、门板、地板、家具等。中密度纤维板主要用于隔断、隔墙和家具等;软质纤维板结构松软、强度低,但保温隔热和吸声好,主要用于吊顶和墙面吸声材料。

本章知识点及复习思考题

知识点

复习思考题

第十一章　保温隔热材料和吸声材料

随着我国现代化建设的发展和人民生活水平的提高,舒适的建筑环境已成为人们生活的基本需求。保温隔热材料和吸声材料都是能够满足舒适建筑环境要求的功能性建筑材料。建筑功能材料是赋予建筑物特殊功能的材料,因为特殊功能要求,如保温隔热、吸声、隔声、装饰、防火、防水等,难以用建筑结构材料来满足要求,需要采用特殊功能材料来实现人们对建筑物诸多使用功能的需求,故本章就主要的建筑功能材料进行介绍。

保温隔热材料和吸声材料的共同特点是:质轻、疏松,呈多孔状或纤维状。建筑物采用适当的保温隔热材料,不仅能保温隔热,满足人们舒适的居住办公条件,而且有着显著的节能效果;采用良好的吸声或隔声材料,可以减轻噪声污染的危害,保持室内良好的音响效果。因此,高层建筑、城市高架桥、高速公路等建筑工程中均非常重视这类材料的开发与应用。

第一节　保温隔热材料

冬季气候寒冷,室内热量通过围护结构不断向室外散失,使室内气温降低;夏季气候炎热,室外热量通过围护结构不断向室内传入,使室内气温升高。为了能常年保持室内适宜的生活、工作气温,一方面必须设置采暖设备和空调设备,另一方面要求提高围护结构的保温能力。这就要求建筑物的外围结构必须具有一定的保温隔热性能。

在建筑工程中,用于控制室内热量向外散失的材料称为保温材料;防止室外热量传入室内的材料称为隔热材料。因为它们的本质是一样的,故统称为保温隔热材料,即对热流具有显著阻抗性的材料或材料复合体。

在建筑工程中,保温隔热材料主要用于住宅、生产车间、公共建筑的墙体和屋顶保温隔热,以及各种热工设备、采暖和空调管道的隔热与保温,在冷藏设备中则大量用作隔热。在建筑物中合理采用保温隔热材料,能提高建筑物的保温隔热效能,更好地满足人们对建筑物的舒适性与健康性要求,保证正常的生产、工作和生活;能减少热损失,降低建筑造价及使用成本。据统计,具有保温隔热功能的建筑,其能源可节省 $25\% \sim 65\%$。因此,在建筑工程中,合理使用保温隔热材料具有重要意义。

一、保温隔热材料的作用原理及影响因素

(一)保温隔热材料的作用原理

热量是由组成物质的分子、原子和电子等在物质内部移动、转动和振动所产生的能量,即热能。在任何介质中,当两点之间存在温度差时,就会产生热能传递现象,热能将由温度

较高点传至温度较低点。传热的基本形式有热传导、热对流和热辐射三种。通常情况下，传热过程中同时存在两种或三种传热方式，但因保温隔热性能良好的材料是多孔且封闭的，虽然在材料的孔隙内有空气，起对流和辐射作用，但与热传导相比，热对流和热辐射所占的比例很小，故在热工计算时通常不予考虑。

1. 导热性

材料传导热量（热传导）的能力称为导热性。材料的导热性可用导热系数表示。工程中习惯上把导热系数小于 $0.25W/(m \cdot K)$ 的材料称为保温隔热材料。

2. 热容量

材料受热时吸收热量或冷却时放出热量的性质称为热容量，材料的热容量可用比热容表示。

反映材料热工性能的热物理指标还有热阻、蓄热系数、导温系数、传热系数等（详见第一章）。导热系数和比热容是设计建筑物围护结构（墙体、屋盖）时进行热工计算的重要参数，设计时应选用导热系数较小，比热容较大的建筑材料，这有利于保持建筑物室内温度的稳定性。同时，导热系数也是工业窑炉热工计算和确定冷藏保温隔热层厚度的重要数据。

（二）影响材料保温隔热性能的主要因素

1. 材料的化学成分及分子结构

材料的化学成分及分子结构不同，其导热系数也不同。一般来说，导热系数按从大到小依次为：金属＞非金属＞液体＞气体。对于同一种材料，其分子结构不同，导热系数也有很大的差异。一般地，结晶体结构最大，微晶体结构次之，玻璃体结构最小，如在 0℃时晶体二氧化硅的导热系数是 $8.97\ W/(m \cdot K)$，而玻璃体二氧化硅的导热系数是 $1.38\ W/(m \cdot K)$。因此，可以采用改变分子结构的方式得到具有较低导热系数的材料。但是对于保温隔热材料来说，由于孔隙率很大，颗粒或纤维之间充满气体（空气），对导热系数的影响较大，而固体部分的结构无论是晶体还是玻璃体，对导热系数的影响均减小。

2. 孔隙率与孔隙特征

材料中固体物质的热传导能力比空气大得多，对于含有孔隙的材料，其导热系数取决于材料的孔隙率与孔隙特征。由于封闭孔隙的导热系数[约为 $0.023W/(m \cdot K)$]比连通孔隙的要小，因此，材料的孔隙率越大（表观密度越小）、封闭孔隙越多。一般来说，材料的导热系数越小，保温隔热性能越好；材料的孔隙率相同时，封闭孔隙的孔径越小、分布越均匀，其导热系数越小，保温隔热性能越好。对于纤维状材料，当纤维之间压实至某一表观密度时，其导热系数最小，该表观密度称为最佳表观密度。当纤维材料的表观密度小于最佳表观密度时，其导热系数反而增大，这是因为孔隙增大且相互连通而引起的空气对流的结果。

3. 材料的湿度

材料吸湿受潮后，其导热系数增大，这在多孔材料中最为明显。水的导热系数[约为 $0.581W/(m \cdot K)$]远大于封闭空气的导热系数（近 25 倍）。当保温隔热材料吸收的水分结冰时，其导热系数增大，因为冰的导热系数[约为 $2.326W/(m \cdot K)$]远大于水的导热系数。因此，保温隔热材料应注意防水、防潮。

对于高吸湿性材料来说，除了吸湿降低保温隔热性能以外，水蒸气渗透是值得注意的问题。水蒸气能从温度较高的一侧渗入材料，当水蒸气在材料孔隙中积聚较多达到最大饱和度时就凝结成水，从而使温度较低的一侧表面出现冷凝水滴，这不仅大大提高了材料的导热性,还降低了材料的强度和耐久性。防止冷凝水的常用方法是在可能出现冷凝水的界面,用沥青卷材、铝箔或塑料薄膜等憎水性材料加做隔蒸气层。

4. 材料的温度

材料的导热系数随温度的升高而增大,因为温度升高时,材料固体物质的热运动增强,同时,材料孔隙中空气的导热和孔壁间的辐射作用也有所增加。但是,这种影响在 0~50℃ 温度范围内并不显著,只有对处于高温或零度以下的材料,才需要考虑温度的影响。

5. 热流方向

对于各向异性的材料,如木材等纤维质的材料,当热流与纤维方向平行时,热流受到的阻力小,故导热系数大;当热流垂直于纤维方向时,热流受到的阻力大,故导热系数小。以松木为例,当热流垂直于木纹时,导热系数为 $0.17W/(m \cdot K)$;当热流平行于木纹时,则导热系数为 $0.35W/(m \cdot K)$。

在上述因素中,对材料的保温隔热性能影响最大的是材料的表观密度和湿度。因而在测定材料的导热系数时,也必须测定材料的表观密度。至于湿度,通常对多数保温隔热材料可取空气相对湿度为 80%~85%时,材料的平衡湿度(平衡相对湿度)作为参考值,尽可能在这种相对湿度条件下测定材料的导热系数。

二、常用保温隔热材料

保温隔热材料的分类方法很多,按材质的不同,可分为有机类、无机类和复合类等三大类;按结构状态的不同,可分为纤维状、散粒状、多孔状和层状保温隔热材料四大类;按结构构造的不同,可分为固体基质连续气孔不连续、固体基质不连续气孔连续、固体基质气孔均连续保温隔热材料三大类;按使用温度的不同,可分为低温、中温、高温保温隔热材料三大类。通常保温隔热材料可制成板材、片材、卷材或管壳等多种制品。一般来说,无机保温隔热材料的表观密度较大,不易腐朽、不易燃,有的还耐高温。有机保温隔热材料则质量轻,保温隔热性能好,但是耐热、耐火性较差。

保温隔热材料的品种很多,以下将介绍建筑工程中常用的保温隔热材料。

(一)纤维状保温隔热材料

纤维状保温隔热材料是以矿棉、石棉、玻璃棉及植物纤维等为主要原料,制成板、筒、毡等形状的制品,广泛应用于住宅建筑和热工设备、管道等的保温隔热。这类保温隔热材料通常也是良好的吸声材料。

1. 石棉制品

石棉是一种天然矿物纤维,主要化学成分是含水硅酸镁,具有耐火、耐热、耐酸碱、防腐及绝缘等特性。通常制成石棉粉、石棉纸板、石棉毡等制品。由于石棉中的粉尘对人体有害,因此民用建筑中已很少使用,目前主要用于工业建筑的隔热、保温及防火覆盖等。

2. 矿棉制品

矿棉一般包括矿渣棉和岩石棉。矿渣棉所用原料有高炉硬矿渣、铜矿渣等,并加一些调节原料(钙质和硅质原料);岩石棉的主要原料为天然岩石(如白云石、花岗岩或玄武岩等)。上述原料经熔融后,用喷吹法或离心法制成细纤维。矿棉具有轻质、不燃和绝缘等性能,且原料来源广,成本较低,可制成矿棉板、矿棉毡及管壳等。它可用作建筑物的墙壁、屋顶、天花板等处的保温隔热材料和吸声材料,以及热力管道的保温材料。

3. 玻璃棉制品

玻璃棉是用玻璃原料或碎玻璃经熔融后制成的纤维材料,包括短棉和超细棉两种。短棉的表观密度为 $40\sim150kg/m^3$,导热系数为 $0.035\sim0.058W/(m\cdot K)$,价格与矿棉接近。它可制成沥青玻璃棉毡(板)及酚醛玻璃棉毡(板)等制品,广泛应用于温度较低的热力设备和房屋建筑中的保温隔热,同时它还是良好的吸声材料。超细棉纤维直径在 $4\mu m$ 左右,表观密度可小至 $18kg/m^3$,导热系数 $0.028\sim0.037W/(m\cdot K)$,具有优良的保温隔热性能。

4. 植物纤维复合板

植物纤维复合板是以植物纤维为主要原料加入胶结料和填料而制成。其表观密度为 $200\sim1200kg/m^3$,导热系数为 $0.058W/(m\cdot K)$,可用于墙体、地板、顶棚等,也可用于冷藏库、包装箱等。

木质纤维板是以木材下脚料经机械制成木丝,加入硅酸钠溶液及普通硅酸盐水泥,经搅拌、成型、冷压、养护、干燥而制成。甘蔗板是以甘蔗渣为原料,经过蒸制、加压、干燥等工序制成的一种轻质、吸声、保温隔热材料。

5. 陶瓷纤维制品

陶瓷纤维是以氧化硅、氧化铝为主要原料,经高温熔融、水蒸气(或压缩空气)喷吹或离心喷吹(或溶液纺丝再经烧结)而制成,表观密度为 $140\sim150kg/m^3$,导热系数为 $0.116\sim0.186W/(m\cdot K)$,最高使用温度为 $1100\sim1350℃$,耐火度 $\geq1770℃$,可加工成纸、绳、带、毯、毡等制品,供高温保温隔热或吸声之用。

(二)散粒状保温隔热材料

1. 膨胀蛭石制品

蛭石是一种天然矿物,经 $850\sim1000℃$ 煅烧,体积急剧膨胀,单颗粒体积膨胀约 20 倍。

膨胀蛭石的主要特性是:表观密度为 $80\sim900kg/m^3$,导热系数为 $0.046\sim0.070W/(m\cdot K)$,可在 $1000\sim1100℃$ 温度下使用,不蛀、不腐,但是吸水性较大。膨胀蛭石可以松散状铺设于墙壁、楼板、屋面等夹层中,供保温隔热、吸声之用。使用时应注意防潮,以免吸水后影响保温隔热效果。

膨胀蛭石也可以与水泥、水玻璃等胶凝材料配合制成板材,用于墙、楼板和屋面板等的保温隔热。其水泥制品通常用 $10\%\sim15\%$ 体积的水泥,$85\%\sim90\%$ 体积的膨胀蛭石,适量的水经拌合、成型、养护而成,其制品的表观密度为 $300\sim550kg/m^3$,相应的导热系数为 $0.08\sim0.10W/(m\cdot K)$,抗压强度为 $0.2\sim1.0MPa$,耐热温度为 $600℃$。水玻璃膨胀蛭石制品是以膨胀蛭石、水玻璃和适量氟硅酸钠(Na_2SiF_6)配制而成,其表观密度为 $300\sim550kg/m^3$,相应的导热系数为 $0.079\sim0.084W/(m\cdot K)$,抗压强度为 $0.35\sim0.65MPa$,最高耐热温度为 $900℃$。

2. 膨胀珍珠岩制品

膨胀珍珠岩是由天然珍珠岩煅烧而成,呈蜂窝泡沫状的白色或灰白色颗粒,是一种高效能的保温隔热材料。其堆积密度为 $40\sim500kg/m^3$,导热系数为 $0.047\sim0.070W/(m\cdot K)$,最高使用温度可达 $800℃$,最低使用温度为 $-200℃$。它具有吸湿小、无毒、不燃、抗菌、耐腐等特点。

膨胀珍珠岩制品是以膨胀珍珠岩为主,配合适量胶结材料(如水泥、水玻璃、磷酸盐、沥青等),经拌合、成型、养护(或干燥,或固化)后制成板、块、管壳等制品。其广泛用作围护结构、低温及超低温保冷设备、热工设备等的保温隔热材料,也可制作吸声材料。

(三)无机多孔保温隔热材料

1. 微孔硅酸钙制品

微孔硅酸钙制品是用粉状二氧化硅(硅藻土)、石灰、纤维增强材料及水等经搅拌、成型、蒸压和干燥等工序制成。微孔硅酸钙制品的主要成分是水化硅酸钙,经水热合成的水化硅酸钙具有两种不同的结晶:雪硅钙石型的表观密度约为 $200kg/m^3$,导热系数为 $0.047W/(m \cdot K)$,最高使用温度约为 650℃;硬硅钙石型的表观密度约为 $230kg/m^3$,导热系数为 $0.056W/(m \cdot K)$,最高使用温度可达 1000℃。用于围护结构及管道保温,其效果比水泥膨胀珍珠岩和水泥膨胀蛭石更好。

2. 泡沫玻璃制品

泡沫玻璃又称多孔玻璃。泡沫玻璃制品是由玻璃粉和发泡剂等经配料烧制而成,其主要成分为二氧化硅。气孔率为 80%～95%,气孔直径为 0.1～5.0mm,且有大量的封闭小气泡,其表观密度为 $150～600kg/m^3$,导热系数为 $0.058～0.128W/(m \cdot K)$,抗压强度为 0.8～15.0MPa。采用普通玻璃粉制成的泡沫玻璃最高使用温度为 300～400℃,采用无碱玻璃粉生产时,最高使用温度可达 800～1000℃,耐久性好,易加工,可用于多种保温隔热需要。

3. 泡沫混凝土制品

泡沫混凝土是由水泥、水、松香泡沫剂混合后,经搅拌、成型、养护而制成的多孔、轻质的材料,也可用粉煤灰、矿粉、石灰、石膏和泡沫剂制成。泡沫混凝土的表观密度为 300～$500kg/m^3$,导热系数为 $0.082～0.186W/(m \cdot K)$。

4. 加气混凝土制品

加气混凝土是由水泥、石灰、粉煤灰和发泡剂(铝粉)配制而成的多孔、轻质材料。由于加气混凝土的表观密度($300～800kg/m^3$)小,导热系数[$0.10～0.20W/(m \cdot K)$]比烧结普通砖小,因而24cm厚的加气混凝土墙体,其保温隔热效果优于37cm厚的烧结普通砖墙。此外,加气混凝土的耐火性能良好。

5. 硅藻土制品

硅藻土是由水生硅藻类生物的残骸堆积而成。其孔隙率为 50%～80%,导热系数为 $0.060W/(m \cdot K)$,具有良好的保温隔热性能,最高使用温度可达 900℃。其可用作填充料或做成制品。

(四)泡沫塑料保温隔热材料

泡沫塑料是以各种树脂为基料,加入一定剂量的发泡剂、催化剂、稳定剂等辅助材料,经加热发泡制成的多孔、轻质材料,具有良好的保温隔热、吸声、抗震等性能。

1. 聚氨酯泡沫塑料制品

聚氨酯泡沫塑料是把含有羟基的聚醚或聚酯树脂与异氰酸酯反应构成聚氨酯主体,并由异氰酸酯与水反应生成的二氧化碳或用发泡剂发泡,内部含有无数小气孔的材料,有软质、半硬质和硬质三类。其中,硬质聚氨酯泡沫塑料表观密度为 $24～80kg/m^3$,导热系数为 $0.017～0.027W/(m \cdot K)$,常用于建筑工程。

2. 聚苯乙烯泡沫塑料制品

聚苯乙烯泡沫塑料是以聚苯乙烯树脂为基料,加入发泡剂等辅助材料,经热发泡而制成的轻质材料。其按成型工艺的不同,可分为模塑型和挤塑型。模塑型自重轻,表观密度在 $15\sim60kg/m^3$,导热系数一般小于 $0.041W/(m\cdot K)$,且价格适中,已成为目前使用最广泛的一种保温隔热材料。但是其体积吸水率较大,受潮后导热系数明显增大,而且耐热性能较差,长期使用温度应低于 $75℃$。挤塑型的孔隙呈微小封闭结构,因此,具有强度较高、压缩性好、导热系数更小[常温下导热系数一般小于 $0.027W/(m\cdot K)$],吸水率低、水蒸气渗透系数小等特点。长期在高湿度或浸水环境中使用,仍能保持优良的保温性能。

此外,还有聚乙烯泡沫塑料、聚氯乙烯泡沫塑料、酚醛泡沫塑料、脲醛泡沫塑料等保温隔热材料。这些材料可用于各种复合墙板及屋面板的夹芯层、冷藏及包装的保温隔热需要。由于这类材料造价较高,且可燃,因此目前在应用上受到一定的限制,今后随着这些材料性能的改善,保温隔热材料将向着高效、多功能方向发展。

（五）其他保温隔热材料

1. 软木板制品

软木也称栓木。软木板是用栓皮、栎树皮或黄波椤树皮为原料,经破碎后与皮胶溶液拌合,再加压成型,在温度为 $80℃$ 的干燥室中干燥一昼夜而制成。软木板具有表观密度小,导热性低,抗渗和防腐性能好等特点。常用热沥青错缝粘贴,用于冷藏库的隔热。

2. 蜂窝板制品

蜂窝板是用两块较薄的面板,牢固地黏结在一层较厚的蜂窝状芯材两面制成的板材,亦称蜂窝夹层结构。蜂窝状芯材是用浸渍过合成树脂(如酚醛、聚酯等)的牛皮纸、玻璃布和铝片等,经过加工黏合成六角形空腹(蜂窝状)的整块芯材。芯材厚度在 $15\sim450mm$;空腔尺寸在 $10mm$ 以上。常用的面板为浸渍过树脂的牛皮纸、玻璃布或不经树脂浸渍的胶合板、纤维板、石膏板等。面板必须采用合适的胶黏剂与芯材牢固地黏结在一起,才能显示出蜂窝板的优异特性,即具有比强度高,导热性低和抗震性好等多种功能。

3. 窗用薄膜制品

薄膜是以聚酯薄膜经紫外线吸收剂处理后,在真空中进行蒸镀金属粒子沉积层,然后与一层有色透明的塑料薄膜压黏而成。厚度为 $12\sim50\mu m$,用于建筑物窗玻璃的保温隔热,其效果与热反射玻璃相同。作用原理是将透过玻璃的大部分太阳光反射出去,反射率最高可达 80%,从而起到遮蔽阳光、防止室内陈设物褪色、减少冬季热量损失、增加美感等作用,同时可以避免玻璃片伤人。

三、选用保温隔热材料的基本要求及原则

1. 选用保温隔热材料的基本要求

选用保温隔热材料时,应满足的基本要求是:导热系数不宜大于 $0.17W/(m\cdot K)$,表观密度应小于 $1000kg/m^3$,抗压强度应大于 $0.3MPa$。

2. 选用保温隔热材料的原则

(1)满足温度条件。应根据当地历年的最高气温、最低气温条件决定。

(2)导热系数小。在满足保温隔热效果的条件下,优先选用导热系数较小的保温隔热材料。

(3)表观密度小。在满足保温隔热效果的条件下,表观密度小的保温隔热材料可显著减轻自重,方便施工,性价比较高。

（4）强度足够。经常把保温隔热材料层与承重结构材料层复合使用，所以应具有足够的强度，能承受一定的荷载并能抵抗外力撞击。

（5）吸水率小。避免增大保温隔热材料的导热系数，防止降低节能指标。

（6）阻燃性高。防火要求高的区域，优先选用满足规定要求的阻燃型保温隔热材料。

（7）化学稳定性好。保温隔热材料不应被化工气体等腐蚀，也不应腐蚀被保温隔热的材料。

（8）施工及维修方便。保温隔热材料应保证质量及使用效果，施工及维修方便。

（9）使用寿命长。保温隔热材料在复杂而长期的环境作用下，应具有良好的抗老化性能，以保证节能效果和使用寿命。

四、常用保温隔热材料的技术性能

常用保温隔热材料的技术性能及用途，如表 11-1 所示。

表 11-1　常用保温隔热材料的技术性能及用途

材料名称	干表观密度/(kg/m³)	强度/MPa	导热系数/[W/(m·K)]	最高使用温度/℃	用途
超细玻璃棉毡	20～40	$f_t = 0.1 \sim 0.3$	0.024～0.050	300～400	墙体、屋面、冷藏库等
沥青玻璃纤维制品	100～150	—	0.030～0.041	250～300	墙体、屋面、冷藏库等
矿棉纤维	70～130	—	0.030～0.060	≤600	填充材料
岩棉纤维	80～150	—	0.035～0.070	250～700	填充墙、屋面、管道等
矿棉、岩棉、玻璃棉板	80～200	$f_t > 0.15$	0.045～0.048	≤600	墙体、屋面保温隔热等
膨胀珍珠岩	40～300	—	常温 0.021～0.076　低温 0.026～0.033	≤800（−200）	高效保温保冷填充材料
膨胀珍珠岩板	200～250	$f_c = 0.35 \sim 0.90$	0.050～0.070		墙体、屋面保温隔热等
憎水性珍珠岩板	200～250	$f_c = 0.35 \sim 0.90$	0.050～0.070		屋面保温层等
膨胀蛭石	80～300		0.047～0.095	1000	填充材料
膨胀蛭石制品	300～550	$f_c = 0.4 \sim 1.2$	0.065～0.142	≤600	保温隔热
轻质钙塑板	100～150	$f_c = 0.1 \sim 0.3$　$f_t = 0.7 \sim 1.1$	0.040～0.049	≤80	保温隔热兼防水装饰
泡沫玻璃	98～600	$f_c \geqslant 0.5$	0.040～0.068	300～500	墙体、屋面保温隔热
泡沫混凝土	300～1000	$f_c \geqslant 0.3$	0.07～0.27	≤600	围护结构

续表

材料名称	干表观密度/ (kg/m³)	强 度 /MPa	导热系数/ [W/(m·K)]	最高使用 温度/℃	用 途
加气混凝土	300~825	$f_c \geqslant 0.4$	0.080~0.220	≤600	墙体、屋面保温隔热
木丝板	300~550	$f_v \geqslant 0.15$	≤0.08	≤75	顶棚、隔墙板、护墙板
软质纤维板	300~350	$f_v = 0.1~0.2$	0.035~0.045	≤75	顶棚、隔墙板
芦苇板	250~400		0.093~0.130		顶棚、隔墙板
软木板	105~300	$f_v = 0.15~2.5$	0.050~0.093	≤120	保温隔热结构
模塑聚苯乙烯泡沫塑料	15~60	$f_v = 0.06~0.8$	0.027~0.037	−80~75	墙体、屋面保温隔热等
挤塑聚苯乙烯泡沫塑料	15~50	$f_v = 0.15~0.9$	0.022~0.035	−80~75	墙体、屋面保温隔热等
热固复合聚苯乙烯泡沫保温板	35~200	$f_v \geqslant 0.12$	≤0.060		墙体、屋面保温隔热等
聚苯颗粒保温浆料	230~250	—	≤0.060		墙体、屋面保温隔热等
海泡石保温砂浆	280~300	—	≤0.060	—	墙体保温隔热等
聚乙烯泡沫塑料	100		0.047	—	—
聚合物保温砂浆	300~650	—	≤0.110	—	墙体保温隔热等
聚氨酯硬泡沫塑料	24~80	$f_v = 0.1~0.15$	0.018~0.040	≤120(−60)	墙体、屋面保温层，冷藏库保温隔热
聚氯乙烯泡沫塑料	72~130	$f_c \geqslant 0.18$	0.031~0.048	≤80	墙体、屋面保温，冷藏库保温隔热
脲醛泡沫塑料	10~20	$f_c = 0.015~0.025$	≤0.041	−150~500	墙体保温、冷藏库保温隔热填充材料
机械发泡酚醛泡沫塑料	12~66	$f_c \geqslant 0.1$	0.025~0.045	−150~150	工业与建筑保温隔热
化学发泡酚醛泡沫塑料	44~72	$f_c \geqslant 0.1$	0.029~0.042	−150~150	工业与建筑保温隔热
石膏板	900~1050	—	0.200~0.330	—	墙体覆盖

注：f_c 为抗压强度，f_t 为拉伸强度，f_v 为压缩强度。

第二节　吸声材料

建筑声学材料通常分为吸声材料和隔声材料两类。其中,吸声材料是最主要的建筑声学材料,应用也最为广泛。

吸声材料主要用在音乐厅、会议厅、礼堂、影剧院、体育馆的墙面、地面、顶棚等部位,一方面可以控制和降低噪声干扰,另一方面可以达到改善厅堂音质、消除回声和颤动回声等目的。吸声材料还可用于纺织车间、球磨车间等噪声很大的工厂车间,可吸收一部分噪声,降低噪声强度,有利于工人身心健康。

一、吸声材料的作用原理

从物理学的观点来讲,声音实际上是一种机械波,是机械振动在介质中的传播,所以也是声波。受作用的空气发生振动,当频率在 20～20000Hz(人耳正常听觉频率范围)时,作用于人耳鼓膜而产生的感觉称为声音。声源则是受到外力作用而产生振动的物体。声波传播的过程是振动能量在传媒介质中的传递,按传媒介质的不同,声音可分为空气声、水声和固体声。声音沿发射的方向最响,称为声音的方向性。

吸声材料对声波的作用特性是物体在声波激发下振动而产生的。任何材料都能对入射声波产生反射、吸收和透射,但是三者比例不同。

声音在传播过程中,一部分声能随着距离的增大而扩散,另一部分声能则因空气分子的吸收而减弱。声能的减弱现象,在室外空旷处颇为明显,但在室内如果空间并不大时,上述的这种声能减弱就不起主要作用,主要是室内墙壁、天花板、地板等材料表面对声能的吸收。

当声波遇到材料时,一部分声能被反射,一部分声能穿透材料,其余的声能转化为热能而被材料吸收。吸声机理是声波进入材料内部互相贯通的孔隙,受到空气分子及孔壁的摩擦和黏滞阻力,以及使细小纤维作机械振动,从而使声能转化为热能。吸声材料大多为疏松多孔的材料,如矿渣棉、毯子等。多孔性吸声材料的吸声系数,一般从低频到高频逐渐增大,故对高频和中频的吸声效果较好。

被材料吸收的声能 E(包括部分穿透材料的声能在内)与入射声能 E_0 之比,是评定材料吸声性能好坏的主要指标,称为吸声系数 a。公式为:

$$a = \frac{E}{E_0} \tag{11-1}$$

假如入射声能的 60% 被吸收,40% 被反射,则该材料的吸声系数 a 等于 0.6。当入射声能 100% 被吸收而无反射时,吸声系数等于 1。当门窗开启时,吸声系数相当于 1。一般材料的吸声系数在 0～1。

材料的吸声性能除了与材料本身性质、厚度及材料表面状况(有无空气层及空气层的厚度)有关外,还与入射声波的入射角及频率有关。因此,吸声系数用声音从各个方向入射的平均值表示,并应指出吸收的是哪一频率。同一材料,对于高、中、低不同频率的吸声系数不同,有些材料对高频声波的吸收效果好,而对低频声波的吸收则很弱,或者正好相反。一般认为,500Hz 以下为低频,500～2000Hz 为中频,2000Hz 以上为高频。人类语言的频率范围主要集中在中频。为了全面反映材料的吸声性能,规定取 125Hz、250Hz、500Hz、1000Hz、2000Hz、4000Hz 等 6 个频率的吸声系数来表示材料的吸声特性。例如,材料对某一频率的吸声系数为 a,材料的面积为 A,则其吸声总量等于 aA(吸声单位)。任何材料都能吸收声音,只是吸收程度不同。通常对上述 6 个频率的平均吸声系数 $\bar{a}$ 大于 0.2 的材料,认为是吸声材料。

二、吸声材料的结构形式

一般来讲,坚硬、光滑、结构紧密和表观密度大的材料吸声能力弱,反射性能强;粗糙松软、具有内外相互贯穿微孔的多孔材料吸声能力强,反射性能弱。

按材料的结构特征和吸声机理的不同,吸声材料通常可分为如下几大类(见图 11-1)。

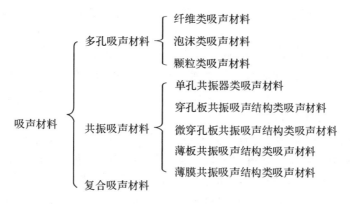

图 11-1　吸声材料的分类

常用的吸声材料结构形式有如下几种。

1. 多孔吸声结构

多孔吸声结构材料是常用的一种吸声材料,它具有良好的中高频吸声性能。多孔吸声材料具有大量的内外连通微孔,通气性良好。当声波入射到材料表面时,声波顺着微孔快速进入材料内部,引起孔隙内的空气振动,由于摩擦、空气黏滞阻力和材料内部的热传导作用,因此,相当一部分声能转化为热能而被吸收。影响多孔材料吸声性能的主要因素如下。

(1)材料的孔隙率与孔隙特征。材料的孔隙率越大(表观密度越小)、连通孔隙越多,吸声性能越好;材料的孔隙率相同时,连通孔隙的孔径越小、分布越均匀,吸声性能越好。当材料吸湿或表面喷涂油漆、孔隙充水或堵塞,会大大影响吸声材料的吸声效果。

(2)材料表观密度。多孔材料表观密度增加,意味着微孔减小,能使低频吸声效果有所提高,但高频吸声性能却下降。

(3)材料的厚度。多孔材料的低频吸声系数,一般随着厚度的增加而提高,但厚度对高频影响不显著。材料的厚度增加到一定程度后,吸声效果的变化就不明显,所以无限制地增加厚度是不适宜的。

(4)材料背后空气层。大部分吸声材料都固定在龙骨上,材料背后空气层的作用相当于增加了材料的厚度,吸声效果一般随空气层厚度的增加而提升。当材料背后空气层厚度等于 1/4 波长的奇数倍时,可获得最大的吸声系数,根据这个原理,调整材料背后空气层厚度,可以提高其吸声效果。

2. 薄板共振吸声结构

由于低频声波比高频声波更容易激起薄板共振,所以薄板共振吸声结构具有低频声波吸声特性,同时还有助于声波的扩散。建筑中常用胶合板、薄木板、硬质纤维板、石膏板或金属板等,把它们固定在墙壁或顶棚的龙骨上,并在背后留有空气层,即构成薄板共振吸声结构。

薄板共振吸声结构是在声波作用下发生振动,薄板共振时由于板内部与龙骨之间出现摩擦损耗,使声能转变为机械振动,从而起到吸声作用。建筑工程中常用的薄板共振吸声结构的共振频率为 $80\sim300\mathrm{Hz}$,在此共振频率附近的吸声系数较大,为 $0.2\sim0.5$,而在其他共振频率附近的吸声系数则较小。

3. 微穿孔板共振吸声结构

微穿孔板共振吸声结构具有密闭的空腔和较小的开口孔隙,就像一个瓶子。当瓶腔内空气受到外力激荡,会按一定的频率振动,这就是共振吸声器。每个独立的共振吸声器都有一个共振频率,在其共振频率附近,颈部空气分子在声波的作用下像活塞一样进行往复运动,因摩擦而消耗声能。若在腔口蒙一层细布或疏松的棉絮,可以加宽共振频率范围和提高吸声量。

4. 穿孔板共振吸声结构

穿孔板共振吸声结构具有适合中频的吸声特性。这种吸声结构与单独的共振吸声器相似,可看作多个单独共振吸声器并联而成。穿孔板的厚度、穿孔率、孔径、孔距、背后空气层厚度以及是否填充多孔吸声材料等,都直接影响吸声结构的吸声性能。这种吸声结构由穿孔的胶合板、硬质纤维板、石膏板、石棉水泥板、铝合板、薄钢板等,固定在龙骨上,并在背后设置空气层而构成,这种吸声材料在建筑中使用较多。

5. 泡沫吸声结构

泡沫吸声结构具有密闭气孔和一定弹性的材料,如聚氯乙烯泡沫塑料,表面仍为多孔材料,但因其有密闭气孔,声波引起的空气振动不能直接传递至材料内部,只能相应地产生振动,在振动过程中由于克服材料内部的摩擦而消耗声能,造成声波衰减。这种材料的吸声特性是在一定的频率范围内出现一个或多个吸收频率。

6. 悬挂空间吸声结构

悬挂于空间的吸声体,由于声波与吸声材料有两个或两个以上的表面接触,增加了有效的吸声面积,产生边缘效应,加上声波的衍射作用,大大提高了吸声效果。实际应用时,可根据不同的使用部位和要求,设计成各种结构形式的悬挂空间吸声结构。空间吸声结构有平板形、球形、椭圆形和棱锥形等多种结构形式。

7. 帘幕吸声结构

帘幕吸声结构是用具有透气性能的纺织品,安装在离开墙面或窗洞一段距离处,背后设置空气层。这种吸声体对中、高频都有一定的吸声效果。帘幕的吸声效果还与所用材料的种类有关。帘幕吸声体安装拆卸方便,兼有装饰作用,性价比高。

三、选用和安装吸声材料的注意事项

在室内采用吸声材料可以降低噪声,保持良好的音质(声音清晰且不失真),故在教室、礼堂和剧院等室内应当采用吸声材料。根据建筑使用功能和声学设计要求的不同,对吸声材料(结构)的要求也不同,对不同频率的噪声应选用不同的吸声材料。

对大多数室内环境来说,吸声材料(结构)不但要具备吸声、隔声或声反射、装饰的功能,同时还要考虑吸声材料(结构)的耐久性、成本以及与建筑结构的相容性等。

选用和安装吸声材料时,应注意以下几点:

(1)在音频范围内尽可能选用吸声系数较高的材料,以便节约材料用量,降低成本。

(2)选用的吸声材料应不易虫蛀、腐朽,且不易燃烧。

(3)为使吸声材料充分发挥作用,应将其安装在最容易接触声波和最多反射次数的表面,不应把它集中在天花板或某一面的墙壁上,并应比较均匀地分布在室内各个表面,以保证吸声及室内装修的完整性。

(4)吸声材料的强度一般较低,应设置在护壁线以上,避免撞击、机械损失、耐磨损失,以保证其耐久性。

(5)多孔吸声材料往往易吸湿,安装时应考虑湿胀干缩的影响。

(6)安装吸声材料时,勿使材料的表面细孔被油漆漆膜堵塞,从而降低其吸声效果。

虽然有些吸声材料的名称与保温隔热材料相同,都属多孔性材料,但在材料的孔隙特征上有着完全不同的要求。保温隔热材料要求具有封闭的,互不连通的气孔,这种气孔越多其保温隔热性能越好;而吸声材料则要求具有开放的互相连通的气孔,这种气孔越多其吸声性能越好。至于如何使名称相同的材料具有不同的孔隙特征,这主要取决于原料组分中的某些差别和生产工艺中的热工制度、加压大小等。例如,泡沫玻璃采用焦炭、磷化硅、石墨为发泡剂时,就能制得封闭的互不连通的气孔。又如,泡沫塑料在生产过程中采取不同的加热、加压制度,可获得孔隙特征不同的制品。

通常选用多孔性吸声结构可提高高频的吸声量;选用薄板共振吸声结构可改善低频的吸声特性;选用穿孔板吸声结构可增加中频的吸声量。对于中高频噪声,一般可采用厚度为20～50mm 的多孔吸声板,当吸声要求高时,可采用厚度为 50～80mm 的超细玻璃棉、化纤下脚料等多孔吸声材料;对于中低频噪声,采用穿孔板共振吸声结构时,其孔径通常为 3～6mm,穿孔率宜小于 5%。

薄板共振吸声结构是采用薄板钉在靠墙的木龙骨上,薄板与板后的空气层构成了薄板共振吸声结构。在声波的交变压力作用下,迫使薄板振动。当声频正好为振动系统的共振频率时,其振动最强烈,吸声效果最显著。如表 11-2 中序号为 11、13、14 的胶合板结构。

穿孔板吸声结构是用穿孔的胶合板、纤维板、金属板或石膏板等为结构主体,与板后的墙面之间的空气层(空气层中有时可填充多孔材料)构成吸声结构。如表 11-2 中序号为 12、15、16、17 的穿孔胶合板结构。

四、常用吸声材料及吸声系数

建筑工程中常用吸声材料及吸声系数,如表 11-2 所示。

表 11-2　建筑工程常用吸声材料及吸声系数

序号	名称	厚度/cm	表观密度/(kg/m³)	各频率下的吸声系数						装置情况
				125Hz	250Hz	500Hz	1000Hz	2000Hz	4000Hz	
1	石膏砂浆（掺有水泥、玻璃纤维）	2.2	—	0.24	0.12	0.09	0.30	0.32	0.83	粉刷在墙上
*2	石膏砂浆（掺有水泥、石棉纤维）	1.3	—	0.25	0.78	0.97	0.81	0.82	0.85	喷射在钢丝板上，表面滚平，后留15cm厚的空气层
3	水泥膨胀珍珠岩板	2	350	0.16	0.46	0.64	0.48	0.56	0.56	贴实
4	矿渣棉	3.13	210	0.10	0.21	0.60	0.95	0.85	0.72	贴实
		8.0	240	0.35	0.65	0.65	0.75	0.88	0.92	
5	沥青矿渣棉毡	6.0	200	0.19	0.51	0.67	0.70	0.85	0.86	贴实
6	玻璃棉	5.0	80	0.06	0.08	0.18	0.44	0.72	0.82	贴实
7	酚醛玻璃纤维板（去除表面硬皮层）	8.0	100	0.25	0.55	0.80	0.92	0.98	0.95	贴实
8	泡沫玻璃	4.0	1260	0.11	0.32	0.52	0.44	0.52	0.33	贴实
9	脲醛泡沫塑料	5.0	20	0.22	0.29	0.40	0.68	0.95	0.94	贴实
10	软木板	2.5	260	0.05	0.11	0.25	0.63	0.70	0.70	贴实
11	*木丝板	3.0	400	0.10	0.36	0.62	0.53	0.71	0.90	钉在木龙骨上，后留10cm厚的空气层
*12	穿孔纤维板（穿孔率为5%，孔径为5mm）	1.6	—	0.13	0.38	0.72	0.89	0.82	0.66	钉在木龙骨上，后留5cm厚的空气层
*13	*胶合板（三夹板）	0.3	—	0.21	0.73	0.21	0.19	0.08	0.12	钉在木龙骨上，后留5cm厚的空气层
*14	*胶合板（三夹板）	0.3	—	0.60	0.38	0.18	0.05	0.05	0.08	钉在木龙骨上，后留10cm厚的空气层
*15	*穿孔胶合板（五夹板）（孔径为5mm，孔心距为25mm）	0.5	—	0.01	0.25	0.55	0.30	0.16	0.19	钉在木龙骨上，后留5cm厚的空气层
*16	*穿孔胶合板（五夹板）（孔径为5mm，孔心距为25mm）	0.5	—	0.23	0.69	0.86	0.47	0.26	0.27	钉在木龙骨上，后留5cm厚的空气层，但在空气层内应填充矿物棉

序号	名称	厚度/cm	表观密度/(kg/m³)	各频率下的吸声系数						装置情况
				125Hz	250Hz	500Hz	1000Hz	2000Hz	4000Hz	
*17	*穿孔胶合板（五夹板）（孔径为5mm,孔心距为25mm）	0.5	—	0.20	0.95	0.61	0.32	0.23	0.55	钉在木龙骨上,后留5cm厚的空气层,但在空气层内应填充矿物棉
18	工业毛毡	3	370	0.10	0.28	0.55	0.60	0.60	0.59	张贴在墙上
19	地毯	厚	—	0.20	—	0.30	—	0.50	—	铺于木格栅楼板上
20	帘幕	厚	—	0.10	—	0.50	—	0.60	—	有折叠,靠墙装置

注：① 名称前有 * 的表示系有混响室法测得的结果；无 * 的系用驻波管法测得的结果。混响室法测得的数据比用驻波管法测得的数据约大 0.20。

② 穿孔板吸声结构在穿孔率为 0.5％～5％,板厚为 1.5～10mm,孔径为 2～15mm,后面留腔深度为 100～250mm 时,可获得较好的吸声效果。

③ 序号前有 * 的为吸声结构。

五、隔声材料的概念

隔声与吸声是完全不同的两个声学概念。材料的隔声原理与吸声原理不同,隔声材料与吸声材料的结构特征也不同。隔声材料是将入射声波的振动通过材料自身的阻尼作用隔挡,能减弱或隔断声波传递的材料称为隔声材料。隔声性能与材料单位面积的质量有关,质量越大,传声损失越大,吸声性能越好。必须指出的是,吸声性能好的材料,不能简单地把它们作为隔声材料来使用。

人们要隔绝的声音,按传播途径的不同有空气声（通过空气传播的声音）和固体声（通过固体的撞击或振动传播的声音）两种。这两者的隔声原理及隔声技术措施不同。

对空气声的隔绝,主要是依据声学中的"质量定律",即材料的表观密度越大,越不易受声波作用而产生振动,声波通过材料传递的速度迅速减弱,其隔声效果越好。所以,应选用表观密度大且无孔隙的材料（如钢筋混凝土、实心砖、钢板等）作为隔绝空气声的材料。

对固体声隔绝的最有效的结构措施是隔断其声波的连续传递。即在产生和传递固体声的结构（如梁、框架、楼板与隔墙以及它们的交接处等）层中加入具有一定弹性的衬垫材料,如软木、橡胶、石棉毡、地毯或设置空气隔离层等,以阻止或减弱固体声的连续传播。

本章知识点及复习思考题

知识点

复习思考题

第十二章　沥　　青

　　沥青是一种有机胶凝材料,它是由一些极其复杂的高分子碳氢化合物及其非金属(如氧、氮、硫等)衍生物所组成的混合物。在常温下,沥青呈褐色或黑褐色的固体、半固体或黏稠液体状态。它具有把砂、石等矿物质材料胶结成一个整体的能力,形成具有一定强度的沥青混凝土。因此,沥青被广泛地应用于铺筑路面、防渗墙和水利工程中。

　　沥青是憎水性材料,几乎不溶于水,而且本身构造致密,具有良好的防水性、耐腐蚀性。它能与混凝土、砂浆、砖、石料、木材、金属等材料牢固地黏结在一起,且具有一定的塑性,能适应基材的变形。因此,沥青材料及其制品又被广泛地应用于地下防潮、防水和屋面防水等建筑工程中。

　　沥青的种类较多,按产源的不同,可分为地沥青(包括天然沥青、石油沥青等)和焦油沥青(包括煤沥青、页岩沥青等)。工程中常用的是石油沥青,另外还使用少量的煤沥青。

第一节　石油沥青

一、石油沥青的组成和结构

　　石油沥青是石油原油经蒸馏等提炼出各种轻质油(如汽油、柴油等)及润滑油以后的残留物,或再经加工而得的产品。

(一)元素组成

　　石油沥青是由多种碳氢化合物及其非金属(氧、硫、氮)的衍生物组成的混合物。所以它的组成主要是碳(80%~87%)、氢(10%~15%),其次是非烃元素,如氧、硫、氮等(<3%)。此外,还含有一些微量的金属元素(如镍、钒、铁、锰、钙、镁、钠等)。

　　由于石油沥青是由多种化合物所组成的混合物,要将其分离为纯粹的化合物单体,以目前的分析技术还有一定的困难。但在实际生产应用中,并没有必要将其分离。因此,许多研究者更重视沥青化学组分分析的研究。化学组分分析就是将沥青分离为化学性质相近,而且与其路用性质有一定联系的几个组,这些组就称为组分。

　　对于石油沥青的化学组分,许多研究者曾提出过不同的分析方法,而且还在不断修正和完善中。《公路工程沥青及沥青混合料试验规程》(JTG E20—2011)中有三组分和四组分两种分析法。

　　1. 三组分分析法

　　石油沥青的三组分分析法是将石油沥青分离为油分、胶质和沥青质三个组分。因我国富产石蜡基沥青,在油分中往往含有蜡,故在分析时还应将油蜡分离。由于这一组分分析方法是兼用了选择性溶解和选择性吸附的方法,所以又称为溶解—吸附法。按三组分分析法所得各组分的性状如表 12-1 所示。

表 12-1　石油沥青三组分分析法的各组分性状

组分	性状	平均分子量 $\overline{M}_w$	碳氢比(原子比)C/H	物化特征
油　分	淡黄透明液体	200～700	0.5～0.7	可溶于大部分有机溶剂,具有旋光活性,常发现有荧光,相对密度为 0.910～0.925
胶　质	红褐色黏稠半固体	800～3000	0.7～0.8	温度敏感性高,熔点低于 100℃,相对密度大于 1.000
沥青质	深褐色固体粉末状微粒	1000～5000	0.8～1.0	加热不熔化,分解为硬焦炭,使沥青呈黑色

2. 四组分分析法

四组分分析法是将沥青试样先用正庚烷沉淀"沥青质",将可溶分(即软沥青质)吸附于氧化铝谱柱上,再用正庚烷冲洗,所得的组分称为"饱和分";继续用甲苯冲洗,所得的组分称为"芳香分";最后用甲苯-乙醇、甲苯、乙醇冲洗,所得组分称为"胶质"。对于含蜡沥青,可将所分离的饱和分与芳香分,以丁酮-苯为脱蜡溶剂,在 −20℃ 下冷冻分离固态烷烃,确定含蜡量。

在石油沥青四组分分析中,各组分对沥青性质的影响为:饱和分含量增加,可使沥青稠度降低(针入度增大);胶质含量增大,可使沥青的延性增加;在有饱和分存在的条件下,沥青质含量增加,可使沥青获得低的感温性;胶质和沥青质的含量增加,可使沥青的黏度提高。

3. 沥青的含蜡量

我国富产石蜡基原油,蜡对沥青工程性能具有重大影响,主要表现为:高温时会使沥青发软,导致沥青高温稳定性降低,出现车辙或流淌;相反,低温时会使沥青变得脆硬,导致低温抗裂性降低,容易出现裂缝。此外,蜡会使沥青与石料黏附性降低,在有水的条件下,会使路面石子产生剥落现象,造成路面破坏。更严重的是,含蜡沥青会使沥青路面的抗滑性降低,影响路面的行车安全。对于沥青含蜡量的限制,由于世界各国测定方法的不同,所以限制值也不一致,其范围为 2%～4%。我国标准规定,重交通量道路石油沥青的含蜡量(蒸馏法)不大于 3%。

(二)胶体结构

沥青的技术性质,不仅取决于它的化学组分及其化学结构,还取决于它的胶体结构。

1. 胶体结构的形式

沥青的胶体结构,是以固态超细微粒的沥青质为分散相。通常是若干个沥青质聚集在一起,它们因吸附了极性半固态的胶质而形成胶团。由于胶质的胶溶作用,可使胶团胶溶分散于液态的芳香分和饱和分组成的分散介质中,因此形成稳定的胶体。

2. 胶体结构分类

由于沥青中各组分的化学组成和相对含量的不同,可以形成不同的胶体结构。沥青的胶体结构,有以下三个类型。

(1)溶胶型结构:当沥青中沥青质分子量较小,并且含量很少(10%以下),同时有一定数量的芳香度较高的胶质,这样胶团能够完全胶溶而分散在芳香分和饱和分的介质中。在此情况下,胶团相距较远,它们之间的吸引力很小(甚至没有吸引力),胶团可以在分散介质黏度许可范围内自由运动,这种胶体结构的沥青,称为溶胶型沥青如图 12-1(a)所示。

这类沥青的特点是,当对其施加荷载时,几乎没有弹性效应,剪应力与剪变率为直线关系,呈牛顿流型流动,所以这类沥青也被称为"牛顿流沥青"。通常,大部分直馏沥青都属于溶胶型沥青。这类沥青在性能上具有较好的自愈性和低温时的变形能力,但温度感应性较大。

(2)溶-凝胶型结构:沥青中沥青质含量适当(15%~25%),并有较多数量芳香度较高的胶质,形成胶团,胶体中胶团的浓度增加,胶团距离相对靠近,如图 12-1(b)所示,它们之间有一定的吸引力。这是一种介于溶胶与凝胶之间的结构,称为溶-凝胶结构。这种结构的沥青称为溶-凝胶型沥青。这类沥青的特点是,在变形的最初阶段,表现出一定程度的弹性效应,但变形增加至一定数值后,则又表现出一定程度的黏性流动,是一种具有黏-弹特性的伪塑性体。这类具有黏-弹特性的沥青,称为黏-弹性沥青。这类沥青,有时还有触变性。修筑高等级沥青路面用的沥青,都属于这类胶体结构类型。通常,环烷基稠油的直馏沥青或半氧化沥青,以及按要求组分重(新)组(配)的溶剂沥青等,往往能符合这类胶体结构。这类沥青的性能,在高温时具有较小的感温性,低温时又具有较好的变形能力。

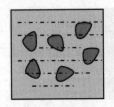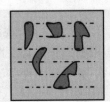

(a)溶胶型结构　　(b)溶-凝胶型结构　　(c)凝胶型结构

图 12-1　沥青的胶体结构示意

(3)凝胶型结构:沥青中沥青质含量很高(30%以上),并有相当数量芳香度高的胶质形成胶团,这样沥青中胶团浓度大大增加,它们之间相互的吸引力也增加,使胶团靠得很近,形成空间网络结构。此时,液态的芳香分和饱和分在胶团的网络中成为"分散相",连续的胶团成为"分散介质"如图 12-1(c)所示。这种胶体结构的沥青,称为凝胶型沥青。这类沥青的特点是,当施加荷载很小时,或在荷载时间很短时,具有明显的弹性变形。当应力超过屈服值后,则表现为黏-弹性变形如图 12-2 所示,为一种似宾汉姆体,有时还具有明显的触变性。这类沥青称为弹性沥青。通常,深度氧化的沥青多属于凝胶型沥青。这类沥青在性能上虽具有较小的温度感应性,但低温变形能力较差。

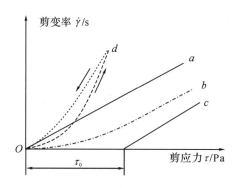

图 12-2　沥青的剪应力与剪变率关系

3. 蜡对沥青胶体结构的影响

蜡组分在沥青胶体结构中,可溶于分散介质芳香分和饱和分中,高温时,它的黏度很低,会降低分散介质的黏度,使沥青胶体结构向溶胶方向发展;低温时,它能析出结晶,形成网络结构,使沥青胶体结构向凝胶方向发展。

4. 结构类型的判定

沥青的胶体结构与其性能有密切的关系。胶体结构类型的确定,可以根据流变学的方法(如流变曲线测定法)和物理化学的方法(如容积度法、絮凝比-稀释度法)等;为工程使用方便,通常采用针入度指数法。该法是根据沥青的针入度指数值,按表 12-2 来划分其胶体结构类型。

表 12-2　沥青的针入度指数和胶体结构类型

沥青的针入度指数(PI)	沥青的胶体结构类型	沥青的针入度指数(PI)	沥青的胶体结构类型	沥青的针入度指数(PI)	沥青的胶体结构类型
<-2	溶胶	$-2\sim+2$	溶-凝胶	>2	凝胶

二、石油沥青的技术性质

用于现代沥青路面等的沥青材料,应具备下列主要技术性质。

(一)物理特征常数

现代沥青路面的研究,对沥青材料的下列物理特征常数极为重视。

1. 密度

沥青的密度是沥青在规定温度(15℃或25℃)条件下、单位体积的质量。相对密度是指在规定温度(15℃或25℃)下,沥青质量与同体积水的质量之比。

沥青的密度与其化学组成有密切的关系,通过沥青的密度测定,可以概略地了解沥青的化学组成。通常黏稠沥青的密度波动在 $0.96\sim1.04\text{g}/\text{m}^3$。我国富产石蜡基沥青,其特征为含硫量低、含蜡量高、沥青质含量少,所以密度常在 $1.00\text{g}/\text{m}^3$ 以下。

2. 热胀系数

沥青在温度上升1℃时的长度或体积的变化,分别称为线胀系数或体胀系数,统称为热胀系数。

沥青路面的开裂,与沥青混合料的热胀系数有关。沥青混合料的热胀系数,主要取决于沥青热学性质。特别是含蜡沥青,当温度降低时,蜡由液态转变为固态,沥青的热胀系数发生突变,易导致路面产生开裂。

(二)黏滞性

沥青的黏滞性(简称黏性)是反映沥青材料内部阻碍其相对流动的一种特性,是技术性质中与沥青路面力学行为联系最为密切的一种性质。在现代交通条件下,为防止路面出现车辙,沥青黏度的选择是首先要考虑的参数。沥青的黏滞性通常用黏度表示,所以黏度是现代沥青等级(标号)划分的主要依据。

黏滞性应以绝对黏度表示,但因其测定方法较复杂,故工程中常用相对黏度(条件黏度)来表示黏滞性,对使用黏稠(半固体或固体)的石油沥青用针入度表示,对液体石油沥青则用黏滞度表示。针入度(或黏滞度)是石油沥青的重要技术指标之一。

针入度反映了石油沥青抵抗剪切变形的能力。针入度越小,表明黏度越大。黏稠石油沥青的针入度是在规定温度(25℃)条件下,以规定质量(100g)的标准针,在规定时间(5s)内贯入试样中的深度表示,单位以 0.1mm 计。

对于液体沥青的标准黏度是在某温度下经一定直径的小孔流出 50mL 所需的时间(s),常用符号 $C_{T,d}$ 表示黏滞度,其中 d 为流孔直径(mm),d 有 3mm、4mm、5mm 和 10mm 四种,T 为试样温度(℃),通常为 25℃或 60℃。

(三)塑性

塑性指石油沥青在外力作用下产生变形而不被破坏,除去外力后,仍能保持变形后的形状的性质。石油沥青的塑性与其组分有关,当胶质含量较多,且其他组分含量又适当时,则塑性较好。此外,温度及沥青膜层厚度也影响塑性。温度升高,则塑性增大,当膜层增厚,塑性也增大,反之则塑性减小。当膜层薄至 $1\mu m$ 时,塑性近于消失,即接近于弹性。在常温下,塑性较好的沥青在产生裂缝时,也可能由于特有的黏塑性而自行愈合,故塑性也反映了沥青开裂后的自愈能力。沥青之所以能配制成性能良好的柔性防水材料,很大程度上取决于沥青的塑性。沥青的塑性对冲击振动荷载有一定的吸收能力,并能够减少摩擦时的噪声,故沥青是一种优良的道路路面材料。

石油沥青的塑性用延度表示。延度愈大,塑性愈好。延度测定是把沥青制成"8"字形标准试件,置于延度仪内特定温度(25℃、15℃、10℃或 5℃)的水中,以 5cm/min 的速度拉伸,用拉断时的伸长量来表示,单位以 cm 计。延度也是石油沥青的重要技术指标之一。

(四)感温性

沥青材料的温度感应性(简称感温性)与沥青路面的施工(如拌合、摊铺、碾压)和使用性能(如高温稳定性和低温抗裂性)都有密切关系,所以它是评价沥青技术性质的一个重要指标。由于沥青是一种高分子非晶态热塑性物质,故没有固定的熔点。沥青在外力作用下所发生的变形,实质上是由分子运动产生的,因此,其受温度影响显著。当温度很低时,沥青分子不能自由运动,好像被冻结一样,在外力作用下所发生的变形很小,如同玻璃一样硬脆,称"玻璃态"。随着温度升高,沥青分子获得了一定的能量,活动能力增加,这时在外力作用下,表现出很高的弹性,称"高弹态"。当温度继续升高时,沥青分子获得了更多的能量,分子运动更加自由,从而使分子间发生相对滑动,此时沥青就像液体一样可黏性流动,称"黏流态"。

由"玻璃态"到"高弹态"进而变为"黏流态",反映了沥青的黏滞性和塑性随温度变化而变化。

沥青的感温性以软化点指标表示。由于沥青材料从固态至液态有一定的变态间隔,故规定以其中某一状态作为从固态转变到黏流态的起点,相应的温度则称为沥青的软化点。软化点亦为石油沥青的重要技术指标。沥青软化点一般采用环球法测定。它是把沥青试样装入规定尺寸(直径 19.8mm,高 6mm)的铜环内,在试样上放置一标准钢球(直径 9.53mm,质量 3.5g),浸入水或甘油中,以规定的速度升温(5℃/min),当沥青软化下垂至规定距离(25.4mm)时的温度即为软化点,以℃计。

另外,沥青的脆点是反映低温性能的一个指标,它是指沥青从高弹态转到玻璃态过程中的某一规定状态的相应温度,该指标主要反映沥青的低温变形能力。寒冷地区应用的沥青应考虑沥青的脆点。沥青的软化点愈高,脆点愈低,则沥青的温度敏感性越小。

(五)黏附性

沥青与集料的黏附性直接影响沥青路面的使用质量和耐久性,所以黏附性是评价沥青技术性能的一个重要指标。沥青裹覆集料后的抗水性(即抗剥性)不仅与沥青的性质有密切关系,还与集料性质有关。在本书第一章中已阐述了集料的憎水性和亲水性,本章着重研究沥青对黏附性的影响。

沥青与集料的黏附作用是一个复杂的物理-化学过程。目前,对黏附机理有多种解释。润湿理论认为,在有水的条件下,沥青对石料的黏附性,可用沥青—水—石料三相体系(见图 12-3)来讨论。设沥青与水的接触角为 θ,料—沥青、石料—水和沥青—水的界面剩余自由能(简称界面能)分别为 γ_{sb}、γ_{sw}、γ_{bw},沥青从石料单位表面积上置换水,所做的功 W 为:

$$W = \gamma_{sb} + \gamma_{bw} - \gamma_{sw} \tag{12-1}$$

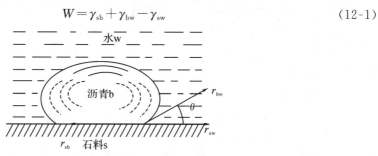

图 12-3　沥青—水—石料的三相系平衡水

如沥青—水—石体系达到平衡时,必须满足杨格(Yound)和杜布尔(Dupre)方程:

$$\gamma_{sb} - \gamma_{sw} - \gamma_{bw}\cos\theta = 0$$

即

$$\gamma_{sb} = \gamma_{sw} + \gamma_{bw}\cos\theta \tag{12-2}$$

将式(12-2)代入式(12-1)得:

$$W = \gamma_{bw}(1 + \cos\theta) \tag{12-3}$$

由式(12-3)可知,沥青欲置换水而黏附于石料的表面,主要取决于:①沥青与水的界面能 γ_{bw};②沥青与水的接触角 θ。在确定的石料条件下,γ_{bw} 和 θ 均取决于沥青的性质。沥青的性质主要与沥青的稠度和沥青中极性物质的含量(如沥青酸及其酸酐等)相关。随着沥青稠度和沥青酸含量的增加,沥青与石料的黏附性提高。

《公路工程沥青及沥青混合料试验规程》(JTG E20—2011)规定,沥青与集料的黏附性试验方法,由沥青混合料的最大粒径决定,大于13.2mm的采用水煮法;小于(或等于)13.2mm的采用水浸法。水煮法是选取粒径为13.2～19mm形状接近正立方体的规则集料5个,经沥青裹覆后,在蒸馏水中沸煮3min,按沥青膜剥落面积百分率分为5个等级来评价沥青与集料的黏附性。水浸法是选取9.5～13.2mm的集料100g与5.5g的沥青在规定温度条件下拌合,配制成沥青-集料混合料,冷却后浸入80℃的蒸馏水中保持30min,然后按剥落面积百分率来评定沥青与集料的黏附性。黏附性等级共有5个,最好为5级,最差为1级。

(六)耐久性

采用现代技术修筑的高等级沥青路面,都要求有很长的耐用周期,因此,对沥青材料的耐久性,亦提出了更高的要求。

1. 影响因素

沥青在路面施工时,需要在空气介质中进行加热。路面建成后,长期裸露在现代工业环境中,经受日照、降水、气温变化等自然因素的作用。因此,影响沥青耐久性的因素主要有大气(氧)、日照(光)、温度(热)、雨雪(水)、环境(氧化剂)以及交通(应力)等。

(1)氧的影响:空气中的氧在加热的条件下,能促使沥青组分对其吸收,并产生脱氢作用,使沥青的组分发生移行(如芳香分转变为胶质,胶质转变为沥青质)。

(2)光的影响:水在与光、氧和热共同作用时,能起催化剂的作用。

(3)热的影响:热能加速沥青分子的运动,除了引起沥青的蒸发外,还能促进沥青化学反应,最终导致沥青技术性能降低。尤其是在施工加热(160～180℃)时,由于空气中的氧参与反应,所以沥青性质会产生不同程度的劣化。

此外,工业环境中的臭氧以及交通因素等对沥青耐久性也有影响,这些都是近代工业与交通发展中,新发现的一些影响因素。

综上所述,沥青在各种因素的综合作用下,产生"不可逆"的化学变化,导致路用性能的逐渐劣化,这种变化过程称为老化。

2. 评价方法

(1)热致老化:对于道路石油沥青,将沥青试样50g盛于直径为55mm、深为35mm的器皿中,在(163±1)℃的烘箱中加热5h,或将50g沥青试样,盛于内径为139.7mm、深为9.5mm的铝皿中,使沥青成为厚约3mm的薄膜,沥青薄膜在(163±1)℃的标准烘箱中加热5h。然后分别测定其质量变化、残留针入度比(25℃)、残留延度(10℃、15℃)。

由于液体沥青的黏度较低,所以在施工中可以冷态(或稍加热)使用。液体沥青中轻质馏分挥发后,沥青黏度将明显提高,从而使路面黏聚力得到提高。蒸馏试验是确定液体沥青含有此种轻质挥发性油的数量,以及挥发后沥青的性质。

蒸馏试验是在标准蒸馏器内进行加热,将沸点范围接近且具有相近特性和物理化学性质的油分划分为几个馏程。为使馏分范围标准化,道路液体沥青划分为225℃、315℃和360℃等3个馏程。为了确定360℃挥发性油排出后沥青的性质,残留沥青应进行25℃延度和浮漂度试验,以说明残留沥青在道路路面中的性质。

(2)耐候性:评价沥青在气候因素(光、氧、热和水)的综合作用下,路面用性能衰减的程度,可以采用"自然老化"和"人工加速老化"试验。人工加速老化试验,是在由计算机程序控制有氙灯光源和自动调温、鼓风、喷水设备的耐候仪中进行的,通常只有在科研时才进行耐候性试验。

（七）安全性

沥青材料在使用时必须加热,当加热至一定温度时,沥青材料中挥发的油分蒸汽与周围空气组成混合气体,此混合气体遇火焰则发生闪火。若继续加热,油分蒸汽的饱和度增加,由于此种蒸汽与空气组成的混合气体遇火焰极易燃烧,所以熔油车间易发生火灾。为此,必须测定沥青加热闪火和燃烧的温度,即所谓闪点和燃点。

闪点和燃点是保证沥青加热质量和施工安全的一项重要指标。我国现行行业标准规定,对黏稠石油沥青采用克利夫兰开口杯(Cleveland open cup,COC)法测定闪点、燃点。对液体石油沥青,采用泰格式开口杯(Tag open cup,TOC)法测定闪点、燃点。

闪点和燃点试验方法是将沥青试样盛于标准杯中,按规定加热速度进行加热。当加热到某一温度时,点火器扫拂过沥青试样任一部分的表面,出现一瞬即灭的蓝色火焰状闪光时,此时温度即为闪火点。按规定加热速度继续加热,至点火器扫拂过沥青试样表面发生燃烧火焰,并持续 5s 以上,此时的温度即为燃烧点。

三、石油沥青的分类与技术标准

（一）道路石油沥青的技术标准

1. 道路黏稠石油沥青的技术标准

道路石油沥青按交通量分为重交通道路石油沥青和中、轻交通道路石油沥青。中、轻交通道路石油沥青主要用于一般的道路路面、车间地面等工程。2004 年,交通行业标准《公路沥青路面施工技术规范》(JTG F40—2004)统一了道路石油沥青技术要求(见表 12-3)。按其质量将各牌号(也称标号)道路石油沥青分为 A、B、C 三级,A 级沥青适用于各个等级的公路,适合任何场合和层次;B 级沥青适用于高速公路、一级公路沥青面层及以下层次、二级及二级以下公路的各个层次,还可用作改性沥青、乳化沥青、改性乳化沥青、稀释沥青的基质沥青;C 级沥青适用于三级及三级以下公路的各个层次。

道路石油沥青一般拌制成沥青混凝土、沥青拌合料或沥青砂浆等使用。沥青路面采用的沥青牌号,宜按公路等级、气候条件、交通条件、路面类型及在结构层中的层位及受力特点、施工方法,结合当地的使用经验,经技术论证后确定。

道路石油沥青还可作密封材料、黏结剂及沥青涂料等。此时,宜选用黏性较大和软化点较高的道路石油沥青。

2. 道路液体石油沥青的技术标准

根据交通行业标准道路液体石油沥青按凝结速度分为快凝 AL(R)、中凝 AL(M)和慢凝 AL(S)3 个等级,快凝液体沥青按黏度分为 AL(R)-1 和 AL(R)-2 两个标号,中凝和慢凝液体沥青分为 AL(M)-1…AL(M)-6 和 AL(S)-1…AL(S)-6 等 6 个标号。除黏度的要求外,对不同温度的蒸馏馏分含量及残留物的性质、闪点和含水量等亦提出相应的要求。技术标准如表 12-4 所示。

表 12-3　道路石油沥青技术要求

指标	单位	等级	160号	130号	110号	90号	70号	50号	30号	试验方法①
针入度(25℃,100g,5s)	1/10mm		140~200	120~140	100~120	80~100	60~80	40~60	20~40	T0604
适用的气候分布⑥			注④	注④	2-1 2-2 2-3	1-1 1-2 1-3 2-2 2-3	1-3 1-4 2-2 2-3 2-4	1-4	注④	附录A
针入度指数 PI②		A	-1.5~+1.0	-1.5~+1.0	-1.5~+1.0	-1.5~+1.0	-1.5~+1.0	-1.5~+1.0	-1.5~+1.0	T0604
		B	-1.8~+1.0	-1.8~+1.0	-1.8~+1.0	-1.8~+1.0	-1.8~+1.0	-1.8~+1.0	-1.8~+1.0	
软化点(R&B),不小于	℃	A	38	40	43	45	46	49	55	T0606
		B	36	39	42	43	44	46	53	
		C	35	37	41	42	43	45	50	
60℃动力粘度②,不小于	Pa·s	A	—	60	120	160 / 140	180 / 160 / 140	200	260	T0620
10℃延度②,不小于	cm	A	50	50	40	45 30 30 20 20	25 20 20 15 15	15	10	T0605
		B	30	30	30	30 20 20 15 15	20 15 15 10 10	10	8	
15℃延度,不小于	cm	A,B	80	80	60	50	40	30	20	T0605
蜡含量(蒸馏法),不大于	%	A	2.2	2.2	2.2	2.2	2.2	2.2	2.2	T0615
		B	3.0	3.0	3.0	3.0	3.0	3.0	3.0	
		C	4.5	4.5	4.5	4.5	4.5	4.5	4.5	
闪点,不小于	℃		230	230	230	245	245	260	260	T0611
溶解度,不小于	%		99.5	99.5	99.5	99.5	99.5	99.5	99.5	T0607
密度(15℃)	g/cm³		实测记录	实测记录	实测记录	实测记录	实测记录	实测记录	实测记录	T0603
TFOT(或RTFOT)后⑤										
质量变化,不大于	%		±0.8	±0.8	±0.8	±0.8	±0.8	±0.8	±0.8	T0610 或 T0603
残留针入度比,不小于	%	A	48	54	55	57	61	63	65	T0604
		B	45	50	52	54	58	60	62	
		C	40	45	48	50	54	58	60	
残留延度(10℃),不小于	cm	A	12	12	10	8	6	4	—	T0605
		B	10	10	8	6	4	2	—	
残留延度(15℃),不小于	cm	C	40	35	30	20	15	10	10	T0605

注：① 试验方法按照现行《公路工程沥青及沥青混合料试验规程》(JTG E20—2011)执行。伸裁试验选取 PI 时的 5 个温度的针入度关系的相关系数不得小于 0.997。

② 经建设单位同意，表中 PI 值、60℃动力粘度、10℃延度可作为选择性指标，也可不作为施工质量检验指标。

③ 70号沥青可根据需要要求供应商提供针入度范围为 60~70 或 70~80 的沥青，50号沥青可要求供应针入度范围为 40~50 或 50~60 的沥青。

④ 30号沥青仅适用于沥青稳定基层。130号和160号沥青除寒冷地区可在中低级公路上直接应用外，通常用作乳化沥青、稀释沥青、改性沥青的基质沥青。

⑤ 老化试验以 TFOT(薄膜加热试验)为准，也可用 RTFOT(旋转薄膜加热试验)代替。

⑥ 气候分区见《公路沥青路面施工技术规范》(JTG F40—2004)。

表 12-4　道路液体石油沥青技术要求

试验项目		单位	快凝		中凝						慢凝						试验方法②
			AL(R)-1	AL(R)-2	AL(M)-1	AL(M)-2	AL(M)-3	AL(M)-4	AL(M)-5	AL(M)-6	AL(S)-1	AL(S)-2	AL(S)-3	AL(S)-4	AL(S)-5	AL(S)-6	
黏度①	$C_{25,5}$	s	<20	—	<20	—	—	—	—	—	<20	—	—	—	—	—	
	$C_{60,5}$	s	—	5~15	—	5~15	16~25	26~40	41~100	101~200	—	5~15	16~25	26~40	41~100	101~200	T0621
蒸馏体积	225℃前	%	>20	>15	<10	<7	<3	<2	0	0	—	—	—	—	—	—	
	315℃前	%	>35	>30	<35	<25	<17	<14	<8	<5	—	—	—	—	—	—	T0632
	360℃前	%	>45	>35	<50	<35	<30	<25	<20	<15	<40	<35	<25	<20	<15	<5	
蒸馏后残留物	针入度(25℃)	1/10mm	60~200	60~200	100~300	100~300	100~300	100~300	100~300	100~300	—	—	—	—	—	—	T0604
	延度(25℃)	cm	>60	>60	>60	>60	>60	>60	>60	>60	—	—	—	—	—	—	T0605
	浮标度(5℃)	s	—	—	—	—	—	—	>60	>60	>20	>20	>30	>40	>45	>50	T0631
闪点(TOC)		℃	>30	>30	>65	>65	>65	>65	>65	>65	>70	>70	>100	>100	>120	>120	T0633
含水量,不大于		%	0.2	0.2	0.2	0.2	0.2	0.2	0.2	0.2	0.2	0.2	0.2	0.2	0.2	0.2	T0612

注:① 黏度使用道路沥青黏度计测定,$C_{T,d}$ 的脚标第一个数字代表温度 T(℃),第二个数字代表孔径 d(mm)。
② 试验方法按照现行《公路工程沥青及沥青混合料试验规程》(JTG E20—2011)执行。

（二）建筑石油沥青的技术标准

《建筑石油沥青》（GB/T 494—2010）按针入度不同,可分为 10 号、30 号、40 号三个牌号,见表 12-5。建筑石油沥青针入度较小（黏性较大）,软化点较高（耐热性较好）,但延度较小（塑性较差）,主要用作制造油毡、油纸、防水材料和沥青胶。它们绝大部分用于屋面及地下防水、沟槽防水、防腐蚀及管道防腐等工程。对于屋面防水工程,应防止使用过分软化的沥青。为避免夏季流淌,屋面用沥青材料的软化点还应比当地气温下屋面可能达到的最高温度高 20℃ 以上,但软化点也不宜选择过高,否则冬季低温易发生硬脆甚至开裂。对一些不易受温度影响的部位（如地下防水工程）,可选用牌号较大的沥青。

表 12-5　建筑石油沥青的技术标准④

项　目	单位	质量指标			试验方法③
		10 号	30 号	40 号	
针入度（25℃,100g,5s）	1/10mm	10～25	26～35	36～50	
针入度（46℃,100g,5s）	1/10mm	报告①	报告	报告	GB/T 4509—2010
针入度（0℃,100g,5s）	1/10mm	3	6	6	
延度（25℃,5cm/min）,不小于	cm	1.5	2.5	3.5	GB/T 4508—2010
软化点（环球法）,不低于	℃	95	75	60	GB/T 4507—2014
溶解法（三氯乙烯）,不小于	%	99.0			GB/T 11148—2008
蒸发后质量变化（163℃,5h）,不大于	%	1			GB/T 11964—2008
蒸发后针入度比（25℃）,不小于	%②	65			GB/T 4509—2010
闪点（开口杯法）,不低于	℃	260			GB 267—1988

注:① 报告应为实测值。

　② 测定蒸发损失后样品的 25℃ 针入度与原 25℃ 针入度之比乘以 100 后,所得的百分比称为蒸发后针入度比。

　③ 试验方法按照现行《公路工程沥青及沥青混合料试验规程》（JTG E20—2011）执行。

　④ 摘自《建筑石油沥青》（GB/T 494—2010）。

四、石油沥青的选用

石油沥青的选用原则是根据工程性质（房屋、道路、防腐）及当地气候条件、所处工程部位（层面、地下）来选用。在满足上述要求的前提下,尽量选用牌号高的石油沥青,以保证有较长的使用年限。这是因为牌号高的沥青比牌号低的沥青含油分多,其挥发、变质所需时间较长,不易变硬,所以抗老化能力强,耐久性好。

当某一牌号的石油沥青不能满足工程技术要求时,可采用两种品牌的石油沥青进行掺配。在进行掺配时,为了不使掺配后的沥青胶体结构被破坏,应选用表面张力相近和化学性质相似的沥青。试验证明,同产源的沥青容易保证掺配后的沥青胶体结构的均匀性。所谓同产源是指同属石油沥青,或同属煤沥青（或煤焦油）。

两种沥青掺配的比例可用下式估算:

$$Q_1 = \frac{T_2 - T}{T_2 - T_1} \times 100 \tag{12-4}$$

$$Q_2 = 100 - Q_1 \tag{12-5}$$

式中：Q_1 为较软石油沥青用量（％）；Q_2 为较硬石油沥青用量（％）；T 为掺配后的石油沥青软化点（℃）；T_1 为较软石油沥青软化点（℃）；T_2 为较硬石油沥青软化点（℃）。

以估算的掺配比例和其邻近的比例（±5％～±10％）进行试配（混合熬制均匀），测定掺配后沥青的软化点，然后绘制掺配比-软化点关系曲线，即可从曲线上确定所要求的掺配比例。同样也可采用针入度指标按上述方法估算及试配。

当沥青过于黏稠影响使用时，可以加入溶剂进行稀释，但必须采用同一产源的油料作稀释剂，如石油沥青应采用汽油、柴油等轻质油料作稀释溶剂。

第二节　其他沥青

一、煤沥青

煤沥青是由煤干馏的产品——煤焦油再加工获得的。根据煤干馏的温度不同，分为高温煤焦油（700℃以上）和低温煤焦油（450～700℃）两类。路用煤沥青主要是由炼焦或制造煤气得到的高温焦油加工而得。以高温焦油为原料可获得数量较多且质量较佳的煤沥青。而低温焦油则相反，获得的煤沥青数量较少，且往往质量不稳定。

（一）化学组成和结构

1. 元素组成

煤沥青的组成主要是芳香族碳氢化合物及其氧、硫和碳的衍生物的混合物。其元素组成主要为 C、H、O、S 和 N。煤沥青与石油沥青元素组成比较，见表 12-6。煤沥青元素组成的特点是，"碳氢比"较石油沥青大得多，它的化学结构主要是由高度缩聚的芳核及其含氧、氮和硫的衍生物，在环结构上带有侧链，但侧链很短。

表 12-6　石油沥青和煤沥青元素组成比较

沥青名称	元素组成/％					碳氢比（原子比）C/H	沥青名称	元素组成/％					碳氢比（原子比）C/H
	C	H	O	S	N			C	H	O	S	N	
石油沥青	86.7	9.7	1.0	2.0	0.6	0.8	煤沥青	93.0	4.5	1.0	0.6	0.9	1.7

2. 化学组分

煤沥青化学组分的分析方法与石油沥青的方法相似，是采用选择性溶解将煤沥青分离为几个化学性质相近，且与路用性能有一定联系的组。目前，煤沥青化学组分分析的方法很多，最常采用的方法是将煤沥青分离为油分、树脂 A、树脂 B、游离碳 C_1 和游离碳 C_2 等 5 个组分。煤沥青中各组分的性质简述如下。

（1）游离碳：游离碳又称自由碳，是高分子有机化合物的固态碳质微粒，不溶于苯。加热不溶，但高温易分解。煤沥青的游离碳含量增加，可提高其黏度和温度稳定性。但随着游离碳含量增加，低温脆性亦增加。

（2）树脂：树脂为固态碳氢化合物。它可分为：① 硬树脂，类似石油沥青中的沥青质；

②软树脂,赤褐色黏-塑性物质,溶于氯仿,类似石油沥青中的树脂。

(3)油分:油分是液态碳氢化合物。与其他组分比较,油分为简单结构的物质。

除了上述的基本组分外,煤沥青的油分中还含有萘、蒽和酚等。萘和蒽能溶于油分中,在含量较高或低温时能呈固态晶体析出,影响煤沥青的低温变形能力。酚为苯环中含羟物质,能溶于水,且易被氧化。煤沥青中酚、萘和水均为有害物质,对其含量必须加以限制。

3. 胶体结构

煤沥青和石油沥青类似,也是一种复杂胶体分散系,游离碳和硬树脂组成的胶体微粒为分散相,油分为分散介质,而软树脂为保护物质,它吸附于固态分散胶粒周围,逐渐向外扩散,并溶于油分中,使分散系形成稳定的胶体物质。

(二)技术性质与技术标准

1. 技术性质

煤沥青与石油沥青相比,在技术性质上有下列差异。

(1)温度稳定性较低:煤沥青是一种较粗的分散系,同时树脂的可溶性较高,所以表现为热稳定性较低。当在一定温度下,煤沥青的黏度降低,减少了热稳定性不好的可溶性树脂,增加了热稳定性好的油分含量。当煤沥青黏度升高时,粗分散相的游离碳含量增加,但不足以补偿由于同时发生的可溶树脂数量的变化带来的热稳定性损失。

(2)与矿质集料的黏附性较好:在煤沥青组成中含有较多数量的极性物质,它赋予煤沥青较高的表面活性,所以它与矿质集料具有较好的黏附性。

(3)气候稳定性较差:煤沥青化学组成中含有较高含量的不饱和芳香烃,这些化合物有相当大的化学潜能,它在周围介质(空气中的氧、日光、温度和紫外线以及大气降水)的作用下,老化进程(黏度增加、塑性降低)较石油沥青快。

2. 煤沥青的技术指标

煤沥青的技术指标主要有下列几项。

(1)黏度:黏度是评价煤沥青质量最主要的指标之一,它表示煤沥青的黏结性。煤沥青的黏度取决于液相组分和固相组分在其组成中的数量比例,当煤沥青中油分含量减少、固态树脂及游离碳含量增加时,则煤沥青的黏度增高。由于煤沥青的温度稳定性和大气稳定性均较差,故当温度变化或"老化"后其黏度即显著地变化。煤沥青的黏度用标准黏度计测定。黏度是确定煤沥青标号的主要指标。根据标号不同,常用的温度和流孔有 $C_{30.5}$、$C_{30.10}$、$C_{50.10}$ 和 $C_{60.10}$ 四种。

(2)蒸馏试验:煤沥青中含有各种沸点的油分,这些油分的蒸发将影响其性质,因而煤沥青的起始黏滞度并不能完全表达其在使用过程中黏结性的特征。为了预估煤沥青在路面使用过程中的性质变化,在测定其起始黏度的同时,还必须测定煤沥青在各馏程中所含馏分及其蒸馏后残留物的性质。

根据煤沥青化学组成特征,与其物理化学性质较接近的化合物为:①170℃以前的轻油;②270℃以前的中油;③300℃以前的重油。其中,300℃以前的馏分为煤沥青中最有价值的油质部分(主要为蒽油)。煤沥青在分馏出300℃前的油质组分后的残渣,需测软化点(环球法)以表示其性质。煤沥青各馏分含量的规定,是为了控制其因蒸发而老化。煤沥青残渣性质试验,是为了保证其残渣具有适宜的黏结性。

(3)含水量:煤沥青中含有水分,在施工加热时易产生泡沫或爆沸现象,不易控制。同时,煤沥青作为路面结合料,如含有水分则会影响煤沥青与集料的黏附,从而降低路面强度,因此对其在煤沥青中的含量必须加以限制。

(4)甲苯不溶物含量:甲苯不溶物含量是煤沥青中不溶于热甲苯的物质的含量。这些不溶物主要为游离碳,并含有氧、氮和硫等结构复杂的大分子有机物,以及少量的灰分。这些物质含量过多会降低煤沥青的黏结性,因此必须加以限制。

(5)萘含量:萘在煤沥青中,低温时易结晶析出,使煤沥青失去塑性,导致路面冬季易产生裂缝。在常温条件下,萘易挥发、升华,加速煤沥青"老化",并且挥发出的气体,对人体有毒害。因此,对其在煤沥青中的含量必须加以限制。

(6)焦油酸含量:焦油酸能溶于水,易导致路面强度降低;同时其水溶物有毒,易对环境造成污染,对人类和牲畜有害,因此对其在煤沥青中的含量必须加以限制。

3. 技术标准

煤沥青在工程中有不同的应用要求,其按稠度可分为软煤沥青(液体、半固体的)和硬煤沥青(固体的)两大类。道路工程主要是应用软煤沥青。其中,软煤沥青又可按其黏度和有关技术性质分为 9 个标号如表 12-7 所示。

表 12-7　道路用煤沥青技术要求

试验项目		T-1	T-2	T-3	T-4	T-5	T-6	T-7	T-8	T-9	试验方法[①]
黏度/s	$C_{30,5}$	5~25	26~70	—	—	—	—	—	—	—	T0621
	$C_{30,10}$	—	—	5~25	26~50	51~120	121~200	—	—	—	
	$C_{50,10}$	—	—	—	—	—	—	10~75	76~200	—	
	$C_{60,10}$	—	—	—	—	—	—	—	—	35~65	
蒸馏试验,馏出量/%	170℃前,不大于	3	3	3	2	1.5	1.5	1.0	1.0	1.0	T0641
	270℃前,不大于	20	20	20	15	15	15	10	10	10	
	300℃前,不大于	15~35	15~35	30	30	25	25	20	20	15	
300℃蒸馏残留物软化点(环球法)/℃		30~45	30~45	35~65	35~65	35~65	35~65	40~70	40~70	40~70	T0606
水分/%,不大于		1.0	1.0	1.0	1.0	1.0	0.5	0.5	0.5	0.5	T0612
甲苯不溶物/%,不大于		20	20	20	20	20	20	20	20	20	T0646
萘含量/%,不大于		5	5	5	4	3.5	3	2	2	2	T0645
焦油酸含量/%,不大于		4	4	3	3	2.5	2.5	1.5	1.5	1.5	T0642

注:① 试验方法按照现行《公路工程沥青及沥青混合料试验规程》(JTG E20—2011)执行。

二、乳化沥青

乳化沥青是将黏稠沥青加热至流动态,经机械力的作用形成微滴(粒径为 $2\sim5\mu m$)分散在有乳化剂-稳定剂的水中,由于乳化剂-稳定剂的作用而形成均匀稳定的乳状液,故称沥青乳液,简称乳液。

乳化沥青具有许多优越性,其主要优点为:

(1)冷态施工、节约能源。乳化沥青可以冷态施工,现场无须加热设备和能源消耗,扣除制备乳化沥青所消耗的能源后,仍然可以节约大量能源。

(2)方便施工、节约沥青。乳化沥青黏度低、和易性好,施工方便,可节约劳力。此外,乳化沥青在集料表面形成的沥青膜较薄,不仅可以提高沥青与集料的黏附性,还可以节约沥青用量。

(3)保护环境,保障健康。乳化沥青施工无须加热,故不污染环境;同时,避免了劳动操作人员受沥青挥发物的毒害。

(一)乳化沥青组成材料

乳化沥青主要是由沥青、乳化剂、稳定剂和水等组分组成。

(1)沥青。沥青是乳化沥青组成的主要原料,沥青的质量好差直接关系到乳化沥青的性能。在选择作为乳化沥青用的沥青时,首先要考虑它的易乳化性。沥青的易乳化性与其化学结构有密切关系。以工程适用为目的,可认为易乳化性与沥青中的沥青酸含量有关。通常认为,沥青酸总量大于 1‰ 的沥青,采用通用乳化剂和一般工艺即易于形成乳化沥青。一般来说,相同油源和工艺的沥青,针入度较大者易于形成乳液。但是针入度的选择,应根据乳化沥青在路面工程中的用途而决定。

(2)乳化剂。乳化剂是乳化沥青形成的关键材料。沥青乳化剂是一种表面活性剂,它是一种"两亲性"分子。分子的一部分具有亲水性,另一部分具有亲油性。

沥青乳化剂按其亲水基在水中是否电离而分为离子型和非离子型两大类。离子型乳化剂按其离子电性,又衍生为阴(或负)离子型、阳(或正)离子型和两性离子型等三类。

(3)稳定剂。为使乳液具有良好的储存稳定性,以及在施工中喷洒或拌合的机械作用下的稳定性,必要时可加入适量的稳定剂。稳定剂有以下两类。

① 有机稳定剂:常用的有聚乙烯醇、聚丙烯酰胺、羧甲基纤维素钠、糊精、MF 废液等。这类稳定剂可提高乳液的储存稳定性和施工稳定性。

② 无机稳定剂:常用的氯化钙、氯化镁、氯化铵和氯化铬等。这类稳定剂可提高乳液的储存稳定性。

(4)水。水是乳化沥青的主要组成部分。水常含有各种矿物质或其他影响乳化沥青形成的物质,因此,生产乳化沥青的水应不含其他杂质。

(二)乳化沥青分裂原因

乳化沥青在路面施工时,为发挥其黏结的功能,沥青液滴必须从乳化液中分裂出来,聚集在集料的表面而形成连续的沥青薄膜,这一过程称为"分裂"。乳化沥青的分裂主要取决于下列因素。

(1)水的蒸发作用:受路面施工环境气温、相对湿度和风速等因素的影响,乳液中的水易蒸发,从而破坏乳化沥青的稳定性,造成分裂。

(2)集料的吸收作用:由于集料的矿物构造孔隙对水分具有吸收作用,故能破坏乳液的稳定性,造成分裂。

(3)集料物理-化学作用:乳化沥青中带电荷的微滴与不同化学性质的集料接触后产生复杂的物理-化学作用,从而使乳化沥青分裂并在集料表面形成薄膜。

(4)机械的激波作用:在施工过程中,压路机的碾压和开放交通后汽车的行驶,各种机械力对路面的震颤而产生激波作用,也能促进沥青薄膜结构的形成。

（三）乳化沥青的技术性质和应用

乳化沥青用于修筑路面,不论是阳离子型乳化沥青（代号 C）还是阴离子型乳化沥青（代号 A）都有两种施工方法:①洒布法（代号 P）,如透层、黏层、表面处泼或贯入式沥青碎石路面;②拌合法（代号 B）,如沥青碎石或沥青混合料路面。乳化沥青按其分裂速度的不同,可分为快裂、中裂和慢裂三种类型。各种牌号乳化沥青的用途见表 12-8。

表 12-8　几种牌号乳化沥青的用途

类　型	阳离子乳化沥青（C）	阴离子乳化沥青（A）	用　途
洒布型（P）	PC—1	PA—1	表面处泼或贯入式路面及养护用
	PC—2	PA—2	透层油用
	PC—3	PA—3	黏结层用
拌合型（B）	BC—1	BA—1	拌制沥青混凝土或沥青碎石
	BC—2	BA—2	拌制加固土
	BC—3	BA—3	

各种牌号的乳化石油沥青的技术性质,按现行交通行业标准要求见表 12-9。

三、再生沥青

再生沥青是已经老化的沥青,经掺入再生剂后使其恢复到原来（甚至超过原来）性质的一种沥青。

（一）沥青材料的老化

沥青材料的老化是指沥青材料在路面中受各种自然因素（如氧、光、热和水等）的作用下,随时间而产生不可逆的化学组成结构和物理-力学性能变化的过程。

（1）化学组分移行。沥青是多种化学结构极其复杂的混合物,若要研究其老化过程,还存在许多困难,为此,可将其分离为几个组分来研究。美国罗斯特勒（Rostler）等人提出一种对研究沥青老化非常有用的组分分析法,这种方法被称为"化法沉淀法"。该法将沥青分离为沥青质（缩写 At）、氮基（缩写 N）、第一酸性分（缩写 A1）、第二酸性分（缩写 A2）和链烷分（缩写 P）等 5 个组分。沥青在路面受到自然因素作用后,就会导致沥青组分"移行"。亦即沥青质显著增加,氮基和第一酸性分减少,第二酸性分稍有减少,链烷分变化很少,甚至几乎没有变化。现举国产沥青的一个例子如表 12-10 所示。

表12-9 道路用乳化沥青技术要求

试验项目	单位	阴离子① 喷洒用			拌合用	阳离子① 喷洒用			拌合用	非离子① 喷洒用	拌合用	试验方法⑦
		PC-1	PC-2	PC-3	BC-1	PA-1	PA-2	PA-3	BA-1	PN-2	BN-1	
破乳速度②		快裂	慢裂	快裂或中裂	慢裂或中裂	快裂	慢裂	快裂或中裂	慢裂或中裂	慢裂	慢裂	T0658
破乳电荷		阴离子(+)				阳离子(+)				非离子		T0653
筛上残留物(1.18mm),不大于	%	0.1				0.1				0.1		T0652
黏度③ 恩格拉黏度计 E_{25}	s	2~10	1~6	1~6	2~30	2~10	1~6	1~6	2~30	1~6	2~30	T0622
道路标准黏度计 $C_{25,3}$	s	10~25	8~20	8~20	10~60	10~25	8~20	8~20	10~60	8~10	10~60	T0621
蒸发残留物④ 残留分含量,不小于	%	50	50	50	55	50	50	50	55	50	55	T0651
溶解度,不小于	%	97.5				97.5				97.5		T0607
针入度(25℃)	1/10mm	50~200	50~300	45~150	45~150	50~200	50~300	45~150	45~150	50~300	60~300	T0604
延度(15℃),不小于	cm	40				40				40		T0605
与粗集料的黏附性,裹附面积,不小于		2/3	2/3	—	—	2/3	2/3	—	—	2/3	—	T0654
与粗、细集料拌合试验		—	—	—	均匀	—	—	—	均匀	—	—	T0659
水泥拌合试验的筛上剩余,不大于	%	—	—	—	—	—	—	—	—	—	3	T0657
常温储存稳定性⑥⑦ 1d,不大于	%	1				1				1		T0655
5d,不大于	%	5				5				5		

注:① P为喷洒型,B为拌合型,C、A、N分别表示阴离子、阳离子、非离子乳化沥青。

② 破乳速度与集料的黏附性、拌合试验有关,所使用的石料应与实际工程上实际使用的石料进行试验,质量检验时,应采用工程上实际使用的石料进行试验,仅进行乳化沥青产品质量评定时,可不要求此三项指标。

③ 黏度可选用恩格拉黏度计或沥青标准黏度计测定。

④ 如果乳化沥青是将高浓度产品运到现场经稀释后使用时,蒸发残留物等各项指标指稀释前乳化沥青的要求。

⑤ 储存稳定性根据施工实际情况选用试验时间,通常采用5d,乳液生产后能在当天使用也可用1d的稳定性。

⑥ 当乳化沥青需要在低温冻冰条件下储存或使用时,尚需按 T0656 进行-5℃低温储存稳定性试验,要求没有粗颗粒,不结块。

⑦ 试验方法按照现行《公路工程沥青及沥青混合料试验规程》(JTG E20—2011)执行。

表 12-10 老化沥青和再生沥青的化学组分示例

沥青名称	化学组分/%				
	沥青质 At	氮基 N	第一酸性分 A1	第二酸性分 A2	链烷分 P
原始沥青	11.0	24.9	13.1	29.1	21.9
老化沥青	30.5	15.4	12.4	21.1	20.6
再生沥青	29.0	25.1	7.0	22.4	16.5

（2）物理-力学性变化。因沥青化学组分的移行而引起的沥青物理-力学性质的变化。通常的规律是：针入度变小、延度降低、软化点和脆点升高。表现为沥青变硬、变脆、延伸性降低，导致路面产生裂缝、松散等。同前例沥青老化后物理-力学性质变化见表 12-11。

表 12-11 老化沥青和再生沥青的技术性质示例

沥青名称	技术性质			
	针入度 $P_{25℃,100g,5s}$ /(1/10mm)	延度 $D_{25℃,5cm/min}$/ cm	软化点 $T_{R\&B}$/ ℃	Fraass 脆点/ ℃
原始沥青	106	73	48	—6
老化沥青	39	23	55	—4
再生沥青	80	78	49	—10

（二）沥青的再生

1. 沥青再生机理

沥青再生机理目前有两种理论。一种是"相容性理论"。该理论从化学热力学出发，认为沥青产生老化的原因是沥青胶体物系中各组分相容性的降低，导致组分间溶度参数差增大。如能掺入一定的再生剂使其溶度参数差减小，则沥青即能恢复到（甚至超过）原来的性质。另一种是"组分调节理论"。该理论是从化学组分移行出发，认为由于组分的移行，沥青老化后，某些组分偏多，而某些组分偏少，各组分间比例不协调，导致沥青路用性能降低，如能通过掺入再生剂调节其组分，则沥青将恢复到原来的性质。实际上，这两个理论是一致的，前者是从沥青内部结构的化学能来解释，后者是从宏观化学组成量来解释。

2. 沥青化学组分调节

从表 12-10 沥青老化后化学组分移行可以看出，由于第一酸性分转变为氮基的数量不足以补偿氮基转变为沥青质的数量，所以氮基数量的显著减少是沥青老化的主要特征。由此可知，为调节沥青的化学组分，再生剂是以氮基为主的物剂。前例的沥青经掺入再生剂和改性剂后，其化学组分和物理性质见表 12-10 和表 12-11。再生沥青的技术性质与原有沥青相近。

四、改性沥青

改性沥青是采用各种措施使沥青的性能得到改善的沥青。

现代高等级公路的交通特点是：交通密度大、车辆轴载重、荷载作用间歇时间短，以及高速和渠化。这些特点造成沥青路面高温出现车辙、低温产生裂缝、抗滑性很快衰降、使用年限不长。为使沥青路面高温不推、低温不裂、保证安全快速行车、延长使用年限,在沥青材料的技术方面,必须提高沥青的流变性能、改善沥青与集料的黏附性、延长沥青的耐久性,才能适应现代交通建设的要求。

同时,建筑上使用的沥青必须具有一定的物理性质和黏附性:在低温条件下应有良好的弹性和塑性,在高温条件下应有足够的强度和稳定性,在加工使用条件下应有抗老化能力。此外,还应具有对构件变形的适应性和耐疲劳性等。通常,石油加工厂制备的沥青不一定能全面满足这些要求,致使目前沥青防水屋面渗漏现象严重,使用寿命短。

为此,常用橡胶、树脂和矿物填料等对沥青进行改性。橡胶、树脂和矿物填料等统称为石油沥青改性材料。

(一)提高沥青流变性的途径

提高沥青流变性质的途径有很多,目前认为改性效果较好的有下列几类改性剂。

1. 橡胶类改性剂

橡胶是沥青的重要改性材料,它和沥青有较好的混溶性,并能使沥青具有橡胶的很多优点,如高温变形小,低温柔性好。由于橡胶的品种不同,掺入的方法也有所不同,因而各种橡胶沥青的性能也有差异。现将常用的几种分述如下:

(1)氯丁橡胶改性沥青。石油沥青中掺入氯丁橡胶后,可使其气密性、低温柔性、耐化学腐蚀性、耐光性、耐臭氧性、耐候性和耐燃性等得到改善。氯丁橡胶掺入的方法有溶剂法和水乳法。溶剂法是先将氯丁橡胶溶于一定的溶剂(如甲苯)中形成溶液,然后掺入液态沥青,混合均匀即可。水乳法是将橡胶和石油沥青分别制成乳液,然后混合均匀即可使用。

(2)丁基橡胶改性沥青。丁基橡胶沥青的配制方法与氯丁橡胶沥青类似,而且较简单。将丁基橡胶碾切成小片,于搅拌条件下把小片加到100℃的溶剂中,制成浓溶液,同时将沥青加热脱水熔化成液体状沥青。通常在100℃左右把两种液体按比例混合搅拌均匀进行浓缩15~20min。丁基橡胶在混合物中的含量一般为2%~4%。同样也可以分别将丁基橡胶和沥青制备成乳液,然后按比例把两种乳液混合即可。

丁基橡胶沥青具有优异的耐分解性,并有较好的低温抗裂性能和耐热性能,多用于道路路面工程、制作密封材料和涂料。

(3)再生橡胶改性沥青。再生橡胶掺入沥青后,同样可提高沥青的气密性、低温柔性、耐光性、耐热性、耐臭氧性和耐候性。

再生橡胶沥青材料的制备,是先将废旧橡胶加工成1.5mm以下的颗粒,然后与沥青混合,经加热搅拌脱硫,就能得到具有一定弹性、塑性和黏结力良好的再生橡胶沥青材料。废旧橡胶的掺量视需要而定,一般为3%~15%。

再生橡胶沥青可以制成卷材、片材、密封材料、胶黏剂和涂料等。

(4)热塑性丁苯胶(SBS)改性沥青。SBS热塑性橡胶兼有橡胶和塑料的特性,常温下具有橡胶的弹性,在高温下又能像塑料那样熔融流动,成为可塑的材料。所以采用SBS橡胶改性沥青,其耐高、低温性能均有较明显的提高,制成的卷材弹性和耐疲劳性也大大提高,是目前用量最大的一种改性沥青。SBS的掺入量一般为5%~10%。主要用于制作防水卷材,也可用于制作防水涂料等。

2. 树脂类改性剂

用树脂改性石油沥青,可以改进沥青的黏结性和不透气性。由于石油沥青中含芳香性化合物很少,故树脂和石油沥青的相溶性较差,而且可用的树脂品种也较少,常用的树脂有古马隆脂、聚乙烯、聚丙烯、酚醛树脂及天然松香等。

树脂加入沥青的方法常用的有热熔法。先将沥青加热熔化脱水,再加入树脂,并不断搅拌、保温,即可得到均匀的树脂沥青。

3. 橡胶和树脂共混类改性剂

同时用橡胶和树脂来改善石油沥青的性质,可使沥青兼具橡胶和树脂的特性。由于树脂比橡胶便宜,橡胶和树脂又有较好的混溶性,故能取得满意的综合效果。

橡胶、树脂和石油沥青在加热熔融状态下,沥青与高分子聚合物之间发生相互侵入的扩散,沥青分子填充在聚合物大分子的间隙内,同时聚合物分子的某些链节扩散进入沥青分子中,从而形成凝聚网状混合结构,由此而获得较优良的性能。聚合物改性沥青技术要求见表 12-12。

4. 微填料类改性剂

随着"非水悬浮"研究的发展,许多研究者致力于研究微填料的颗粒级配(例如以0.080mm 为最大粒径的级配曲线)、表面性质和孔隙状态(沥青组分在微填料表面和孔隙中的分布)等。研究认为,沥青混合料的性状(如高温流变特性和低温变形能力等)与微填料的颗粒级配、表面性质和孔隙状态等有密切关系。可以用作沥青微填料的物质,首先是炭黑,其次是高钙粉煤灰,再是火山灰和页岩粉等。采用的微填料应经预处理(如活化、芳化等),方能达到改善沥青性能的效果。否则会劣化沥青性能。

5. 纤维类改性剂

在沥青中掺入各种纤维类型物质作为改性剂,这是早年积累的经验技术。常用的纤维物质有各种人工合成纤维(如聚乙烯纤维、聚酯纤维)和矿质石棉纤维等。这类纤维类物质中加入沥青可显著提高沥青的高温稳定性,同时可增加低温抗拉强度,但能否达到预期的效果,还取决于纤维的性能和掺配工艺。此外,这类物质往往对人体健康有影响,必须在符合规定的防护条件下,方能采用这项改性措施。

6. 硫磷类改性剂

硫在沥青中的硫桥作用,能提高沥青的高温抗变形能力,特别是某些组分不协调的沥青[如沥青质含量极低的沥青,掺入低剂量(0.5%～1.0%)即有明显效果]。应采用"预熔法",否则高温稳定性虽得到改善,但低温抗裂性则明显降低。此外,磷同样能使芳香环侧链以链桥形式存在,从而改善沥青流变性质。

(二)改善沥青与集料黏附性的途径

现代高等级路面为保证高速行车安全,对抗滑性提出了更高的要求。为保持抗滑层经行车后,摩擦系数不致很快衰降,必须采用高强耐磨的岩石轧制的集料,这类岩石中多为酸性或碱性石料,因此,提高石油沥青与酸性石料的黏附性成为当前一个突出的问题。

1. 改善沥青与集料黏附性的一般方法

(1)掺入无机类材料、活化集料表面:采用水泥、石灰或电石渣等预处理集料表面,以提高沥青与其黏附性。此外,还可将这类无机材料直接加入沥青中,亦能取得一定效果。

表 12-12　聚合物改性沥青技术要求

指标	单位	SBS 类（I 类）				SBR 类（II 类）			EVA，PE 类（III 类）				试验方法③
		I-A	I-B	I-C	I-D	II-A	II-B	II-C	III-A	III-B	III-C	III-D	
针入度 25℃，100g，5s	1/10mm	>100	80~100	60~80	40~60	>100	80~100	60~80	>80	60~80	40~60	30~40	T0604
针入度指数 PI，不小于		−1.2	−0.8	−0.4	0	−1.0	−0.8	−0.6	−1.0	−0.8	−0.6	−0.4	T0604
延度 5℃，5cm/min，不小于	cm	50	40	30	20	60	50	40	—	—	—	—	T0605
软化点 $T_{R\&B}$，不小于	℃	45	50	55	60	45	48	50	48	52	56	60	T0606
运动黏度①135℃，不大于	Pa·s	3	3	3	3	3	3	3	3	3	3	3	T0625
闪点，不小于	℃	230	230	230	230	230	230	230	230	230	230	230	T0611
溶解度，不大于	%	99	99	99	99	99	99	99	—	—	—	—	T0607
弹性恢复 25℃，不小于	%	55	60	65	75	—	—	—	—	—	—	—	T0662
黏韧性，不小于	N·m	—	—	—	—	5	5	5	—	—	—	—	T0624
韧性，不小于	N·m	—	—	—	—	2.5	2.5	2.5	—	—	—	—	T0624
储存稳定性②离析，48h 软化点差，不大于	℃	2.5	2.5	2.5	2.5	—	—	—	改性剂无明显析出、凝聚				T0661
TFOT（或 RTFOT）后残留物													
质量变化，不大于	%	±1.0	±1.0	±1.0	±1.0	±1.0	±1.0	±1.0	±1.0	±1.0	±1.0	±1.0	T0610 或 T0609
针入度比 25℃，不小于	%	50	55	60	65	50	55	60	50	55	58	60	T0604
延度比 5℃，不小于	cm	30	25	20	15	30	20	10	—	—	—	—	T0605

注：① 135℃运动黏度可采用《公路工程沥青及沥青混合料试验规程》(JTG E20—2011)中的"沥青布氏旋转黏度试样方法（布洛克菲尔德黏度计）"进行测定。若在不改变改性沥青物理力学性质，并经证明适当提高泵送和拌合的温度合适温度时，能保证改性沥青的质量，且容易施工，则可不要求测定。

② 储存稳定性指标适用于工厂生产的成品改性沥青。现场制作的改性沥青可不作要求，但必须在制作后、保证使用前的搅拌或泵送循环，保证使用前没有明显的离析。

③ 试验方法按照现行《公路工程沥青及沥青混合料试验规程》(JTG E20—2011)执行。

（2）掺入有机酸类、提高沥青活性：沥青中最具活性的组分为沥青酸及其酸酐，各类合成高分子有机酸类掺入沥青，可得到相同的效果。此外，掺入适量焦油沥青亦能起到相似的作用。

（3）掺入重金属皂类、降低沥青与集料的界面张力：常用的有皂脚铁、环烷酸铝皂等，掺入沥青中均能起到改善黏附性的作用。此外，还可直接采用各种合成表面活性剂，但是需要油溶性和耐高温的表面活性剂才能使用。

以上这些方法，在正确使用下，都能获得一定的改性效果，但是只能应用于轻、中交通量路面。由于这些方法可以利用工业废料或地方材料，故可节约投资。

2. 改善沥青与集料黏附性的高效抗剥剂

对于高等级路面，在黏附性要求很高的情况下，应该采用高效能、低剂量的人工合成化学抗剥剂，即所谓"高效抗剥剂"。这类抗剥剂的专利商品不下千种，常见的有醚胺类、醇胺类、烷基类、酰胺类等，但是必须通过道路修筑的实践才能检验其实际效果。

（三）延长沥青耐久性的途径

由前述老化机理可知，沥青在路面会受到各种自然因素（氧、热、光和水）的作用，由于组分移行而逐渐老化，最后路用性能也随之衰降。产生老化的原因按已有研究主要是，沥青受到空气中氧的氧化作用，同时在日光紫外线作用下，加之在一定温度条件下加速了反应的进行，并且水又起着催化的作用。在诸多作用因素中，氧化为首要原因，因此许多研究者都曾试图掺入各种抗氧化剂来延缓老化的进程，但都未得到预期效果。

目前，国内外已公布的许多关于提高沥青耐久性的专利，主要是一些较为昂贵的化学添加剂，例如各种抗氧剂等。实践表明，抗氧剂对于不同化学组成与结构的沥青，表现出不同的效果。有的沥青掺加抗氧剂后，不仅不能起到抗氧化作用，反而促进了沥青的氧化，因此对抗氧剂的作用必须通过薄膜烘箱试验或加速老化试验，以验证其在技术性能上的有效性，必要时还需通过对试验路的实际考验。

当前对提高沥青耐久性有实际效果的添加剂为专用炭黑。炭黑粒径细微、表面积大，它弥散于沥青中，易于被热-氧作用产生的游离基吸附，从而阻止沥青老化的链式反应，使老化进程受到抑制。同时，炭黑还是一种屏蔽剂，它能阻止紫外线进入，减少光对沥青的老化作用。由于炭黑与沥青溶度参数差较大，不能直接加入沥青中，所以必须先用助剂进行预处理，然后才能配制成炭黑改性沥青。

本章知识点及复习思考题

知识点

复习思考题

第十三章　沥青混合料

沥青混合料主要应用于道路路面和水工结构物中,用途不同其性能要求也不完全相同。用于道路路面的沥青混合料,既要有较好的抗弯拉强度、抗车辙性、抗裂性、抗滑性、抗冲击荷载性和耐磨性、耐疲劳性,也要有较好的高温稳定性、水稳定性和耐久性,以保证在长期车辆荷载和复杂环境作用下路面服役性能良好。在水工结构物中,沥青混合料主要用于防水、防渗及排水等,所以要求具有较高的防水性能,表面光滑,连续性好,不易开裂。

与水泥混凝土路面材料相比,沥青混合料是一种黏-弹性材料,具备良好的路用性能,用其铺筑的路面柔韧,可不设伸缩缝和工作缝,能减震吸声,行车舒适性好;路面平整且有一定的粗糙度,色黑无强烈反光,有利于行车安全;晴天不起尘,雨天不泥泞,可保证顺利通车;施工速度快,能及时开放交通;同时,沥青混合料中胶结材料用量比较少,且属于工业副产品加工利用,旧路面还可以再生利用,社会经济效益较高,所以沥青混合料在道路工程中得到广泛应用。沥青材料的主要缺点是,温度敏感性高且易老化,它的性质随温度变化而变化。夏季高温时沥青易发生泛油、软化并易形成车辙、拥包等现象;冬季低温时沥青变脆变硬,在冲击荷载作用下易开裂。同时,沥青材料长期暴露于大气环境下易老化,使黏结强度下降,路面结构易遭受破坏。因此,提高沥青混合料的温度稳定性和大气稳定性,是延长沥青路面使用寿命的关键。

按照现代沥青路面的施工工艺,沥青与矿料等材料拌合制成沥青混合料,可以修建不同结构的沥青路面。常用的沥青路面包括沥青表面处治路面、沥青贯入式路面、热拌沥青混合料路面、乳化沥青碎石混合料路面等四种。本章主要讲述最常用的热拌沥青混合料。

第一节　沥青混合料的结构与性能

按照《沥青路面施工及验收规范》(GB 50092—1996),分类和定义如下。

(1)沥青混合料:由矿料与沥青结合料拌合而成的混合料的总称。

(2)沥青混凝土混合料:由适当比例的粗集料、细集料及填料(矿粉)组成的符合规定级配的矿料,与沥青结合料拌合而成的符合技术标准的沥青混合料(用 AC 表示,采用圆孔筛时用 LH 表示)。

(3)沥青碎石混合料:由适当比例的粗集料、细集料及少量填料(矿粉)(或不加填料)与沥青结合料拌合而成,压实后剩余空隙率在 10% 以上的沥青混合料,也称为半开级配沥青混合料(用 AM 表示,采用圆孔筛时用 LS 表示)。

一、沥青混合料的分类

(一)按结合料分类

(1)石油沥青混合料:以石油沥青为结合料的沥青混合料(包括黏稠石油沥青、乳化石油沥青及液体石油沥青)。

(2)煤沥青混合料:以煤沥青为结合料的沥青混合料。

(二)按施工温度分类

(1)热拌热铺沥青混合料(简称热拌沥青混合料):沥青与矿料在热态下拌合、铺筑的沥青混合料。

(2)常温沥青混合料:以乳化沥青与矿料在常温状态下拌合、铺筑而成,压实后剩余空隙率为 10%以上的沥青混合料,也称为乳化沥青碎石混合料。

(三)按矿料级配类型分类

(1)连续级配沥青混合料:矿料级配按级配原则,从大到小各级粒径都有,按比例相互搭配组成的沥青混合料。

(2)间断级配沥青混合料:矿料级配中缺少 1 个或几个档次粒径而形成的级配间断的沥青混合料。

(四)按混合料密实度分类

(1)密级配沥青混凝土混合料:各种粒径颗粒级配连续、相互嵌挤密实的矿料,与沥青结合料拌合,压实后剩余空隙率小于 10%的沥青混合料。

密级配沥青混凝土混合料按其剩余空隙率又可分为以下两类。

① Ⅰ 型密实式沥青混凝土混合料:剩余空隙率为 3%~6%(行人道路为 2%~6%)。

② Ⅱ 型半密实式沥青混凝土混合料:剩余空隙率为 4%~10%。

(2)开级配沥青混合料:矿料级配主要由粗集料组成,细集料较少,矿料相互拨开,压实后空隙率大于 15%的沥青混合料。

(3)半开级配沥青混合料:由适当比例的粗集料、细集料及少量填料(矿粉)(或不加填料)与沥青结合料拌合而成,压实后剩余空隙率为 10%~15%的沥青混合料,也称为沥青碎石混合料。

(五)按最大集料粒径分类

(1)粗粒式沥青混合料:最大集料粒径为 26.5mm 或 31.5mm(圆孔筛为 30~40mm)的沥青混合料。

(2)中粒式沥青混合料:最大集料粒径为 16mm 或 19mm(圆孔筛为 20mm 或 25mm)的沥青混合料。

(3)细粒式沥青混合料:最大集料粒径为 9.5mm 或 13.2mm(圆孔筛为 10mm 或 15mm)的沥青混合料。

(4)砂粒式沥青混合料:最大集料粒径小于或等于 4.75mm(圆孔筛为 5mm)的沥青混合料,也称为沥青石屑或沥青砂。

(5)特粗式沥青碎石混合料:最大集料粒径等于或大于 37.5mm(圆孔筛为 40mm)的沥

青混合料。

根据《沥青路面施工及验收规范》(GB 50092—1996),沥青路面各层的混合料类型是根据道路等级及所处的层次划分见表 13-1。

表 13-1　沥青混合料类型

筛孔系列	结构层次	高速公路、一级公路城市快速路、主干路		其他等级公路		一般城市道路及其他道路工程	
		三层式沥青混凝土路面	两层式沥青混凝土路面	沥青混凝土路面	沥青碎石路面	沥青混凝土路面	沥青碎石路面
方孔筛系列	上面层	AC-13 AC-16 AC-20	AC-13 AC-16	AC-13 AC-16	AM-13	AC-5 AC-10 AC-13	AM-5 AM-10
	中面层	AC-20 AC-25	—	—	—	—	
	下面层	AC-25 AC-30	AC-20 AC-25 AC-30	AC-20 AC-25 AC-30 AM-25 AM-30	AM-25 AM-30	AC-20 AC-25 AM-25 AM-30	AM-25 AM-30 AM-40
圆孔筛系列	上面层	LH-15 LH-20 LH-25	LH-15 LH-20	LH-15 LH-20	LS-15	LH-5 LH-10 LH-15	LS-5 LS-10
	中面层	LH-25 LH-30	—	—	—	—	
	下面层	LH-30 LH-35 LH-40	LH-30 LH-35 LH-40	LH-25 LH-30 LH-35 AM-30 AM-35	LS-30 LS-35 LS-40	LH-25 LH-30 LS-30 LS-35 LS-40	LS-30 LS-35 LS-40 LS-50

注:铺筑抗滑表层时,可采用 AK-13 或 AK-16 型热拌沥青混合料,也可在 AC-10(LH-15)型细粒式沥青混合料上嵌压沥青预拌单粒径碎石 S-10。

根据《沥青路面施工及验收规范》(GB 50092—1996),热拌沥青混合料的种类见表 13-2。

表 13-2　热拌沥青混合料种类

混合料类型	方孔筛系列			对应的圆孔筛系列		
	沥青混凝土	沥青碎石	最大集料粒径/mm	沥青混凝土	沥青碎石	最大集料粒径/mm
特粗式		AM-40	37.5		LS-50	50
粗粒式	AC-30	AM-30	37.5	LH-40	LS-40	40
				LH-35	LS-35	35
	AC-25	AM-25	31.5	LH-30	LS-30	30
中粒式	AC-20	AM-20	19.0	LH-25	LS-25	25
	AC-16	AM-16	16.0	LH-20	LS-20	20
细粒式	AC-13	AM-13	13.2	LH-15	LS-15	15
	AC-10	AM-10	9.5	LH-10	LS-10	10
砂粒式	AC-5	AM-5	4.75	LH-5	LS-5	5
抗滑表层	AK-13	—	13.2	LK-15	—	15
	AK-16	—	16.0	LK-20	—	20

二、沥青混合料的组成结构

沥青混合料是一种复合材料,是由粗集料、细集料、填料(矿粉)等矿料与沥青结合料拌合而成的混合料。根据组成材料的质量差异和数量多少,沥青混合料可形成不同的组成结构,并表现为不同的性能。

(一)沥青混合料组成结构的现代理论

随着对沥青混合料组成结构的研究深入,目前对沥青混合料的组成结构有下列两种理论。

(1)表面理论:按传统的理解,沥青混合料是由粗集料、细集料和填料(矿粉)经人工组合成密实级配的矿料骨架,在其表面分布着沥青结合料,将他们胶结成一个具有一定强度的整体。

(2)胶浆理论:近代某些研究认为,沥青混合料是一种多级空间网状结构的分散系。它是以粗集料为分散相,分散在沥青砂浆介质中的一种粗分散系;同样,沥青砂浆是以细集料为分散相,分散在沥青胶浆介质中的一种细分散系;沥青胶浆是以填料(矿粉)为分散相,分散在沥青介质中的一种微分散系。

以上三级分散系中沥青胶浆最为重要,它的组成结构决定沥青混合料的高温稳定性和低温变形能力。目前,这一理论集中于研究填料(矿粉)的矿物成分、填料(矿粉)的级配(以0.080mm 为最大粒径)以及沥青与填料(矿粉)的交互作用等因素对于沥青混合料性能的影响。同时,这一理论研究强调的是,采用高稠度沥青和大沥青用量,以及采用间断级配的矿料。

(二)沥青混合料的结构类型

通常沥青混合料结构有以下三类。

（1）悬浮-密实结构：由连续密级配矿料（见图 13-1 中的曲线 a）与沥青组成的沥青混合料。按照粒子干涉理论，为避免次级集料对前级集料密排的干涉，在前级集料之间留出比次级集料粒径稍大的空隙供次级集料排布。按此组成的沥青混合料，经过多级密垛可以获得很大的密实度，但是各级集料均被次级集料所隔开，不能直接靠拢形成骨架，犹如悬浮于次级集料及沥青胶浆之间见图 13-2(a)。悬浮-密实结构的沥青混合料具有较大的黏聚力 c，但是摩擦角 φ 较小，因此高温稳定性较差。

（2）骨架-空隙结构：由连续开级配矿料（见图 13-1 中的曲线 b）与沥青组成的沥青混合料。由于矿料递减系数较大，所以粗集料所占的比例较高，细集料则很少，甚至没有。按此组成的沥青混合料，粗集料可以互相靠近形成骨架，但由于细集料数量过少，不足以填满粗集料之间的空隙，因此形成骨架-空隙结构见图 13-2(b)。骨架-空隙结构的沥青混合料虽具有较大的内摩擦角 φ，但是黏聚力 c 较小。

（3）密实-骨架结构：由间断密级配矿料（见图 13-1 中的曲线 c）与沥青组成的沥青混合料。集料中没有中间尺寸的粒径，即较多数量的粗集料形成空间骨架，相当数量的细集料填充骨架的空隙，因此形成密实-骨架结构见图 13-2(c)。密实-骨架结构的沥青混合料，不仅具有较大的黏聚力 c，还具有较大的内摩擦角 φ。

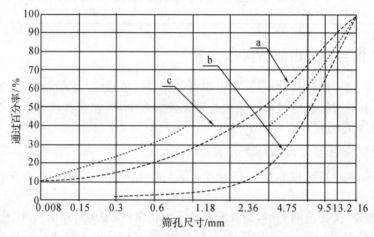

a. 连续密级配　b. 连续开级配　c. 间断密级配

图 13-1　三种类型矿料级配曲线

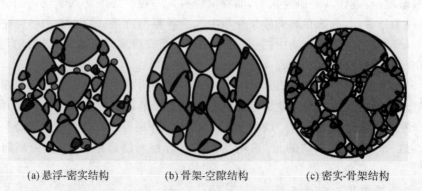

(a) 悬浮-密实结构　　　(b) 骨架-空隙结构　　　(c) 密实-骨架结构

图 13-2　三种典型沥青混合料结构组成示意

上述三种结构的沥青混合料,由于结构常数不同,在稳定性上亦有差异(见表13-3)。

表 13-3　不同结构沥青混合料的结构常数和稳定性

混合料名称	组成结构类型	结构常数①			温度稳定性指标(155℃)②	
		密度 ρ/ (g/cm³)	空隙率 VV/%	矿料间隙率 VMA/%	黏聚力 c/kPa	内摩擦角 φ/rad
连续密级配 沥青混合料	密实-悬浮型 结构	2.40	1.3	17.9	318	0.600
连续开级配 沥青混合料	骨架-空隙 型结构	2.37	6.1	16.2	240	0.653
间断密级配 沥青混合料	密实-骨架 型结构	2.43	2.7	14.8	338	0.658

注:① 沥青混合料的结构常数参见本章沥青混合料的组成设计。

　　② 沥青混合料的温度稳定性指标参见本章沥青混合料的强度形成原理。

三、沥青混合料的强度形成原理

(一)沥青混合料抗剪强度的材料参数

沥青混合料在路面结构中被破坏,主要是因为高温时抗剪强度不足或塑性变形过大而产生推挤等,以及低温时抗拉强度不足或变形能力差而产生裂缝。目前,沥青混合料的强度和稳定性理论主要是要求沥青混合料在高温时具有一定的抗剪强度,在低温时具有抵抗变形的能力。

为了防止沥青路面产生高温剪切破坏,在设计验算沥青混合料路面抗剪强度时,要求沥青混合料的许用剪应力 τ_R 应大于或等于沥青混合料破裂面上可能发生的剪应力 τ_a,即:

$$\tau_R \geqslant \tau_a \tag{13-1}$$

沥青混合料的许用剪应力 τ_R 取决于沥青混合料的抗剪强度 τ,即:

$$\tau_R = \frac{\tau}{K_2} \tag{13-2}$$

式中:K_2 为系数。

沥青混合料的抗剪强度 τ,可通过三轴试验莫尔-库仑包络线(见图13-3),按式(13-1)求得:

$$\tau = c + \sigma\tan\varphi \tag{13-3}$$

式中:τ 为沥青混合料的抗剪强度(MPa);σ 为正应力(MPa);c 为沥青混合料的黏聚力(MPa);φ 为沥青混合料的内摩擦角。

由式(13-3)可知,沥青混合料的抗剪强度主要取决于黏聚力 c 和内摩擦角 φ,即:

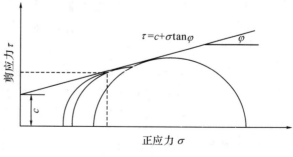

图 13-3　沥青混合料莫尔-库仑包络线

$$\tau = f(c, \varphi) \tag{13-3'}$$

在三轴试验时,采用不同的垂直压应力 σ_V 和侧向压应力 σ_L,即可以求得 σ_V-σ_L 关系的斜率 S 和截距 I。根据 S 和 I 即可计算得到沥青混合料的黏聚力 c 和内摩擦角 φ。

(二)影响沥青混合料抗剪强度的主要因素

1. 影响沥青混合料抗剪强度的内因

(1)沥青黏度:沥青混合料作为一个具有多级空间网络结构的分散系,从最细一级网络结构来看,是各种矿料分散在沥青介质中的分散系,因此,它的抗剪强度与分散介质黏度有着密切的关系。在其他因素固定的条件下,沥青混合料的黏聚力 c 会随着沥青黏度的提高而增加。沥青内部沥青胶团相互移位时,其分散介质具有抵抗剪切的作用,所以沥青混合料在受到剪切作用,特别是受到短暂的瞬时荷载时,高黏度的沥青能赋予沥青混合料较大的黏滞阻力,获取较高的抗剪强度。

(2)沥青与矿料交互作用:沥青混合料中,对于沥青与矿料交互作用的物理-化学过程,许多学者曾做了大量的研究工作。研究认为,沥青与矿料交互作用后,沥青在矿料表面的化学组分重新排列,在矿料表面形成一层厚度为 δ_0 的吸附溶化膜(见图 13-4a),在此膜厚度范围内的沥青称为"结构沥青",在此膜厚度范围以外的沥青称为"自由沥青"。

如果矿料颗粒之间由结构沥青膜所联结(见图 13-4b),促成沥青具有更高的黏度和更大的扩散溶化膜接触面积,就可以获得更大的黏聚力。反之,如果矿料颗粒之间是自由沥青所联结(见图 13-4c),则具有较小的黏聚力。

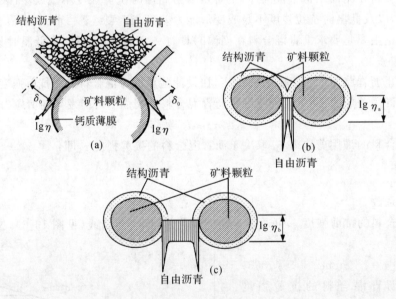

(a)沥青与矿料交互作用形成结构 (b)矿料颗粒之间为结构沥青联结,其黏结力为 $\lg\eta_a$
(c)矿料颗粒之间为自由沥青联结,其黏聚力为 $\lg\eta_b (\lg\eta_b < \lg\eta_a)$
图 13-4 沥青与矿料交互作用的结构

沥青与矿料的交互作用不仅与沥青的化学性质有关,还与矿料的性质有关。研究认为,在不同性质的矿料表面能形成不同组成结构和厚度的吸附溶化膜,如在石灰石粉表面可形成发育较好的吸附溶化膜,而在石英石粉表面则会形成发育较差的吸附溶化膜。在沥青混合料中,采用石灰石矿料时,矿料之间更有可能通过结构沥青联结,因而具有较高的黏聚力。

(3)填料(矿粉)比表面积:由前述的沥青与矿料交互作用原理可知,结构沥青的形成主要是由于矿料与沥青的交互作用,在矿料表面沥青化学组分重新分布。所以在沥青用量相同的条件下,与沥青产生交互作用的填料(矿粉)表面积愈大,形成的沥青吸附溶化膜愈薄,在沥青中结构沥青所占的比率愈大,因而沥青混合料的黏聚力也愈高。在沥青混合料中填料(矿粉)用量只占7%左右,但其表面积占矿料总表面积的80%以上,所以填料(矿粉)的性质和用量对沥青混合料的抗剪强度影响很大。为了增加沥青与矿料物理-化学作用的表面积,在沥青混合料配料时,必须有适量的填料(矿粉);提高填料(矿粉)的细度可增加填料(矿粉)的比表面积,所以对填料(矿粉)的细度也有一定的要求。希望粒径小于0.075mm的填料(矿粉)含量不宜过多;尤其是粒径小于0.050mm的填料(矿粉)含量不要过多,否则沥青混合料将结团,不易施工。

(4)沥青用量(或油石比):在沥青和矿料选定的条件下,沥青与矿料的比例(油石比)是影响沥青混合料抗剪强度的重要因素,不同沥青用量的沥青混合料结构见图13-5。

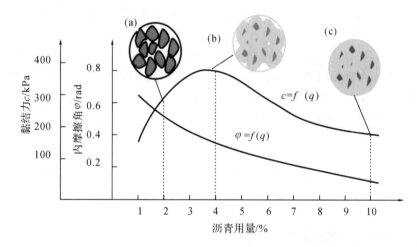

a.沥青用量不足　　b.沥青用量适中　　c.沥青用量过多

图13-5　不同沥青用量时的沥青混合料结构和c、φ值变化示意

当沥青用量很少(油石比过小)时,沥青不足以形成结构沥青薄膜来黏结矿料颗粒。此时,随着沥青用量的增加,结构沥青逐渐增多,较好地包裹矿料表面,使沥青与矿料间的黏附力随着沥青用量的增加而增大。当沥青用量足以形成薄膜并充分黏附于矿料颗粒表面,即油石比适中时,沥青胶浆具有最优的黏聚力。随后,如果沥青用量继续增加,则由于沥青用量过多(油石比大)逐渐将矿料颗粒脱开,在矿料颗粒间形成不与矿料产生交互作用的"自由沥青",所以沥青胶浆的黏聚力随着自由沥青的增加而降低。当沥青用量超过某一用量后(油石比过大),沥青混合料的黏聚力主要取决于自由沥青的量,所以抗剪强度几乎不变。随着沥青用量的增加(油石比增大),沥青不仅起着黏结剂的作用,还起着润滑剂的作用,降低粗集料的相互密排作用,因而减小沥青混合料的内摩擦角。

总之,沥青用量(或油石比)不仅影响沥青混合料的黏聚力,同时也影响沥青混合料的内摩擦角。通常,当沥青薄膜达到最佳厚度(亦即主要以结构沥青黏结时),具有最大黏聚力;

随着沥青用量的增加(油石比增大),沥青混合料的内摩擦角逐渐降低。

(5)集料特性:沥青混合料的抗剪强度与集料在沥青混合料中的分布情况有着密切关系。沥青混合料有密级配、开级配和间断级配等不同组成结构类型,集料级配类型是影响沥青混合料抗剪强度的因素之一。

此外,沥青混合料中,集料的形状、表面粗糙度和粗细程度,对沥青混合料的抗剪强度都具有很大的影响。这是因为集料形状及其粗糙度在很大程度上决定了沥青混合料压实后颗粒间的相互位置特性和有效接触面积的大小。集料通常具有显著的棱角,各方向尺寸相差不大,近似正方体形。具有明显粗糙表面的集料,在碾压后能相互嵌挤锁结而具有很大的内摩擦角。在其他条件相同的情况下,由这种集料所组成的沥青混合料比形状近似圆形且表面光滑的集料组成的沥青混合料具有更高的抗剪强度。

许多试验证明,为获得具有较大内摩擦角的沥青混合料,应尽可能采用粗细程度较大的集料。在其他条件相同的情况下,集料愈粗,所配制的沥青混合料内摩擦角愈大。

2. 影响沥青混合料抗剪强度的外因

(1)温度:沥青混合料是一种热塑性材料,其抗剪强度 τ 随着温度 T 的升高而降低。

在材料参数中,黏聚力 c 值随温度升高而显著降低,但是内摩擦角受温度变化的影响较少。

(2)变形速率:沥青混合料是一种黏-弹性材料,其抗剪强度 τ 与变形速率($d\gamma/dt$)有着密切关系。在其他条件相同的情况下,变形速率对沥青混合料内摩擦角 φ 的影响较小,而对沥青混合料黏聚力 c 的影响则较为显著。试验资料表明,黏聚力 c 值随变形速率的增大而显著提高,而内摩擦角 φ 值随变形速率的变化很小。

第二节 沥青混合料的技术性质和技术标准

一、沥青混合料破损现象

沥青混合料路面由于车辆荷载、温度变化以及沥青材料自身的老化等会发生以下几种破损现象。

(一)温度开裂

沥青是一种温度敏感性较强的黏-弹性材料,在正常使用条件下,沥青的延性和黏滞流动性能使路面的温度应力松弛。而在低温条件下,沥青将失去延性和黏滞流动性而变脆,劲度增大并具有纯弹性性能。当沥青在低温时变形引起的应力不能通过黏滞流动得到松弛,应力超过其抗拉强度时,沥青混合料开裂。对于同一等级(牌号)的沥青,温度敏感性越强,低温开裂可能性就越大。

(二)疲劳开裂

疲劳开裂是沥青混合料路面在重复荷载作用下产生的一种破坏形式。其原因有以下几方面:①施加的荷载超过结构设计标准(超载);②实际交通量超过设计交通量;③路面各结构层的承载能力降低;④环境因素引起的附加应力。可以通过沥青混合料疲劳寿命室内试验预估路面可能的寿命,但不准确。室内试验采用控制应力和控制应变两种加载方式,前者适用于厚层路面(≥8cm),后者适用于薄层路面(<8cm)。试验表明,对于薄层路面,为获得较高的疲劳寿命需要选用劲度较高的材料。

(三)永久性变形

沥青混合料路面出现车辙、开裂、表面平整度降低等不可恢复的变形称为永久性变形。永久性变形影响沥青混合料结构物的使用功能和服役寿命。引起沥青混合料路面永久性变形的客观因素主要是交通荷载和温度条件等,而沥青混合料自身因素主要是沥青质量和用量、矿料类型和级配、油石比和密实度等。

沥青混合料承受荷载时,集料颗粒和沥青均受力,但集料质地坚硬,产生的应变可以忽略,而沥青质软,产生的应变很大。因此,沥青混合料的变形主要与沥青的性质有关,变形大小取决于沥青黏度。沥青黏度越高,沥青混合料的劲度越大,抵抗荷载作用的能力越强,越不易产生车辙等永久性变形。同时,沥青混合料主要依靠集料颗粒间的嵌锁作用抵抗变形,所以集料的级配、粒形及用量,尤其是粗集料的含量是控制混合料变形的主要因素。增大粗集料的最大粒径和含量,可以提高沥青混合料的抗永久性变形能力。研究表明,细粒式沥青混合料的车辙深度为粗粒式和中粒式沥青混合料的 2.29 倍;单轴受压徐变试验结果表明,最大粒径相同,但粗集料含量为 59% 的沥青碎石混合料的压缩应变,明显小于粗集料含量为 42% 的沥青碎石混合料。为提高沥青混合料的高温稳定性,集料中细集料的含量不超过 20%。就集料级配而言,密级配的沥青混合料抗永久变形能力明显大于开级配沥青混合料。

(四)丧失黏结力

沥青与矿料之间的黏结在潮湿条件下会被削弱或损坏,这种现象称为剥离。在车辆荷载及水分的共同作用下,剥离现象会明显加剧,所以剥离是交通荷载、环境侵蚀和水害交互作用的结果。沥青老化丧失其韧性,集料表面的沥青包裹层破坏,从而导致脆性断裂。水分通过许多方式使黏结力丧失,因此对其的影响更大。沥青混合料丧失黏结力的下述现象的原因主要与水分有关。

(1)移动。沥青与水分接触后原平衡位置的回缩。

(2)分离。尽管沥青膜没有明显的破坏,但它与集料被一层水膜和灰尘分隔开。虽然沥青膜仍包裹着集料,但不存在黏结力,沥青可能从表面完全剥离。

(3)破膜。沥青虽然还包裹着集料,但其棱角处由于膜层过薄而易破裂。

(4)爆皮与起坑。当路面温度升高时,沥青的黏度降低,这时沥青会包裹落在其表面的水珠,形成起泡。当再次受到太阳暴晒时,水珠膨胀,表面沥青破裂,留下凹坑。

(5)自生乳化。沥青与水作用变成以水为连续相的沥青乳液,沥青乳液带有与集料表面相同的负电荷,因而产生电斥力。沥青乳液的形成取决于沥青的类型,并且要有细颗粒(如黏土等)存在以及交通荷载的作用。

(6)水力侵蚀。主要是车轮在潮湿路面上行驶作用的结果。水被压到轮胎前沥青层内的小坑里,当汽车通过时,轮胎又把水吸上来,反复拉压循环造成沥青混合料黏结被破坏。

(7)孔压力。孔压力破坏形式在开级配混合料或未压实的路面最为严重。过往车辆压实沥青混合料,水也随之被带进沥青混合料中,随后来往的车辆压迫带入的孔中水,产生很大的孔压力,从而在集料与沥青的界面形成通道,最后导致黏结力丧失。

二、沥青混合料的主要技术性质

沥青混合料在路面中直接承受车辆荷载的作用,首先应具有一定的强度;除了交通荷载的作用外,还受到各种自然因素的影响,因此,还必须具有抵抗自然因素作用的耐久性;为保证行车安全、舒适,还需要具有特殊表面特性(即抗滑性);为便利施工,还应具有良好的施工性能。

（一）高温稳定性

沥青混合料是一种典型的流变性材料,它的强度和劲度模量随温度的升高而降低。所以沥青混合料路面在夏季高温时,在重交通的重复作用下,由于交通的渠化,轮迹带逐渐下凹,两侧鼓起出现"车辙",这是现代高等级沥青路面最常见的"病害"。

沥青混合料的高温稳定性,是指沥青混合料在夏季高温(通常为 60℃)条件下,经车辆荷载长期重复作用后,不产生车辙和波浪等病害的性能。

根据《沥青路面施工及验收规范》(GB 50092—1996)和《公路工程沥青及沥青混合料试验规程》(JTG E20—2011),采用沥青混合料马歇尔稳定度试验(包括稳定度、流值、马歇尔模数),评价沥青混合料高温稳定性;对高速公路、一级公路、城市快速路、主干路所用沥青混合料,应通过沥青混合料车辙试验测定其抗车辙能力(动稳定度值),并检验沥青混合料的高温稳定性;可以采用沥青混合料抗剪强度试验,评价沥青混合料的高温稳定性。

(1)马歇尔稳定度试验:马歇尔稳定度试验方法自马歇尔(Marshall)提出以来,迄今已有半个多世纪,经过许多研究者的改进,目前普遍测定马歇尔稳定度(MS)、流值(FL)和马歇尔模数(T)三项指标。马歇尔稳定度是标准尺寸试件在规定温度和加荷速度下,在马歇尔仪中最大的破坏荷载(kN);流值是达到最大破坏荷载时试件的垂直变形(以 0.1mm 计);马歇尔模数是稳定度与流值的比值,即:

$$T = \frac{MS \cdot 10}{FL} \tag{13-4}$$

式中:T 为马歇尔模数(kN/mm);MS 为稳定度(kN);FL 为流值(0.1mm)。

(2)车辙试验:车辙试验的方法是用标准成型方法,制成 300mm×300mm×50mm 的沥青混合料试件,在 60℃的温度条件下,以一定荷载的轮子在同一轨迹上作一定时间的反复行走,形成一定的车辙深度,然后计算试件变形 1mm 时车轮行走的次数,即动稳定度。

$$DS = \frac{(t_2 - t_1) \cdot 42}{d_2 - d_1} \cdot c_1 \cdot c_2 \tag{13-5}$$

式中:DS 为沥青混合料动稳定度(次/mm);d_1、d_2 为 t_1 和 t_2 时刻的变形量(mm);42 为每分钟行走次数(次/min);c_1、c_2 为试验机或试样修正系数。

《沥青路面施工及验收规范》(GB 50092—1996)规定:用于上面层、中面层沥青混凝土混合料 60℃时车辙试验的动稳定度。高速公路和城市快车路应不小于 800 次/mm;对一级公路、城市主干道应不小于 600 次/mm。

（二）低温抗裂性

沥青混合料不仅应具备高温稳定性,同时还应具有低温抗裂性,以保证路面在冬季低温时不产生裂缝。

按照《公路工程沥青及沥青混合料试验规程》(JTG E20—2011),通过沥青混合料劈裂试验,评价沥青混合料低温抗裂性能。

研究认为,沥青路面在低温时开裂与沥青混合料的抗疲劳性能有关。建议采用沥青混合料在一定变形条件下,达到试件破坏时所需的荷载作用次数来表征沥青混合料的疲劳寿命,此破坏时的作用次数称为柔度。研究还认为,柔度与沥青混合料纯拉试验的延伸度有明显关系。

（三）耐久性

沥青混合料路面长期受自然因素的作用,为保证路面具有较长的使用寿命,必须具有良好的耐久性。

影响沥青混合料耐久性的因素很多,诸如沥青的组分、矿料的矿物成分和沥青混合料的组成结构（残留空隙、沥青填隙率）等。

沥青的组分和矿料的矿物成分对耐久性的影响如前所述。就沥青混合料的组成结构而言,首先是沥青混合料的空隙率,空隙率的大小与矿料的级配、沥青用量以及压实程度等有关。其次从耐久性角度出发,希望沥青混合料空隙率尽量小,以防止水的渗入和日光中紫外线对沥青的老化作用等,但是一般沥青混合料中均应残留 $3\%\sim6\%$ 的空隙,以备夏季沥青材料膨胀。

沥青混合料空隙率与水稳定性有关。空隙率大,且沥青与矿料黏附性差的混合料,在饱水后矿料与沥青黏附力降低,易发生剥落,同时颗粒相互推移产生体积膨胀以及强度显著降低等,引起路面早期破坏。

此外,沥青路面的使用寿命还与混合料中的沥青含量有很大关系。当沥青用量比正常用量减少时,沥青膜变薄,混合料的延伸能力降低,脆性增加;如沥青用量过少,将使混合料的空隙率增大,沥青膜暴露较多,加速老化作用。同时增加了渗水率,增大了水对沥青的剥落作用。有研究认为,沥青用量比最佳沥青用量少 0.5% 的混合料能使路面使用寿命缩短一半以上。

按照《公路工程沥青及沥青混合料试验规程》（JTG E20—2011）,采用沥青混合料浸水马歇尔稳定度试验,检验沥青混合料水稳定性（受水损害时抵抗剥落的能力）;也可采用沥青混合料冻融劈裂试验,评价沥青混合料水稳定性。

我国其他现行规范,也有采用空隙率、饱和度（即沥青填隙率）和残留稳定度等指标来表征沥青混合料的耐久性。

（四）抗滑性

随着现代高速公路的发展,对沥青混合料路面的抗滑性提出了更高的要求。沥青混合料路面的抗滑性与集料的表面特征、级配以及沥青用量等因素有关。为保证长期高速行车的安全,要特别注意粗集料的耐磨性,应选择硬质有棱角的集料。硬质集料往往属于酸性集料,与沥青的黏附性差,为此,在沥青混合料施工时,必须将软质集料与硬质集料组成复合集料,并采取掺入抗剥离剂等措施。《沥青路面施工及验收规范》（GB 50092—1996）对抗滑层集料提出了磨光值、道端磨耗值和冲击值等三项指标。

沥青用量对抗滑性非常敏感,如果用量超过最佳用量的 0.5%,就可使抗滑系数明显降低。

含蜡量对沥青混合料抗滑性有较大的影响,我国现行交通行业标准规定,重交通量道路用石油沥青的含蜡量应不大于 3%。沥青来源确有困难时,对路面下面层含蜡量可加大至 $4\%\sim5\%$。

（五）施工性能

为了保证在现场条件下顺利施工,沥青混合料除了应具备前述的技术要求外,还应具备良好的施工性能。影响沥青混合料施工性能的因素很多,诸如当地气温、施工条件及混合料性质等。

单纯从沥青混合料性质而言,影响施工性能的是集料级配。如粗细集料的颗粒大小相差过大,缺乏中间尺寸,沥青混合料容易分层层积(粗粒集中在表面,细粒集中在底部);如细集料过少,沥青层就不容易均匀地分布在粗颗粒表面;如细集料过多,则使拌合困难。此外,当沥青用量过少,或填料(矿粉)用量过多时,沥青混合料就容易疏松,不易压实。反之,如沥青用量过多,或填料(矿粉)质量不好,则容易使沥青混合料黏结成团块,不易摊铺。

三、热拌沥青混合料的技术标准

《沥青路面施工及验收规范》(GB 50092—1996)对热拌沥青混合料马歇尔试验技术标准的规定见表13-4。道路按交通性质可分为:①高速公路、一级公路、城市快速路、主干路;②其他等级公路和城市道路;③行人道路。各等级道路对马歇尔试验指标(包括稳定度、流值、空隙率、沥青饱和度及残留稳定度等)提出不同的要求。而对不同组成结构的混合料(如沥青混合料或沥青碎石混合料;Ⅰ型沥青混合料和Ⅱ型沥青混合料等),按类别分别提出不同的要求。这是我国近年来科学研究和实践经验的总结,对我国沥青混合料的生产、应用都有指导意义。

表13-4　热拌沥青混合料马歇尔试验技术标准

项　目	沥青混合料类型	高速公路、一级公路、城市快速路、主干路	其他等级公路和城市道路	行人道路
击实次数/次	沥青混合料	两面各75	两面各50	两面各35
	沥青碎石、抗滑表层	两面各50	两面各50	两面各35
稳定度[①]　MS/kN	Ⅰ型沥青混合料	＞7.5	＞5.0	＞3.0
	Ⅱ型沥青混合料、抗滑表层	＞5.0	＞4.0	—
流值　FL/0.1mm	Ⅰ型沥青混合料	20～40	20～45	20～50
	Ⅱ型沥青混合料、抗滑表层	20～40	20～45	—
空隙率[②]　VV/%	Ⅰ型沥青混合料	3～6	3～6	2～5
	Ⅱ型沥青混合料、抗滑表层	4～10	4～10	—
沥青饱和度　VFA/%	沥青碎石	＞10	＞10	—
	Ⅰ型沥青混合料	70～85	70～85	75～90
	Ⅱ型沥青混合料、抗滑表层	60～75	60～75	—
残留稳定度　MS'_0/%	沥青碎石	＜40～60	＜40～60	—
	Ⅰ型沥青混合料	＞75	＞75	＞75
	Ⅱ型沥青混合料、抗滑表层	＞70	＞70	—

注:① 粗粒式沥青混合料的稳定度可降低1kN。

　　② Ⅰ型细粒式及砂粒式沥青混合料的空隙率可放宽至2%～6%。

沥青混凝土混合料的矿料间隙率(VMA)宜符合表13-5要求。

表 13-5　沥青混凝土混合料的矿料间隙率要求

集料最大粒径/mm	方孔筛	37.5	31.5	26.5	19.0	16.0	13.2	19.5	4.75
	圆孔筛	50	35 或 40	30	25	20	15	10	5
VMA 不小于/%		12	12.5	13	14	14.5	15	16	18

第三节　热拌沥青混合料配合比设计

热拌沥青混合料适用于各种等级道路的沥青面层。高速公路、一级公路和城市快速路、主干路的沥青面层的上面层、中面层及下面层应采用沥青混凝土混合料铺筑,沥青碎石混合料仅适用于过渡层及整平层。其他等级道路的沥青上宜采用沥青混凝土混合料铺筑。

热拌沥青混合料的种类应按表 13-2 选用,其规格应以方孔筛为准,集料最大粒径不宜超过 31.5mm。当采用圆孔筛作为过渡时,集料最大粒径不宜超过 40mm。

沥青路面各层的混合料类型应根据道路等级及所处的层次,按表 13-1 确定,并应符合以下要求:

(1)应满足耐久性、抗车辙、抗裂、抗水损害能力、抗滑性能等多方面的要求,并应根据施工机械、工程造价等实际情况选择沥青混合料的种类。

(2)沥青混凝土混合料面层宜采用双层或三层式结构,其中应有一层及一层以上是Ⅰ型密级配沥青混凝土混合料。当各层均采用沥青碎石混合料时,沥青面层下必须做下封层。

(3)多雨潮湿地区的高速公路、一级公路和城市快速路、主干路的上面层宜采用抗滑表层混合料,一般道路及少雨干燥地区的高速公路、一级公路和城市快速路、主干路宜采用Ⅰ型沥青混凝土混合料作表层。

(4)沥青面层集料的最大粒径宜从上至下逐渐增大。上层宜使用中粒式及细粒式,不应使用粗粒式混合料。砂粒式仅适用于城市一般道路、市镇街道及非机动车道、行人道路等工程。

(5)上面层沥青混合料集料的最大粒径不宜超过层厚的 1/2,中、下面层及联结层集料的最大粒径不宜超过层厚的 2/3。

(6)高速公路的硬路肩沥青面层宜采用Ⅰ型沥青混凝土混合料作表层。

一、沥青混合料组成材料的要求

沥青混合料的技术性质取决于组成材料的性质、配合比例和制备工艺等。为保证沥青混合料的技术性质,要正确选择符合质量要求的组成材料。

(一)沥青

拌制沥青混合料所用沥青的技术性质,随气候条件、交通性质、沥青混合料的类型和施工条件等因素的不同而异。通常在较热气候的地区、交通较繁重的道路,采用细粒式或砂粒式的混合料,应选用稠度较大的沥青;反之,应选用稠度较小的沥青。在其他配料条件相同的情况下,采用较黏稠沥青配制的混合料具有较高的强度和稳定性,但是如果稠度过大,则沥青混合料的低温变形能力较差,沥青路面容易产生裂缝。反之,在其他配料条件相同的条件下,采用稠度较小的沥青,虽然配制的沥青混合料在低温时具有较好的变形能力,但是在夏季高温时往往由于稳定性较差而使路面产生推挤等现象。

《沥青路面施工及验收规范》(GB 50092—1996)规定:高速公路、一级公路、城市快速路、主干路用沥青混合料的沥青,应采用符合"重交通量道路用石油沥青质量要求"的沥青(如 AH-50～AH-130),对于其他道路用沥青混合料的沥青,应符合"中、轻交通量道路用石油沥青质量要求"的沥青(如 A-60～A-200)。煤沥青不得用于面层热拌沥青混合料。

沥青混合料面层所用的沥青标号,宜根据气候条件、施工季节、路面类型、施工方法和矿料类型等,按表 13-6 选用。其他各层的沥青可采用相同标号,也可采用不同标号。通常上面层(表面层)宜用较稠的沥青,下面层(底面层)或连接层宜用较稀的沥青。对于渠化交通的道路,宜采用较稠的沥青。当沥青标号不符合使用要求时,可采用几种不同标号掺配的混合沥青,但是掺配后的混合沥青技术指标应符合要求。

表 13-6 沥青混合料用沥青标号的选用

气候分区	沥青种类	沥青路面类型			
		沥青表面处治	沥青贯入式	沥青碎石	沥青混合料
寒区	石油沥青	A-140 A-180 A-200	A-140 A-180 A-200	AH-90　AH-110 AH-130 A-100　A-140	AH-90　AH-110 AH-130 A-100　A-140
	煤沥青	T-5　T-6	T-6　T-7	T-6　T-7	T-7　T-8
温区	石油沥青	A-100 A-140 A-180	A-100 A-140 A-180	AH-90　AH-110 A-100　A-140	AH-70　AH-90 A-60　A-100
	煤沥青	T-6　T-7	T-6　T-7	T-7　T-8	T-7　T-8
热区	石油沥青	A-60 A-100 A-140	A-60 A-100 A-140	AH-50　AH-70 AH-90 A-100　A-60	AH-50　AH-70 A-60　A-100
	煤沥青	T-6　T-7	T-7	T-7　T-8	T-7　T-8　T-9

(二)粗集料

沥青混合料中的粗集料,可以采用经轧碎、筛分等加工而成的粒径大于 2.36mm 的碎石,破碎砾石和筛选砾石、矿渣等集料。

沥青混合料的粗集料应洁净、干燥、无风化、无杂质,并应具有足够的强度和耐磨耗性,其质量应符合表 13-7 的要求。

表 13-7 沥青混合料用粗集料技术要求

指 标			高速公路、一级公路 城市快速路、主干路	其他等级公路 和城市道路
石料压碎值	/%	不大于	28	30
洛杉矶磨耗损失	/%	不大于	30	40
视密度(表观相对密度)	/(t/m³)	不小于	2.50	2.45
吸水率[①]	/%	不大于	2.0	3.0

续表

指　标		高速公路、一级公路 城市快速路、主干路	其他等级公路 和城市道路
对沥青的黏附性	不小于	4 级	3 级
坚固性^②　　　　　　/%	不大于	12	—
细长扁平颗粒含量　　　　/%	不大于	15	20
水洗法<0.075mm 颗粒含量　/%	不大于	1	1
软石含量　　　　　　　　/%	不大于	5	5
石料磨光值^③　　　　　/BPN	不小于	42	实测
石料冲击值　　　　　　　/%	不大于	28	实测
破碎砾石的破碎 面积/%　不小于	拌合的沥青 混合料路面　表面层	90	40
	中下面层	50	40
	贯入式路面	—	40

注：① 当粗集料用于高速公路、一级公路和城市快速路、主干路时，多孔玄武岩的表观密度可放宽至 2450kg/m³，吸水率可放宽至 3%，并应得到主管部门的批准。

② 坚固性试验可根据需要进行。

③ 石料磨光值是为高速公路、一级公路和城市快速路、主干路的表层抗滑需要而试验的指标，石料冲击值可根据需要进行试验。其他公路与城市道路如有需要时，可提出相应的指标值。

　　用于抗滑表层沥青混合料的粗集料，应选用坚硬、耐磨、抗冲击性好的碎石、破碎砾石、筛选砾石，矿渣及软质集料不得用于抗滑表层。用于高速公路、一级公路、城市快速路、主干路沥青路面表面层及各类道路抗滑表层的粗集料，应符合表 13-7 中石料磨光值的要求。在坚硬石料来源缺乏的情况下，允许掺入一定比例的普通集料作为中等粒径或小粒径的粗集料，但掺入比例不应超过粗集料总量的 40%。

　　钢渣作为粗集料时，仅限于一般道路，并应经过试验论证取得许可后使用。钢渣应有 6 个月以上的存放期，质量应符合表 13-8 或表 13-9 的要求。

　　钢渣活性检验：对粗集料或细集料使用钢渣的沥青混合料进行马歇尔试验时，应增加 3 个试件，将试件在 60℃ 水浴中浸泡 48h，然后取出冷却至室温，观察有无裂缝或鼓包，测量试件体积，其增大量不得超过 1%。同时，还应满足浸水马歇尔残留稳定度不小于 75% 的要求，达不到这些要求的钢渣不得使用。

　　经检验属于酸性岩石的石料，如花岗岩、石英岩等用于高速公路、一级公路、城市快速路、主干路时，宜采用针入度较小的沥青，并采取下列抗剥离措施，使其与沥青的黏附性符合表 13-7 的要求。

　　(1) 用干燥的磨细生石灰或生石灰粉、水泥作为填料（矿粉）的一部分，其用量宜为矿料总量的 1%～2%。

　　(2) 在沥青中掺入抗剥离剂。

　　(3) 将粗集料用石灰浆处理后使用。

　　粗集料的粒径规格应按《沥青路面施工及验收规范》(GB 50092—1996) 中"沥青面层用粗集料规格"（见表 13-8 或表 13-9）的规定选用，集料的粒径选择和筛分应以方孔筛为准，当受条件限制时，可采用与方孔筛相对应的圆孔筛。当生产的粗集料不符合规格要求，但是与其他材料配合后的级配符合各类沥青面层的集料使用要求时，也可以使用。

表 13-8　沥青面层用粗集料规格（方孔筛）

规格	公称粒径/mm	通过下列筛孔（方孔筛）的质量百分率/%												
		106	75	63	53	37.5	31.5	26.5	19.0	13.2	9.5	4.75	2.36	0.6
S1	40~75	100	90~100	—	—	0~15	—	0~5	—	—	—	—	—	—
S2	40~60	—	100	90~100	—	0~15	—	0~5	—	—	—	—	—	—
S3	30~60	—	100	90~100	—	—	0~15	—	0~5	—	—	—	—	—
S4	25~50	—	—	100	90~100	—	—	0~15	—	0~5	—	—	—	—
S5	20~40	—	—	—	100	90~100	—	—	0~15	—	0~5	—	—	—
S6	15~30	—	—	—	—	100	90~100	—	—	0~15	—	0~5	—	—
S7	10~30	—	—	—	—	100	90~100	—	—	—	0~15	0~5	—	—
S8	15~25	—	—	—	—	—	100	95~100	—	0~15	—	0~5	—	—
S9	10~20	—	—	—	—	—	—	100	95~100	—	0~15	0~5	—	—
S10	10~15	—	—	—	—	—	—	—	100	95~100	—	0~15	0~5	—
S11	5~15	—	—	—	—	—	—	—	100	95~100	40~70	0~15	0~5	—
S12	5~10	—	—	—	—	—	—	—	—	100	95~100	0~15	0~5	—
S13	3~10	—	—	—	—	—	—	—	—	100	95~100	40~70	0~15	0~5
S14	3~5	—	—	—	—	—	—	—	—	—	100	85~100	0~25	0~5

表 13-9　沥青面层用粗集料规格（圆孔筛）

规格	公称粒径/mm	通过下列筛孔（圆孔筛）的质量百分率/%														
		130	90	75	60	50	40	35	30	25	20	15	10	5	2.5	1.25
S1	40~90	100	90~100	—	—	—	0~15	—	0~5	—	—	—	—	—	—	—
S2	40~75	—	100	90~100	—	—	0~15	—	0~5	—	—	—	—	—	—	—
S3	40~60	—	—	100	90~100	—	0~15	—	0~5	—	—	—	—	—	—	—
S4	30~60	—	—	100	90~100	—	—	—	0~15	—	—	0~5	—	—	—	—
S5	25~50	—	—	—	100	90~100	—	—	—	0~15	—	0~5	—	—	—	—
S6	20~40	—	—	—	—	100	90~100	—	—	—	0~15	—	0~5	—	—	—
S7	10~40	—	—	—	—	100	90~100	—	—	—	—	0~15	0~15	0~5	—	—
S8	15~35	—	—	—	—	—	100	95~100	—	—	—	—	—	0~5	—	—
S9	10~30	—	—	—	—	—	—	100	95~100	—	—	—	0~15	0~5	—	—
S10	10~20	—	—	—	—	—	—	—	100	95~100	—	0~15	0~5	—	—	—
S11	5~15	—	—	—	—	—	—	—	—	100	95~100	40~70	0~15	0~5	—	—
S12	5~10	—	—	—	—	—	—	—	—	—	100	100	95~100	0~10	0~5	—
S13	3~10	—	—	—	—	—	—	—	—	—	100	100	95~100	40~70	0~15	0~5
S14	3~5	—	—	—	—	—	—	—	—	—	—	—	100	85~100	0~25	0~5

（三）细集料

用于拌制沥青混合料的细集料,可以采用天然形成或经过轧碎、筛分等加工而成的粒径小于 2.36mm 的天然砂、机制砂及石屑等集料。

细集料应洁净、干燥、无风化、无杂质,并有适当的颗粒级配范围。细集料的质量应符合表 13-10 的要求。

表 13-10　沥青混合料用细集料质量要求

指　　标		高速公路、一级公路、城市快速路、主干路	其他等级公路和城市道路
视密度（表观相对密度） /(kg/m³) 不小于		2500	2450
坚固性（>0.3mm 部分）① /% 不大于		12	—
砂当量② /% 不小于		60	50

注：① 坚固性试验根据需要进行。
　　② 当进行砂当量试验有困难时,也可用水洗法测定小于 0.075mm 部分的含量（仅适用于天然砂）,对高速公路、一级公路、城市快速路、主干路,要求该含量不大于 3%,对其他公路与城市道路要求不大于 5%。

热拌沥青混合料的细集料宜采用优质的天然砂或机制砂。在缺砂地区,也可使用石屑,但是用于高速公路、一级公路、城市快速路、主干路沥青混合料面层及抗滑表层的石屑用量,不宜超过天然砂及机制砂的用量。

细集料应与沥青有良好的黏结能力。与沥青黏结性差的天然砂及花岗岩、花岗斑岩、砂岩、片麻岩、角闪岩、石英岩等酸性石料,经轧碎制成的机制砂及石屑不宜用于高速公路、一级公路、城市快速路、主干路沥青混合料面层。当需要使用时,应采取前述粗集料的抗剥离措施。

细集料的级配,天然砂宜按表 13-11 中的粗砂、中砂或细砂的规格选用,石屑宜按表 13-12 的规格选用。当一种细集料不能满足级配要求时,可采用两种或两种以上的细集料掺配使用。

表 13-11　沥青面层的天然砂规格

方孔筛/mm	圆孔筛/mm	通过各筛孔的质量百分率/%		
		粗　砂	中　砂	细　砂
9.5	10	100	100	100
4.75	5	90~100	90~100	90~100
2.36	2.5	65~95	75~100	85~100
1.18	1.2	35~65	50~90	75~100
0.6		15~29	30~59	60~84
0.3		5~20	8~30	15~45
0.15		0~10	0~10	0~10
0.075		0~5	0~5	0~5
细度模数 M_x		3.7~3.1	3.0~2.3	2.2~1.6

表 13-12　沥青面层的石屑规格

规格	公称粒径/mm	通过下列筛孔的质量百分率/%									
		方孔筛/mm					圆孔筛/mm				
		9.5	4.75	2.36	0.6	0.075	10	5	2.5	0.6	0.075
S15	0~5	100	85~100	40~70	—	0~15	100	85~100	40~70	—	0~15
S16	0~3	—	100	85~100	20~50	0~15	—	100	85~100	20~50	0~15

（四）填料（矿粉）

沥青混合料的填料（矿粉）宜采用石灰岩或岩浆岩中的强基性岩石等憎水性石料，经磨细粒径小于 0.075mm 的矿物质粉末。原石料中的泥土杂质应除净。矿粉要求干燥、洁净，其质量应符合表 13-13 的要求。当采用水泥、石灰、粉煤灰作填料（矿粉）时，其用量不宜超过矿料总量的 2%。

表 13-13　沥青混合料用矿粉质量要求

指　　标			高速公路、一级公路城市快速路、主干路	其他等级公路和城市道路
视密度（表观相对密度）　/(kg/m³)		不小于	2500	2450
含水量　/%		不大于	1	1
粒度范围	/%	<0.6mm	100	100
	/%	<0.15mm	90~100	90~100
	/%	<0.075mm	75~100	70~100
外　　观			无团粒结块	
亲水系数			<1	

粉煤灰作为填料（矿粉）使用时，烧失量应小于 12%，塑性指数应小于 4%，其余质量要求与填料（矿粉）相同。粉煤灰的用量不宜超过填料（矿粉）总量的 50%，并须经试验确认与沥青具有良好的黏结力，沥青混合料的水稳定性能应满足要求。高速公路、一级公路和城市快速路、主干路的沥青混凝土面层不宜用粉煤灰作填料（矿粉）。

采用干法除尘措施回收的粉尘，可作为填料（矿粉）的一部分。采用湿法除尘措施回收的粉尘，使用时应经干燥粉碎处理，且不得含有杂质。回收粉尘的用量不得超过填料（矿粉）总量的 50%，掺有粉尘填料（矿粉）的塑性指数不得大于 4%。回收粉尘其他质量要求与填料（矿粉）相同。

二、热拌沥青混合料配合比设计方法

根据《沥青路面施工及验收规范》（GB 50092—1996）和《公路工程沥青及沥青混合料试验规程》（JTG E20—2011），热拌沥青混合料的配合比设计方法具体如下。

（一）一般规定

热拌沥青混合料的配合比设计应包括目标配合比设计阶段、生产配合比设计阶段及生产配合比验证阶段,通过配合比设计决定沥青混合料的材料品种、矿料级配及沥青用量。

热拌沥青混合料的目标配合比设计宜按图 13-6 的流程进行。

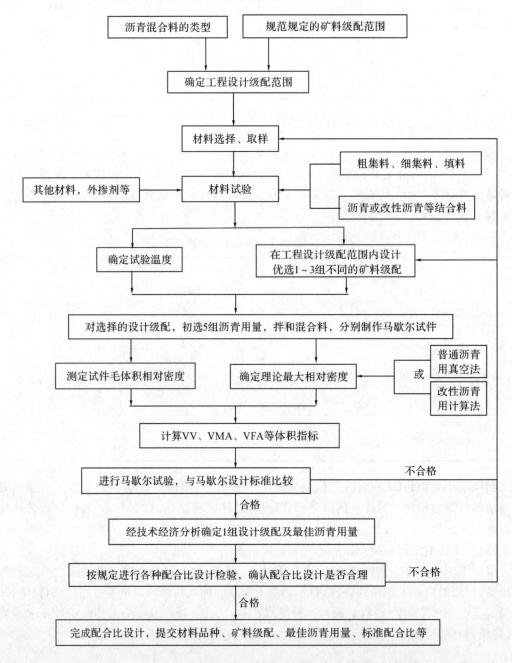

图 13-6 热拌沥青混合料目标配合比设计流程

热拌沥青混合料的配合比设计应采用马歇尔试验设计方法,并对设计的沥青混合料进行浸水马歇尔试验及车辙试验分别检验其水稳定性和抗车辙能力。

配合比设计各阶段都应进行马歇尔试验。经配合比设计得到的沥青混合料应符合表 13-4 规定的马歇尔试验设计技术标准,矿料级配应符合表 13-14 或表 13-15 的规定。

表13-14　沥青混合料矿料级配及沥青用量范围(方孔筛)

级配类型		通过下列筛孔(方孔筛/mm)的质量百分率/%															沥青用量/%
		53.0	37.5	31.5	26.5	19.0	16.0	13.2	9.5	4.75	2.36	1.18	0.6	0.3	0.15	0.075	
沥青混凝土 粗粒	AC-30 Ⅰ	100	100	90~100	79~92	66~82	59~77	52~72	43~63	32~52	25~42	18~32	13~25	8~18	5~13	3~7	4.0~6.0
	Ⅱ		100	90~100	65~85	52~70	45~65	38~58	30~50	18~38	12~28	8~20	4~14	3~11	2~7	1~5	3.0~5.0
	AC-25 Ⅰ			100	95~100	75~90	62~80	53~73	43~63	32~52	25~42	18~32	13~25	8~18	5~13	3~7	4.0~6.0
	Ⅱ			100	90~100	65~85	52~70	42~62	32~52	20~40	13~30	9~23	6~16	4~12	3~8	2~5	3.0~5.0
	AC-20 Ⅰ				100	95~100	75~90	62~80	52~72	38~58	28~46	20~34	15~27	10~20	6~14	4~8	4.0~6.0
	Ⅱ				100	90~100	65~85	52~70	40~60	26~45	16~33	11~25	7~18	4~13	3~9	2~5	3.5~5.5
中粒	AC-16 Ⅰ					100	95~100	75~90	58~78	42~63	32~50	22~37	16~28	11~21	7~15	4~8	4.0~6.0
	Ⅱ					100	90~100	65~85	50~70	30~50	18~35	12~26	7~19	4~14	3~9	2~5	3.5~5.5
	AC-13 Ⅰ						100	95~100	70~88	48~68	36~53	24~41	18~30	12~22	8~16	4~8	4.5~6.5
	Ⅱ						100	90~100	60~80	34~52	22~38	14~28	8~20	5~14	3~10	2~6	4.0~6.0
细粒	AC-10 Ⅰ							100	95~100	55~75	38~58	26~43	17~33	10~24	6~16	4~9	5.0~7.0
	Ⅱ								90~100	40~60	24~42	15~30	9~22	6~15	4~10	2~6	4.5~6.5
砂粒	AC-5 Ⅰ							100	100	95~100	55~75	35~55	20~40	12~28	7~18	5~10	6.0~8.0
沥青碎石 特粗	AM-40	100	90~100	50~80	40~65	30~54	25~30	20~45	13~38	5~25	2~15	0~10	0~8	0~6	0~5	0~4	2.5~4.0
粗粒	AM-30		100	90~100	50~80	38~65	32~57	25~50	17~42	8~30	2~20	0~15	0~10	0~8	0~5	0~4	2.5~4.0
	AM-25			100	90~100	50~80	43~73	38~65	25~55	10~32	2~20	0~14	0~10	0~8	0~6	0~5	3.0~4.5
中粒	AM-20				100	90~100	60~85	50~75	40~65	15~40	5~22	2~16	1~12	0~10	0~8	0~5	3.0~4.5
	AM-16					100	90~100	60~85	45~68	18~42	6~25	3~18	1~14	0~10	0~8	0~5	3.0~4.5
细粒	AM-13						100	90~100	50~80	20~45	8~28	4~20	2~16	0~10	0~8	0~6	3.0~4.5
	AM-10							100	85~100	35~65	10~35	5~22	2~16	0~12	0~9	0~6	3.0~4.5
抗滑表层	AK-13A						100	90~100	60~80	30~53	20~40	15~30	10~23	7~18	5~12	4~8	3.5~5.5
	AK-13B						100	85~100	50~70	18~40	10~30	8~22	5~7	3~12	3~9	2~6	3.5~5.5
	AK-16					100	90~100	60~82	45~70	25~45	15~35	10~25	8~18	6~13	4~10	3~7	3.5~5.5

表 13-15　沥青混合料矿料级配及沥青用量范围（圆孔筛）

通过下列筛孔（圆孔筛/mm）的质量百分率/%

级配类型		型号	50	40	35	30	25	20	15	10	5	2.5	1.2	0.6	0.3	0.15	0.075	沥青用量/%
沥青混凝土	粗粒	LH-40 I	100	90~100	84~94	77~89	68~85	58~78	48~69	41~61	30~50	25~41	18~32	13~25	8~18	5~13	3~7	3.5~5.5
		LH-40 II	100	90~100	85~100	78~93	60~78	43~64	36~56	28~48	18~38	12~28	8~20	4~14	3~11	2~7	1~5	3.0~5.0
		LH-35 I		100	90~100	82~95	70~88	59~79	50~70	41~60	30~50	25~41	18~32	13~25	8~18	5~13	3~7	4.0~6.0
		LH-35 II		100	90~100	78~93	60~78	43~64	36~56	28~48	18~38	12~28	8~20	4~14	3~11	2~7	1~5	3.0~5.0
		LH-30 I			100	95~100	75~90	60~80	52~72	41~61	30~50	25~41	18~32	13~25	8~18	5~13	3~7	4.0~6.0
		LH-30 II			100	90~100	65~85	50~70	40~60	30~50	18~40	13~30	9~23	6~16	4~12	3~8	2~5	3.0~5.0
		LH-25 I				100	95~100	75~90	60~80	50~70	36~56	28~46	20~34	15~27	10~20	6~14	4~8	4.0~6.0
		LH-25 II				100	90~100	65~85	50~70	38~58	24~45	16~38	11~25	7~18	4~13	3~9	2~5	3.5~5.5
	中粒	LH-20 I					100	95~100	75~90	56~76	40~60	30~50	22~38	16~29	11~21	7~15	4~8	4.0~6.0
		LH-20 II					100	90~100	65~85	48~68	28~50	18~35	12~26	7~19	4~14	3~9	2~5	3.5~5.5
	细粒	LH-15 I						100	95~100	70~88	48~68	36~53	24~41	18~30	12~22	8~16	4~8	4.5~6.5
		LH-15 II						100	90~100	60~80	34~54	22~38	14~28	8~20	6~14	3~10	2~6	4.0~6.0
		LH-10 I							100	95~100	55~75	38~58	26~43	17~33	10~24	6~16	4~9	5.0~7.0
		LH-10 II							100	90~100	40~60	24~42	15~30	9~22	6~15	4~10	2~6	4.5~6.5
	砂粒	LH-5 I								100	95~100	55~75	35~55	20~40	12~28	7~18	5~10	6.0~8.0
沥青碎石	特粗	LS-50	90~100	50~80	45~73	39~65	31~59	25~50	18~40	13~32	5~25	2~16	0~12	0~8	0~6	0~5	0~4	2.5~4.0
	粗粒	LS-40	100	90~100	70~88	50~78	40~70	40~70	32~60	20~48	15~40	7~30	0~14	0~10	0~8	0~5	0~4	2.5~4.0
		LS-35		100	90~100	70~90	48~75	38~65	28~51	20~42	8~31	2~20	0~14	0~10	0~8	0~5	0~4	2.5~4.5
		LS-30			100	90~100	55~80	45~69	35~55	25~45	10~32	2~20	0~14	0~10	0~8	0~6	0~5	3.0~4.5
	中粒	LS-25				100	90~100	55~85	40~70	28~55	12~36	5~22	2~16	1~12	0~10	0~8	0~5	3.0~4.5
		LS-20					100	90~100	55~80	36~62	18~42	6~26	3~18	1~14	0~10	0~8	0~5	3.0~4.5
	细粒	LS-15						100	90~100	40~65	20~45	8~28	4~20	2~15	0~10	0~8	0~6	3.0~4.5
		LS-10							100	65~100	40~65	10~35	5~22	2~16	0~12	0~9	0~6	3.0~4.5
抗滑表层		LK-15A								55~75	30~55	20~40	15~30	10~23	7~18	5~12	4~8	3.5~5.5
		LK-15B								45~65	18~40	10~30	8~22	5~15	4~12	3~9	2~6	3.5~5.5
		LK-20					100	90~100	55~80	40~68	25~45	15~34	10~26	8~18	6~13	4~10	3~7	3.5~5.5

（二）材料准备

（1）按照《公路工程沥青及沥青混合料试验规程》（JTG E20—2011）选取沥青及矿料试样。

（2）应对粗集料、细集料、填料（矿粉）进行筛分，得出各种矿料的筛分曲线。

（3）应测定粗集料、细集料、填料（矿粉）及沥青的相对密度。

（三）确定矿料级配

根据道路等级、路面类型及所处的结构层位等选择适用的沥青混合料类型（如表13-1），按表13-14或表13-15确定矿料级配范围。

由各种矿料的筛分曲线计算配合比例，合成的矿料级配应符合表13-14或表13-15的规定。矿料的配合比计算宜借助计算机进行。当无此条件时，也可用图解法确定。合成级配应符合下列要求：

（1）应使包括0.075mm、2.36mm、4.75mm筛孔在内的较多筛孔的通过量接近设计级配范围的中限。

（2）对交通量大、车轴载重大的道路，宜偏向级配范围的下（粗）限；对中小交通量或人行道路等宜偏向级配范围的上（细）限。

（3）合成的级配曲线应接近连续或有合理的间断级配，不得有过多的犬牙交错；当经过再三调整，仍有两个以上的筛孔超出级配范围时，应对原材料进行调整或更换原材料重新设计。

（四）确定沥青用量

根据表13-14或表13-15中所列的沥青用量范围及实践经验，估计适宜的沥青用量（或油石比）。

以估计沥青用量为中值，按0.5%间隔变化，取5个不同的沥青用量，用小型拌合机与矿料拌合，按表13-4规定的击实次数成型马歇尔试件。按下列规定的试验方法测定试件的密度，并计算空隙率、沥青饱和度、矿料间隙率等物理指标，并进行体积组成分析。

（1）Ⅰ型沥青混合料试件应采用水中重法测定。

（2）表面较粗但较密实的Ⅰ型或Ⅱ型沥青混合料、使用吸收性集料的Ⅰ型沥青混合料试件应采用表干法测定。

（3）吸水率大于2%的Ⅰ型或Ⅱ型沥青混合料、沥青碎石混合料等，不能用表干法测定试件，而应采用蜡封法测定。

（4）空隙率较大的沥青碎石混合料、开级配沥青混合料试件可采用体积法测定。为确定沥青混合料的沥青最佳用量，需要计算确定沥青混合料的下列物理指标。

① 表观密度：沥青混合料压实试件的表观密度，根据不同种类的沥青混合料，可分别采用水中重法、表干法、体积法或封蜡法等方法测定。对于密级配沥青混合料，通常采用水中重法，按式（13-6）计算。

$$\rho_s = \frac{m_a}{m_a - m_w} \cdot \rho_w \qquad (13-6)$$

式中：ρ_s 为试件的表观密度（g/cm³）；m_a 为干燥试件的空气中质量（g）；m_w 为试件的水中质量（g）；ρ_w 为常温水的密度，约等于1g/cm³。

② 理论密度:沥青混合料试件的理论密度是指压实沥青混合料试件全部为矿料(包括矿料内部孔隙)和沥青(空隙率为零)所组成的最大密度。可按式(13-7)或式(13-7′)计算。

按油石比(沥青与矿料的质量比例)计算时:

$$\rho_1 = \frac{100 + p_a}{\dfrac{p_1}{\gamma_1} + \dfrac{p_2}{\gamma_2} + \cdots + \dfrac{p_n}{\gamma_n} + \dfrac{p_a}{\gamma_a}} \cdot p_w \qquad (13\text{-}7)$$

按沥青含量(沥青质量占混合料总质量的百分率)计算时:

$$\rho_1 = \frac{100}{\dfrac{p_1'}{\gamma_1} + \dfrac{p_2'}{\gamma_2} + \cdots + \dfrac{p_n'}{\gamma_n} + \dfrac{p_b}{\gamma_b}} \cdot \rho_w \qquad (13\text{-}7')$$

式中:ρ_1 为理论密度(g/m^3);P_1、$P_2 \cdots P_{n-1}$、P_n 为各种矿料成分的配比(矿料总和为 $\sum_i^n p_i = 100 \, p_i = 100$)($\%$);$p_1'$、$p_2' \cdots p_{n-1}'$、$p_n'$ 为各种矿料占沥青混合料总质量的百分率(矿料与沥青之和为 $\sum_i^n p_i = 100 \, p_i' + p_b = 100$)($\%$);$\gamma_1$、$\gamma_2 \cdots \gamma_{n-1}$、$\gamma_n$ 为各种矿料的相对密度;p_a 为油石比($\%$);p_b 为沥青含量($\%$);γ_a、γ_b 为沥青的相对密度。

③ 空隙率:压实沥青混合料试件的空隙率,根据其表观密度和理论密度,按式(13-8)计算:

$$VV = \left(1 - \frac{\rho_s}{\rho_t}\right) \times 100\% \qquad (13\text{-}8)$$

式中:VV 为试件空隙率($\%$);ρ_s 为试件表观密度(g/cm^3);ρ_t 为试件理论密度(g/cm^3)。

④ 沥青体积百分率:压实沥青混合料试件中,沥青体积占试件总体积的百分率称为沥青体积百分率(简称 VA),按式(13-9)或式(13-9′)计算:

$$VA = \frac{p_b \cdot \rho_s}{\gamma_b \times \rho_w} \qquad (13\text{-}9)$$

或

$$VA = \frac{p_a \cdot \rho_s}{(100 + p_a)\gamma_b \cdot \rho_w} \times 100\% \qquad (13\text{-}9')$$

式中:VA 为沥青混合料试件的沥青体积百分率($\%$)。

⑤ 矿料间隙率:压实沥青混合料试件内,矿料以外的体积占试件总体积的百分率,称为矿料间隙率(简称 VMA),亦即试件空隙率与沥青体积百分率之和,按式(13-10)计算:

$$VMA = VA + VV \qquad (13\text{-}10)$$

式中:VMA 为矿料间隙率($\%$)。

⑥ 沥青饱和度:压实沥青混合料中,沥青体积占矿料以外空隙体积的百分率,称为沥青饱和度,亦称沥青填隙率(简称 VFA)。按式(13-11)或(13-11′)计算:

$$VFA = \frac{VA}{VA + VV} \times 100\% \qquad (13\text{-}11)$$

式中:VFA 为沥青混合料中的沥青饱和度($\%$)。

或

$$VFA = \frac{VA}{VMA} \times 100\% \qquad (13\text{-}11')$$

通过马歇尔试验,测定沥青混合料的下列物理力学指标。选择的沥青用量范围应使密度及稳定度曲线出现峰值。

① 马歇尔稳定度:按标准方法制备的试件,在60℃的条件下,保温45min,然后将试件放置于马歇尔稳定度仪上,以(50±5)mm/min的形变速度加荷,直至试件破坏时的最大荷载(以 kN 计)称为马歇尔稳定度(简称 MS)。

② 流值:在测定马歇尔稳定度的同时,测定试件的流动变形,当达到最大荷载的瞬间,试件所产生的垂直流动变形值(以 0.1mm 计)称为流值(简称 FL)。在有 X-Y 记录仪的马歇尔稳定度仪上,可自动绘出荷载 P 与变形 F,的关系曲线,如图 13-7 所示。

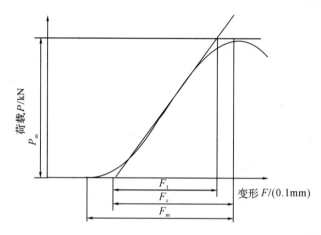

图 13-7　马歇尔稳定度试验荷载与变形曲线

在图 13-7 中曲线的峰值(P_m)即为马歇尔稳定度 MS。而流值可以有三种不同的计算方法,如图 13-7 所示,F_1 为直线流值,F_x 为中间流值,F_m 为总流值。通常采用 F_x 作为测定流值。

③ 马歇尔模数:通常用马歇尔稳定度(MS)与流值(FL)的比值表示沥青混合料的视劲度,称为马歇尔模数。

$$T = \frac{MS \times 10}{FL}$$

式中:T 为马歇尔模数(kN/mm);MS 为马歇尔稳定度(kN);FL 为流值,0.1mm。

按图 13-8 的方法,以沥青用量为横坐标,以测定的各项指标为纵坐标,分别将试验结果点入图中,连成圆滑的曲线。

从图 13-8 中求取相应于密度最大值的沥青用量 a_1,相应于稳定度最大值的沥青用量 a_2 及相应于规定空隙率范围中值(或要求的目标空隙率)的沥青用量 a_3,按式(13-12)求出三者的平均值作为最佳沥青用量的初始值 OAC_1。

$$OAC_1 = (a_1 + a_2 + a_3)/3 \qquad (13-12)$$

求出各项指标均符合表 13-4 沥青混合料技术标准的沥青用量范围 $OAC_{min} \sim OAC_{max}$,按式(13-13)求出中值 OAC_2。

$$OAC_2 = (OAC_{min} + OAC_{max})/2 \qquad (13-13)$$

按最佳沥青用量初始值 OAC_1 在图 13-8 中求取相应的各项指标值,当各项指标均符合表 13-4 规定的马歇尔设计配合比技术标准时,由 OAC_1 及 OAC_2 综合决定最佳沥青用量(OAC)。当不能符合表 13-4 的规定时,应调整级配,重新进行配合比设计,直至各项指标均能符合规定要求。

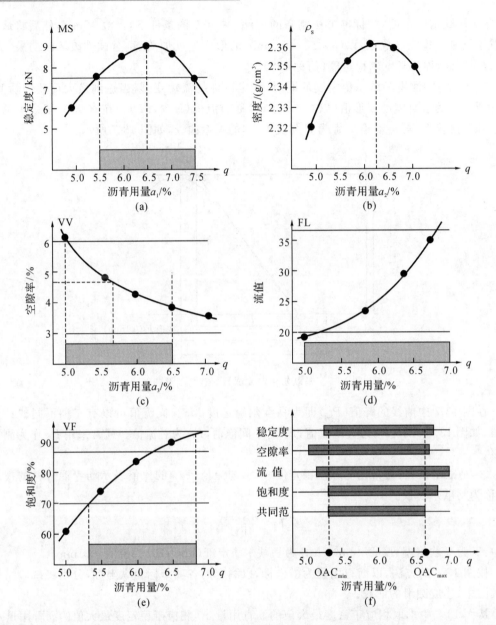

图 13-8 沥青用量与马歇尔稳定度试验(物理-力学指标关系)

由 OAC_1 及 OAC_2 综合决定最佳沥青用量(OAC)时,宜根据实践经验和道路等级、气候条件,按下列步骤进行:

(1)一般可取 OAC_1 及 OAC_2 的中值作为最佳沥青用量(OAC)。

(2)对热区道路以及车辆渠化交通的高速公路、一级公路、城市快速路、主干路,预计有可能造成较大车辙的情况时,可在 OAC 与下限 OAC_{min} 范围内决定,但不宜小于 OAC_2 的 0.5%。

(3)对寒区道路以及其他等级公路与城市道路,最佳沥青用量可以在 OAC_2 与上限值 OAC_{max} 范围内决定,但不宜大于 OAC_2 的 0.3%。

（五）水稳定性检验

按最佳沥青用量（OAC）制作马歇尔试件，进行浸水马歇尔试验或真空饱水后的浸水马歇尔试验，当残留稳定度不符合表13-4的规定时，应重新进行配合比设计。或当用于高速公路、一级公路和城市快速路、主干路的石料为酸性岩石时，宜使用针入度较小的沥青，并应采用下列抗剥离措施，使沥青与矿料的黏附性符合表13-5的要求。

（1）用干燥的磨细消石灰或生石灰粉、水泥作为填料（矿粉）的一部分，其用量宜为矿料总量的1%～2%。

（2）在沥青中掺入抗剥离剂。

（3）将粗集料用石灰浆处理后使用。

当最佳沥青用量（OAC）与两个初始值 OAC_1、OAC_2 相差很大时，宜按 OAC 与 OAC_1 或 OAC_2 分别制作试件，进行残留稳定度试验，并根据试验结果对 OAC 作适当调整。

残留稳定度试验是将标准试件在规定温度下浸水48h（或经真空饱水后，再浸水48h），测定其浸水残留稳定度，按式（13-14）计算：

$$MS_0 = \frac{MS_1}{MS} \times 100\% \tag{13-14}$$

式中：MS_0 为试件浸水（或真空饱水）残留稳定度（%）；MS_1 为试件浸水48h（或真空饱水后浸水48h）后的稳定度（kN）。

（六）高温稳定性检验

按最佳沥青用量（OAC）制作车辙试验试件，对用于高速公路、一级公路和城市快速路、主干路沥青路面的上面层和中面层沥青混合料进行配合比设计时，应通过车辙试验对其高温抗车辙能力进行检验。

在温度为60℃、轮压为0.7MPa的条件下进行车辙动稳定度试验，对高速公路和城市快速路不应小于800次/mm，对一级公路及城市主干路不应小于600次/mm。当动稳定度不符合要求时，应对矿料级配或沥青用量进行调整，重新进行配合比设计。

当最佳沥青用量（OAC）与两个初始值 OAC_1、OAC_2 相差很大时，宜按 OAC 与 OAC_1 或 OAC_2 分别制作试件，进行车辙试验，并根据试验结果对 OAC 作适当调整。

总之，热拌沥青混合料配合比设计需要经过反复调整及综合以上试验结果，并参考以往工程实践经验，综合决定矿料级配和最佳沥青用量。

第四节　其他沥青混合料

一、常温沥青混合料

与热拌沥青混合料相对应的是常温沥青混合料（或称冷铺沥青混合料），这类混合料的结合料可以采用液体沥青或乳化沥青。为了节约能源、保护环境，我国较少采用液体沥青。

采用乳化沥青为结合料，可拌制乳化沥青混凝土混合料或乳化沥青碎石混合料。

我国目前常用的常温沥青混合料，主要是乳化沥青碎石混合料。

（一）常温沥青碎石混合料的组成和类型

1. 常温沥青碎石混合料的组成

（1）集料与填料（矿粉）：要求与热拌沥青碎石混合料相同。

（2）结合料：采用乳化沥青，其类型和规格应符合表 13-16 的要求。

表 13-16　道路用乳化石油沥青质量要求

试验项目		单位	品种及代号①									
			阳离子				阴离子				非离子	
			喷洒用			拌合用	喷洒用			拌合用	喷洒用	拌合用
			PC-1	PC-2	PC-3	BC-1	PA-1	PA-2	PA-3	BA-1	PN-1	BN-1
破乳速度③		—	快裂	慢裂	快裂或中裂	慢裂或中裂	快裂	慢裂	快裂或中裂	慢裂或中裂	慢裂	慢裂
粒子电荷		—	阳离子（+）				阴离子（+）				非离子	
筛上残余物（1.18mm 筛），不大于		%	0.1									
黏度②	恩格拉黏度计 E25	—	2~10	1~6	1~6	2~30	2~10	1~6	1~6	2~30	1~6	2~30
	道路标准黏度计 C25,3	s	10~25	8~20	8~20	10~60	10~25	8~20	8~20	10~60	8~20	10~60
蒸发残留物⑥	残留分含量，不小于	%	50	50	50	55	50	50	50	55	50	55
	溶解度，不小于	%	97.5									
	针入度（25℃）	0.1 mm	50~200	50~300	45~150		50~200	50~300	45~150		50~300	60~300
	延度（15℃），不小于	cm	40									
与粗集料的黏附性，裹覆面积，不小于		—	2/3			—	2/3			—	2/3	—
与粗、细粒式集料拌合试验		—	—			均匀	—			均匀	—	—
水泥拌合试验的筛上剩余，不大于		%	—									3

试验项目		单位	品种及代号									
			阳离子				阴离子				非离子	
			喷洒用			拌合用	喷洒用			拌合用	喷洒用	拌合用
			PC-1	PC-2	PC-3	BC-1	PA-1	PA-2	PA-3	BA-1	PN-1	BN-1
常温储存稳定性④⑤	1d,不大于	%	1									
	5d,不大于	%	5									

注:① P 为喷洒型,B 为拌合型,C、A、N 分别表示阳离子、阴离子、非离子乳化沥青。

② 黏度可选用恩格拉黏度计或沥青标准黏度计测定。

③ 破乳速度与集料的黏附性、拌合试验的要求、所使用的石料品种有关,质量检验时,应采用工程上实际的石料进行试验,仅进行乳化沥青产品质量评定时可不要求此三项指标。

④ 储存稳定性根据施工实际情况确定试验时间,通常采用 5d,乳液生产后能在当天使用时也可用 1d 的稳定性。

⑤ 当乳化沥青需要在低温冰冻条件下储存或使用时,尚需按 T0656 进行 $-5℃$ 低温储存稳定性试验,要求没有粗颗粒、不结块。

⑥ 如果乳化沥青是将高浓度产品运到现场经稀释后使用时,则蒸发残留物等各指标应符合稀释前乳化沥青的要求。

2. 常温沥青碎石混合料的类型

常温沥青碎石混合料的类型,主要由其结构层位决定。路面采用双层式时,下面层应采用粗粒式(或特粗)沥青碎石 AM-25、AM-30(或 AM-40),上面层应采用细粒式(或中粒式)沥青碎石 AM-10、AM-13(或 AM-16、AM-20)。单层式只适合在少雨干燥地区或半刚性基层上使用。

(二)常温沥青碎石混合料的组成

乳化沥青碎石混合料的矿料级配组成与热拌沥青混合料相同。

乳化沥青碎石混合料的乳液用量,按热拌沥青混合料的用量折算。实际的沥青用量通常比同规格热拌沥青碎石混合料的沥青用量少 $15\%\sim20\%$。应根据当地实践经验以及交通量、气候、石料特性、沥青标号、施工机械等条件综合考虑沥青用量。

(三)常温沥青碎石混合料的应用

乳化沥青碎石混合料适用于三级及三级以上的公路、城市道路支线的沥青面层和二级公路的罩面层。在多雨潮湿地区必须做上封层或下封层。

对于高速公路、一级公路、城市快速路、主干路等,常温沥青碎石混合料只适用于沥青路面的连接层或整平层。

二、稀浆封层混合料

稀浆封层混合料(简称沥青稀浆混合料),是由结合料、集料、填料(矿粉)、外加剂和水等拌制而成的一种具有流动性的沥青混合料。

(一)稀浆封层混合料的组成

(1)结合料:乳化沥青,常用阳离子慢凝乳液。

(2)集料:级配石屑(或砂)组成的矿料,最大粒径为 10.5mm(或 3mm)。

(3)填料(矿粉):为提高集料的密实度,需掺入水泥、石灰、粉煤灰、石粉等填料(矿粉)。

(4)水:为润湿矿料,掺入适量的水使稀浆混合料具有要求的流动度。

(5)外加剂:为调节稀浆混合料的施工性能和凝结时间需添加各种助剂,如氯化钙、氯化铵、氯化钠、硫酸铝等。

(二)稀浆封层混合料的类型

稀浆封层混合料按其用途和适应性分为 ES-1、ES-2、ES-3 三种类型,其矿料级配组成和沥青用量见表 13-17。

表 13-17 乳化沥青稀浆封层矿料级配及沥青用量范围

筛孔/mm			级配类型		
方孔筛	圆孔筛		ES-1	ES-2	ES-3
9.5	10			100	100
4.75	5		100	90～100	70～90
2.36	2.5		90～100	65～90	45～70
1.18	1.2		65～90	45～70	28～50
通过筛孔的质量百分率/%	0.6		40～65	30～50	19～34
	0.3		25～42	18～30	12～25
	0.15		15～30	10～21	7～18
	0.075		10～20	5～15	5～15
沥青用量(油石比)/%			10～16	7.5～13.5	6.5～12
稀浆混合料用量/(kg/m²)			3～5.5	5.5～8	＞8
适宜的封层平均厚度/mm			2～3	3～5	4～6

(1)ES-1:细粒式封层混合料,沥青用量较高(＞8%),具有较好的渗透性,有利于治愈裂缝,适用于大裂缝的封缝或中轻交通的一般道路薄层处理。

(2)ES-2:中粒式封层混合料,是最常用的级配类型,可形成中等粗糙度,用于一般道路路面的磨耗层,也适用于较高等级路面的罩面修复。

(3)ES-3:粗粒式封层混合料,其表面粗糙,可用作抗滑层或可作二次抗滑处理,也可用于高等级路面。

(三)稀浆封层混合料配合比设计

稀浆封层混合料配合比设计可以根据理论的矿料表面吸收法,按单位质量的矿料表面积,裹上 8μm 厚的沥青膜,计算出最佳沥青用量。但是这种方法并不能反映稀浆封层混合料的工作特性、旧路面的情况和施工的要求。综合考虑上述特性和要求,目前是采用试验的方法来确定配合比,其主要试验内容包括下列各项。

(1)稠度试验。为满足施工性能的要求,通过流动度试验,决定稀浆封层混合料的用水量。

(2)初凝时间试验。为适应施工的要求,对稀浆封层混合料的初凝时间需进行控制。初凝时间可采用斑点法测定,如不能满足施工要求,应用助剂调节。

(3)稳定时间。即固化时间,表示封层已完成养护,可开放交通。固化时间可用锥体贯入度法或黏结力法测定。在配合比设计时,固化时间亦可采用助剂调节。

(4)湿轮磨耗试验。它是确定沥青最低用量和检验沥青混合料固化后耐磨性的重要试验。该试验的步骤是:用稀浆封层混合料制成试件,用模拟汽车轮胎磨耗,按标准试验法,要求磨耗损失不宜大于 $800g/m^2$。沥青用量增多则磨耗值减小。当沥青用量符合上述要求时,即为稀浆封层混合料最低沥青用量。

(5)轮荷压砂试验。该试验是确定容许最高的沥青用量。试验方法是在稀浆封层混合料试件上,以负荷为 $625kg$ 的车轮碾压 1000 次,测定其黏附砂的质量。沥青用量愈高,黏附的砂量就愈大。根据不同交通量,规定砂的最大容许黏附量,就可确定稀浆封层混合料容许的最高沥青用量。轮荷压砂试验的砂吸收量不宜大于 $600g/m^2$。

通过以上试验,确定了用水量、沥青用量、集料和填料(矿粉)用量,即可计算出配合比。

(四)稀浆封层混合料的应用

稀浆封层混合料可用于旧路面的养护维修,亦可用于路面加铺抗滑层、磨耗层。由于这种混合料施工方便,投入费用少,对路况有明显的改善作用,所以得到广泛应用。

三、桥面沥青混合料铺装

桥面沥青混合料铺装又称车道沥青铺装。其作用是保护桥面板,防止车轮或履带直接磨损桥面。

(一)桥面沥青混合料铺装的基本要求

(1)钢筋混凝土桥。大中型钢筋混凝土桥面(包括高架桥、跨线桥、立交桥)用沥青混合料铺装层,应与混凝土有良好的黏结性,并具有抗渗、抗滑及抵抗振动变形的能力等;小桥涵桥面沥青混合料铺装的各项要求应与相接路段的车行道面层相同。

(2)钢桥。钢桥的沥青混合料面层除前述要求外,还应具有承受较大变形、抵抗永久性流动变形的能力及良好的疲劳耐久性,可采用新型材料,如高聚合物改性混合料等,以适应更高的要求。

(二)桥面沥青铺装的构造

钢筋混凝土桥或钢桥的桥面铺装结构(见图 13-9)有以下几个层次。

(1)垫层。铺筑防水层前应撒布黏层沥青,加强桥面与防水层黏结。

(2)防水层。桥面防水层的厚度为 $1.0\sim1.5mm$,可采用下列形式之一。

① 沥青涂胶类防水层:采用沥青或改性沥青,分两次撒布,总用量为 $0.4\sim0.5kg/m^2$,然后撒布一层洁净中砂,经碾压形成沥青涂胶类下封层。

② 高聚物涂胶类防水层:采用聚氨酯胶泥、环氧树脂、阳离子乳化沥青、氯丁胶乳等高分子聚合物涂胶防水层。

③ 沥青卷材防水层:采用各种化纤胎的沥青、改性沥青防水卷材或浸渗沥青无纺布(土工布)防水层,也可以用油毛毡或其他防水卷材。

(3)保护层。为了保护防水层免遭破坏,在其上面应加铺保护层。保护层宜采用AC-10(或 AC-5)型沥青混合料(或单层式沥青表面处治)。其厚度宜为 $1.0cm$。

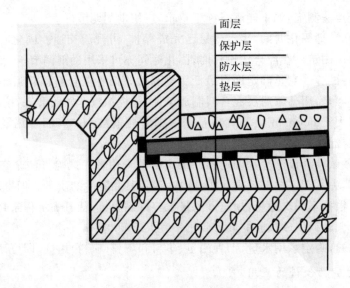

图 13-9　桥面铺装结构

（4）面层。桥面沥青铺装的沥青面层宜采用单层或双层高温稳定性好的 AC-16 或 AC-20型中粒式热拌沥青混合料，厚度宜为 4～10cm，双层式的上面层的厚度不宜小于 2.5cm。

沥青面层也可采用与相接道路的中面层、上面层或抗滑表层相同的结构和材料，并应与相接道路一同施工。

（三）桥面防水层的技术要求

桥面防水层可以采用如前述的三种结构之一，目前常用的是高聚物改性沥青涂胶类（技术指标见表 13-18）。由于这类防水涂胶技术性能好、价格便宜、施工方便，所以被广泛采用。

表 13-18　桥面防水层用高聚物改性沥青涂胶的技术指标

项　目	技术指标	项　目	技术指标
固体率	≥45％	低温柔性	−15℃，2h，无裂缝
涂膜干燥性	表干≤4h；实干≤8h	抗裂性	基层开裂 2mm，涂膜无裂缝
不透水性	动水压 0.3MPa，保持 30min，无渗透	延伸率	＞800％
耐热性	(80±2)℃，加热 5h，无起泡流淌	耐酸性	2％H_2SO_4 水溶液浸泡 10d 无变化
流淌温度	(140±2)℃，加热 2h，不流淌	耐久性	2％NaOH 水溶液浸泡 10d 无变化

四、特殊沥青混凝土路面

近年来，随着交通事业的发展，以改善出行环境、减少交通给环境带来的噪声和振动等为目的，具有特殊功能的路面材料已在开发或研究之中。这些材料是未来道路材料的发展方向。

（一）透水沥青混合料

传统的路面材料为了满足力学性能以及耐久性能,通常是密实、不透水。但是这种路面所带来的问题是刚度较大,在车轮冲击作用下所产生的噪声较大。据统计,城市噪声大约 1/3 来自交通噪声;同时,雨天路面积水形成的水膜,增加了车辆行驶的危险性;在城区,由于道路覆盖率较大,不透水路面的雨（积）水只能通过地下集中排水系统排放,不能直接渗入地下补充城市地下水;土壤湿度不够,影响地表植物的生长,对空气温湿度的调节能力薄弱,生态平衡受到破坏。而透水路面材料能够很好地改善传统路面的这些弱点。透水性沥青混合料路面已在美国州际公路中普遍应用;在日本,则在高速公路和城市道路中普遍应用;在我国部分城市道路工程中也有所应用。与传统沥青混合料路面相比,透水沥青混合料路面噪声平均降低 4dB,同时还可以有效地排除路面积水,避免出现水滑和水漂现象。

多孔路面可以吸收车轮摩擦路面发出的噪声,可防止路面积水,行车的安全性和舒适性得以提高,同时对改善环境和调节生态平衡具有积极的作用。

（二）低噪声、柔性路面材料

低噪声、柔性路面是把直径约 3mm 的橡胶颗粒添加到传统的沥青混凝土路面材料中,可以防止粗集料因相互摩擦而发出噪声。橡胶颗粒只占路面材料的 3％,其来源主要是废弃的轮胎。试验结果表明,掺入路面材料中的橡胶颗粒,不仅能减少 70％ 的路面噪声,还能吸收反射光线,提高行车的舒适性和安全性。尽管这种路面材料比传统的沥青混凝土造价提高 10％ 左右,但是在人类共同关注全球环境的今天,这种既可利用废旧轮胎,又能大幅度减少噪声,属于节能环保型的路面材料将大有发展前途。

本章知识点及复习思考题

知识点

复习思考题

第二篇　实验部分

第一章 概　述

　　土木工程材料实验有助于学生加强和巩固理论知识,了解、熟悉与掌握基本试验方法。通过实验,也应了解教学实验、科研试验和检验之间的差异。教学实验、科研试验和检验的共同点在于,均是基于仪器设备和工具对一些物理量(如温度、力、变形等)进行观察和测量,获取信息和数据,经一定的方法处理得到试验结果,确定或验证材料的特性及其在土木工程中的适用性。

　　教学实验注重学生能力的培养。教学实验采用公认的原理和方法,验证原理,掌握科学方法,培养实践操作、处理数据和撰写报告的能力。由于时间、设备设施、技能等因素的限制,使得其在取样、样品处置、试验过程和环境条件控制等环节,经常会与标准规定产生一定程度的偏离。

　　科研试验注重试验结果的获取。科研试验围绕研究目标,设定研究对象,设计试验过程,但在符合科学原理的前提下,经常采用非标准规定的条件、设备和方法。

　　检验注重检验对象符合性的评价。检验通常以试验、观测为手段,按照标准的规定进行取样、制样、养护、试验到获得结果,最终确定试验对象的合格性或符合性。所以检验的全过程要求是固化的,不可偏离的。

　　基于土木工程材料的工程应用背景,教学实验时应确认各类偏离标准的因素,分析其对结果的影响;科研试验时应充分考虑试验全过程的科学性,掌握各环节中各种因素对结果的影响;检验时应强调试验全过程的规范性,结果判定依据的适用性。

第一节　土木工程材料的取样规则

一、土木工程材料的取样规则

　　土木工程材料试验中,以抽取的少量样品试验结果来判定批量材料的性能,所以取样的代表性尤为重要。取样方式有随机抽样和非随机抽样两类,在实际工作中,需按照标准中明确的取样规则实施。土木工程材料的取样可依据产品标准、应用标准、验收标准、检测标准,应根据试验结果的用途选择合适的标准。

　　取样通常包含两个环节。一是组批及取样。组批指同一时期、相同工艺组成较大数量的同种材料或产品;取样指从同一批次的材料和产品中抽取部分数量材料,该数量应大于试验所需的数量。二是取样后的试验取样。从第一个环节抽取的材料中再取出试验所需材料的数量,需要根据材料的特点和试验方法进行。

二、不同标准取样规则的差异

土木工程材料取样规则相关标准主要有产品标准和施工质量验收标准两类。这两类标准的取样规则中组批方法有较大差异。一是适用单位。产品标准适用于生产企业,施工质量验收标准则适用于工程施工、监理、建设和质量监督单位。二是取样目的。产品标准是用于控制企业生产的材料和产品质量,施工质量验收标准是为了保障工程的质量。三是取样对象。产品标准中取样对象为生产线上或待出厂的材料或产品,施工质量验收标准的取样对象则是具体工程项目中进场使用的材料或产品。

一般而言,生产企业的质量控制取样规则应遵从产品标准,工程施工质量控制取样规则应遵从施工质量验收标准,未明确事项可相互参照执行。典型土木工程材料取样规则示例见表1-1,其中,水泥、砖、砌块、加气混凝土、混凝土和钢筋将产品标准和施工质量验收标准的取样方法同时列出,其他按照相关施工质量验收标准要求列出,以供参考。

表 1-1 典型土木工程材料取样规则示例

材料名称	材料组批及取样			试验取样		
	批量	抽样方法	抽样数量	取样方法	典型技术指标	每批检测所需数量
水泥(普通硅酸盐水泥)	产品标准:200t(产能 10×10⁴t)、400t[产能(10～30)×10⁴t]、600t[产能(30～60)×10⁴t]、1000t[产能(60～120)×10⁴t]、2400t[产能(120～200)×10⁴t]、4000t(产能200×10⁴t以上)	①手工取样,散装水泥:水泥深度不超过2m时,每个批号内用取样器在适当位置一定深度随机取样。袋装水泥:每批随机抽取不少于20袋水泥,取样器沿对角线方向插入包装袋抽取。②自动取样,接近水泥包装机或散装容器的管路中取出,或20个以上不同部位抽取	出厂时:不少于12kg;交货验收时:20kg	通过0.9mm方孔筛筛后混合均匀,再缩分	细度(筛析法,和45μm方孔筛)	10g×2次
					标准稠度用水量、安定性、凝结时间	500g×搅拌次数
	混凝土结构工程施工质量验收规范:散装500t为一批,袋装200t为一批。同厂家、等级、品种、批次且连续进场;特定条件下增大一倍	未明确,可参考产品标准,遵从随机均布原则抽取	每批不少于一次		胶砂强度	450g×2次

材料名称	材料组批及取样			试验取样		
	批量	抽样方法	抽样数量	取样方法	典型技术指标	每批检测所需数量
粉煤灰	产品标准:不超过500t为一批,同种类、同等级	可连续取或10个以上不同部位等量抽取,通过0.9mm方孔筛筛后混合均匀	不少于3kg	抽样的样品混合均匀后缩分	需水量比	75g×搅拌次数
	混凝土结构工程施工质量验收规范:200t为一批,同厂家、同品种、同批号且连续进场	未明确,可参考产品标准,遵从随机分布原则抽取	每批不少于一次		强度活性指数	135g
砂	400m³ 或600t 为一批,同产地、同规格	料堆:铲除表层,从料不同部位随机取大致等量的8份砂、16份石;皮带运输机:接料器在出料处定时抽取大致等量的4份砂、8份石;火车、汽车和货船上:不同部位和深度抽取大致等量的8份砂、16份石,分别组成一组样品	根据试验项目取,全项目检测约60kg;单项如筛分4.4kg,表观密度2.6kg	分料器缩分或人工四分法(摊圆饼,划十字,取对角两份)	表观密度	300g×2 次
					颗粒级配、细度模数	500g×2 次
石			根据粒径和试验项目取,全项目检测 80 ～ 120kg;单项如筛分 8～64kg,表观密度为8～24kg	四分法(堆圆锥,划十字,取对角两份)	表观密度(液体天平法)	随粒径增大而增加,2～16kg
					筛分	随粒径增大而增加,2～16kg
外加剂	产品标准:50t(掺量小于1%)、100t(掺量大于等于1%)为一批,同品种,不足时也按一批计	取样部位不少于三个点	不少于 0.2t 水泥所需外加剂量(一半留样,一半试验)	抽样的样品充分混合后取样	水泥净浆流动度	300g×掺量×2次
	混凝土结构工程施工质量验收规范:50t 为一批,同厂家、同品种、同性能、同批号且连续进场	未明确,可参考产品标准,遵从随机均布原则抽取	每批不少于一次		混凝土减水率(高性能减水剂,拌 20L混凝土)	360kg×掺量×3次

续表

材料名称	材料组批及取样			试验取样		
	批量	抽样方法	抽样数量	取样方法	典型技术指标	每批检测所需数量
砂浆	预拌砂浆:湿拌砂浆拌合物和力学性能不超过 50m³ 同配合比为一批,耐久性能 100m³ 同配合比为一批;干混砂浆根据年产量以 200t、400t、600t、800t 为界限或 1d 产量为一批	湿拌砂浆:同一运输车中卸料 1/4～3/4 中取;干混砂浆:出料口随机	不少于试验量的 3 倍	抽样的样品人工搅拌均匀	稠度	1.06L×2 次
	砌体结构工程施工质量验收规范:每一楼层且不超过 250m³ 砌体同类、强度等级为一批,每台搅拌机至少一次	搅拌机或湿拌砂浆储罐出料口随机取样	与试验量基本一致		强度	3 个一组
混凝土	产品标准:每 100 盘同配合比,每工作班同配合比少于 100 盘也按一批计,抗渗需同工程	搅拌地随机取样	一般不少于用量的 1.5 倍,且不少于 20L	抽样的样品人工搅拌均匀	坍落度	5.5L
	混凝土结构工程施工质量验收规范:每 100 盘或 100m³;不足 100 盘,每一层楼。同配合比为一批	取样不应少于 1 次,盘或车的 1/4、2/4 和 3/4 处取后搅拌均匀			抗压强度	3 个一组
					抗渗	3.82L×6 个
钢筋	产品标准:60t 同牌号、炉罐号和尺寸为一批,超 60t 每 40t 需增加一个拉伸和一个弯曲试样;混合组批不大于 60t,且需满足相应指标要求	随机抽取	力学工艺性能:2 根(盘),2 根(盘);重量偏差 5 根	从抽取钢筋中分别截取	拉伸	长度为 400～500mm×2 根
					弯曲	长度根据设备、直径和牌号确定×2 根
	混凝土结构工程施工质量验收规范:按照进场批次结合产品标准执行				重量偏差	长度不小于 500mm×5 根

续表

材料名称	材料组批及取样			试验取样		
	批量	抽样方法	抽样数量	取样方法	典型技术指标	每批检测所需数量
砖、砌块	产品标准:烧结普通砖、烧结多孔砖和多孔砌块、烧结空心砖和空心砌块3.5万～15万块为一批,不足也按一批计。蒸压灰砂砖、混凝土实心砖:以10万块为一批,不足也按一批计	随机抽样法抽取	50块	外观质量检验合格后的样品中随机抽取	烧结普通砖、混凝土实心砖、烧结多孔砖、烧结空心砖和空心砌块蒸压灰砂砖的抗压强度	10块一组
	砌体工程施工质量验收规范,砖砌体:烧结普通砖、混凝土实心砖以15万块为一批,不足也按一批计;烧结多孔砖、混凝土多孔砖、蒸压灰砂砖及蒸压粉煤灰砖以20万块为一批,不足也按一批计;填充墙砌体:烧结空心砖10万块为一批,小砌块以1万块为一批,不足也按一批计	未明确,遵从随机原则抽取	一组	取抽样样品	蒸压粉煤灰砖20块	20块一组(10块抗折,10块抗压)
加气混凝土砌块	产品标准:出厂检验,以3万块为一批,同品种、同规格、同级别	随机抽取	50块	外观质量和尺寸偏差检验合格后的样品中随机抽取6块	强度级别	3块,按要求每块切割制作3个一组共三组试样
	建筑节能工程施工质量验收标准:每5000m²墙面面积为一批,小于5000m²也为一批,同厂家、同品种,通过认证产品可扩大一倍	随机抽样	6块	取抽取样品	干密度	3块,按要求每块切割制作3个一组共三组试样

续表

材料名称	材料组批及取样			试验取样		
	批量	抽样方法	抽样数量	取样方法	典型技术指标	每批检测所需数量
防水卷材(高聚物改性沥青)	建筑工程施工质量验收规范:以100、500、1000卷为界	随机抽取	对应抽2、3、4、5卷	外观质量检验合格中任取1卷中裁取制样,适当去除卷头,距边缘100mm以上,低温柔性距边缘150mm以上	拉力	5个纵向一组,5个横向一组
					延伸率	
					不透水性	不少于3个一组
					低温柔度	10个两组(上下表面各一组)
沥青	产品标准:同来源、一次购入、储入一沥青罐、规格为一批	根据取样地点和沥青状态抽取,具体见相关标准	黏稠和固体沥青不少于4kg;液体沥青不少于1L;沥青乳液不少于4L。一份试验一份留存	抽取沥青脱水、加热过0.6mm筛后制模	针入度	3个一组
					软化点	2个一组
					延度	3个一组
沥青混合料	施工技术规程:每台拌合机每天1~2次	随机抽取,混合后四分法。拌合厂:专用容器在卸料斗下方,每放料一次取一次,连续几次后混合均匀;运料车:装卸料一半后3辆车3个不同高度取后混合均匀;施工现场:摊铺后宽度在1/2~1/3处,连续3车每车取一次后混合均匀	12~60kg,不少于试验用量的2倍	抽样的样品加热拌合后击实法制样	马歇尔试验	4~6个一组

第二节　试验结果影响因素

对试验结果影响的因素众多,除第一节所述取样规则外,在试验的整个过程,试样的前处理、试样的状况、试验操作和试验方法等因素,均会影响试验结果。

一、试样的前处理

试验前试样的处理可称为前处理。土木工程材料试样大致可分为原状试样三类、加工试样和成型试样三类。原状试样指取样后可直接进行试验的材料或产品;加工试样指需要通过机械方式加工制作成试验所需形状尺寸的试样;成型试样指材料经过搅拌、成型、养护等过程制作成试验所需形状尺寸的试样。

（一）放置

对温度敏感的材料性能指标需要在试验前进行放置处理。水泥试样在试验前应放置在温度为(20±2)℃的房间内,使其温度与室温一致;室内制备砂浆时,所用材料需在温度为(20±5)℃的房间内静置不少于 24h,模拟施工条件时的原材料温度宜与施工现场保持一致;砖试样需要在不低于 10℃不通风的室内养护 4h;高分子防水卷材拉伸试验前应放置在温度为(23±2)℃、相对湿度为(50±5)％的房间内不少于 20h。

（二）养护

水泥或以水泥为胶凝材料的土木工程材料,因环境温湿度影响水泥水化进程,所以试验前需按规定条件养护至规定龄期。水泥凝结时间、安定性、胶砂强度拆模前需在(20±1)℃、相对湿度不低于 90％的环境下养护;混凝土试件拆模前宜用湿布或塑料薄膜覆盖表面,防止水分大量蒸发,在(20±5)℃的环境中静置 24～48h,拆模后放入温度为(20±2)℃、相对湿度在 95％以上的环境或在(20±2)℃的不流动的 $Ca(OH)_2$ 饱和溶液中养护至所需龄期;砂浆试件拆模前,在(20±5)℃的环境中静置(24±2)h,拆模后放入温度为(20±2)℃、相对湿度在 90％以上的环境中养护至所需龄期。

（三）加工

加工控制要求、精度、辅助材料显著影响试验结果。砂的表观密度试验前需将砂烘干至恒重;石压碎指标值试验需要筛除大于 19.0mm 和小于 9.50mm 的颗粒;钢筋重量偏差试验需要将钢筋两端磨平;防水卷材需要切割制样;钻芯法检测混凝土抗压强度的芯样端面需要磨平或用硫黄胶泥或用环氧胶泥补平,且平整度和垂直度均有较高要求。

（四）成型

辅助材料、模具精度、养护过程,影响试验结果。如水泥、砂浆、混凝土、防水涂料等均需要成型,水泥胶砂试模 40mm 宽度尺寸误差要求为±0.2mm;普通砖的抗压强度试验需要将砖截成两半,用模具和专用净浆材料振动成型。

二、试样的状况

(一)形状尺寸

试样的形状尺寸由材料的技术性能、特性和实际的可操作性所决定。试样的形状尺寸显著影响试验结果。在抗压强度试验中,为试验结果具有可比性,减少"环箍效应"和偏心受压的影响,试件的高宽比、高径比较多采用1∶1,此外,试件尺寸大小也与出现缺陷概率成正比。在抗拉强度试验中,为保证试件于中部破坏,通常采用端部加强的哑铃(8字)形。典型的土木工程材料强度试验试件形状尺寸示例见表1-2。

表 1-2 典型土木工程材料强度试验试件形状尺寸示例

试件形状	试件尺寸/mm	材料技术性能
立方体	边长 40(受压部分)	水泥抗压强度
	边长 50	岩石抗压强度
	边长 70.7	砂浆抗压强度
	边长 100 或 150 或 200	混凝土抗压强度
圆柱体	$\phi 50 \times 50$	岩石抗压强度
	$\phi 100 \times 200$ 或 $\phi 150 \times 300$ 或 $\phi 200 \times 400$	混凝土抗压强度 劈裂抗拉强度
	$\phi 150 \times 300 \sim 500$	混凝土抗拉强度
棱柱体	$40 \times 40 \times 160$	水泥抗折强度
	$150 \times 150 \times 600$ 或 $150 \times 150 \times 550$ 或 $100 \times 100 \times 400$	混凝土抗折强度
	$100 \times 100 \times 500$	混凝土抗拉强度
棒状(原始状态)	切割成一定长度,一般为 $350 \sim 500$,不允许进行车削加工	钢筋力学性能
矩形	$50 \times$ 厚度 $\times (200 + 2$ 倍夹持长度$)$	沥青、高分子防水卷材拉伸性能
哑铃(8字)形	见图 1-1	高分子防水卷材拉伸性能
	见图 1-2	UHPC
	见图 1-3	混凝土抗拉强度

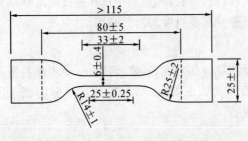

图 1-1 高分子防水卷材拉伸性能试样(单位:mm)

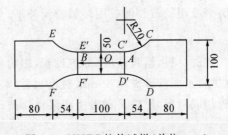

图 1-2 UHPC 拉伸试样(单位:mm)

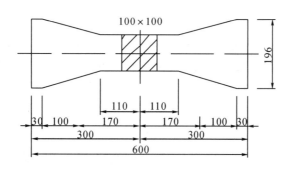

图 1-3　混凝土抗拉强度拉伸试样(单位:mm)

（二）平整度

强度试件不平整,会引起偏心受力或局部应力集中,试验结果严重偏离实际,材料强度越高,影响越大,甚至可达 50％的负偏差。相关标准规定,混凝土抗压强度试件平面度公差不得超过 0.005 倍试件边长;混凝土芯样的平整度每 100mm 长度内不大于 0.1mm;蒸压加气混凝土强度试件不平整度每 100mm 不大于 0.1mm;岩石试件受压面平面度公差小于0.05mm。

（三）平行度

抗压强度试件的一对受压面不平行时,试验时产生偏心受压,试验结果偏小。试验中应采用成型试件的侧面为受荷面;加工试件应选择一对平整度和平行度均满足要求的面作为受荷面。混凝土试件平行度以两相邻夹角控制,公差不超过 0.5°;混凝土芯样的端面与轴线的垂直度偏差不超过 1°;蒸压加气混凝土试件平行度承压面和相邻面公差不超过 1°;岩石受压端面与轴线的垂直度偏差不超过 0.25°。

（四）含水率

一般情况下,土木工程材料的强度随着含水率的增加而下降。相关标准规定,混凝土芯样分为自然干燥状态和潮湿状态,其中潮湿状态需在(20±5)℃清水中浸泡 40～48h;加气混凝土力学性能试件的含水率应控制在 8％～12％;岩石根据含水率可分为烘干、天然、饱和三种抗压强度。

三、试验操作

（一）试验设备

试验设备需经过校准且确定精度满足要求,适用范围和结构构造也对试验结果有影响。试验机应选择合适量程,破坏荷载在 20％～80％的量程范围内较为合适,试验机精度要满足 1％的要求。

（二）试验环境

试验环境会影响试验结果。水泥标准稠度用水量、凝结时间和安定性等的试验环境条件为(20±2)℃、相对湿度在 50％以上;混凝土拌合物试验环境条件为(20±5)℃、相对湿度在 50％以上;砂浆制备试验环境条件为(20±5)℃;沥青针入度试验在(25±0.1)℃的水浴中进行;高分子防水卷材拉伸试验环境条件为(23±2)℃。

（三）加载速度

其他条件相同时，加载速度越快，试验结果越大。不同材料的加载速度需根据标准要求或者试验方案设计来确定。混凝土抗压强度试验时由强度值确定，加载速度控制在 $0.3\sim1.0MPa/s$；砂浆抗压强度试验的加载速度为 $0.25\sim1.5kN/s$，强度越高，加载速度越快；砖抗压强度试验以 $2\sim6kN/s$ 的速度加载。

（四）操作熟练度

试验的操作熟练度会影响试验结果。水泥标准稠度用水量试验的整个操作过程应在搅拌后 1.5min 内完成；混凝土坍落度试验从开始装料到提坍落度筒需在 150s 内完成，扩展度试验从开始装料到测得扩展度值需在 240s 内完成。

四、试验方法

标准体系中试验方法的原理基本一致，但是一些处理要求、边界条件、计算方法、数据修约会有所差异，这些差异也会对试验结果产生影响。

（一）不同标准之间的差异

例如：混凝土拌合物性能试验中，水工标准对于混凝土拌合物工作性增加了一些经验性描述和表达；混凝土抗压强度试验中，水工混凝土试验标准的加载速度不分强度等级，均为 $0.3\sim0.5MPa/s$，不同于国家标准。

（二）不同材料同类指标之间的差异

砂、石的含水率以烘干后的砂质量为基准，而粉煤灰的含水量则以烘干前的粉煤灰质量为基准。

第三节　试验数据的处理

试验数据是测量结果的表达，有些可以直接应用，有些则需要通过换算，对于离散性较大的试验数据，需增加测量次数，采用误差理论、最小二乘法、数理统计学原理等理论和方法进行综合分析处理，剔除异常数据，保证测量数据的正确性和可比性，因此，需要掌握和应用误差理论以及数据处理规则。

一、误差的表示方法

误差是测量值与被测者真值之间的差，是评定精度的尺度，误差越小表示测量精度越高。测量误差可以用两种方法表示，即绝对误差和相对误差。

（一）真值

真值是指观测量本身具有的真实大小，既是客观存在的，又是理想的概念，但在实际应用时，却是不知道或者是无法确定的。因此，在实际测量中一般采用两种方法表示真值：一是用满足规定精确度的测量值代替真值；二是以测量次数足够多时的测量值的算术平均值代替真值。

（二）绝对误差 δ

绝对误差指测量值与真实值之差。令真值为 x_0，测量值为 x，则有

$$\delta = x - x_0$$

（三）相对误差 ε

相对误差指绝对误差与真值之间的比值，一般用百分率表示。

$$\varepsilon = \frac{\delta}{x_0} \times 100\%$$

绝对误差可以评定相同的被测量测量精度的高低，相对误差适合评定不同的被测量和不同的物理量测量精度的高低。

二、误差的类型

误差可根据性质和特点、来源进行分类。

（一）根据性质和特点分类

测量过程中产生的误差，可根据性质和特点分为系统误差（经常误差）、随机误差（偶然误差）和粗大误差（过失误差）三种。

1. 系统误差

系统误差是指在同一测量条件下，多次测量同一物理量时，绝对值和正负号都不变或在条件改变时按一定规律变化的误差。系统误差是某些固定原因造成的，在整个测量过程中始终有规律地存在。系统误差可按出现规律分为不变系统误差和变化系统误差。不变系统误差：误差大小和方向始终不变。变化系统误差：误差大小和方向按确定的规律变化，可分为线性系统误差、周期性系统误差和复杂规律变化的系统误差。

2. 随机误差

随机误差是指在同一测量条件下，多次测量同一物理量时，绝对值和正负号以不可预定的方式变化的误差。测量某一物理量时，随着测量次数的增加，随机误差具有显著的统计规律性，通常服从正态分布。

3. 粗大误差

粗大误差是指超出在规定条件下预期的误差。粗大误差的特点在于误差值通常较大，明显歪曲测量结果，在数据处理时应分析产生原因并予以剔除。

（二）根据误差的来源分类

在测量过程中，误差按来源的不同，可分为测量装置误差、环境误差、方法误差、人员误差。

测量装置误差是指测量装置的原理、构造、制造、安装、附件等自身带有的误差。环境误差是指各种环境因素与规定的标准状态不一致，以及在测量过程中环境因素前后不一致，引起的测量装置和测量对象自身变化所造成的误差。方法误差是指测量方法或数学处理方法不完善所带来的误差。人员误差是指测量人员感官的差异、固有习惯的读数等导致的误差。

三、试验数据处理

在试验过程中，应将系统误差和粗大误差消除。对于随机误差，多数服从正态分布。因

此，正态分布的误差理论在数据处理中具有重要的地位。

（一）常用的数字特征和正态分布

1. 算术平均值 $\bar{x}$

算术平均值是随机误差的分布中心，在试验中通常以其作为最终测量结果。

对真值为 x_0 的某物理量进行了 n 次等精度测量，测量值分别为 $x_1, x_2, \cdots, x_n$，含有的随机误差为 $\delta_1, \delta_2, \cdots, \delta_n$，其算术平均值为：

$$\bar{x} = \frac{x_1 + x_2 + \cdots + x_n}{n} = x_0 + \frac{\sum \delta_i}{n}$$

其中，
$$\delta_i = x_i - x_0$$

当测量次数 $n \to \infty$ 时，$\bar{x} = x_0$，因此，算术平均值也称为最或然值或最可靠值。

2. 加权平均值 $\bar{x}_p$

加权平均值是指将各测量值乘以相应的单位数求和得到总体值，再除以总的单位数，单位数也叫权数。如砂石坚固性试验中的质量损失百分率的结果处理，p 即为 $\bar{x}_p$。

$$p = \frac{\partial_1 p_1 + \partial_2 p_2 + \partial_3 p_3 + \partial_4 p_4}{\partial_1 + \partial_2 + \partial_3 + \partial_4} = \frac{\sum \partial_i p_i}{\sum \partial_i}$$

式中：p 为试样的总质量损失百分率；p_i 为不同公称粒径试样的质量损失百分率；∂_i 为不同公称粒径试样占总质量的百分率，权数。

3. 中值 $\tilde{x}$

将各测量值按照大小次序排列后，排在中间的数据为中值。

4. 极差 ω_n

测量值中最大值和最小值之差即为极差。

$$\omega_n = x_{\max} - x_{\min}$$

5. 绝对偏差 d

各测量值和平均值之差即为绝对偏差。

$$d = x_i - \bar{x}$$

6. 相对偏差 d_r

绝对偏差与平均值之百分率即为相对偏差。

$$d_r = \frac{d_i}{x} \times 100\%$$

7. 平均偏差 $\bar{d}$

绝对偏差绝对值的平均值即为平均偏差。

$$\bar{d} = \frac{|x_1 - \bar{x}| + |x_2 - \bar{x}| + \cdots + |x_n - \bar{x}|}{n} = \frac{\sum |x_i - \bar{x}|}{n}$$

8. 标准差 σ 或 S

标准差是反映一组数据离散程度最常用的一种量化形式，标准差越小，说明测量结果对于算术平均值的分散度越小，数据可靠性越高，测量精度越高，正态分布曲线表现越陡。总体而言，标准差以 σ 表示，对于有限次的测量，所求的标准差以 S 表示。

$$\sigma = \sqrt{\frac{(x_1 - \overline{x})^2 + (x_2 - \overline{x})^2 + \cdots + (x_n - \overline{x})^2}{n}} = \sqrt{\frac{\sum (x_i - \overline{x})^2}{n}}$$

$$S = \sqrt{\frac{(x_1 - \overline{x})^2 + (x_2 - \overline{x})^2 + \cdots + (x_n - \overline{x})^2}{n-1}} = \sqrt{\frac{\sum (x_i - \overline{x})^2}{n-1}}$$

9. 变异系数 C_v 或 δ

变异系数是标准差与平均值之比,反映测量结果相对的波动大小,变异系数越小,说明测量结果越均匀。

$$C_v = \frac{\sigma}{x} \text{或} C_v = \frac{S}{x}$$

10. 正态分布

(1)正态分布的特征(见图 1-4):①曲线形态呈钟形,在对称轴的两侧曲线上各有一个拐点。拐点至对称轴的距离等于标准差 σ。②曲线以测量数据的平均值为对称轴。即小于平均值和大于平均值出现的概率相等。平均值附近的,出现的概率最高;离平均值越远的,出现的概率越低。③曲线与横坐标之间围成的面积为总概率 100%,对称轴两侧的面积各为 50%。④若曲线高而窄,则标准差越小,测量数据越集中于平均值附近,波动性越小;反之,波动性越大。

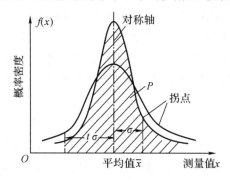

图 1-4　正态分曲线

(2)正态分布密度函数及概率。正态分布的概率密度函数为:

$$f(x) = \frac{1}{\sigma \sqrt{2\pi}} e^{-\frac{(x-\overline{x})^2}{2\sigma^2}}$$

设 $t = \dfrac{x-\overline{x}}{\sigma}$,则函数可转化为标准正态分布函数:

$$f(t) = \frac{1}{\sqrt{2\pi}} e^{-\frac{t^2}{2}}$$

则在正态分布曲线上,任意两个数据 x_1,x_2 之间的测量结果出现的概率 P 为:

$$P(x_1 \leqslant x \leqslant x_2) = \frac{1}{\sigma \sqrt{2\pi}} \int_{x_1}^{x_2} e^{-\frac{(x-\overline{x})^2}{2\sigma^2}} dx$$

在标准正态分布曲线上,自 t 至 $+\infty$ 之间所出现的测量结果出现的概率 P 为:

$$P(t) = \frac{1}{\sqrt{2\pi}} \int_{t}^{+\infty} e^{-\frac{t^2}{2}} dt$$

可根据 t 值查表 1-3 获得概率 P。

表 1-3　标准正态分布概率

t	0.00	0.50	0.80	0.84	1.00	1.04	1.20	1.28	1.40	1.50	1.60
$P/\%$	50.0	69.2	78.8	80.0	84.1	85.1	88.5	90.0	91.9	93.3	94.5
t	1.645	1.70	1.75	1.81	1.88	1.96	2.00	2.05	2.33	2.50	3.00
$P/\%$	95.0	95.5	96.0	96.5	97.0	97.5	97.7	98.0	99.0	99.4	99.87

（二）有效数字与数据运算

1. 有效数字和有效位数

（1）含有误差的任何近似数,从第一位有效数字(非零)起到最末位数字止的所有数字,不论是否为零,都叫有效数字,有效数字的位数叫有效位数,如表 1-4 所示。

表 1-4　有效位数示例

数值	15	105	150	15.0	0.015	0.0105	0.0150	15×10^3	1.50×10^3
有效位数/位	2	3	3	3	2	3	3	2	3

（2）测量结果中,最末位有效数字取到哪一位由测量精度所决定,即最末位有效数字应与测量精度是同一量级,多取数据的位数并不能减小测量误差。测量结果保留的位数原则:最末位有效数字是不可靠的,而倒数第二位有效数字是可靠的。如测量精度为0.01mm的千分尺测量长度时,如测读出长度为10.252mm,则结果可表示为(10.25±0.01)mm。

（3）实际检测工作中,最末位有效数字取到哪一位应先根据仪器设备的测量精度取舍,再根据标准或规范进行修约。

2. 数值修约规则

修约是测量或计算得到的数据,通过省略原数值的最后若干位数字,调整所保留的末位数字,使最后得到的值最接近原数值的过程,最后得到的值称为修约值。

（1）修约间隔。修约间隔是修约值的最小数值单位,是确定修约保留位数的一种方式,修约间隔的数值一经确定,修约值应为该数值的整数倍。若指定修约间隔为0.1,则修约值为0.1的整数倍,相当于将数值修约到一位小数。在建筑工程材料试验标准中,修约间隔常以精确到一定的数值表示。如砂石表观密度试验结果,精确至 $10\mathrm{kg/m^3}$。

（2）进舍规则。进舍规则简单地说就是"四舍六入,奇进偶不进"。即拟舍去数字的最左边一位若小于5则舍去,大于5(含5后面有非"0"数字)则进1;等于5(含5后面没有数字或均为"0")则看"5"前面的数字,为奇数则进1,为偶数则不进。

（3）连续修约和负数修约。拟修约数字不得连续修约,应在确定修约间隔或指定修约数位后,一次修约获得结果。负数修约先以其绝对值按规则进行修约,完成后在修约值前加上负号。

（4）0.5 单位修约和 0.2 单位修约。0.5 单位修约可将拟修约数值乘以 2 后,按进舍规则进行修约,所得数再除以 2。0.2 单位修约可将拟修约数值乘以 5 后,按修约规则进行修约,所得数再除以 5。

（5）报出值。有时测试或计算部门将获得数值按指定的修约数位多一位或几位报出。当报出值最右非零数字为 5 时,在右上角加"+"或"-"或不加符号,分别表明已进行过舍、进或不进不舍。如 16.50^+，表示实际值大于 16.50，经修约舍弃为 16.50。

具体修约的示例见表 1-5。

表 1-5　修约的示例

试验项目	拟修约数值	修约要求	修约规则	修约过程	修约值
水泥抗折强度/MPa	6.72	精确至0.1	四舍六入	—	6.7
	6.78		四舍六入	—	6.8
	6.75		奇进偶不进	—	6.8
	6.65		奇进偶不进	—	6.6(需要报出值时为 6.6^+)
	6.547		不允许连续修约	正确:6.547 修约为 6.5　不正确:6.547 修约为 6.55 再修约为 6.6	6.5
石表观密度/（kg/m³）	2674	精确至10	10 单位修约	2674 修约为 2670	2670
钢筋焊接接头抗拉强度/MPa	566.0	精确至5	0.5 单位修约（每单位为5）	566.0×2＝1132 修约为 1130 除以 2	565
	562.5			562.5×2＝1125 修约为 1130 除以 2	565

3. 测定值或其计算值与标准规定极限数值的比较法

在判定测量值或其计算值是否符合标准要求时，有全数值比较法和修约值比较法。

全数值比较法是指将测量或计算得到的数值不经修约处理，或虽经修约处理，但标明了经舍、进或不进不舍，用该数值和标准规定的极限数值作比较，只要超出规定的范围，则不论超出多少，均判定为不符合要求。

修约值比较法则是指将测量或计算得到的数值按指定的修约数位修约处理，将修约值和标准规定的极限数值作比较，只要超出规定的范围，则不论超出多少，均判定为不符合要求。

全数值比较法和修约值比较法，对于相同的极限数值，全数值比较法更为严格。具体示例见表 1-6。

表 1-6　全数值比较法和修约值比较法的示例与比较

试验项目	极限数值	测量值或其计算值	全数值比较法判定结果	修约值	修约值比较法判定结果
HRB400 普通热轧带肋钢筋（直径 16mm）重量允许偏差/%	±5.0	4.95	符合	5.0	符合
		5.04	不符合	5.0	符合

（三）粗大误差（异常值）的判别处理准则

异常值指测量数据中的个别值，其值显著偏离其余的测量数据，通常由粗大误差所引起。对于异常值，一般处于数据的两端，可称为高端值或低端值。对测量数据中的异常值需要进行研究和处理，常用的判别处理准则有 3σ 准则（莱以特准则）、肖维纳准则、格拉布斯准则、罗曼诺夫斯基准则（t 检验准则）等。

1. 3σ 准则

对一组测量数据，计算出其算术平均值 $\bar{x}$ 和标准差 σ（实际测量中以 S 替代）。若某数据 x_i 满足 $|x_i - \bar{x}| > 3S$，则认为该数据含有粗大误差，作为可疑数据舍去。该方法要求数据量足够大。

2. 肖维纳准则

对一组测量数据，计算出其算术平均值 $\bar{x}$ 和标准差 S。若某数据 x_i 满足 $|x_i - \bar{x}| \geq k_n S$，则认为该数据含有粗大误差，作为可疑数据舍去。$k_n$ 为肖维纳系数，与试验数据量 n 有关，可查相关表获得。

3. 格拉布斯准则

对一组测量数据，计算出其算术平均值 $\bar{x}$ 和标准差 S，并根据显著性水平 α 和数据量 n 查表得到格拉布斯系数 g_0。某数据 x_i，若 $g_{(i)} = \dfrac{|x_i - \bar{x}|}{S} \geq g_0$，则认为该数据含有粗大误差，作为可疑数据舍去。

4. 罗曼诺夫斯基准则

对一组测量数据，找出可疑数据 x_i，计算出其余数据的算术平均值 $\bar{x}$ 和标准差 S，若该可疑数据 x_i 满足 $|x_i - \bar{x}| > kS$，则认为该数据含有粗大误差，作为可疑数据舍去。t 分布的检验系数 k，可根据显著性水平 α 和数据量 n 查相关表获得。

在多数的土木工程材料试验标准和规范中，根据不同产品的特性及要求，对试验结果的数据处理均有明确的规定。如水泥胶砂抗折强度结果取值：抗折强度结果取 3 个试件抗折强度的算术平均值，且当 3 个强度值中有一个超过平均值的 ±10% 时，应予以剔除，取其余两个的平均值；如有 2 个强度值超过平均值的 10% 时，应重做试验。

四、一元线性回归及回归效果的检验

在试验过程中，测得的物理量（变量）之间可能存在一定的关系，可通过函数的方式加以表达，建立物理量之间的函数即回归方程。如水泥标准稠度用水量与试锥下沉深度的关系

$P=33.4-0.185S$。通常,回归分析方法包括三个步骤:①确定函数类型;②求回归参数;③研究回归方程的可信程度。

两个变量之间最简单的关系是直线相关,函数为一元线性的直线方程,形式为:

$$y=a+bx$$

式中:y 为因变量;x 为自变量;a,b 为回归参数。

（一）一元线性回归方法

1. 图解法

将 $n(n\geqslant 3)$ 对测量数据 (x_i,y_i) 标点在坐标上,在标点区绘制一条直线,使多数点位于或接近直线,且均匀分布于直线的两侧,此直线便可近似作为回归直线,回归参数 a 为直线与纵坐标的坐标值,b 为直线的斜率。如超声法检测混凝土裂缝深度不跨缝时,换能器内边缘距离 l' 与声时 t 的测试结果见表 1-7。

表 1-7　换能器内边缘距离 l' 与声时 t 的关系

距离 l'/mm	100	150	200	250	300	350
声时 $t/\mu s$	40.0	57.0	69.0	80.0	94.0	115.0

以 t 为横坐标,l' 为纵坐标作图(见图 1-5),并绘制直线,直线与 y 轴交点坐标为 $(0,a)$,故 $a=-37.4$。

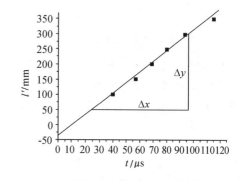

图 1-5　换能器内边缘距离 l' 与声时 t 的关系

直线的斜率 $b=\dfrac{\Delta y}{\Delta x}=\dfrac{300-50}{96-24.5}=3.5$

则两个变量的直线关系为:

$$l'=a+bt=-37.4+3.5t$$

2. 平均值法

将表 1-5 中的数据按平均值法求解两个变量的直线关系。将数据分为两组分别代入一元线性方程 $l'=a+bt$,得到

$$100=a+40b \qquad\qquad 250=a+80b$$
$$150=a+57b \qquad\qquad 300=a+94b$$
$$200=a+69b \qquad\qquad 350=a+115b$$

将三式相加得:

$$450=3a+166b \qquad\qquad 900=3a+289b$$

可得:$a=-52.4 \qquad b=3.66$

则两个变量的直线关系为:

$$l'=a+bt=-52.4+3.66t$$

3. 最小二乘法

最小二乘法的原理为使获得的直线与测量值之间偏差的平方和最小。即 $E=\sum d^2=\sum(y_i-a-bx_i)^2$ 最小,故应满足:

$$\frac{\partial E}{\partial a}=-2\sum(y_i-a-bx_i)=0$$

$$\frac{\partial E}{\partial b} = -2\sum (y_i - a - bx_i)x_i = 0$$

故可得：

$$a = \frac{\sum x_i^2 \sum y_i - \sum x_i \sum x_i y_i}{n\sum x_i^2 - (\sum x_i)^2} = \bar{y} - b\bar{x}$$

$$b = \frac{n\sum x_i y_i - \sum x_i \sum y_i}{n\sum x_i^2 - (\sum x_i)^2} = \frac{\sum (x_i - \bar{x})(y_i - \bar{y})}{\sum (x_i - \bar{x})^2} = \frac{l_{xy}}{l_{xx}}$$

将表 1-7 中的数据按最小二乘法求解两个变量的直线关系。

可得：

$$a = \bar{y} - b\bar{x} = 225 - 3.48 \times 75.8 = -38.8$$

$$b = \frac{l'_{xy}}{l_{xx}} = \frac{12425}{3566.84} = 3.48$$

则两个变量的直线关系为：

$$l' = a + bt = -38.8 + 3.48t$$

在实际应用时，最小二乘法可以采用 Excel 等软件直接计算得到两个变量的直线关系方程。

（二）回归效果的检验

1. 相关系数的显著性

回归的直线方程可反映两个变量之间的关系，但两者之间的线性关系是否密切以及密切程度如何，可以用相关系数 ρ 来衡量，ρ 的绝对值越大，则回归效果越好。

$$\rho = \frac{l_{xy}}{\sqrt{l_{xx}l_{yy}}} = \frac{\sum (x_i - \bar{x})(y_i - \bar{y})}{\sqrt{\sum (x_i - \bar{x})^2 \sum (y_i - \bar{y})^2}}$$

如根据最小二乘法计算结果，可得到换能器内边缘距离 l' 与声时 t 的相关系数：

$$\rho = \frac{l_{xy}}{\sqrt{l_{xx}l_{yy}}} = \frac{12425}{\sqrt{3566.84 \times 43750}} = 0.995$$

样本量 $n = 6$，$n - 2 = 4$，当显著性水平 $\alpha = 0.01$ 时，可查相关系数检验表，得到相关系数达到显著性水平的最低值要求为 0.917。

$0.995 > 0.917$，可见，得到的两个变量的直线关系密切，表明以回归直线表示两者之间的关系是有意义的。

2. 回归直线方程的精度

根据回归方法获得的两个变量的直线关系方程，其回归精度可用剩余标准差 S 来反映，其值越小，则回归精度越高。

$$S = \sqrt{\frac{Q}{n-2}} = \sqrt{\frac{\sum (y_i - \bar{y}_i)^2}{n-2}}$$

对前面三种回归方法得到的直线方程的回归精度进行比较。

（1）图解法：

$$l' = -37.4 + 3.5t$$

（2）平均值法：

$$l' = -52.4 + 3.66t$$

（3）最小二乘法：

$$l' = -38.8 + 3.48t$$

三种方法的剩余标准差为：

（1）图解法：

$$S = \sqrt{\frac{Q}{n-2}} = \sqrt{\frac{523.31}{6-2}} = 11.4$$

（2）平均值法：

$$S = \sqrt{\frac{Q}{n-2}} = \sqrt{\frac{579.01}{6-2}} = 12.0$$

（3）最小二乘法：

$$S = \sqrt{\frac{Q}{n-2}} = \sqrt{\frac{467.83}{6-2}} = 10.8$$

可见，最小二乘法是回归分析方法中回归精度较高的一种方法。

第二章　土木工程材料微观结构与测试方法

本章主要介绍了测试土木工程材料微观结构与组成、晶体结构与孔结构的三种技术,包括扫描电子显微镜、X 射线衍射仪及压汞仪的基本原理、仪器结构、样品制备等。

一、土木工程材料微观结构与组成

(一)目的

材料的宏观性能取决于其微观结构与组成,因此对微观结构的研究显得十分重要。扫描电子显微镜(scanning electron microscopy,SEM)具有分辨率高、景深大以及成像立体化、样品制备简单等优点,是现阶段研究土木工程材料微观结构的重要技术之一。利用扫描电镜中的二次电子、背散射电子与特征 X 射线等信号进行成像,可得到土木工程材料的微观形貌与组成成分等信息,结果直观、可靠。

(二)扫描电镜的基本原理

扫描电镜是利用一束聚焦电子束轰击样品时在样品内部激发出的一系列电子信号进行成像和分析的技术,这些信号主要有二次电子、背散射电子、俄歇电子、吸收电子、透射电子、特征 X 射线以及阴极发光等,如图 2-1(a)所示。不同信号来自样品不同深度,携带样品不同方面、不同层次的信息,如图 2-1(b)所示,通过不同探测器将不同信号进行收集、处理、分析,便可得到样品形貌、成分、结构和元素组成等信息。在 SEM 中,常用的信号有背散射电子、二次电子与特征 X 射线。

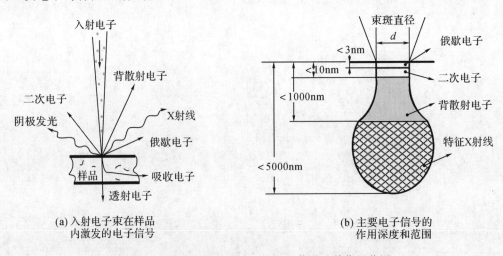

| (a) 入射电子束在样品
内激发的电子信号 | (b) 主要电子信号的
作用深度和范围 |

图 2-1　扫描电子显微镜中主要电子信号及其作用范围

1. 背散射电子

背散射电子是指被样品原子核反射回来的一部分入射电子。当高能入射电子束进入样品后,相当一部分电子在与质量和体积都远大于它的原子核相撞后被反弹回来,这部分电子被称为背散射电子,如图 2-2(a)所示,包括弹性和非弹性背散射电子。背散射电子能量较高,能够从样品较深区域逃逸出来。

2. 二次电子

二次电子是指被入射电子轰击出来的原子核外电子,如图 2-2(a)所示。由于原子核和外层价电子间的结合能相对较小,因此,当入射电子与核外电子发生撞击时,当核外电子从入射电子处获得了大于相应的结合能的能量后,可脱离原子核的束缚而成为自由电子,称为二次电子。由于二次电子的能量较低,因此,只有在最靠近样品表面的二次电子才能从样品中逃逸出来(见图 2-1)。

背散射电子的产额(亦即发射系数)随样品微区的平均原子序数的增加而增加,如图 2-2(b)所示,即平均原子序数高的区域要比平均原子序数低的区域产生的背散射电子数量多,电子数量越多的区域在扫描图像上就越亮,因此,背散射电子图像上的明暗主要反映的是样品微区平均原子序数的大小。所以利用背散射电子作为成像信号不仅能分析形貌特征,还可以用来显示原子序数衬度,进行成分的定性与定量分析。

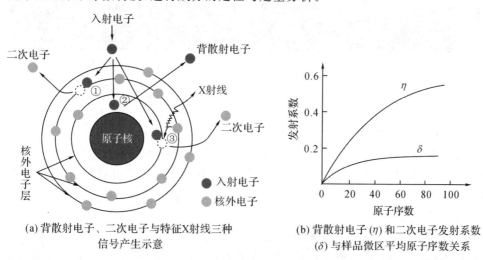

(a) 背散射电子、二次电子与特征X射线三种
信号产生示意

(b) 背散射电子(η) 和二次电子发射系数
(δ) 与样品微区平均原子序数关系

图 2-2　不同信号的产生机制

二次电子的发射系数主要受样品表面形貌特征的影响,如图 2-3 所示。由于二次电子能量低,只能从浅表层数个纳米的厚度内逃逸出来,因此,在样品表面的边缘、凸起等处发射

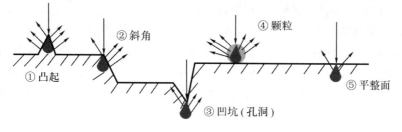

图 2-3　二次电子发射系数与样品表面形貌的关系

出的二次电子数较多,而较平整处或凹坑内部发射出的二次电子数较少。二次电子图像更多的是反映样品表面的起伏状态,用作形貌分析。

图 2-4 显示了钢纤维增强混凝土在经受 800℃高温作用后的微观形貌,图 2-4(a)为背散射电子图像,中间最亮的部分为未锈蚀的钢筋,最外层较暗区域为水泥基体,而其间较亮的环形区域为铁锈与水泥基水化产物交错互生区域。钢纤维在锈蚀过程中,铁锈往外扩张,将水泥水化产物进行包裹,通过背散射电子图像可以十分清晰地将锈蚀区域与未锈蚀区域区分开来。图 2-4(b)为同一视域的二次电子图像,钢筋与水泥水化产物间灰度接近。两张图很好地说明了背散射电子图像与二次电子图像的成像区别与联系。

 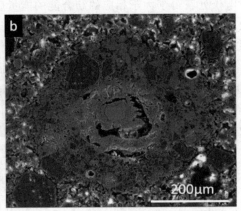

(a)背散射电子图像　　　　　　　　　　(b)二次电子图像

图 2-4　钢纤维及其锈蚀产物 SEM 图像

与背散射电子图像相比,二次电子图像的分辨率、清晰度、景深都更高,其所呈现的微观结构也更加生动形象。图 2-5 示出了水泥原材料、水泥中的主要水化氢氧化钙、水化硅酸钙、钙矾石以及 EPS 颗粒、溴化铋晶体与打印纸的二次电子图像。可以看到,二次电子图像能够清晰、真实地展现材料的表面形貌特征,有助于我们理解材料的各项性能。

3. 特征 X 射线

特征 X 射线是原子核外的内层电子受到激发后在能级跃迁过程中直接释放的具有特征能量和波长的一种电磁波辐射(见图 2-2),其能量(波长)仅与样品元素的种类相关,一种特定的元素只能发射出一种或数种具有特征能量的 X 射线。因此,通过 X 射线能量色散谱仪(能谱仪)或波长色散谱仪(波谱仪)对这些特征 X 射线的能量和波长进行分析,便可确定该区域的元素种类和含量。图 2-6 是一张表面锈蚀的钢筋混凝土背散射图像,其中亮度从亮到暗依次是钢筋、锈蚀层、混凝土与骨料,在其中三个点进行能谱元素分析,可以得到第一点只有铁元素,中间锈蚀层含有铁与氧,而暗区域含有钙、硅、铝、氧等水泥中的常见元素。

以上是扫描电子显微镜(以下简称扫描电镜)中运用最为广泛的三个信号,依据扫描电镜的作用和功能不同,每一台扫描电镜均配有以上一个或多个信号探测器。也因为扫描电镜配备了这些探测器,使得其可以实现对材料从微观结构、微区成分、元素组成等方面的定性和定量分析。

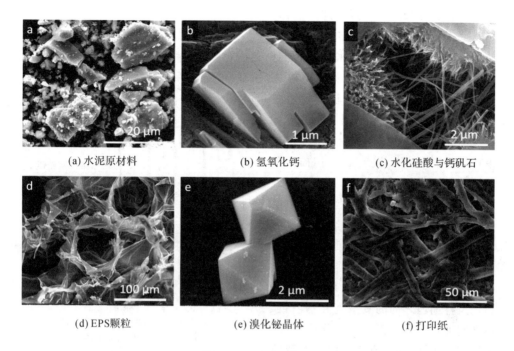

(a) 水泥原材料　　　　　(b) 氢氧化钙　　　　　(c) 水化硅酸与钙矾石

(d) EPS颗粒　　　　　(e) 溴化铋晶体　　　　　(f) 打印纸

图 2-5　二次电子图像

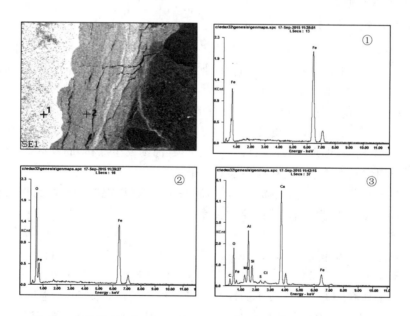

图 2-6　钢筋混凝土锈蚀试样背散射电子图像与表面几个点的能谱图

(三)扫描电镜的基本结构

扫描电镜一般由电子枪、灯丝、电磁透镜、扫描偏转线圈、真空系统、样品舱、探测器、电源系统、信号处理及显示系统等构成,如图 2-7 所示。电子枪是扫描电镜的核心部件,一般在镜筒的最上端,其作用是利用阴极与阳极灯丝间的高压产生高能量的电子束。常用灯丝有钨灯丝、六硼化镧灯丝、场发射灯丝三种。不同灯丝之间的亮度、束流稳定性、束流直径及使用寿命差异巨大。一般来讲,场发射灯丝各方面性能均优于其他两种。电磁透镜的功能在于使电子枪产生的较为发散的电子束缩小至几纳米,甚至几十埃,一般可有两级或多级透镜。扫描偏转线圈可控制电子束在样品表面进行逐点、逐行扫描。探测器的功能在于收集不同类型的信号,如二次电子探头一般在样品台的侧上方,背散射电子探头在样品台正上方。真空系统是为了保证扫描电镜各部件免受污染,保证信号的亮度、束流的稳定性及探测器的高效率。一般扫描电镜均配备多级真空系统,灯丝、电磁透镜及样品舱之间的真空度并不一致,各腔体之间通过压差光阑连通。除此之外,扫描电镜正常工作,还需有稳定的电源及减振措施,信号放大及显示系统等。

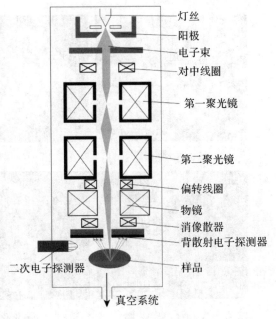

灯丝
阳极
电子束
对中线圈
第一聚光镜
第二聚光镜
偏转线圈
物镜
消像散器
背散射电子探测器
二次电子探测器
样品
真空系统

图 2-7　扫描电镜的基本结构

（四）扫描电镜样品制备

从保证仪器良好性能和得到较好结果两方面来说,扫描电镜的样品以及样品制备应尽可能满足以下 7 个要求:①样品应绝对干燥,不含自由水。②样品结构应稳定,能够承受一定的真空和电子束的轰击而不发生破坏或分解。③样品表面比较平整。④样品足够洁净,表面没有碎屑、灰尘和油污。⑤样品具有良好的导电性,对于一些不导电的样品,要在表面喷镀导电膜,使其具有良好的导电性,越高的放大倍数和分辨率需要样品的导电性越好。⑥样品应稳定、不松动,否则在较高的放大倍数下,样品易发生漂移,成像不稳;此外,导电性不好也会导致图像发生漂移。⑦样品不能具有磁性。

从以上几个要求可以知道,扫描电镜样品制备步骤为(以混凝土样品为例):样品破碎、干燥、砂纸打磨、固定、除尘去屑、喷镀导电膜等。

1. 样品破碎

主要针对的是固体样品,如混凝土试块、岩石、砖块等。原始试块的尺寸一般较大,扫描电镜样品的平面尺寸应尽可能小,对于混凝土等多孔材料尽可能控制在 10mm 以内,因此需要用一定的工具将试块破碎至较小的块。对于混凝土试块,可在进行强度试验后从特征部位取一小块;对于进行水化分析的样品,还需要对样品进行中止水化处理,即将一定龄期的水泥样品浸泡于无水乙醇中(不仅限于无水乙醇),通过置换将水泥样品中未参与水化的自由水置换出来,因其中没有自由水,水化便会停止。

2. 干燥

样品干燥的方式有多种,如烘箱干燥、真空干燥、冷冻干燥等,对于一些含水较少、体积不大的样品,也可用红外烘烤等方式进行干燥,以无自由水为准;越干燥的样品,越能在高真空模式下获得较清晰的图像。笔者在工作中发现,未完全干燥的样品,即便是将样品室预抽真空后再进行试验,其效果仍然不佳。对于水泥混凝土样品,干燥过程中要注意高温对某些水泥水化产物的影响以及避免因干燥引入裂缝等缺陷。

3. 砂纸打磨

针对一些表面不平整和高差较大的样品,直接用导电胶进行固定的效果不佳,因此,用砂纸预先对其与观察面相平行的另一面进行打磨,获得一个较平整的面,增加试块与导电胶的接触面积而显著增加样品的稳定性。

4. 固定

将样品固定在样品台座上,一般有固体导电胶固定、液体导电胶固定与机械固定三种方法。

固体导电胶固定是最常用、最方便快捷的一种方法,适用于大部分的固体、粉末样品制备。固体导电胶是一种可导电的双面胶,有碳导电胶、铜导电胶、银导电胶等。首先将导电胶粘(注:"粘"同"黏",本书实验部分用"粘"处是按照行业相关国际、行标等用法)于样品台上,然后将样品粘在导电胶上进行有效固定即可。一般扫描电镜试验室采用此方法可满足80%以上的制样需求;但对于一些非导电样品或疏松样品,用固体导电胶的效果有限,对于一些高倍(大于10万倍)电镜照片,要用液体导电胶进行固定更容易获得较清晰的照片。

液体导电胶是用某些溶剂将一些导电粉末(如碳粉、银粉等)分散制成的一种导电浆液,呈糊状,其可在室温下凝固。使用时将少量的导电液滴在样品台上,在其凝固之前将样品轻轻压入其中,待其凝固后便可将样品固定,其导电效果要优于固体导电胶,若导电液变黏稠,可用一定的稀释剂进行稀释。液体导电胶较适宜颗粒较小、疏松、强度较低的样品。

机械固定是指利用自带夹具和螺钉的样品台,用于固定异型、表面起伏较大的样品,这些样品用导电胶不能很好地进行固定,则先用各种机械固定样品台进行固定,局部再用固体导电胶或液体导电胶进行连接。

5. 除尘去屑

样品表面有粉尘或化学试剂附着时,可在砂纸打磨之后、固定之前将样品浸泡于无水乙醇中用超声清洗器进行清洗,清洗完毕后须进行干燥,可用红外烘烤灯进行干燥。待样品固定以后,表面一些碎屑需用高压气枪或洗耳球吹去。

另外,操作过程中尽可能避免用手直接触碰样品表面,以免手上的油污和汗渍污染样品,因此,制样时要保证双手洁净或佩戴手套。

6. 喷镀导电膜

对于不导电样品,要进行导电处理,即在样品表面喷镀一层数个纳米厚的导电颗粒,可为金、铂、钨或碳等。不同的样品和需求所需要喷镀材料的种类与厚度均不同,若样品较疏松或表面崎岖不平,则为了保证其导电均匀性,需要较厚的镀层,但是若镀层太厚,也会对微观结构产生一定影响;又如进行背散射或能谱分析时,一般选择镀碳,而需要检测样品中碳元素含量时,则不能镀碳。因此,需要综合考虑各种因素后选择合适的镀层材料和厚度,实际操作时,通过调节喷镀电流与时间来控制厚度。

7. 不同形态样品的制备方法

(1)固体样品。如果固体样品本身具有导电性,如钢筋断口、钢纤维等,只要其尺寸与质量没有超过样品舱与样品台极限,便可直接将其固定于样品台上进行观察。固体样品的制备比较简便,基本是按照以上给出的步骤进行,对于水泥混凝土和砂浆样品,需要进行水化

程度等研究时,样品还须进行终止水化处理。扫描电镜的固体样品制备要比透射电镜便利许多,但制样过程中需要注意以下几点:

① 某些固体样品表面通常会有油污、粉尘等外来污染物或者制样过程中引入的碎屑等污染物。油污在样品舱中的真空环境里容易挥发,粉尘和碎屑也有可能落入样品舱内,对电镜造成污染。因此,这类样品在进行分析之前,需要用物理的(高压气枪或洗耳球吹去)、化学的(家用洗涤剂或者有机溶剂洗涤清洗)方法洗涤,有条件的可在超声环境下进行清洗。

② 有些需要精确测量壁厚或定量分析的样品,需要进行能谱元素分析的样品,最好先经过研磨、抛光等处理。

③ 对于一些多孔或疏松样品,在研磨之前还需用环氧树脂进行真空镶嵌,待环氧树脂固化后,进入孔隙内部的环氧树脂对结构起支撑作用,避免在制样过程中对样品造成破坏。固化后,按照一定的程序进行研磨、抛光、清洗与镀膜后再进行观察。

④ 对于某些断口样品,如水泥、混凝土、高分子、陶瓷与生物等不导电的非金属固体样品,由于其表面的凹凸起伏比较严重,因此,在镀膜时,可将样品往不同的方位倾斜摆放,且适当减少每次喷镀时间而增加喷镀次数,来增加试样表面的导电性,但也要避免喷镀过度。

(2)粉末样品。几种粉末样品的制备方法如下。

① 导电胶直接涂布试样:先在样品台上粘一小条导电胶带,然后在粘好的胶带上用牙签、棉签或小样品勺挑取少许粉末置于胶带上,并把粉末涂布均匀,再把样品台朝下使未与胶带接触的粉末脱落,最后用洗耳球或气枪吹掉黏结不牢固的粉末,使导电胶表面形成均匀的单层粉末。

② 乙醇分散黏附试样:先在样品台上滴一小滴无水乙醇,用牙签或棉签沾上少许粉末置于乙醇中同时把粉末涂布均匀,待乙醇完全挥发后便可进行喷镀处理。

③ 超声波分散试样:对于一些容易团聚的粉末,可将少量粉末置于塑料杯中,加入适量无水乙醇,用超声清洗器进行超声处理几分钟,而后用滴管吸取少量粉末乙醇悬浮液滴到样品台上、导电胶或硅片上,待乙醇挥发后便可进行喷镀处理。

(五)扫描电镜拍摄及成像影响因素

在进行扫描电镜图像拍摄时,需要选择合适的加速电压、扫描速度和信噪比、束斑直径和工作距离等参数,不同参数的选择直接影响图像的质量。

1. 加速电压

一般扫描电镜的加速电压的范围在 $1\sim30kV$,其值越大电子束能量越大,反之越小。加速电压的选择要根据样品的性质(含导电性)、所需的放大倍数、分辨率等来定。一般来说,当样品导电性好且不易受电子束损伤时可选用高加速电压。

当样品导电性较差时,又不便喷镀导电膜,如果使用高加速电压,则容易产生充放电效应,样品充电区的微小电位差会造成电子束散开使束斑扩大从而损害分辨率;同时表面负电场对入射电子产生排斥作用,改变电子的入射角,从而使图像不稳定产生移动错位,甚至使表面细节无法呈现,加速电压越高这种现象越严重。此时,选用低加速电压以减少充、放电现象,可在一定程度上提高图像的分辨率和清晰度。

2. 扫描速度和信噪比

扫描速度的选择会影响所拍摄图像的质量。扫描速度是指在每个像素点停留的时间长短,如果扫描速度太快则信号强度较弱,因此,得到的图像信噪比较低,也就是比较"模糊"。

另外,由于无规则信号的噪声干扰使分辨率下降,如果延长扫描时间会使噪声相互平均而抵消,因此,提高信噪比可增加画面的清晰程度。

对于某些样品,扫描时间过长,电子束滞留在样品上某一点的时间就会延长。若样品的稳定性较差,则电子束的作用会使材料变形,也会在一定程度上降低分辨率甚至出现假象。特别是对生物和高分子样品,观察时扫描速度不宜太慢。因此,要根据样品选择合适的扫描速度。

3. 束斑直径和工作距离

在扫描电镜中,束斑直径的大小决定图像的分辨率,束斑的直径越小图像的分辨率越高。一般来讲,束斑直径的大小是由电子光学系统来控制,并同末级透镜的质量有关。考虑到末级透镜所产生的各种像差,则实际照射到试样上的束斑直径 d 为:

$$d^2 = d_0^2 + ds^2 + dc^2 + d_f^2 \tag{2-1}$$

式中,d_0 为高斯斑直径;ds 为透镜球差引起的散漫圆直径;dc 为透镜色差所引起的散漫圆直径;d_f 为衍射效应所引起的散漫圆直径。

在扫描电子显微镜的工作条件下:$ds \gg dc, d_f$。因此式(2-1)可以近似为:

$$d^2 = d_0^2 + ds^2 \tag{2-2}$$

因为 d_0 与末级透镜的励磁电流有关,而后者又与工作距离(working distance,WD)有关。WD 越小,要求末级透镜的励磁电流愈大,相应的 d_0 愈小。此外,对于一定质量的透镜来讲,球差系数也同 WD 有关,WD 愈小相应的球差也愈小。因此,为获得高的图像分辨率,则束斑直径要小,同时需要采用更小的工作距离。对于表面高差较大或凹凸不平的样品,进行高分辨率图像拍摄时,当工作距离足够小时,要注意避免样品与物镜相撞。

二、土木工程材料的晶体结构与组成

(一)目的

水泥基材料是用量最大的土木工程材料,其主要原材料及水化产物均为晶体结构,利用 X 射线衍射仪(XRD)可得到水泥基材料中各晶体物质的种类、含量等信息,有助于了解材料的性能并对其耐久性进行评估。

(二)X 射线的产生

X 射线又被称为伦琴射线,最早由德国物理学家伦琴发现。X 射线是一种电磁波,其波长短,能量高,穿透力强,常被用于医学成像、无损检测等。试验室里,X 射线一般由 X 射线管产生。其原理是利用一束高速运动的电子撞击固体靶材,高能电子与物质原子之间发生能量转换,从而产生 X 射线,这种方式产生的 X 射线有两种,连续 X 射线与特征 X 射线,如图 2-8 所示。其中,连续 X 射线谱的产生与固体靶材的材质无关,只与入射电子束的能量相关;而特征 X 射线

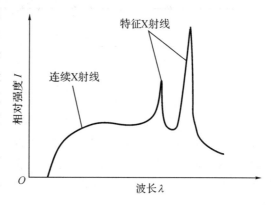

图 2-8　连续 X 射线与特征 X 射线示意

与固体靶材的材质相关,不同材质的靶材所产生的特征 X 射线不同。扫描电镜中特征 X 射线的产生也是如此,由于扫描电镜样品中含有不止一种元素,因此,能谱图中往往含有若干种元素的若干条特征 X 射线(见图 2-6)。

(三)X 射线衍射基本原理——布拉格方程

利用 X 射线衍射分析仪(X-ray Diffraction,XRD)研究晶体结构,主要是基于 X 射线在晶体中产生的衍射。一束 X 射线照射到晶体上时发生相干散射,散射波之间发生干涉,使得空间某些方向上的波始终保持干涉加强,在这些方向上便可观测到衍射线,而在另一些方向上始终是相互抵消的,于是便没有衍射线产生。由于衍射花样是 X 射线在特定结构的晶体中衍射产生的,不同的晶体所产生的衍射花样是不同的,因此,只要弄清楚晶体结构与衍射花样之间的对应关系,便可利用衍射花样分析晶体结构。一次衍射一般包含样品两方面的信息:一是衍射线在空间的分布规律(主要反映晶胞的形状和大小),二是衍射线的强度(取决于晶胞中原子的种类和位置)。X 射线衍射线在空间的分布规律可由布拉格方程进行简单解释。

当 X 射线入射到若干层的原子面时,除同层原子面的散射线相互干涉外,各原子面的散射线之间还会互相干涉。如图 2-9 所示,当一束平行的单色 X 射线以 θ 角照射到晶面间距为 d 的晶体中时,将在各原子面产生反射,X 射线在相邻两个平面间的光程差为:

$$\Delta\lambda = OP_2 - P_2M = 2d\sin\theta \tag{2-3}$$

要实现干涉加强,则光程差应为 X 射线光波长的整数倍,亦即:

$$2d\sin\theta = n\lambda \tag{2-4}$$

式中:d 为晶体晶面间距,n 为任意正整数。

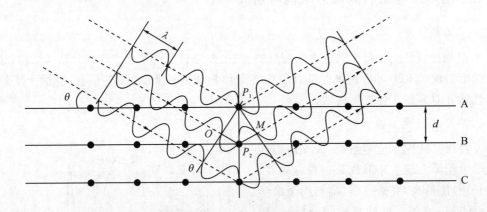

图 2-9　布拉格衍射示意

式(2-4)即为布拉格方程,满足该条件的衍射则称为布拉格衍射。当用已知波长的 X 射线以连续不同的角度去照射晶体时,当某个角度满足布拉格衍射时,便会有加强的衍射条纹出现。一般来讲,晶体在一定的角度范围内会有若干个衍射条纹,不同晶体的衍射条纹出现的角度和次数是不同的,也就是说每个晶体均拥有属于自己的特征衍射花样。据此,我们可用 XRD 分析晶体的结构。

不同结构的物质的 XRD 谱图不同,当物质为完全无序结构(如空气),X 射线在穿过该物质时不会发生衍射,且仅能得到一条近乎水平的散射背底谱图,如图 2-10(a)所示;非晶体材料,其结构远程无序,但近程原子有序排列,则在配位原子密度较高原子间距对应的 2θ 附近产生非晶散射峰,其散射峰较宽,如图 2-10(b)所示;非晶物质随着其近程有序程度的提高,其结构趋于远程有序时,则在配位原子密度较高原子间距对应的 2θ 附近产生的非晶散射峰越强,其散射峰变窄,如图 2-10(c)所示;对于理想晶体及内部无任何缺陷的晶体,其衍射谱线仅出现在布拉格方向对应的 2θ 处,其峰没有宽度,如图 2-10(d)所示;而实际情况下,晶体内部或多或少会存在一些缺陷,如空位、间隙原子、置换原子、位错等,而使得其 X 射线衍射峰强度降低、峰形略有变宽,如图 2-10(e)所示。水泥基材料中常见的几个物相的 XRD 谱图见图 2-11。

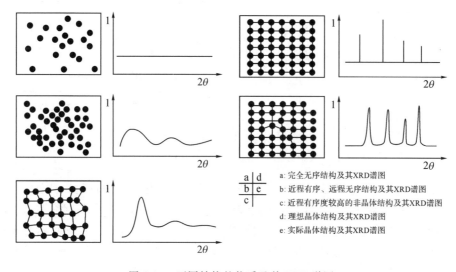

图 2-10　不同结构的物质及其 XRD 谱图

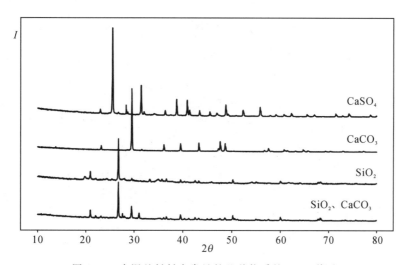

图 2-11　水泥基材料中常见的几种物质的 XRD 谱图

（四）X 射线衍射仪的结构

X 射线衍射仪主要由 X 射线发生器、衍射测角仪、辐射探测器、测量记录系统和水冷却系统等组成,其结构及光学布置示意如图 2-12 所示,衍射测角仪为其核心部件。

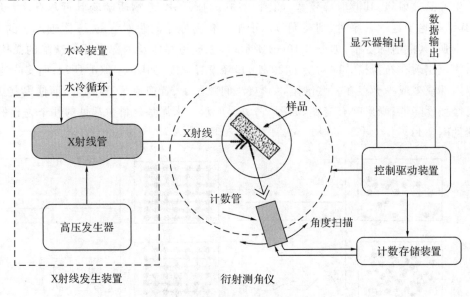

图 2-12　X 射线衍射仪主要结构及几何光学布置示意

衍射测角仪的中心是样品台,其圆周上安装有 X 射线发生器和辐射探测器,工作时,X 射线发生器、探测器及试样表面呈严格的反射几何关系。因此,要确保衍射线与入射线始终保持 2θ 的夹角,亦即入射线与衍射线以试样表面法线为对称轴,在其两侧对称分布。测试过程中,射线源、试样和探测器三者始终位于聚焦圆上,只有严格满足该条件,在该角度下发生的衍射线才能进入探测器被探测到,其光路示意如图 2-13 所示。

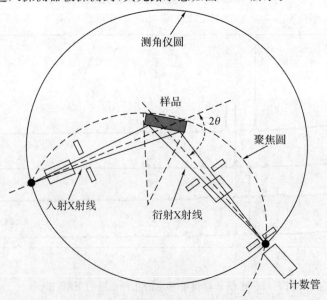

图 2-13　X 射线衍射测角仪光路示意

（五）XRD 样品制备及要求

衍射仪的样品可以是金属、非金属，也可以是块状或粉末状。块状或粉末状样品可直接贴于样品台上，必须保证样品一个平面与框架平面一致。土木工程材料由于其无固定形状，一般均可制成粉末状，样品要求及可能制备方法如下：

（1）一定龄期试样，破碎后取中间数小块并浸泡于无水乙醇中终止水化约 7d；要注意样品必须具有代表性。

（2）取出小块试样在研钵中研磨，此过程中加入无水乙醇进行降温和润滑，研磨至手摸无颗粒感后取出，将湿样进行干燥，干燥温度不超过 105℃；切忌干磨样品，因为研磨过程中颗粒与研磨棒和研钵之间摩擦将产生高温，可能会破坏某些水化产物。

（3）将干燥后的样品过 200 目筛，去掉筛上较粗颗粒，取 3g 左右粉末待用。

（4）样品颗粒的细度对结果影响十分显著，过粗颗粒导致样品中能够产生衍射的晶面减少，从而使衍射强度减弱，大大降低检测的灵敏度，而样品颗粒过细也可能破坏晶体结构，从而影响测试结果。

（5）粉末样品在试验前需填入试样架凹槽中，并将粉末表面刮平至与框架平面一致，要避免颗粒发生定向排列导致择优取向影响结果，每次测试需粉末 1g 左右。

三、土木工程材料的孔结构

（一）目的

土木工程材料的诸多性能如强度、抗渗、抗冻及保温、隔热等均受孔结构的影响，孔结构的特征包括孔隙率、孔径分布及孔的连通性等。压汞是一种被广泛用于测试多孔材料的孔结构特征的方法，其可测孔径范围广、操作方便。

（二）压汞仪基本原理

压汞仪测试孔结构是基于液体汞对大多数固体多孔材料具有非润湿性（见图 2-14），只有在一定压力作用下汞才能进入固体材料的孔隙中，能够被汞侵入的孔径是所用压力的函数，因此，可根据所压入的汞的量与压力来表征固体材料的孔隙率与孔径分布。

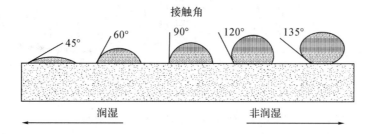

图 2-14　液体在固体表面接触角与润湿示意

在给定的压力下，将常温下的汞压入被测物体的毛细孔中时，毛细管与汞的接触面会产生与外界压力方向相反的毛细管力，该毛细管力阻碍汞进入毛细管。当压力大到足以克服该毛细管力时，汞就会侵入孔隙。因此，施加的压力值与相应的孔径大小是一一对应的，对于圆柱形孔，孔径与压力满足 Washburn 方程：

$$P \cdot r = -2\gamma \cos\theta \qquad\qquad (2\text{-}5)$$

式中：P 为汞压入的压力，单位为 N/m^2，r 为孔径大小，单位为 nm，θ 为汞与固体材料的接触角，与固体物质的组成有关，其范围在 $112 \sim 142°$，一般取 $140°$，γ 为汞的表面张力，一般取 $0.480N/m$。

由式(2-5)可知，当液体的表面张力及接触角一定时，毛细孔半径与进汞压力成反比，即孔隙直径越小，所需的进汞压力越大；同时，所压入的汞的总体积即为样品的孔隙体积。因此，通过记录压力与进汞量的变化便可得到样品孔隙特征。表 2-1 给出了毛细孔半径与进汞压力的对应关系。

表 2-1　毛细孔半径与进汞压力之间的关系

孔径半径/nm	进汞压力/MPa	孔径半径/nm	进汞压力/MPa
5000	0.125	100	6.235
3000	0.208	50	12.450
2000	0.312	25	24.940
1000	0.623	20	31.176
750	0.832	15	41.566
500	1.247		

Washburn 方程是基于圆柱形孔所建立的一种特殊模型，现实中的孔很少有圆柱形的。因此，该模型是一种对实际孔结构的简化，它并不能很好地描述实际材料中的孔，但它仍然被公认为是一种合适的孔结构表征技术，被广泛用于多孔材料的孔结构测试与分析中。图 2-15 为笔者利用压汞仪所测的一种水泥砂浆的孔径分布，由图可以看出，水泥基材料中占绝大多数的孔为孔径小于 1000nm 的微纳孔。

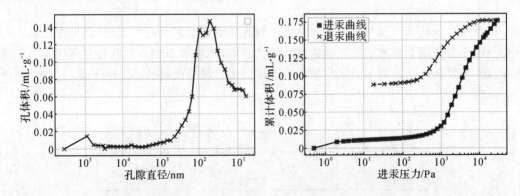

图 2-15　一种典型的水泥砂浆的孔径分布

(三)压汞仪基本构造

压汞仪结构如图 2-16(a)所示，主要由样品管（膨胀节：分为块体与粉体两类，容量有 3cc、5cc 与 15cc 三种）、真空填充装置（用于除去样品管和样品孔隙中的空气并将汞转移进样品管中）、压力发生器（用于产生连续可控的压力，主要由涡轮、电机和变速箱等构成）、高压腔（用于容纳样品管、液压油的容器）、测量电路（用于检测样品管中汞液面或汞体积的变化）、液压油（用于将压力发生器产生的压力传递给汞液）、油箱及循环系统等构成。

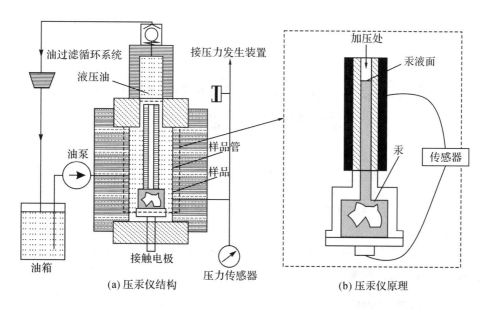

图 2-16　压汞仪原理示意(高压站)

压汞测试的原理如图 2-16(b)所示:注汞结束后,汞充满膨胀计样品杯和毛细管,由于汞自身具有导电性,膨胀计内的汞与外部的金属板连通,相当于电容器两端的金属板,而毛细管相当于绝缘板。试验过程中,汞液在高压下被压入样品中,导致毛细管中的汞柱发生变化,从而引起电容器电量发生变化,这个变化被传感器识别并转化为汞的变化量,结合外加的压力值,来测量孔隙特征。

(四)压汞测试样品制备

(1)对于水泥基材料,到一定龄期后,应进行破碎,从中间取数颗粒径不超过 5mm 的颗粒数颗,样品总质量控制在 5g 以内。

(2)将颗粒置于无水乙醇中进行中止水化 5～7d。

(3)将样品颗粒从无水乙醇中取出,置于 105℃烘箱中烘干至恒重,或用真空加热干燥箱干燥至恒重。

(4)将烘干的样品置于密封袋中保存待用。

(五)测试步骤

(1)根据样品的形态、颗粒大小与质量,选择合适的样品管(或膨胀计)。

(2)称量样品 1.5～3.0g,若样品孔隙率较大,则应降低样品重量,若孔隙率小则应稍增大样品重量。

(3)安装并密封样品管。

(4)输入样品名称、样品重量、样品管重量以及汞密度等,而后进行低压试验。

(5)取出样品杆,观察样品管内是否充满汞。

(6)称取样品管、样品与汞的总质量。

(7)再次安装并密封样品管,输入总质量,旋紧高压头有机玻璃腔,而后进行高压测试。

(8)完成后,导出数据,完成测试,对样品管等进行清洗并置于烘箱中烘干。

第三章 土木工程材料常用设备基本原理和操作

在"土木工程材料实验"课程学习中,应了解试验机及常用设备的基本原理和构造,学习并掌握其操作和使用。

本章内容主要介绍液压式试验机、电液式试验机、电液伺服式试验机、水泥胶砂抗折试验机等常用设备的构造和操作。

一、手动控制试验机

(一)液压式压力试验机

1. 基本构造

(1)主体部分。主体部分主要包括工作活塞、工作油缸、上下承压板、横梁、丝杆等,见图 3-1。主体部分中横梁、丝杆、台座组成框架用于平衡试件所受的荷载。有一承压板采用球铰连接,可降低试件受压面因平行度不行而带来的局部偏心受压影响。

(2)控制及油路部分。控制及油路部分主要包括工作油缸、回油阀、送油阀、油泵、油箱、控制开关等组成,并形成互通回路。

(3)测力部分。测力部分包括电测测力和液压摆锤。

① 电测测力:由液压传感器或荷载传感器、显示器等组成。液压传感器与工作油缸相连,荷载传感器直接与承压板相连。可直接通过显示器读取实时荷载值、加载速度、最大荷载等信息。

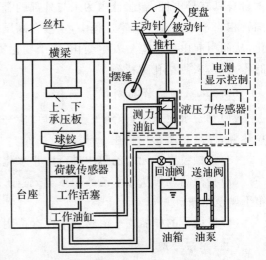

图 3-1 液压式压力试验机构造示意

② 液压摆锤:由测力油缸、摆锤、推杆、指针、度盘等组成。测力油缸油路连通工作油缸。测力油缸产生的力与摆锤的重力以主轴为支点,形成力矩平衡,测力活塞在油压作用下产生移动时,通过连接件使主轴带动推杆产生与荷载成正比的线位移,将线位移转换为角位移后,由主动针在度盘中指示出作用在试件上的载荷值,见图 3-1。指示度盘上的指示荷载值指针有两根:一根为主动针,指示的是当前实际荷载值;另一根为从动针,由主动针带动旋转,可指示出曾达到的最大荷载值。

2．试验机的操作使用

(1)估算试件的破坏载荷,选定合适量程的试验机,破坏载荷宜为量程的20%~80%。

(2)打开电源,开启送油阀和回油阀,启动油泵,空转30s左右,使油路中充满油。

(3)关闭回油阀,继续开启送油阀,使工作油缸活塞上升10mm左右,关闭送油阀。

(4)将试件居中置于下承压板上,置零(电测测力:按置零钮;液压摆锤测力:调整度盘或转动推杆),消除包括活塞、下承压板自重等产生的初始荷载。

(5)移动横梁或移动承压板或抬升活塞,调整上下承压板之间的距离,使上承压板与试件上表面接近。

(6)继续开启送油阀,当上承压板与试件缓慢均匀接触时,应减小送油阀,接触后开始对试件进行加载。

(7)根据显示或指针转动表明的加载速度,调整送油阀的开启大小,使加载速度符合要求。

(8)达到荷载最大值后(电测测力:显示实际荷载值开始减小或加载速度变为负值;液压摆锤测力:主动针开始回落),打开回油阀,关闭送油阀,关闭电源,使下承压板下降,取出破坏试件。

(9)记录或打印最大荷载值。

(10)清理试验机。

(二)液压式万能试验机

1．基本构造

(1)主体部分。主体部分主要包括工作活塞、工作油缸、压板、夹具、横梁、丝杆等,见图3-2。主体部分较液压式压力试验机增加一个拉伸空间,空间的高度可通过横梁的升降或活塞的升降来实现。油缸上置式试验机:拉伸空间一般位于下部;油缸下置式试验机:拉伸空间一般位于上部。

(2)控制及油路、测力部分与液压式压力试验机一致。

2．试验机的操作使用

液压式万能试验机抗压试验操作使用与压力试验机一致,拉伸试验的操作使用如下。

(1)估算试件的最大载荷,选定合适量程的试验机,最大载荷应为量程的20%~80%。

(2)开启电源,根据拉伸试件长度,移动横梁,调整拉伸空间高度。

(3)开启送油阀和回油阀,启动油泵,空转30s左右,使油路中充满油,关闭送油阀。

(4)关闭回油阀,继续开启送油阀,使工作油缸活塞上升10mm左右,关闭送油阀。

(5)置零(电测测力:按置零钮,液压摆锤测力:调整度盘或转动推杆),消除包括活塞、横梁自重等产生的初始荷载。

(6)将试件两端在夹具中居中夹紧,开启送油阀,开始对试件加载。

(7)根据显示的加载速度,调整送油阀的开启大小,使加载速度符合要求,直至试件破坏。

(8)记录或打印下屈服荷载和抗拉荷载(电测测力:屈服阶段上下波动,抗拉荷载显示为最大值,或待试验完成打印出相关荷载数据;液压摆锤测力:屈服阶段指针在一定范围内往复摆动,确定并记录下屈服荷载,达到荷载最大值后,记录抗拉荷载)。

(9)松开夹具,取下破坏试件,打开回油阀,关闭送油阀,关闭电源。

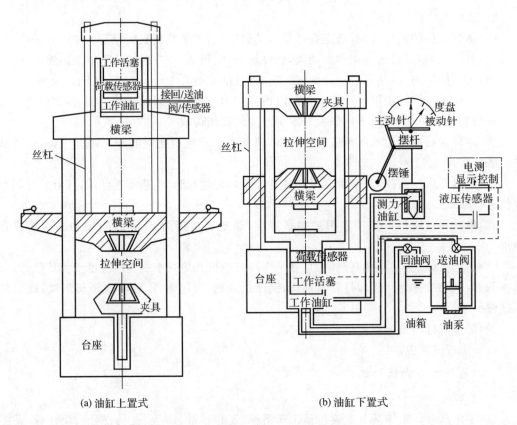

(a) 油缸上置式　　　　　　　　　　(b) 油缸下置式

图 3-2　液压式万能试验机构造示意

(10)清理试验机。

(三)手动控制试验机操作注意事项

(1)试验机应由一人操作,机器运转时,操作人员不得离开操作位置。

(2)采用电机控制横梁/压板的升降的试验机,不得将电机用于加载,且在试件受到荷载时,严禁使用升降控制开关调整承压板位置。

(3)液压摆锤测力通过摆锤质量的增减,来改变试验机的量程,应从相应度盘读取指针指示值。

(4)试验时加载、恒载和卸载可通过送油阀和回油阀的开启和关闭完成。送油阀和回油阀同时开启可排除回路中的空气泡;关闭回油阀同时开启送油阀时可使活塞上升或实现对试件加载;加载后同时关闭送油阀和回油阀可使试件受到较为恒定的荷载;加载完成后若开启回油阀可卸载。

(5)试验机加载时应根据加载速度要求控制送油阀的开启程度,送油阀开启大小与加载速度成正比,速度要求快则开启程度大。

(6)当下横梁或承压板之间的距离不能调整时,可通过送油阀和回油阀的启闭,从而调整活塞升降实现试件与承压板或夹具之间距离的控制。

(7)试验机进行抗压试验时,加载前应根据试件与承压板之间的距离控制送油阀的开启程度,距离大时可适当增大送油阀的开启程度,即加快送油的速度/加快承压板的运动,若距离小时,则应减小送油阀的开启程度。

（8）试验机卸载应缓慢进行。

二、电液伺服试验机

（一）基本构造

1. 主体部分

主体部分包括框架、横梁、油缸。根据不同荷载要求,可采用两立柱或四立柱框架式结构;油缸可采用下置或上置方式;可用双向动作油缸和单空间组合形式,也可用单向动作油缸和双空间组合的形式。

2. 控制部分

控制及油路部分伺服控制由油源、电液伺服阀、电气控制器、荷载传感器、位移传感器、引伸计、计算机及控制软件等组成。

横梁位置可通过电动控制,活塞的移动通过计算机控制。控制软件可进行编程,实现对试验过程荷载、变形、应力、应变控制等多种自动加载方式。控制软件还可实现多窗口实时显示相关测试量。试验完成后,可以输出不同类型试验曲线:荷载-位移、荷载-时间、位移-时间、应力-应变、应力-时间、应变-时间等试验曲线。

（二）试验机的操作使用

（1）估算试验的最大载荷,选定相应量程的试验机。

（2）开启电源、启动控制器和计算机。

（3）启动控制软件,打开所需开展试验的模式,核对并设置加载模式和加载过程。

（4）根据试件情况调整横梁位置,使试验空间满足要求。

（5）启动油泵,使工作油缸活塞上升。

（6）将试件居中置于承压板上或安装于夹具中,安装引伸计或应变测量装置。

（7）荷载和引伸计清零。

（8）开始试验,界面显示随时间变化的荷载-位移曲线或强度-应变曲线。

（9）到设定应变点移除引伸计或应变测量装置。

（10）试验结束,清理试验机,处置数据。

注:不同品牌的设备操作程序有较大差异,应根据说明书进行操作使用。

三、微机控制电子试验机

（一）基本构造

1. 主体部分

主体部分主要包括门式框架、高精度丝杆、横梁、伺服电机、夹具等,万能试验机构造示意见图3-3。

有拉力和万能两类试验机;通过横梁的升降调整试验机的试验空间的高度。

2. 测控部分

测控部分由电气控制器、荷载传感器、位移传感器、引伸计、计算机及控制软件共同组成。可自动控制试验加卸载过程,并自动测试荷载、应力、位移、变形、应变等参数,也可通过软件实现后续处理工作。

（二）试验机的操作和使用

（1）估算试验的最大载荷,选定相应量程的试验机。

（2）开启电源、启动控制器和计算机。

（3）启动控制软件,打开所需开展试验的模式,核对并设置加载模式和加载过程。

（4）根据试件情况调整横梁位置,使试验空间满足要求。

（5）将试件居中置于承压板上或安装于夹具中,安装引伸计或应变测量装置。

（6）荷载和引伸计清零。

（7）开始试验,界面显示随时间变化的荷载-位移曲线或强度-应变曲线。

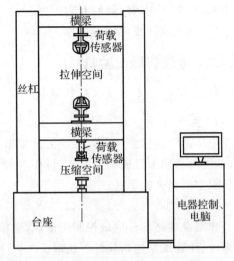

图 3-3　微机控制电子万能试验机构造示意

（8）到设定应变点移除引伸计或应变测量装置。

（9）试验结束,清理试验机,处置数据。

注:不同品牌的设备操作程序有较大差异,应根据说明书进行操作使用。

四、水泥胶砂抗折试验机

（一）基本构造

水泥胶砂抗折试验机主要包括支架、横梁、活动砝码、传动电机、夹具,见图3-4。

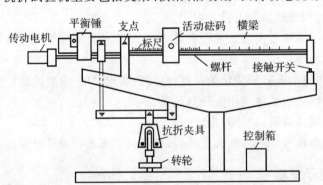

图 3-4　水泥胶砂抗折试验机示意

活动砝码的自重与试件受到的荷载在支点位置形成力矩平衡。加载时传动电机带动螺杆转动,使活动砝码在横梁上自左向右移动,力臂逐步增大,使加载端力矩逐渐增加,而试件端的力臂保持不变,故使试件受到的荷载增加即实现加载。

（二）操作使用

（1）接通电源,按住活动砝码上的定位按钮,将活动砝码往左移至零位。

（2）调整平衡锤,使横梁保持水平。

（3）转动转轮调整抗折夹具的空间，把水泥胶砂试件侧向放入夹具内。

（4）再转动转轮调整横梁的位置。

（5）开启电源，传动电机匀速带动活动砝码移动实现加载。

（6）试件折断时，横梁端部与接触开关相触，切断电源。

（7）在横梁标尺上读出抗折荷载值。

（8）试验结束，清理试验机，处置数据。

注：加载开始前，横梁应起翘一定高度，加载（即活动砝码向右侧移动）时，横梁起翘角度会逐渐减小；初始横梁起翘高度与抗折荷载大小成正比，荷载越大起翘角度越大；在试件折断的瞬间，应使横梁基本处于水平状态。

第二节　其他常用设备

一、水泥净浆搅拌机

（一）基本构造

水泥净浆搅拌机主要由底座、立柱、传动箱、滑板、搅拌叶片、搅拌锅、双速电动机组成。通过双速电动机、传动箱和程控器等实现同时公转和自转，以及快速和慢速转动，其速度需满足表 3-1 中的要求。水泥净浆搅拌机结构见图 3-5。

表 3-1　搅拌叶片高速与低速转动时的自转与公转速度

搅拌速度	搅拌叶片	
	自转/(r/min)	公转/(r/min)
慢速	140±5	62±5
快速	285±10	125±10

（二）操作使用

（1）将程控器连接主机，接通电源。

（2）自动搅拌时把总开关置于自动位置，显示器显示为 0；手动搅拌时把总开关置于手动位置。

（3）将加好料的搅拌锅侧倾，以搅拌叶置于锅内方式扶正，将锅底部缺口与底座位置对应后下压插入，再顺时针旋转固定。

（4）手柄轻向外拉，向后方推动提升底座至固定位置，再将手柄内压卡住，松开手柄，旋紧定位螺钉。

（5）自动搅拌时，将手动的高低速都置于停止，按程控器启动键。自动完成一次搅拌程序：慢速 120s—停 15s—高速 120s—停止。

手动控制则根据需要选择高速、低速和停止等操作，人工计时。

（6）搅拌完成后，以相反方式降下底座，适当清理搅拌叶，取出搅拌锅。

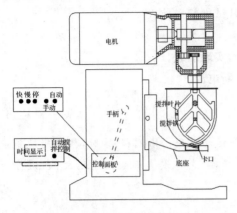

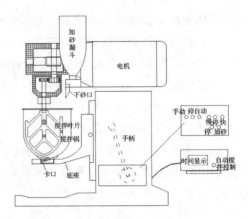

图 3-5　水泥净浆搅拌机示意　　　　　图 3-6　水泥胶砂搅拌机示意

二、水泥胶砂搅拌机

(一)基本构造

水泥胶砂搅拌机主要由底座、立柱、传动箱、滑板、搅拌叶片、搅拌锅、加砂控制器、双速电动机组成。通过双速电动机、传动箱和程控器等实现同时公转和自转,以及加砂、快速和慢速转动,其速度需满足表 3-1 中的要求。搅拌机结构见图 3-6。

(二)操作使用

(1)将程控器连接主机,接通电源。

(2)自动搅拌时把总开关置于自动位置,时间显示器显示为 0;手动搅拌时把总开关置于手动位置。

(3)将加好料的搅拌锅侧倾,以搅拌叶置于锅内方式扶正,将锅底部缺口与底座位置对应后下压插入,再顺时针旋转固定。

(4)手柄轻向外拉,向后方推动提升底座至固定位置,再将手柄内压卡住,松开手柄,旋紧定位螺钉。

(5)自动搅拌时,按启动键。自动完成一次搅拌程序:低速 30s—加砂并搅拌 30s—高速 30s—停 90s—高速 60s—停止。

手动控制则根据需要选择高速、低速、加砂和停止等操作,人工计时。

(6)搅拌完成后,以相反方式降下底座,适当清理搅拌叶,取出搅拌锅。

三、水泥胶砂振实台

(一)基本构造

水泥胶砂振实台主要由电机、振动部件,机架部件和程控器组成。同步电动机带动凸轮转动,使振动部件上升运动,升到定值后落下,而产生振动使水泥胶砂在重力的作用下振实,仪器计数自动控制,见图 3-7。

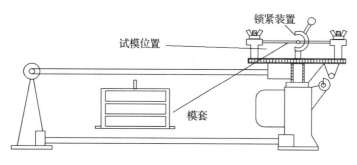

图 3-7　水泥胶砂振实台示意

(二)操作使用

(1)将程控器连接主机,接通电源。

(2)将试模置于平台,放下模套,并使模套的三个孔对准试模三个口。

(3)锁定卡紧装置,调整紧固螺丝,压紧固定模套和试模。

(4)按规定要求通过模套加入水泥胶砂。

(5)按程控器启动键,电机运转,自动计数,振实 60 次时停止。再次操作,可按"启动"键,可重复执行。

四、混凝土搅拌机

(一)基本构造

混凝土搅拌机由电机、传动系统、机架、搅拌桶、搅拌铲片、限位装置及控制系统组成。减速电机通过联轴器使搅拌沿着一个方向旋转,搅拌轴上的正反两组铲片搅拌物料,由于螺旋升角的作用,铲片工作时使筒内的物料由一侧推向另一侧,又由另一侧推回原处的循环动作,使物料 得到充分的搅拌,见图 3-8。

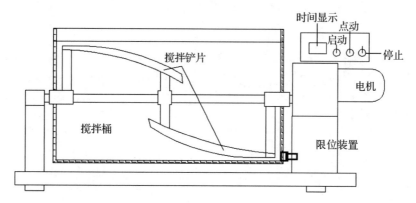

图 3-8　混凝土搅拌机示意

(二)操作使用

(1)将程控器连接主机,接通电源。

(2)检查桶内情况,限位锁定,开机空转试机,完成后停机。

（3）正式搅拌前可使用同配合比浆料刷膛或用水湿润桶内壁和搅拌铲片。

（4）将需要搅拌的材料按次序加入搅拌桶，搅拌量宜控制在额定容量的 $25\%\sim80\%$。

（5）设置搅拌时间，按启动按键开始搅拌。

（6）完成后，打开限位锁定，使筒体旋转一定角度，再次限位锁定，按点动或启动按钮，将拌合物排出筒外。

（7）扶正桶体后，将清水加入料筒内，开机空转清洗料筒，清理并晾干搅拌机。

五、摇筛机

（一）基本构造

摇筛机主要由电机、控制箱、摆动座、定时器、夹筛盘、套筛等部分组成。电机通过主偏心轴，使整个筛组平面圆周摆动。同时带动凸轮，周期地顶起靠自重下落在机座的砧座上，使摆动架得到平面圆周摆动的同时进行振击，见图3-9。

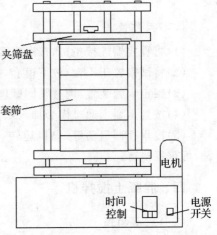

图 3-9　摇筛机示意

（二）操作使用

（1）接通电源，设置定时器。

（2）将夹筛盘松开后上移并夹紧。

（3）套筛按照筛孔从大到小顺序叠放，并加底盘。

（4）将需要筛分的材料倒入最上层筛中，盖上筛盖。

（5）将整套筛子放至振摆机承筛座内。

（6）松开夹筛盘，下压至筛盖处并夹紧。

（7）启动机器，至定时停止工作。

（8）按反向方法操作夹筛盘，取下套筛，关闭电源。

第四章 水泥实验

本章内容有水泥密度、细度、标准稠度用水量、凝结时间、安定性、胶砂流动度、强度试验。

试验参照《水泥密度测定方法》(GB/T 208—2014)、《水泥取样方法》(GB/T 12573—2008)、《通用硅酸盐水泥》(GB 175—2023)、《水泥细度检验方法 筛析法》(GB/T 1345—2005)、《水泥比表面积测定方法 勃氏法》(GB/T 8074—2008)、《水泥标准稠度用水量、凝结时间、安定性检验方法》(GB/T 1346—2011)、《水泥胶砂流动度测定方法》(GB/T 2419—2005)、《水泥胶砂强度检验方法(ISO法)》(GB/T 17671—2021)进行。

一、一般规定

(一)试验与养护条件

水泥标准稠度用水量、凝结时间、安定性、胶砂流动度试验:试验室温度应为(20±2)℃,相对湿度不低于50%;养护室(箱)温度应为(20±1)℃,相对湿度不低于90%。水泥细度勃氏法试验:试验室相对湿度不高于50%。

(二)试验材料要求

试验用水可用饮用水;水泥试样、标准砂、拌合水及试模等温度同试验室。

二、密度试验

(一)目的

测试水泥密度,为混凝土配合比设计提供参数。

(二)主要仪器设备

李氏瓶——瓶颈刻度由0~1mL和18~24mL两段刻度组成,以0.1mL为分度值,容量误差不大于0.05mL,见图4-1;天平——量程不小于100g,分度值不大于0.01g;烘箱——温度能控制在(110±5)℃;干燥器、温度计等。

(三)方法步骤

(1)试样通过0.90mm孔筛后,置于(110±5)℃的烘箱中烘干1h,并在室温为(20±1)℃的干燥器内冷却至室温。

(2)在李氏瓶中注入无水煤油至0~1mL刻度线,置于(20±1)℃恒温水槽中不少于30min,使刻度部分浸入水中,记

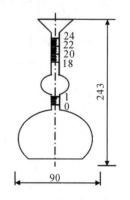

图4-1 李氏瓶(单位:mm)

录刻度 V_1 和水槽温度。

（3）称取试样质量为 m（60g），精确至 0.01g，用小匙小心地将试样装入李氏瓶中，反复摇动或用超声波震动或磁力搅拌，直至没有气泡排出。

（4）再次将李氏瓶按前述要求浸入水槽恒温不少于 30min，记录液面刻度 V_2 和水槽温度。

注：两次刻度读数时，水槽温度差不得大于 0.2℃。

（四）结果确定

（1）按下式计算水泥密度 ρ，精确至 0.01g/cm³。

$$\rho = \frac{m}{V_2 - V_1}$$

（2）结果取两个平行试样试验结果的算术平均值。两次结果之差不应大于 0.02g/cm³，否则重做试验。

三、水泥细度试验

（一）目的

水泥细度是水泥水化活性的保证，也是控制水泥水化速度重要指标，通过水泥细度试验，可评价水泥技术指标的符合性和工程应用的适宜性。水泥细度试验方法有筛析法和勃氏法两种。

（二）筛析法

1. 负压筛析法

（1）主要仪器设备。负压筛析仪——功率不小于 600W，筛座转速为（30±2）r/min，负压可调范围为 4000～6000Pa，喷嘴上口与筛网距离为 2～8mm，见图 4-2；负压筛——方孔，孔径为 45μm 和 80μm，见图 4-3；天平——分度值不大于 0.01g；铝罐、料勺等。

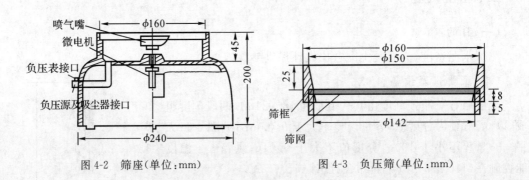

图 4-2　筛座（单位：mm）　　　　图 4-3　负压筛（单位：mm）

（2）方法步骤：①筛析试验前，应把负压筛放在筛座上，盖上筛盖，接通电源，检查控制系统，调节负压至 4000～6000Pa。②称取试样质量 W（45μm 筛 10g，80μm 筛 25g），精确至 0.01g。置于洁净的负压筛中。盖上筛盖，放在筛座上，开动筛析仪连续筛析 2min，在此期间如有试样附着在筛盖上，可轻轻敲击使其落下，筛毕用天平称量筛余物质量 R_t，精确至 0.01g。

2. 水筛法

(1)主要仪器设备。水筛——方孔,孔径为 $45\mu m$ 和 $80\mu m$,见图 4-4;天平、烘箱同负压筛析法,筛座、喷头等。

(2)方法步骤:①筛析试验前应检查水中无泥、砂,调整好水压及水筛架位置,使其能正常运转,喷头底面和筛网之间距离为 $35\sim75mm$。②称取水泥试样质量 W($45\mu m$ 筛 10g,$80\mu m$ 筛 25g),精确至 0.01g,置于洁净的水筛中,立即用洁净水冲洗至大部分细粉通过,再将筛子置于筛座上,用水压为 (0.05 ± 0.02)MPa 的喷头连续冲洗 3min。③筛毕将筛余物冲至一边,用少量水把筛余物全部移至蒸发皿(或烘样盘)中,等水泥颗粒全部沉淀后将水倾出,置于 (105 ± 5)℃的烘箱中烘干,称取筛余物质量 R_t,精确至 0.01g。

3. 手工干筛法

(1)主要仪器设备。手工筛——方孔,孔径为 $45\mu m$ 和 $80\mu m$,见图 4-5;天平、烘箱同负压筛析法,铝罐、料勺等。

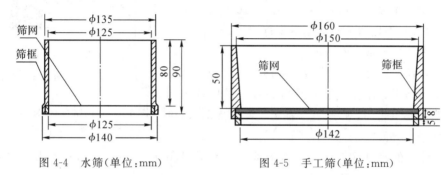

图 4-4　水筛(单位:mm)　　　　图 4-5　手工筛(单位:mm)

(2)方法步骤:①称取水泥试样质量 W($45\mu m$ 筛 10g,$80\mu m$ 筛 25g),倒入筛内。②一手执筛往复摇动,另一手轻轻拍打,拍打速度约为 120 次/min,其间每 40 次向同一方向转动 $60°$,使试样均匀分布在筛网上。③直至每分钟通过量不超过 0.05g 时为止,称取筛余物质量 R_t,精确至 0.01g。

4. 结果确定

(1)按下式计算水泥筛余率 F,精确至 0.1%。

$$F=\frac{R_t}{W}\times100\times C$$

$$C=\frac{F_s}{F_t}$$

式中:C 为试验筛修正系数,精确至 0.01,应在 0.80~1.20 范围,超出此范围时,试验筛应淘汰;F_s 为标准样品的筛余标准值,精确至 0.1%;F_t 为标准样品在试验筛上的筛余实测值,精确至 0.1%。

(2)筛析结果取两个平行试样筛余的算术平均值。两次结果之差超过 0.5%时(筛余大于 5.0%时可放至 1.0%),再做试验,取两次相近结果的算术平均值。

(3)负压筛法、水筛法和手工筛法测定的结果发生差异时,以负压筛法为准。

(4)水泥细度筛余要求见表 4-1。

表 4-1　水泥细度筛余要求

项　目		普通硅酸盐水泥	矿渣硅酸盐水泥	粉煤灰硅酸盐水泥	火山灰质水泥	复合硅酸盐水泥
筛余/% ≤	孔径 45μm	5	5	5	5	5

（三）勃氏法

1. 主要仪器设备

勃氏比表面积透气仪——见图 4-6；天平——分度值不大于 0.001g；烘箱——温度能控制在（105±5）℃；秒表、铝罐、料勺等。

2. 方法步骤

（1）水泥试样过 0.9mm 方孔筛，在（110±5）℃烘箱中烘 1h 后，置于干燥器中冷却至室温待用。

（2）按本章二测试水泥密度。

（3）检查仪器是否漏气：将透气圆筒上口用橡皮塞塞紧，接到压力计上。用抽气装置从压力计一臂中抽出部分气体，然后关闭阀门，观察是否漏气。若发现漏气，可用活塞油脂加以密封。

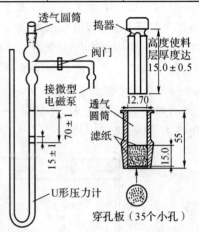

图 4-6　勃氏比表面积透气仪示意
（单位：mm）

（4）空隙率的确定：PⅠ、PⅡ型水泥的空隙率采用（0.500±0.005），其他水泥或粉料的空隙率采用（0.530±0.005）。

（5）按下式计算需要的试样质量 m，

$$m = \rho_{水泥} V(1-\varepsilon)$$

式中：V 为试料层的体积，按标定方法测定；ε 为试料层的空隙率。

（6）材料层制备：将穿孔板放入透气筒内，用捣棒把一片滤纸送到穿孔板上，边缘放平并压紧。称取试样质量 m，精确至 0.001g，倒入圆筒。轻敲筒边使水泥层表面平坦。再放入一片滤纸（直径为 12.7mm 边缘光滑的圆形滤纸片），用捣器均匀捣实试料，至捣器的支持环紧紧接触筒顶边并旋转 1～2 圈，取出捣器。

（7）把装有试料层的透气圆筒连接到压力计上，保证连接紧密不漏气，并不得振动试料层。

（8）打开微型电磁泵从压力计中抽气，至压力计内液面上升到扩大部下端，关闭阀门。当压力计内液体的凹月面下降到第一个刻线时开始计时，液体的凹月面下降到第二条刻线时停止计时，记录所需时间 t，精确至 0.5s，并记录试验时的温度。

3. 结果确定

（1）当被测试样和标准试样的密度、试料层中空隙率均相同时：

① 当试验和校准的温差≤3℃时，按下式计算被测试样的比表面积 S，精确至 0.1m²/kg。

$$S = \frac{S_s \sqrt{T}}{\sqrt{T_s}}$$

式中：S_s 为标准试样的比表面积（cm^2/g）；T_s 为标准试样压力计中液面降落时间（s）；T 为被测试样压力计中液面降落时间（s）。

② 当试验和校准的温差＞3℃时，按下式计算被测试样的比表面积 S，精确至 $0.1m^2/kg$。

$$S = \frac{S_s\sqrt{\eta_s}\sqrt{T}}{\sqrt{\eta}\sqrt{T_s}}$$

式中：η_s 为标准试样试验温度时的空气黏度（$\mu P_a \cdot s$）；η 为被测试样试验温度时的空气黏度（$\mu P_a \cdot s$）。

（2）当被测试样和标准试样的密度相同，试料层中空隙率不同时：

① 当试验和校准的温差≤3℃时，按下式计算被测试样的比表面积 S，精确至 $0.1m^2/kg$。

$$S = \frac{S_s\sqrt{T}(1-\varepsilon_s)\sqrt{\varepsilon^3}}{\sqrt{T_s}(1-\varepsilon)\sqrt{\varepsilon_s^3}}$$

式中：ε_s 为标准试样试料层的空隙率；ε 为被测试样试料层的空隙率。

② 当试验和校准的温差＞3℃时，按下式计算被测试样的比表面积 S，精确至 $0.1m^2/kg$。

$$S = \frac{S_s\sqrt{\eta_s}\sqrt{T}(1-\varepsilon_s)\sqrt{\varepsilon^3}}{\sqrt{\eta}\sqrt{T_s}(1-\varepsilon)\sqrt{\varepsilon_s^3}}$$

（3）当被测试样和标准试样的密度和试料层中空隙率均不同时：

① 当试验和校准的温差≤3℃时，按下式计算被测试样的比表面积 S，精确至 $0.1m^2/kg$。

$$S = \frac{S_s\rho_s\sqrt{T}(1-\varepsilon_s)\sqrt{\varepsilon^3}}{\rho\sqrt{T_s}(1-\varepsilon)\sqrt{\varepsilon_s^3}}$$

式中：ρ_s 为标准试样的密度；ρ 为被测试样的密度。

② 当试验和校准的温差＞3℃时，按下式计算被测试样的比表面积 S，精确至 $0.1m^2/kg$。

$$S = \frac{S_s\rho_s\sqrt{\eta_s}\sqrt{T}(1-\varepsilon_s)\sqrt{\varepsilon^3}}{\rho\sqrt{\eta}\sqrt{T_s}(1-\varepsilon)\sqrt{\varepsilon_s^3}}$$

（4）水泥比表面积取两个平行试样试验结果的算术平均值，精确至 $1m^2/kg$。如二次试验结果相差 2% 以上时，应重做试验。

（5）水泥细度比表面积要求见表 4-2，若细度不合格则该水泥为不合格品。

表 4-2　水泥细度比表面积要求

项目	硅酸盐水泥
比表面积/（m^2/kg）	≥300 且≤400

四、水泥标准稠度用水量试验

(一)目的

标准稠度用水量是指水泥净浆以规定方法测定,在达到规定的浆体可塑性时,所需的用水量。测定标准稠度用水量是水泥的凝结时间和安定性试验的要求,可消除不同品牌水泥试验条件的差异,便于水泥性能指标测定的标准化控制。

(二)标准法

1. 主要仪器设备

水泥净浆搅拌机见图 3-5。标准法维卡仪——滑动部分的总重量为 $(300\pm1)g$,见图 4-7;标准稠度试杆和装净浆用试模——见图 4-8(a);天平——量程为 1000g,分度值不大于 1g;量水器或天平——最小刻度为 0.5mL,精度为 1%,或量程为 500g,分度值不大于 0.5g;水泥净浆搅拌机、小刀、料勺等。

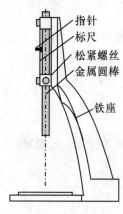

图 4-7　维卡仪

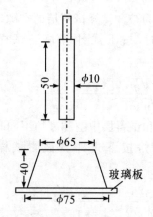

图 4-8(a)　标准稠度试杆和装净浆用试模(标准法)(单位:mm)

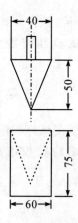

图 4-8(b)　试锥和装净浆用锥模(代用法)(单位:mm)

2. 方法步骤

(1)检查:稠度仪的金属棒能否自由滑动;试杆接触玻璃板时,调整指针对准标尺的零点;搅拌机运转正常。

(2)用湿布擦抹水泥净浆搅拌机的筒壁及叶片。

(3)称取 m_c(500g)水泥试样。

(4)量(称)取拌合水 m_w(根据经验确定),水量精确至 0.5mL 或 0.5g,倒入搅拌锅,5~10s 内将水泥加入水中。

(5)将锅放到搅拌机底座上固定后,按水泥净浆搅拌机自动搅拌程序拌制水泥净浆:慢速 120s—停 15s~高速 120s—停止,取出搅拌锅后用润湿的料勺适当翻拌浆体。

(6)将净浆一次性装入玻璃板上的试模中,高度略超出试模上端,用宽约 25mm 的直边刀轻轻拍打浆体 5 次,在试模表面 1/3 处,略倾斜于试模,分别轻轻锯掉多余的净浆,再从模边沿轻抹顶部一次,使表面光滑,抹平后迅速将其居中放到维卡仪上。

(7)将试杆恰好降至净浆表面,拧紧螺丝 1~2s 后,突然放松,让试杆自由沉入净浆中,试杆停止下沉或释放试杆 30s 时,记录试杆距玻璃板的距离,整个操作过程应在搅拌后 1.5min 内完成。

(8)调整用水量大小,至试杆沉入净浆距玻璃板(6±1)mm,此时的水泥净浆为标准稠度净浆,拌合用水量为水泥的标准稠度用水量(按水泥质量的百分率计)。

3. 结果确定

按下式计算水泥标准稠度用水量 P,精确至 0.1%。

$$P = \frac{m_w}{m_c} \times 100$$

(三)代用法

1. 主要仪器设备

试锥和装净浆用锥模——见图 4-8(b);其余同标准法。

2. 方法步骤

(1)检查:测定仪的金属棒能否自由滑动;试锥降至锥模顶面位置时,调整指针对准标尺的零点;搅拌机运转正常。

(2)同标准法拌制水泥净浆。

(3)拌合用水量 m_w 的确定。

① 不变水量方法:用水量为 142.5mL 或 142.5g。

② 调整水量方法:按经验根据试锥沉入深度确定。

(4)拌合完毕,将净浆一次装入锥模,用宽约 25mm 的直边刀插捣 5 次,再轻振 5 次,刮去多余净浆,抹平后迅速将其放到试锥下固定位置,将试锥锥尖恰好降至净浆表面,此时指针应对准标尺零点,拧紧螺丝 1~2s 后,突然放松,让试锥自由沉入净浆中,试锥停止下沉或释放试锥 30s 时,记录试锥下沉深度 S,整个操作过程应在搅拌后 1.5min 内完成。

3. 结果确定

(1)不变水量方法

根据测得的试锥下沉深度 S(mm),按下面的经验公式计算水泥标准稠度用水量 P,精确至 0.1%。

$$P = 33.4 - 0.185S$$

注:若试锥下沉深度小于 13mm,则应采用调整水量方法测定。

(2)调整水量方法

① 调整水量大小,使试锥下沉深度为(30±1)mm 时的水泥净浆,拌合用水量即为水泥的标准稠度用水量(按水泥质量的百分率计)。

② 按下式计算水泥标准稠度用水量 P,精确至 0.1%。

$$P = \frac{m_w}{m_c} \times 100$$

五、水泥凝结时间试验

(一)目的

水泥凝结时间的测定,是以标准稠度水泥净浆,在规定温度和湿度条件下进行,可评定水泥的凝结硬化性能,判定是否达到标准要求和满足工程应用。

397

（二）主要仪器设备

维卡仪——见图 4-7；试针和试模——见图 4-9；天平、净浆搅拌机等。

（三）方法步骤

（1）将圆模放在玻璃板上，使初凝试针接触玻璃板时，调整指针对准标尺的零点。

（2）拌制标准稠度水泥净浆，按标准稠度用水量标准法装入试模，放入标准养护箱内，记录水泥全部加入水中的时间作为凝结时间的起始时间。

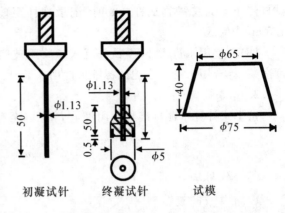

图 4-9　试针和试模（单位：mm）

（3）初凝时间测定，使用初凝试针，在加水后 30min 时进行第一次测定。测定时，从养护箱取出试模，放到初凝试针下，使试针与净浆面接触，拧紧螺丝 1～2s 后，突然放松，试针自由垂直地沉入净浆，记录试针停止下沉或释放试针 30s 时指针的读数。当试针下沉至距离底板（4±1）mm 时，浆体达到初凝状态，记录时间。

注：临近初凝状态时间间隔 5min 或更短测定一次；达到初凝时应立即重复测一次，只有两次结论相同才能确定达到初凝状态，每次测定应在不同位置。

（4）终凝时间测定，试针更换成终凝试针。完成初凝时间测定后，立即将试模和浆体翻转 180°，直径小端向下放在玻璃板上，再放入养护箱中继续养护。当试针沉入浆体 0.5mm，且在浆体上不留环型附件的痕迹时，浆体达到终凝状态，记录时间。

注：临近终凝状态时间间隔 15min 或更短测定一次；达到终凝时应立即重复测两次，只有结论相同才能确定达到初凝状态，且每次测定应在不同位置。

（四）结果确定

（1）初凝时间：自水泥全部加入水中时起，至浆体达到初凝状态时所需的时间（min）。

（2）终凝时间：自水泥全部加入水中时起，至浆体达到终凝状态时所需的时间（min）。

（3）水泥凝结时间要求见表 4-3，若凝结时间不合格，则该水泥为不合格品。

表 4-3　水泥凝结时间要求

项目		硅酸盐水泥	普通硅酸盐水泥	矿渣硅酸盐水泥	火山灰质硅酸盐水泥	粉煤灰硅酸盐水泥	复合硅酸盐水泥
凝结时间/min	初凝≥	45	45	45	45	45	45
	终凝≤	390	600	600	600	600	600

六、安定性试验

（一）目的

安定性是指水泥浆体硬化后体积变化的均匀性。通过安定性试验，可检验水泥硬化后体积变化的均匀性，以避免安定性不良导致的工程质量事故。

（二）主要仪器设备

沸煮箱——能在(30±5)min 将箱内水由室温升至沸腾状态并保持 3h 以上；雷氏夹——见图 4-10；雷氏夹膨胀值测量仪、水泥净浆搅拌机、玻璃板等。

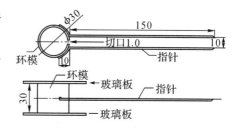

图 4-10　雷氏夹(单位:mm)

（三）雷氏夹法(标准法)

1. 方法步骤

(1)拌制标准稠度水泥净浆。

(2)把内表涂油的雷氏夹放在稍涂油的玻璃板上,将标准稠度水泥净浆一次性装满雷氏夹,一只手轻扶雷氏夹,另一只手用宽约25mm的直边刀插捣 3 次,然后抹平,盖上另一稍涂油的玻璃板,移至标准养护箱内养护(24±2)h。

(3)调整好沸煮箱的水位,使之能在整个沸煮过程中都没过试件。

(4)脱去玻璃板,取下试件,测量试件指针尖端间的距离 A,精确到 0.5mm,再将试件放入水中试件架上,指针朝上,在(30±5)min 内加热至沸,并恒沸(180±5)min。

(5)煮毕,将水放出,待箱内温度冷却至室温时,取出检查。

(6)测量煮后试件指针头端间的距离 C,精确至 0.5mm。

(7)计算沸煮前后试件指针尖端间的距离之差$(C-A)$。

2. 结果确定

(1)试验结果取两个平行试样试验结果的算术平均值。

(2)距离之差$(C-A)$≤5.0mm 时,即安定性合格,反之用同一样品立即重做一次试验,以复验结果为准。

(3)若安定性不合格,则该水泥为不合格品。

（四）试饼法(代用法)

1. 方法步骤

(1)拌制标准稠度水泥净浆。

(2)取部分标准稠度水泥净浆,分成两等份,制成球形,放在涂过油的玻璃板上,轻振玻璃板,并用湿布擦过的小刀,由边缘向饼的中央抹动,制成直径为 70～80mm,中心厚约10mm,边缘渐薄,表面光滑的试饼,放入标准养护箱内养护(24±2)h。

(3)调整好沸煮箱的水位,使之能在整个沸煮过程中都没过试件。

(4)脱去玻璃板,取下试件,检查试饼是否完整,在试饼无缺陷的情况下,将试饼置于沸煮箱内水中的篦板上,在(30±5)min 内加热至沸,并恒沸(180±5)min。

(5)煮毕,将水放出,待箱内温度冷却至室温时,取出检查。

2. 结果确定

(1)目测试饼,若未发现裂缝,再用钢直尺检查也没有弯曲时,则水泥安定性合格,反之为不合格。当两个试饼判别结果有矛盾时,为安定性不合格。

(2)当试饼法与雷氏夹法试验结果有争议时,以雷氏夹法为准。

七、水泥胶砂强度试验

（一）目的

通过测试水泥胶砂在一定龄期时的抗压强度和抗折强度,确定水泥的强度等级或判定是否达到某一强度等级。

（二）主要仪器设备

水泥胶砂搅拌机——见图 3-6;水泥胶砂振实台——见图 3-7;加水器或天平——225mL,精度为 1mL 或分度值不大于 1g;试模——三个 40mm×40mm×160mm 模槽组成,见图 4-11;抗折强度试验机——三点抗折,加载速度可控制在 (50±10)N/s,见图 3-4,或其

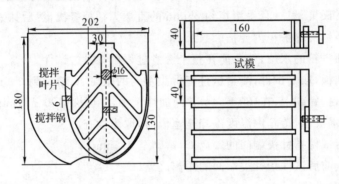

图 4-11　水泥胶砂搅拌装置和试模(单位:mm)

他试验机配套抗折装置;水泥胶砂强度自动压力试验机——精度为 1%;抗折和抗压夹具——见图 4-12;料勺、大播料器、小播料器、金属直尺等。

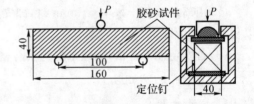

图 4-12　抗折和抗压夹具示意(单位:mm)

（三）试验方法及步骤

1. 搅拌成型

(1)将试模擦净,紧密装配,内壁均匀刷一层薄机油。

(2)每成型三条试件称量水泥 (450±2g)、标准砂 (1350±5g)、水 (225±1)mL 或 (225±1)g。其中,矿物掺合料水泥和掺火山灰质的普通硅酸盐水泥的用水量按 0.5 水灰比和胶砂流动度不小于 180mm 来确定,当流动度小于 180mm 时,以增加 0.01 倍数的水灰比调整胶砂流动度至不小于 180mm。胶砂流动度试验见本章"八、水泥胶砂流动度试验"。

(3)把水加入锅内,再加入水泥,按水泥胶砂搅拌机自动搅拌程序拌制胶砂(低速 30s—加砂并搅拌 30s—高速 30s—停 90s,在停拌的第一个 15s 内将叶片、锅壁和锅底上的胶砂刮入锅中—高速 60s—停止),取出搅拌锅后,用润湿的料勺将锅壁上的胶砂清理到锅内,并翻拌胶砂使其更加均匀。

(4)把试模和模套固定在振实台上,将搅拌锅中的胶砂分两层装入试模,装第一层时,每个槽内约放 300g 胶砂,使试模长度方向布满模槽,再用大布料器垂直架在模套顶部,沿每个模槽来回一次将料层布平,接着振实 60 次;装第二层胶砂时,使试模长度方向布满模槽,再

用小布平器布平,再振实 60 次,振实时,可用拧干的稍大于模套的棉布盖在模套上,以防止振实时胶砂和浆体飞溅。

(5)移走模套,从振实台上取下试模,用一金属直尺以近 90°的角度(稍倾向刮平方向)从试模一端沿长度方向以横向锯割动作慢慢将超过试模部分的胶砂刮去。较稠的砂浆需多次锯割,动作要慢以防拉动已振实的胶砂。用拧干的湿毛巾将试模端板顶部的胶砂擦拭干净,再用直尺以近乎水平的角度将试体表面抹平。抹平次数要尽量少,总次数不超过 3 次。最后将试模周边的胶砂擦除干净。

(6)用毛笔或其他方法对试件进行编号。两个龄期以上的试件,在编号时应将同一试模中的 3 条试件分在两个及以上龄期。

2.养护

(1)在试模上加不透水或渗水的盖板,盖板与胶砂间距离为 2~3mm。

(2)将试模水平放入养护室或养护箱,养护至规定龄期后取出脱模。

(3)对于 24h 龄期的,应在试验前 20min 内脱模;对于 24h 以上龄期的,应在成型后20~24h脱模。脱模后应进行试验或立即放入水中养护,养护水温为(20±1)℃,养护至规定龄期。

3.强度试验

(1)龄期:不同龄期的试件须在 1d±15min、2d±30min、3d±45min、7d±2h、28d±8h 内进行强度测定。

(2)抗折强度测定:每龄期取出 3 个试件,先测试抗折强度。测试前须擦去试件表面的水分和砂粒,清理夹具上的圆柱表面,以试件侧面与圆柱接触方向放入抗折夹具内。开动抗折机或试验机以(50±10)N/s 速度加荷,直至试件折断,记录破坏荷载 F_f(N)。

(3)抗压强度测定:取抗折试验后的 6 个断块进行抗压试验,抗压强度测定采用抗压夹具,试体受压面尺寸为 40mm×40mm,试验前,应清理试体受压面与压板;试验时,以试件的侧面为受压面。开动试验机,整个过程以(2400±200)N/s 的速度均匀地加荷至破坏。记录破坏荷载 F_c(N)。

(四)结果确定

(1)按下式计算抗折强度 R_f,精确至 0.1MPa。

$$R_f = \frac{3}{2}\frac{F_f L}{bh^2} = 0.00234F_f$$

式中:L 为支撑圆柱中心距离为 100mm;b、h 为试件断面宽及高均为 40mm。

抗折强度结果取 3 个试件抗折强度的算术平均值,精确至 0.1MPa。当 3 个强度值中有 1 个超过平均值的±10%时,应予剔除,再取平均值作为试验结果;当有 2 个超过平均值的±10%时,应予剔除,以剩余一个作为试验结果。

(2)按下式计算抗压强度 R_c,精确至 0.1MPa。

$$R_c = \frac{F_c}{A}$$

式中:A 为受压面积,即 40mm×40mm=1600mm²。

抗压强度结果取 6 个试件抗压强度的算术平均值,精确至 0.1MPa;如 6 个测定值中有1 个超出 6 个平均值的±10%,应剔除这个结果,以剩下 5 个的平均值作为结果,如 5 个测定值中再有超过它们平均数±10%的,则此组结果作废;如 6 个测定值中有 2 个超过平均值的±10%,则此组结果作废。

(3)各品种水泥强度要求见本书理论部分表 3-6,不同龄期的抗压强度和抗折强度需同时满足,否则该水泥为不合格品。

八、水泥胶砂流动度试验

(一)目的

水泥胶砂流动度试验,可衡量水泥相对需水量的大小,也是通用硅酸盐水泥进行强度试验的必要前提。

(二)主要仪器设备

水泥胶砂搅拌机——见图 3-6;水泥胶砂流动度测定仪(跳桌)——见图 4-13;天平——量程为 1000g,分度值不大于 1g;试模——截锥圆模,高 60mm,上口内径 70mm,下口内径 100mm;捣棒——直径 20mm;卡尺、模套、料勺、小刀等。

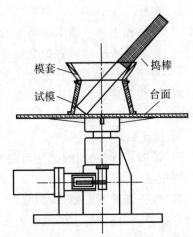

图 4-13 水泥胶砂流动度测定仪(跳桌)示意

(三)方法步骤

(1)检查水泥胶砂搅拌机运转是否正常,跳桌空跳 25 次。

(2)根据配合比按照"水泥胶砂强度试验"搅拌胶砂方法制备胶砂。

(3)在制备胶砂的同时,用湿布抹擦跳桌台面、试模、捣棒等与胶砂接触的工具并用湿抹布覆盖。

(4)将拌好的胶砂分两层迅速装入加模套的试模,扶住试模进行压捣。

(5)第一层装至约 2/3 模高处,并用小刀在两垂直方向各划 5 次,用捣棒由边缘至中心压捣 15 次,压捣至 1/2 胶砂高度处。

(6)第二层装至约高出模顶 20mm 处,并用小刀在两垂直方向各划 5 次,用捣棒由边缘至中心压捣 10 次,压捣不超过第一层捣实顶面。

(7)压捣完毕,取下模套,小刀倾斜,由中间向两侧分两次近水平角度抹平顶面,擦去桌面胶砂,垂直轻轻提起试模。

(8)开动跳桌,以每秒 1 次的频率完成 25 次跳动。

(9)测试两个垂直方向上的直径,精确至 1mm。

(10)水泥从加入水中起到测量结束的时间不得超过 6min。

(四)结果确定

胶砂流动度试验结果取两个垂直方向上直径的算术平均值,精确至 1mm。

第五章 粉煤灰实验

本章内容有粉煤灰需水量比试验、强度活性指数试验。

试验参照《用于水泥和混凝土中的粉煤灰》(GB/T 1596—2017)进行。

一、需水量比试验

(一)目的

粉煤灰的需水量比指试验胶砂和基准胶砂的流动度达到130～140mm时的加水量之比,可反映应用时对需水量的影响,也是评价等级的一个重要指标。

(二)主要仪器设备

水泥胶砂搅拌机——见图3-6;水泥胶砂流动度测定仪(跳桌)——见图4-13;天平——量程不小于1000g,分度值不大于1g;卡尺、模套、料勺、小刀等。

(三)原材料

水泥:标准水泥。

标准砂:符合水泥胶砂强度试验要求,且为0.5～1.0mm的中级砂。

(四)方法步骤

(1)根据表5-1胶砂配合比称量各材料。

表5-1 胶砂配合比

胶砂种类	水泥/g	粉煤灰/g	标准砂/g	水/mL
基准胶砂	250	—	750	125
试验胶砂	175	75	750	能使流动度达到130～140mm

(2)按水泥胶砂流动度试验方法拌制胶砂,测试胶砂的流动度。

(3)变化拌合用水的质量,直至试验胶砂流动度达到130～140mm,记录用水量 m,精确至1g。

(五)结果确定

(1)按下式计算需水量比 X,精确至1%。

$$X = \frac{m}{125} \times 100$$

(2)粉煤灰需水量比要求见表5-2。

表 5-2　拌制砂浆和混凝土用粉煤灰需水量比、强度活性指数要求

项目		技术要求		
		Ⅰ级	Ⅱ级	Ⅲ级
需水量比/％	≤	95	105	115
强度活性指数/％	≥	70	70	70

二、强度活性指数试验

(一)目的

粉煤灰的强度活性指数试验可反映应用时的活性,也是评价等级的一个重要指标。

(二)主要仪器设备

水泥胶砂搅拌机——见图 3-6;天平——量程不小于 1000g,分度值不大于 1g;振实台、料勺、小刀等。

(三)原材料

水泥:符合 GSB 14-1510 或符合 GB 175 中 42.5 级硅酸盐或普通硅酸盐水泥的规定。

标准砂:同水泥胶砂强度试验。

(四)方法步骤

(1)根据表 5-3 胶砂配合比称量各材料。

表 5-3　胶砂配合比

胶砂种类	水泥/g	粉煤灰/g	标准砂/g	水/g
基准胶砂	450	—	1350	225
试验胶砂	315	135	1350	225

(2)按水泥胶砂强度试验方法,拌制胶砂,成型试件,养护至 28d,并测试抗压强度,试验胶砂抗压强度为 R(MPa),基准胶砂抗压强度为 R_0(MPa)。

(五)结果确定

(1)按下式计算强度活性指数,精确至 1％。

$$H_{28} = \frac{R}{R_0} \times 100$$

(2)强度活性指数要求见表 5-2。

第六章　砂、石实验

本章内容有砂的表观密度、细度模数和颗粒级配、含泥量、含水率试验,石的表观密度颗粒级配、针片状颗粒含量、压碎指标值试验。

试验参照《建设用砂》(GB/T 14684—2022)、《建设用卵石、碎石》(GB/T 14685—2022)、《普通混凝土用砂、石质量及检验方法标准》(JGJ 52—2006)、《公路工程集料试验规程》(JTG E42—2005)等进行。

一、砂试验

(一)表观密度试验

试验时各项称量宜在15～25℃进行,试样加水静置2h起至试验结束温度变化不应超过2℃。

1. 目的

通过砂表观密度的测定,为计算空隙率以及混凝土配合比设计做好准备。

2. 主要仪器设备

容量瓶——500mL;天平——量程为1000g,分度值不大于0.1g;烘箱——温度能控制在(105±5)℃;干燥器、料勺、温度计等。

3. 方法步骤

(1)用四分法(见表1-1)将砂缩分至660g左右,置于(105±5)℃的烘箱中烘干至恒量(前后质量之差不大于试验称量分度值),冷却至室温后分为大致相等的两份待用。

(2)称取烘干的试样 m_0(300g),精确至0.1g,将试样装入容量瓶,注入冷开水至接近500mL的刻度处,摇转容量瓶,排除气泡,再塞紧瓶塞,静置24h。

(3)静置后用滴管添水,至500mL刻度处,塞紧瓶塞,擦干瓶外水分,称取其质量 m_1,精确至0.1g。

(4)倒出瓶中的水和试样,洗净容量瓶,再向瓶内注入水,至瓶颈500mL刻度处,塞紧瓶塞,擦干瓶外水分,称取其质量 m_2,精确至0.1g。

4. 结果确定

(1)按下式计算砂表观密度 ρ_{0s},精确至10kg/m³。

$$\rho_{0s}=\left(\frac{m_0}{m_0+m_2-m_1}-\alpha_t\right)\cdot\rho_水$$

式中:$\rho_水$ 取1000kg/m³,α_t 为水温对表观密度影响的修正系数,见表6-1。

表 6-1　不同水温对表观密度影响的修正系数

水温/℃	15	16	17	18	19	20	21	22	23	24	25
α_t	0.002	0.003	0.003	0.004	0.004	0.005	0.005	0.006	0.006	0.007	0.008

（2）结果取两个平行试样试验结果的算术平均值。两次测定结果的差值不应大于 $20\text{kg}/\text{m}^3$，否则重做试验。

（3）采用修约值比较法进行评定，砂表观密度要求不小于 $2500\text{kg}/\text{m}^3$。

（二）砂细度模数和颗粒级配试验

1. 目的

通过筛分试验，获得砂颗粒级配曲线，判定颗粒级配情况；获得细度模数，评定出砂规格即粗砂或中砂、细砂、特细砂；为混凝土配合比设计做好准备。

2. 主要仪器设备

摇筛机——见图 3-9；标准筛——方孔，孔径为 0.15mm、0.30mm、0.60mm、1.18mm、2.36mm、4.75mm、9.5mm，并附有筛底和筛盖；天平——量程为 1000g，分度值不大于 1g；烘箱——温度能控制在(105±5)℃；浅盘、毛刷和容器等。

3. 方法步骤

（1）筛除大于 9.50mm 的颗粒，用四分法（见表 1-1）缩取约 1100g 试样，置于(105±5)℃的烘箱中烘至恒量，冷却至室温，再分为大致相等的两份待用。

（2）取每一份砂准确称取试样 500g，精确至 1g。

（3）将标准筛由上到下按孔径从大到小顺序叠放，加底盘后，将试样倒入最上层 4.75mm 筛内，加筛盖后按第三章摇筛机操作方法进行筛分，摇筛时间为 10min。

（4）将筛取下后按孔径大小，逐个用手筛分，筛至每分钟通过量不超过试样总重的 0.1% 为止，通过的颗粒并入下一号筛内一起过筛。直至各号筛全部筛完为止。

各筛的筛余量不得超过按下式计算出的量，超过时应按方法①或②处理。

$$m=\frac{A\times d^{1/2}}{200}$$

式中：m 为在一个筛上的筛余量(g)；A 为筛面的面积(mm^2)；d 为筛孔尺寸(mm)。

① 将筛余量分成少于上式计算出的量，分别筛分，以各筛余量之和为该筛的筛余量。

② 将该筛孔及小于该筛孔的筛余混合均匀后，按四分法（见表 1-1）分为大致相等的两份，取一份称其质量并进行筛分。计算重新筛分的各级分计筛余量需根据缩分比例进行修正。

（5）称量各号筛的筛余量 m_i，精确至 1g。分计筛余量和底盘中剩余重量的总和与筛分前的试样重量之比，其差值不得超过 1%。

4. 结果确定

（1）按表 6-2 计算累计筛余量（含底盘中剩余的质量）m。

（2）按表 6-2 计算分计筛余百分率 a_i，精确至 0.1%。

（3）按表 6-2 计算累计筛余百分率 A_i，精确到 0.1%。

（4）按下式计算细度模数 M_x，精确至 0.01。

$$M_x = \frac{(A_2 + A_3 + A_4 + A_5 + A_6) - 5A_1}{100 - A_1}$$

式中：A_1、A_2、A_3、A_4、A_5、A_6 分别对应 4.75mm、2.36mm、1.18mm、0.60mm、0.30mm、0.15mm孔径筛的累计筛余百分率值(不含％)。

（5）累计筛余量 m 应在 495～505g 范围内，否则重做试验。

（6）细度模数结果取两个平行试样试验结果的算术平均值，精确至 0.1，两次所得的细度模数之差不应大于 0.2，否则重做试验。

（7）累计筛余率取两次试验结果的平均值，绘制筛孔尺寸-累计筛余率曲线。

（8）砂规格见表 6-2，级配区要求见表 6-3，图 6-1。

注：级配判定中除 4.75mm 和 0.60mm 筛孔外，其他各筛的累计筛余率允许略有超出，但超出总和不应大于 5％。

表 6-2　分计筛余率和累计筛余率的计算关系

筛孔尺寸/mm	筛余量/g	分计筛余率/％	累计筛余率/％
4.75	m_1	$a_1 = m_1/m$	$A_1 = a_1$
2.36	m_2	$a_2 = m_2/m$	$A_2 = A_1 + a_2$
1.18	m_3	$a_3 = m_3/m$	$A_3 = A_2 + a_3$
0.600	m_4	$a_4 = m_4/m$	$A_4 = A_3 + a_4$
0.300	m_5	$a_5 = m_5/m$	$A_5 = A_4 + a_5$
0.150	m_6	$a_6 = m_6/m$	$A_6 = A_5 + a_6$
底　盘	$m_底$	$m = m_1 + m_2 + m_3 + m_4 + m_5 + m_6 + m_底$	

注：M_x：3.7～3.1 时为粗砂；3.0～2.3 时为中砂；2.2～1.6 时为细砂；1.5～0.7 时为特细砂。

表 6-3　砂的颗粒级配区范围

砂的分类	天然砂			机制砂、混合砂		
级配区	1 区	2 区	3 区	1 区	2 区	3 区
方孔筛	累计筛余率/％					
4.75mm	10～0	10～0	10～0	5～0	5～0	5～0
2.36mm	35～5	25～0	15～0	35～5	25～0	15～0
1.18mm	65～35	50～10	25～0	65～35	50～10	25～0
0.60mm	85～71	70～41	40～16	85～71	70～41	40～16
0.30mm	95～80	92～70	85～55	95～80	92～70	85～55
0.15mm	100～90	100～90	100～90	97～85	94～80	94～75

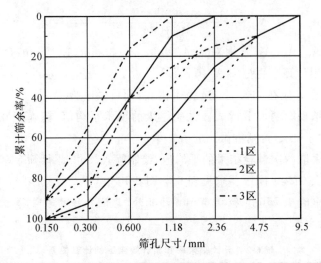

图 6-1　天然砂级配区曲线

（三）含泥量试验

1. 目的

含泥量影响混凝土用水量以及收缩性能，通过含泥量试验，可评价砂的质量以及对混凝土的影响。

2. 主要仪器设备

标准筛——方孔，孔径为 1.18mm 和 75μm；天平——量程为 1000g，分度值不大于 0.1g；烘箱——温度能控制在 (105 ± 5)℃；浅盘、毛刷和容器等。

3. 方法步骤

（1）将四分法（见表 1-1）缩取的约 1100g 试样置于 (105 ± 5)℃的烘箱中烘至恒量，再分为大致相等的两份待用。

（2）取一份砂准确称取试样 m_0（500g），精确至 0.1g。

（3）将试样倒入容器，注入清水，使液面高于试样 150mm 左右，并充分搅拌。

（4）浸泡 2h 后，用手淘洗试样，使细颗粒与砂粒分离，并将浑水倒入湿润后的 1.18mm 和 75μm 的套筛。

（5）再向容器注入清水，重复上述操作至容器内水清澈为止。

（6）将 75μm 筛放入水中充分洗掉小于 75μm 的颗粒。

（7）把两筛中的筛余物以及洗净的试样一并倒入搪瓷盘，置于 (105 ± 5)℃烘箱中烘干至恒量，冷却至室温后称出质量 m_1，精确至 0.1g。

4. 结果确定

（1）按下式计算砂的含泥量（Q_a），精确至 0.1％。

$$Q_a = \frac{m_0 - m_1}{m_0} \times 100\%$$

（2）测试结果取两个平行试样试验结果的算术平均值，精确至 0.1％。

（3）采用修约值比较法进行评定，砂含泥量要求见表 6-4。

表 6-4　天然砂含泥量要求

类　别	Ⅰ类	Ⅱ类	Ⅲ类
含泥量(按质量分数计)/% ≤	1.0	3.0	5.0

(四)砂含水率试验

1. 目的

工程中拌制混凝土使用的砂通常含有水分,为保证混凝土配合比的准确性,必须测试砂、石的含水率。

2. 主要仪器设备

天平——量程为 1000g,分度不大于 0.1g;烘箱——温度能控制在(105±5)℃;浅盘、容器等。

3. 方法步骤

(1)将自然潮湿状态下的砂用四分法(见表 1-1)缩分至约 1100g 试样,拌匀后分为大致相等的两份备用。

(2)取一份准确称取试样的质量 m_1,精确至 0.1g。

(3)将试样放入浅盘或容器中,置于(105±5)℃的烘箱中烘至恒量。

(4)取出冷却至室温后,称其质量 m_0,精确至 0.1g。

4. 结果确定

(1)按下式计算砂含水率 w,精确至 0.1%。

$$w = \frac{m_1 - m_0}{m_0} \times 100\%$$

(2)测试结果取两个平行试样试验结果的算术平均值,精确至 0.1%,两次所得的结果之差不应大于 0.2%,否则重做试验。

二、石试验

(一)表观密度试验

1. 目的

通过石表观密度的测定,为计算空隙率以及混凝土配合比设计做好准备。

2. 广口瓶法

适宜于最大粒径不大于 37.5mm 的碎石或卵石。

(1)主要仪器设备:广口瓶——1000mL,磨口;天平——量程不小于 10kg,分度值不大于 5g;烘箱——温度能控制在(105±5)℃;筛子——孔径为 4.75mm 方孔筛;浅盘、温度计、玻璃片等。

(2)方法步骤:①用四分法(见表 1-1)将试样缩分至表 6-5 规定的数量,风干并筛去 4.75mm 以下的颗粒后洗刷干净,分成大致相等的两份备用。②每一份试样浸水饱和后,装入广口瓶中,然后注满饮用水,用玻璃片覆盖瓶口,以上下左右摇晃的方法排除气泡。③气泡排尽后,向瓶内添加饮用水至水面凸出到瓶口边缘,然后用玻璃片沿瓶口迅速滑行,使其紧贴瓶口水面。擦干瓶外水分后,称取总质量 m_1,精确至 5g。④将瓶中的试样倒入浅盘,置于(105±5)℃的烘箱中烘干至恒重,冷却至室温后称出试样的质量 m_0。⑤将瓶洗净,重新注入饮用水,用玻璃片紧贴瓶口水面,擦干瓶外水分后称出质量 m_2。

注:试验温度应控制在 $15\sim25℃$,水温前后变化不超过 $2℃$。

表 6-5　表观密度试验所需试样数量

最大粒径/mm	<26.5	31.5	37.5	63.0	75.0
最少试样质量/kg	2.0	3.0	4.0	6.0	6.0

3. 液体比重天平法

(1)主要仪器设备:液体比重天平——由电子天平和静水力学装置组合而成,量程为 5kg,分度值不大于 5g;烘箱、筛子同广口瓶法;网篮、盛水容器、浅盘、温度计等。

(2)方法步骤:①样品准备同广口瓶法。②每一份试样放入网篮并浸入盛水容器中,以上下升降的方法排除气泡(试样不得高于液面),并使液面高出试样 50mm 以上,浸泡 24h。③把网篮挂于天平挂钩上,将水注入盛水容器,直至高出溢流孔。④待液面稳定后,称出网篮及试样在水中的质量 m_1,精确至 5g。⑤将网篮中的试样倒入浅盘,置于 $(105\pm5)℃$ 的烘箱中烘干至恒量,冷却至室温后称出试样的质量 m_0,精确至 5g。⑥将网篮浸泡于盛水容器中,并通过溢流孔调整液面高度至稳定,称出网篮在水中的质量 m_2,精确至 5g。

注:试验温度应控制在 $15\sim25℃$,水温前后变化不超过 $2℃$。

4. 结果确定

(1)按下式计算石子表观密度 ρ_{0g},精确至 $10kg/m^3$。

$$\rho_{0g}=(\frac{m_0}{m_0+m_2-m_1}-\alpha_t)\cdot\rho_水$$

式中:$\rho_水$ 取 $1000kg/m^3$,α_t 为水温对表观密度影响的修正系数,见表 6-1。

(2)结果取两个平行试样试验结果的算术平均值。两次测定结果的差值不应大于 $20kg/m^3$,否则重做试验。

(3)对于材质不均匀的试样,如两次试验结果之差超过 $20kg/m^3$,则结果可取四次试验结果的算术平均值。

(4)采用修约值比较法进行评定,石表观密度要求为不小于 $2600kg/m^3$。

(二)石颗粒级配试验

1. 目的

通过石子的筛分试验,可测定石子的颗粒级配及粒级规格,为混凝土配合比设计提供依据。

2. 主要仪器设备

标准筛——内径 300mm,方孔,孔径为 2.36mm、4.75mm、9.50mm、16.0mm、19.0mm、26.5mm、31.5mm、37.5mm、53.0mm、63.0mm、75.0mm 和 90mm,并附有筛底和筛盖;天平——量程为 10kg,分度值不大于 1g;烘箱——温度能控制在 $(105\pm5)℃$;摇筛机、搪瓷盆等。

3. 方法步骤

(1)用四分法(见表 1-1)将试样缩分至表 6-6 规定的质量,经烘干或风干后备用。

(2)按表 6-6 规定称取烘干或风干试样质量为 m_0,精确至 1g。

(3)将筛从上到下按孔径由大到小叠放,将试样倒入最上层筛内,加筛盖后,按摇筛机操作方法进行筛分,摇筛 10min。

表 6-6　石子筛分析所需试样的最少质量

最大粒径/mm	9.5	16.0	19.0	26.5	31.5	37.5	63.0	≥75.0
试样质量不少于/kg	1.9	3.2	3.8	5.0	6.3	7.5	12.6	16.0

(4)将筛取下后按孔径由大到小进行手筛,直至每分钟通过量小于试样总量的 0.1%,通过的颗粒并入下一号筛中一起过筛。试样粒径大于 19.0mm,允许用手拨动试样颗粒。

(5)称取各筛的筛余量 m_i,精确至 1g。

4. 结果确定

(1)同砂筛分试验计算累计筛余量 m,精确至 1g。

(2)同砂筛分试验计算分计筛余百分率 a_i,精确至 0.1%。

(3)同砂筛分试验计算累计筛余百分率 A_i,精确到 1%。

(4)累计筛余量 m 与 m_0 质量差之比应小于 m_0 的 1%,否则重做试验。

(5)根据各筛上的累计筛余百分率,采用修约值比较法评定颗粒级配。

(6)石的颗粒级配区范围要求见表 6-7。

表 6-7　石的颗粒级配

粒级情况	公称粒级	累计筛余率/%											
		方孔筛孔尺寸/mm											
		2.36	4.75	9.50	16.0	19.0	26.5	31.5	37.5	53.0	63.0	75.0	90
连续粒级	5~16	95~100	85~100	30~60	0~10	0	—	—	—	—	—	—	—
	5~20	95~100	90~100	40~80	—	0~10	0	—	—	—	—	—	—
	5~25	95~100	90~100	—	30~70	—	0~5	0	—	—	—	—	—
	5~31.5	95~100	90~100	70~90	—	15~45	—	0~5	0	—	—	—	—
	5~40	—	95~100	75~90	—	30~65	—	—	0~5	0	—	—	—
单粒级	5~10	95~100	80~100	0~15	0	—	—	—	—	—	—	—	—
	10~16	—	95~100	80~100	0~15	0	—	—	—	—	—	—	—
	10~20	—	95~100	85~100	—	0~15	0	—	—	—	—	—	—
	16~25	—	—	95~100	55~70	25~40	0~10	0	—	—	—	—	—
	16~31.5	—	95~100	—	85~100	—	—	0~10	0	—	—	—	—
	20~40	—	—	95~100	—	80~100	—	—	0~10	0	—	—	—
	25~31.5	—	—	—	95~100	—	80~100	0~10	0	—	—	—	—
	40~80	—	—	—	—	95~100	—	—	70~100	—	30~60	0~10	0

注:"—"表示该孔径累计筛余率不作要求;"0"表示该孔径累计筛余率为 0。

（三）针、片状含量试验

1. 目的

通过石子的针、片状含量试验，可评判石子的质量。粒径小于 37.5mm 的颗粒可采用规准仪方法，大于 37.5mm 的颗粒可采用卡尺方法。

2. 主要仪器设备

规准仪——针状规准仪见图 6-2，片状规准仪见图 6-3；天平——量程为 10kg，分度值不大于 1g；标准筛——方孔，孔径为 4.75mm、9.50mm、16.0mm、19.0mm、26.5mm、31.5mm、37.5mm；卡尺、搪瓷盆等。

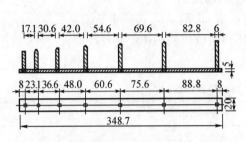

图 6-2　针状规准仪（单位：mm）

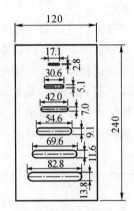

图 6-3　片状规准仪（单位：mm）

3. 方法步骤

（1）用四分法（见表 1-1）将试样缩分至表 6-8 规定的质量，经烘干或风干后备用。

（2）按表 6-8 规定称取烘干或风干试样质量为 m_0，精确到 1g。

表 6-8　石子针、片状颗粒含量试验所需试样的最少质量

最大粒径/mm	9.5	16.0	19.0	26.5	31.5	≥37.5
试样质量不少于/kg	0.3	1.0	2.0	3.0	5.0	10.0

（3）按表 6-9、表 6-10 规定粒级进行筛分。

表 6-9　石子针、片状颗粒含量试验的粒级划分及规准仪要求

石子粒级/mm	4.75～9.50	9.50～16.0	16.0～19.0	19.0～26.5	26.5～31.5	31.5～37.5
片状规准仪对应孔宽/mm	2.8	5.1	7.0	9.1	11.6	13.8
针状规准仪对应间距/mm	17.1	30.6	42.0	54.6	69.6	82.8

表 6-10　大于 37.5mm 石子针、片状颗粒含量试验的粒级划分及卡尺卡口要求

石子粒级/mm	37.5～53.0	53.0～63.0	63.0～75.0	75.0～90.0
检验片状颗粒的卡尺卡口设定宽度/mm	18.1	23.2	27.6	33.0
检验针状颗粒的卡尺卡口设定宽度/mm	108.6	139.2	165.6	198.0

（4）用规准仪或卡尺对石子逐粒进行检验，凡长度大于针状规准仪对应间距或大于针状颗粒的卡尺卡口设定宽度者，为针状颗粒；凡厚度小于片状规准仪对应孔宽或小于片状颗粒的卡尺卡口设定宽度者，为片状颗粒。

（5）称取针、片状颗粒总质量 m_1，精确至 1g。

4．结果确定

（1）按下式计算针、片状颗粒含量 Q_c，精确至 1％。

$$Q_c = \frac{m_1}{m_0} \times 100$$

（2）石子针状颗粒含量要求见表 6-11。

（3）采用修约值比较法进行评定。

表 6-11　石子针、片状颗粒含量要求

类别	Ⅰ类	Ⅱ类	Ⅲ类
针、片状颗粒含量/％	≤5	≤8	≤15

（四）压碎指标试验

1．目的

通过石子的压碎指标试验，评价石子质量，有助于配置混凝土时骨料的合理选择和工程施工过程中混凝土质量的控制。

2．主要仪器设备

压力试验机——量程为 300kN，精度为 1％；压碎值测定仪——具体见图 6-4；台秤——量程为 5kg，分度值不大于 5g；天平——量程为 1kg，分度值不大于 1g；方孔筛、垫棒、容器等。

3．方法步骤

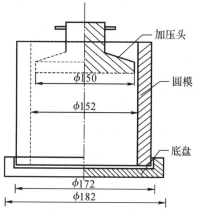

图 6-4　压碎指标测定仪（单位：mm）

（1）将取出的试样风干，筛除大于 19.0mm 及小于 9.50mm 的颗粒，并除去针片状颗粒，分为大致相等的三份待用。

（2）称取 m_0（3000g）试样，精确至 1g。

（3）试样分两层装入圆模，每装完一层试样后，在底盘下垫 ϕ10mm 垫棒，将筒按住，左右交替颠击地面各 25 次，平整模内试样表面，盖上加压头。

（4）将压碎值测定仪放在压力机上，按 1kN/s 的速度均匀地施加荷载至 200kN，稳定 5s 后卸载。

（5）取出试样，用 2.36mm 的筛筛除被压碎的细粒，称出筛余质量 m_1，精确至 1g。

注：圆模装不下 3000g 试样时，以装至距圆模上口 10mm 为准，此时 m_0 作相应修正。

4．结果确定

（1）按下式计算压碎指标 Q_e，精确至 0.1％。

$$Q_e = \frac{m_0 - m_1}{m_0} \times 100\%$$

（2）结果取三个平行试样试验结果的算术平均值，精确至 1％。

(3)石子的压碎指标要求见表 6-12。

(4)采用修约值比较法进行评定。

表 6-12　石子的压碎指标要求

类　别		Ⅰ类	Ⅱ类	Ⅲ类
碎石压碎指标/%	≤	10	20	30
卵石压碎指标/%	≤	12	14	16

第七章　混凝土外加剂实验

本章内容有匀质性指标中的水泥净浆流动度试验,掺外加剂混凝土的减水率、泌水率比、凝结时间之差、抗压强度比试验。

试验参照《混凝土外加剂》(GB 8076—2008)、《混凝土外加剂匀质性试验方法》(GB/T 8077—2012)进行。

一、水泥净浆流动度试验

(一)目的

水泥净浆流动度是指将一定比例的水泥、水和外加剂拌合成净浆,测定其在玻璃板上的自由流淌的最大直径。通过流动度试验,确定是否达到生产厂家控制值的要求,也可反映外加剂与水泥之间的适应性。

(二)主要仪器设备

水泥净浆搅拌机——见图 3-5;截锥圆模——高 60mm,上口内径 36mm,下口内径 60mm;天平——分度值不大于 0.01g 和 1g 各一台;钢直尺、秒表、玻璃板、刮刀等。

(三)方法步骤

(1)将玻璃板平放在水平位置,用湿布抹擦玻璃板、截锥圆模、搅拌机等与净浆直接接触的工具,用湿抹布覆盖截锥圆模和玻璃板。

(2)称取水泥 300g,水 87g 或 105g,规定掺量外加剂。

(3)将水泥倒入搅拌锅,再加入外加剂和水,按水泥标准稠度用水量试验拌制水泥净浆。

(4)取出搅拌锅后用润湿的料勺适当翻拌浆体。

(5)把净浆迅速注入放在玻璃板中心的截锥圆模,用刮刀刮平,清除模边玻璃板,将截锥圆模垂直提起,同时用秒表计时 30s。

(6)用直尺量取流淌部分互相垂直方向的最大直径,精确至 1mm。

(四)结果确定

(1)单次试验结果取两个垂直方向上直径的算术平均值,精确至 1mm。

(2)试验结果取两个平行试样试验结果的算术平均值,精确至 1mm。如两次试验结果差大于 5mm,则应重做试验。

(3)结果中应注明水、水泥和外加剂的情况。

二、掺外加剂混凝土性能试验

外加剂试验中的基准混凝土和受检混凝土指按试验标准要求配置的不掺外加剂的混凝

土和掺有外加剂混凝土。

混凝土性能试验中各项材料及试验室的温度均应保持在(20±3)℃。掺外加剂混凝土性能指标要求见表7-1。

(一)掺外加剂混凝土减水率试验

1. 目的

通过掺外加剂混凝土减水率试验,可确定产品的减水率指标是否达到标准要求,也可采用此方法比较不同外加剂与相同水泥之间、相同外加剂与不同水泥之间的适应性。

2. 主要仪器设备

单卧轴式强制混凝土搅拌机 60L——见图 3-8;坍落度筒——见图 8-1;台秤、天平——精度为骨料质量的 1‰,其他质量的 0.5‰;钢直尺、铁锹等。

3. 方法步骤

(1)确定原材料和配合比。

① 水泥——基准水泥。

② 砂——细度模数为 2.6～2.9,级配良好的中砂。

③ 石——碎石或卵石,粒径为 5～20mm,二级配:5～10mm 为 40%,10～20mm 为 60%。

④ 配合比应使基准混凝土和掺外加剂混凝土达到相同坍落度。水泥用量:掺高性能减水剂或泵送剂试验时为 360kg/m³,其他外加剂为 330kg/m³;砂率:掺高性能减水剂或泵送剂试验时为 43%～47%,其他外加剂为 36%～40%,掺引气类外加剂的比基准低 1%～3%;用水量:掺高性能减水剂或泵送剂试验时,使混凝土坍落度达到(210±10)mm,其他外加剂为(80±10)mm。

(2)按配合比根据拌合量称取各项材料的质量。

(3)按照下述方式拌制混凝土,搅拌机操作使用见第三章。

① 粉体外加剂:将所有干料一次性投入搅拌机,干拌均匀后再加水,一起搅拌 2min。

② 液体外加剂:将所有干料一次性投入搅拌机,干拌均匀后再将外加剂加入水中,加入搅拌机搅拌 2min。

(4)出料后,再在铁板上人工翻拌均匀。

(5)测试坍落度。坍落度为(210±10)mm 的混凝土拌合物,分为筒高 1/2 的两层,分两次装料,每层插捣 15 次;其他同混凝土拌合物和易性试验,精确至 1mm。

(6)如坍落度不能满足规定要求,则调整用水量继续按上述步骤进行试验,直至达到要求。

4. 结果确定

(1)按下式计算单批减水率 W_R,精确至 0.1%。

$$W_R = \frac{W_0 - W_1}{W_0} \times 100$$

式中:W_0 为基准混凝土单位用水量(kg/m³);W_1 为掺外加剂混凝土单位用水量(kg/m³)。

(2)减水率试验应拌制三次混凝土,每次均测试减水率,结果取三次试验结果的平均值,精确至 1%。如三次试验结果中的最大和最小值有一个超出中间值的 15%,则取中间值为试验结果;如两次试验结果超出中间值的 15%,则结果作废,需重做试验。

表 7-1　掺外加剂混凝土的性能指标

试验项目	高性能减水剂 早强型	高性能减水剂 标准型	高性能减水剂 缓凝型	高效减水剂 标准型	高效减水剂 缓凝型	普通减水剂 早强型	普通减水剂 标准型	普通减水剂 缓凝型	引气减水剂	泵送剂	早强剂	缓凝剂	引气剂
减水率/% ≥	25	25	25	14	14	8	8	8	10	12	—	—	6
泌水率比/% ≤	50	60	70	90	100	95	100	100	70	70	100	100	70
含气量/% ≤	6.0	6.0	6.0	3.0	4.5	4.0	4.0	5.5	≥3.0	5.5	—	—	≥3.0
凝结时间之差/min（初凝,终凝）	−90~+90	−90~+120	＞+90	−90~+120	＞+90	−90~+90	−90~+120	＞+90	−90~+120	—	−90~+90	＞+90	−90~+120
1h经时变化量 坍落度/mm	—	≤80	≤60	—	—	—	—	—	—	≤80	—	—	—
1h经时变化量 含气量/%	—	—	—	—	—	—	—	—	−1.5~+1.5	—	—	—	−1.5~+1.5
抗压强度比/% ≥ 1d	180	170	—	140	—	135	—	—	—	—	135	—	—
抗压强度比/% ≥ 3d	170	160	140	130	125	130	115	110	115	—	130	—	95
抗压强度比/% ≥ 7d	145	150	140	125	125	110	115	110	110	115	110	100	95
抗压强度比/% ≥ 28d	130	140	130	120	120	100	110	110	100	110	100	100	90
28d收缩率比/% ≤	110	110	110	135	135	135	135	135	135	135	135	135	135
相对耐久性（200次）/% ≥	—	—	—	—	—	—	—	—	80	—	—	—	80

注：①除含气量和相对耐久性外，表中所列数据为掺外加剂混凝土与基准混凝土的差值或比值。
②凝结时间之差性能指标中"−"表示提前，"+"表示延缓。
③相对耐久性（200次）性能指标中的"≥80"表示将≥80龄期的受检混凝土试件快速冻融循环200次后，动弹模量保留值≥80%。

417

（二）掺外加剂混凝土泌水率比试验

1. 目的

新拌混凝土中的自由水与固体材料的联系较少，可以逸出上升至混凝土表面，外加剂掺入后，在同坍落度的条件下，混凝土中自由水减少，因此，混凝土的泌水率会有所降低。通过掺外加剂混凝土泌水率比试验，可检验外加剂掺入混凝土后工作性能变化。

2. 主要仪器设备

带盖容器筒——5L，内径 185mm，高 200mm；振动台、吸液管、带塞量筒；其他设备同混凝土减水率试验。

3. 方法步骤

（1）按外加剂减水率试验方法拌制混凝土。

（2）称取用湿布湿润的加盖容器筒质量 m_2，精确至 1g。

（3）将混凝土拌合物一次装入容器筒，置于振动台振动 20s，用抹刀抹平后加盖，装入量应使振平后低于筒口约 20mm，称取质量 m_1，精确至 1g。

（4）自抹面开始计时，前 60min 内每 10min 用吸液管吸出泌水 1 次，注入带塞量筒，以后每隔 20min 吸水 1 次，直至连续 3 次无泌水。每次吸水前 5min 将筒底一侧垫高，吸水后放平加盖。

（5）测出试样的总泌水量 V_w，精确至 1g。

4. 结果确定

（1）按下式计算单次泌水率 B，精确至 0.1%：

$$B = \frac{V_w}{(W/m)m_w} \times 100$$

$$m_w = m_1 - m_2$$

式中：W 为混凝土拌合物用水量(g)；m 为混凝土拌合物总质量(g)；m_w 为试样质量(g)；m_1 为容器筒及试样质量(g)；m_2 为容器筒质量(g)。

（2）泌水率比试验应拌制三次混凝土，每次均测试泌水率，结果取三次试验结果的平均值，精确至 0.1%。如三次试验结果中的最大和最小值有一个超出中间值的 15%，则取中间值为试验结果；如两个试验结果超出中间值的 15%，则结果作废，需重做试验。

（3）按下式计算泌水率比 B_R，精确至 0.1%：

$$B_R = \frac{B_t}{B_c} \times 100$$

式中：B_t 为掺外加剂混凝土的泌水率(%)；B_c 为基准混凝土的泌水率(%)。

（三）掺外加剂混凝土凝结时间差试验

1. 目的

通过掺外加剂混凝土凝结时间差试验，可检验外加剂掺入混凝土后对凝结时间的影响，指导混凝土现场施工。

2. 主要仪器设备

贯入阻力仪——最大力不小于 1000N；精度为 10N；试针——长为 100mm，平面针头圆面积为 100mm²、50mm² 和 20mm² 三种；试样筒——上下口内径为 160mm 和 150mm，净高 150mm 刚性不渗水的金属圆筒；捣棒、标准筛等。

3. 方法步骤

（1）按外加剂减水率试验方法拌制混凝土，记录加水时间 t_0，精确至 1min。

（2）将混凝土拌合物用 5mm 方孔筛筛出砂浆，再装入金属容器筒，高度约低于筒口 10mm。

（3）振实台振至表面出浆后加盖，置于 (20 ± 2)℃ 环境中养护。

（4）经过一定时间后，将泌水吸除，间隔时间不超过 30min，用贯入阻力仪测试贯入阻力 P，根据凝结状况由大到小选用试针。

（5）测试贯入阻力时，记录时间 t_i，精确至 1min，直至贯入阻力超过 28MPa。

4. 结果确定

（1）按下式计算对应各贯入阻力对应时间 t_g，精确至 1min。

$$t_{gi} = t_i - t_0$$

（2）按下式计算对应各单位面积贯入阻力 f_{RP}，精确至 0.1MPa。

$$f_{PR} = \frac{P}{A}$$

（3）以单位面积贯入阻力 f_{RP} 的自然对数 $\ln(f_{RP})$ 为自变量，时间 t_g 的自然对数 $\ln(t_g)$ 为因变量获得线性回归方程。

$$\ln(t_g) = A + B\ln(f_{PR})$$

初凝时间 t_s 为贯入阻力 3.5MPa 时所需时间，精确至 1min；终凝状态 t_e 为贯入阻力 28MPa 时所需时间，精确至 1min。

$$t_s = e^{(A+B\ln(3.5))}$$
$$t_e = e^{(A+B\ln(28))}$$

式中：A、B 为线性回归系数。

（4）或以贯入阻力为纵坐标，时间为横坐标，精确至 1min，绘制贯入阻力与时间的关系曲线，确定 3.5MPa 和 28MPa 位置对应的时间分别为初凝时间 t_s 和终凝时间 t_e。

（5）按下式计算凝结时间差 ΔT，精确至 1min。

$$\Delta T = T_t - T_c$$

式中：T_t 为掺外加剂混凝土的初凝或终凝时间，精确至 1min；T_c 为基准混凝土的初凝或终凝时间，精确至 1min。

（6）凝结时间差试验应拌制三次混凝土，每次均测试凝结时间，T_t、T_c 结果分别取三次试验结果的平均值。若三个试样中的最大值和最小值中有一个超出中间值的 10%，则取中间值为该批的试验结果；若最大值与最小值均超出中间值的 10%，则重做试验。

（四）掺外加剂混凝土抗压强度比试验

1. 目的

通过掺外加剂混凝土抗压强度比试验，可检验外加剂掺入混凝土后对混凝土强度产生的影响，判定外加剂的抗压强度比是否达到标准要求。

2. 主要仪器设备

压力试验机——同混凝土强度试验；搅拌机、台秤、天平、钢直尺、铁锹等同掺外加剂混凝土减水率试验。

3．方法步骤

(1)按外加剂减水率试验方法拌制混凝土。

(2)按混凝土试件的制作与养护成型、养护试件，成型时振动台振动 15～20s。

(3)按混凝土立方体抗压强度试验方法进行抗压强度试验并计算单批次抗压强度。

4．结果确定

(1)按下式计算抗压强度比 R_s，精确至 1%。

$$R_s = \frac{S_t}{S_c} \times 100$$

式中：S_t 为掺外加剂混凝土的抗压强度，精确至 1MPa；S_c 为基准混凝土的抗压强度，精确至 1MPa。

(2)抗压强度比试验应拌制三次混凝土，每次均测试抗压强度，结果分别取三次试验结果的平均值。若三个试样中的最大值和最小值中有一个超出中间值的 15%，则取中间值为试验结果；若最大值与最小值均超出中间值的 15%，则重做试验。

第八章 混凝土实验

本章内容有混凝土的拌合方法,混凝土拌合物的和易性、表观密度、试件的制作和养护,混凝土的抗压强度、劈裂抗拉强度和抗折强度试验,混凝土抗水渗透、抗冻、抗碳化、抗氯离子渗透和收缩试验。

试验参照《普通混凝土配合比设计规程》(JGJ 55—2011)、《普通混凝土拌合物性能试验方法标准》(GB/T 50080—2016)、《水工混凝土试验规程》(SL/T 352—2020)、《混凝土物理力学性能试验方法标准》(GB/T 50081—2019)、《普通混凝土长期性能和耐久性能试验方法标准》(GB/T 50082—2009)进行。

一、混凝土拌合物试验室拌合方法

(一)目的

通过混凝土的拌合,加强对混凝土配合比设计的实践性认识,掌握普通混凝土拌合物的拌制方法,为测定混凝土拌合物以及硬化后混凝土性能做准备。

(二)一般规定

拌制混凝土环境条件:室内的相对湿度不宜小于50%,温度应保持在(20±5)℃,所用材料、器具应与试验室温度保持一致。当需要模拟施工条件下所用的混凝土时,所用原材料和试验室的温度应与施工现场保持一致,且搅拌方法宜与施工采用的方法相同。

砂石材料:若采用干燥状态的砂石,则砂的含水率应小于0.5%,石的含水率应小于0.2%。若采用饱和面干状态的砂石,则用水量应进行相应修正。

搅拌机最小搅拌量:采用机械搅拌时,搅拌量应为搅拌机额定搅拌容量的25%～80%,且不少于20L。

原材料的称量精度:骨料为±0.5%,水、水泥、掺合料和外加剂为±0.2%。

(三)主要仪器设备

搅拌机——符合混凝土试验用搅拌机要求;台秤、天平——称量骨料的精度为±0.5%,称量水、水泥、掺合料、外加剂质量的精度为±0.2%;拌合钢板、抹刀、拌铲等。

(四)拌合方法

1. 人工拌合法

(1)按配合比根据拌合量备料,称取各材料用量。

(2)将拌板和拌铲用湿布润湿后,将砂倒在拌板上,加入胶凝材料(水泥和掺合料预先拌合均匀),用拌铲翻拌,反复翻拌混合至颜色均匀,再放入称好的粗骨料与之拌合,继续翻拌不少于3次,直至混合均匀。

（3）将干混合物堆成锥形，在中间作一凹坑，倒入称量好的水（外加剂一般先溶于水），小心拌合，至少翻拌 6 次，边翻拌边用拌铲在混合料上铲切，直至混合均匀，没有色差。加水完毕至拌合完成应控制在 10min 内。

2. 机械搅拌法

在试验室制备混凝土拌合物，宜采用机械搅拌法。

（1）按配合比根据拌合量备料，称取各材料用量。

（2）搅拌机搅拌前应预拌同配合比混凝土或同水胶比砂浆，使搅拌机内壁和搅拌叶挂浆后，卸除余料。

（3）将称好的粗骨料、胶凝材料、细骨料和水按顺序倒入搅拌机内。液体和可溶外加剂与拌合水同时加入；粉状材料与胶凝材料同时加入搅拌机。

（4）启动搅拌机至搅拌均匀，搅拌时间不少于 2min；也可采用干拌（粗骨料、胶凝材料、细骨料一起搅拌 1min）加湿拌（开始加水后继续搅拌 1min）的方法。

（5）将拌合物从搅拌机中卸出，倾倒在拌板上，再用人工拌合 2～3 次，使之均匀。

二、混凝土拌合物和易性试验

（一）目的

通过和易性试验，可以判定混凝土拌合物的工作性，也是确定混凝土配合比适宜性的方法。

（二）坍落度与坍落扩展度试验

坍落度试验适用于骨料最大粒径不大于 40mm，坍落度不小于 10mm 的混凝土拌合物坍落度测定。扩展度试验适用于骨料最大粒径不大于 40mm，坍落度不小于 160mm 的混凝土拌合物扩展度测定。

1. 主要仪器设备

混凝土坍落度桶、漏斗、钢直尺（坍落度 2 把 30cm，扩展度 1 把 1m）、捣棒等，见图 8-1。

2. 方法步骤

（1）湿润坍落度筒、漏斗及底板，且无明水。底板应放置在坚实水平面上，筒放在底板中心，用双脚踩住坍落度桶脚踏板，装料时保持固定的位置。

（2）将混凝土分三层（捣实后每层高度约为筒高的 1/3）通过漏斗装入筒内。每层沿螺旋方向由边缘向中心插捣 25 次，插捣底层时，捣棒应贯穿整个深度，且均匀分布，插捣筒边时捣棒可稍倾斜。插捣第二层和顶层时，捣棒插透本层至下一层的表面。顶层混凝土装料应高出筒口，插捣过程中，如混凝土低于筒口，则随时添加。顶层插捣完后移开漏斗，刮去多余的混凝土，并沿筒口抹平。

（3）用双手压住坍落度筒上部把手，清除筒边底板上的混凝土，移开双脚，3～7s 内垂直平稳地提起坍落度筒。

（4）坍落度试验：提起坍落度筒后，将筒轻放于坍落混凝土边，当试样不再继续坍落或坍落时间达 30s 时，用钢尺测量筒高与坍落后混凝土试体最高点之间的高度差，即为该混凝土拌合物的坍落度值。如混凝土发生一边崩坍或剪坏，应重新取样测定；如第二次试验仍出现上述现象，则表示混凝土和易性不好，应予以记录。从开始装料到提坍落度筒的整个过程应

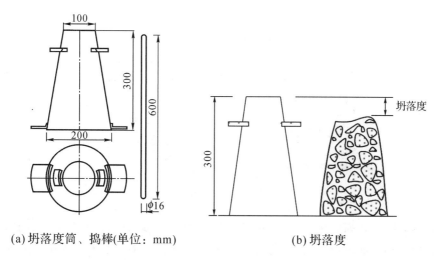

(a)坍落度筒、捣棒(单位：mm)   (b)坍落度

图 8-1 混凝土坍落度

连续进行,并在 150s 内完成。

(5)扩展度试验:提起坍落度筒后,当拌合物不再扩散或扩散持续时间达 50s 时,用钢尺测量混凝土扩展后的最大直径和与其垂直的直径,两直径之差小于 50mm 时,扩展度值取两者算术平均值,大于等于 50mm 时应重新取样测试。同时观测是否有粗骨料在中央集堆、边缘有无水泥浆析出情况,来判断混凝土拌合物黏聚性或抗离析性的好坏,予以记录。从开始装料到测得扩展度值的整个过程应连续进行,并在 240s 内完成。

(6)黏聚性、保水性的经验性判断方法。

① 黏聚性:对于坍落度较小的混凝土,可用捣棒在已坍落的混凝土锥体侧面轻轻敲打,如锥体逐渐下沉,则表示黏聚性良好;坍落后未成锥体情况下,可用抹刀翻拌混凝土或将混凝土上提并让其向下自然流淌,观察流动情况,或用抹刀压抹混凝土,观察压抹混凝土容易程度及流动情况,以流动情况判断黏聚性好坏。

② 保水性:根据混凝土周边稀浆或水析出情况进行判断,若没有或少量则保水性较好,反之则差。

(三)维勃稠度试验

维勃稠度法适用于干硬性混凝土,骨料最大粒径不超过 40mm,维勃稠度值在 5～30s 的混凝土拌合物稠度测定。

1. 主要试验仪器设备

维勃稠度仪——见图 8-2;捣棒、小铲、秒表等。

2. 方法步骤

(1)维勃稠度仪应放置在坚实水平面上,用湿布把容器、坍落度筒、喂料斗内壁及其他用具润湿。

(2)将容器固定于振动台台面上,把坍落度筒放入容器并对中,将喂料斗提到坍落度筒上方扣紧,校正容器位置,使其中心与喂料中心重合,拧紧固定螺丝。

(3)混凝土拌合物分三层经喂料斗均匀地装入筒内,装料及插捣方式同坍落度试验。

(4)将圆盘、喂料斗转离,垂直地提起坍落度筒,注意不得使混凝土试体产生横向扭动。

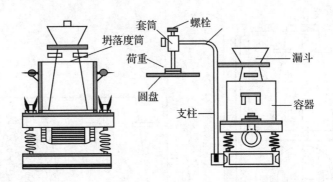

图 8-2　维勃稠度仪

(5)把透明圆盘转到试体顶面,旋松测杆螺丝,降下圆盘,轻轻地接触到试体顶面。

(6)开启振动台同时用秒表计时,当振动到透明圆盘的底面被水泥浆布满的瞬间,停止计时,关闭振动台。

3. 结果确定

记录秒表的时间,精确至 1s,即为混凝土拌合物的维勃稠度值。

三、混凝土拌合物表观密度试验

(一)目的

通过表观密度试验,可以确定单方混凝土各项材料的实际用量,也为调整混凝土配合比提供依据。

(二)主要仪器设备

容量筒——骨料最大粒径不大于 40mm 时,采用容积不小于 5L;骨料最大粒径大于 40mm 时,容量筒高度和内径应大于最大公称粒径的 4 倍;电子天平——量程为 50kg,分度值不大于 10g。

(三)试验方法及步骤

(1)标定容量筒容积:①称量出玻璃板和容量筒的质量 m_0,玻璃板能覆盖容量筒的顶面。②向容量筒注入清水,至略高出筒口。③用玻璃板从一侧徐徐平推,盖住筒口,玻璃板下应不带气泡。④擦净外侧水分,称量出玻璃板、筒及水的质量 m_1。⑤容量筒容积 $V = (m_1 - m_0)/\rho_w$,ρ_w 可取 1000kg/m³。

(2)用湿布把容量筒内外擦干净,称量出容量筒的质量 m_2,精确至 10g。

(3)当坍落度大于 90mm、容量筒体积为 5L 时,拌合物分两层装入,每层用捣棒由边缘向中心均匀插捣 25 次,并贯穿该层,每层插捣完后用橡皮锤在筒外壁敲打 5～10 次。当坍落度不大于 90mm 时用振动台振实,拌合物一次性加至略高出筒口,振动过程中混凝土低于筒口时应随时添加,振动至表面出浆。自密实混凝土应一次性加满,且不应进行振动和插捣。

(4)刮去多余的混凝土,用抹刀抹平表面,擦净筒外壁。

(5)称出拌合物和筒的总质量 m_3,精确至 10g。

（四）结果确定

按下式计算混凝土拌合物的表观密度，精确至 $10\mathrm{kg/m^3}$。

$$\rho=\frac{m_3-m_2}{V}\times1000$$

四、试件的制作与养护

（一）试件

1. 试件尺寸和形状

根据粗骨料的最大粒径选用试件的尺寸和形状。尺寸的一般要求为立方体试件边长大于骨料最大粒径的 3 倍，圆柱体试件直径大于骨料最大粒径的 4 倍，详见表 8-1。

表 8-1　试件的尺寸和形状要求

试件横截面尺寸/mm	骨料最大粒径/mm			试件的形状和尺寸/mm
	100×100	150×150	200×200	
抗压强度	31.5	37.5	63.0	立方体：边长为 100 或 150* 或 200 圆柱体：$\phi100\times200$ 或 $\phi150\times300$* 或 $\phi200\times400$
抗折强度	31.5	37.5	——	棱柱体：150×150×600 或 550* ；100×100×400
轴心抗压强度	31.5	37.5	63.0	棱柱体：100×100×300 或 150×150×300* 或 200×200×400
静力受压弹性模量	31.5	37.5	63.0	圆柱体：$\phi100\times200$、$\phi150\times300$* 或 $\phi200\times400$
劈裂抗拉强度	19.0	37.5	——	立方体：边长为 100 或 150* 或 200 圆柱体：$\phi100\times200$ 或 $\phi150\times300$* 或 $\phi200\times400$

注：* 指标准试件尺寸。

2. 试件尺寸公差

（1）试件承压面的平整度公差不得超过 $0.0005d$，d 为边长。

（2）试件相邻的面夹角应为 $90°$，公差不得超过 $0.5°$。

（3）试件各边长、直径和高度的尺寸的公差不得超过 1mm。

（二）主要仪器设备

振动台——振幅为 0.5mm，振动频率为 50Hz；试模、抹刀等。

（三）方法步骤

（1）选用合适尺寸试模，制作试件前，检查试模，同时在其内壁涂上一薄层矿物油或其他脱模剂。

（2）按本章的混凝土拌合物试验室拌合方法拌制混凝土。

（3）成型试件：取样或拌制好的混凝土拌合物应用铁锹再来回拌合 3 次。成型应在拌制后尽快完成，成型方法根据混凝土状况确定，应保证混凝土试件充分密实，避免分层离析。

①振动台成型：将拌好的混凝土拌合物一次性装入试模，用抹刀沿试模内壁插捣，并使混凝土拌合物略高出试模口。把试模放到振动台上固定，开启振动台，振动时试模不得跳动，振动到表面出浆且无明显大气泡溢出为止，不得过振，时间一般可设定为 10～20s，振动过程中随时添加混凝土使试模常满。取下试模，刮去多余拌合物，临近初凝时仔细抹平。

②插入式振捣棒成型：将拌好的混凝土拌合物一次性装入试模，用抹刀沿试模内壁插捣，并使混凝土拌合物略高出模口。宜用直径为 25mm 的振捣棒，振捣棒距试模底板 10～20mm，振动到表面出浆且无明显大气泡溢出为止，不得过振。振捣时间宜为 20s，振捣棒拔出要缓慢，拔出后不得留有孔洞。刮去多余拌合物，临近初凝时抹平。

③人工捣实成型：将混凝土拌合物分两层装入试模，每层装料高度大致相同。用捣棒按螺旋方向由边缘向中心进行垂直插捣，插捣底层时捣棒应达到试模底面，插捣上层时，捣棒应贯穿到下层深度 20～30mm，并用抹刀沿试模内侧插入数次。每层插捣次数不少于 12 次/10000mm²。插捣后用橡皮锤轻轻敲击试模四周，直至捣棒留下的孔洞消失。刮去多余拌合物，临近初凝时抹平。

(4)养护试件。①标准养护：试件成型后，宜立即用塑料薄膜覆盖或用其他保湿措施防止水分大量蒸发，在(20±5)℃、相对湿度大于 50% 的环境中静置 24～48h。编号并拆模，将试件放入温度为(20±2)℃、相对湿度在 95% 以上的标准养护室内养护，试件应放置于支架上，间隔为 10～20mm，表面应保持潮湿，但不得被水直接冲淋，也可放在(20±2)℃的不流动的 $Ca(OH)_2$ 饱和溶液中养护。标准养护龄期为 28d，也可为 1d、3d、7d、28d、56d 或 60d、84d、180d 等其他设定龄期，龄期从搅拌加水开始计时。养护龄期允许偏差见表 8-2。②同条件养护：同条件养护试件拆模时间与构件拆模时间相同。拆模后，放置在靠近相应结构构件或结构部位的适当位置，并采取相同的养护方法。

表 8-2　养护龄期允许偏差

养护龄期/d	1	3	7	28	56 或 60	≥84
允许偏差/h	0.5	2	6	20	24	48

五、混凝土强度试验

(一)目的

通过混凝土强度试验，确定强度是否达到设计要求，也可考察各强度之间的相关性。

(二)混凝土立方体抗压强度试验

1. 主要仪器设备

压力试验机——精度为 1%；游标卡尺、毛刷等。

2. 方法步骤

(1)试件从养护地点取出，将试件表面与上下承压板擦拭干净，测量试件的尺寸、平面度和相邻面夹角，公差应符合要求。

① 测量长 a、宽 b、高 c。用游标卡尺分别在其两端(距离边缘 10mm 以内)各测量 1 次，再在其相对面上各测量 1 次，分别精确至 0.1mm，共测 4 次，见图 8-3。结果取 4 次测量的平均值，精确至 0.1mm。

② 测量平面度。用钢直尺和塞尺测量两个承压面的平面度，分别精确至 0.01mm。其他面有需要时再进行测量。

③ 测量相邻面之间的夹角。应采用游标量角器进行测量，需量测除抹平面外，各相邻面之间的夹角，每个相邻面量测中间共 8 次，分别精确至 0.1°。平面度和夹角测量位置示意，见图 8-4。

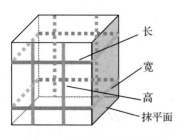

图 8-3　尺寸测量位置示意

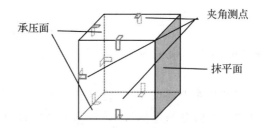

图 8-4　平面度和夹角测量位置示意

（2）将试件居中放置于下承压板上，立方体试件的承压面应与成型时的顶面垂直。开动试验机，当上承压板与试件或钢垫板接近时，调整球座，使其接触均衡。

（3）在试验过程中应连续均匀地加荷，加载速度详见表 8-3。

（4）试件接近破坏开始急剧变形时，应停止调整试验机油门，直至破坏，然后记录破坏荷载 $F(N)$。

表 8-3　抗压强度试验加载速度对照

立方体试件边长/mm	抗压强度及加载速度					
	<30/MPa		≥30/MPa 且<60/MPa		≥60/MPa	
	MPa/s	kN/s	MPa/s	kN/s	MPa/s	kN/s
100		3.0～5.0		5.0～8.0		8.0～10.0
150	0.3～0.5	6.8～11.2	0.5～0.8	11.3～18.0	0.8～1.0	18.0～22.5
200		12.0～20.0		20.0～32.0		32.0～40.0

3. 结果确定

（1）按下式计算试件的受压面积 $A(mm^2)$。

$$A = \bar{a} \times \bar{b}$$

当 $\bar{a}$、$\bar{b}$ 与试件尺寸公差小于等于 1.0mm 时，可直接取试件规格尺寸。$\bar{a}$、$\bar{b}$ 为受压面边长平均值。

（2）按下式计算试件的抗压强度 f_{cu}，精确至 0.1MPa。

$$f_{cu} = \frac{F}{A}$$

（3）抗压强度取三个试件的算术平均值，精确至 0.1MPa。三个试件中如有一个与中间值的差值超过中间值的 15% 时，取中间值作为该组试件的抗压强度值。三个试件中如有两个与中间值的差值超过中间值的 15% 时，则该组试件的试验结果无效。

（4）强度等级小于 C60 时，边长为 200mm 和 100mm 非标准立方体试件的抗压强度值需乘以对应的尺寸换算系数 1.05 和 0.95，换算成标准立方体试件抗压强度值。混凝土强度等级不小于C60时,宜采用标准试件,大于C60且不大于C100时,使用非标准试件的尺寸换算系数宜根据试验确定,未经试验边长为100mm的试件系数可取0.95。

（三）混凝土立方体劈裂抗拉强度试验

1. 主要仪器设备

压力试验机——精度为1%；混凝土劈裂抗拉试验装置——见图8-5；垫条——半径为75mm,高为20mm的钢垫条；垫层——宽为20mm,厚为3～4mm的木质垫层,长度不小于试件边长,不得重复使用。

2. 方法步骤

（1）试件从养护地点取出,将试件表面与上下承压板擦拭干净,标出试件的劈裂面位置线,将立方体试件劈裂面与成型时顶面和底模面垂直,并位于试件中部,测量劈裂面的边长 a,b 各两次,精确到0.1mm,尺寸公差应符合要求,结果分别取两次平均值 $\bar{a}$、$\bar{b}$。

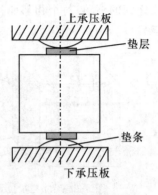

图8-5　劈裂抗拉试验装置

（2）将试件放在试验机下压板的中心位置,在劈裂面位置线上,上、下压板与试件之间垫以垫条及垫层各一条。试验时可采用专用辅助夹具装置。

（3）开动试验机,当上压板与垫条接近时,调整球座,使其接触均衡。加荷应连续均匀,加载速度详见表8-4。

（4）至试件接近破坏时,应停止调整试验机油门,直至试件破坏,然后记录破坏荷载 $F(N)$。

表8-4　劈裂抗拉强度试验加载速度对照表

立方体试件边长/mm	劈裂抗拉强度加载速度					
	<30MPa		≥30MPa 且<60MPa		≥60MPa	
	MPa/s	kN/s	MPa/s	kN/s	MPa/s	kN/s
100	0.02～0.05	0.3～0.8	0.05～0.08	0.8～1.3	0.08～0.10	1.3～1.6
150		0.7～1.8		1.8～2.8		2.8～3.5

3. 结果确定

（1）按下式计算试件的劈裂面积 $A(\text{mm}^2)$。

$$A = \bar{a} \times \bar{b}$$

$\bar{a}$、$\bar{b}$ 为劈裂面边长平均值,当 $\bar{a}$、$\bar{b}$ 与试件尺寸公差小于等于1.0mm时,可直接取试件规格尺寸。

（2）按下式计算混凝土的劈裂抗拉强度 f_{st},精确至0.01MPa。

$$f_{st} = \frac{2F}{\pi A} = 0.637\frac{F}{A}$$

（3）劈裂抗拉强度结果取值方法同混凝土立方体抗压强度。

（4）混凝土强度等级<C60时,边长为100mm的立方体试件需乘以尺寸换算系数0.85。当混凝土强度等级≥60MPa时,应采用标准试件。

（四）混凝土抗折强度试验

1. 主要仪器设备

万能试验机——精度为 1‰；抗折试验装置——见图 8-6；游标卡尺、毛刷等。

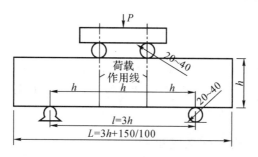

图 8-6　混凝土抗折试验装置（单位：mm）

2. 方法步骤

（1）试件从养护地点取出后擦干，检查试件长向中部不得有表面直径超过 5mm、深度超过 2mm 的孔洞；标出试件的荷载作用线，试件的承压面为试件侧面；测量两处荷载作用线高度 h 和宽度 b，各 2 次，精确到 0.1mm，尺寸公差应符合要求，结果分别取四次平均值 $\bar{h}$、$\bar{b}$。

（2）将试件居中放于试验装置上，安装尺寸偏差不得大于 1mm。支座及承压面与圆柱的接触面应平稳、均匀，否则应垫平。

（3）开动试验机，施加荷载应保持均匀、连续，加载速度详见表 8-5。

（4）至试件接近破坏时，应停止调整试验机油门，直至试件破坏，然后记录破坏荷载 $P(N)$。

表 8-5　抗折强度试验加载速度对照

试件断面边长/mm	抗折强度及加载速度					
	<30MPa		≥30MPa 且<60MPa		≥60MPa	
	MPa/s	N/s	MPa/s	N/s	MPa/s	N/s
100	0.02～0.05	67～166	0.05～0.08	167～266	0.08～0.10	267～333
150		150～375		375～0.10		600～750

3. 结果确定

（1）按下式计算试件的抗折强度 f_f，精确至 0.1MPa。

$$f_\mathrm{f} = \frac{Pl}{bh^2}$$

式中：l 为支座间跨度（mm）；$\bar{b}$、$\bar{h}$ 分别为试件横截面宽度和高度，$\bar{b}$、$\bar{h}$ 与试件尺寸公差小于等于 1.0mm 时，可直接取试件规格尺寸。

（2）抗折强度的确定。

① 三个试件下边缘断裂处于两个集中荷载作用线之间时：抗折强度取三个试件的算术平均值，精确至 0.1MPa。三个试件中如有一个与中间值的差值超过中间值的 15％ 时，取中间值作为该组试件的抗折强度值。三个试件中如有两个与中间值的差值超过中间值的

15％时,则该组试件的试验结果无效。

②　三个试件中若有一个折断面位于两个集中荷载作用线之外时:按另外两个试验结果计算,若这两个测值的差值不大于这两个测值的较小值的15％时,则取这两个测值的平均值,否则该组试件的试验结果无效。

③　三个试件中若有两个试件的折断面位于两个集中荷载作用线之外时:该组试件试验无效。

④　非标准尺寸试件强度换算:当试件尺寸为100mm×100mm×400mm的非标准试件时,应乘以尺寸换算系数0.85;当混凝土强度等级≥C60时,宜采用标准试件,使用非标准试件时,尺寸换算系数应由试验确定。

六、混凝土长期性能和耐久性试验

(一)目的

通过长期性能和耐久性试验,反映混凝土抵抗水压力、抗冻融循环、抗硫酸盐侵蚀、抗氯离子渗透等能力,可确定混凝土是否满足设计要求。

(二)抗水渗透试验

1. 主要仪器设备

混凝土抗渗仪——见图8-7;抗渗试模、钢丝刷等。

2. 试验方法及步骤

(1)根据混凝土配合比,制作标准试件一组(6个)。

(2)拆模后,用钢丝刷刷去两端面的水泥浆膜,并立即将试件送入标准养护室进行养护。

(3)抗水渗透试验的龄期宜为28d,在到达试验龄期前一天时从养护室取出,并擦拭干净。待试件表面晾干后,密封试件,其密封方式如

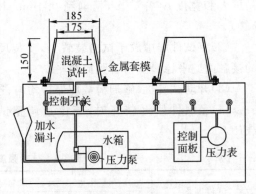

图8-7　混凝土抗渗试验仪示意

下:①石蜡密封,在试件侧面裹涂一层熔化的内加少量松香的石蜡,然后将试件压入经预热的试模中,使试件与试模底平齐,并在试模变冷后解除压力。试模的预热温度,以石蜡接触试模缓慢熔化但不流淌为准。②水泥加黄油密封,其质量比为(2.5～3):1。用三角刀将密封材料均匀地刮涂在试件侧面上,厚度为1～2mm。套上试模并将试件压入,使试件与试模底平齐。③也可以采用其他更可靠的密封方式。

(4)启动抗渗仪,开通阀门,使水充满试位坑,关闭阀门后将密封好的试件安装在抗渗仪上。

(5)渗水高度法:①试件安装好后,开通阀门,在5min内使水压达到(1.2±0.05)MPa(相对渗透性系数采用0.8MPa、1.0MPa或1.2MPa),记录达到稳定压力的时间为起始时间,精确至1min。在稳压过程中,随时观察试件端面的渗水情况,当有试件端面出现渗水时,停止该试件的试验并记录时间,以试件的高度作为该试件的渗水高度。对于试件端面未出现渗水的情况,在24h后停止试验。在试验过程中,当发现水从试件周边渗出时,应重新

密封。②将试件从抗渗仪中取出,放在压力机上,试件上下两端面中心处沿直径方向各放一根直径为6mm的钢垫条,并保持在同一竖直平面内。开动压力机,将试件沿纵断面劈裂为两半。试件劈开后,用防水笔描出水痕。③将梯形板放在试件劈裂面上,并用钢尺沿水痕等间距量测10个测点的渗水高度值,精确至1mm。读数时若遇到某测点被骨料阻挡,则以靠近骨料两端的渗水高度算术平均值作为该测点的渗水高度。

(6)逐级加压法:水压从0.1MPa开始,之后每隔8h增加0.1MPa水压,并随时观察试件端面渗水情况。当6个试件中有3个试件表面出现渗水,或加至规定压力(设计抗渗等级)在8h内6个试件中表面渗水试件少于3个时,可停止试验,并记下此时的水压力。在试验过程中,当发现水从试件周边渗出时,应重新密封。

3. 结果确定

(1)渗水高度法:

① 按下式计算单个试件平均渗水高度 $\overline{h}_i$,精确至1mm。

$$\overline{h}_i = \frac{1}{10}\sum_{j=1}^{10} h_j$$

式中:h_j 为第 i 个试件第 j 个测点处的渗水高度(mm)。

② 按下式计算一组试件的平均渗水高度 $\overline{h}$,精确至1mm。

$$\overline{h} = \frac{1}{6}\sum_{i=1}^{6} \overline{h}_i$$

③ 按下式计算相对渗透性系数 K_r(cm/h)。

$$K_r = \frac{a\overline{h}_i^2}{2TH}$$

式中:a 为混凝土的吸水率,一般取0.03;$\overline{h}_i$ 为平均渗水高度(cm);H 为水压力,以水柱高度表示,0.8MPa、1.0MPa或1.2MPa对应的水柱高度分别取8160cm、10200cm和12240cm;T 为恒压时间(h)。

④ 结果取6个试件的算术平均值。

(2)逐级加压法:以每组6个试件中有4个试件未出现渗水时的最大水压力乘以10来确定混凝土的抗渗等级。按下式计算混凝土的抗渗等级 P。

$$P = 10H - 1$$

式中:H 为6个试件中有3个试件渗水时的水压力,精确至0.1MPa。

(三)抗冻试验(慢冻法和快冻法)

慢冻法适用于测定混凝土试件在气冻水融条件下,以经受的冻融循环次数 n 和符号 D 表示的混凝土抗冻性能,有 D25、D50、D100、D150、D200、D250 和 D300 以上标号。快冻法适用于测定混凝土试件在水冻水融条件下,以经受的快速冻融循环次数 n 和符号 F 表示的混凝土抗冻性能,有 F50、F100、F150、F200、F250、F300、F350、F400 和 F400 以上标号。

1. 主要仪器设备

慢速冻融试验箱——冷冻温度能保持在 −20～−18℃,溶解温度能保持在18～20℃;快速冻融试验箱——温度可控制在 −20−10℃,精度为1℃;混凝土动弹性模量测定仪——输出频率可调范围为100～20000Hz;压力试验机、快冻法试件盒(见图8-8)、动弹性模量测试试件支承体(厚度为20mm的泡沫塑料垫或海绵垫)。

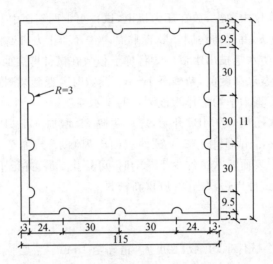

图 8-8　试件盒横截面示意（单位：mm）

2. 慢冻法

(1)方法步骤：

① 按照力学性能试件要求制作试件,采用边长为 100mm 的立方体试件,按表 8-6 确定所需组数,一组为 3 块。

表 8-6　慢冻法试验所需要的试件组数

设计抗冻标号	D25	D50	D100	D150	D200	D250	D300	D300 以上
检查强度所需冻融次数	25	50	50 及 100	100 及 150	150 及 200	200 及 250	250 及 300	300 及设计次数
鉴定 28d 强度所需试件组数	1	1	1	1	1	1	1	1
冻融试件组数	1	1	2	2	2	2	2	2
对比试件组数	1	1	2	2	2	2	2	2
总计试件组数	3	3	5	5	5	5	5	5

注：试件组数可根据需要适当增加。

② 龄期为 24d 时,从养护地点取出试件,泡入(20±2)℃水中 4d,浸泡试验水面应高出试件顶面 20～30mm。

注：水中养护的试件,养护到 28d 可直接进行后续试验,并予以说明。

③ 龄期达到 28d 时,用湿布擦干试件表面水分,量测外观尺寸,编号,称重后置入试件架内。试件的尺寸公差应符合要求。试件架与试件的接触面积不超过试件底面的 1/5;试件与箱体内壁的孔隙至少留有 20mm;试件架中各试件之间至少保持 30mm 的空隙。

④ 冻融过程:冷冻时间从冻融箱内降至 −18℃ 开始计算,冻融箱内温度在冷冻时应保持在 −20～−18℃,每次冷冻时间不应少于 4h。冻完后取出放入 18～20℃ 水中,在 30min 内水温不应低于 10℃,并在 30min 后水温应保持在 18～20℃,而水面应高于试件顶面 20mm,融化时间不应少于 4h,完成后为一次冻融循环。每 25 次循环检查试件外观,进行称

重,若质量损失超过 5%,可停止试验。若试验中达到规定的冻融循环次数,或抗压强度损失率达到 25%,或试件的质量损失率达到 5%,可停止试验。

⑤ 停止试验后,应称重并检查试件外观,记录表面破损、裂缝和缺棱、掉角情况。表面破损严重的试件应用高强石膏找平后,再进行抗压强度试验。

⑥ 部分破损或失效试件取出后,应用空白试件补充空位。

⑦ 对比试件应保持标准养护,与冻融后试件同时测试抗压强度。

(2)结果确定:

① 按下式计算强度损失率 Δf_c,精确至 0.1%。

$$\Delta f_c = \frac{f_{c0} - f_{cn}}{f_{c0}} \times 100$$

式中:f_{c0} 为对比用的一组混凝土试件的抗压强度测定值,精确至 0.1MPa;f_{cn} 为经 n 次冻融循环后的一组混凝土试件抗压强度测定值,精确至 0.1MPa。

② 按下式计算单个试件的质量损失率 ΔW_{ni},精确至 0.01%。

$$\Delta W_{ni} = \frac{W_{0i} - W_{ni}}{W_{0i}} \times 100$$

式中:W_{0i} 为冻融循环试验前第 i 个混凝土试件的质量(g);W_{ni} 为 n 次冻融循环后第 i 个混凝土试件的质量(g)。

质量损失率测定值取三个试件的算术平均值,某个试件结果出现负值则取 0,再取三个试件的算术平均值,精确至 0.1%。三个值中的最大值或最小值与中间值之差超过 1% 时,取其余两值的算术平均值作为测定值。最大值和最小值与中间值之差均超过 1% 时,取中间值作为测定值。

③ 混凝土抗冻标号,以 Dn 表示,即同时满足强度损失率不超过 25%,质量损失率不超过 5% 的最大冻融循环次数。

3. 快冻法

(1)方法步骤:

① 根据配合比,按照混凝土力学性能试验方法试件成型(不采用憎水性脱模剂),尺寸为 100mm×100mm×400mm 的棱柱体试件,每组 3 块。

② 制作同样形状、尺寸,且中心埋有温度传感器的测温试件。测温试件采用防冻液作为冻融介质,所用混凝土的抗冻性能高于冻融试件,温度传感器在浇注混凝土时埋设在试件中心。

③ 龄期为 24d 时将试件从养护地点取出,泡在(20±2)℃的水中 4d,浸泡试验水面应高出试件顶面 20~30mm。

注:水中养护的试件,养护到 28d 可直接进行后续试验,并予以说明。

④ 龄期达到 28d 时,用湿布擦干试件表面水分,量测外观尺寸,进行编号,称量试件初始质量 W_{0i},并测量横向基频的初始值 f_{0i}。试件的尺寸公差应符合要求。

⑤ 将试件居中放入试件盒内,再将试件盒放入冻融箱内的试件架中,并向试件盒中注入清水。盒内水位高度应始终保持至少高出试件顶面 5mm。

⑥ 冻融过程:

测温试件盒应放在冻融箱的中心位置。

每次冻融循环应在 2~4h 内完成,融化时间不少于冻融循环时间的 1/4。

试件中心最低和最高温度应分别控制在(-18 ± 2)℃和(5 ± 2)℃内;试验过程中试件中心温度不得高于7℃,不得低于-20℃。

每个试件从3℃降至-16℃的时间不得少于冷冻时间的1/2,从-16℃升至3℃的时间不得少于融化时间的1/2,试件内外温差不宜超过28℃。冷冻和融化之间的转换时间不宜超过10min。

每25次冻融循环检查试件外观,清理表面并擦干水,称取质量,测试试件横向基频,完成后将试件调头装入试件盒。

若试验中达到规定的冻融循环次数,或试件的相对动弹性模量下降到60%,或试件的质量损失率达到5%,则可停止试验。

有试件停止试验取出后,要用其他试件填充空位。

⑦ 动弹模量测试方法:

A. 清理试件,擦干并称量,精确至5g,量取试件尺寸,精确至1mm。

B. 将试件成型面向上置于支承体上,换能器测杆与试件触面涂黄油或凡士林为耦合剂,将激振换能器和接收换能器测杆轻压在试件表面,见图8-9,压力以不出现噪声为准。

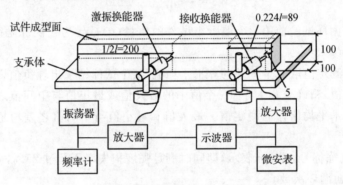

图8-9 动弹性模量测定原理及示意(单位:mm)

C. 测试共振频率:指示电表方式,调整激振和接收增益至适当位置,改变激振频率,电表指针偏转最大时即为试件达到共振状态,此时为频率试件横向基频。示波器显示方式,改变激振频率,示波器图形调成正圆时即为试件达到共振状态,此时为频率试件横向基频。

发现两个以上峰值时,将接收换能器移至距试件端部0.224倍试件长处,电流表示值为零时作为真实试件横向基频。

重复测试并记录两次测值,两次差值应小于平均值的0.5%,取两个测值的算术平均值为此试件的测试结果。

(2)结果确定:

① 按下式计算动弹性模量 E_d,精确至1MPa。

$$E_d = 13.244 \times 10^{-4} \times WL^3 f^2 / a^4$$

式中:a 为试件截面的边长(mm);L 为试件的长度(mm);W 为试件的质量,精确至0.01kg;f 为试件横向振动时的基频振动频率(Hz)。

注:交通试验标准给出了试件的修正系数 K,需将计算结果乘以修正系数,$L/a=3$ 时,K 取1.2;$L/a=4$ 时,K 取1.0,$L/a=5$ 时,K 取0.9。

仅测试动弹性模量时,取三个试件的算术平均值,精确至100MPa。按下式计算相对动

弹性模量

② 按下式计算单个试件的相对动弹性模量 P_i，精确至 0.1%。

$$P_i = \frac{f_{ni}^2}{f_{0i}^2} \times 100$$

式中：f_{ni} 为经 n 次冻融循环后第 i 个混凝土试件的横向基频(Hz)；f_{0i} 为冻融循环试验前第 i 个混凝土试件横向基频初始值(Hz)。

相对动弹性模量结果的确定：相对动弹性模量取三个试件的算术平均值；当最大值或最小值与中间值之差超过中间值的 15% 时，剔除此值；当最大值和最小值与中间值之差均超过中间值的 15% 时，取中间值作为测定值。

质量损失率同慢冻法。

③ 混凝土抗冻等级：用 Fn(n 为冻融循环次数)表示，需同时满足相对动弹性模量不低于 60%，质量损失率不超过 5% 的最大冻融循环次数。

(四)碳化试验

1. 主要仪器设备

碳化试验箱——二氧化碳浓度能控制在 $(20\pm3)\%$，温度能控制在 $(20\pm2)℃$，相对湿度能控制在 $(70\pm5)\%$，见图 8-10。

2. 方法步骤

(1)根据配合比拌制混凝土，成型 1 组 3 块，棱柱体的长宽比不小于 3 的混凝土试件，也可采用立方体试件，数量相应增加。

(2)可采用标准养护，在试验前 2d 从标准养护室内取出试件，然后在 60℃下烘 48h，也可根据需要调整养护龄期。

(3)初步处理后的试件，除留下一个或相对的两个侧面外，其余表面用加热的石蜡密封。然后在暴露侧面上沿长度方向用铅笔以 10mm 间距画出平行线，作为预定碳化深度的测量点。

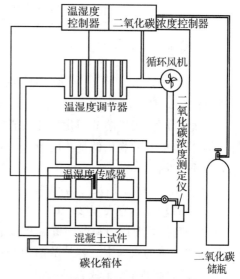

图 8-10 混凝土碳化试验箱示意

(4)将试件放入碳化箱并密封，启动试验装置。

(5)经碳化 3d、7d、14d 和 28d 后，分别取出试件，破型测定碳化深度。棱柱体试件采用压力试验机劈裂法或干锯法从一端开始破型，破型厚度为试件宽度的一半，破型后将需要继续试验的试件用石蜡封好断面，再放入箱内继续碳化。采用立方体试件时，在试件中部破型，每个试件只作一次试验，不得重复使用。

(6)刷去切除所得的试件部分断面上的粉末，喷或滴上浓度为 1% 的酚酞乙醇溶液(含 20% 的蒸馏水)。经约 30s 后，按原先标划的每 10mm 为一个测量点，用钢板尺测出各点碳化深度 d_i，精确至 0.5mm。当测点处的碳化分界线上刚好嵌有粗骨料颗粒，可取该颗粒两侧处碳化深度的算术平均值作为该点的深度值。

3. 结果确定

(1)按下式计算各龄期混凝土各试件的平均碳化深度 $\overline{d_t}$，精确至 0.1mm。

$$\overline{d}_t = \frac{\sum_{i=1}^{n} d_i}{n}$$

（2）混凝土试件碳化测定值取 3 个试件碳化 28d 的碳化深度算术平均值。碳化结果处理时，绘制碳化时间与碳化深度的关系曲线。

（五）抗氯离子渗透试验（电通量法）

1. 主要仪器设备

电通量试验装置——见图 8-11；直流稳压电源——电压范围 0～80V，电流范围 0～10A，能稳定输出 60V 直流电压，精度为 ±0.1V；耐热塑料或耐热有机玻璃试验槽、真空泵、电流表等。

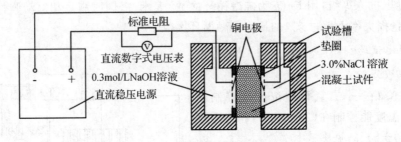

图 8-11　电通量试验装置示意

2. 准备工作

（1）试剂准备：阴极溶液用化学纯试剂配制的质量浓度为 3.0% 的 NaCl 溶液，阳极溶液用化学纯试剂配制的物质的量浓度为 0.3mol/L 的 NaOH 溶液。

（2）试件准备：

① 根据配合比，采用尺寸为 $\phi 100mm \times 100mm$ 或 $\phi 100mm \times 200mm$ 的试模成型试件，骨料最大公称粒径不宜大于 25mm。

② 成型后，立即用塑料薄膜覆盖并移至标准养护室，养护（24±2）h 后拆模，试件应浸没于标准养护室的水池中。养护龄期为 28d 或根据设计要求选用 56d 或者 84d。

③ 在试验前，7d 加工成直径为（100±1）mm，高度为（50±2）mm 的标准试件，用水砂纸和细锉刀打磨光滑后，继续浸没于水中养护至试验龄期。$\phi 100mm \times 100mm$ 的试件从中部切取圆柱体制成标准试件，并将靠近浇筑端面为暴露于氯离子溶液中的测试面。$\phi 100mm \times 200mm$ 的试件，首先从正中间切成两部分，然后从两部分中各切取一个标准试件，并将第一次的切口面为暴露于氯离子溶液中的测试面。

④ 加工好试件继续浸水养护至规定龄期。

3. 试验步骤

（1）养护到规定龄期（一般为 28d）后，先将试件置于空气中至表面干燥，并以硅胶或树脂密封材料涂刷试件圆柱侧面，填补涂层中的孔洞。

（2）将试件进行真空饱水。

（3）在真空饱水结束后，取出试件并擦干水，将试件置于相对湿度为 95% 以上的环境中，然后用螺杆将两试验槽和端面装有硫化橡胶垫的试件夹紧，并采用蒸馏水或者其他有效方式检查试件和试验槽之间的密封性能。

（4）在一个试验槽中注入配制好的 NaCl 溶液，将槽中铜网连接电源负极，并在另一个试验槽中注入配制好的 NaOH 溶液，将槽中铜网连接电源正极。

（5）施加 (60 ± 0.1)V 直流恒电压，记录电流初始读数 I_0。开始时，每隔 5min 记录一次电流值，当电流值变化不大时，可每隔 10min 记录一次电流值；当电流变化很小时，每隔 30min 记录一次电流值，直至通电 6h。

（6）试验结束后，及时排出试验溶液，并用凉开水和洗涤剂冲洗试验槽 60s 以上，然后用蒸馏水洗净并用电吹风冷风档吹干。

注：试验室环境温度控制在 20～25℃；采用自动采集数据的测试装置时，记录电流的时间间隔可设定为 5～10min。电流测量值精确至 ±0.5mA，同时监测试验槽中溶液的温度。

4. 结果确定

（1）试验过程中或试验结束后，绘制电流与时间的关系图。通过将各点数据以光滑曲线连接起来，对曲线作面积积分，或按梯形法进行面积积分，得到试验 6h 通过的电通量(C)。

（2）每个试件的总电通量(C)（简化公式计算）：

$$Q=900(I_0+2I_{30}+2I_{60}+\cdots+2I_t+\cdots+2I_{300}+2I_{330}+I_{330})$$

式中：I_0 为初始电流，精确到 0.001A；I_t 为试件在 t(min)时刻的电流，精确至 0.001A。

（3）换算成直径为 95mm 试件的电通量值：

$$Q_s=Q_x\times(95/x)^2$$

式中：Q_s 为通过直径为 95mm 的试件的电通量(C)；Q_x 为通过直径为 x(mm)的试件的电通量(C)；x 为试件的实际直径(mm)。

（4）结果确定：电通量取 3 个试样的电通量的算术平均值。当最大值或最小值与中间值之差超过中间值的 15%，则剔除此值，再取其余两值的算术平均值为测定值。当最大值和最小值均超过中间值的 15% 时，取中间值为测定值。

（六）收缩性能试验

收缩性能试验可采用非接触法和接触法。非接触法适用于测定早龄期混凝土的自由收缩变形，也可用于无约束状态下混凝土自收缩变形的测定。接触法适用于测定在无约束和规定的温湿度条件下硬化混凝土试件的收缩变形性能。

1. 非接触法

（1）主要仪器设备：非接触法混凝土收缩变形测定仪——整机一体化装置，具备自动采集和处理数据、设定采样时间间隔等功能，见图 8-12；反射靶和试模——用可靠方式将反射靶固定于试模上，试验过程中保证反射靶能随着混凝土收缩而同步移动。混凝土试件的测量标距不小于 400mm；传感器——量程不小于试件测量标距长度的 0.5% 或不小于 1mm，测试精度不低于 0.002mm。

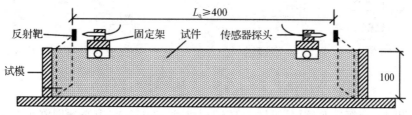

图 8-12　非接触法混凝土收缩变形测定仪原理示意（单位：mm）

(2)试验步骤：

① 在试模内涂刷润滑油，然后在试模内表面铺设两层塑料薄膜，或放置聚四氟乙烯(PTFE)片，且在薄膜或聚四氟乙烯片与试模接触的面上均匀涂抹一层润滑油，再将反射靶固定在试模两端。

② 根据配合比拌制混凝土，按要求浇筑成型后立即带模移入温度为(20±2)℃、相对湿度为(60±5)％的恒温恒湿室。同时，测定混凝土的初凝时间。

注：也可自行设定在不同的环境温湿度、表面覆盖状况和风速的边界条件。

③ 混凝土初凝时开始测试，以后至少每隔1h或按设定的时间间隔记录两端变形读数。

④ 在整个测试过程中，测试仪器不得移动或受到振动。

(3)结果确定：

① 按下式计算混凝土收缩率 ε_{st}，精确到 1.0×10^{-6}。

$$\varepsilon_{st} = \frac{(L_{10} - L_{1t}) + (L_{20} - L_{2t})}{L_0}$$

式中：L_{10} 为左侧非接触法位移传感器初始读数(mm)；L_{1t} 为左侧非接触法位移传感器测试时间为 t 的读数(mm)；L_{20} 为右侧非接触法位移传感器初始读数(mm)；L_{2t} 为右侧非接触法位移传感器测试时间为 t 的读数(mm)；L_0 为试件测量标距(mm)，试件长度减去试件中两个反射靶沿试件长度方向埋入试件中的长度之和。

② 混凝土收缩率取三个试件的算术平均值，精确到 1.0×10^{-6}。作为相互比较的混凝土早龄期收缩率值，以 3d 龄期测试得到的混凝土收缩值为准。

2. 接触法

(1)主要仪器设备：

① 采用卧式混凝土收缩仪[见图 8-13(a)]时，试件两端预埋测头[见图 8-13(b)]或留有后埋测头[见图 8-13(c)]的凹槽，采用不锈钢或其他不锈材料制成的测头。

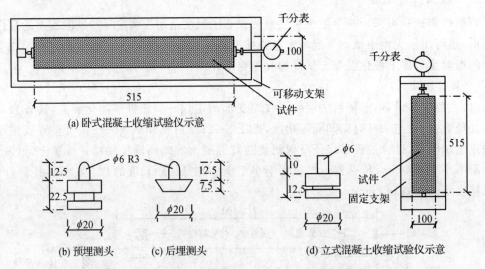

图 8-13　接触法混凝土收缩变形测定装置示意(单位：mm)

② 采用立式混凝土收缩仪[见图 8-13(d)]时，试件的一端中心预埋测头。一端同立式

收缩测头,另一端采用 M20×35mm 螺栓预埋(螺纹通长),并与立式混凝土收缩仪底座固定。

③ 收缩试件成型时不得使用机油等憎水性脱模剂。

(2)方法步骤:

① 根据配合比拌制混凝土,按要求浇筑成型一组 3 个试件,尺寸为 100mm×100mm×515mm 的棱柱体试件,成型后带模养护 1～2d,保证拆模时不损伤试件。后埋测头的试件,拆模后立即粘贴或埋设测头。

② 养护至 3d 龄期(加水时算起),从标准养护室取出试件,并立即移入温度为(20±2)℃、相对湿度为(60±5)%的恒温恒湿室测定其初始长度,此后至少按 1d、3d、7d、14d、28d、45d、60d、90d、120d、150d、180d、360d 的时间间隔测量其变形读数(从移入恒温恒湿室内算起)。恒温恒湿室中试件放置在不吸水的搁架上,底面架空,每个试件之间的间隙大于 30mm。收缩测试前应用标准杆校正仪表的零点,并在测试过程中复核 1～2 次,其中一次应在全部试件测试完后进行。零点与原值偏差超过±0.001mm 时,应调零后重新测试。每次测试的试件放置位置,方向均应保持一致。

(3)结果确定:

① 按下式计算混凝土收缩率 ε_{st},计算精确至 $1.0×10^{-6}$。

$$\varepsilon_{st}=\frac{L_0-L_t}{L_b}$$

式中:L_b 为试件的测量标距,两测头内侧的距离,即等于试件混凝土长度减去两个测头埋入深度,采用接触法引伸仪时,即为仪器的测量标距;L_0 为试件长度的初始读数,精确至 0.001mm;L_t 为试件在试验期为 t(d)时测得的长度读数,精确至 0.001mm。

② 结果取三个试件的算术平均值,精确到 $1.0×10^{-6}$。作为相互比较的混凝土收缩率值为不密封试件于 180d 所测得的收缩率值,可将不密封试件于 360d 所测得的收缩率值作为该混凝土的终极收缩率值。

第九章　墙体材料实验

　　墙体材料是房屋建筑的主要围护材料和结构材料,常用的有砖、砌块和板材三大类。目前,墙体材料在生产和应用中更加注重节能和环保,因此发展了具有较好力学、隔声、保温隔热性能的多孔砖、空心砖、废渣砖、加气混凝土砌块、陶粒混凝土砌块等材料,而实心粘土砖逐渐被舍弃。

　　本章内容有砖的尺寸测量、体积密度、抗折强度、抗压强度试验,烧结多孔砖的抗压强度试验,加气混凝土砌块的力学性能试验,保温隔热材料导热系数。

　　试验参照《砌墙砖试验方法》(GB/T 2542—2012)、《烧结多孔砖和多孔砌块》(GB/T 13544—2011)、《蒸压加气混凝土性能试验方法》(GB/T 11969—2020)、《蒸压加气混凝土砌块》(GB/T 11968—2020)、《绝热材料稳态热阻及有关特性的测定　热流计法》(GB/T 10295—2008)、《绝热材料稳态热阻及有关特性的测定　防护热板法》(GB/T 10294—2008)、《建筑用热流计》(JG/T 519—2018)等标准进行。

一、砖的外观及尺寸测量

(一)量具

　　砖用卡尺——分度值为 0.5mm,如图 9-1 所示;钢直尺——分度值不大于 1mm。

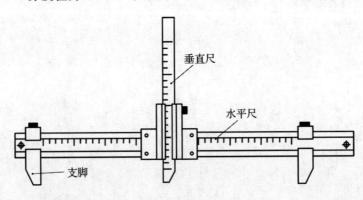

图 9-1　砖用卡尺

(二)尺寸测量及外观质量检查

1. 尺寸

　　用钢直尺或砖用卡尺对砖的长、宽、高进行测量,其中长度 L 应在砖的两个大面的中间处分别测量两个尺寸,精确至 0.5mm;宽度 B 应该在砖的两个大面的中间处分别测量两个尺寸,精确至 0.5mm;高度 H 应该在砖的两个条面的中间处分别测量两个尺寸,精确至 0.5mm。如图 9-2(a)所示,当被测处有缺损或凸出时,可在其旁边测量,但应选择不利的一侧。砖的长度、宽度与高度取两个测量值的算术平均值。

2. 弯曲

砖的弯曲分别在大面和条面上测量,测量时将砖用卡尺的两只脚沿棱边两端放置,择其弯曲最大处将垂直尺推至砖面,而后读数,如图 9-2(b)所示。注意不应将杂质或碰撞造成的凹坑计算在内。

3. 杂质凸出高度

杂质在砖面上造成的凸出高度,通过将砖用卡尺的两只脚置于凸出两边的砖平面上,通过推动垂直尺进行测量,如图 9-2(c)所示。

4. 缺损

缺损所造成的破损程度,以破损部分对长、宽、高三个棱边的投影尺寸来度量,称为破坏尺寸;缺损造成的破坏面,是指缺损部分对条面与顶面的投影面积。空心砖内壁残缺及肋残缺尺寸,以长度方向的投影尺寸来度量。

5. 裂纹

裂纹分为长度、宽度与水平方向三种,以被测方向的投影长度表示。如果裂纹从一个面延伸至其他面上时,则累计其延伸的投影长度;多孔砖的孔洞与裂纹相通时,则将孔洞包括在裂纹内一并测量;裂纹长度以在三个方向上分别测得的最长裂纹作为测量结果。

6. 色差

装饰面朝上随机分两列并列,在自然光下距离砖样 2m 处目测。

7. 试验结果

外观测量以毫米为单位,精确至 1mm,不足 1mm 也,按 1mm 计。

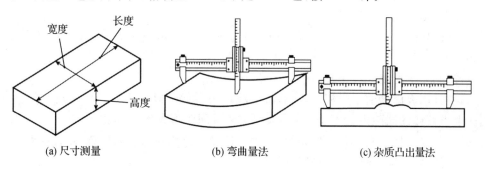

(a) 尺寸测量　　　　(b) 弯曲量法　　　　(c) 杂质凸出量法

图 9-2　砖的尺寸及外观测量方法

二、砖的体积密度试验

(一)仪器设备

鼓风干燥箱——最高温度为 200℃;台秤——分度值不应大于 5g;钢直尺——分度值不大于 1mm;砖用卡尺——分度值为 0.5mm,如图 9-1 所示。

(二)试验步骤

(1)取砖试样 5 块,检查其外观。其外观应完整,不得有缺棱、掉角等破损。

（2）清理试样表面，而后将试样置于（105±5）℃的鼓风干燥箱中干燥至恒重（即前后两次称量值相差不超过 0.2%，前后两次称量时间间隔为 2h），称其质量 m，若干燥过程中试件有缺棱、掉角，须重新换取备用试件。

（3）按照本章第一节的规定测试砖样的长 L、宽 B 与高 H，精确至 1mm。

（三）结果计算与评定

（1）每块试样的体积密度按照下式计算：

$$\rho = \frac{m}{L \times B \times H} \times 10^9$$

式中：ρ 为砖的体积密度（kg/m³），精确至 10kg/m³；m 为试样的干质量（kg）；L、B 与 H 为砖的长、宽与高，单位均为 mm。

（2）试验结果以 5 块砖试样的算术平均值表示，精确至 10kg/m³。

三、砖抗压强度

（一）主要仪器设备

试验机——精度为 1%，破坏荷载应在 20%～80% 试验机量程范围内；切割设备、钢直尺、抹刀等。

（二）试样成型

1. 一次成型制样（烧结普通砖）

（1）适用于采用样品中间部位切割，交错叠加灌浆制成强度试样的方式，如图 9-3（a）所示。

（2）首先将试样切割成两个半截砖，用于叠合部分的长度不小于 100mm，若不足 100mm，应另取备用试样补足。

（3）将已切割的半截砖放入室温的净水中浸泡 20～30min 后取出，在铁丝网架上滴水 20～30min。

（4）按照要求配制水泥净浆。

（5）模具内表面涂油或脱模剂，而后将已断口的半截砖以相反方向装入模具中，用插板控制两个半截砖的间距不大于 5mm，砖大面与模具间距不大于 3mm。

（6）将装好试样的模具置于振动台上，加入适量搅拌均匀的净浆材料，开启振动台，振动 30～60s，而后静置至净浆达到初凝后拆模。

（7）在温度不低于 10℃ 且不通风的室内养护 4h。

2. 二次成型制样（多孔砖、空心砖）

（1）适用于采用整块试样上下表面灌浆制成强度试样的方式，如图 9-3（b）所示。

（2）将整块试样放入室温净水中浸泡 20～30min 后取出，在铁丝网架上滴水 20～30min。

（3）按照要求配制净浆。

（4）在模具内表面涂油或脱模剂，加入适量搅拌均匀的净浆材料，将整块试样一个承压面（大面）与净浆接触，装入制样模具中，控制承压面找平层厚度不大于 3mm。

（5）将装好试样的模具置于振动台上振动 30～60s，而后静置至净浆达到初凝后拆模。

（6）拆模后按照步骤（3）～（5）完成试样另一承压面的找平。

(7)在温度不低于10℃且不通风的室内养护4h。

3. 非成型制样(非烧结砖)

(1)适用于无须表面找平的试样,如图9-3(c)所示。

(2)将试样锯成两个半截砖,用于叠合部分的长度不小于100mm,若不足100mm,应另取备用试样补足。

(3)试样无须养护,将两个半截砖断口相反叠放(叠合部分不小于100mm)后即可进行抗压强度试验。

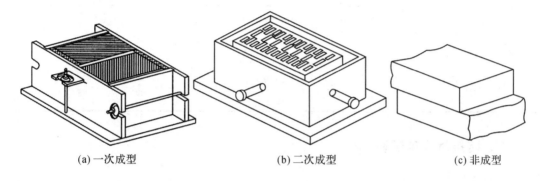

(a)一次成型　　　　　　　(b)二次成型　　　　　　　(c)非成型

图9-3　三种砖抗压强度试件制作模具与方法示意

(三)试验步骤

(1)检查试件外观,并测量每个试件连接面或受压面的长、宽尺寸各两个,分别取其平均值,精确至1mm,计算试件的受压面积A。

(2)将试件居中放置于试验机下承压板上,开动试验机,待试样与上承压板接近时,调整球铰,使承压板与试样均衡接触。

(3)待接触均匀后,以2~6kN/s的速度均匀加荷,直至试件破坏,记录其最大破坏荷载P。

(四)试验结果的计算与评定

(1)按下式计算每块砖的抗压强度R_p,精确至0.01MPa。

$$R_p = \frac{P}{BL} = \frac{P}{A}$$

式中:R_p为砖抗压强度(MPa);B、L为砖块的实测宽度和长度(mm),精确至1mm;P为破坏荷载(N);A为实测受压面积(mm^2)。

(2)砖的抗压强度以各试样的算术平均值和标准值或单块最小值表示,精确至0.1MPa。

(3)对于空心砖与多孔砖:按下列公式计算其强度平均值$\bar{f}$标准差S、强度变异系数δ和强度标准值f_k,精确至0.01MPa。

$$\bar{f} = \frac{1}{10}\sum_{i=1}^{10} f_i$$

$$S = \sqrt{\frac{1}{9}\sum_{i=1}^{10}(f_i - \bar{f})^2}$$

$$f_k = \bar{f} - 1.83S$$

式中:$\bar{f}$ 为 10 块空心或多孔砖试样的抗压强度平均值,精确至 0.1MPa;S 为 10 块空心或多孔砖试样的抗压强度标准差,精确至 0.1MPa;f_k 为强度标准值,精确至 0.1MPa。

(4)根据强度平均值 $\bar{f}$ 和强度标准值 f_k 判定多孔砖的强度等级。烧结多孔砖的各强度等级要求见表 9-1。

表 9-1　烧结多孔砖的强度等级　　　　　　　　　　（单位:MPa）

强度等级	抗压强度平均值 $\bar{f}$　≥	强度标准值 f_k　≥
MU30	30.0	22.0
MU25	25.0	18.0
MU20	20.0	14.0
MU15	15.0	10.0
MU10	10.0	6.5

四、砖抗折强度试验

(一)主要仪器设备

试验机——精度为 1%,破坏荷载应在 20%～80%试验机量程范围内;砖抗折夹具——三点简支方式加载,其上压辊和下支辊的曲率半径为 15mm;钢直尺、抹刀等。

(二)试验方法及步骤

(1)取砖试样 10 块,检查其外观。其外观应完整,不得有缺棱、掉角等破损。

(2)将砖试样置于(20±5)℃水中浸泡 24h,而后取出用湿布擦干表面水分待用。

(3)按照本章第一节方法,测量砖试样的高度 H 和宽度 B,精确至 1mm。

(4)调整抗折夹具的跨距 L 为砖规格长度减去 40mm,但若规格长度为 190mm 的砖,其跨距应为 160mm。

(5)将砖大面居中放在下支辊上,以 50～150N/s 的速度均匀加荷,直至试样断裂,记录最大破坏荷载 P。

(三)试验结果的计算与评定

(1)按下式计算每块砖的抗折强度 R_c,精确至 0.01MPa。

$$R_c = \frac{3PL}{2BH^2}$$

式中:R_c 为砖抗折强度(MPa);B、H 为砖块的实测宽度和高度;L 为抗折夹具的跨距(mm),精确至 1mm;P 为破坏荷载(N)。

(2)砖的抗折强度以所有试样的算术平均值和单块最小值表示,精确至 0.01MPa。

五、蒸压加气混凝土砌块试验

(一)目的

蒸压加气混凝土是指以硅质材料和钙质材料为主要原料,掺加发气剂及其他调节材料,通过配料浇筑、发气静停、切割、蒸压养护等工艺制成的多孔轻质材料。加气混凝土砌块按抗压强度和干密度分级。通过抗压强度试验,可以评定出其强度级别或评价是否满足强度级别的要求。

(二)干密度、含水率和吸水率

1. 仪器设备和试验室

(1)电热鼓风干燥箱:最高温度200℃。

(2)天平:量程为2000g,分度值不大于0.1g。

(3)钢板直尺:规格为300mm,分度值不大于1mm。

(4)游标卡尺或数显卡尺:规格为300mm,分度值为0.1mm。

(5)恒温水槽:水温(20±2)℃。

(6)试验室:室温(20±5)℃。

2. 试件制备及要求

(1)试件采用机锯锯取,锯切时注意不应将试件弄湿。

(2)试件应沿样品发气方向中心部分上、中、下顺序锯取一组,"上"块的上表面距离制品顶面30mm,"中"块在制品正中处,"下"块的下表面离制品底面30mm,如图9-4(a)所示。

(3)试件表面应平整,不得有裂缝或明显缺陷,尺寸允许偏差应为±1mm,平整度应不大于0.5mm,垂直度应不大于0.5mm。

(4)试件为2组边长为100mm的立方体,与抗压强度试件相同,也可采用抗压强度平行试件。

3. 干密度和含水率试验步骤

(1)取试件1组,逐一量取长、宽、高三个方向的轴线尺寸,精确至0.1mm,计算试件的体积,并称取试件质量M,精确至1g。

(2)将试件放入电热鼓风干燥箱内,在(60±5)℃下保持24h,然后在(80±5)℃下保持24h,再在(105±5)℃下烘至恒重M_0。恒重指在烘干过程中每间隔4h称重一次,前后两次质量差不应超过2g。

4. 吸水率试验步骤

(1)取另一组试件放入电热鼓风干燥箱内,在(60±5)℃下保持24h,然后在(80±5)℃下保持24h,再在(105±5)℃下烘至恒重M_0。

(2)试件在室内冷却6h后,放入水温为(20±2)℃的恒温水槽内,然后加水至试件高度的1/3,保持24h,再加水至试件高度的2/3,保持24h,加水高出试件30mm以上,保持24h。

(3)将试件从水中取出,用湿布抹去表面水分,立即称取每块质量M_g,精确至1g。

5. 结果计算与评定

(1)计算干密度,则有

$$r_0 = \frac{M_0}{V} \times 10^6$$

式中:r_0为干密度(kg/m³);M_0为试件烘干(至恒重)后的质量(g);V为试件体积(mm³)。

(2)计算质量含水率,则有

$$W_s = \frac{M - M_0}{M_0} \times 100\%$$

式中:W_s为质量含水率(%);M为试件烘干前的质量(g)。

(3)计算体积含水率,则有

$$W_v = \frac{M - M_0}{\rho_{20} \cdot (V/1000)} \times 100\%$$

式中:W_v 为体积含水率(%);ρ_{20} 为水在 20℃时的密度(g/cm³)。

(4)计算质量吸水率,则有

$$W_r = \frac{M_g - M_0}{M_0} \times 100\%$$

式中:W_r 为质量吸水率(%);M_g 为试件吸水后质量(g)。

(5)计算体积吸水率,则有

$$W_g = \frac{M_g - M_0}{\rho_{20} \cdot (V/1000)} \times 100\%$$

式中:W_g 为体积吸水率(%)。

(6)结果按一组试件试验的算术平均值进行评定,干密度计算精确至 1kg/m³,质量含水率、体积含水率、质量吸水率和体积吸水率计算精确至 0.1%。

(三)力学性能

1. 仪器设备和试验室

(1)材料试验机:精度(示值的相对误差)不应低于±2%,量程的选择应能使试件的预期最大破坏荷载处在全量程的 20%~80%范围内。

(2)托盘天平或磅秤:量程 2000g,分度值不大于 1g。

(3)电热鼓风干燥箱:最高温度 200℃。

(4)钢板直尺:规格为 300mm,不大于为 1mm。

(5)游标卡尺或数显卡尺:规格为 300mm,分度值不大于 0.1mm。

(6)劈裂抗拉钢垫条的直径为 75mm。钢垫条与试件之间应垫以木质三合板垫层,垫层宽度应为 15~20mm,厚 3~4mm,长度不应短于试件边长,垫层不应重复使用。

(7)试验室:室温为(20±5)℃。

2. 试件制备

(1)抗压、劈裂抗拉试件锯取部位,如图 9-4(a)所示。需边长为 100mm 的立方体试件 1 组,平行试件 1 组。

(2)抗折试件在制品中心部分平行于制品发气方向锯取,试件锯取部位,如图 9-4(b)所示;需 100mm×100mm×400mm 棱柱体试件 1 组。

(3)轴心抗压、弹性模量试件制备锯取部位,如图 9-4(c)所示;轴心抗压试验需 100mm×100mm×300mm 棱柱体试件 1 组,静力受压弹性模量需 100mm×100mm×300mm 棱柱体试件 2 组。

(4)当 1 组试件不能在同一块试样中锯取时,可以在同一模具浇筑的相邻部位采样锯取。

(5)试件受压面的平整度应小于 0.1mm,相邻面的垂直度应小于 1mm。

(6)试件应在含水率为(10±2)%下进行试验。如果含水率超出以上范围时,则宜在(60±5)℃条件下烘至所要求的含水率,并应在室内放置 6h 以后才能进行力学性能试验。

3. 抗压强度试验步骤

(1)检查试件外观,并测量尺寸,精确至 0.1mm,计算试件的受压面积 A_1。

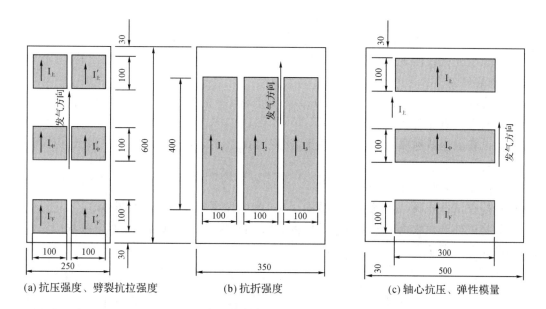

(a) 抗压强度、劈裂抗拉强度　　(b) 抗折强度　　(c) 轴心抗压、弹性模量

图 9-4　蒸压加气混凝土力学性能试件锯取示意(单位:mm)

(2)将试件居中放置于试验机下承压板上,试件的受压方向应垂直于加气砌块的发气方向,如图 9-5(a)所示。

(3)开动试验机,待试样与上承压板接近时,调整球铰,使承压板与试样表面均衡接触,避免偏心受压。

(4)待接触均匀后,调节试验机以(2.0±0.5)kN/s 的速度均匀施加荷载,直至试件破坏,记录其最大破坏荷载 p_1。

(5)试验后立即称取试件全部或部分质量,并将称重部分置于(105±5)℃的烘箱中烘至恒量,计算其含水率。

4. 劈裂抗拉强度(劈裂法)测试步骤

(1)检查试件外观,标定劈裂面的位置(劈裂面应垂直于加气砌块的发气方向),测量试件尺寸,精确至 0.1mm,计算劈裂面面积 A_2。

(2)将试件居中放置于试验机下承压板上,在上、下承压板与试件之间放置劈裂抗拉钢垫条及垫层,钢垫条与试件中心线重合,如图 9-5(b)所示。

(3)开动试验机,待上承压板与上钢垫条接近时,调整球铰,使承压板与钢垫条均衡接触。

(4)待接触均匀后,调节试验机以(0.2±0.05)kN/s 的速度均匀施加荷载,直至试件破坏,记录其最大破坏荷载 p_2。

(5)试验后立即称取试件全部或部分质量,并将称重部分置于(105±5)℃的烘箱中烘至恒量,计算其含水率。

5. 抗折强度测试步骤

(1)检查试件外观,并在试件中部测量其宽度和高度,精确至 0.1mm。

(2)将试件居中放置在支座辊轮上,调整支点间距为 300mm,两端超出距离为 50mm。

(3)开启试验机,待试件与加压辊接近时,调整加压辊及支座辊轮使其与试件表面均衡接触；如图 9-5(c)所示，确保所有尺寸偏差不大于±1mm。

（4）试验机与试件接触的两个支座辊轮和两个加压辊轮应具有直径为 30mm 的弧形顶面，并应至少比试件的宽度长 10mm。其中 3 个（一个支座辊轮及两个加压辊轮）宜做到能滚动并前后倾斜。

（5）待接触均匀后，调节试验机以(0.2±0.05)kN/s 的速度均匀施加荷载，直至试件破坏，记录其最大破坏荷载 p 及破坏位置。

（6）试验后立即称取半段试件的质量，并将其置于(105±5)℃的烘箱中烘至恒量，计算其含水率。

6. 轴心抗压强度测试步骤

（1）检查试件外观，并测量尺寸，精确至 0.1mm，计算试件的受压面积 A_3。

（2）将试件居中放置于试验机下承压板上，试件的受压方向应垂直于加气砌块的发气方向，如图 9-5(d)所示。

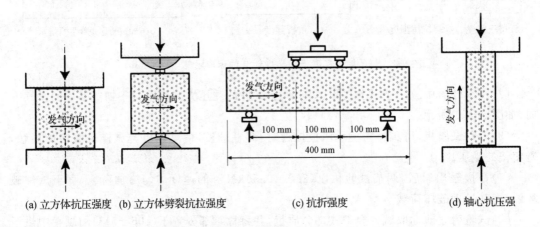

(a) 立方体抗压强度 (b) 立方体劈裂抗拉强度   (c) 抗折强度   (d) 轴心抗压强

图 9-5　加气混凝土砌块力学性能测试示意

（3）开启试验机，待试样与上承压板接近时，调整球铰，使承压板与试样均衡接触，避免偏心受压。

（4）待接触均匀后，调节试验机以(2.0±0.5)kN/s 的速度均匀加荷，直至试件破坏，记录其最大破坏荷载 p_3。

（5）试验后立即称取试件的一部分质量，并将其置于(105±5)℃的烘箱中烘至恒量，计算其含水率。

7. 静力受压弹性模量测试步骤

（1）本方法测定的蒸压加气混凝土弹性模量是指应力为轴心抗压强度 40% 时的加荷割线模量。

（2）取 1 组试件，测定轴心抗压强度 f_{cp}。

（3）取另 1 组试件，作静力弹性模量试验，其步骤如下：

① 检查试件外观。

② 在试件中部测量试件的边长，精确至 0.1mm，并计算试件的横截面积 A。

③ 将测量变形的仪表安装在供弹性模量测定的试件上，仪表应精确地安在试件的两对应大面的中心线上。

④ 试件的测量标距为 150mm。

⑤ 将装有变形测量仪表的试件置于材料试验机的下压板上,使试件的轴心与材料试验机下压板的中心对准。

⑥ 启动材料试验机,当上压板与试件接近时,调整球座,使之接触均衡。

⑦ 调节试验机以 (2.0 ± 0.5)kN/s 的速度连续且均匀地加荷;当达到应力为 0.1MPa 的荷载 p_{b1} 时,保持该荷载 30s,然后以同样的速度加荷至应力为 $0.4f_{cp}$ 的荷载 p_{a1},保持该荷载 30s,然后以同样的速度卸荷至应力为 0.1MPa 的荷载 p_{b2},保持该荷载 30s;如此反复预压 3 次,如图 9-6 所示。

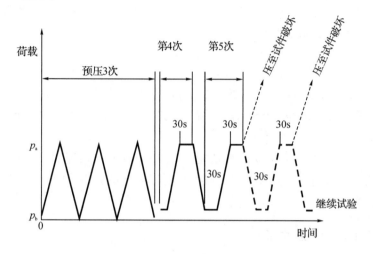

图 9-6　加气混凝土砌块弹性模量测试加荷制度示意

⑧ 按上述加荷和卸荷方法,分别读取第 4 次荷载循环,以 p_{b4} 与 p_{a4} 时试件两侧相应的变形读数 δ_{b4} 与 δ_{a4},计算两侧变形值的平均值 δ_4,按同样方法进行第 5 次荷载循环,并计算 δ_5。

⑨ 如果 δ_4 与 δ_5 之差不大于 0.003mm,则卸除仪表,以同样速度加荷至试件破坏,并计算轴心抗压强度 f_{cp}。

⑩ 如果 δ_4 与 δ_5 之差大于 0.003mm,继续按上述方法加荷与卸荷,直至相邻两次两侧变形平均值之差不大于 0.003mm 为止,并按最后一次的变形平均值计算弹性模量值,但在试验报告中应注明计算时的次数。

⑪ 取试验后试件的一部分立即称取质量,然后在 (105 ± 5)℃下烘至恒重,计算含水率。

8. 结果的计算与评定

(1)计算抗压强度,则有

$$f_{cc}=\frac{p_1}{A_1}$$

式中:f_{cc} 为试件的抗压强度(MPa);p_1 为破坏荷载(N);A_1 为试件的受压面积(mm^2)。

(2)计算抗折强度,则有

$$f_f=\frac{pL}{bh^2}$$

式中:f_f 为试件的抗折强度(MPa);p 为破坏荷载(N);b、h 为试件的宽度与高度(mm);L 为下支辊支座间距离（mm），精确至 1mm。

（3）计算劈裂抗拉强度，则有

$$f_{ts} = \frac{2p_2}{\pi A_2} \approx 0.637 \frac{p_2}{A_2}$$

式中：f_{ts} 为试件的劈裂抗拉强度（MPa）；p_2 为破坏荷载（N）；A_2 为试件的劈裂面积（mm²）。

（4）计算轴心抗压强度，则有

$$f_{cp} = \frac{p_3}{A_3}$$

式中：f_{cp} 为试件的轴心抗压强度（MPa）；p_3 为破坏荷载（N）；A_3 为试件中部截面积（mm²）。

（5）计算静力弹性模量，则有

$$E_c = \frac{p_a - p_b}{A} \times \frac{1}{\delta_s}$$

式中：E_c 为静力弹性模量（MPa）；p_a 应力为 $0.4f_{cp}$ 时的荷载（N）；p_b 应力为 0.1MPa 时的荷载（N）；A 为试件的横截面积（mm²）；δ_s 为第五次荷载循环时试件两侧变形平均值（mm）；l 为测点标距，150mm。

（6）抗压强度和轴心抗压强度计算精确至 0.1MPa；抗拉强度和抗折强度计算精确至 0.01MPa；静力弹性模量计算精确至 100MPa。抗压强度试验中，如果实测含水率超出要求范围，则试验结果无效。

六、导热系数（热流计法）

（一）原理

当热板和冷板处在一个具有恒定温度和恒定温差的稳定状态时，利用热流计装置在热流计中心测量区域和试件中心区域建立一个单向稳定热流密度，该热流穿过一个（或两个）热流计的测量区域及一个（或两个接近相同）的试件的中心区域。假定测量区域具有稳定的热流密度，并有稳定的温差 ΔT 和平均温度 T_m，用标准试件测得的热流量为 Φ_s 与被测试件测得的热流量为 Φ_u 的比值与标准试件热阻 R_s 和被测试件热阻 R_u 的比值具有倒数关系，列式如下：

$$\frac{R_u}{R_s} = \frac{\Phi_s}{\Phi_u}$$

因为标准试件的热阻已知，因此通过上式计算出待测试件的热阻 R_u；如果满足确定导热系数的条件且待测试件的厚度 d 已知，则可算出试件的导热系数 λ。

（二）仪器设备与测试装置

热流计——利用穿过试件和热流计的热流产生的温差来测量通过试件的热流密度的装置，由芯板、热电堆、骨架、表面板及引线柱等组成，如图 9-7 所示。芯板应由不吸湿、热均质、各向同性、长期稳定和硬质的（可压缩性较小的）材料制作而成，保证在使用的温度、湿度条件下及正常的装卸后，芯板材料的性质不会发生有影响的变化；热电堆应采用灵敏且稳定的温差监测器测量芯板上的微小温差；表面板是为了防止温差检测器的损坏，在满足防止温差检测器到热线分流的前提下，覆盖材料应尽量薄。

测试装置——图 9-8 为几种典型的测试装置布置，主要由加热单元、热流计（一个或两个）、试件（一块或两块）和冷却单元组成。图 9-8(a)为单试件单热流计不对称布置，热流计可布置在任意一面；图 9-8(b)为单试件双热流计对称布置；图 9-8(c)为双试件单热流计对称布置，两块试件应基本相同，由同一样品制备；同时标准（GB/T 10295—2008）中还列出了图 9-8(d)与图 9-8(e)两种布置方法。

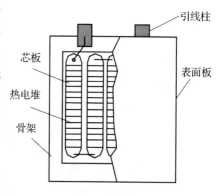

图 9-7　热流计结构

加热和冷却单元——加热和冷却单元的工作表面应是等温表面，可通过在两块金属板中放置均匀比功率的电热丝或在板中通以恒温的流体来达到，也可两者结合使用或使用其他方法。当使用恒温液体时，流体的设计可参考图 9-8(f)，其中最理想的方式是双螺旋逆向流。加热和冷却单元的工作表面应由导热系数高的金属组成，且工作表面的平整度应在0.025%以内。

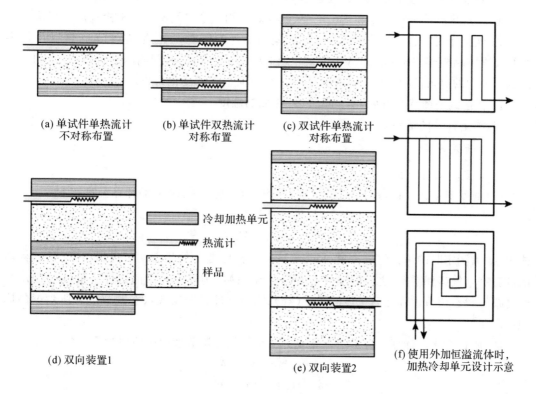

(a) 单试件单热流计
不对称布置

(b) 单试件双热流计
对称布置

(c) 双试件单热流计
对称布置

冷却加热单元

热流计

样品

(d) 双向装置1

(e) 双向装置2

(f) 使用外加恒溢流体时，
加热冷却单元设计示意

图 9-8　热流计装置典型布置

（三）试件准备

（1）根据装置的类型从每个样品中选择两块试件，两块试件的厚度差不超过 2%。

（2）试件的尺寸应能完全覆盖加热和冷却单元及热流计的工作表面，并且应具有实际使用的厚度，或者足以确定被测材料平均热性质的厚度。

（3）用适当的方法将试件表面加工平整，使试件和工作表面之间紧密接触。

（4）将试件置于干燥器或通风烘箱中调节至恒重，而后将试件储存在封闭的干燥器或者封闭的部分抽真空的聚乙烯袋中。

（四）测试方法

（1）取出试件，称取试件的质量，精确到±0.5％，而后立即将试件装入测试装置内。

（2）测定试件的厚度，厚度可以是开始测定时的厚度或板与热流计间隙的尺寸，而后计算出试件的密度。

（3）按以下标准选择温差（传热过程与试件上的温差相关，应按测定目的选择温差）：

① 按材料产品标准的要求。

② 按所测试件或样品的使用条件。如果温差较小，则温差测量的准确度就会降低；如果温差较大，则不能预测误差，因为理论估算是假定试件的导热系数与温度无关的。

③ 测定未知的温度和传热性质关系时，温差应尽可能小，如 5～10K。

④ 按温差测量所需的准确度选择匹配的最低温差，使试件中传质现象减至最小。

（4）根据装置的类型和测定温度，施加边缘绝热条件和（或）测试规定的环境条件。

（5）热流量和温度测量（过渡时间及测量）：

① 观察热流计平均温度和输出电势、试件的平均温度以及温度差来检查热平衡状态。

② 热流计装置达到热平衡所需的时间与试件的密度 ρ、比热、厚度 d 和热阻 R 的乘积及装置的结构密切相关。以等于该乘积或 300s（取大者）的时间间隔进行观察，直到 5 次读数所得到的热阻值相差±1％，并且不在一个方向上单调变化为止。

③ 当达到平衡状态以后，测量试件冷、热面的温度。

（6）测量样品的最终质量与厚度。

（五）结果计算

1. 密度和质量变化

（1）密度变化。经状态调节过的试件，在测定时，密度 ρ_d 和 ρ_s 的计算公式如下：

$$\rho_d = M_2/V$$

$$\rho_s = M_3/V$$

式中：ρ_d 为测定时的干试件的密度（kg/m³）；ρ_s 为在更复杂的状态调节过程（经常是与标准的试验室空气达到平衡）之后的试件密度（kg/m³）；M_2 为经干燥后的试件质量（kg）；M_3 为经复杂的状态调节过程之后试件的质量（kg）；V 为试件在干燥或状态调节之后所占据的体积（m³）。

（2）质量变化。计算试件由于干燥或更复杂的状态调节过程后的相对质量变化 m_r，m_c：

$$m_r = (M_1 - M_2)/M_2$$

$$m_c = (M_1 - M_3)/M_3$$

式中：M_1 为试件在初始状态下的质量（kg）。

在产品标准要求或认为正确评价测定条件有用时，补充由于在干燥之后的状态调节引起的相对质量变化 m_d：

$$m_d = (M_3 - M_2)/M_2$$

试件在测定时的相对质量增加计算如下：

$$M_w = (M_4 - M_5)/M_5$$

式中：M_w 为试件在测定时的相对质量增加；M_4 为在测定后立即测量的试件质量（kg）；M_5 为在临测定前测量的干燥过的或调节过的试件质量（kg）。

2. 传热性质

（1）单试件单热流计不对称布置。试件的热阻 $R[(\mathrm{m}^2 \cdot \mathrm{k})/\mathrm{W}]$ 按下式计算：

$$R = \frac{\Delta T}{f \cdot e}$$

式中：f 为热流计的标定系数 $[\mathrm{W}/(\mathrm{m}^2 \cdot \mathrm{V})]$；$e$ 为热流计的输出（V）。

用下式计算导热系数 $\lambda[\mathrm{W}/(\mathrm{m}^2 \cdot \mathrm{K})]$ 或热阻系数 γ：

$$\lambda = \frac{1}{\gamma} = f \cdot e \cdot \frac{d}{\Delta T}$$

式中：d 为试件的平均厚度（m）。

（2）单试件双热流计对称布置。热阻与导热系数计算公式同单试件单热流计不对称布置时相同，计算时将 $f \cdot e$ 用 $0.5(f_1 \cdot e_1 + f_2 \cdot e_2)$ 代替，这里下标 1 和 2 分别代表第一个和第二个热流计。

（3）双试件布置。总热阻按下式计算：

$$R_t = \frac{1}{f \cdot e}(\Delta T' + \Delta T'')$$

按下式计算平均导热系数 λ_{avg} 或热阻系数 γ_{avg}：

$$\lambda_{avg} = \frac{1}{\gamma_{avg}} = \frac{f \cdot e}{2}\left(\frac{d'}{\Delta T'} + \frac{d''}{\Delta T''}\right)$$

式中：符号意义同上，avg 代表两个试件。

第十章　砂浆实验

砂浆是由胶凝材料、细集料、掺和料和水配制而成的建筑工程材料,在建筑工程中起粘结、衬垫和传递应力的作用。砂浆在拌制后呈流态,在试验中主要考察(其新拌状态下的)流动性和保水性,以及硬化后的力学、变形及耐久等性能。普通砂浆可根据胶凝材料分为水泥砂浆和水泥混合砂浆。其中,水泥砂浆中的胶凝材料只有水泥,水泥混合砂浆中一般添加了石灰膏。

本章内容有砂浆的拌合方法、新拌砂浆的稠度、分层度,硬化砂浆的立方体抗压强度、砂浆的拉伸粘结强度试验等。

试验参照《砌筑砂浆配合比设计规程》(JGJ/T 98—2010)、《建筑砂浆基本性能试验方法标准》(JGJ/T 70—2009)进行。

一、砂浆的拌合方法

(一)目的

通过砂浆的拌制,加强对砂浆配合比设计的实践性认识,掌握砂浆拌制的程序和方法,为测定新拌砂浆工作性能以及硬化后砂浆性能作准备。

(二)一般规定

(1)环境条件:试验室内的温度应保持在(20±5)℃,所用材料的温度应与试验室温度保持一致,原材料宜提前24h运入室内。当需要模拟施工条件下所用的砂浆时,所用原材料的温度应与施工现场保持一致,且搅拌方式宜与施工条件相同。

(2)原材料:①水泥宜采用通用硅酸盐水泥或砌筑水泥。M15及以下强度等级的砌筑砂浆宜选用32.5级,M15以上强度等级的砌筑砂浆宜选用42.5级。②砂宜选用中砂,应全部通过4.75mm筛孔。③石灰膏稠度应为(120±5)mm,生石灰熟化时间不得少于7d,磨细生石灰粉熟化时间不得少于2d。严禁使用脱水硬化的石灰膏(消石灰粉不得直接用于砌筑砂浆中)。

(3)搅拌:试验室应采用机械搅拌,搅拌量不应小于搅拌机额定搅拌容量的30%～70%,搅拌时间不宜少于2min。

(4)原材料的称量精度:砂为±1%,水、水泥、掺合料和外加剂为±0.5%。

(三)主要仪器设备

磅秤——精度为砂、石灰膏质量的±1%;台秤、天平——精度为水、水泥、外加剂质量的±0.5%;砂浆搅拌机、铁板、铁铲、抹刀等。

（四）试验方法与步骤

（1）搅拌前，应先配制并搅拌同配合比的适量砂浆，使搅拌机内壁粘附一薄层砂浆。

（2）将称好的砂、水泥等干料装入砂浆搅拌机内，启动搅拌机进行干拌，时间约 1min。

（3）而后边搅拌边将水徐徐加入（混合砂浆需将石灰膏稀释至浆状），继续搅拌 2min，使物料拌合均匀。

（4）将砂浆拌合物倾倒在铁板上，再用铁铲人工翻拌，使之混合均匀。

二、砂浆凝结时间试验

（一）目的

凝结时间是表征新拌砂浆凝结、硬化快慢的指标。砂浆应具有足够长的凝结时间，以保证砂浆在停放和运输过程中具有施工所必需的流动度，通过测试砂浆的凝结时间，可以合理地安排砂浆的拌合量和施工程序。

（二）主要仪器设备

砂浆凝结时间测定仪——由试针、盛浆容器、压力表和支座组成，如图 10-1 所示：试针——由不锈钢制成，截面积为 30mm^2；盛浆容器——由钢制成，内径应为 140mm，高为 75mm；压力表——测量精度为 0.5N；支座——由底座、支架及操作杆三部分构成；定时钟等。

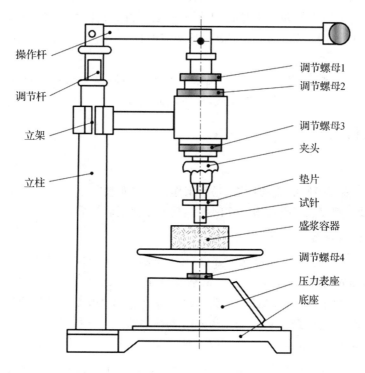

操作杆
调节杆
立架
立柱
调节螺母1
调节螺母2
调节螺母3
夹头
垫片
试针
盛浆容器
调节螺母4
压力表座
底座

图 10-1　砂浆凝结时间测定仪

（三）试验方法及步骤

（1）配制砂浆，记录水与水泥接触的时间为凝结的起始时间，记为 T_1。

（2）将制备好的砂浆装入盛浆容器内，砂浆应低于容器上口10mm，轻轻敲击容器，而后将浆体抹平，盖上盖子，放入(20±2)℃的环境中养护。

（3）2h后开始第一次测试，测试前，先按下列步骤调节仪器：

① 将盛浆容器放在压力表座上，浆体表面若有泌水，不得将水清除。

② 调节螺母3，使试针与砂浆表面刚好接触。

③ 拧开调节螺母2，再调节螺母1，以确定压入砂浆内部的深度为25mm后再拧紧螺母2。

④ 旋动调节螺母4，使压力表指针调到零位。

（4）在10s内缓慢而均匀地将试针压入砂浆内部25mm深，记录贯入力 N_p 与时间(T_i)。

（5）按下式计算贯入阻力值，当贯入阻力值小于0.3MPa时，每隔30min测定一次；当贯入阻力值达到0.3MPa时，每隔15min测定一次；试针贯入时应离开容器边缘或已贯入部位至少12mm。

$$f_p = \frac{N_p}{A_p}$$

式中：f_p 为砂浆的贯入阻力值，精确至0.01MPa；N_p 为贯入深度为25mm时的静压力，精确至0.5N；A_p 为贯入试针横截面面积，为 $30mm^2$。

（6）当贯入阻力值为0.7MPa时，停止试验。

（四）结果确定

（1）凝结时间的确定可采用图示法或内插法，有争议时以图示法为准；从加水搅拌开始计时，分别记录贯入阻力值和相应时间，根据各阶段所得的数据绘制贯入阻力值与时间的关系图，由图求出贯入阻力值达到0.5MPa时所需时间 t_s，此 t_s 值即为砂浆的凝结时间测定值。

（2）凝结时间的测试，应以两个试验结果的算术平均值作为该砂浆的凝结时间值，若两次试验结果之差大于30min，则结果无效，应重新测定。

三、砂浆稠度试验

（一）目的

稠度是用于表征砂浆的流动性能，是其工作性能的重要指标。通过稠度试验，可以测定达到设计稠度时的需水量，或在施工期间控制稠度以保证施工质量。

（二）主要仪器设备

砂浆稠度仪——应由试锥、盛浆容器（锥模）和支座三部分构成，如图10-2所示。其中，试锥高度为145mm、锥底直径为75mm，试锥及滑杆质量为(300±2)g；盛浆容器（锥模）应由钢板制成，筒高为180mm，锥底直径为150mm；支座由底座、支架和刻度显示三部分构成。捣棒——钢制，直径为10mm，长350mm，端部磨圆；小铲、秒表等。

（三）试验方法及步骤

（1）检查滑杆，确保滑杆可以自由滑动，必要时在滑杆上涂抹少量润滑油。

（2）用湿布润湿锥模内表面和试锥表面，将拌好的砂浆一次性装入锥模内，装至距离筒口约10mm，用捣棒自容器中心向边缘均匀地插捣25次，然后将锥模在桌上轻轻摇动或敲击5～6下，使之表面平整，随后移至砂浆稠度仪台座上。

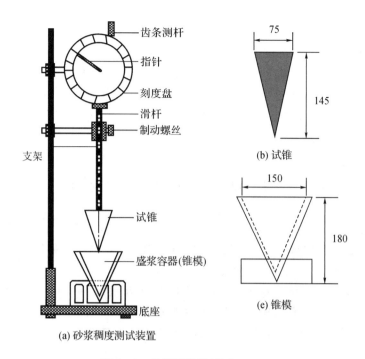

图 10-2　砂浆稠度仪（单位：mm）

（3）调整试锥的位置，使其尖端和砂浆表面接触，并对准中心，拧紧固定螺丝，将指针调至刻度盘零点，然后突然放开固定螺丝，使圆锥体自由沉入砂浆中，10s 后读出下沉的距离，即为砂浆的稠度值 K_1，精确至 1mm。

（4）圆锥筒内砂浆只允许测定一次稠度，重复测定时应重新取样。

（四）试验结果的计算与评定

（1）砂浆稠度取两次测定结果的算术平均值，若两次测定值之差大于 10mm，则应重新取样测试。

（2）砌筑砂浆的稠度要求见表 10-1。

表 10-1　砌筑砂浆的稠度要求

砌体种类	砂浆稠度/mm
烧结普通砖、粉煤灰砖砌体	79～90
混凝土砖、普通混凝土小型空心砌块、灰砂砖砌体	50～70
烧结多孔砖、烧结空心砖、轻集料混凝土小型空心砌块、蒸压加气混凝土砌块砌体	60～80
石砌体	30～50

四、砂浆分层度试验

（一）目的

分层度是指砂浆在存放和运输过程中稠度的变化，表征砂浆的稳定性能，是评价砂浆工作性能的指标之一。通过本试验，掌握分层度测定仪的操作。

（二）主要仪器设备

砂浆分层度测定仪——分层度筒由内径为 150mm 的上下双层钢筒组成，上部为无底圆筒，高度为 200mm，下部为有底圆筒，深度为 100mm，上下圆筒由螺栓连接，其结构如图 10-3 所示；如小铲、木锤等。

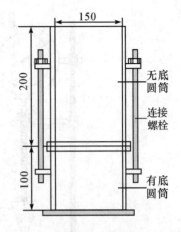

图 10-3　砂浆分层度筒（单位：mm）

（三）试验方法与步骤

1. 标准法测分层度

（1）按照本章第三节，测试新拌制的砂浆稠度 K_1，精确至 1mm。

（2）测完稠度后，把砂浆一次性注入分层度测定仪中，装满后用木锤在四周 4 个不同位置敲击容器 1～2 下，刮去多余砂浆并抹平，而后静置。

（3）静置 30min 后，去除上层 200mm 砂浆，然后取出底层 100mm 砂浆倒入搅拌锅内重搅拌 2min，再次按照本章第三节的方法测试砂浆稠度值 K_2，精确至 1mm。

（4）两次砂浆稠度值的差值（K_1-K_2）即为砂浆的分层度值。

2. 快速法测分层度

（1）按照本章第三节，测试新拌制的砂浆稠度 K_1，精确至 1mm。

（2）将分层度筒固定于振动台上，砂浆一次性装入，开启振动台，振动 20s。

（3）去除上层 200mm 砂浆，然后取出底层 100mm 砂浆倒入搅拌锅内重搅拌 2min，再次按照本章第三节的方法测试砂浆稠度值 K_2，精确至 1mm。

（4）两次砂浆稠度值的差值（K_1-K_2）即为砂浆的分层度。

（四）试验结果的计算与评定

（1）砂浆分层度结果取两次试验结果的算术平均值。

（2）若两次分层度之差大于 10mm，则应重新取样测试。

五、砂浆立方体抗压强度试验

（一）目的

砂浆的立方体抗压强度是确定砂浆抗压强度等级（M2.5、M5、M7.5、M10、M15、M20）的依据。通过砂浆抗压强度试验，熟悉试验机的操作，确定砂浆的强度等级及检验砂浆的实际强度是否满足设计要求。

（二）主要仪器设备

压力试验机——精度为 1％，试件的破坏荷载应在试验机 20％～80％量程范围内；钢制试模——70.7mm×70.7mm×70.7mm，带底试模；钢制捣棒、振动台、抹刀、油灰刀等。

（三）试验方法与步骤

1. 试件制作

（1）试件一组 3 个。

（2）在试模内壁涂刷薄层机油或脱模剂。

（3）一次性将砂浆装满模具，根据砂浆的稠度选择成型方法：当砂浆稠度大于等于50mm时，采用人工插捣，即用捣棒均匀地由外向内按螺旋方向插捣25次，再用油灰刀沿模壁插数次，并用手将试模一侧抬高5~10mm各振动5次，使砂浆高出试模顶面6~8mm。当砂浆稠度小于50mm时，需采用机械振动：将装满砂浆的试模放在振动台上，振动5~10s，或持续到表面出浆为止，不得过振，且振动过程中试模不得跳动。

（4）当砂浆表面水分稍干后，再将高出试模部分的砂浆沿试模顶面削去并抹平。

2．试件养护

（1）试件制作后在(20±5)℃温度下静置(24±2)h，当气温较低时，或砂浆的凝结时间大于24h，可适当延长静置时间，但不应超过48h，然后对试件进行拆模、编号。

（2）试件拆模后，在温度为(20±2)℃、相对湿度在90%以上的标准养护室内养护至28d。

3．抗压强度测试

（1）试件从养护室取出并迅速擦拭干净，测量尺寸，检查外观。试件尺寸测量精确至1mm。若实测尺寸与公称尺寸之差不超过1mm，则可按公称尺寸进行计算，否则按实测尺寸进行计算。

（2）将试件居中放在试验机的下承压板上，试件的承压面应垂直于成型时的顶面（抹平面）。

（3）开启试验机，使上承压板缓慢与试件表面接触，可轻轻调节球铰使其均匀接触，以避免偏心受压。

（4）待上承压板与样品接触后，调节试验机以0.25~1.5kN/s加荷速度加载。砂浆强度为5MPa及以下时，取下限为宜。

（5）当试件接近破坏而开始迅速变形时，停止调整试验机油阀，直至试件破坏。记录破坏荷载P。

（四）试验结果的计算与评定

（1）按下式计算试件的抗压强度，精确至0.1MPa。

$$f_{m,cu} = K \frac{P}{A}$$

式中：K 为换算系数，取1.35。

（2）砂浆抗压强度取3个试件抗压强度的算术平均值，精确至0.1MPa。当3个试件的最大值或最小值与中间值之差超过中间值的15%时，取中间值作为该组试件的抗压强度值；当最大值和最小值与中间值之差同时超过中间值的15%时，则该组试验结果无效。

六、砂浆拉伸粘结强度试验

（一）目的

通过砂浆拉伸粘结强度试验，可检验抹灰、防水等砂浆与基体的粘结能力。

（二）主要仪器设备

拉力试验机——精度为1%，破坏荷载应在20%~80%试验机量程范围内；专用夹具（见图10-4）、成型框等。

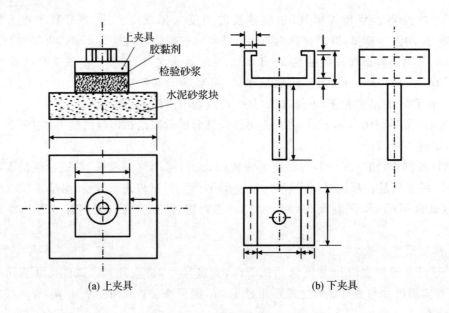

(a) 上夹具   (b) 下夹具

图 10-4　砂浆拉伸粘结强度用钢制夹具

(三)试验方法与步骤

1. 制作基底水泥砂浆块

(1)基底水泥砂浆块的尺寸为 70mm×70mm×20mm,采用 42.5 级水泥进行配制,配合比为:水泥:砂:水=1:3:0.5。

(2)基底水泥砂浆块成型 24h 后脱模,并在(20±2)℃水中养护 6d,再在温度为(20±5)℃,相对湿度为 45%～75%的条件下放置 21d 以上,试验前将水泥砂浆块的成型面用 200 号砂纸或磨石磨平待用。

2. 制备试验砂浆

(1)干混砂浆:样品在试验条件下放置 24h 以上,称取不少于 10kg 样品,放入搅拌机进行搅拌,然后加入产品制造商提供的用水量,搅拌 3～5min。

(2)现拌砂浆:用水量按照设计要求加入,其他同干混砂浆。

3. 制作拉伸粘结强度试验试样

(1)将基底水泥砂浆块在水中浸泡 24h,并在制备试样前 5～10min 取出,用湿布擦拭表面,数量为 10 个。

(2)将成型框放在基底水泥砂浆块成型面上,并将试验砂浆倒入成型框中,用抹灰刀均匀插捣 15 次,人工颠实 5 次,旋转 90°,再颠 5 次,然后用刮刀以 45°方向抹平砂浆表面。

4. 养护试件

成型好的试样在 24h 内脱模,在温度为(20±2)℃,相对湿度为 60%～80%的环境中养护至规定龄期。

5. 测试拉伸粘结强度

(1)在规定龄期前 1d,从养护室取出试件,用环氧树脂等高强度胶粘剂将上夹具居中,垂直黏附在试件表面,继续养护 1d。

(2)将夹具和试件组装后,安装到试验机上,开启试验机,以(5±1)mm/min 的速度加载,直至试件破坏,记录最大荷载 P。

（3）破坏形式为胶粘剂处破坏时,试验结果无效。

（四）试验结果的计算与评定

（1）计算试件的拉伸粘结强度 f_{at},精确至 $0.01MPa$,则有

$$f_{at} = \frac{P}{A_z}$$

式中:A_z 为粘结面积。

（2）砂浆拉伸粘结强度取 10 个试件的算术平均值,精确至 $0.1MPa$。逐个舍弃与平均值之差超过平均值 20% 的单个试件值,取剩余试件的平均值为试验结果;当有效数据少于 6 个时,该组试验结果无效。

第十一章　钢材实验

钢材是指用于建筑工程中的各种型钢、钢板、钢筋、钢丝等。在建筑工程结构中,钢材的主要应用方式有两种:一是以钢筋混凝土结构构件的形式,二是以钢结构的形式。钢材良好的物理力学性能和加工性能是工程应用的前提,也是工程应用时的考察指标。

本章内容有钢筋混凝土用钢筋的拉伸、弯曲试验,金属材料的硬度试验。

试验参照《金属材料 拉伸试验方法 第1部分:室温试验方法》(GB/T 228.1—2021)、《金属材料 弯曲试验方法》(GB/T 232—2010)、《钢筋混凝土用钢 第1部分:热扎光圆钢筋》(GB/T 1499.1—2017)、《钢筋混凝土用钢 第2部分:热轧带肋钢筋》(GB/T 1499.2—2018)、《钢筋混凝土用钢材试验方法》(GB/T 28900—2022)、《金属材料 洛氏硬度试验 第1部分:试验方法》(GB/T 230.1—2018)等标准进行。

一、钢筋试验

(一)目的

通过钢筋拉伸试验检测钢筋的重量偏差、屈服强度、抗拉强度、断后伸长率、最大力总伸长率和弯曲性能,判定钢筋的各项指标是否符合标准要求。

钢材在常温下进行弯曲试验,即将试件环绕弯心弯曲至规定角度,观察其是否有裂纹、起层或断裂等情况。可了解钢材对工艺加工适合的程度,如钢材含碳、含磷量较高,或曾经不正常的热处理,则冷弯试验往往不合格。钢筋电焊接头的可靠性检查中亦要对其冷弯性能进行检测。

钢材的硬度是指钢材抵抗其他材料构成的压陷器压入其表面的能力。硬度与其他力学性能之间存在一定的关系,因此,可在一定程度上根据硬度值判定钢材的其他力学性能。

(二)一般规定

(1)钢筋的拉伸试验和弯曲试验取样数量各为2根,可任选2根钢筋切取。

(2)钢筋试样制作时不允许进行车削加工。

(3)试验一般在10～35℃的温度下进行。

(4)取样方法和结果评定规定,自每批钢筋中任意抽取2根,分别作拉伸试验和弯曲试验。

(5)钢筋牌号及其含义如表11-1所示。

(三)钢筋拉伸试验

1. 主要仪器设备

万能材料试验机——精度为1％,试验最大荷载在试验机量程的20％～80％范围内;

钢板尺——最大分度值不大于 1mm;天平、台秤、游标卡尺、千分尺、钢筋标点机等。

表 11-1　钢筋牌号

类别	牌号	牌号构成的英文字母含义
热轧光圆钢筋	HPB300	
热轧带肋钢筋	HRB400	牌号构成:HPB(HRB)+屈服强度代表值 HPB——热轧光圆钢筋(hot rolled plain bars) HRB——热轧带肋钢筋(hot rolled ribbed bars) F——细(fine)晶粒 E——地震(earthquake)
	HRB500	
	HRB600	
	HRB400E	
	HRB500E	
细晶粒热轧带肋钢筋	HRBF400	
	HRBF500	
	HRBF400E	
	HRBF500E	

2. 试件的制作与准备

(1)确立原始标距:按下式确定原始标距 L_0,修约至最接近 5mm 的倍数。

$$L_0 = 5.65\sqrt{S} = 5.65\sqrt{\frac{1}{4}\pi d^2} \approx 5d$$

式中:S 为钢筋的公称横截面积;d 为钢筋公称直径。

(2)确定截取钢筋试样的长度 L:根据原始标距 L_0、公称直径 d 和试验机夹具长度 h,按下式确定截取钢筋试样的长度 L。若需测试最大力总伸长率则应增大试样长度。

$$L \geqslant L_0 + 2\sqrt{S_0} + 2h$$

(3)原始标据点的标记:利用钢筋打点机在试样中部用标点机标点,相邻两点之间的距离可为 20mm、10mm 或 5mm,如图 11-1(a)所示。

(4)试样的实际直径 d_0 和实际横截面积 S_0:

① 光圆钢筋:可在钢筋中间及两端用游标卡尺或千分尺分别测量 2 个互相垂直方向上的直径,精确至 0.1mm,计算平均直径,精确至 0.1mm,再根据测得的直径计算钢筋的实际横截面积 S_0,取四位有效数字。

② 带肋钢筋:带助钢筋利用质量法计算其等效圆直径和等效圆截面积。试样长度 L,精确至 1mm。试样质量 m,精确至 1g。钢筋实际横截面积(等效圆面积)S_0 计算公式为:

$$S_0 = \frac{m}{\rho L} = \frac{m}{7.85L} \times 1000$$

$$d_0 = 2\sqrt{\frac{S_0}{\pi}}$$

钢筋公称直径、公称横截面积及理论质量要求如表 11-2 所示。

注:工程进场检验钢筋的重量偏差时,取样数量不少于 5 支,每支长度不小于 500mm,结果为总重量偏差与理论重量之比。

表 11-2　钢筋公称直径、公称横截面积与理论重量

公称直径/mm		公称横截面积/ mm²	理论重量/ (kg/m)	实际重量与理论重量允许偏差/%	
				光圆钢筋	带肋钢筋
光圆钢筋 带肋钢筋	6	28.27	0.222	±6.0	±6.0
	8	50.27	0.395		
	10	78.54	0.617		
	12	113.1	0.888		
	14	153.9	1.21	±5.0	±5.0
	16	201.1	1.58		
	18	254.5	2.00		
	20	314.2	2.47		
	22	380.1	2.98		
	25	490.9	3.85		±4.0
	28	615.8	4.83		
	32	804.2	6.31		
	36	1018	7.99		
	40	1257	9.87		
	50	1964	15.42		

注:理论重量按密度为 7.85g/cm³ 计算。

3. 试验方法与步骤

(1)按试验机操作使用要求选用和操作试验机。

(2)将试样固定在试验机夹具内,开机均匀拉伸。拉伸速率可采用应变速率、应力速率或横梁位移速率控制方法。应力速率控制时:屈服前,6～60MPa/s;屈服期间,应变速率在 0.00025～0.0025/s;屈服后,试验机活动夹头的移动速度不大于 0.008/s 应变速率,直至试件拉断。

(3)拉伸过程中,可根据荷载-变形曲线或指针的运动,直接读出或通过软件获取屈服荷载 F_{el}(N)和极限荷载 F_m。

(4)当断裂发生在夹持部位或距夹持部位的距离小于 20mm 或一倍直径(选取较大值)时,该试验结果无效。

(5)将已拉断试件的两段,在断裂处对齐,使其轴线位于一条直线上。测试断后标距 L_u 或 L'。

① 断后伸长率。

方法 A:当断口位于钢筋中部,断口两端均有足够多的标距点时;则以断口处为中点,分别向两侧数出标距对应的格数,用卡尺直接量出断后标距 L_u,精确至 0.25mm,如图 11-1 (b)所示,$L_u = XY$。

方法 B:若短段断口与最外标记点距离小于原始标距的 1/3,如图 11-1(c)所示,则可采

用移位方法进行测量。短段上最外点为 X，在长段上取短段格数相同点 Y。原始标距 L_0 所需格数减去 XY 段所含格数得到剩余格数：为偶数时，取剩余格数的一半，得 Z_1 点；为奇数时，取所余格数减 1 的一半的格数，得 Z_1 点，加 1 的一半的格数，得 Z_2 点，如图 11-1(c) 所示。

例：设标点间距为 10mm。若原始标距 $L_0 = 40mm$，则量取断后标距 $L_u = XY$；若 $L_0 = 50mm$，断后标距 $L_u = XY + Z_1$；若 $L_0 = 60mm$，断后标距 $L_u = XY + 2Z_1$；若 $L_0 = 70mm$，断后标距 $L_u = XY + 2Z_1 + Z_2$。

注：在工程检验中，若断后伸长率满足规定值要求，则不论断口位置位于何处，测量均有效。

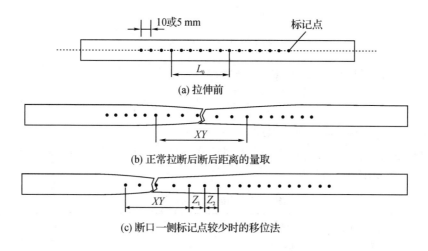

图 11-1　钢筋拉伸断后伸长率的测试

② 最大力总伸长率。

方法 A：采用引伸计或自动采集时，根据荷载-变形曲线或应力-应变曲线，可得到最大力时的伸长量经计算得到最大力总伸长率，或直接得到最大力总伸长率。

方法 B：在长段选择标记 Y 和 V，测量 YV 在拉伸试验前的长度 L'_0，总长度不小于 100mm，测量 YV 的断后长度 L，精确至 0.1mm，如图 11-2 所示。

4. 试验结果的计算与评定

(1)按下式计算屈服强度 R_{eL}，修约至 5MPa。

$$R_{eL} = \frac{F_{eL}}{S_0} \text{ 或 } R_{eL} = \frac{F_{eL}}{S}$$

式中：S 为公称面积(mm^2)，取四位有效数字，工程检验时采用。

(2)按下式计算抗拉强度 R_m，修约至 5MPa。

$$R_m = \frac{F_m}{S_0} \text{ 或 } R_{eL} = \frac{F_m}{S}$$

(3)按下式计算断后伸长率 A，修约至 0.5%。

$$A = \frac{L_u - L_0}{L_0} \times 100\%$$

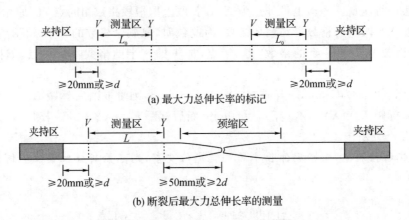

(a) 最大力总伸长率的标记

(b) 断裂后最大力总伸长率的测量

图 11-2　钢筋拉伸最大力总伸长率的测试

(4)按下式计算最大力总伸长率 A_{gt}，修约至 0.5%。

$$A_{\text{gt}} = \frac{L' - L_0'}{L_0'} \times 100\% + \frac{R_{\text{m}}}{2000}$$

式中:2000 为根据碳钢弹性模量得出的系数(MPa)。

(5)根据规定要求,判定试验结果。不同标号钢筋的屈服强度、抗拉强度、断后伸长率、最大力总伸长率要求见表 11-3。

表 11-3　钢筋拉伸性能要求

牌号	下屈服强度 R_{eL}/ MPa	抗拉强度 R_{m}/MPa	断后伸长率 $A/\%$	最大力总伸长率 $A_{\text{gt}}/\%$	强屈比 ($R_{\text{m}}^{\text{o}}/R_{\text{eL}}^{\text{o}}$)	$R_{\text{eL}}^{\text{o}}/R_{\text{eL}}$
	不小于					不大于
HPB300	300	420	25	10	—	—
HRB400	400	540	16	7.5	—	—
HRBF400						
HRB400E			—	9.0	1.25	1.30
HRBF400E						
HRB500	500	630	15	7.5	—	—
HRBF500						
HRB500E			—	9.0	1.25	1.30
HRBF500E						
HRB600	600	730	14	7.5	—	—

注:① R_{m}^{o} 为钢筋实测抗拉强度;R_{eL}^{o} 为钢筋实测下屈服强度。

② 表中热轧带肋钢筋直径为 28~40mm 时,断后伸长率 A 可降低 1%;直径大于 40mm 时,断后伸长率 A 可降低 2%。

(四)钢筋冷弯试验

1. 主要仪器设备

万能试验机或弯曲试验机,冷弯压头,如图 11-3 所示。

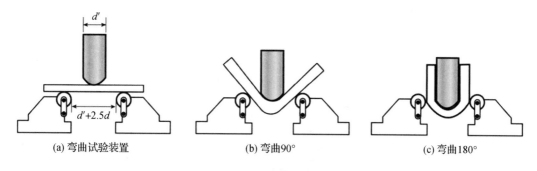

(a) 弯曲试验装置　　　　　　　　(b) 弯曲90°　　　　　　　　(c) 弯曲180°

图 11-3　钢筋弯曲试验装置

2. 试验方法及步骤

(1)试件长度根据试验设备确定,一般可取 $5d+150\text{mm}$,d 为公称直径。

(2)根据钢筋的牌号和直径按表 11-4 确定弯心直径 d' 和弯曲角度 α。

(3)调整两支辊间距离等于 $(d'+3d)\pm1/2d$,见图 11-3(a)。

(4)装置试件后,平稳地施加荷载,直到要求的弯曲角度,见图 11-3(b)(c)。

3. 结果评定

检查试件弯曲处的外表面,钢筋未断裂且弯心最大处如无可见裂纹,即判定为弯曲性能合格。

表 11-4　钢筋弯曲试验弯曲压头直径要求

牌号	公称直径/d	弯曲压头直径/d'	弯曲角度 α
HPB300	6～22	d	
HRB400	6～25	4d	
HRBF400 HRB400E	28～40	5d	
HRBF400E	～50	6d	
HRB500	6～25	6d	180°
HRBF500 HRB500E	28～40	7d	
HRBF500E HRB600	～50	8d	

(五)钢材洛氏硬度试验

1. 试验目的和原理

如图 11-4 所示,将特定尺寸、形状和材料的压头分两级试验力压入试样表面,初始试验力 F_0 加载后测量初始压痕深度。随后施加主试验力 F_1,在卸除主试验力后保持初始试验力时测量最终压痕深度,洛氏硬度根据最终压痕深度与初始压痕深度的差值(残余压痕深度 h)及全量程常数 N 和标尺常数 S(N 与 S 根据压头类型、初始试验力和主试验力查表 11-5 选取)可通过下式计算所得。

$$洛式硬度 = N - \frac{h}{S}$$

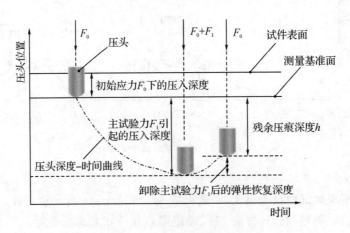

图 11-4　洛氏硬度试验原理

表 11-5　洛氏硬度标尺

洛氏硬度标尺	硬度符号单位	压头类型	初始试验力/N	总试验力/N	标尺常数 S/mm	全量程常数 N	适用范围
A	HRA	金刚石圆锥		588.4		100	20~95
B	HRBW	直径 1.5875mm 球		980.7		130	10~100
C	HRC	金刚石圆锥		1471		100	20~70
D	HRD			980.7		100	40~77
E	HREW	直径 3.175mm 球	98.07	980.7	0.002		70~100
F	HRFW	直径 1.5875mm 球		588.4			60~100
G	HRGW			1471		130	30~94
H	HRHW	直径 3.175mm 球		588.4			80~100
K	HRKW			1471			40~100
15 N	HR15 N	金刚石圆锥		147.1			70~94
30 N	HR30 N			294.2			42~86
45 N	HR45 N		29.42	441.3	0.001	100	20~77
15 T	HR15 TW	直径 1.5875mm 球		147.1			67~93
30 T	HR30 TW			294.2			29~82
45 T	HR45 TW			441.3			10~72

2. 主要仪器设备

洛氏硬度试验机——见图 11-5。

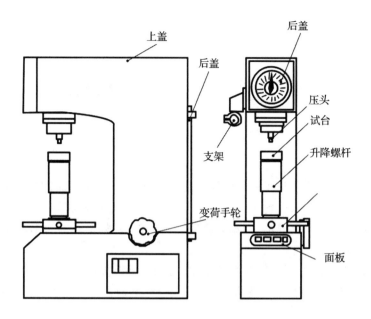

图 11-5　洛氏硬度试验机结构示意

3. 试验方法及步骤

(1)对试样表面进行处理,表面应平整光滑,不应有氧化皮及外来污染物。样品表面粗糙度不大于 $1.6\mu m$,当试件受热或冷加工时,应使其对表面影响减至最小。

(2)试验一般在 $10\sim35$℃的室温下进行。

(3)根据试件的硬度要求,选用合适的试验压头类型和试验力,选用标准见表 11-5。

(4)将试样稳固地放置在试台上,压头轴线与试样表面垂直,并保证在试验过程中不产生位移及变形。

(5)均匀、无冲击和振动地施加初始试验力(F_0),保持时间不超过 3s。

(6)调整示值指示至零点后,施加全部总试验力(F_0+F_1),总试验力的保持时间为(4 ± 2)s,从初始试验力至总试验力的试件应在 $1\sim8$s 内。

(7)达到要求的保持时间后,平稳地卸除主试验力,保持初始试验力(F_0),读出硬度值,宜精确至 0.5 洛氏单位。

第十二章　防水卷材实验

防水卷材是将沥青或高分子材料浸滞于化纤无纺布等胎体内而制成的防水产品,是土木工程领域内最主要的防水材料之一。实际工程中,防水卷材要求具有良好的耐水性、温度稳定性(高温不流淌、不产生气泡、低温不脆断)、一定的机械强度、延伸性能、柔韧性以及良好的抗老化性能等。

本章内容有防水卷材的拉伸试验、不透水性试验、低温柔性与低温弯折性。

试验参照《建筑防水卷材试验法》(GB/T 328—2007)第 1、5、8、9、10、14、15 等部分进行。

一、拉伸试验

(一)试验目的

拉伸性能通常用最大拉力、最大拉力时延伸率及断裂延伸率等指标来表示,是反映防水卷材在遭受一定荷载、应力和变形作用下不发生断裂的性能。通过拉伸试验,掌握防水卷材的基本要求和适用范围,获得防水卷材最大拉力、最大拉力时延伸率及断裂延伸率等技术指标。

(二)试件准备

(1)裁取试样前将样品在(20±10)℃环境中至少放置 24h。

(2)在平面上展开样品,而后根据试验要求裁取试件。

① 沥青防水卷材:制备两组试件,一组纵向 5 个试件,一组横向 5 个试件。在试样上距边缘 100mm 以上任意部位,用模板或裁刀,裁取如图 12-1(a)所示的矩形试件。矩形试件试验前,在温度为(23±2)℃、相对湿度为 30%～70%的环境中至少放置 20h。

② 高分子防水卷材:制备两组试件,一组纵向 5 个试件,一组横向 5 个试件。在试样上距边缘 100mm 以上任意部位,用模板或裁刀,裁取如图 12-1(a)所示的矩形试件(方法 A)或如图 12-1(b)所示的哑铃形(方法 B)试件。试验前,试件在温度为(23±2)℃、相对湿度为(50±5)%的环境中至少放置 20h。有效厚度测量(方法 B):从试样上裁取面积为(10000±100)mm^2 的圆形或正方形试件若干个(≥3 个),利用机械或光学测量法测量每个试件的厚度,计算所有试件测量结果的平均值和标准偏差,精确至 0.01mm(有效厚度取所有试件除去表面结构或背衬后的厚度平均值)。

(三)仪器设备

拉伸试验机——能够连续记录力和对应距离,至少具有 2000N 的量程,夹具移动速度为(100±10)mm/min 和(500±10)mm/min,夹具宽度不小于 50mm。

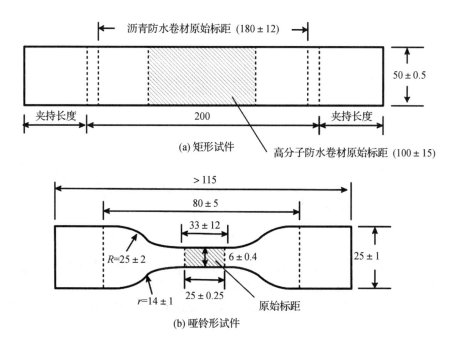

图 12-1 防水卷材拉伸试件示意（单位：mm）

（四）试验步骤

（1）试验在(23±2)℃的温度下进行。

（2）检查试件的完整性，并测量试件的尺寸，确保其满足要求。

（3）将试件用拉伸试验机上夹具夹紧，而后调整下夹具的位置，将试件夹紧，而后开启试验机进行加载，试验机运行速度参照表 12-1 执行。

表 12-1 防水卷材拉伸试验夹具运行速度

卷材种类		夹具运行速度/(mm/min)
沥青防水卷材		100±10
高分子防水卷材	方法 A	
	方法 B	500±10

（4）试验过程中，应连续记录拉力值和对应夹具（或引伸计）间分开的距离，直至试件断裂。

（五）试验结果与处理

1. 沥青防水卷材

（1）若试件在夹具 10mm 以内断裂或在试验机中滑移超过极限值，则测试结果无效，应用备用件重测。

（2）根据记录得到的夹具（或引伸计）间距离的变化，用下式计算每个试件的延伸率：

$$\Delta L_f(\Delta L_{max}) = \frac{L_f(L_{max} - L_0)}{L_0} \times 100\%$$

式中：ΔL_f 为断裂延伸率，ΔL_{max} 为最大力延伸率，L_0 为原始标距，即夹具（或延伸计）初始距离，L_f 为试件断裂时夹具(或引伸计)间的距离，L_{max} 为试件在最大力时夹具(或引伸计)间的距离。

(3)当应力应变图上有多个峰值时，拉力和延伸率应记录两个最大值。

(4)分别记录每个方向(纵向和横向)5 个试件的拉力值和延伸率，计算其平均值。

(5)拉力的平均值修约到 5N，延伸率的平均值修约到 1%。

2. 高分子防水卷材

(1)、(2)、(3)条同沥青防水卷材。

(4)分别记录每个方向(纵向和横向)5 个试件的拉力值和延伸率，计算其算术平均值和标准偏差，方法 A 拉力的单位为 N/50mm，方法 B 拉伸强度的单位为 MPa(N/mm²)。

(5)拉伸强度用下式进行计算：

$$R_m = \frac{F_m}{h \cdot b}$$

式中：R_m 指高分子防水卷材的拉伸强度(MPa)；F_m 为试件在拉伸过程中的最大力(N)；h 为高分子防水卷材的有效厚度(mm)；b 为试件狭窄平行处的宽度(6±0.4)mm。

(6)方法 A 结果精确至 N/50mm，方法 B 结果精确至 0.1MPa，延伸率精确至两位有效数字。

二、不透水性试验——低压法

(一)试验目的

获得防水卷材的防水能力。

(二)试验仪器

一个带法兰盘的孔径为 150mm 的金属圆柱体箱体，箱底部开有小孔，通过水管连接进水阀和排水阀；进水阀连接到开放管子末端或储水容器，储水容器液面距离箱体上端高差不低于 1m；储水容器应设有可调节水压到 60kPa 的装置；金属箱体上端设有排气阀；其结构通常如图 12-2 所示；密封圈、滤纸、玻璃板等。

(三)试件制备

(1)试件在卷材宽度方向均匀裁取，最外的一个距卷材边缘 100mm，试件的纵向与产品的纵向平行并标记。

(2)试件数量应符合相关标准和规定，无规定时，数量应不少于 3 块。

(3)将试件加工成直径为(200±2)mm 的圆形试件。

(4)试验前，试件在(23±5)℃的环境中至少放置 6h。

(四)试验步骤

(1)试验在温度为(23±5)℃的环境中进行，产生争议时，可在温度为(23±5)℃，相对湿度为(50±5)%的环境中进行。

(2)按照下密封圈、试件(迎水面朝下)、滤纸、湿气指示混合物、滤纸、玻璃板、上密封圈的顺序从下往上铺贴，旋紧翼形螺母固定夹环，检查其密封性。

(3)打开进水阀(11)让水进入，同时打开排气阀(10)排出空气，直至水从排气阀(10)中溢出，关闭排气阀。

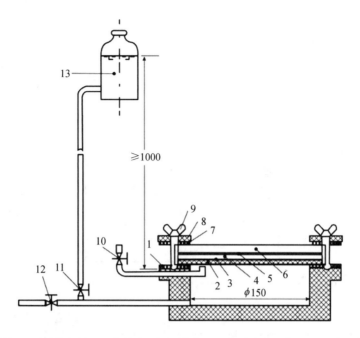

1—下橡胶密封圈;2—试件的迎水面(通常暴露于大气/水的面);3—试验室用滤纸;4—湿气指标混合物,均匀地铺在滤纸上,湿气透过试件能容易地探测到,指示剂由细白糖(冰糖)(99.5%)和亚甲基蓝染料(0.5%)组成的混合物,用 0.074mm 筛过滤并在干燥器中用氯化钙干燥;5—试验室用滤纸;6—圆的普通玻璃板,厚度为 5mm(水压≤10kPa 时),10mm(水压≤60kPa时);7—上橡胶密封圈;8—金属夹环;9—带翼螺母;10—排气阀;11—进水阀;12—补水和排水阀;13—提供和控制水压到 60kPa 的装置

图 12-2　低压力不透水性试验装置示意(单位:mm)

(4)通过储水容器液面高度来调节试件上表面所需的水压力。

(5)恒定水压(24±1)h。

(6)检查试件,观察滤纸有无变色。

(五)结果判定

(1)试件有明显的水渗出导致上面的滤纸变色,则该试件不透水性不合格。

(2)所有试件均不透水,则认为该卷材不透水性合格。

三、低温柔性(沥青防水卷材)

(一)试验目的

低温柔性是沥青防水卷材的温度稳定性的一种,指卷材在低温条件下弯曲不产生无裂缝的能力。

(二)原理

将试件在上表面与下表面分别绕浸在冷冻液中的机械弯曲装置上弯曲 180°,而后检查试件涂盖层是否存在裂缝。

(三)仪器设备

试验装置如图 12-3 所示,由两个直径为(20±0.1)mm 的不旋转圆筒、一个直径为(30

±0.1)mm 的可上下移动的圆筒或半圆筒弯曲轴组成。可移动圆筒位于两个不旋转圆筒中间,两个圆筒间的距离可以调节。

试验装置浸入能控制温度在−40~20℃、精度为 0.5℃温度条件的冷冻液中(−25℃以上是用丙烯乙二醇/水混合物(体积比为 1:1);低于−20℃以下是用乙醇/水混合物(体积比为2:1)。

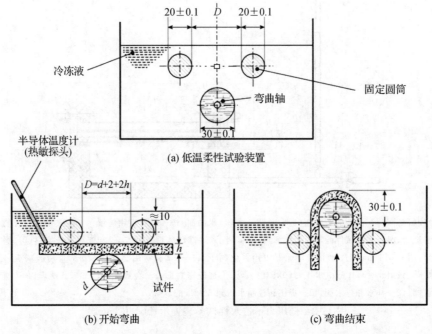

图 12-3　沥青防水卷材低温柔韧测试装置和测试过程示意(单位:mm)

(四)试件制备

(1)从卷材宽度方向上均匀地裁取尺寸为(150±1)mm×(25±1)mm 的矩形试件,试件长边在卷材的纵向。

(2)试件裁取时,距离卷材边缘不少于 150mm,应标记卷材的上表面和下表面。

(3)除去试件表面的保护膜,可在常温下用胶带粘在试件上,待温度冷却至设定的冷弯温度,然后从试件上撕去胶带;或用压缩空气将保护膜吹去(喷嘴直径约 0.5mm,压力约0.5MPa)。

(4)将试件放在温度为(23±2)℃的平板上至少 4h 后待测,注意试件相互之间不能接触,也不能粘在板上。

(五)测试步骤

(1)按下式调节两圆筒间的距离(D):

$$D=d+2+2h$$

式中:D 为试验时两圆筒边缘 h 间的距离(mm);d 为弯曲轴的直径,根据产品不同可为20mm、30mm 或 50mm;h 为试件的厚度(mm)。

(2)将试验装置放入已冷冻液体中,圆筒上端在冷冻液面下约 10mm,弯曲轴在下。

(3)待冷冻液达到规定的试验温度(误差不超过 0.5℃)时,将试件放于支撑装置上,并置于圆筒的上端,保证冷冻液完全浸没试件。

(4)放入试件后,在试验温度下保持 1h±5min,半导体温度计的位置要靠近试件。

(5)低温柔性的测试:

① 两组各 5 个试件,一组是上表面试验,另一组是下表面试验。

② 将试件放置于圆筒和弯曲轴之间,试验面朝上,设置弯曲轴以(360±40)mm/min 的速度向上移动,试件绕轴弯曲。

③ 待弯曲轴移动至圆筒上面(30±1)mm 处时,停止移动。

④ 取下试件,10s 内在适宜的光源下用肉眼检查试件有无裂纹,若有一条或多条裂纹从涂盖层深入到胎体层,或完全贯穿无增强卷材,即为存在裂缝。

⑤ 一组 5 个试件应分别试验检查。

(六)结果判定

(1)一个试验面 5 个试件在规定的温度至少有 4 个无裂缝则认为该试样的低温柔性合格。

(2)上表面和下表面的试验结果要分别进行记录。

四、低温弯折性(高分子防水卷材)

(一)试验目的

低温弯折性是高分子防水卷材的温度稳定性的一种,指在低温条件下弯折无裂缝的能力。

(二)原理

将已弯曲的试件放在合适的弯折装置上,并将弯曲试件与装置在规定的低温温度下放置 1h,而后在 1s 内压下弯曲装置,保持 1s。最后取出试件,在常温下用 6 倍放大镜检查弯折区域是否有明显裂纹。

(三)主要仪器设备

弯折板——如图 12-4 所示,具有可调节的平行平板;环境箱——可调节温度至−45℃;精度±2℃;放大镜——6 倍玻璃放大镜。

(四)试件制备

(1)每个试验温度裁取 4 个 100mm×50mm 的矩形试件,两个沿纵向(L)裁取,两个沿横向(T)裁取。

(2)将试件置于温度为(23±2)℃、相对湿度为(50±5)%的环境中至少 20h。

(五)试验步骤

(1)测量每个试件的全厚度。

(2)沿试件的长度方向弯曲试件,可用胶带将试件端部固定在一起,见图 12-4(b)。先将卷材的上表面弯曲朝外,弯曲并固定一个纵向、一个横向试件,再将卷材的上表面弯曲朝内,弯曲并固定另外一个纵向和一个横向试件。

(3)调节弯折试验机的两个平板间的距离为试件全厚度的 3 倍,检测平板间 4 点的距离如图 12-4(a)所示。

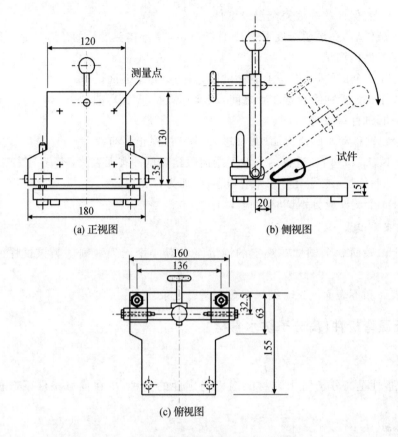

图 12-4　高分子防水卷材低温弯折装置示意(单位:mm)

(4)将弯曲好的试件放在试验机上,胶带端对着平行于弯板的转轴,见图 12-4(b)。

(5)将翻开的弯折试验机和试件置于已调到规定温度的低温箱中,保持 1h。

(6)1s 内将弯折试验机从 90°的垂直位置转动到水平位置并保持 1s,整个操作过程均在低温箱中完成,见图 12-4(b)。

(7)从低温箱中取出试件,恢复到(23±5)℃,用 6 倍光学放大镜检查试件弯折区域的裂纹或断裂情况。

(六)结果表示

所有试件不出现裂纹或断裂,则试样在该温度下的低温弯折性合格。

第十三章　沥青及沥青混凝土实验

沥青是一种有机胶凝材料,具有将砂、石等矿物质材料胶结成一个整体的能力,形成具有一定强度的沥青混凝土,广泛地应用于防水、路面、防渗墙等工程中。针入度、延度和软化点是表征沥青黏滞性、延性和温度敏感性的三大指标。沥青混凝土是以沥青为胶结材料,与矿料(包括粗集料、细集料和填料)经混合拌制而成的混合料。沥青混合料试验是沥青混合料配合比设计的基础。

本章内容包括沥青三大指标(针入度、延度和软化点)试验、沥青混合料试验(沥青混合料的物理性质试验和马歇尔稳定度试验)。

试验参照《建筑石油沥青》(GB/T 494—2010)、《沥青软化点测定法 环球法》(GB/T 4507—2014)、《沥青延度测定法》(GB/T 4508—2010)、《沥青针入度测定法》(GB/T 4509—2010)、《公路工程沥青及沥青混合料试验规程》(JTG E20—2011)等标准进行。

一、针入度试验

(一)目的

沥青针入度(asphalt penetration)表示沥青软硬程度、稠度以及抵抗剪切破坏的能力,反映在一定条件下沥青相对黏度的大小,是沥青主要质量指标之一。通过针入度的测定可以确定石油沥青的稠度,针入度越大说明稠度越小。针入度也是划分沥青牌号的主要指标。

针入度:在规定条件下,标准针垂直穿入沥青试样中的深度,以 1/10mm 表示。

(二)主要仪器设备

沥青针入度仪——能使针连杆在无明显摩擦下垂直运动。针连杆质量为(47.5±0.05)g。针和针连杆总质量为(50±0.05)g,并附有(50±0.05)g 和(100±0.05)g 的砝码各一个。针入度仪见图 13-1。标准钢针——应由硬化回火的不锈钢制造,洛氏硬度为 54~60。针长约 50mm,长针长约 60mm,针的插入端应磨成锥形。恒温水浴——不小于 10L,能将试验温度保持在(25±0.1)℃。试样皿——玻璃或金属制成的圆柱形平底容器,尺寸应符合表 13-1 的要求。计时器、温度计等。

(三)试样准备

(1)小心加热沥青,过程中均匀搅拌以防局部过热,至样品流动(加热、搅拌过程中应避免引入气泡),而后将其注入试样皿,每个试验条件下准备 3 个样品。

表 13-1　沥青针入度试样皿尺寸要求

针入度范围/0.1mm	直径/mm	深度/mm
＜40	33～55	8～16
＜200	55	35
200～350	55～75	45～70
350～500	75	70

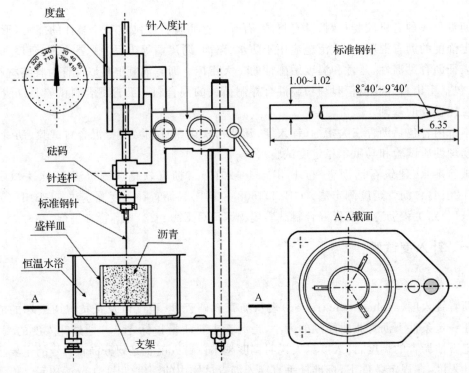

图 13-1　针入度仪示意（单位：mm）

（2）将试样皿盖住并放置于 15～30℃的室温中冷却 45min～1.5h（小试样皿）、1～1.5h（中试样皿）或 1.5～2.0h（大试样皿）。

（3）试样冷却后将试样皿随平底玻璃皿一起浸入测试温度下的水浴中恒温（小皿 45min～1.5h，中皿 1～1.5h，大皿 1.5～2.0h），水面高于试样表面 10mm 以上。

（四）试验方法与步骤

（1）调整针入度仪水平，检查针连杆和导轨，使针连杆可自由下落。

（2）选用合适的溶剂将针擦拭干净，再用干净的布擦干，然后将针插入针连杆中固定，按试验条件选择合适的砝码。

（3）取出恒温至试验温度（25℃）的试样皿，置于水温为试验温度的平底保温皿中，再将保温皿置于转盘上。

（4）调节针尖与试样表面恰好接触，移动齿杆与连杆顶端接触时，将度盘指标调至"0"。

（5）用手紧压揿钮，同时开动秒表或计时装置，使针自由针入试样，经 5s，使针停止下沉。

(6)拉下齿杆与连杆顶端接触,读出指针读数,即为试样的针入度,1/10mm。

(7)同一试样至少在不同点重复测定 3 次,测点间及测点与金属皿边缘的距离不小于 10mm,每次试验用合适溶剂将针尖端的沥青擦净。

(五)试验结果的计算与评定

(1)针入度取三次试验结果的算术平均值,取至整数。三次试验所测针入度的最大值与最小值之差不应超过表 13-2 的规定,否则重测。

(2)建筑石油沥青按针入度要求划分牌号,要求见表 13-3。

表 13-2　石油沥青针入度测定值的最大允许差值

针入度/0.1mm	0～49	50～149	150～249	250～350	350～500
最大差值	2	4	6	8	20

表 13-3　建筑石油沥青技术要求

项目	质量指标			试验方法标准
	10 号	30 号	40 号	
针入度(25℃,100g,5s)/0.1mm	10～25	26～35	36～50	GB/T 4509—2010
针入度(46℃,100g,5s)/0.1mm	报告[a]	报告	报告	
针入度(0℃,200g,5s)/0.1mm ≥	3	6	6	
延度(25℃,5cm/min)/cm ≥	1.5	2.5	3.5	GB/T 4508—2010
软化点(环球法)/℃ ≥	95	75	60	GB/T 4507—2014
溶解度(三氯乙烯)/% ≥	99.0			GB/T 11148—2008
蒸发后质量变化(163℃,5h)/% ≥	1			GB/T 11964—2008
蒸发后 25℃针入度比[b]/% ≥	65			GB/T 4509—2010
闪点(开口杯法)/℃ ≥	260			GB/T 267—1988

注:a 报告应为实测值。b 测定蒸发损失后样品的 25℃针入度与原 25℃针入度之比乘以 100 后所得百分率。

二、延度试验

(一)目的

沥青延度(asphalt extensibility)是沥青的延展度,即沥青塑性的指标,延度越大,表明沥青的塑性越好。

(二)主要仪器设备

沥青延度仪——测量长度不宜大于 1.5m,仪器应有自动控温、控速系统,试验过程中,应满足试件没于水中,试验过程中无明显振动;延度仪形状如图 13-2 所示;模具——由黄铜制成,由两个端模和两个侧模组成,试模内表面粗糙度 $R_a=0.2\mu m$,其形状及尺寸见图 13-3;瓷皿、温度计、隔离剂等。

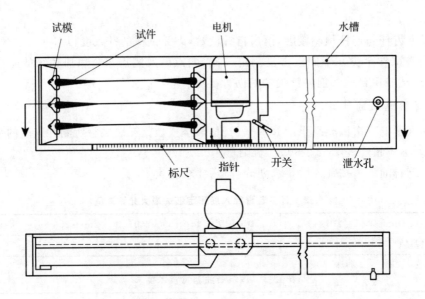

图 13-2 延度仪

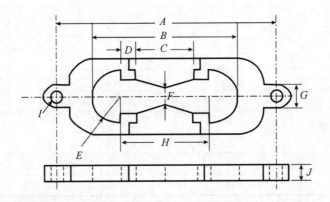

A:两端模环中心距离 111.5～113.5mm;

B:试件总长 74.5～75.5mm;   C:端模间距 29.7～30.3mm;

D:肩长 6.8～7.2mm;   E:半圆半径 15.75～16.25mm;

F:最小横断面宽 9.9～10.1mm;   G:端模口宽 19.8～20.2mm;

H:两半圆圆心间距离 42.9～43.1mm;

I:端模孔直径 6.5～6.7mm;   J:模厚度 9.9～20.2mm

图 13-3 延度仪试模

(三)试样制备

(1)将模具组装在支撑板上,将隔离剂涂于支撑板上及侧模的内表面,然后将试模在试模底板上卡紧。

(2)均匀加热沥青至流动,充分搅动以防局部过热,直至样品容易倾倒,然后将其从模一端至另一端往返数次缓缓注入,沥青略高出模具,灌模时,不得引入气泡。

(3)将试件在空气中冷却 30～40min,然后放在规定温度的水浴中保持 30min,最后取出用热刮刀刮除高出试模的沥青,使其与模具齐平。

(4)将支撑板、模具和试件一起放入规定试验温度的水浴中恒温85～95min,而后从板上取下试件、拆掉侧模,立即进行拉伸试验。

(四)试验方法及步骤

(1)将试模两端的小孔分别套在试验仪器的金属柱上。试件距水面和水底的距离不小于2.5cm。

(2)开启延度仪,以(5±0.25)cm/min速度对试件进行拉伸,观察沥青的延伸情况。在试验过程中,水温应始终保持在试验温度的±0.5℃范围内,当水槽采用循环水时,试验时应暂时中断循环,停止水流。

(3)试验中若发现沥青细丝浮于水面或沉入槽底时,则应加入乙醇或食盐水,调整水的密度与试样的密度相近后,重新进行试验。

(4)试件拉断时,试样从拉伸到断裂所经过的距离,即为试样的延度(cm)。

(五)结果的计算与评定

(1)正常的试验应将试件拉成锥形、线形或柱形,断裂时实际横断面积接近零或一均匀断面。如果三个试验均得不到正常结果,则报告在该条件下延度无法测定。

(2)若三个试件测定值均在其平均值的5%以内,则延度值取三个平行试样测试结果的算术平均值。如三个试样的测试结果不在其平均值的5%以内,但两较高值在平均值的5%以内,则取两较高值的平均值,否则需重做试验。

(3)建筑石油沥青延度要求见表13-3。

三、软化点试验(环球法)

(一)目的

沥青软化点(asphalt softening point)是反映沥青在温度作用下,其黏度和塑性改变程度的指标,它反映的是沥青黏度和温度敏感性,用于沥青材料分类,是在不同环境下选用沥青的重要指标。

软化点为当试样软化到使两个放在沥青上的钢球下落25mm距离时温度的平均值。

(二)主要仪器设备

沥青软化点测试装置主要由可加热玻璃容器(烧杯)、黄铜样品环(肩环或锥环)、环支撑支架、支撑板、钢球等组件组成,如图13-4所示。电炉、烧杯、测定架等。

(三)试样制备

(1)小心加热沥青,过程中均匀搅拌以防局部过热,至样品流动(加热、搅拌过程中应避免引入气泡),而后将其注入铜环内至略高出环面。

(2)在空气中冷却不少于30min后,用热刀刮去多余的沥青至与环面齐平。

(3)将铜环安在环架中层板的圆孔内,与钢球一起放在水温为(5±1)℃的烧杯中,恒温15min。

(4)烧杯内重新注入约5℃的蒸馏水,使水面略低于连接杆上的液面标高线。软化点在80～157℃的沥青在甘油浴中测试,同时起始温度也提高到(30±1)℃。

(四)试验方法及步骤

(1)放上钢球并套上定位器。调整液面至液面标高线,插入温度计,使水银球与铜环下

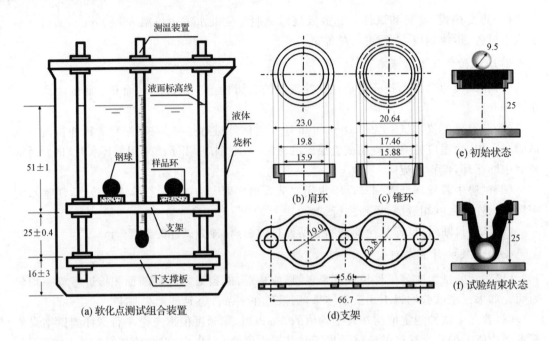

图 13-4 沥青软化点测试装置(单位:mm)

齐平。

(2)在装置底部以(5±0.5)℃/min 的速度均匀加热。

(3)可观察到随着温度升高沥青不断软化,钢球缓缓下坠,当与支撑板接触时,如图 13-4(f)所示,分别记录温度,为试样的软化点,精确至 0.5℃。

(五)试验结果的计算与评定

(1)试验结果取两个平行试样测定结果的平均值。两个数值的差不得大于1℃。

(2)建筑石油沥青软化点要求见表 13-3。

四、沥青混合料的配制

(一)目的

沥青混合料的制备和试件成型,是按照设计的配合比,应用现场实际材料,在试验室内用小型拌合机,按规定的拌制温度制备成沥青混合料,然后将这种混合料在规定的成型温度下,用击实法制成 φ101.6mm×63.5mm 的圆柱体试件,用于测定其物理力学性质。

(二)主要仪器设备

沥青混合料拌合机——见图 13-5,能保证拌合温度并充分搅拌均匀,可控制拌合时间,容量不小于 10L,搅拌叶自转速度为 70～80r/min,公转速度为 40～50r/min;标准击实仪——由击实锤、平圆形压实头及带手柄的导向棒组成。标准击实仪试模、标准击实台、脱模器、烘箱、天平、毛细管黏度计等。

(三)拌制准备工作

(1)将各种规格的矿料在(105±5)℃的烘箱中烘干至恒重(一般为 4～6h)。

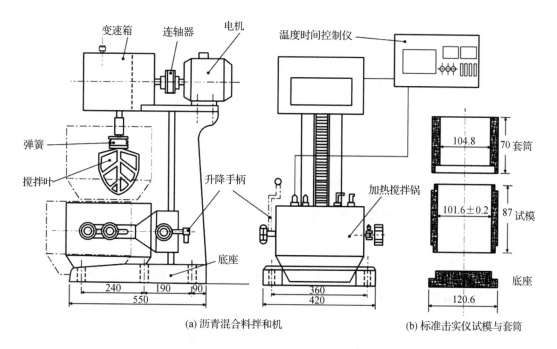

图 13-5　试验室用沥青混合料拌合机(单位:mm)

(2)分别测定不同粒径粗、细集料及填料(矿粉)的各种密度,并测定沥青的密度。

(3)按设计级配要求称量,在一金属盘中混合均匀,矿粉单独加热,置于烘箱中预热至沥青拌合温度以上约 15℃(石油沥青通常为 163℃,改性沥青通常为 180℃)备用。

(4)用沾有黄油的棉纱布擦净试模、套筒及击实座等,置于 100℃ 左右的烘箱中加热 1h 备用。

(5)将沥青混合料拌合机预热至拌合温度(10℃左右)备用。

(四)沥青混合料的拌制及马歇尔试验试件制作

(1)将预热的粗细料置于拌合机中,适当混合后加入沥青,开机后边搅拌、边将拌合叶片插入混合料中,拌合 1~1.5min 后暂停,加入预热的矿粉,继续拌合至均匀。总拌合时间为 3min。

(2)将拌好的沥青混合料用小铲适当拌合,均匀称取一个标准马歇尔试件所需的沥青混合料约 1200g。试件制作过程中,为防止沥青混合料温度下降,应将其连盘放在烘箱中保温。

(3)取出烘箱中预热的试模及套筒,再用沾有黄油的棉纱布擦拭预热的套筒、底座及击实锤底面,将试模装在底座上,垫一张吸油性小的圆纸。

(4)用小铲将混合料铲入试模,用插刀沿周边插捣 15 次,中间 10 次,最后将沥青混合料表面整平。

(5)插入温度计至混合料中心附近,检查混合料温度。

(6)待温度符合要求的压实温度后,将试模连同底座放在击实台上固定,在装好的混合料上面垫一张吸油性小的圆纸,再将装有击实锤及导向棒的压实头插入试模中。

(7)开启电机,使击实锤从 457mm 的高度自由下落进行击实至规定次数(50 次或 75 次)。

(8)试件一面击实后,将试模翻转后以同样的方式和次数击实另一面。

(9)击实完成后,用镊子取出上下面的纸,用卡尺量取试件离试模上口的高度并由此计算试件高度,如高度(63.5±1.3)mm 不符合要求,则试件应作废,并按下式调整混合料质量后重新制样,使高度符合要求。

$$调整后混合料质量 = \frac{要求的试件高度 \times 原用混合料质量}{所得试件的高度}$$

(10)卸去套筒和底座,将装有试件的试模横向放置,冷却至室温(不少于 12h),而后置于脱模机上脱模。

(11)将试件置于干燥洁净的平面上,供试验用。

五、沥青混合料的密度试验(表干法)

(一)目的

表干法适用于测试吸水率不大于 2% 的沥青混合料试件的毛体积密度和相对毛体积密度,并以此计算试件的最大理论相对密度、空隙率等指标。

(二)主要仪器设备

浸水天平——若量程为 3kg 以下,则精度为 0.1g;若量程为 3kg 以上,则精度为 0.5g;溢流水箱——有水位溢流装置,能保持试件和网篮浸入水中后的水位稳定,并能调整水温至(25±0.5)℃;试件悬吊装置——见图 13-6;网篮、秒表、毛巾、烘箱等。

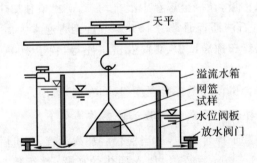

图 13-6　溢流水箱及下挂法水中称量方法示意

(三)试验方法及步骤

(1)除去试件表面的浮粒,称取干燥试件在空气中的质量 m_a,精确至天平精度值。

(2)将溢流水箱的水温保持在(25±0.5)℃,挂上网篮,浸入溢流水箱中,调节水位,将天平调平并归零。

(3)把试件置于网篮中,浸水 3～5min 后,称取水中质量 m_w,精确至天平精度值。

(4)从水中取出试件,用洁净柔软的拧干湿毛巾擦去试件表面的水(注意不要吸走试件空隙内的水),称取试件的表干质量 m_f,精确至天平精度值。从试件拿出水面到擦拭结束不宜超过 5s。

（四）试验结果的计算

（1）按下式计算试件的吸水率 S_a，取 1 位小数。

$$S_a = \frac{m_f - m_a}{m_f - m_w} \times 100$$

式中：S_a 为试件的吸水率（％）；m_a 为干燥试件在空气中的质量（g）；m_w 为试件在水中的质量（g）；m_f 为试件的表干质量（g）。

（2）按下式计算毛体积相对密度 γ_f 和毛体积密度 ρ_f，取 3 位小数。

$$\gamma_f = \frac{m_a}{m_f - m_w}$$

$$\rho_f = \frac{m_a}{m_f - m_w} \times \rho_w$$

式中：γ_f 为毛体积相对密度，无量纲；ρ_f 为毛体积密度（g/cm³）；ρ_w 为 25℃时水的密度，取 0.9971g/cm³。

（3）计算理论最大相对密度 γ_t，取 3 位小数。

① 当已知试件的油石比 P_a 或沥青用量 P_b 时，改性沥青或 SMA 混合料可按下式计算试件的理论最大相对密度：

$$\gamma_t = \frac{100 - P_a}{\dfrac{100}{\gamma_{se}} + \dfrac{P_a}{\gamma_b}}$$

$$P_a = \frac{P_b}{100 - P_b} \times 100$$

式中：P_a 为沥青的油石比，即沥青质量占矿料总质量的百分率（％）；P_b 为沥青用量，即沥青质量占沥青混合料总质量的百分率（％）；γ_{se} 为合成矿料的有效相对密度，无量纲；γ_b 为 25℃时，沥青的相对密度，无量纲。

$$\gamma_{se} = C \times \gamma_{sa} - (1 - C) \times \gamma_{sb}$$

$$C = 0.33 w_x^2 - 0.293 w_x + 0.9339$$

$$W_x = \left(\frac{1}{\gamma_{sb}} - \frac{1}{\gamma_{sa}} \right) \times 100$$

式中：C 为沥青吸收系数，无量纲；γ_{sa} 为矿料的合成表观相对密度，无量纲；γ_{sb} 为矿料的合成毛体积相对密度，无量纲；W_x 为合成矿料的吸水率（％）。

$$\gamma_{sa} = \frac{100}{\dfrac{P_1}{\gamma'_1} + \dfrac{P_2}{\gamma'_2} + \cdots + \dfrac{P_n}{\gamma'_n}}$$

$$\gamma_{sb} = \frac{100}{\dfrac{P_1}{\gamma_1} + \dfrac{P_2}{\gamma_2} + \cdots + \dfrac{P_n}{\gamma_n}}$$

式中：$P_1 \cdots P_n$ 为各种矿料占矿料总质量的百分率（％）；$\gamma_1 \cdots \gamma_n$ 为各种矿料的相对密度，无量纲；$\gamma'_1 \cdots \gamma'_n$ 为各种矿料的表观相对密度，无量纲。

② 非改性普通沥青混合料的理论最大相对密度 γ_t 采用真空法实测。

③ 旧路面钻取芯样，缺乏材料密度、配合比等信息时，也可采用真空法实测沥青混合料的理论最大相对密度。

(4)计算试件的空隙率 VV,矿料间隙率 VMA,有效沥青饱和度 VFA,取 1 位小数,则有

$$VV = (1 - \frac{\gamma_f}{\gamma_t})$$

$$VMA = (1 - \frac{\gamma_f}{\gamma_{sb}} \times \frac{P_s}{100}) \times 100$$

$$VFA = \frac{VMA - VV}{VMA} \times 100$$

式中:VV 为沥青混合料试件的空隙率(%);VMA 为沥青混合料试件的矿料间隙率(%);VFA 为沥青混合料试件的有效沥青饱和度(%);P_s 为各种矿料占沥青混合料总质量的百分率之和(%):

$$P_s = 100 - \gamma_{sb}$$

(5)计算沥青结合料被矿料吸收的比例 P_{ba},有效沥青含量 P_{be}、有效沥青体积百分率 V_{be},取 1 位小数,则有

$$P_{ba} = \frac{\gamma_{se} - \gamma_{sb}}{\gamma_{se}} \times \gamma_{sb} \times \gamma_b \times 100$$

$$P_{be} = P_b - \frac{P_{ba}}{100} \times P_s$$

$$V_{be} = \frac{\gamma_f \times P_{be}}{\gamma_b}$$

式中:P_{ba} 为沥青混合料中被矿物吸收的沥青质量占矿料总质量的百分率(%);P_{be} 为沥青混合料中的有效沥青含量(%);V_{be} 为沥青混合料试件的有效沥青体积百分率(%)。

(6)试件毛体积密度试验重复性的允许误差为 0.020g/cm³,毛体积相对密度试验重复性的允许误差为 0.020。

六、沥青混合料马歇尔稳定度试验

(一)目的

通过马歇尔稳定度试验和浸水马歇尔稳定度试验,可为沥青混合料的配合比设计提供依据或验证沥青混合料的配合比,也可检验沥青路面的施工质量。浸水马歇尔稳定度试验可检验沥青混合料受水损害时抵抗剥落的能力。

(二)主要仪器设备

沥青混合料马歇尔试验仪主要由加荷装置、测力装置、流值测量装置、上下压头、控制装置等组成,基本结构见图 13-7,有手动和自动测试仪两种。标准马歇尔试件——ϕ101.6mm×63.5mm。恒温水槽、真空饱水容器、烘箱、天平、温度计等。

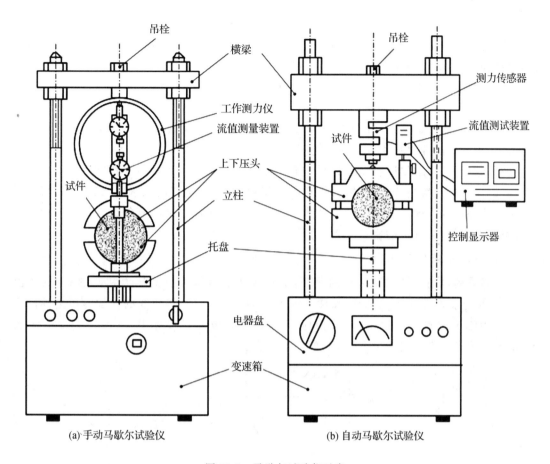

吊栓

横梁

工作测力仪

流值测量装置

上下压头

试件

立柱

托盘

电器盘

变速箱

吊栓

测力传感器

流值测试装置

试件

控制显示器

(a) 手动马歇尔试验仪　　　　　　　(b) 自动马歇尔试验仪

图 13-7　马歇尔试验仪示意

（三）试验方法及步骤

1. 标准马歇尔试验

（1）按标准击实法成型的马歇尔试件，直径为(101.6±0.2)mm，高为(63.5±1.3)mm，一组试件的数量不少于 4 个。

（2）量取试件的直径和高度：用卡尺测量试件中部的直径，用马歇尔试件高度测定器或卡尺在十字对称的 4 个方向测量距离试件边缘 10mm 处的高度，精确至 0.1mm，取其平均值作为试件的高度。试件高度不符合要求或两侧高度超过 2mm 时，该试件应作废。

（3）将恒温水槽调节至要求的试验温度：对黏稠石油沥青混合料为(60±1)℃，对煤沥青混合料为(33.8±1)℃，空气养生的乳化沥青或液体沥青混合料为(25±1)℃。

（4）将试件及马歇尔试验仪的上下压头置于规定温度的恒温水槽中保温 30～40min。

（5）将上下压头取出，擦拭干净内面，再将试件取出置于下压头上，盖上上压头，然后装在加载设备上，在上压头的球座上放妥钢球，并对准荷载测定装置的压头。

（6）当采用自动马歇尔试验仪时，将压力传感器、位移传感器与计算机或 X-Y 记录仪正确连接，调整好适宜的放大比例及调零。

（7）当采用手动马歇尔测试仪时，将流值测定装置安装在导棒上，使导向套管轻轻压住上压头，同时将流值计读数调零，调整压力环中的百分表调零。在上压头的球座上放妥钢球,调整应力环中百分表对准零或将荷载传感器的读数复位为零。

(8)启动加载设备,使试件承受荷载,并以(50±5)mm/min 的速度加载。记录试验荷载达到最大值瞬间的应力环中百分表或荷载传感器读数 MS 和流值计的流值读数 FL。

(9)从恒温水槽中取出试件至测出最大荷载值的时间,不得超过 30s。

2. 浸水马歇尔试验和真空饱水马歇尔试验

(1)浸水马歇尔试验是将试件在规定温度的恒温水槽中保温 48h,其余同标准马歇尔试验方法。测试出试件浸水 48h 后的稳定度 MS_1。

(2)真空饱水马歇尔试验是将试件先放入真空干燥器中,干燥器的真空度在 97.3kPa(730mmHg)以上,维持 15min,然后打开进水胶管,使试件全部浸入水中,15min 后恢复常压,取出试件再放入规定温度的恒温水槽中保温 48h,其余同标准马歇尔试验方法。测出试件真空饱水,浸水 48h 后的稳定度 MS_2。

(四)试验结果的计算和评定

(1)当采用自动马歇尔试验仪时,将计算机采集的数据绘制的压力和变形曲线(或由X-Y记录仪记录的荷载-变形曲线)按图 13-8 的方法进行修正:将曲线的切线与横坐标的交点 O_1 作为修正原点,从 O_1 起量取相应于荷载最大值时的变形作为流值 FL,精确至0.1mm,最大荷载即为稳定度 MS,精确至 0.01kN。

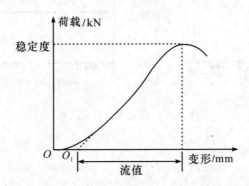

图 13-8　自动马歇尔试验结果的修正方法

(2)当采用手动马歇尔试验仪时,根据压力环标定曲线,将压力环中的百分表的读数换算成荷载值,或由荷载测定装置读取的最大荷载值,即为试件的稳定度 MS,精确至0.01kN,由流值计及位移传感器读取试件的垂直变形值,即为试件的流值 FL,精确至 0.1mm。

(3)计算试件的马歇尔模数 T:

$$T = \frac{MS}{FL}$$

式中:T 为试件的马歇尔模数(kN/mm);MS 为试件的稳定度(kN);FL 为试件的流值(mm)。

(4)计算试件浸水残留稳定度 MS_0:

$$MS_0 = \frac{MS_1}{MS} \times 100$$

式中:MS_0 为试件的浸水残留稳定度(%);MS_1 为试件浸水 48h 后的稳定度(kN)。

(5)计算试件真空饱水残留稳定度 MS'_0：

$$MS'_0 = \frac{MS_2}{MS} \times 100$$

式中：MS'_0 为试件的真空饱水残留稳定度（%）；MS_2 为试件真空饱水后浸水 48h 后的稳定度（kN）。

(6)试验结果取所有试件测定值的算术平均值。如测定值中有数据与平均值之比大于标准差的 k 倍时，舍弃该值后取剩余测定值的算术平均值。试件数为 3、4、5 和 6 时，对应的 k 值分别为 1.15、1.46、1.67 和 1.82。

第十四章 混凝土无损检测实验

混凝土无损检测是指在不破坏混凝土结构的条件下，在混凝土结构构件原位上，直接测试相关物理量，推定混凝土强度和缺陷的技术，也包括局部破损的检测方法。混凝土无损检测方法中对于强度检测有回弹法、超声法、超声回弹综合法、钻芯法、拉拔法等，对于内部缺陷检测有超声脉冲法、射线法、雷达波反射法等。

本章主要介绍混凝土强度检测常用的几种方法，如回弹法、超声回弹综合法、钻芯法。

试验参照《回弹法检测混凝土抗压强度技术规程》(JGJ/T 23—2011)、《回弹仪》(GB/T 9138—2015)、《超声回弹综合法检测混凝土强度技术规程》(T/CECS 02—2020)、《钻芯法检测混凝土强度技术规程》(JGJ/T 384—2016)等标准进行。

一、回弹法检测混凝土抗压强度试验

(一)基本原理

回弹法的原理如图 14-1(a)所示。用拉簧驱动重锤，使其以恒定的动能撞击弹击杆，获得能量的弹击杆撞击在混凝土表面后被弹回并撞击弹击锤，使弹击锤被反弹回一定距离，该距离即为回弹值 R。通过混凝土抗压强度—混凝土表面硬度—回弹能量—回弹值建立关联，并通过回归的方法将回弹值与混凝土的抗压强度 f_{cu} 建立函数，即测强曲线 $f_{cu}=aR^{b}$，来推定混凝土的抗压强度。

(二)主要仪器设备

回弹仪是由弹击杆、弹击锤、弹击拉簧等部分构成，能够控制弹击锤以固定能量撞击弹击杆并记录弹击锤反弹距离的装置，基本结构和原理见图 14-1。

碳化深度测试仪(精度为 0.5mm)或游标卡尺、榔头、凿子、浓度为 1% 的乙醇酚酞溶液等。

(三)回弹法一般规定

1. 回弹仪

(1)回弹仪水平弹击时，在弹击锤脱钩瞬间，回弹仪的标准能量 E 为：

$$E=\frac{1}{2}K \cdot L^{2}=\frac{1}{2}\times784.532\times0.075^{2}=2.207 \text{ (J)}$$

式中：K 为弹击拉簧的刚度系数(N/m)；L 为弹击拉簧工作时的拉伸长度(m)。

(2)弹击锤与弹击杆碰撞瞬间，弹击拉簧应处于自由状态，且弹击锤起跳点应位于指针指示刻度尺上的"0"处。

(3)回弹仪的使用环境温度应为 $-4\sim40℃$；在硬度 HRC 为 (60 ± 2) 的钢砧上率定的回

弹值应为(80±2)。

(4)回弹仪弹击超过 2000 次、对检测值有怀疑或在钢砧上的率定值不合格时应进行保养。

(5)回弹仪检定周期为半年,且在新回弹仪启用前、经保养后钢砧率定值不合格、遭受严重撞击或其他损害等情况时应进行检定。

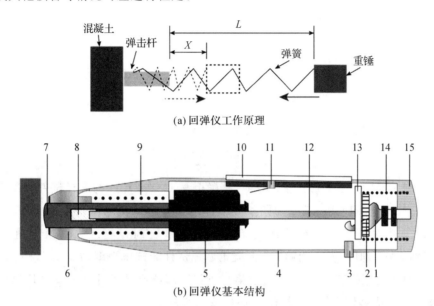

(a) 回弹仪工作原理

(b) 回弹仪基本结构

1—挂钩;2—挂钩销子;3—按钮;4—机壳;5—弹击锤;6—盖帽;7—弹击杆;8—缓冲弹簧;9—弹击拉簧;
10—刻度尺;11—指针块;12—中心导杆;13—导向法兰;14—压簧;15—尾盖

图 14-1 回弹仪工作原理及结构

2. 检测技术

(1)回弹法不适用于表层和内部质量有明显差异或存在缺陷的混凝土结构或构件的检测,如冻害、化学侵蚀、火灾、高温等造成的表面疏松、剥落的混凝土。

(2)对于回弹时产生颤动的小型构件应进行适当的固定。

(3)对于统一测强曲线:混凝土表面应干燥,龄期为 14～1000d,强度为 10～60MPa。若不适用时,则应采用专用测强曲线或地区测强曲线。

(4)检测方式。单个检测:单个结构或构件的检测。批量检测:在相同的生产工艺条件下,强度等级相同、原材料和配合比基本一致且龄期相近的同类结构或构件,抽样数不少于构件总数的 30% 且不少于 10 件。

(5)测区布置。测区宜对称布置于混凝土浇筑侧面,每一结构或构件不少于 10 个测区,小尺寸的结构或构件,其测区数量应不少于 5 个。测区的面积不宜大于 $0.04m^2$,测区表面应清洁、平整、干燥,不应有疏松层、浮浆、油垢、涂层以及蜂窝麻面。

(6)碳化深度的测量。选择具有代表性的不少于构件的测区 30% 进行碳化深度测试。用合适的工具在混凝土表面打开直径为 15mm 的孔洞,清除粉末,用浓度为 1%～2% 的乙醇酚酞溶液指示碳化边界,每孔测量 3 次,每次精确至 0.25mm,取平均值,精确至 0.5mm。若同构件各测区间所测碳化深度值极差大于 2.0mm 时,则应在每测区测量碳化深度值。

（7）当检测条件与测强曲线有较大差异时，可采用同条件试件或钻取混凝土芯样进行修正。钻芯修正时，芯样的数量应不少于 6 个，公称直径宜为 100mm，高径比为 1，芯样在测区内钻取，每个芯样只能加工一个试件。同条件试块修正时，试块数量不少于 6 个，边长宜为 150mm。

① 按下列公式计算修正量：

$$\Delta_{\text{tot}} = f_{\text{cor},m} - f_{\text{cu},m0}^{\text{c}}$$

$$\Delta_{\text{tot}} = f_{\text{cu},m} - f_{\text{cu},m0}^{\text{c}}$$

$$f_{\text{cor},m} = \frac{1}{n} \sum_{i=1}^{n} f_{\text{cor},i}$$

$$f_{\text{cu},m} = \frac{1}{n} \sum_{i=1}^{n} f_{\text{cu},i}$$

$$f_{\text{cu},m0}^{\text{c}} = \frac{1}{n} \sum_{i=1}^{n} f_{\text{cu},i}^{\text{c}}$$

式中：Δ_{tot} 为测区混凝土强度修正量（MPa），精确至 0.1MPa；$f_{\text{cor},m}$ 为芯样试件混凝土强度平均值（MPa），精确至 0.1MPa；$f_{\text{cu},m}$ 为同条件下标准立方体试块强度平均值（MPa），精确至 0.1MPa；$f_{\text{cu},m0}^{\text{c}}$ 为对应于钻芯部位或同条件立方体试块回弹测区强度换算值的平均值（MPa），精确至 0.1MPa；$f_{\text{cor},i}^{\text{c}}$ 为第 i 个混凝土芯样试件的抗压强度；$f_{\text{cu},i}$ 为第 i 个同条件标准立方体试块的抗压强度；$f_{\text{cu},i}^{\text{c}}$ 为对应于第 i 个芯样部位或同条件立方体试块测区回弹值和碳化深度值的混凝土强度换算值；n 为芯样或试块数量。

② 按下式修正测区混凝土强度换算值：

$$f_{\text{cu},i1}^{\text{c}} = f_{\text{cu},i0}^{\text{c}} + \Delta_{\text{tot}}$$

式中：$f_{\text{cu},i0}^{\text{c}}$ 为第 i 个测区修正前的混凝土强度换算值，精确至 0.1MPa；$f_{\text{cu},i1}^{\text{c}}$ 为第 i 个测区修正后的混凝土强度换算值，精确至 0.1MPa。

（四）试验方法及步骤

（1）在需要测试的构件上按规定要求画出测区，标记测区编号。每测区布置 16 个测点，测点应均匀布置，一般通过在测区内绘制 4×4 网格来布置。测试 16 个回弹值，精确至 1。

（2）测量回弹值时，回弹仪的轴线应始终垂直于混凝土检测面，并缓慢施压，准确读数、快速复位。

（3）测点不应在气孔或外露石子上，每个测点只允许弹一次。回弹过程如下：

① 回弹仪弹击杆伸出状态，使弹击锤挂于挂钩上。

② 使回弹仪垂直于检测面，缓慢施压，至听到弹击及回弹声音。

③ 读出并记录回弹值，快速使弹击杆脱离检测面。

④ 重复步骤①～③，直至完成测试。

（4）根据要求测量代表性测区或全部测区的碳化深度。

（五）试验结果的计算与评定

（1）测区回弹值的计算：将一个测区的 16 个回弹值中的 3 个最大值和 3 个最小值剔除，而后按下式计算余下 10 个回弹值的算术平均值 R_{m}，即为该测区平均回弹值，精确至 0.1。

$$R_{\mathrm{m}} = \frac{\sum\limits_{i=1}^{10} R_i}{10}$$

式中：R_{m} 为测区平均回弹值，精确至 0.1；R_i 为第 i 个测点的回弹值。

（2）非水平方向检测时，对所得回弹值进行角度影响修正，得到修正后的测区平均回弹值（R_{m}），修正值（R_{aa}）可查阅相关规范。

$$R_{\mathrm{m}} = R_{\mathrm{ma}} + R_{\mathrm{aa}}$$

式中：R_{ma} 为非水平方向检测时测区的平均回弹值，精确至 0.1；R_{aa} 为非水平方向检测时的回弹值修正值，按《回弹法检测混凝土抗压强度技术规程》（JGJ/T 23—2011）附录 C 取值。

（3）检测面为混凝土浇筑表面和底面时，除需要对回弹值进行角度影响修正外，还要进行浇筑面修正，得到修正后的测区平均回弹值，修正值可查阅相关规范。

$$R_{\mathrm{m}} = R_{\mathrm{m}}^{\mathrm{t}} + R_{\mathrm{a}}^{\mathrm{t}}$$
$$R_{\mathrm{m}} = R_{\mathrm{m}}^{\mathrm{b}} + R_{\mathrm{a}}^{\mathrm{b}}$$

式中：$R_{\mathrm{m}}^{\mathrm{t}}$、$R_{\mathrm{m}}^{\mathrm{b}}$ 为水平方向检测混凝土浇筑表面底面时的平均回弹值，精确至 0.1；$R_{\mathrm{a}}^{\mathrm{t}}$、$R_{\mathrm{a}}^{\mathrm{b}}$ 为混凝土浇筑表面、底面回弹值的修正值，按 JGJ/T 23—2011 附录 D 取值。

（4）测区混凝土强度换算值的计算：

① 根据测区平均回弹值或修正后的测区平均回弹值、碳化深度值、是否为泵送混凝土，查表或根据回归公式得到测区混凝土强度换算值 $f_{\mathrm{cu},i}^{\mathrm{c}}$。

② 若采用同条件试件或混凝土芯样的修正，则将需用修正量修正，得到修正后的测区混凝土强度换算值。

（5）结构或构件混凝土强度推定值：

① 结构或构件测区数少于 10 个时，按下式计算该结构或构件的混凝土强度推定值 $f_{\mathrm{cu},e}$，精确至 0.1MPa。

$$f_{\mathrm{cu},e} = f_{\mathrm{cu,min}}^{\mathrm{c}}$$

式中：$f_{\mathrm{cu,min}}^{\mathrm{c}}$ 为构件中最小测区混凝土强度换算值。

② 结构或构件测区数不少于 10 个和按批量检测时，应按下式计算该结构或构件和该批构件的混凝土强度推定值 $f_{\mathrm{cu},e}$，精确至 0.1MPa。

$$f_{\mathrm{cu},e} = m_{f_{\mathrm{cu}}^{\mathrm{c}}} - 1.645 S_{f_{\mathrm{cu}}^{\mathrm{c}}}$$

$$m_{f_{\mathrm{cu}}^{\mathrm{c}}} = \frac{\sum\limits_{i=1}^{n} f_{\mathrm{cu},i}^{\mathrm{c}}}{n}$$

$$S_{f_{\mathrm{cu}}^{\mathrm{c}}} = \sqrt{\frac{\sum\limits_{i=1}^{n} (f_{\mathrm{cu},i}^{\mathrm{c}})^2 - n(m_{f_{\mathrm{cu}}^{\mathrm{c}}})^2}{n-1}}$$

式中：$m_{f_{\mathrm{cu}}^{\mathrm{c}}}$ 为测区混凝土强度换算值的平均值（MPa），精确至 0.1MPa。$S_{f_{\mathrm{cu}}^{\mathrm{c}}}$ 为测区混凝土强度换算值的标准差（MPa），精确至 0.01MPa。n 为测区数，对于单构件，取该构件的测区数；对于批量构件，取所有构件的测区数。

二、超声回弹综合法检测混凝土强度试验

（一）基本原理

超声波的传播速度与介质的物理性质以及结构存在密切关系，超声波通过混凝土时，其速度与混凝土的弹性模量、强度以及密实程度相关联，超声波波速可在相当程度上反映出混凝土的内部质量。

因此，将回弹法和超声波法相结合，综合考虑混凝土表面和内部状况，建立了超声回弹综合法检测混凝土强度试验方法。本方法采用带波形显示器的低频超声波检测仪，并配置频率为 50～100kHz 的转换器，用于测量混凝土中的超声波声速值，采用冲击能量为 2.207J 的混凝土回弹仪测回弹值。

（二）一般规定

(1)超声波检测仪的使用环境温度应为 0～40℃。

(2)对于统一测强曲线。混凝土表面应干燥；龄期为 7～2000d；强度为 10～70MPa。若不适用时，则应采用专用测强曲线或地区测强曲线。

(3)当检测条件与测强曲线有较大差异时，可采用同条件试件或混凝土芯样进行修正。试件或芯样的数量不应少于 4 个，计算修正系数，精确至 0.01，则有

$$\eta = \frac{1}{n}\sum_{i=1}^{n}\frac{f_{cu,i}^{o}}{f_{cu,i}^{c}}$$

$$\eta = \frac{1}{n}\sum_{i=1}^{n}\frac{f_{cor,i}^{o}}{f_{cu,i}^{c}}$$

式中：$f_{cu,i}^{o}$ 为第 i 个标准立方体试件的抗压强度，精确至 0.1MPa；$f_{cor,i}^{o}$ 为第 i 个混凝土芯样的抗压强度，精确至 0.1MPa；$f_{cu,i}^{c}$ 为对应第 i 个标准立方体试件或混凝土芯样部位的测区混凝土强度换算值，精确至 0.1MPa；n 为试件个数。

(4)混凝土表面状况及处理要求、检测数量要求、测区布置要求同回弹法检测混凝土抗压强度试验。

（三）仪器设备

回弹仪——基本结构见图 14-1。超声波检测仪——需满足如下基本要求：①具有波形清晰、显示器稳定的示波装置。②声时最小分度值为 0.1μs。③具有最小分度值为 1dB 的信号幅度调整系统。④接收放大器频响范围为 10～500kHz，总增益不小于 80dB，接收灵敏度（信噪比为 3∶1 时）不大于 50μV。⑤电源电压波动范围在标称值为 ±10％ 的情况下正常工作，连续正常工作时间不少于 4h。⑥换能器的工作频率宜为 40～100kHz，且换能器的实测主频与标称主频相差不应超过 ±10％。⑦超声波检测仪应定期保养。钢卷尺等。

（四）试验方法及步骤

1. 回弹值测试步骤

回弹值的测试参照本章"一、回弹法检测混凝土抗压强度试验"。

2. 超声测试步骤

(1)测点应布置在回弹测试的同一测区内，每一测区布置 3 个测点，超声测试宜优先采用对测或角测，当被测构件不具备对测或角测条件时，可采用单面平测。

（2）通过耦合剂确保换能辐射面与混凝土测试面良好耦合。

（3）按下列顺序测试声时 t_i，精确至 $0.1\mu s$。

① 开启超声波检测仪，根据现场波形确定电压、增益。

② 根据仪器使用要求调零。

③ 分别在测试点、发射探头和接收探头涂上耦合剂。

④ 将两探头置于检测构件对称两侧。

⑤ 测读出测点的声时值。

⑥ 测量构件的宽度即超声测距 l_i，精确至 $1.0mm$。

（五）试验结果的计算与评定

1. 测区回弹值的计算与修正

测区回弹值的计算方法、非水平方向检测时的角度影响修正、检测面为混凝土浇筑表面和底面时的浇筑面修正与回弹法检测混凝土抗压强度相同。

2. 超声声速的计算

按下式计算测区声速值代表值 v，精确至 $0.01km/s$。当在混凝土浇筑顶面或底面测试时，需进行再次修正。

$$v = \frac{1}{3}\sum_{i=1}^{3}\frac{l_i}{t_i - t_0}$$

式中：v 为混凝土中声速代表值（km/s）；l_i 为第 i 个测点的超声测距（mm）；t_i 为第 i 个测点的声时读数（μs），t_0 为初始声时读数（μs）。

3. 测区混凝土强度换算值 $f_{cu,i}^{c}$

按下式计算测区混凝土强度换算值 $f_{cu,i}^{c}$，精确至 $0.1MPa$。

$$f_{cu,i}^{c}=0.0056v^{1.439}R^{1.769}（粗骨料为卵石）$$

$$f_{cu,i}^{c}=0.0162v^{1.656}R^{1.410}（粗骨料为碎石）$$

式中：R 为测区回弹平均值或修正后的测区回弹平均值。

4. 结构或构件混凝土强度推定值

（1）结构或构件测区数少于 10 个时，按下式计算该结构或构件的混凝土强度推定值 $f_{cu,e}$，精确至 $0.1MPa$。

$$f_{cu,e}=f_{cu,min}^{c}$$

式中：$f_{cu,min}^{c}$ 为经修正或未修正的最小测区混凝土强度换算值。

（2）结构或构件测区数不少于 10 个和按批量检测时，应按下式计算该结构或构件和该批构件的混凝土强度推定值 $f_{cu,e}$，精确至 $0.1MPa$。

$$f_{cu,e} = m_{f_{cu}^{c}} - 1.645s_{f_{cu}^{c}}$$

$$m_{f_{cu}^{c}} = \frac{\sum_{i=1}^{n}f_{cu,i}^{c}}{n}$$

$$S_{f_{cu}^{c}} = \sqrt{\frac{\sum_{i=1}^{n}(f_{cu,i}^{c})^2 - n(m_{f_{cu}^{c}})^2}{n-1}}$$

式中：$m_{f_{cu}^{c}}$ 为结构或构件经修正或未修正的测区混凝土强度换算值的平均值，精确至

0.1MPa。$S_{f_{cu}^c}$ 为结构或构件经修正或未修正的测区混凝土强度换算值的标准差,精确至 0.01MPa。n 为测区数,对于单构件,取该构件的测区数;对于批量构件,取所有构件测区数之和。

三、钻芯法检测混凝土强度试验

(一)基本原理

从混凝土结构或构件中直接钻取混凝土,并加工成高径比为 1:1 的试件,测试得到混凝土的真实强度。钻芯法与其他方法相比,具有直接、可靠的特点,常作为其他无损检测方法的修正手段,但钻芯法在一定程度上对结构或构件会产生损伤,因此也称为半破损方法。

(二)一般规定

1. 仪器设备

钻芯机——应具有较大的刚度、操作灵活,固定和移动方便,应有水冷却系统。宜采用金刚石或人造金刚石薄壁钻头。切割磨平机——应能保证芯样的平整度。芯样补平装置(或研磨机)——对芯样端面进行加工,补平装置既要保证芯样的端面平整,又要保证芯样端面与轴线垂直。磁感仪器——用于探测钢筋位置,最大探测深度不小于 60mm,探测位置偏差不大于 $\pm5\text{mm}$。

2. 芯样钻取部位

(1)结构或构件受力较小的部位。

(2)混凝土强度具有代表性的部位。

(3)便于钻芯机安装和操作的部位。

(4)避开主筋、预埋件和管线的位置。

3. 芯样和试件的要求

(1)芯样尺寸:抗压强度芯样的高径比宜为 1:1;直径不宜小于骨料最大粒径的 3 倍,采用小直径时最小直径不应小于 70mm 且不得小于骨料最大粒径的 2 倍;标准芯样试件尺寸为 $\phi100\text{mm}\times100\text{mm}$。

(2)芯样试件内不宜含有钢筋。当芯样不得不含钢筋时,标准试件最多能有 2 根,直径小于 10mm 且与轴线基本垂直,并离开端面 10mm 以上;直径小于 100mm 的芯样最多能有 1 根且直径小于 10mm。

(3)加工补平:宜采用磨平机对端面进行磨平,也可用环氧胶泥、聚合物水泥补平;抗压强度低于 40MPa 的芯样试件,还可采用厚度不大于 5mm 的水泥砂浆、水泥净浆,或厚度不大于 1.5mm 的硫黄胶泥补平。

(4)测试前,按表 14-1 测量芯样尺寸。

(5)试件的偏差和外观质量要求:高径比应在 $0.95\sim1.05$ 范围内;沿高度的任一直径与中部垂直方向的平均直径之差不得大于 2mm;端面不平整度在 100mm 长度内不得大于 0.1mm;端面与轴线的不垂直度不得大于 $1°$;不得存在裂缝或其他较大缺陷。

(6)试件的干湿要求:芯样应在自然干燥状态下进行抗压试验,若构件实际在潮湿的条件下工作,则试压前宜在 $(20\pm5)℃$ 的清水中浸泡 $40\sim48\text{h}$,从水中取出后,将试样表面水分擦拭干净后立即进行试验。

表 14-1　芯样尺寸的测量方法

尺寸	测量仪器	测量方法	精度
平均直径	游标卡尺	在芯样中部相互垂直的两个位置测量，取其算术平均值	0.5mm
试件高度	钢卷尺或钢板尺	直接测量高度	1mm
垂直度	游标量角器	两个端面与母线的夹角	0.1°
平整度	钢板尺或角尺	将钢板尺紧靠在芯样端面上，一面转动刚直尺，一面用塞尺测量钢板尺与试样端面之间的缝隙	—

4. 检测方式

(1)单个构件的有效芯样数量应不少于 3 个，较小构件不少于 2 个。

(2)批量检测数量应根据检测批次容量确定，最小数量不少于 15 个，小直径试件数量应适当增加。

(三)试验方法及步骤

(1)确定需要测试混凝土强度的构件。

(2)根据构件受力特点和其他要求确定取芯的大概区域，并在此区域用钢筋探测仪确定钢筋的位置。

(3)根据钢筋位置结合构件截面的受力特点，画出取芯和取芯机固定的位置。

(4)按取芯机操作要求钻取混凝土芯样。

(5)将芯样按适当方式编号，并记录构件和芯样的位置。

(6)把芯样加工成高径比为 1∶1 的试件，并根据构件所处的潮湿状况调节芯样的干湿状态。

(7)在芯样中部两垂直方向测量直径，取平均值 $\overline{d}$，精确至 0.5mm；同时，检查垂直度、平整度等是否符合要求。

(8)按混凝土立方体抗压强度试验方法测试芯样的抗压强度。

(9)钻芯留下的孔洞用比原混凝土强度高一等级的微膨胀细石混凝土填充。

(四)试验结果的计算与评定

1. 混凝土芯样试件的抗压强度

按下式计算芯样试件的抗压强度，精确至 0.1MPa。

$$f_{cu,cor} = \frac{F_c}{A} = \frac{F_c}{1/4\pi \overline{d}^2}$$

式中：F_c 为抗压试验破坏荷载，A 为芯样计算横截面积。

2. 单构件混凝土强度推定值

单构件混凝土强度推定值取芯样试件抗压强度值中的最小值。

3. 批量检测混凝土强度推定值

(1)按下式计算混凝土强度推定区间。

$$f_{cu,e1} = f_{cu,cor,m} - k_1 S_{cor}$$
$$f_{cu,e2} = f_{cu,cor,m} - k_2 S_{cor}$$

$$f_{cu,cor,m} = \frac{\sum\limits_{i=1}^{n} f_{cu,cor,i}}{n}$$

$$S_{cor} = \sqrt{\frac{\sum\limits_{i=1}^{n}(f_{cu,cor,i} - f_{cu,cor,m})^2}{n-1}}$$

式中：$f_{cu,cor,m}$ 为芯样试件的混凝土抗压强度平均值，精确至 0.1MPa；$f_{cu,cor,i}$ 为单个芯样试件的混凝土抗压强度值，精确至 0.1MPa；$f_{cu,e1}$ 为混凝土抗压强度推定上限值，精确至 0.1MPa；$f_{cu,e2}$ 为混凝土抗压强度推定下限值，精确至 0.1MPa；k_1、k_2 为推定区间上下限系数，置信度为 0.85 条件下根据试件数确定；S_{cor} 为芯样试件的抗压强度标准差，精确至 0.1MPa。

（2）$f_{cu,e1}$ 和 $f_{cu,e2}$ 所构成推定区间的置信度为 0.85，之间的差不宜大于 5.0MPa 和 0.10$f_{cu,cor,m}$ 两者间的较大值。

（3）宜以 $f_{cu,e1}$ 作为检验批混凝土强度的推定值。

（五）钻芯修正方法

（1）对间接测强方法进行钻芯修正时，宜采用修正量的方法，亦可采用其他形式的修正方法。

（2）当采用修正量的方法时：标准芯样的数量应大于 6 个，小直径芯样数量宜适当增加；芯样从采用间接方法的结构构件中随机抽取；当采用的间接检测方法为无损检测方法时，钻芯位置应与检测方法相应的测区重合；当采用的间接检测方法对构件有损伤时，钻芯位置应布置在相应的测区附近。

（3）钻芯修正后的换算强度按下式计算：

$$f_{cu,i0}^{c} = f_{cu,i}^{c} + \Delta f$$

$$\Delta_f = f_{cu,cor,m} - f_{cu,mj}^{c}$$

式中：$f_{cu,i0}^{c}$ 为修正后的换算强度；$f_{cu,i}^{c}$ 为修正前的换算强度；Δf 为修正量；$f_{cu,mj}^{c}$ 为所用间接检测方法对应芯样测区的换算强度的算术平均值。

参考文献

［1］本斯迪德,巴恩斯.水泥的结构和性能(原著第二版)［M］.廖欣,译.北京:北京化工出版社,2009.

［2］Friedrich W. Locher. 水泥的制造与使用［M］.汪澜,崔源声,杨久俊,译.北京:中国建材工业出版社,2017.

［3］符芳.建筑材料［M］.南京:东南大学出版社,2003.

［4］费业泰.误差理论与数据处理［M］.7版.北京:机械工业出版社,2017.

［5］郝培文.沥青与沥青混合料［M］.北京:人民交通出版社,2009.

［6］黄继武,李周,等.X射线衍射理论与实践(Ⅱ)［M］.北京:化学工业出版社,2021.

［7］黄政宇.土木工程材料［M］.2版.北京:中国建筑工业出版社,2013.

［8］贾红兵,宋晔,王经逸.高分子材料［M］.3版.南京:南京大学出版社,2019.

［9］金勇进,杜子芳,蒋妍.抽样技术［M］.5版.北京:中国人民大学出版社,2021.

［10］罗清威,唐玲,艾桃桃.现代材料分析方法［M］.重庆:重庆大学出版社,2020.

［11］梅塔,蒙蒂罗.混凝土:微观结构、性能和材料(原著第四版)［M］.欧阳东,译.北京:中国建筑工业出版社,2016.

［12］孟涛,彭宇.建筑材料显微结构研究方法［M］.武汉:武汉大学出版社,2022.

［13］内维尔.混凝土的性能(原著第四版)［M］.刘数华,冷发光,李新宇,等译.北京:中国建筑工业出版社,2011.

［14］彭小芹.土木工程材料［M］.4版.重庆:重庆大学出版社,2021.

［15］钱晓倩.土木工程材料［M］.杭州:浙江大学出版社,2003.

［16］钱匡亮.建筑材料实验［M］.2版.杭州:浙江大学出版社,2013.

［17］钱晓倩,金南国,孟涛.建筑材料［M］.2版.北京:中国建筑工业出版社,2019.

［18］任小明.扫描电镜/能谱原理及特殊分析技术［M］.北京:化学工业出版社,2020.

［19］施明哲.扫描电镜和能谱仪的原理与实用分析技术［M］.北京:电子工业出版社,2015.

［20］王卓鹏.无机材料结构与性能表征方法［M］.北京:冶金工业出版社,2020.

［21］杨胜,袁大伟,张福中,等,建筑防水材料［M］.北京:中国建筑工业出版社,2007.

［22］杨医博,王绍怀,彭春元,等.土木工程材料实验［M］.广州:华南理工大学出版社,2017.

［23］张粉芹,赵志曼.建筑装饰材料［M］.重庆:重庆大学出版社,2007.

［24］张君,阎培渝,覃维祖.建筑材料［M］.北京:清华大学出版社,2008.

［25］曾毅,吴伟,刘紫微.低电压扫描电镜应用技术研究［M］.上海:上海科学技术出版社,2015.